大学数学系列教材

高等数学

（第二版）

主　编　马少军　张好治　李福乐
副主编　袁冬梅　姜德民　孙丹娜　孙宝山
　　　　王殿坤　常桂娟　闫信州

科学出版社

北　京

内 容 简 介

本书是根据全国高等农林院校"十三五"规划教材编写基本要求和高等农业院校数学教学大纲要求编写而成的. 全书共 11 章, 主要内容为函数与极限、导数与微分、中值定理与导数的应用、不定积分、定积分、定积分的应用、微分方程、空间解析几何与向量代数、多元函数微分学、多元函数积分学、级数. 书后有自测题、习题参考答案、自测题参考答案与提示、积分表.

本书适合高等院校生物类、经贸类和管理类各专业的本、专科学生和高职院校的学生使用, 也可供其他相关专业的学生参考.

图书在版编目(CIP)数据

高等数学/马少军, 张好治, 李福乐主编. —2 版.—北京: 科学出版社, 2019.8

大学数学系列教材
ISBN 978-7-03-061999-0

Ⅰ.①高… Ⅱ.①马… ②张… ③李… Ⅲ.①高等数学-高等学校-教材 Ⅳ.①O13

中国版本图书馆 CIP 数据核字(2019)第 159717 号

责任编辑: 王 静 / 责任校对: 张凤琴
责任印制: 师艳茹 / 封面设计: 迷底书装

科 学 出 版 社 出版
北京东黄城根北街 16 号
邮政编码: 100717
http://www.sciencep.com

石家庄继文印刷有限公司 印刷
科学出版社发行 各地新华书店经销
*
2016 年 8 月第 一 版　　开本: 720×1000　1/16
2019 年 8 月第 二 版　　印张: 28 1/4
2022 年 8 月第九次印刷　字数: 570 000
定价: 56.00 元
(如有印装质量问题, 我社负责调换)

《高等数学(第二版)》编委会

主　编　马少军　张好治　李福乐
副主编　袁冬梅　姜德民　孙丹娜　孙宝山
　　　　　　王殿坤　常桂娟　闫信州
编　委　(以姓名笔画为序)
　　　　　　于加举　王　萍　王广彬　王忠锐
　　　　　　王敏会　尹晓翠　刘　倩　刘振斌
　　　　　　许　洋　孙金领　李冬梅　李桂玲
　　　　　　杨　雪　吴　惠　辛永训　赵　静
　　　　　　徐　英　黄凯美　程　冰

第二版前言

本书是根据编者多年的教学实践,按照新形势下教材改革的精神,并结合高等数学课程教学基本要求和考研的需要,在第一版的基础上修订而成的.

自第一版出版以来,本书以"内容全面、语言简练、通俗易懂"的特点,受到了广大教师和学生的赞誉,同时也得到了一些好的建议.这次修订对书中的例题和课后题进行了适当的增减,对部分内容作了适当的精简.本书仍保持了第一版结构严谨、逻辑清晰、叙述详细、通俗易懂、例题较多、便于自学等优点,可供高等院校生物类、经贸类和管理类等各专业的本、专科学生和高职院校的学生使用.

在修订过程中,各位任课教师提出了许多宝贵意见和建议,在此一并致谢.

限于编者水平所限,本书错漏和不妥之处在所难免,恳请广大读者批评指正.

编　者

2019 年 7 月

第一版前言

高等数学是研究客观世界数量关系和空间形式的科学,也是人类悠久历史的一种思想文化.微积分学不仅是知识和工具,而且体现思维模式和素养,因此微积分对培养具有高素质的科学技术人才具有独特的、不可替代的重要作用.现代农林科学技术与其他科学技术一样,随着现代信息技术的发展,对数学的需求日益增加,同时农林科学技术与工程技术等其他科学技术又有显著的不同.因此大学农科类专业数学教育,既应该体现数学作为大学基础课程教育的共同特点,又应有自身特色的课程体系.

通过大学数学教育,应使农科类专业学生掌握必需的数学理论与工具,具备一定的数学观念与定量思维能力,同时应使他们多掌握一些有实际应用前景的数学知识,了解数学在现代社会生活和科学技术中的广泛应用,在他们从事专业技术工作之前,对数学及其应用有正确的认识,从而提高他们的综合素质与创新能力.

本书是根据全国高等农林院校"十三五"规划教材编写基本要求和高等农业院校数学教学大纲要求编写而成的.本书共11章,主要内容为函数与极限、导数与微分、中值定理与导数的应用、不定积分、定积分、定积分的应用、微分方程、空间解析几何与向量代数、多元函数微分学、多元函数积分学、级数.书后有自测题、习题参考答案、自测题参考答案与提示、积分表.本书内容和系统更加完整,适合高等院校生物类、经贸类和管理类各专业的本、专科学生和高职院校的学生使用,也可供其他相关专业的学生参考.

编 者

2016年3月

目　录

第二版前言

第一版前言

第一章　函数与极限 … 1
- 1.1　函数的概念 … 1
- 1.2　反函数、复合函数、初等函数 … 8
- 1.3　极限的概念 … 11
- 1.4　极限的运算法则 … 18
- 1.5　两个重要极限 … 26
- 1.6　无穷小的比较 … 30
- 1.7　函数的连续性 … 32

第二章　导数与微分 … 41
- 2.1　导数的概念 … 41
- 2.2　基本初等函数的导数 … 48
- 2.3　函数的和、差、积、商的求导法则 … 52
- 2.4　复合函数的求导法则 … 57
- 2.5　隐函数及由参数方程确定的函数的导数 … 62
- 2.6　函数的微分 … 65
- 2.7　高阶导数与高阶微分 … 72

第三章　中值定理与导数的应用 … 77
- 3.1　中值定理 … 77
- 3.2　洛必达法则 … 82
- 3.3　泰勒公式 … 87
- 3.4　函数单调性的判定法 … 90
- 3.5　函数的极值及其求法 … 93
- 3.6　最大值、最小值问题 … 96
- 3.7　曲线的凹凸与拐点 … 98
- 3.8　函数图形的描绘 … 101
- 3.9　导数在经济分析中的应用 … 106

第四章　不定积分 … 114
- 4.1　不定积分的概念与性质 … 114

4.2　换元积分法 ………………………………………………………………… 119
4.3　分部积分法 ………………………………………………………………… 130
4.4　几种特殊类型函数的积分 ………………………………………………… 135
4.5　积分表的使用 ……………………………………………………………… 141

第五章　定积分 ……………………………………………………………… 144
5.1　定积分的概念和基本性质 ………………………………………………… 144
5.2　微积分基本定理 …………………………………………………………… 150
5.3　定积分的换元积分法与分部积分法 ……………………………………… 153
5.4　广义积分 …………………………………………………………………… 157

第六章　定积分的应用 ……………………………………………………… 163
6.1　定积分的元素法 …………………………………………………………… 163
6.2　平面图形的面积 …………………………………………………………… 165
6.3　体积 ………………………………………………………………………… 171
6.4　平面曲线的弧长 …………………………………………………………… 175
6.5　功　水压力 ………………………………………………………………… 179
6.6　平均值 ……………………………………………………………………… 183
6.7　定积分在经济中的应用 …………………………………………………… 187

第七章　微分方程 …………………………………………………………… 189
7.1　微分方程的概念 …………………………………………………………… 189
7.2　一阶微分方程 ……………………………………………………………… 192
7.3　可降阶的高阶微分方程 …………………………………………………… 200
7.4　二阶常系数线性微分方程 ………………………………………………… 203
7.5*　若干生长模型选例 ………………………………………………………… 214
7.6　差分方程初步 ……………………………………………………………… 215

第八章　空间解析几何与向量代数 ………………………………………… 228
8.1　向量及其运算 ……………………………………………………………… 228
8.2　空间直角坐标系与向量的坐标表示 ……………………………………… 230
8.3*　数量积与向量积 …………………………………………………………… 237
8.4*　平面及其方程 ……………………………………………………………… 240
8.5*　空间直线的方程 …………………………………………………………… 244
8.6　空间曲面 …………………………………………………………………… 246

第九章　多元函数微分学 …………………………………………………… 255
9.1　多元函数的概念 …………………………………………………………… 255
9.2　偏导数与全微分 …………………………………………………………… 262
9.3　多元复合函数微分法与隐函数微分法 …………………………………… 269

  9.4 高阶偏导数 ··· 276
  9.5 多元函数的极值与最值 ································ 279
第十章 多元函数积分学 ··· 288
  10.1 二重积分的概念 ···································· 288
  10.2 二重积分的计算 ···································· 292
  10.3 广义二重积分 ······································ 304
  10.4* 二重积分的应用 ··································· 307
  10.5 三重积分的概念及其计算 ····························· 312
  10.6 利用柱面坐标和球面坐标计算三重积分 ················· 316
  10.7* 含参变量的积分 ··································· 324
第十一章 级数 ·· 331
  11.1 级数的概念与性质 ·································· 331
  11.2 正项级数 ·· 335
  11.3 任意项级数 ·· 338
  11.4 幂级数 ·· 340
  11.5 函数的幂级数展开式 ································ 344
  11.6 傅里叶级数 ·· 352
  11.7 正弦级数和余弦级数 ································ 361
  11.8 周期为 $2l$ 的周期函数的傅里叶级数 ··················· 366
自测题 ··· 371
习题参考答案 ·· 391
自测题参考答案与提示 ·· 421
参考文献 ·· 427
附表 积分表 ·· 428

第一章 函数与极限

初等数学研究的对象基本上是不变的量,而高等数学则是以变量为研究对象的一门数学.所谓函数关系就是变量之间的依赖关系.本章将在中学讲述的函数知识的基础上,讨论一元函数的有关概念和性质,使读者能较系统和较深入地掌握这些内容,为今后的学习打下良好的基础.

1.1 函数的概念

一、函数的定义

在同一个自然现象或技术过程中,往往同时有几个变量在变化着,这几个变量并不是孤立地在变,而是相互联系并遵循着一定的变化规律.函数关系所表达的变量之间的相互依赖关系,正是从量的侧面来反映客观事物在变化过程中,变量之间所存在的相互制约、相互联系的关系.虽然不同的函数关系的表达形式和表示的实际意义有所不同,但它们共同的实质可用函数定义给予概括性的描述.这里给出的是实数集上实值函数的概念,定义中的 **R** 表示全体实数的集合,D 表示 **R** 的子集.

定义 如果有一个确定的对应规律 f,使得对于 D 中的每一个实数 x,都有一个唯一确定的实数 y 与之对应,则称 y 是 x 的函数,并且记作:
$$y = f(x),$$
或称 f 是 D 到 **R** 的函数,也称 f 是定义于 D 上的(实值)函数.

其中集合 D 称为这个函数的**定义域**,x 称为**自变量**,y 称为**因变量**,当 x 取遍 D 中的一切值时,与之对应的数 y 的全体组成的集合 F 称为函数的**值域**,记为 $f(D)$,即
$$F = f(D) = \{y \mid y = f(x), x \in D\}.$$

常用的函数记号有:$y=f(x), y=\varphi(x), y=\psi(x), y=g(x), y=F(x)$ 等.为了避免混淆,如果同时考虑几个不同的函数时,就要用不同的函数符号来表示.例如,圆面积 S 和周长 C 都是半径 r 的函数,则可分别记为 $S = f(r) = \pi r^2$ 和 $C = \varphi(r) = 2\pi r$.

这里还要说明的一点是,在定义中要求对于每一个 $x \in D$,按对应规律 f,有唯一确定的实数 y 与之对应,按这一规定来定义的函数,通常称为**单值函数**,如果去掉唯一性的限制,对于 $x \in D$,有多个实数 y 与之对应,则称此函数为**多值函数**.我们主要是讨论单值函数,今后如无特别声明,讨论的函数均为单值函数.

二、函数的表示法和函数记号

1. 函数的表示法

在函数的定义中,关于表示方法没有加以限制,常用的表示函数的方法有三种:**列表法、公式法**与**图解法**. 列表法、图解法表示的函数关系比较直观. 在高等数学中我们主要还是用公式法即解析表达式来表示函数.

一般情况下,我们见到的大部分函数都是在整个定义域内函数表达式是同一个,但有时需要在不同的范围中用不同的式子来表示一个函数,这样的函数叫做**分段函数**.

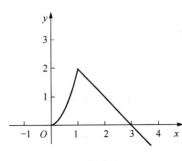

图 1-1

例 1　$y=f(x)=\begin{cases} 2x^2, & 0\leqslant x\leqslant 1, \\ 3-x, & x>1 \end{cases}$

是定义在区间$[0,+\infty)$上的一个函数,当自变量x取闭区间$[0,1]$上的数值时,对应的函数值y由公式$y=2x^2$确定;当x取区间$(1,+\infty)$内的数值时,y由公式$y=3-x$确定. 它的图形如图 1-1 所示.

例 2　$y=f(x)=\begin{cases} 1, & x>0, \\ 0, & x=0, \\ -1, & x<0 \end{cases}$

是定义在区间$(-\infty,+\infty)$内的一个分段函数,图形如图 1-2 所示.

例 3　$y=f(x)=\begin{cases} x+\dfrac{1}{2}, & x<-1, \\ \sqrt{1-x^2}, & -1\leqslant x\leqslant 1, \\ 0, & x>1 \end{cases}$

是定义在区间$(-\infty,+\infty)$上的一个分段函数(图 1-3).

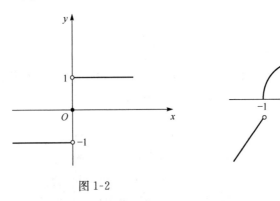

图 1-2　　　　　　　　图 1-3

另外,用公式法表示函数时,有下面两种情况:

(1) 如果 y 是用含自变量的解析表达式来直接表出的函数,称为**显函数**,记为 $y=f(x)$. 例如,$y=\sin x$,$y=\tan x$,$y=e^x$,等等,都是显函数.

(2) 如果变量 y 与 x 之间的对应关系是由某一个方程确定的,即 y 是由方程 $F(x,y)=0$ 确定的函数,称为**隐函数**. 例如,$x^2-y^2=1$,$e^y+xy+e^x=0$. 变量 x 与 y 的函数关系都是由一个方程确定的.

任何显函数 $y=f(x)$ 都能表示成隐函数的形式:$y-f(x)=0$,但隐函数却不一定能化为显函数的形式. 如上例的 $e^y+xy+e^x=0$ 就不能化为显函数.

2. 函数记号

上面已说过,y 是 x 的函数可由 $y=f(x)$,$y=\varphi(x)$ 等来表示. 例如,如果我们用 $f(x)$ 表示由 $3x^2+x$ 所表达的函数,就是 $f(x)=3x^2+x$. 此时 f 表示的是一个具体的对应法则,与 x 对应的函数值是由 x 的平方乘以 3 再加上 x 而得的.

当自变量 x 在定义域内取定值 $x_0(x_0\in D)$ 时,函数 $y=f(x)$ 的对应值称为函数 $y=f(x)$ 在点 $x=x_0$ 的**函数值**. 记为

$$f(x_0) \quad \text{或} \quad y|_{x=x_0}.$$

如果 $f(x)$ 由公式法给出,则只要用 x_0 代替 $f(x)$ 中的 x,就得到 $f(x)$ 在点 x_0 处的函数值 $f(x_0)$.

例 4 设 $f(x)=3x^2+x$,求 $f(0)$,$f(1)$,$f(-2)$,$f(x_0)$.

解
$$f(0)=3\times 0^2+0=0,$$
$$f(1)=3\times 1^2+1=4,$$
$$f(-2)=3\times(-2)^2+(-2)=10,$$
$$f(x_0)=3x_0^2+x_0.$$

例 5 已知 $f(x)=\sin x+3$,求 $f\left(\dfrac{\pi}{2}\right)$,$f(\pi)$.

解
$$f\left(\frac{\pi}{2}\right)=\sin\left(\frac{\pi}{2}\right)+3=4,$$
$$f(\pi)=\sin(\pi)+3=3.$$

这里要特别指出的是,对于分段函数求函数值,由于其在自变量的不同的变化范围内函数的表达式不同,所以,不同点的函数值应根据相应范围内的表达式去求.

例 6 设

$$f(x)=\begin{cases} 2x, & x<0, \\ 0, & x=0, \\ x^2-2, & x>0, \end{cases}$$

求 $f(-2), f(0), f(2), f\left(-\dfrac{3}{2}\right)$.

解
$$f(-2)=2\times(-2)=-4,$$
$$f(0)=0,$$
$$f(2)=(2)^2-2=2,$$
$$f\left(-\dfrac{3}{2}\right)=2\times\left(-\dfrac{3}{2}\right)=-3.$$

为了今后叙述的方便,如果 $y=f(x)$ 在 x 取某个定值 x_0 时,有确定的对应值 $f(x_0)$,则称函数在 $x=x_0$ 处是有定义的. 如果 $y=f(x)$ 在某数集上的每一点都有定义,则称函数在该数集上有定义.

三、函数的定义域

使函数有意义的自变量的取值范围叫做**函数的定义域**.

函数的定义域指明了函数关系的适用范围,也就是说,自变量 x 只有在定义域 D 内取值,因变量才有确定的值与之对应,函数才有意义. 对反映客观实际现象的函数关系,定义域由其实际意义确定. 例如,考虑自由落体运动时,函数 $s=\dfrac{1}{2}gt^2$ 的定义域是
$$D=\{t\mid 0\leqslant t\leqslant T\},$$
其中 $t=0$ 是物体开始降落的时刻,$t=T$ 是物体着地的时刻.

一般在数学中常常只给出函数的表达式而无实际背景,则其函数的定义域由给出的表达式确定,也就是说函数的定义域应理解为使表达式有意义的自变量所能取值的全体.

例 7 确定下列函数的定义域.

(1) $y=\dfrac{5}{x-2}$; (2) $y=\dfrac{1}{\sqrt{1-x^2}}$;

(3) $y=\lg(1-x)$.

解 (1) 要使表达式 $y=\dfrac{5}{x-2}$ 有意义,只需要 $x\neq 2$,所以函数的定义域为开区间 $(-\infty,2)\cup(2,+\infty)$[1].

---

[1] 一元函数的定义域通常用区间来表示. 现将不同的区间符号所表达的集合列举如下:$[a,b]=\{x\mid a\leqslant x\leqslant b\}$,称 $[a,b]$ 为闭区间. $(a,b)=\{x\mid a<x<b\}$,称 (a,b) 为开区间. $[a,b)=\{x\mid a\leqslant x<b\}$. $(a,b]=\{x\mid a<x\leqslant b\}$. $[a,+\infty)=\{x\mid a\leqslant x<+\infty\}$. $(a,+\infty)=\{x\mid a<x<+\infty\}$ 开区间. $(-\infty,b]=\{x\mid -\infty<x\leqslant b\}$. $(-\infty,b)=\{x\mid -\infty<x<b\}$ 开区间. $(-\infty,+\infty)=\{x\mid -\infty<x<+\infty\}$ 开区间. 以上没有说明的区间,既非开区间,也非闭区间.

(2) 要使表达式有意义,只需要 $1-x^2>0$,即 $x^2<1$,所以函数的定义域为开区间 $(-1,1)$.

(3) 要使 $y=\lg(1-x)$ 有意义,只需要 $1-x>0$,即 $x<1$,所以函数的定义域为开区间 $(-\infty,1)$.

四、函数的几种特性

1. 函数的有界性

设函数 $f(x)$ 在区间 (a,b) 上有定义,如果存在一个正数 M,使得对于 (a,b) 内的一切 x,都有

$$|f(x)|\leqslant M,$$

则称函数 $f(x)$ 在 (a,b) 内是**有界的**,否则称为**无界的**.

当函数 $f(x)$ 在其定义域内有界时,称此函数为有界函数.例如,函数 $f(x)=\sin x$ 在其定义域 $(-\infty,+\infty)$ 内是有界的,因为只要取 $M=1$(当然也可以取大于 1 的任何数作为 M),则无论 x 取何值都有 $|\sin x|\leqslant 1=M$ 成立.而函数 $f(x)=\dfrac{1}{x}$ 在开区间 $(0,1)$ 内是无界的,因为不存在这样的正数 M,使得 $\left|\dfrac{1}{x}\right|\leqslant M$ 在 $(0,1)$ 内都成立.事实上,只要 x 的取值足够靠近 0,$\left|\dfrac{1}{x}\right|$ 就会任意增大.

2. 函数的单调性

如果函数 $f(x)$ 在区间 (a,b) 上随着 x 增大而增大,即对于 (a,b) 内任意两点 x_1 及 x_2,只要 $x_1<x_2$,就有 $f(x_1)<f(x_2)$,则称函数 $f(x)$ 在区间 (a,b) 内是**单调增加**的(图 1-4);如果 $f(x)$ 在区间 (a,b) 内随着 x 增大而减少,即对于 (a,b) 内任意两点 x_1 及 x_2,只要 $x_1<x_2$,就有 $f(x_1)>f(x_2)$,则称 $f(x)$ 在区间 (a,b) 内是**单调减少的**(图 1-5).

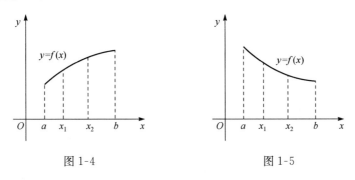

图 1-4　　　　　　　图 1-5

例如,函数 $f(x)=x^2$ 在其定义域 $(-\infty,+\infty)$ 内不是单调函数,但在区间 $(0,$

$+\infty)$内是单调增加的,在区间$(-\infty,0)$内则是单调减少的(图 1-6).

又如,函数 $f(x)=x^3$ 在其定义域$(-\infty,+\infty)$内是单调增加的(图 1-7).

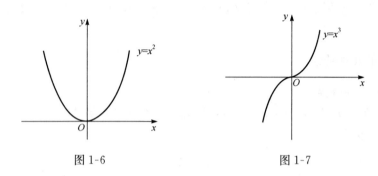

图 1-6　　　　　　　　　　图 1-7

3. 函数的奇偶性

如果函数 $f(x)$ 对于定义域 D(D 关于原点对称)内的任意 x,都满足 $f(-x)=f(x)$,则 $f(x)$ 叫做**偶函数**;如果函数 $f(x)$ 对于定义域 D 内的任意 x,都满足 $f(-x)=-f(x)$,则 $f(x)$ 叫做**奇函数**.

偶函数的图形是关于 y 轴对称的(图 1-8),而奇函数的图形是关于原点对称的(图 1-9).

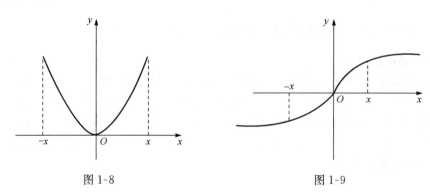

图 1-8　　　　　　　　　　图 1-9

例如,$f(x)=x^2$ 是偶函数,因为 $f(-x)=(-x)^2=x^2=f(x)$. 又如 $f(x)=x^3$ 是奇函数,因为 $f(-x)=(-x)^3=-x^3=-f(x)$. 再如 $y=\sin x$ 是奇函数,$y=\cos x$ 是偶函数. 而 $y=\ln x$ 既非偶函数又非奇函数.

4. 函数的周期性

如果有常数 l 存在,使得对于函数 $y=f(x)$ 的定义域内的任意点 x,有
$$f(x+l)=f(x),$$
则称函数 $f(x)$ 为**周期函数**,使这个等式成立的最小正数 l 叫做 $f(x)$ 的**周期**.

例如,$y=\sin x$ 是周期函数,因为当 $l=2k\pi$ 时,$\sin(x+l)=\sin x$ 对于一切 x 成

立,而使得上式成立的最小的正数 l 为 2π,所以 $\sin x$ 是以 2π 为周期的周期函数,同样 $y=\cos x$ 也是以 2π 为周期的函数,而 $\tan x, \cot x$ 则都是以 π 为周期的函数.

习 题 1-1

1. $f(x)=|1+x|+\dfrac{(7-x)(x-1)}{|2x-5|}$,求 $f(-2)$.

2. $f(x)=\sqrt{4-x^2}$,求 $f(0), f(1), f(-1), f\left(\dfrac{1}{a}\right), f(x_0), f(x+h)$.

3. 求下列函数的定义域:

(1) $y=\sqrt{3x+2}$;

(2) $y=\dfrac{1}{1-x}$;

(3) $y=\ln(x-2)$;

(4) $y=\dfrac{1}{\lg|x-5|}$;

(5) $y=\sqrt{x^2-4}$;

(6) $y=\dfrac{1}{1+x^2-2x}+\sqrt{x+2}$;

(7) $y=\dfrac{\sqrt{4-x}}{\ln(x-1)}$;

(8) $y=\dfrac{2x}{x^2-3x+2}$.

4. 下列各题中,函数 $f(x)$ 和 $g(x)$ 是否相同? 为什么?

(1) $f(x)=\lg x^2, g(x)=2\lg x$;

(2) $f(x)=\sqrt[3]{x^4-x^3}, g(x)=x\sqrt[3]{x-1}$;

(3) $f(x)=x, g(x)=\sqrt{x^2}$.

5. 设 $\varphi(x)=\begin{cases}|\sin x|, & |x|<\dfrac{\pi}{3}, \\ 0, & |x|\geqslant\dfrac{\pi}{3},\end{cases}$ 求 $\varphi\left(\dfrac{\pi}{6}\right), \varphi\left(\dfrac{\pi}{4}\right), \varphi\left(-\dfrac{\pi}{4}\right), \varphi(-2)$.

6. 下列函数中,哪些是偶函数? 哪些是奇函数? 哪些既非奇函数又非偶函数?

(1) $y=\dfrac{1-x^2}{1+x^2}$;

(2) $y=xa^{-x^2}$;

(3) $y=\dfrac{\sin x}{x}$;

(4) $y=\dfrac{x}{|x|}$;

(5) $y=3x^2-x^3$;

(6) $y=\dfrac{a^x+a^{-x}}{2}$.

7. 设下列所考虑的函数在对称区间 $(-l, l)$ 上有定义,证明:

(1) 两个偶函数的和是偶函数,两个奇函数的和是奇函数;

(2) 两个偶函数的乘积是偶函数,两个奇函数的乘积是偶函数,奇函数与偶函数的乘积是奇函数;

(3) 定义在对称区间 $(-l,l)$ 上的任意函数可表示为一个奇函数与一个偶函数的和.

8. 函数 $y=\lg(x-1)$ 在下列哪些区间上有界?

(1) $(2,3)$;
(2) $(1,2)$;
(3) $(1,+\infty)$;
(4) $(2,+\infty)$.

9. 验证下列函数在指定区间内的单调性:

(1) $y=x^2,(-1,0)$;
(2) $y=\lg x,(0,+\infty)$;
(3) $y=\sin x,\left(-\dfrac{\pi}{2},\dfrac{\pi}{2}\right)$;
(4) $y=\cos x-x,[0,\pi]$.

10. 下列函数中哪些是周期函数? 如是周期函数,指出其周期:

(1) $y=\sin(x-3)$;
(2) $y=\tan 3x$;
(3) $y=2+\cos(\pi x)$;
(4) $y=x\cos x$;
(5) $y=\sin^2 x$;
(6) $y=\sin(\omega x+\psi)$ (ω,ψ 为常数).

1.2 反函数、复合函数、初等函数

一、反函数

如果两个变量间有确定的函数关系,则这两个变量哪一个为自变量,哪一个为函数并不是固定不变的,而是常常需要根据实际情况相互改变.

例如,匀速直线运动的速度函数为 $v=\dfrac{s}{t}$,当路程 s 一定时,v 是时间 t 的函数. 但在实际问题中常常遇到这样的情形:已知一物体的运动速度 v,求这物体走完一定路程 s 所需的时间. 这时我们要用公式 $t=\dfrac{s}{v}$ 来求,此时,我们是把 v 看成自变量,而把 t 视为函数. 通常我们把函数 $t=\dfrac{s}{v}$ 叫做函数 $v=\dfrac{s}{t}$ (s 为常数)的反函数.

一般地,设函数 $y=f(x)(x\in D)$ 满足:对于值域 $f(D)$ 中的每一个值 y,D 中有且只有一个值 x 使得 $f(x)=y$,则按此对应法则得到一个定义在 $f(D)$ 上的函数,称这个函数为 f 的**反函数**,记作 $x=f^{-1}(y),y\in f(D)$.

但是我们习惯上总是把自变量写成 x,把函数写成 y,因此把 $x=f^{-1}(y)$ 写成 $y=f^{-1}(x)$,则函数 $y=f(x)$ 的反函数又可写成

$$y=f^{-1}(x).$$

例如,函数 $y=3x$ 的反函数为 $y=\dfrac{x}{3}$ (图 1-10).

容易证明:函数 $y=f(x)$ 与反函数 $y=f^{-1}(x)$ 的图形是关于 $y=x$ 对称的,即:若点 $M(a,b)$ 是 $y=f(x)$ 图形上的点,则 $M'(b,a)$ 必在反函数 $y=f^{-1}(x)$ 的图形上(图 1-11).(请读者自己证明)

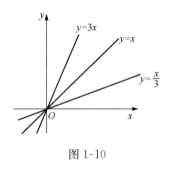

图 1-10

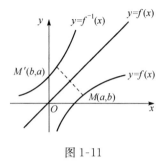

图 1-11

二、复合函数

如果 y 是 u 的函数:$y=f(u)$,而 u 又是 x 的函数:$u=\varphi(x)$,且 $\varphi(x)$ 的函数值的全部或部分在 $f(u)$ 的定义域内,那么,y 通过 u 的联系也成了 x 的函数,我们称后一个函数是由函数 $y=f(u)$ 及 $u=\varphi(x)$ 复合而成的函数,简称**复合函数**,记作 $y=f[\varphi(x)]$,其中 u 叫做**中间变量**.

例如,函数 $y=u^2$ 和 $u=1-x$ 复合而成的函数是 $y=(1-x)^2$. 又如 $y=\sin^2 x$ 可以看成由函数 $y=u^2$ 及 $u=\sin x$ 复合而成的函数.

也可以由两个以上的函数经过复合构成一个函数,例如,由函数 $y=\sqrt{u}$,$u=\cot v$ 及 $v=\dfrac{x}{2}$ 复合而成的函数为 $y=\sqrt{\cot\dfrac{x}{2}}$.

有了复合函数的概念后,必须注意两个问题:第一,复合函数 $y=f[\varphi(x)]$ 的定义域与函数 $u=\varphi(x)$ 的定义域不一定相同. 如 $y=\sin^2 x$ 的定义域是与 $u=\sin x$ 的定义域相同的,都是 $(-\infty,+\infty)$,而复合函数 $y=\sqrt{1-x^2}$ (可看作是由函数 $y=\sqrt{u}$ 及 $u=1-x^2$ 复合而成)的定义域为 $[-1,1]$,它只是 $u=1-x^2$ 的定义域 $(-\infty,+\infty)$ 的一部分. 第二,并不是任何两个函数都可以复合成一个复合函数的. 例如,$y=\arcsin u$ 及 $u=2+x^2$ 就不能复合成一个复合函数,因为 $u=2+x^2$ 的值域是大于等于 2 的实数,使 $y=\arcsin u$ 没有定义.

三、基本初等函数

基本初等函数包括六种,以下六种函数统称基本初等函数,它们都是中学所学的函数,在高等数学中占有非常重要的地位,望读者熟练掌握它们的性质、特点和图形的概况,这里不再一一讨论了.

1. 常函数 $y=C$.
2. 幂函数 $y=x^\mu$ (μ 为任何实数).
3. 指数函数 $y=a^x$ ($a>0, a\neq 1$).
4. 对数函数 $y=\log_a x$ ($a>0, a\neq 1$).
5. 三角函数 $y=\sin x$; $y=\cos x$;
                  $y=\tan x$; $y=\cot x$;
                  $y=\sec x$; $y=\csc x$.
6. 反三角函数 $y=\arcsin x$; $y=\arccos x$;
                     $y=\arctan x$; $y=\text{arccot}\, x$;
                     $y=\text{arcsec}\, x$; $y=\text{arccsc}\, x$.

四、初等函数

所谓初等函数,是指由基本初等函数经过有限次四则运算及有限次函数复合步骤所构成的可用一个式子表示的函数.

例如, $y=\sin x$, $y=\sqrt{1-x^2}$, $y=\log_a(1+\sqrt{1+x^2})$, $y=\arctan\sqrt{\dfrac{1+\sin x}{1-\sin x}}$ 等都是初等函数.

在实际应用中也常常用到非初等函数,如分段函数就是一种常见的非初等函数,如

$$y=\begin{cases} x^2, & 0\leqslant x<1, \\ 2, & x\geqslant 1 \end{cases}$$

等.

习 题 1-2

1. 求下列函数的反函数.

(1) $y=2\sin 5x$;   (2) $y=1+\ln(x+2)$;

(3) $y=\sqrt{1-x}$;   (4) $y=\dfrac{2^x}{2^x+1}$.

2. 函数 $y=x^2$ ($x\leqslant 0$) 的反函数是下列哪种情况?

(1) $y=\sqrt{x}$;   (2) $y=-\sqrt{x}$;

(3) $y=\pm\sqrt{x}$;   (4) 不存在.

3. 设 $f(x)=x^2$, $\varphi(x)=2^x$, 求 $f[\varphi(x)]$ 与 $\varphi[f(x)]$.

4. 设 $\varphi(x)=x^3+1$, 求 $\varphi(x^2)$ 与 $[\varphi(x)]^2$.

5. 设 $f(x-1)=x^2$，求 $f(x+1)$.

6. 设 $f(x)$ 的定义域是 $[0,1]$，问：

(1) $f(x^2)$；　　　(2) $f(\sin x)$；　　　(3) $f(x+a)(a>0)$；

(4) $f(x+a)+f(x-a)(a>0)$ 的定义域各是什么？

7. (1) 设 $f(x)=ax+b$，且 $f(0)=-2,f(2)=2$，求 $f[f(x)]$；

(2) 设 $f\left(\dfrac{1}{x}\right)=x+\sqrt{1+x^2}$，$x>0$，求 $f(x)$.

8. 设 $f(x)=\begin{cases}1, & |x|<1,\\ 0, & |x|=1,\\ -1, & |x|>1,\end{cases} g(x)=e^x$，求 $f[g(x)]$ 和 $g[f(x)]$.

9. 一球的半径为 r，作外切于球的圆锥，试将其体积表示为高的函数（图 1-12）.

10. 某火车站收取行李费的规定如下，从该地到某地，当行李不超过 50kg 时，每千克收费 0.15 元，当超过 50kg 时，超重部分每千克收费 0.25 元，试求运费 y（元）与重量 x（kg）之间的函数关系.

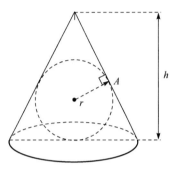

图 1-12

1.3　极限的概念

极限概念是高等数学中最基本的概念，它是后续课程导数和定积分概念的基础. 在应用方面，如物理学中的瞬时速度、变力所做的功、化学中的反应速率等都是用极限概念来定义的. 因此，掌握好极限的概念和运算是十分重要的.

一、数列的极限

定义 1　设 $x_1,x_2,\cdots,x_n,\cdots$ 是一个数列，以后简记为 $\{x_n\}$，a 为一常数. 如果对于任意给定的正数 ε，总有自然数 N 存在，使得当 $n>N$ 时，不等式
$$|x_n-a|<\varepsilon$$
总成立，则称数列 $\{x_n\}$ 以 a 为极限，或者说数列 $\{x_n\}$ 的极限是 a，记为
$$\lim_{n\to\infty}x_n=a$$
或
$$x_n\to a\quad(n\to+\infty).$$

若数列 $\{x_n\}$ 以 a 为极限，我们便说数列 $\{x_n\}$ 是**收敛**的，且收敛于 a；否则，就说它是**发散**的.

以上极限定义，用描述性语言可以说成：如果当 n 充分大时，x_n 与 a 的差的绝

对值 $|x_n-a|$ 可以任意地小,要多小有多小,则称 x_n 以 a 为极限.

定义中"当 $n>N$ 时,不等式 $|x_n-a|<\varepsilon$ 总成立"这句话的几何意义是:第 N 项以后的一切项将全部落入点 a 的 ε 邻域 $N(a,\varepsilon)$(即开区间 $(a-\varepsilon,a+\varepsilon)$)内(图 1-13).

图 1-13

例 1 证明数列

$$\frac{1}{2},\frac{2}{3},\frac{3}{4},\cdots,\frac{n}{n+1},\cdots$$

的极限是 1.

证 对于任意给定的 $\varepsilon>0$,要使

$$|x_n-1|=\left|\frac{n}{n+1}-1\right|=\frac{1}{n+1}<\varepsilon,$$

只需 $n>\frac{1}{\varepsilon}-1$,所以只要取 $N=\left[\frac{1}{\varepsilon}-1\right]$,则当 $n>N$ 时,不等式

$$|x_n-1|=\left|\frac{n}{n+1}-1\right|<\varepsilon$$

总成立,所以

$$\lim_{n\to\infty}\frac{n}{n+1}=1.$$

例 2 已知 $x_n=\dfrac{(-1)^n}{(n+1)^2}$,证明数列 $\{x_n\}$ 的极限是 0.

证 因为 $|x_n-a|=\left|\dfrac{(-1)^n}{(n+1)^2}-0\right|=\dfrac{1}{(n+1)^2}<\dfrac{1}{n+1}<\dfrac{1}{n}$,对于任意给定的 $\varepsilon>0$,要使

$$|x_n-a|=\left|\frac{(-1)^n}{(n+1)^2}-0\right|<\varepsilon,$$

只要 $\dfrac{1}{n}<\varepsilon$ 即可,即 $n>\dfrac{1}{\varepsilon}$.

取 $N=\left[\dfrac{1}{\varepsilon}\right]$,则当 $n>N$ 时,不等式

$$\left|\frac{(-1)^n}{(n+1)^2}-0\right|<\varepsilon$$

总成立,所以

$$\lim_{n\to\infty}\frac{(-1)^n}{(n+1)^2}=0.$$

证明此题时,我们采取了放大不等式的方法,即 $\frac{1}{(n+1)^2}<\frac{1}{n+1}<\frac{1}{n}$,要使 $\frac{1}{(n+1)^2}<\varepsilon$,只要 $\frac{1}{n}<\varepsilon$ 即可. 这种方法在证明极限时是常用的,如下例所示.

例 3 设 $x_n=\frac{n^2-n+4}{5n^2+3n-4}$,证明 $\lim_{n\to\infty}x_n=\frac{1}{5}$.

证 因为当 $n>1$ 时,
$$\left|x_n-\frac{1}{5}\right|=\left|\frac{-8n+24}{5(5n^2+3n-4)}\right|<\frac{8n}{25n^2}<\frac{1}{n},$$

对任意给定的 $\varepsilon>0$,要使
$$\left|x_n-\frac{1}{5}\right|<\varepsilon,$$

只需 $\frac{1}{n}<\varepsilon$,即 $n>\frac{1}{\varepsilon}$,取 $N=\left[\frac{1}{\varepsilon}\right]$,则当 $n>N$ 时,不等式
$$\left|x_n-\frac{1}{5}\right|<\varepsilon$$

总成立,所以有
$$\lim_{n\to\infty}x_n=\frac{1}{5}.$$

不收敛的数列中,有一种数列的变化趋势是这样的:当 n 无限变大时,x_n 的绝对值也无限变大. 对这种数列,我们有如下定义.

定义 2 若对于任意给定的正数 M(无论多大),总有自然数 N 存在,使得当 $n>N$ 时,不等式
$$|x_n|>M \quad (x_n>M \text{ 或 } x_n<-M)$$

总成立,则称数列 $\{x_n\}$ 趋向无穷大或发散为无穷大,记为
$$\lim_{n\to\infty}x_n=\infty \quad (\lim_{n\to\infty}x_n=+\infty \text{ 或 } \lim_{n\to\infty}x_n=-\infty).$$

为方便起见,也说数列的极限为无穷.

例如,数列
$$1,2,3,\cdots,n,\cdots,$$
$$-2,-4,-8,\cdots,-2^n,\cdots,$$
$$1,-4,9,-16,\cdots,(-1)^{n+1}n^2,\cdots$$

的极限分别为 $+\infty,-\infty,\infty$.

下面介绍单调数列和有界数列的概念.

若

$$x_1 \leqslant x_2 \leqslant x_3 \leqslant \cdots \leqslant x_n \leqslant x_{n+1} \leqslant \cdots,$$

则称数列 $\{x_n\}$ 为**单调增加数列**.

若
$$x_1 \geqslant x_2 \geqslant x_3 \geqslant \cdots \geqslant x_n \geqslant x_{n+1} \geqslant \cdots,$$

则称数列 $\{x_n\}$ 为**单调减少数列**.

单调增加数列和单调减少数列统称为单调数列.

若存在一个正数 M, 使得对于一切自然数 n, 不等式
$$|x_n| \leqslant M$$

都成立,则称数列 $\{x_n\}$ 为**有界数列**.

现在我们从几何意义上讨论一下既单调又有界的数列的变化趋势. 不妨设数列 $\{x_n\}$ 是单调增加的有界数列, 从 $\{x_n\}$ 的单调增加性可以看出, 当 n 增大时, 点 x_n 在数轴上是向右移动的, 所以只有两种可能的情形: 一是点 x_n 沿数轴向右移向无穷远; 二是点 x_n 无限趋近于某一个定点 a, 不再有第三种情形. 而从 $\{x_n\}$ 的有界性可以看出: 第一种情形是不可能的, 故数列 $\{x_n\}$ 必收敛于某一常数 a. 对于 $\{x_n\}$ 单调减少的情形也可以得出同样的结论. 对此, 我们有如下定理.

定理 1 单调有界数列必有极限.

证明略.

二、函数的极限

1. 当 $x \to x_0$ 时函数的极限

在自变量 $x \to x_0$ 的过程中, 如果对应的函数 $f(x)$ 无限接近于确定的常数 A, 这时就说函数 $f(x)$ 当 $x \to x_0$ 时以 A 为极限. 这里我们是假定函数 $f(x)$ 在点 x_0 的邻近是有定义的(但在点 x_0 可以没有定义).

当 $x \to x_0$ 时, $f(x)$ 以 A 为极限, 还可以叙述为: 只要 x 充分接近于 x_0, $f(x)$ 就任意地接近于 A. 即只要 $|x-x_0|$ 足够小, $|f(x)-A|$ 就可以任意地小, 要多小有多小.

通过上述分析, 我们可以给出当 $x \to x_0$ 时, 函数极限的定义.

定义 3 如果对于任意给定的正数 ε (无论多小), 总存在正数 δ, 使得对于适合不等式 $0<|x-x_0|<\delta$ 的一切 x, 不等式
$$|f(x)-A|<\varepsilon$$

都成立, 这时常数 A 就叫做函数 $f(x)$ 当 $x \to x_0$ 时的极限, 记作
$$\lim_{x \to x_0} f(x) = A \quad \text{或} \quad f(x) \to A \quad (\text{当 } x \to x_0).$$

定义中不等式 $0<|x-x_0|$ 表示 $x \neq x_0$, 所以 $f(x)$ 当 $x \to x_0$ 时极限是否存在与 $f(x)$ 在点 x_0 是否有定义无关.

当 $x \to x_0$ 时，$f(x)$ 以常数 A 为极限的几何意义是：对于任意给定的正数 ε，如图 1-14 所示，作平行于 x 轴的两条直线 $y = A - \varepsilon$ 和 $y = A + \varepsilon$，这两条直线间形成一条宽为 2ε 的条形区域，称为 A 的 ε 带。根据定义，对于任给的 $\varepsilon > 0$，存在点 x_0 的一个 δ 邻域 $(x_0 - \delta, x_0 + \delta)$，当 $y = f(x)$ 的图形上的点的横坐标 x 在邻域 $(x_0 - \delta, x_0 + \delta)$ 内，但 $x \neq x_0$ 时，这些点的纵坐标 $f(x)$ 就会落入这个 ε 带.

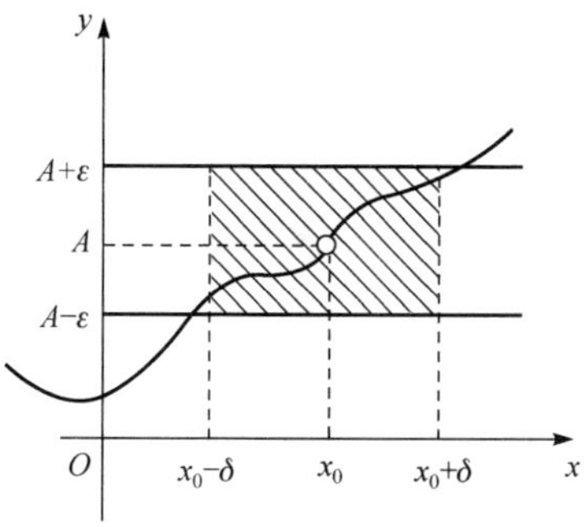

图 1-14

例 4 设 $f(x) = 2x + 3$，证明 $\lim\limits_{x \to 1} f(x) = 5$.

证 对于任意给定的 $\varepsilon > 0$，为了使

$$|f(x) - 5| = |(2x + 3) - 5| < \varepsilon,$$

即 $|2x - 2| < \varepsilon$ 成立，只要取 $\delta = \dfrac{\varepsilon}{2}$，则当 $0 < |x - 1| < \delta$ 时，不等式

$$|f(x) - 5| < \varepsilon$$

总成立，所以

$$\lim_{x \to 1} f(x) = 5.$$

例 5 证明 $\lim\limits_{x \to 5} \sqrt{x + 4} = 3$.

证 因为

$$\left| \sqrt{x + 4} - 3 \right| = \frac{|x - 5|}{\sqrt{x + 4} + 3} \leqslant \frac{|x - 5|}{3},$$

对于任意给定的 $\varepsilon > 0$，要使

$$\left| \sqrt{x + 4} - 3 \right| < \varepsilon,$$

只需 $\dfrac{|x - 5|}{3} < \varepsilon$，即 $|x - 5| < 3\varepsilon$.

取 $\delta = 3\varepsilon$，则当 $0 < |x - 5| < \delta$ 时，不等式

$$\left| \sqrt{x + 4} - 3 \right| < \varepsilon$$

总成立，所以

$$\lim_{x \to 5} \sqrt{x + 4} = 3.$$

容易证明：

(1) $\lim\limits_{x \to x_0} C = C$,即常函数的极限等于它自身.

(2) $\lim\limits_{x \to x_0} x = x_0$.

这两个题目留给读者自己证明.

利用上述函数极限的定义,可以证明下列定理.

定理 2 如果 $\lim\limits_{x \to x_0} f(x) = A$,而且 $A > 0$(或 $A < 0$),那么就存在着点 x_0 的某一邻域,当 x 在该邻域内,但 $x \neq x_0$ 时,有 $f(x) > 0$(或 $f(x) < 0$).

证 设 $A > 0$,取 $\varepsilon = A$,根据 $\lim\limits_{x \to x_0} f(x) = A$ 的定义,对于这个 ε,必存在着一个正数 δ,当 x 在 x_0 的 δ 邻域内,但 $x \neq x_0$ 时,不等式

$$|f(x) - A| < \varepsilon$$

或

$$A - \varepsilon < f(x) < A + \varepsilon$$

总成立,而 $A - \varepsilon = 0$,故 $f(x) > 0$.

类似地,可以证 $A < 0$ 的情形.

定理 3 如果 $f(x) \geq 0$(或 $f(x) \leq 0$),而且 $\lim\limits_{x \to x_0} f(x) = A$,那么 $A \geq 0$(或 $A \leq 0$).

证 设 $f(x) \geq 0$,假设上述论断不成立,即 $A < 0$,那么由定理 2 可知有 x_0 的某一邻域,在该邻域内 $f(x) < 0$,这与 $f(x) \geq 0$ 的假定矛盾,所以 $A \geq 0$.

类似地,可以证明 $f(x) \leq 0$ 的情形.

注意:在定义 3 中,x 是从 x_0 的左、右两侧以任何方式趋向于 x_0 的,但有时只能或只需考虑 x 从 x_0 的一侧趋向于 x_0 的情形. 这就是单侧极限(即**左极限**和**右极限**)的概念.

在 $\lim\limits_{x \to x_0} f(x) = A$ 的定义中,把 $0 < |x - x_0| < \delta$ 改为 $x_0 - \delta < x < x_0$,那么 A 就叫做函数 $f(x)$ 当 $x \to x_0$ 时的**左极限**,记作

$$\lim\limits_{x \to x_0^-} f(x) = A \quad \text{或} \quad \lim\limits_{x \to x_0 - 0} f(x) = A \quad \text{或} \quad f(x_0 - 0) = A.$$

在 $\lim\limits_{x \to x_0} f(x) = A$ 的定义中,把 $0 < |x - x_0| < \delta$ 改为 $x_0 < x < x_0 + \delta$,那么 A 就叫做函数 $f(x)$ 当 $x \to x_0$ 时的**右极限**,记作

$$\lim\limits_{x \to x_0^+} f(x) = A \quad \text{或} \quad \lim\limits_{x \to x_0 + 0} f(x) = A \quad \text{或} \quad f(x_0 + 0) = A.$$

从极限定义和左右极限定义可以证明:函数 $f(x)$ 当 $x \to x_0$ 时极限存在的充分必要条件是左极限及右极限各自存在并且相等,即

$$f(x_0 - 0) = f(x_0 + 0).$$

用这个结论可以判断函数极限不存在的情形,若当 $x \to x_0$ 时,$f(x)$ 的左、右极

限有一个不存在,或两个都存在而其值不相等,就可以断定函数的极限不存在.

例 6 讨论 $f(x)=\begin{cases}2x+1, & x\leqslant 0,\\ x^2, & x>0\end{cases}$ 当 $x\to 0$ 时的左、右极限与极限.

解 从图 1-15 可以看出:
$f(0-0)=1$, $f(0+0)=0$,
$f(0-0)\neq f(0+0)$,
所以当 $x\to 0$ 时,$f(x)$ 的极限不存在.

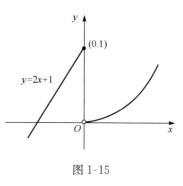

图 1-15

2. 当 $x\to\infty$ 时函数的极限

设函数 $f(x)$ 对于绝对值无论怎样大的 x 值是有定义的. 如果在 $x\to\infty$ 的过程中,对应的函数值 $f(x)$ 无限接近于确定的数值 A,那么 A 叫做函数 $f(x)$ 当 $x\to 0$ 时的极限,精确地说,就是如下定义.

定义 4 如果对于任意给定的正数 ε(不论它多么小),总存在着正数 X,使得对于适合不等式 $|x|>X$ 的一切 x,所对应的函数值 $f(x)$ 都满足不等式
$$|f(x)-A|<\varepsilon,$$
那么常数 A 就叫做函数 $f(x)$ 当 $x\to\infty$ 时的极限,记作
$$\lim_{x\to\infty}f(x)=A \quad \text{或} \quad f(x)\to A \quad (\text{当 }x\to\infty).$$

如果 $x>0$ 且无限增大(记作 $x\to+\infty$),那么只要把上面定义中的 $|x|>X$ 改为 $x>X$,就可得 $\lim_{x\to+\infty}f(x)=A$ 的定义. 同样,$x<0$ 而绝对值无限增大(记作 $x\to-\infty$),那么只要把 $|x|>X$ 改为 $x<-X$,便得 $\lim_{x\to-\infty}f(x)=A$ 的定义.

$\lim_{x\to\infty}f(x)=A$ 的几何意义是:对于任意的 $\varepsilon>0$,作直线 $y=A-\varepsilon$ 和 $y=A+\varepsilon$,则总存在一个正数 X,使当 $x<-X$ 或 $x>X$ 时,函数 $y=f(x)$ 的图形位于这两条直线之间(图 1-16).

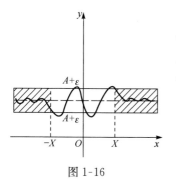

图 1-16

例 7 证明 $\lim_{x\to\infty}\dfrac{1}{x}=0$.

证 对于任意给定的 $\varepsilon>0$,要使
$$\left|\dfrac{1}{x}-0\right|<\varepsilon, \quad \text{即} \quad \dfrac{1}{|x|}<\varepsilon$$
成立,只要 $|x|>\dfrac{1}{\varepsilon}$,取 $X=\dfrac{1}{\varepsilon}$,则当 $|x|>X$ 时,不等式 $\left|\dfrac{1}{x}-0\right|<\varepsilon$ 总成立,所以 $\lim_{x\to\infty}\dfrac{1}{x}=0$.

在本节的最后,我们指出,一个数列$\{x_n\}$可以看成一个自变量取自然数的函数$f(n)$,于是x_n的极限即是$f(n)$当$n \to +\infty$的极限,所以数列极限是函数极限的特殊情形. 那么后续课程所讲的函数极限的性质与运算,对于数列极限也是适用的.

习 题 1-3

1. 观察下列数列的变化趋势,写出它们的极限.

(1) $x_n = \dfrac{1}{2^n}$； (2) $x_n = (-1)^n \dfrac{1}{n}$； (3) $x_n = \dfrac{n-1}{n+1}$；

(4) $x_n = \dfrac{(-1)^n + 1}{2n}$； (5) $x_n = 2 + \dfrac{1}{n^2}$； (6) $x_n = n(-1)^n$.

2. 用数列极限的定义证明.

(1) $\lim\limits_{n \to \infty} \dfrac{1}{n^2} = 0$； (2) $\lim\limits_{n \to \infty} \dfrac{3n+1}{2n+1} = \dfrac{3}{2}$；

(3) $\lim\limits_{n \to \infty} \dfrac{\sqrt{n^2 + a^2}}{n} = 1$； (4) $\lim\limits_{n \to \infty} 0.\underbrace{999\cdots9}_{n\text{个}} = 1$.

3. 设数列$\{x_n\}$有界,又$\lim\limits_{n \to \infty} y_n = 0$,证明$\lim\limits_{n \to \infty} x_n y_n = 0$.

4. 对于数列$\{x_n\}$,若$x_{2k} \to a(k \to \infty)$,$x_{2k+1} \to a(k \to \infty)$,证明$x_n \to a(n \to \infty)$.

5. 用函数极限的定义证明.

(1) $\lim\limits_{x \to 3}(3x - 1) = 8$； (2) $\lim\limits_{x \to 2}(5x + 2) = 12$；

(3) $\lim\limits_{x \to -2} \dfrac{x^2 - 4}{x + 2} = -4$； (4) $\lim\limits_{x \to \infty} \dfrac{1 + x^3}{2x^3} = \dfrac{1}{2}$；

(5) $\lim\limits_{x \to +\infty} \dfrac{\sin x}{\sqrt{x}} = 0$.

6. 求$f(x) = \dfrac{x}{x}$,$\varphi(x) = \dfrac{|x|}{x}$当$x \to 0$时的左、右极限,并说明它们在$x \to 0$时的极限是否存在.

7. 用极限定义证明:函数$f(x)$当$x \to x_0$时的极限存在的充分必要条件是左极限、右极限各自存在并且相等.

8. 证明当$x \to x_0$时,函数$f(x)$不能趋于两个不同的极限.

1.4 极限的运算法则

一、无穷小与无穷大

极限为零的变量称为无穷小,有如下定义.

定义 1 如果对于任意给定的正数 ε(不论它多么小),总存在正数 δ(或正数

1.4 极限的运算法则

X),使得对于适合不等式 $0<|x-x_0|<\delta$(或 $|x|>X$)的一切 x,所对应的函数值 $f(x)$ 都满足不等式

$$|f(x)|<\varepsilon,$$

那么称函数 $f(x)$ 当 $x \to x_0$(或 $x \to \infty$)时为无穷小,记作

$$\lim_{x \to x_0} f(x) = 0 \quad (\text{或} \lim_{x \to \infty} f(x) = 0).$$

例如,$f(x)=x-1$,因为 $\lim\limits_{x \to 1}(x-1)=0$,所以函数 $f(x)=x-1$ 是当 $x \to 1$ 时的无穷小.

又如 $f(x)=\dfrac{1}{x}$,因为 $\lim\limits_{x \to \infty}\dfrac{1}{x}=0$,所以 $f(x)=\dfrac{1}{x}$ 当 $x \to \infty$ 时为无穷小.

注意:无穷小是一个变量,而不是一个非常小的数,任何一个非零常数不论它多么小,都不能作为无穷小,常数中只有 0 是无穷小.

下面我们介绍无穷小与函数极限的关系.

定理 1 在自变量的同一变化过程 $x \to x_0$(或 $x \to \infty$)中,具有极限的函数等于它的极限值与一个无穷小之和;反之,如果函数可表示为常数与无穷小之和,那么该常数就是这个函数的极限.

证 设 $\lim\limits_{x \to x_0} f(x)=A$,则对于任意给定的正数 ε,存在正数 δ,使当 $0<|x-x_0|<\delta$ 时,有

$$|f(x)-A|<\varepsilon.$$

令 $\alpha=f(x)-A$,则 α 是 $x \to x_0$ 时的无穷小,且 $f(x)=A+\alpha$,这就证明了 $f(x)$ 等于它的极限值 A 与一个无穷小 α 之和.

反之,设 $f(x)=A+\alpha$,其中 A 是常数,α 是 $x \to x_0$ 时的无穷小,于是 $|f(x)-A|=|\alpha|$,因为 α 是 $x \to x_0$ 时的无穷小,所以对于任意给定的正数 ε,存在正数 δ,使得当 $0<|x-x_0|<\delta$ 时,有

$$|\alpha|<\varepsilon,$$

即

$$|f(x)-A|<\varepsilon,$$

所以 A 是 $f(x)$ 当 $x \to x_0$ 时的极限.

类似地,可以证明 $x \to \infty$ 的情形.

与无穷小的概念相反,如果当 $x \to x_0$(或 $x \to \infty$)时,函数 $f(x)$ 的绝对值无限增大,就说函数 $f(x)$ 当 $x \to x_0$(或 $x \to \infty$)时为无穷大,有如下定义.

定义 2 如果对于任意给定的正数 M(不论它多么大),总存在正数 δ(或正数 X),使得当 $0<|x-x_0|<\delta$(或 $|x|>X$)时,总有不等式

$$|f(x)|>M$$

成立,则称函数 $f(x)$ 当 $x \to x_0$(或 $x \to \infty$)时为无穷大.

此时我们也称函数的极限为无穷大,记作
$$\lim_{x \to x_0} f(x) = \infty \quad (或 \lim_{x \to \infty} f(x) = \infty).$$

若对于 x_0 邻近的 x(或 $|x|$ 相当大的 x),对应的函数值都是正的(或都是负的),就记作
$$\lim_{\substack{x \to x_0 \\ (x \to \infty)}} f(x) = +\infty \quad \left(或 \lim_{\substack{x \to x_0 \\ (x \to \infty)}} f(x) = -\infty \right).$$

例如,因为 $\lim\limits_{x \to 1} \dfrac{1}{x-1} = \infty$,所以称 $\dfrac{1}{x-1}$ 为 $x \to 1$ 时的无穷大.

无穷小与无穷大之间的关系很显然有如下定理.

定理 2 在自变量的同一变化过程中,如果 $f(x)$ 为无穷大,则 $\dfrac{1}{f(x)}$ 为无穷小,反之,如果 $f(x)$ 为无穷小,且 $f(x) \neq 0$,则 $\dfrac{1}{f(x)}$ 为无穷大.

证明略.

二、极限运算法则

在下面的讨论中,我们将建立极限的四则运算法则,以此可以求一些较复杂函数的极限.由于这些法则对两种极限过程 $x \to x_0$ 和 $x \to \infty$ 都是适用的,所以我们将省略极限符号下面的极限过程,而用 $\lim f(x)$ 作为统一表达形式,证明时,我们只证明 $x \to x_0$ 的情形,而 $x \to \infty$ 的情形可以类似地得到证明.

定理 3 有限个无穷小的和也是无穷小.

证 考虑两个无穷小 α 和 β 的和 $\gamma = \alpha + \beta$. 因为 α 及 β 是无穷小,则对于任意给定的正数 ε,存在着正数 δ,使当 $0 < |x - x_0| < \delta$ 时,不等式
$$|\alpha| < \frac{\varepsilon}{2}, \quad |\beta| < \frac{\varepsilon}{2}$$
同时成立,故
$$|\gamma| = |\alpha + \beta| \leqslant |\alpha| + |\beta| < \frac{\varepsilon}{2} + \frac{\varepsilon}{2} = \varepsilon,$$
这就证明了 γ 也是无穷小.

定理 4 有界函数与无穷小的乘积是无穷小.

证 设 μ 是有界函数,即存在正数 M,使 $|\mu| \leqslant M$;并设 α 是 $x \to x_0$ 时的无穷小,则对于任意给定的正数 ε,存在着正数 δ,当 $0 < |x - x_0| < \delta$ 时,有
$$|\alpha| < \frac{\varepsilon}{M},$$
于是

1.4 极限的运算法则

$$|\mu\alpha|=|\mu||\alpha|<M\cdot\frac{\varepsilon}{M}=\varepsilon,$$

这就证明了 $\mu\alpha$ 是无穷小.

推论 1 常数与无穷小的乘积是无穷小.

推论 2 有限个无穷小的乘积也是无穷小.

定理 5 如果 $\lim f(x)=A, \lim g(x)=B$,则 $\lim[f(x)\pm g(x)]$ 存在,且
$$\lim[f(x)\pm g(x)]=A\pm B=\lim f(x)\pm\lim g(x).$$

证 因为 $\lim f(x)=A, \lim g(x)=B$,根据定理 1,可知
$$f(x)=A+\alpha,\quad g(x)=B+\beta,$$

其中 α 及 β 为无穷小,于是
$$f(x)\pm g(x)=(A+\alpha)\pm(B+\beta)=(A\pm B)+(\alpha\pm\beta),$$

而由定理 3 可知 $(\alpha\pm\beta)$ 是个无穷小,再由定理 1,得
$$\lim[f(x)\pm g(x)]=A\pm B=\lim f(x)\pm\lim g(x).$$

定理 5 可以推广到有限个函数的情形,例如,如果 $\lim f(x), \lim g(x), \lim h(x)$ 都存在,则由定理 5,有
$$\lim[f(x)+g(x)-h(x)]=\lim f(x)+\lim g(x)-\lim h(x).$$

定理 6 如果 $\lim f(x)=A, \lim g(x)=B$,则 $\lim[f(x)\cdot g(x)]$ 存在,且
$$\lim[f(x)\cdot g(x)]=A\cdot B=\lim f(x)\cdot\lim g(x).$$

证 由定理 4 可知 $f(x)=A+\alpha, g(x)=B+\beta$,其中 α 及 β 为无穷小,于是
$$f(x)\cdot g(x)=(A+\alpha)(B+\beta)=A\cdot B+A\beta+B\alpha+\alpha\beta.$$

根据定理 4 的推论 1、推论 2 及定理 3 可知 $(A\beta+B\alpha+\alpha\beta)$ 是一个无穷小,再由定理 1,有
$$\lim[f(x)\cdot g(x)]=A\cdot B.$$

定理 6 可以推广到有限个函数相乘的情形. 例如,如果 $\lim f(x), \lim g(x), \lim h(x)$ 都存在,则有
$$\begin{aligned}\lim[f(x)g(x)h(x)]&=\lim\{[f(x)g(x)]\cdot h(x)\}\\&=\lim[f(x)g(x)]\cdot\lim h(x)\\&=\lim f(x)\cdot\lim g(x)\cdot\lim h(x).\end{aligned}$$

推论 3 如果 $\lim f(x)$ 存在,而 C 为常数,则
$$\lim[Cf(x)]=C\cdot\lim f(x),$$

即常数因子可提到极限符号外面.

推论 4 如果 $\lim f(x)$ 存在,而 n 是正整数,则
$$\lim[f(x)]^n=[\lim f(x)]^n.$$

定理 7 如果 $\lim f(x)=A, \lim g(x)=B$ 且 $B\neq 0$,则 $\lim\dfrac{f(x)}{g(x)}$ 存在,且

$$\lim \frac{f(x)}{g(x)} = \frac{A}{B} = \frac{\lim f(x)}{\lim g(x)}.$$

证 因为 $\lim f(x) = A, \lim g(x) = B$,故有
$$f(x) = A + \alpha, \quad g(x) = B + \beta,$$
其中 α 及 β 为无穷小,令
$$\gamma = \frac{f(x)}{g(x)} - \frac{A}{B},$$
即
$$\frac{f(x)}{g(x)} = \frac{A}{B} + \gamma.$$

下面我们要证 γ 是个无穷小,由于
$$\gamma = \frac{f(x)}{g(x)} - \frac{A}{B} = \frac{A+\alpha}{B+\beta} - \frac{A}{B} = \frac{1}{B(B+\beta)}(B\alpha - A\beta).$$

显然 $B\alpha - A\beta$ 是个无穷小,下面我们证明另一个函数 $\dfrac{1}{B(B+\beta)}$ 在 x_0 的某一邻域内有界.

由于 β 是无穷小,$B \neq 0$,根据无穷小的定义,对于正数 $\dfrac{|B|}{2}$,存在正数 δ,当 $0 < |x - x_0| < \delta$ 时,有
$$|\beta| < \frac{|B|}{2},$$
于是
$$|B + \beta| \geqslant |B| - |\beta| > \frac{|B|}{2},$$
所以
$$|B(B+\beta)| = |B||B+\beta| > \frac{|B|^2}{2},$$
从而
$$\left|\frac{1}{B(B+\beta)}\right| < \frac{2}{B^2},$$
即 $\dfrac{1}{B(B+\beta)}$ 在 x_0 的 δ 邻域内有界,由定理 4 知 γ 是个无穷小,由定理 1,得
$$\lim \frac{f(x)}{g(x)} = \frac{A}{B} = \frac{\lim f(x)}{\lim g(x)}.$$

定理 8 如果 $\varphi(x) \geqslant \psi(x)$,而 $\lim \varphi(x) = a, \lim \psi(x) = b$,那么 $a \geqslant b$.

证 令 $f(x) = \varphi(x) - \psi(x)$,则 $f(x) \geqslant 0$,由 1.3 节定理 3 知 $\lim f(x) \geqslant 0$,而

1.4 极限的运算法则

$$\lim f(x) = \lim[\varphi(x) - \psi(x)] = \lim \varphi(x) - \lim \psi(x) = a - b,$$

故有 $a - b \geqslant 0$，即 $a \geqslant b$.

例 1 求 $\lim\limits_{x \to 2}(5x^3 - 2x + 6)$.

解
$$\begin{aligned}
\lim_{x \to 2}(5x^3 - 2x + 6) &= \lim_{x \to 2} 5x^3 - \lim_{x \to 2} 2x + \lim_{x \to 2} 6 \\
&= 5 \lim_{x \to 2} x^3 - 2 \lim_{x \to 2} x + \lim_{x \to 2} 6 \\
&= 5 (\lim_{x \to 2} x)^3 - 2 \lim_{x \to 2} x + \lim_{x \to 2} 6 \\
&= 5 \times 2^3 - 2 \times 2 + 6 = 42.
\end{aligned}$$

例 2 求 $\lim\limits_{x \to 2} \dfrac{x^3 - 1}{x^2 - 5x + 3}$.

解
$$\begin{aligned}
\lim_{x \to 2} \frac{x^3 - 1}{x^2 - 5x + 3} &= \frac{\lim\limits_{x \to 2}(x^3 - 1)}{\lim\limits_{x \to 2}(x^2 - 5x + 3)} \\
&= \frac{\lim\limits_{x \to 2} x^3 - \lim\limits_{x \to 2} 1}{\lim\limits_{x \to 2} x^2 - 5 \lim\limits_{x \to 2} x + \lim\limits_{x \to 2} 3} \\
&= \frac{(\lim\limits_{x \to 2} x)^3 - 1}{(\lim\limits_{x \to 2} x)^2 - 5 \times 2 + 3} \\
&= \frac{2^3 - 1}{2^2 - 10 + 3} = \frac{7}{-3} = -\frac{7}{3}.
\end{aligned}$$

从上面两个例子可以看出，对于有理整函数（多项式）及有理分式函数，当求 $x \to x_0$ 的极限时，只要把 x_0 代入函数中就行了，但是对于有理分式函数，如果代入后的分母等于零，则没有意义.

实际上，设多项式

$$f(x) = a_0 x^n + a_1 x^{n-1} + \cdots + a_n,$$

则

$$\begin{aligned}
\lim_{x \to x_0} f(x) &= \lim_{x \to x_0}(a_0 x^n + a_1 x^{n-1} + \cdots + a_n) \\
&= a_0 (\lim_{x \to x_0} x)^n + a_1 (\lim_{x \to x_0} x)^{n-1} + \cdots + \lim_{x \to x_0} a_n \\
&= a_0 x_0^n + a_1 x_0^{n-1} + \cdots + a_n = f(x_0).
\end{aligned}$$

对于有理分式

$$F(x) = \frac{P(x)}{Q(x)},$$

其中 $P(x), Q(x)$ 都是多项式，于是有

$$\lim_{x \to x_0} P(x) = P(x_0), \quad \lim_{x \to x_0} Q(x) = Q(x_0).$$

如果 $Q(x_0) \neq 0$,则有

$$\lim_{x \to x_0} F(x) = \lim_{x \to x_0} \frac{P(x)}{Q(x)} = \frac{\lim_{x \to x_0} P(x)}{\lim_{x \to x_0} Q(x)} = \frac{P(x_0)}{Q(x_0)}.$$

对于 $Q(x_0) = 0$ 的情形,商的极限定理失效,需另作处理.

例 3 求 $\lim_{x \to 3} \dfrac{x-3}{x^2-9}$.

解 当 $x \to 3$ 时,分子、分母的极限都是零,于是,我们就先将零因子 $(x-3)$ 消去,可得

$$\lim_{x \to 3} \frac{x-3}{x^2-9} = \lim_{x \to 3} \frac{1}{x+3} = \frac{1}{6}.$$

例 4 求 $\lim_{x \to 1} \dfrac{2x-3}{x^2-5x+4}$.

解 当 $x \to 1$ 时,分母的极限等于零,而分子的极限等于 -1,于是我们采用分子、分母颠倒求极限的方法,因为

$$\lim_{x \to 1} \frac{x^2-5x+4}{2x-3} = \frac{0}{-1} = 0,$$

根据无穷小的倒数是无穷大可知

$$\lim_{x \to 1} \frac{2x-3}{x^2-5x+4} = \infty.$$

例 5 求 $\lim_{x \to \infty} \dfrac{2x^3-3x+2}{5x^3-4x^2-6}$.

解 当 $x \to \infty$ 时分子、分母都是无穷大,故不能用商的极限定理,可先将分子、分母同除以 x 的最高次幂 x^3,则因为 $\dfrac{1}{x^n}$ 当 $x \to \infty$ 时是无穷小,可得

$$\lim_{x \to \infty} \frac{2x^3-3x+2}{5x^3-4x^2-6} = \lim_{x \to \infty} \frac{2 - \dfrac{3}{x^2} + \dfrac{2}{x^3}}{5 - \dfrac{4}{x} - \dfrac{6}{x^3}} = \frac{\lim_{x \to \infty} 2 - 3\lim_{x \to \infty} \dfrac{1}{x^2} + 2\lim_{x \to \infty} \dfrac{1}{x^3}}{\lim_{x \to \infty} 5 - 4\lim_{x \to \infty} \dfrac{1}{x} - 6\lim_{x \to \infty} \dfrac{1}{x^3}}$$

$$= \frac{2-0+0}{5-0-0} = \frac{2}{5}.$$

例 6 求 $\lim_{x \to \infty} \dfrac{3x^2+2x-2}{2x^3-x+1}$.

解 先将分子、分母同除以 x 的最高次幂 x^3,则有

1.4 极限的运算法则

$$\lim_{x\to\infty}\frac{3x^2+2x-2}{2x^3-x+1}=\lim_{x\to\infty}\frac{3\frac{1}{x}+2\frac{1}{x^2}-2\frac{1}{x^3}}{2-\frac{1}{x^2}+\frac{1}{x^3}}=\frac{0}{2}=0.$$

例 7 求 $\lim\limits_{x\to\infty}\dfrac{x^3-2x+2}{2x^2+1}$.

解 因为

$$\lim_{x\to\infty}\frac{2x^2+1}{x^3-2x+2}=\lim_{x\to\infty}\frac{2\frac{1}{x}+\frac{1}{x^3}}{1-2\frac{1}{x^2}+\frac{1}{x^3}}=\frac{0}{1}=0,$$

故原极限为 ∞.

考察例 5～例 7 即可得到下列一般情形的极限公式

$$\lim_{x\to\infty}\frac{a_0x^m+a_1x^{m-1}+\cdots+a_m}{b_0x^n+b_1x^{n-1}+\cdots+b_n}=\begin{cases}\dfrac{a_0}{b_0}, & n=m,\\ 0, & n>m,\\ \infty, & n<m.\end{cases}$$

例 8 求 $\lim\limits_{x\to 0}x\sin\dfrac{1}{x}$.

解 因为当 $x\to 0$ 时,x 是个无穷小,而 $\sin\dfrac{1}{x}$ 是个有界函数,故 $x\sin\dfrac{1}{x}$ 仍是个无穷小,即有 $\lim\limits_{x\to 0}x\sin\dfrac{1}{x}=0$.

习　题　1-4

1. 计算下列极限.

(1) $\lim\limits_{x\to 2}\dfrac{x^2+3}{x-3}$;

(2) $\lim\limits_{x\to 2}\dfrac{x^2-2x}{x^2-4x+4}$;

(3) $\lim\limits_{x\to -1}\dfrac{x+3}{x^2-x+1}$;

(4) $\lim\limits_{x\to -1}\dfrac{x^3+1}{x^2+1}$;

(5) $\lim\limits_{x\to\sqrt{3}}\dfrac{x^2-3}{x^2+1}$;

(6) $\lim\limits_{x\to 0}\dfrac{4x^3-2x^2+x}{3x^2+2x}$;

(7) $\lim\limits_{h\to 0}\dfrac{(x+h)^2-x^2}{h}$;

(8) $\lim\limits_{h\to 0}\dfrac{(x+h)^3-x^3}{h}$;

(9) $\lim\limits_{x\to\infty}\dfrac{2x^2+x}{3x^2+2x+2}$;

(10) $\lim\limits_{x\to\infty}\dfrac{x^2-1}{3x^3+2x^2+2}$;

(11) $\lim\limits_{x\to\infty}\dfrac{(x-1)(x-2)(x-3)}{5x^3}$;

(12) $\lim\limits_{x\to\infty}\dfrac{x^4-3x^2+2}{2x^3-3x+1}$.

2. 计算下列数列极限.

(1) $\lim\limits_{n\to\infty}\dfrac{1+2+3+\cdots+(n-1)}{n^2}$;

(2) $\lim\limits_{n\to\infty}\dfrac{1^2+2^2+3^2+\cdots+n^2}{n^3}$;

(3) $\lim\limits_{n\to\infty}\left(\dfrac{1}{2}+\dfrac{1}{4}+\dfrac{1}{8}+\cdots+\dfrac{1}{2^n}\right)$.

3. 计算下列极限.

(1) $\lim\limits_{x\to 0}x^2\arctan\dfrac{1}{x}$;

(2) $\lim\limits_{x\to\infty}\dfrac{\sin x}{x^2}$.

1.5 两个重要极限

首先介绍一个判定极限存在的准则.

定理 1（两边夹定理） 如果

(1) $y_n\leqslant x_n\leqslant z_n\ (n=1,2,\cdots)$；

(2) $\lim\limits_{n\to\infty}y_n=a,\ \lim\limits_{n\to\infty}z_n=a$，

那么数列 $\{x_n\}$ 的极限存在，且有 $\lim\limits_{n\to\infty}x_n=a$.

证 因为 $y_n\to a, z_n\to a(n\to\infty)$，根据极限定义，对于任意给定的正数 ε，必存在正数 N_1，使得当 $n>N_1$ 时，有 $|y_n-a|<\varepsilon$；存在正数 N_2，使得当 $n>N_2$ 时，有 $|z_n-a|<\varepsilon$. 现取 $N=\max\{N_1,N_2\}$，则当 $n>N$ 时（自然有 $n>N_1$ 及 $n>N_2$），有

$$|y_n-a|<\varepsilon,\quad |z_n-a|<\varepsilon$$

同时成立，即

$$a-\varepsilon<y_n<a+\varepsilon,\quad a-\varepsilon<z_n<a+\varepsilon.$$

而 x_n 介于 y_n 与 z_n 之间，故当 $n>N$ 时，有

$$a-\varepsilon<y_n\leqslant x_n\leqslant z_n<a+\varepsilon,$$

即有

$$|x_n-a|<\varepsilon,$$

所以

$$\lim\limits_{n\to\infty}x_n=a.$$

上述极限存在准则可以推广到函数极限.

定理 2 如果

(1) 对于点 x_0 的某一邻域内的一切 x，但点 x_0 本身可以除外（或对于绝对值大于某一正数的 x）有

1.5 两个重要极限

$$g(x) \leqslant f(x) \leqslant h(x);$$

(2) $\lim\limits_{\substack{x \to x_0 \\ (x \to \infty)}} g(x) = A$, $\lim\limits_{\substack{x \to x_0 \\ (x \to \infty)}} h(x) = A$,

那么

$$\lim\limits_{\substack{x \to x_0 \\ (x \to \infty)}} f(x) = A.$$

利用定理 2,我们可以证明一个很重要的极限:

$$\lim_{x \to 0} \frac{\sin x}{x} = 1.$$

首先,函数 $\dfrac{\sin x}{x}$ 对于一切不等于零的 x 都有定义.

在图 1-17 所示的单位圆中,设圆心角 $\angle AOB = x \left(0 < x < \dfrac{\pi}{2}\right)$,点 A 处的切线与 OB 的延长线相交于 D,作 $AC \perp OB$,则

$$\sin x = AC, \quad x = \overset{\frown}{AB}, \quad \tan x = AD.$$

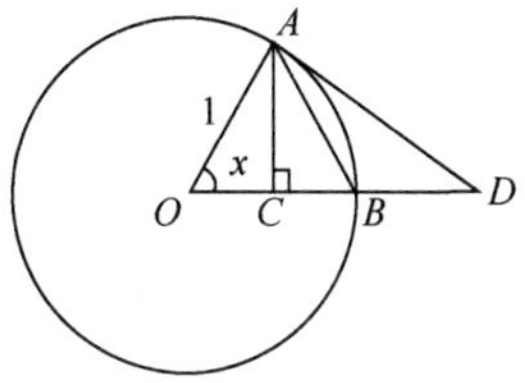

图 1-17

因为

$\triangle AOB$ 的面积 $<$ 扇形 AOB 的面积 $< \triangle AOD$ 的面积,

即

$$\frac{1}{2} \sin x < \frac{1}{2} x < \frac{1}{2} \tan x,$$

即有

$$\sin x < x < \tan x,$$

同除以 $\sin x$,有

$$1 < \frac{x}{\sin x} < \frac{1}{\cos x},$$

即

$$\cos x < \frac{\sin x}{x} < 1.$$

因为当用 $-x$ 代替 x 时,$\cos x$ 与 $\dfrac{\sin x}{x}$ 都不变,所以上面的不等式对于开区间 $\left(-\dfrac{\pi}{2}, 0\right)$ 内的一切 x 也是成立的.

因为 $\lim\limits_{x \to 0} \cos x = 1$(读者自证),$\lim\limits_{x \to 0} 1 = 1$,由定理 2,可得

$$\lim_{x \to 0} \frac{\sin x}{x} = 1.$$

例1 求 $\lim\limits_{x\to 0}\dfrac{\sin ax}{x}(a\neq 0)$.

解 $\lim\limits_{x\to 0}\dfrac{\sin ax}{x}=\lim\limits_{x\to 0}\dfrac{a\sin ax}{ax}=a\lim\limits_{x\to 0}\dfrac{\sin ax}{ax}=a.$

例2 求 $\lim\limits_{x\to 0}\dfrac{1-\cos x}{x^2}$.

解 $\lim\limits_{x\to 0}\dfrac{1-\cos x}{x^2}=\lim\limits_{x\to 0}\dfrac{2\sin^2\dfrac{x}{2}}{x^2}=\dfrac{1}{2}\lim\limits_{x\to 0}\left(\dfrac{\sin\dfrac{x}{2}}{\dfrac{x}{2}}\right)^2=\dfrac{1}{2}.$

例3 求 $\lim\limits_{x\to 0}\dfrac{\tan x}{x}$.

解 $\lim\limits_{x\to 0}\dfrac{\tan x}{x}=\lim\limits_{x\to 0}\dfrac{\sin x}{x}\cdot\dfrac{1}{\cos x}=\lim\limits_{x\to 0}\dfrac{\sin x}{x}\cdot\lim\limits_{x\to 0}\dfrac{1}{\cos x}=1.$

下面,我们再来证明另外一个非常重要的极限的存在性:

$$\lim_{x\to\infty}\left(1+\dfrac{1}{x}\right)^x.$$

我们只就 x 取正整数 n 且趋向正无穷的情形进行证明,即只证 $\lim\limits_{n\to\infty}\left(1+\dfrac{1}{n}\right)^n$ 的存在性.

设 $x_n=\left(1+\dfrac{1}{n}\right)^n$,要证数列 $\{x_n\}$ 极限存在,只要能够证明 $\{x_n\}$ 单调增加并且有界即可(1.3 节定理 1). 按牛顿二项公式

$$x_n=\left(1+\dfrac{1}{n}\right)^n=1+\dfrac{n}{1!}\cdot\dfrac{1}{n}+\dfrac{n(n-1)}{2!}\cdot\dfrac{1}{n^2}+\dfrac{n(n-1)(n-2)}{3!}\cdot\dfrac{1}{n^3}+\cdots$$
$$+\dfrac{n(n-1)\cdots(n-n+1)}{n!}\cdot\dfrac{1}{n^n}$$
$$=1+1+\dfrac{1}{2!}\left(1-\dfrac{1}{n}\right)+\dfrac{1}{3!}\left(1-\dfrac{1}{n}\right)\left(1-\dfrac{2}{n}\right)+\cdots+\dfrac{1}{n!}\left(1-\dfrac{1}{n}\right)\left(1-\dfrac{2}{n}\right)\cdots\left(1-\dfrac{n-1}{n}\right).$$

类似地,

$$x_{n+1}=1+1+\dfrac{1}{2!}\left(1-\dfrac{1}{n+1}\right)+\dfrac{1}{3!}\left(1-\dfrac{1}{n+1}\right)\left(1-\dfrac{2}{n+1}\right)+\cdots$$
$$+\dfrac{1}{n!}\left(1-\dfrac{1}{n+1}\right)\left(1-\dfrac{2}{n+1}\right)\cdot\left(1-\dfrac{n-1}{n+1}\right)$$
$$+\dfrac{1}{(n+1)!}\left(1-\dfrac{1}{n+1}\right)\left(1-\dfrac{2}{n+1}\right)\cdots\left(1-\dfrac{n}{n+1}\right).$$

比较 x_n 和 x_{n+1} 的展开式,可以看出:除前两项外,x_n 的每一项都小于 x_{n+1} 的对

1.5 两个重要极限

应项,而且 x_{n+1} 还多了最后一项. 故有

$$x_n < x_{n+1} \quad (n=1,2,\cdots),$$

所以数列 $\{x_n\}$ 是单调增加的,下面证明它是有界的,从 x_n 的展开式我们可以得到

$$x_n < 1+1+\frac{1}{2!}+\frac{1}{3!}+\cdots+\frac{1}{n!}$$

$$< 1+1+\frac{1}{2}+\frac{1}{2^2}+\cdots+\frac{1}{2^{n-1}}$$

$$= 1+\frac{1-\frac{1}{2^n}}{1-\frac{1}{2}} = 3-\frac{1}{2^{n-1}} < 3,$$

即 $\{x_n\}$ 有界,于是由 1.3 节定理 1 知极限

$$\lim_{n\to\infty}\left(1+\frac{1}{n}\right)^n$$

存在,我们用字母 e 来表示此极限值,这个数 e 是无理数,它的值是

$$e = 2.718281828459045\cdots.$$

可以证明,当 x 取实数而趋向 $+\infty$ 或 $-\infty$ 时,函数 $\left(1+\frac{1}{x}\right)^x$ 的极限都存在且都等于 e,因此

$$\lim_{x\to\infty}\left(1+\frac{1}{x}\right)^x = e.$$

利用代换 $z=\frac{1}{x}$,则当 $x\to\infty$ 时,$z\to 0$,于是上式又可写成

$$\lim_{z\to 0}(1+z)^{\frac{1}{z}} = e.$$

例 4 求 $\lim\limits_{x\to\infty}\left(1-\frac{1}{x}\right)^x$.

解 令 $t=-x$,则当 $x\to\infty$ 时,$t\to\infty$,从而有

$$\lim_{x\to\infty}\left(1-\frac{1}{x}\right)^x = \lim_{t\to\infty}\left(1+\frac{1}{t}\right)^{-t} = \lim_{t\to\infty}\left[\left(1+\frac{1}{t}\right)^t\right]^{-1} = e^{-1} = \frac{1}{e}.$$

例 5 求 $\lim\limits_{x\to\infty}\left(\frac{x+2}{x}\right)^x$.

解 $\lim\limits_{x\to\infty}\left(\frac{x+2}{x}\right)^x = \lim\limits_{x\to\infty}\left[\left(1+\frac{2}{x}\right)^{\frac{x}{2}}\right]^2 = e^2.$

习 题 1-5

求下列极限.

(1) $\lim\limits_{x\to 0}\dfrac{\sin 2x}{\sin 5x}$;

(2) $\lim\limits_{x\to 0}\dfrac{\arcsin x}{x}$;

(3) $\lim\limits_{x\to 0}\dfrac{\tan 2x}{x}$;

(4) $\lim\limits_{x\to\infty}\dfrac{\sin x}{x}$;

(5) $\lim\limits_{x\to a}\dfrac{\cos x-\cos a}{x-a}$;

(6) $\lim\limits_{x\to a}\dfrac{\sin x-\sin a}{x-a}$;

(7) $\lim\limits_{x\to\infty}\left(1+\dfrac{1}{x}\right)^{\frac{x}{3}}$;

(8) $\lim\limits_{x\to\infty}\left(\dfrac{1+x}{x}\right)^{2x}$;

(9) $\lim\limits_{x\to\infty}\left(\dfrac{2x+3}{2x+1}\right)^{2x+1}$;

(10) $\lim\limits_{x\to\infty}\left(1-\dfrac{1}{x}\right)^{kx}$;

(11) $\lim\limits_{x\to 0}(1-2x)^{\frac{1}{x}}$;

(12) $\lim\limits_{x\to 0}(1-x^2)^{\frac{1}{1-\cos x}}$.

1.6 无穷小的比较

在 1.4 节中我们已经知道,两个无穷小的和、差、积仍是无穷小,但是,对于两个无穷小的商,却会出现多种情况.例如,当 $x\to 0$ 时,$x,3x^2,\sin x$ 都是无穷小,而

$$\lim_{x\to 0}\frac{3x^2}{x}=0,\quad \lim_{x\to 0}\frac{x}{3x^2}=\infty,\quad \lim_{x\to 0}\frac{\sin x}{x}=1.$$

两个无穷小比值的极限的各种情况,反映了不同的无穷小趋于零的"快慢"程度,如在 $x\to 0$ 的过程中,$3x^2\to 0$ 比 $x\to 0$"快些",反之,$x\to 0$ 比 $3x^2\to 0$"慢些",$\sin x\to 0$ 与 $x\to 0$"快慢相同".

下面我们分不同情况给出两个无穷小之间的比较,这里指出,下面的 α 及 β 都是在同一个自变量的变化过程中的无穷小,而 $\lim\dfrac{\beta}{\alpha}$ 也是在这个变化过程中的极限.

定义 如果 $\lim\dfrac{\beta}{\alpha}=0$,就说 β 是比 α **高阶的**无穷小,记作 $\beta=o(\alpha)$;

如果 $\lim\dfrac{\beta}{\alpha}=\infty$,就说 β 是比 α **低阶的**无穷小;

如果 $\lim\dfrac{\beta}{\alpha}=C\neq 0$,就说 β 与 α 是**同阶无穷小**;

如果 $\lim\dfrac{\beta}{\alpha}=1$,就说 β 与 α 是**等价无穷小**,记作 $\alpha\sim\beta$.

1.6 无穷小的比较

显然,等价无穷小是同阶无穷小的特例.

由此定义可知,当 $x \to 0$ 时, $3x^2$ 是比 x 高阶的无穷小, x 是比 $3x^2$ 低阶的无穷小,而 x 与 $\sin x$ 则是等价无穷小.

又如:因为 $\lim\limits_{x \to 3} \dfrac{x^2-9}{x-3} = 6$, 所以当 $x \to 3$ 时, x^2-9 是与 $x-3$ 同阶的无穷小. 因为 $\lim\limits_{n \to \infty} \dfrac{\frac{1}{n}}{\frac{1}{n^2}} = \infty$, 所以当 $n \to \infty$ 时, $\dfrac{1}{n}$ 是比 $\dfrac{1}{n^2}$ 低阶的无穷小.

下面介绍等价无穷小的一个重要性质.

设 $\alpha \sim \alpha'$, $\beta \sim \beta'$, 且 $\lim \dfrac{\beta'}{\alpha'}$ 存在, 则

$$\lim \frac{\beta}{\alpha} = \lim \frac{\beta'}{\alpha'}.$$

这是因为

$$\lim \frac{\beta}{\alpha} = \lim \left(\frac{\beta}{\beta'} \cdot \frac{\beta'}{\alpha'} \cdot \frac{\alpha'}{\alpha} \right) = \lim \frac{\beta}{\beta'} \cdot \lim \frac{\beta'}{\alpha'} \cdot \lim \frac{\alpha'}{\alpha} = \lim \frac{\beta'}{\alpha'}.$$

利用这个性质,在求两个无穷小之比的极限时,分子及分母都可以用等价无穷小来代替.

例 1 求 $\lim\limits_{x \to 0} \dfrac{\tan 2x}{\sin 3x}$.

解 当 $x \to 0$ 时, $\tan 2x \sim 2x$, $\sin 3x \sim 3x$, 所以

$$\lim_{x \to 0} \frac{\tan 2x}{\sin 3x} = \lim_{x \to 0} \frac{2x}{3x} = \frac{2}{3}.$$

例 2 求 $\lim\limits_{x \to 0} \dfrac{\tan x - \sin x}{\sin^3 x}$.

解 因为 $\tan x - \sin x = \dfrac{\sin x (1 - \cos x)}{\cos x}$, 当 $x \to 0$ 时, $\sin x \sim x$, $1 - \cos x \sim \dfrac{x^2}{2}$, 所以

$$\lim_{x \to 0} \frac{\tan x - \sin x}{\sin^3 x} = \lim \left(\frac{1}{\cos x} \cdot \frac{1 - \cos x}{\sin^2 x} \right) = \lim_{x \to 0} \frac{1}{\cos x} \cdot \lim_{x \to 0} \frac{\frac{x^2}{2}}{x^2}$$
$$= 1 \cdot \frac{1}{2} = \frac{1}{2}.$$

习 题 1-6

1. 当 $x \to 0$ 时, $2x - x^2$ 与 $x^2 - x^3$ 相比,哪一个是高阶无穷小?

2. 证明:当 $x \to 0$ 时,下列各对无穷小是等价的.

(1) $\arctan x$ 与 x; (2) $\sin x - \frac{1}{2}\sin 2x$ 与 $\frac{x^3}{2}$.

3. 利用等价无穷小的性质,求下列极限.

(1) $\lim\limits_{x \to 0} \dfrac{\tan 3x}{2x}$; (2) $\lim\limits_{x \to 0} \dfrac{\sin x}{3x + x^3}$;

(3) $\lim\limits_{x \to 0} \dfrac{\sin(x^n)}{(\sin x)^m}$ (n,m 为正整数).

4. 设 α, β 是无穷小,证明:如果 $\alpha \sim \beta$,则 $\beta - \alpha = o(\alpha)$;反之,如果 $\beta - \alpha = o(\alpha)$,则 $\alpha \sim \beta$.

1.7　函数的连续性

自然界中有许多现象,如生物的生长、液体的流动、气温的变化、人体的增高等,都是连续地变化的,这种现象反映在函数关系上,就是函数的连续性.

一、函数连续性的概念

以气温变化为例,当时间变动很小时,气温的变化也很小,而且随着时间变动的减小而减少,这种现象就反映了温度函数的连续性,下面我们先引进增量的概念,再给出连续性的定义.

设函数 $y = f(x)$ 在 x_0 的某个邻域内有定义,x 是这个邻域内的另一点,当自变量由 x_0 变到 x 时,差 $x - x_0$ 叫自变量在点 x_0 的增量(或改变量),用 Δx 来表示,即 $\Delta x = x - x_0$,对应的函数值之差 $f(x) - f(x_0) = f(x_0 + \Delta x) - f(x_0)$ 称为函数 $f(x)$ 在点 x_0 的增量,记为 Δy,即

$$\Delta y = f(x_0 + \Delta x) - f(x_0).$$

我们先从几何上来解释一下函数连续变化的意思,通常说一个函数是连续的,就是说它的图形是一条连续曲线,如图 1-18 所示,这样的曲线的特点是:在任意一点 x_0 处,当自变量的增量 Δx 很小时,函数的增量 Δy 也很小,并且当 Δx 趋于零时,Δy 也趋于零.

定义 1　设函数 $y = f(x)$ 在点 x_0 的某个邻域内有定义,如果当自变量 x 在点 x_0 的增量 Δx 趋于零时,函数的相应增量 Δy 也趋于零,即

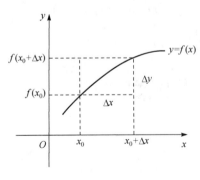

图 1-18

$$\lim_{\Delta x \to 0} \Delta y = \lim_{\Delta x \to 0} [f(x_0 + \Delta x) - f(x_0)] = 0, \tag{1}$$

则称函数 $y=f(x)$ 在点 x_0 连续，x_0 叫做函数的连续点.

令 $x = x_0 + \Delta x$，则 $\Delta x \to 0$ 也即 $x \to x_0$，因为
$$\Delta y = f(x_0 + \Delta x) - f(x_0) = f(x) - f(x_0),$$
即
$$f(x) = f(x_0) + \Delta y,$$
可见 $\Delta y \to 0$，即是 $f(x) \to f(x_0)$，于是(1)式可写成
$$\lim_{x \to x_0} f(x) = f(x_0),$$
故连续的定义又可写成如下定义.

定义 2 设函数 $y = f(x)$ 在点 x_0 的某个邻域内有定义，当 $x \to x_0$ 时，若函数 $f(x)$ 的极限存在，且极限值等于 $f(x)$ 在点 x_0 的函数值 $f(x_0)$，即
$$\lim_{x \to x_0} f(x) = f(x_0), \tag{2}$$
则称函数 $y = f(x)$ 在点 x_0 处连续.

例 1 证明函数 $y = f(x) = 2x + 3$ 在点 $x = 1$ 处连续.

证 因为
$$\lim_{x \to 1}(2x + 3) = 2\lim_{x \to 1} x + \lim_{x \to 1} 3 = 5,$$
而 $f(1) = 2 \times 1 + 3 = 5$，即有
$$\lim_{x \to 1} f(x) = f(1),$$
所以函数 $2x + 3$ 在 $x = 1$ 处连续.

下面介绍左连续和右连续的概念.

如果函数 $f(x)$ 在 x_0 处的左极限 $f(x_0 - 0)$ 存在，且 $f(x_0 - 0) = f(x_0)$，则称 $f(x)$ 在点 x_0 **左连续**；如果函数在点 x_0 处的右极限 $f(x_0 + 0)$ 存在，且 $f(x_0 + 0) = f(x_0)$，则称 $f(x)$ 在点 x_0 **右连续**.

以下结论是显然的.

如果 $f(x)$ 在点 x_0 的某个邻域内有定义，则函数在点 x_0 连续的充要条件是：函数在点 x_0 既左连续又右连续.

下面给出一个区间上的连续函数的概念.

定义 3 如果函数 $f(x)$ 在某一区间上的每一点都连续，则称函数在该区间上是连续的；或者说，$f(x)$ 是该区间上的连续函数（如果区间包括端点，则是指函数在右端点左连续，在左端点右连续）.

例 2 试证明函数 $y = \sin x$ 在区间 $(-\infty, +\infty)$ 内是连续的.

证 设 x 是 $(-\infty, +\infty)$ 内的任一点，在点 x 给自变量一个增量 Δx，相应函数的增量为
$$\Delta y = \sin(x + \Delta x) - \sin x = 2\sin\frac{\Delta x}{2} \cdot \cos\left(x + \frac{\Delta x}{2}\right).$$

由于 $\left|\sin\dfrac{\Delta x}{2}\right| \leqslant \dfrac{|\Delta x|}{2}$，而 $\left|\cos\left(x+\dfrac{\Delta x}{2}\right)\right| \leqslant 1$，所以有
$$|\Delta y| \leqslant |\Delta x|.$$

当 $\Delta x \to 0$ 时，$\Delta y \to 0$，所以 $y=\sin x$ 在 $(-\infty,+\infty)$ 内任何点 x 处都连续，即 $y=\sin x$ 在区间 $(-\infty,+\infty)$ 内连续. 同理可证 $y=\cos x$ 在 $(-\infty,+\infty)$ 内连续.

二、函数的间断点

由定义 2 中的 (2) 式可以看出，函数 $f(x)$ 在点 x_0 处连续，必须具备三个条件.
(1) $f(x)$ 在点 x_0 要有定义，即 $f(x_0)$ 存在.
(2) 极限 $\lim\limits_{x \to x_0} f(x)$ 要存在.
(3) 极限值 $\lim\limits_{x \to x_0} f(x)$ 要与函数值 $f(x_0)$ 相等.

这三个条件中的任一个被破坏，函数在点 x_0 就不连续，而不连续的点称为函数的**间断点**，或者说 $f(x)$ 在点 x_0 处间断，所以函数在 x_0 处间断必定属于下列情形之一.
(1) $f(x)$ 在 x_0 没有定义.
(2) $f(x)$ 在 x_0 有定义，但 $\lim\limits_{x \to x_0} f(x)$ 不存在.
(3) $f(x)$ 在 x_0 有定义，且 $\lim\limits_{x \to x_0} f(x)$ 存在，但 $\lim\limits_{x \to x_0} f(x) \neq f(x_0)$.

例 3 函数 $f(x) = \dfrac{x^2-1}{x-1}$ 在 $x=1$ 没有定义，尽管 $\lim\limits_{x \to 1} \dfrac{x^2-1}{x-1} = 2$，但 $x=1$ 仍是函数 $\dfrac{x^2-1}{x-1}$ 的间断点.

例 4 函数
$$f(x) = \begin{cases} x, & x<0, \\ \dfrac{1}{2}, & x=0, \\ -x+1, & x>0 \end{cases}$$
在 $x=0$ 有定义，但
$$f(0-0) = \lim_{x \to 0^-} f(x) = \lim_{x \to 0^-} x = 0,$$
$$f(0+0) = \lim_{x \to 0^+} f(x) = \lim_{x \to 0^+} (-x+1) = 1,$$
$$f(0-0) \neq f(0+0),$$
极限 $\lim\limits_{x \to 0} f(x)$ 不存在，所以 $f(x)$ 在点 $x=0$ 处间断.

例 5 函数 $f(x) = \begin{cases} \dfrac{x^2-1}{x-1}, & x \neq 1, \\ 1, & x=1 \end{cases}$，在 $x=1$ 处间断.

因为，虽然 $f(x)$ 在点 $x=1$ 有定义，且 $\lim\limits_{x \to 1} f(x) = 2$，但由于 $f(1) = 1 \neq \lim\limits_{x \to 1} f(x)$，所以 $f(x)$ 在 $x=1$ 处间断.

以上三个例子有一个共同特点，就是函数在间断点处左、右极限都存在，我们把左、右极限都存在的间断点称为**第一类间断点**，其他间断点称为**第二类间断点**.

例 6 函数 $y = \dfrac{1}{x^2}$ 在 $x=0$ 处间断.

因为函数在点 $x=0$ 处无定义，且

$$\lim_{x \to 0} \frac{1}{x^2} = \infty,$$

所以 $x=0$ 是 $\dfrac{1}{x^2}$ 的间断点，且是第二类间断点.

在第一类间断点中，如果 $\lim\limits_{x \to x_0} f(x)$ 存在，则这个间断点叫做可去间断点，这类间断点要么是 $f(x)$ 在点 x_0 没有定义，要么是 $f(x)$ 在点 x_0 有定义，但 $f(x_0) \neq \lim\limits_{x \to x_0} f(x)$. 我们只要给 $f(x)$ 补充定义或修改定义，使 $f(x_0) = \lim\limits_{x \to x_0} f(x)$，则函数在点 x_0 就变为连续的了. 所以称其为可去间断点. 例如，在例 3 中补充函数在 $x=1$ 处的定义，令 $f(1) = 2$，则 $f(x)$ 的表达形式为

$$f(x) = \begin{cases} \dfrac{x^2-1}{x-1}, & x \neq 1, \\ 2, & x = 1, \end{cases}$$

于是 $f(x)$ 在点 $x=1$ 是连续的. 再如例 5，如果我们将 $x=1$ 时 $f(x)=1$，修改定义为 $f(1) = 2$，则函数在点 $x=1$ 就变为连续了.

三、连续函数的运算

根据连续函数的定义与函数极限的性质，即可得到下列定理.

定理 1 有限个在某点连续的函数的和仍是一个在该点连续的函数.

证 考虑两个在点 x_0 处连续的函数 $f(x), g(x)$ 的和：$F(x) = f(x) + g(x)$. 因为

$$\lim_{x \to x_0} F(x) = \lim_{x \to x_0} f(x) + \lim_{x \to x_0} g(x) = f(x_0) + g(x_0) = F(x_0),$$

所以 $F(x)$ 在点 x_0 处连续.

仿此，读者可以自己证明下面两个定理.

定理 2 有限个在某点连续的函数的乘积是一个在该点连续的函数.

定理 3 两个在某点连续的函数的商是一个在该点连续的函数，只要分母在该点不为零.

例如，因为 $\tan x = \dfrac{\sin x}{\cos x}$，$\cot x = \dfrac{\cos x}{\sin x}$，而 $\sin x$，$\cos x$ 都在 $(-\infty, +\infty)$ 内连续，故由定理 3 知，$\tan x$ 和 $\cot x$ 在它们的定义域内是连续的.

定理 4 如果函数 $y = f(x)$ 在某区间上单值、单调增加（或减少）且连续，那么它的反函数也在对应区间上单值、单调增加（或减少）且连续.

证明从略.

由此定理可知 $y = \arcsin x$ 在 $[-1, 1]$ 上连续，$y = \arccos x$ 在 $[-1, 1]$ 上连续，$y = \arctan x$ 在 $(-\infty, +\infty)$ 内连续，$y = \text{arccot}\, x$ 在 $(-\infty, +\infty)$ 内连续.

定理 5 设函数 $u = \varphi(x)$ 当 $x \to x_0$ 时的极限存在且等于 a，即
$$\lim_{x \to x_0} \varphi(x) = a,$$
而函数 $y = f(u)$ 在点 $u = a$ 连续，那么复合函数 $y = f[\varphi(x)]$ 当 $x \to x_0$ 时的极限也存在且等于 $f(a)$，即
$$\lim_{x \to x_0} f[\varphi(x)] = f(a) = f[\lim_{x \to x_0} \varphi(x)].$$

证 由于 $f(u)$ 在点 $u = a$ 连续，故对于任意给定的正数 ε，存在正数 η，使得当 $|u - a| < \eta$ 时，$|f(u) - f(a)| < \varepsilon$ 成立. 又因为 $\lim_{x \to x_0} \varphi(x) = a$，故对于上面得到的正数 η，存在着正数 δ，使得当 $0 < |x - x_0| < \delta$ 时，$|\varphi(x) - a| < \eta$ 成立.

将上面两个步骤合起来，得到：对于任意给定的正数 ε，存在正数 δ，使当 $0 < |x - x_0| < \delta$ 时，
$$|f(u) - f(a)| = |f[\varphi(x)] - f(a)| < \varepsilon$$
成立，这就证明了
$$\lim_{x \to x_0} f[\varphi(x)] = f(a).$$

例 7 求 $\lim\limits_{x \to 0} \cos(1 + x)^{\frac{1}{x}}$.

解 $y = \cos(1 + x)^{\frac{1}{x}}$ 可看作由 $y = \cos u$ 与 $u = (1 + x)^{\frac{1}{x}}$ 复合而成，因为 $\lim\limits_{x \to 0}(1 + x)^{\frac{1}{x}} = e$，而函数 $y = \cos u$ 在点 $u = e$ 连续，故由定理 5 知
$$\lim_{x \to 0} \cos(1 + x)^{\frac{1}{x}} = \cos e.$$

定理 6 设函数 $u = \varphi(x)$ 在点 $x = x_0$ 连续，且 $\varphi(x_0) = u_0$，而函数 $y = f(u)$ 在点 $u = u_0$ 连续，那么复合函数 $y = f[\varphi(x)]$ 在点 $x = x_0$ 也是连续的.

证 只要在定理 5 的证明中令 $a = u_0 = \varphi(x_0)$，就得
$$\lim_{x \to x_0} f[\varphi(x)] = f(u_0) = f[\varphi(x_0)],$$
所以 $y = f[\varphi(x)]$ 在点 x_0 连续.

例 8 讨论 $y = \sin \dfrac{1}{x}$ 的连续性.

解 $y=\sin\dfrac{1}{x}$ 可看作是由 $y=\sin u$ 及 $u=\dfrac{1}{x}$ 复合而成的. $\sin u$ 当 $-\infty<u<+\infty$ 时是连续的. $\dfrac{1}{x}$ 当 $-\infty<x<0$ 和 $0<x<+\infty$ 时是连续的,根据定理 6,$y=\sin\dfrac{1}{x}$ 在区间 $(-\infty,0)$ 和 $(0,+\infty)$ 内是连续的.

四、初等函数的连续性

前面我们已经讨论了三角函数和反三角函数的连续性,我们还可以证明幂函数 $y=x^\mu$,指数函数 $y=a^x(a>0,a\neq 1)$,对数函数 $y=\log_a x$ 在其定义域内是连续的,由于篇幅所限,我们就不逐一证明了.

综合起来得到:基本初等函数在它们的定义域内都是连续的,根据连续函数的运算性质即可得如下定理.

定理 7 任何初等函数在它的定义区间内都是连续的.

故对于任意初等函数 $f(x)$ 定义域内的点 x_0 都有: $\lim\limits_{x\to x_0}f(x)=f(x_0)$.

利用上面的结论,下面证明几个重要极限,它们在今后都是常要用到的.

例 9 求证下列函数的极限:

(1) $\lim\limits_{h\to 0}\dfrac{\ln(1+h)}{h}=1$;　　(2) $\lim\limits_{x\to 0}\dfrac{e^x-1}{x}=1$;　　(3) $\lim\limits_{x\to 0}\dfrac{(1+x)^\alpha-1}{x}=\alpha$.

证 (1) $\lim\limits_{h\to 0}\dfrac{\ln(1+h)}{h}=\lim\limits_{h\to 0}\ln(1+h)^{\frac{1}{h}}=\ln\{\lim\limits_{h\to 0}(1+h)^{\frac{1}{h}}\}=\ln e=1$.

(2) 令 $e^x-1=h$,则 $x=\ln(1+h)$,且在 $x\to 0$ 时,$h\to 0$,则
$$\lim_{x\to 0}\dfrac{e^x-1}{x}=\lim_{h\to 0}\dfrac{h}{\ln(1+h)}=1.$$

(3) $\lim\limits_{x\to 0}\dfrac{(1+x)^\alpha-1}{x}=\lim\limits_{x\to 0}\dfrac{e^{\alpha\ln(1+x)}-1}{x}=\lim\limits_{x\to 0}\dfrac{e^{\alpha\ln(1+x)}-1}{\alpha\ln(1+x)}\cdot\dfrac{\ln(1+x)}{x}\cdot\alpha$

$\xlongequal{y=\alpha\ln(1+x)}\lim\limits_{y\to 0}\dfrac{e^y-1}{y}\cdot\lim\limits_{x\to 0}\dfrac{\ln(1+x)}{x}\cdot\alpha=\alpha.$

五、闭区间上连续函数的性质

下面的定理是闭区间上连续函数的基本性质,在这里只作叙述,不加证明,而它们的正确性从几何上看是十分明显的.

定理 8(最大值和最小值定理) 设 $y=f(x)$ 是闭区间 $[a,b]$ 上的连续函数,则它在这个区间上至少取得一次最大值和一次最小值.

如图 1-19 所示，$f(x_1)$ 是最大值，$f(a)$ 是最小值.

推论 闭区间上的连续函数在该区间上一定有界.

定理 9（介值定理） 设 $y=f(x)$ 是闭区间 $[a,b]$ 上的连续函数，$f(a)=A$，$f(b)=B$，μ 是介于 A 与 B 之间的任一数，则在 (a,b) 内至少存在一点 $\xi(a<\xi<b)$，使得 $f(\xi)=\mu$.

如图 1-20 所示，μ 是 A 与 B 之间的任意一个值，而 ξ_1,ξ_2,ξ_3 都是使得 $f(\xi)=\mu$ 的值.

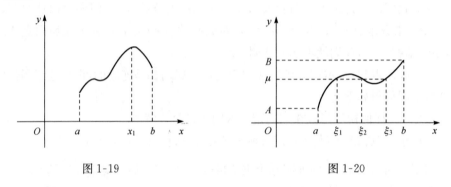

图 1-19　　　　　　　图 1-20

推论（根的存在定理） 设 $f(x)$ 是 $[a,b]$ 上的连续函数，且 $f(a) \cdot f(b)<0$，则至少存在一点 $\xi(a<\xi<b)$，使得 $f(\xi)=0$.

如图 1-21 所示.

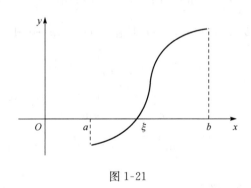

图 1-21

习　题　1-7

1. 下列函数当 k 取何值时在其定义域内连续？

(1) $f(x)=\begin{cases} e^x, & x<0, \\ k+x, & x \geqslant 0; \end{cases}$

(2) $f(x)=\begin{cases}\dfrac{1}{x}\sin x, & x<0, \\ k, & x=0, \\ x\sin\dfrac{1}{x}+1, & x>0;\end{cases}$

(3) $f(x)=\begin{cases}\dfrac{\sin 2x}{x}, & x<0, \\ 3x^2-2x+k, & x\geqslant 0.\end{cases}$

2. 下列函数在指出的点处间断,说明这些间断点属于哪一类,如果是可去间断点,则补充或修改定义使它连续.

(1) $y=\dfrac{x^2-1}{x^2-3x+2}, x=1, x=2$;

(2) $y=\dfrac{x}{\tan x}, x=k\pi, x=k\pi+\dfrac{\pi}{2}(k=0,\pm 1,\pm 2,\cdots)$;

(3) $y=\cos^2\dfrac{1}{x}, x=0$;

(4) $y=\begin{cases}x-1, & x\leqslant 1, \\ 3-x, & x>1,\end{cases} x=1.$

3. 求下列函数或数列的极限.

(1) $\lim\limits_{x\to 0}\sqrt{x^2-2x+5}$;

(2) $\lim\limits_{t\to -2}\dfrac{e^t+1}{t}$;

(3) $\lim\limits_{\alpha\to\frac{\pi}{4}}(\sin 2\alpha)^3$;

(4) $\lim\limits_{x\to\frac{\pi}{9}}\ln(2\cos 3x)$;

(5) $\lim\limits_{x\to\frac{\pi}{4}}\dfrac{\sin 2x}{2\cos(\pi-x)}$;

(6) $\lim\limits_{x\to 0}\dfrac{\sqrt{x+1}-1}{x}$;

(7) $\lim\limits_{x\to 0}\dfrac{x^2}{1-\sqrt{1+x^2}}$;

(8) $\lim\limits_{x\to 1}\dfrac{\sqrt{5x-4}-\sqrt{x}}{x-1}$;

(8) $\lim\limits_{n\to\infty}\dfrac{\sin\dfrac{5}{n^2}}{\tan\dfrac{1}{n^2}}$;

(10) $\lim\limits_{n\to\infty}\dfrac{\ln\left(1+\dfrac{2}{\sqrt{n}}\right)}{\sqrt{n}}$.

4. 求下列极限.

(1) $\lim\limits_{x\to\infty}e^{\frac{1}{x}}$;

(2) $\lim\limits_{x\to 0}\ln\dfrac{\sin x}{x}$;

(3) $\lim\limits_{x\to\infty}\left(\dfrac{x^2}{x^2-1}\right)^x$;

(4) $\lim\limits_{x\to 0}(1+3\tan^2 x)^{\cot^2 x}$;

(5) $\lim\limits_{x\to 0}\dfrac{e^x-1}{x}$(提示：令 $t=e^x-1$).

5. 判断函数 $f(x)=\begin{cases}x, & x<0, \\ \sin x, & x\geqslant 0\end{cases}$ 在 $x=0$ 处是否连续,并作出图形.

6. 判断函数 $f(x)=\begin{cases}x-1, & x\leqslant 0, \\ 2-x, & x>0\end{cases}$ 在 $x=0$ 处是否连续,并作出图形.

7. 证明方程 $x^5-3x=1$ 至少有一个根介于 1 和 2 之间.

8. 证明方程 $e^x\cos x=0$ 在 $(0,\pi)$ 内至少有一个根.

9. 设 $f(x)=\begin{cases}1, & x\geqslant 0, \\ -1, & x<0,\end{cases}$ $g(x)=\sin x$,讨论 $f[g(x)]$ 的连续性.

第二章 导数与微分

微分学是微积分的重要组成部分,它的基本概念是导数与微分.本章我们主要讨论导数和微分的概念以及初等函数的导数和微分的计算方法.

2.1 导数的概念

一、变化率问题举例

在生产实践和科学实验中,不仅要研究某个变量与另一个变量之间的依从关系,而且还要研究由于自变量的变化而引起的函数的变化快慢程度,这类问题通常叫做**变化率问题**.下面通过我们熟知的几个实例说明如何表达和计算变化率,从而引进导数概念.

1. 变速直线运动的速度

在中学物理中我们已有了变速直线运动的瞬时速度的初步概念,而且已知物体做等速直线运动时,它在任何时刻的速度可以用公式:

$$速度 = \frac{路程}{时间}$$

来计算,但是在实际问题中遇到的运动往往是变速的,上述公式只能反映物体走完某一路程的平均速度,而没有反映出在运动过程中变化着的速度.设某物体做变速直线运动,当经过时间 t(假设物体从 $t=0$ 时刻开始运动),物体所走的距离 s 是时刻 t 的函数:

$$s = s(t),$$

通常把这个函数称为物体的运动方程.现在讨论如何描述物体在 $t=t_0$ 时刻的瞬时速度 $v(t_0)$.

设在 t_0 时刻物体的位置为 $s(t_0)$,当时间 t 在 t_0 时刻获得增量 Δt 时,则物体所经过的路程为

$$\Delta s = s(t_0 + \Delta t) - s(t_0),$$

于是比值(即平均速度)

$$\bar{v} = \frac{\Delta s}{\Delta t} = \frac{s(t_0 + \Delta t) - s(t_0)}{\Delta t}.$$

上式表示物体在 t_0 到 $t_0 + \Delta t$ 这段时间内运动的平均速度.如果物体是匀速运动,则平均速度 $\frac{\Delta s}{\Delta t}$ 就表示物体在任何时刻 t_0 的速度,如果物体是变速直线运动,则 $\bar{v}$ 还

不能代表物体在某时刻 t_0 的瞬时速度,但 Δt 很小时,在 t_0 到 $t_0+\Delta t$ 这段时间间隔里,物体的速度尽管每时每刻都在变,但变化不大,可以近似地看作物体是在做匀速直线运动,因此可以用 $\bar{v}=\dfrac{\Delta s}{\Delta t}$ 来作为物体在 $t=t_0$ 时刻的瞬时速度的近似值;而且 Δt 越小,近似程度越高. 因此,当 $\Delta t \to 0$ 时 $\bar{v}$ 的极限就是物体在 t_0 时刻的瞬时速度,即

$$v(t_0)=\lim_{\Delta t \to 0}\bar{v}=\lim_{\Delta t \to 0}\frac{\Delta s}{\Delta t}=\lim_{\Delta t \to 0}\frac{s(t_0+\Delta t)-s(t_0)}{\Delta t},$$

这说明:物体运动的瞬时速度是位移函数的增量与时间的增量比当时间的增量趋于零时的极限.

2. 电流

电流是单位时间内流过导线横截面的电荷. 对于恒定电流,其电流可以用

$$电流 = \frac{电荷}{时间}$$

表示. 但对于非恒定电流,比如正弦交流电等,它的电流时刻都在变化. 讨论这种非恒定电流的方法,和前面讨论变速直线运动的瞬时速度的方法是类似的.

设从 0 到 t 这段时间流过导线横截面的电荷为 $Q=Q(t)$,则从 t_0 到 $t_0+\Delta t$ 这段时间内通过横截面的电荷为

$$\Delta Q = Q(t_0+\Delta t)-Q(t_0),$$

在这段时间内的平均电流为

$$\bar{i}=\frac{\Delta Q}{\Delta t}=\frac{Q(t_0+\Delta t)-Q(t_0)}{\Delta t}.$$

当 $\Delta t \to 0$ 时,如果平均电流 $\bar{i}=\dfrac{\Delta Q}{\Delta t}$ 的极限存在,就把此极限值作为时刻 t_0 的瞬时电流 $i(t_0)$,即

$$i(t_0)=\lim_{\Delta t \to 0}\bar{i}=\lim_{\Delta t \to 0}\frac{\Delta Q}{\Delta t}=\lim_{\Delta t \to 0}\frac{Q(t_0+\Delta t)-Q(t_0)}{\Delta t},$$

这说明:通过导线的电流是电量函数的增量和时间的增量之比当时间的增量趋于零时的极限.

二、导数的定义

上面所举的两个例子,尽管它们的物理意义各不相同,但从数量关系看,都是求自变量的增量趋于零时,函数的增量与自变量增量之比的极限. 在自然科学和技术领域内,有许多量都可归结为这种数学形式. 如果撇开它们的实际意义,抽象成数学概念即是下面的导数概念.

2.1 导数的概念

定义 设函数 $y=f(x)$ 在点 x_0 的某一邻域内有定义,当自变量 x 在 x_0 处有增量 Δx 时,相应的函数有增量

$$\Delta y = f(x_0 + \Delta x) - f(x_0),$$

当 $\Delta x \to 0$ 时,如果这两个增量的比值

$$\frac{\Delta y}{\Delta x} = \frac{f(x_0 + \Delta x) - f(x_0)}{\Delta x}$$

的极限存在,则称这个极限值为函数 $y=f(x)$ 在 $x=x_0$ 处的导数,记为 $f'(x_0)$,即

$$f'(x_0) = \lim_{\Delta x \to 0} \frac{\Delta y}{\Delta x} = \lim_{\Delta x \to 0} \frac{f(x_0 + \Delta x) - f(x_0)}{\Delta x}, \tag{1}$$

也可记为

$$y'|_{x=x_0}, \quad \frac{dy}{dx}\bigg|_{x=x_0} \quad 或 \quad \frac{d}{dx}f(x)\bigg|_{x=x_0}.$$

函数 $f(x)$ 在点 x_0 处存在导数简称函数 $f(x)$ 在点 x_0 处**可导**,否则称 $f(x)$ 在 x_0 处**不可导**,或说导数不存在. 如果当 $\Delta x \to 0$ 时,比值 $\frac{\Delta y}{\Delta x} \to \infty$,这时也说函数在点 x_0 处的导数为**无穷大**.

如果函数 $y=f(x)$ 在区间 (a,b) 内每一点都可导,就称**函数 $f(x)$ 在区间 (a,b) 内可导**. 这时函数 $y=f(x)$ 对于 (a,b) 内的每一个确定的值 x,都对应着一个确定的导数值,这就构成了一个新的函数,这个函数叫做函数 $y=f(x)$ 的**导函数**,记作

$$y', f'(x), \frac{dy}{dx} 或 \frac{d}{dx}f(x).$$

显然,函数 $y=f(x)$ 在点 x_0 处的导数 $f'(x_0)$ 就是导函数 $f'(x)$ 在 $x=x_0$ 处的函数值,在不致引起误解的情况下,导函数也简称为导数. $f'(x)$ 若在 (a,b) 内存在,就称 $f(x)$ 是在 (a,b) 内的可导函数.

例 1 求函数 $y=f(x)=x^2$ 的导数.

解 对自变量在 x 处的增量 Δx,相应的函数的增量为

$$\Delta y = f(x+\Delta x) - f(x) = (x+\Delta x)^2 - x^2 = 2x\Delta x + (\Delta x)^2.$$

由导数的定义,有

$$y' = \lim_{\Delta x \to 0} \frac{\Delta y}{\Delta x} = \lim_{\Delta x \to 0} \frac{2x\Delta x + (\Delta x)^2}{\Delta x} = \lim_{\Delta x \to 0}(2x + \Delta x) = 2x.$$

例 2 求函数 $y=f(x)=\sin x$ 的导数,并求它在 $x=0$ 和 $x=\frac{\pi}{2}$ 处的导数.

解 对自变量在 x 处的增量 Δx,相应的函数的增量为

$$\Delta y = f(x+\Delta x) - f(x) = \sin(x+\Delta x) - \sin x.$$

由三角函数中的和差化积公式:

$$\sin(x+\Delta x)-\sin x = 2\cos\frac{x+\Delta x+x}{2}\sin\frac{x+\Delta x-x}{2}$$
$$=2\cos\frac{2x+\Delta x}{2}\sin\frac{\Delta x}{2},$$

所以
$$\Delta y = 2\cos\left(x+\frac{\Delta x}{2}\right)\sin\frac{\Delta x}{2}.$$

由导数定义
$$f'(x)=\lim_{\Delta x\to 0}\frac{\Delta y}{\Delta x}=\lim_{\Delta x\to 0}\frac{2\cos\left(x+\frac{\Delta x}{2}\right)\sin\frac{\Delta x}{2}}{\Delta x}$$

$$=\lim_{\Delta x\to 0}\cos\left(x+\frac{\Delta x}{2}\right)\frac{\sin\frac{\Delta x}{2}}{\frac{\Delta x}{2}}$$

$$=\lim_{\Delta x\to 0}\cos\left(x+\frac{\Delta x}{2}\right)\cdot\lim_{\Delta x\to 0}\frac{\sin\frac{\Delta x}{2}}{\frac{\Delta x}{2}}$$

$$=\cos x\cdot 1=\cos x,$$
$$y'|_{x=0}=f'(0)=\cos 0=1,$$
$$y'|_{x=\frac{\pi}{2}}=f'\left(\frac{\pi}{2}\right)=\cos\frac{\pi}{2}=0.$$

需要说明的是，函数 $f(x)$ 在 x_0 处可导即极限 $\lim\limits_{\Delta x\to 0}\dfrac{f(x_0+\Delta x)-f(x_0)}{\Delta x}$ 存在，而按照极限存在的条件，必需而且只需极限
$$\lim_{\Delta x\to 0^+}\frac{f(x_0+\Delta x)-f(x_0)}{\Delta x},$$
$$\lim_{\Delta x\to 0^-}\frac{f(x_0+\Delta x)-f(x_0)}{\Delta x}$$
同时存在而且相等，这两个极限分别称为 $f(x)$ 在点 x_0 处的右导数和左导数，记为 $f'_+(x_0)$ 和 $f'_-(x_0)$. 因此相应地有 $f(x)$ 在 x_0 处可导的条件：

函数 $y=f(x)$ 在 x_0 处可导的充分必要条件为
$$f'_+(x_0)=f'_-(x_0).$$

例3 讨论 $f(x)=\begin{cases}x^2\sin\dfrac{1}{x}, & x>0,\\ x^3, & x\leqslant 0\end{cases}$ 在 $x=0$ 处的可导性.

解 $\lim\limits_{x\to 0^-}\dfrac{f(x)-f(0)}{x-0}=\lim\limits_{x\to 0^-}\dfrac{x^3-0^3}{x}=\lim\limits_{x\to 0^-}x^2=0=f'_-(0)$,

$$\lim_{x\to 0^+}\dfrac{f(x)-f(0)}{x-0}=\lim_{x\to 0^+}\dfrac{x^2\sin\dfrac{1}{x}-0^3}{x-0}=\lim_{x\to 0^+}x\sin\dfrac{1}{x}=0=f'_+(0),$$

因为 $f'_-(0)=f'_+(0)$，所以 $f(x)$ 在 $x=0$ 处可导且 $f'(0)=0$.

三、导数的几何意义

我们已经知道，函数 $y=f(x)$ 的导数 $f'(x)$ 是函数增量 Δy 与自变量增量 Δx 之比当 $\Delta x\to 0$ 时的极限，即 $f'(x)=\lim\limits_{\Delta x\to 0}\dfrac{\Delta y}{\Delta x}$，而 $\dfrac{\Delta y}{\Delta x}$ 在函数 $y=f(x)$ 的图像上表示什么？

在函数 $y=f(x)$ 的曲线上(图 2-1)任取一点 $A(x,y)$，又在点 A 附近取曲线上另一点 $B(x+\Delta x,y+\Delta y)$，则直线 AB 叫做曲线 $y=f(x)$ 的割线，而 $\dfrac{\Delta y}{\Delta x}$ 就是割线 AB 的斜率，即 $\dfrac{\Delta y}{\Delta x}=\tan\alpha$，其中 α 是割线 AB 的倾角.

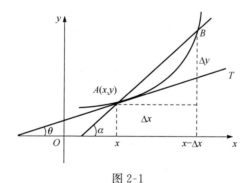

图 2-1

当 $\Delta x\to 0$ 时，点 B 就沿着曲线向点 A 无限靠拢，而割线 AB 就无限趋近于它的极限位置直线 AT，直线 AT 就叫做曲线在点 A 处的切线，因此

$$f'(x)=\lim_{\Delta x\to 0}\dfrac{\Delta y}{\Delta x}=\lim_{\Delta x\to 0}\tan\alpha=\tan\theta,$$

其中 θ 为直线 AT 与 x 轴正向的交角.

因此，函数 $y=f(x)$ 在点 x 处的导数 $f'(x)$ 等于函数 $y=f(x)$ 的曲线在点 (x,y) 处的**切线斜率**.

根据导数的几何意义并应用直线的点斜式方程，曲线 $y=f(x)$ 在点 $M_0(x_0,y_0)$ 处的**切线方程**为

$$y - y_0 = f'(x_0)(x - x_0);$$

当 $f'(x_0) \neq 0$ 时，**法线方程**为

$$y - y_0 = \frac{-1}{f'(x_0)}(x - x_0).$$

当 $f'(x_0) = \infty$ 时，上述讨论仍适用.

例 4 求曲线 $y = x^2$ 在 $(2,4)$ 处的切线方程和法线方程.

解 由例 1 知函数 $y = x^2$ 的导数为 $y' = 2x$. 所以 $y'|_{x=2} = 4$，于是 $y = x^2$ 在点 $(2,4)$ 的切线方程为

$$y - 4 = 4(x - 2)$$

或

$$4x - y - 4 = 0.$$

而法线方程为

$$y - 4 = -\frac{1}{4}(x - 2)$$

或

$$x + 4y - 18 = 0.$$

四、函数的可导性与连续性之间的关系

定理 如果函数 $y = f(x)$ 在点 x_0 处可导，则函数 $y = f(x)$ 在点 x_0 处必连续.

证 因为

$$\begin{aligned}
\lim_{\Delta x \to 0} \Delta y &= \lim_{\Delta x \to 0} [f(x_0 + \Delta x) - f(x_0)] \\
&= \lim_{\Delta x \to 0} \frac{f(x_0 + \Delta x) - f(x_0)}{\Delta x} \cdot \Delta x \\
&= \lim_{\Delta x \to 0} \frac{f(x_0 + \Delta x) - f(x_0)}{\Delta x} \cdot \lim_{\Delta x \to 0} \Delta x \\
&= f'(x_0) \cdot 0 \\
&= 0,
\end{aligned}$$

所以函数 $y = f(x)$ 在点 x_0 处是连续的.

但一个函数在某一点连续，它却不一定在该点处可导. 例如，函数 $f(x) = x^{\frac{2}{3}}$（图 2-2），在 $x = 0$ 处连续，但在 $x = 0$ 处不可导，这是因为

$$\lim_{\Delta x \to 0} \frac{\Delta y}{\Delta x} = \lim_{\Delta x \to 0} \frac{(\Delta x)^{\frac{2}{3}}}{\Delta x} = \lim_{\Delta x \to 0} \frac{1}{\sqrt[3]{\Delta x}} = \infty.$$

在图形中这表现为曲线 $y = \sqrt[3]{x^2}$ 在原点 O 具有垂直于 x 轴的切线（图 2-2）.

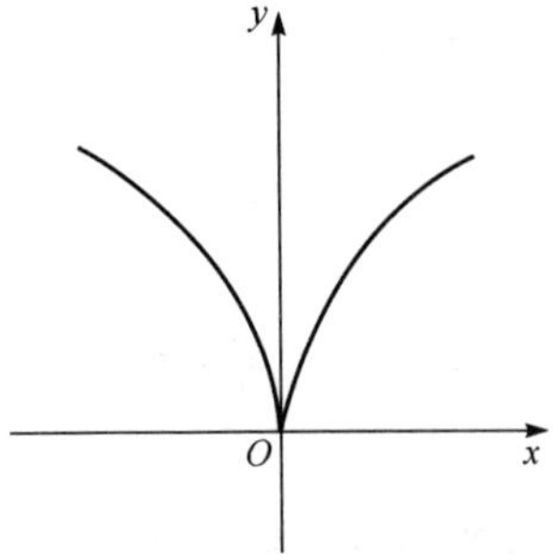

图 2-2

2.1 导数的概念

由此可知,函数连续是函数可导的必要条件,但不是充分条件.

习 题 2-1

1. 下列各选项中均假设 $f'(x_0)$ 存在,其中等式成立的有（　　）（请将正确的答案填入括号内）.

(1) $\lim\limits_{x \to x_0} \dfrac{f(x)-f(x_0)}{x-x_0} = f'(x_0)$;

(2) $\lim\limits_{h \to 0} \dfrac{f(x_0+h)-f(x_0)}{h} = f'(x_0)$;

(3) $\lim\limits_{\Delta x \to 0} \dfrac{f(x_0)-f(x_0-\Delta x)}{\Delta x} = f'(x_0)$;

(4) $\lim\limits_{\Delta x \to 0} \dfrac{f(x_0-\Delta x)-f(x_0)}{\Delta x} = f'(x_0)$;

(5) $\lim\limits_{\Delta x \to 0} \dfrac{f(x_0+\Delta x)-f(x_0-\Delta x)}{2\Delta x} = f'(x_0)$;

(6) $\lim\limits_{x \to 0} \dfrac{f(x)}{x} = f'(0)$,其中 $f(0)=0$,且 $f'(0)$ 存在.

2. 设(1)$y=ax+b$;(2)$y=x^3$;(3)$y=\sqrt{x}$.若自变量 x 有增量 Δx,相应的函数增量为 Δy,求 $\dfrac{\Delta y}{\Delta x}$.

3. 用导数定义求下列函数的导数.

(1) $y=ax+b$;　　　　　　　　(2) $y=\dfrac{1}{x}$;

(3) $y=ax^2+bx+c$.

4. 求下列函数在指定点处的导数值.

(1) 已知 $f(x)=\dfrac{1}{x}$,求 $f'(1),f'(2)$;

(2) 已知 $f(x)=\cos x$,求 $f'\left(\dfrac{\pi}{2}\right),f'\left(\dfrac{\pi}{6}\right)$.

5. 求曲线 $y=\sin x$ 在 $x=\dfrac{2}{3}\pi,x=\pi$ 处的切线斜率.

6. 求曲线 $y=x^3$ 在 $x=2$ 处的切线方程和法线方程.

7. 讨论下列函数在 $x=0$ 处的连续性与可导性.

(1) $y=|\sin x|$;

(2) $y=\begin{cases} x\sin\dfrac{1}{x}, & x \neq 0, \\ 0, & x=0; \end{cases}$

(3) $y = \begin{cases} x^2 \sin \dfrac{1}{x}, & x \neq 0, \\ 0, & x = 0. \end{cases}$

8. 如果 $f(x)$ 为偶函数,且 $f'(0)$ 存在,证明 $f'(0)=0$.

9. 已知 $f(x) = \begin{cases} \sin x, & x < 0, \\ x, & x \geq 0, \end{cases}$ 求 $f'(x)$.

10. 设函数 $f(x) = \begin{cases} x^2, & x \leq 1, \\ ax+b, & x > 1, \end{cases}$ 为了使函数在 $x=1$ 处连续且可导,a,b 应取什么值?

2.2 基本初等函数的导数

一、根据导数的定义可直接求出几个基本初等函数的导数

1. 常数 $y=c$(c 为常数)的导数

因为 c 为常数,因此无论 x 取什么值,函数 $f(x)$ 恒为常数 c,所以当自变量有一增量 Δx 时,仍有 $f(x+\Delta x)=c$. 于是

$$\Delta y = f(x+\Delta x) - f(x) = c - c = 0,$$

所以由导数定义

$$y' = \lim_{\Delta x \to 0} \frac{\Delta y}{\Delta x} = \lim_{\Delta x \to 0} \frac{0}{\Delta x} = 0,$$

即常数的导数等于零.

2. 幂函数 $y=x^\mu$(μ 为不为零的任何实数)的导数

当 $x \neq 0$ 时有

$$\frac{\Delta y}{\Delta x} = \frac{(x+\Delta x)^\mu - x^\mu}{\Delta x} = x^{\mu-1} \frac{\left(1+\dfrac{\Delta x}{x}\right)^\mu - 1}{\dfrac{\Delta x}{x}}.$$

由导数定义及 1.7 节例 9 得出的结论有

$$y' = \lim_{\Delta x \to 0} \frac{\Delta y}{\Delta x} = \lim_{\Delta x \to 0} x^{\mu-1} \cdot \frac{\left(1+\dfrac{\Delta x}{x}\right)^\mu - 1}{\dfrac{\Delta x}{x}} = \mu x^{\mu-1},$$

即

$$(x^\mu)' = \mu x^{\mu-1}.$$

注意:$\mu>1$ 时可直接求得 $x=0$ 处的导数为 $y'|_{x=0}=0$,当 $\mu=1$ 时可直接求得 $x=0$ 处的导数为 $y'|_{x=0}=1$,故上面的公式对这两种情况均适用,在 $\mu<1$ 时,幂函数在 $x=0$ 处的导数不存在.

3. 对数函数 $y=\log_a x (a>0, a\neq 1)$ 的导数

因为 $y=\log_a x=\dfrac{\ln x}{\ln a}$,所以

$$\frac{\Delta y}{\Delta x}=\frac{1}{\ln a}\cdot\frac{\ln(x+\Delta x)-\ln x}{\Delta x}=\frac{1}{x\ln a}\cdot\frac{\ln\left(1+\dfrac{\Delta x}{x}\right)}{\dfrac{\Delta x}{x}}.$$

由导数定义及 1.7 节例 9 的结论有

$$y'=\lim_{\Delta x\to 0}\frac{\Delta y}{\Delta x}=\lim_{\Delta x\to 0}\frac{1}{x\ln a}\cdot\frac{\ln\left(1+\dfrac{\Delta x}{x}\right)}{\dfrac{\Delta x}{x}}=\frac{1}{x\ln a}.$$

特别地,当 $a=e$ 时,$y=\ln x$,则 $y'=\dfrac{1}{x}$,即

$$(\log_a x)'=\frac{1}{x\ln a},$$

$$(\ln x)'=\frac{1}{x}.$$

4. 正弦函数、余弦函数的导数

$$y=\cos x,$$

$$\Delta y=\cos(x+\Delta x)-\cos x=-2\sin\left(x+\frac{\Delta x}{2}\right)\sin\frac{\Delta x}{2},$$

所以

$$\frac{\Delta y}{\Delta x}=-2\frac{\sin\left(x+\dfrac{\Delta x}{2}\right)\sin\dfrac{\Delta x}{2}}{\Delta x}$$

$$=-\sin\left(x+\frac{\Delta x}{2}\right)\frac{\sin\dfrac{\Delta x}{2}}{\dfrac{\Delta x}{2}},$$

于是

$$y'=\lim_{\Delta x\to 0}\frac{\Delta y}{\Delta x}=\lim_{\Delta x\to 0}\left[-\sin\left(x+\frac{\Delta x}{2}\right)\frac{\sin\dfrac{\Delta x}{2}}{\dfrac{\Delta x}{2}}\right]$$

$$=\lim_{\Delta x\to 0}\left[-\sin\left(x+\frac{\Delta x}{2}\right)\right]\cdot\lim_{\Delta x\to 0}\left[\frac{\sin\frac{\Delta x}{2}}{\frac{\Delta x}{2}}\right]$$

$$=-\sin x \cdot 1$$
$$=-\sin x,$$

即

$$(\cos x)' = -\sin x.$$

类似地,有

$$(\sin x)' = \cos x; \quad (\tan x)' = \frac{1}{\cos^2 x}; \quad (\cot x)' = -\frac{1}{\sin^2 x}.$$

二、反函数的导数

定理 如果连续函数 $y=f(x)$ 是 $x=\varphi(y)$ 的反函数,且 $\varphi'(y)\neq 0$,则

$$f'(x) = \frac{1}{\varphi'(y)}$$

或写为

$$y'_x = \frac{1}{x'_y}.$$

证 用 $\Delta x, \Delta y$ 分别表示 x, y 对应的增量,即 $\Delta x = \varphi(y+\Delta y) - \varphi(y)$,$\Delta y = f(x+\Delta x) - f(x)$,显然,当 $\Delta x \neq 0$ 时,必有 $\Delta y \neq 0$,所以

$$\frac{\Delta y}{\Delta x} = \frac{1}{\frac{\Delta x}{\Delta y}}.$$

由于 $f(x)$ 连续,当 $\Delta x \to 0$ 时,$\Delta y \to 0$,且由 $\varphi'(y) \neq 0$,所以

$$f'(x) = \lim_{\Delta x\to 0}\frac{\Delta y}{\Delta x} = \lim_{\Delta y\to 0}\frac{1}{\frac{\Delta x}{\Delta y}} = \frac{1}{\lim_{\Delta y\to 0}\frac{\Delta x}{\Delta y}} = \frac{1}{\varphi'(y)}.$$

下面由以上定理结论和前面已推出的导数公式来求指数函数与反三角函数的导数.

1. $y = a^x$

因为 $y = a^x$ 与 $x = \log_a y$ 互为反函数,所以

$$y'_x = (a^x)' = \frac{1}{x'_y} = \frac{1}{\frac{1}{y\ln a}} = y\ln a = a^x \ln a.$$

特别地,当 $a = e$ 时,$y = e^x$,则 $y' = e^x$,即

2.2 基本初等函数的导数

$$(a^x)' = a^x \ln a,$$
$$(e^x)' = e^x.$$

2. $y = \arcsin x$

因为 $y = \arcsin x$ 与 $x = \sin y$ 互为反函数，所以

$$y' = (\arcsin x)' = \frac{1}{x'_y} = \frac{1}{(\sin y)'} = \frac{1}{\cos y} = \frac{1}{\sqrt{1-x^2}}.$$

类似地，可推出

$$(\arccos x)' = -\frac{1}{\sqrt{1-x^2}},$$

即

$$(\arcsin x)' = \frac{1}{\sqrt{1-x^2}},$$
$$(\arccos x)' = -\frac{1}{\sqrt{1-x^2}}.$$

三、导数基本公式

(1) $(c)' = 0$； (2) $(x^\mu)' = \mu x^{n-1}$；

(3) $(\sin x)' = \cos x$； (4) $(\cos x)' = -\sin x$；

(5) $(\tan x)' = \sec^2 x$； (6) $(\cot x)' = -\csc^2 x$；

(7) $(\sec x)' = \sec x \tan x$； (8) $(\csc x)' = -\csc x \cot x$；

(9) $(a^x)' = a^x \ln a$； (10) $(e^x)' = e^x$；

(11) $(\log_a x)' = \dfrac{1}{x \ln a}$； (12) $(\ln x)' = \dfrac{1}{x}$；

(13) $(\arcsin x)' = \dfrac{1}{\sqrt{1-x^2}}$； (14) $(\arccos x)' = -\dfrac{1}{\sqrt{1-x^2}}$；

(15) $(\arctan x)' = \dfrac{1}{1+x^2}$； (16) $(\text{arccot} x)' = -\dfrac{1}{1+x^2}$.

以上是求导的最基本公式，要求熟记．

习 题 2-2

1. 求下列函数的导数．

(1) $y = x \cdot \sqrt[5]{x}$； (2) $y = \dfrac{1}{x^3}$； (3) $y = \cos x$，在 $x = \dfrac{\pi}{4}$ 处；

(4) $y = \cot x$，在 $x = \dfrac{\pi}{2}$ 处； (5) $y = \log_5 x$.

2. 证明:(1) $(\tan x)' = \dfrac{1}{\cos^2 x}$;   (2) $(\arctan x)' = \dfrac{1}{1+x^2}$.

3. 函数 $y=\cos x (0<x<2\pi)$,当 x 为何值时,函数曲线有水平切线? x 为何值时,切线的倾角为锐角? x 为何值时,切线的倾角是钝角?

4. 在抛物线 $y=x^2$ 上,取横坐标为 $x_1=1, x_2=3$ 的两点引割线,则抛物线上哪一点的切线平行于所引割线?

5. 求曲线 $y=\ln x$ 在点 $M(e,1)$ 处的切线方程.

6. 证明:

(1) $(\arccos x)' = -\dfrac{1}{\sqrt{1-x^2}}$;   (2) $(\text{arccot } x)' = -\dfrac{1}{1+x^2}$.

2.3 函数的和、差、积、商的求导法则

前面我们已求出了一些简单函数的导数公式,但对于较复杂的函数,直接用定义求往往很繁或很困难. 因此,必须寻求较简单的求导方法. 本节和 2.4 节中,将介绍求导数的基本法则,借助这些法则和基本公式,我们就能比较方便地求得常见的函数——初等函数的导数.

一、函数和、差的求导法则

定理 1 设有两个函数 $u=u(x)$ 和 $v=v(x)$ 都是可导函数,则它们的和、差也都可导,而且

(1) $(u+v)' = u' + v'$;

(2) $(u-v)' = u' - v'$.

证 $\Delta u = u(x+\Delta x) - u(x),$
$\Delta v = v(x+\Delta x) - v(x).$

令

$$y = u(x) + v(x),$$

所以

$$\Delta y = [u(x+\Delta x) + v(x+\Delta x)] - [u(x) + v(x)]$$
$$= [u(x+\Delta x) - u(x)] + [v(x+\Delta x) - v(x)]$$
$$= \Delta u + \Delta v.$$

于是

$$y' = \lim_{\Delta x \to 0} \frac{\Delta y}{\Delta x} = \lim_{\Delta x \to 0} \frac{\Delta u + \Delta v}{\Delta x} = \lim_{\Delta x \to 0} \frac{\Delta u}{\Delta x} + \lim_{\Delta x \to 0} \frac{\Delta v}{\Delta x},$$

而

2.3 函数的和、差、积、商的求导法则

$$\lim_{\Delta x \to 0} \frac{\Delta u}{\Delta x} = u', \quad \lim_{\Delta x \to 0} \frac{\Delta v}{\Delta x} = v',$$

所以有

$$y' = u' + v',$$

即

$$(u+v)' = u' + v.$$

同理

$$(u-v)' = u' - v.$$

此运算法则对于有限个可导函数也成立.

二、常数与函数乘积的求导法则

定理 2 设 $u = u(x)$ 是一可导函数,c 是一常数,则

$$[cu(x)]' = cu'(x).$$

证 令 $y = cu(x)$,因为

$$\Delta y = cu(x + \Delta x) - cu(x) = c[u(x + \Delta x) - u(x)],$$

则

$$y' = \lim_{\Delta x \to 0} \frac{\Delta y}{\Delta x} = \lim_{\Delta x \to 0} \frac{c[u(x+\Delta x) - u(x)]}{\Delta x} = c \lim_{\Delta x \to 0} \frac{u(x+\Delta x) - u(x)}{\Delta x},$$

而

$$\lim_{\Delta x \to 0} \frac{u(x+\Delta x) - u(x)}{\Delta x} = u',$$

所以

$$y' = cu',$$

即

$$(cu)' = cu'.$$

例 1 求 $y = \sin x + \ln x + 3$ 的导数.

解 $y' = (\sin x + \ln x + 3)'$
$= (\sin x)' + (\ln x)' + (3)'$
$= \cos x + \dfrac{1}{x} + 0$
$= \cos x + \dfrac{1}{x}.$

例 2 已知 $y = x^3 + 4\tan x - \sin \dfrac{\pi}{7}$,求 $y', y'|_{x=0}$.

解 $y' = \left(x^3 + 4\tan x - \sin \dfrac{\pi}{7}\right)'$

$$= (x^3)' + (4\tan x)' - \left(\sin\frac{\pi}{7}\right)'$$
$$= 3x^2 + 4\sec^2 x - 0$$
$$= 3x^2 + 4\sec^2 x,$$
$$y'|_{x=0} = (3x^2 + 4\sec^2 x)|_{x=0} = 4.$$

三、函数积的求导法则

定理 3 设 $u=u(x), v=v(x)$ 都是可导函数，则它们的积仍可导，而且
$$[u(x)v(x)]' = u'(x)v(x) + v'(x)u(x).$$

证 令 $y=u(x)v(x)$，对 x 处的增量 Δx，相应地 $u(x), v(x), y=u(x)v(x)$ 的增量分别为

$$\Delta u = u(x+\Delta x) - u(x), \quad \Delta v = v(x+\Delta x) - v(x),$$
$$\Delta y = u(x+\Delta x)v(x+\Delta x) - u(x)v(x)$$
$$= [u(x+\Delta x) - u(x)]v(x+\Delta x) + u(x)[v(x+\Delta x) - v(x)]$$
$$= \Delta u \cdot v(x+\Delta x) + u(x)\Delta v.$$

由于假设 $u(x), v(x)$ 可导，$v(x)$ 必连续，故

$$y' = \lim_{\Delta x \to 0}\frac{\Delta y}{\Delta x}$$
$$= \lim_{\Delta x \to 0}\frac{\Delta u \cdot v(x+\Delta x) + u(x)\Delta v}{\Delta x}$$
$$= \lim_{\Delta x \to 0}\frac{\Delta u}{\Delta x}v(x+\Delta x) + \lim_{\Delta x \to 0}\frac{\Delta v}{\Delta x}u(x)$$
$$= u'(x)v(x) + v'(x)u(x),$$

即
$$[u(x)v(x)]' = u'(x)v(x) + v'(x)u(x).$$

例 3 求 $y = x\ln x$ 的导数.

解 $y' = (x\ln x)' = x'\ln x + (\ln x)'x$
$$= \ln x + \frac{1}{x} \cdot x$$
$$= \ln x + 1.$$

例 4 求 $y = \sqrt{x}\sin x$ 的导数.

解 $y' = (\sqrt{x}\sin x)' = (\sqrt{x})'\sin x + (\sin x)'\sqrt{x} = \dfrac{1}{2\sqrt{x}}\sin x + \sqrt{x}\cos x.$

对于有限个可导函数的乘积，其求导法则也可由上面法则推得. 例如，对于三

2.3 函数的和、差、积、商的求导法则

个函数 $u=u(x), v=v(x)$ 和 $w=w(x)$ 为可导函数,其乘积的导数为

$$\begin{aligned}(uvw)' &= [(uv)w]' = (uv)'w+(uv)w' \\ &= (u'v+uv')w+uvw' \\ &= u'vw+uv'w+uvw'.\end{aligned}$$

四、函数商的求导法则

定理 4 设 $u=u(x), v=v(x)$ 是两个可导函数,且 $v(x) \neq 0$(在点 x 处),则 $\dfrac{u(x)}{v(x)}$ 仍可导,且

$$\left[\frac{u(x)}{v(x)}\right]' = \frac{u'(x)v(x)-u(x)v'(x)}{[v(x)]^2}.$$

证 令 $y=\dfrac{u(x)}{v(x)}$,对自变量在 x 处的增量 Δx,相应的 $u(x), v(x), y=\dfrac{u(x)}{v(x)}$ 的增量分别为

$$\Delta u = u(x+\Delta x)-u(x),$$
$$\Delta v = v(x+\Delta x)-v(x),$$
$$\Delta y = \frac{u(x+\Delta x)}{v(x+\Delta x)} - \frac{u(x)}{v(x)} = \frac{u+\Delta u}{v+\Delta v} - \frac{u}{v}$$
$$= \frac{(u+\Delta u)v-(v+\Delta v)u}{(v+\Delta v)v} = \frac{\Delta u \cdot v - u \cdot \Delta v}{(v+\Delta v)v}.$$

由于假设 $u(x), v(x)$ 可导,则 $u(x), v(x)$ 必连续,故

$$y' = \lim_{\Delta x \to 0} \frac{\Delta y}{\Delta x} = \lim_{\Delta x \to 0} \frac{\dfrac{\Delta u}{\Delta x}v - u\dfrac{\Delta v}{\Delta x}}{(v+\Delta v)v}$$
$$= \frac{\left(\lim\limits_{\Delta x \to 0}\dfrac{\Delta u}{\Delta x}\right)v - u\left(\lim\limits_{\Delta x \to 0}\dfrac{\Delta v}{\Delta x}\right)}{v(v+\lim\limits_{\Delta x \to 0}\Delta v)} = \frac{u'v-uv'}{v^2},$$

即

$$\left(\frac{u}{v}\right)' = \frac{u'v-uv'}{v^2}.$$

例 5 $y=\tan x$,求 y'.

解 由于 $\tan x = \dfrac{\sin x}{\cos x}$,利用商的求导法则

$$y' = (\tan x)' = \left(\frac{\sin x}{\cos x}\right)' = \frac{(\sin x)'\cos x - \sin x (\cos x)'}{\cos^2 x}$$

$$=\frac{\cos^2 x+\sin^2 x}{\cos^2 x}=\frac{1}{\cos^2 x}=\sec^2 x.$$

同理可得 $(\cot x)'=-\csc^2 x.$

由反函数求导方法还可推出

$$(\arctan x)'=\frac{1}{1+x^2},$$

$$(\text{arccot} x)'=-\frac{1}{1+x^2}.$$

例 6 $y=x^2\tan x+\dfrac{\ln x}{x}-\ln 2$,求 y'.

解 $y'=(x^2\tan x)'+\left(\dfrac{\ln x}{x}\right)'-(\ln 2)'$

$=(x^2)'\tan x+x^2(\tan x)'+\dfrac{(\ln x)'x-\ln x\cdot(x)'}{x^2}-0$

$=2x\tan x+\dfrac{x^2}{\cos^2 x}+\dfrac{\dfrac{1}{x}\cdot x-\ln x\cdot 1}{x^2}$

$=2x\tan x+x^2\sec^2 x+\dfrac{1-\ln x}{x^2}.$

习 题 2-3

1. 求下列函数的导数.

(1) $y=\dfrac{x-1}{x+1}$;

(2) $y=\dfrac{1+\sin x}{1+\cos x}$;

(3) $y=\dfrac{3\tan x}{1+x^2}$;

(4) $y=\dfrac{3\sin x}{1+\sqrt{x}}$;

(5) $y=x\log_3 x+\ln 2$;

(6) $y=\dfrac{a^x}{x^2+1}-5\arcsin x$;

(7) $y=x\cdot\arctan x+\dfrac{1-\ln x}{1+\ln x}$;

(8) $y=\sqrt{x}(x-\cot x)\log_5 x.$

2. 求下列函数在给定点处的导数值.

(1) $y=e^x\cos x$,求 $y'|_{x=\frac{\pi}{2}},y'|_{x=\pi}$;

(2) $y=\dfrac{1-\cos x}{1+\cos x}$,求 $y'|_{x=\frac{\pi}{2}},y'|_{x=0}$;

(3) $f(t)=\dfrac{1-\sqrt{t}}{1+\sqrt{t}}$,求 $f'(4)$;

(4) $f(x)=\ln x-\cos x+x^2\sin x$,求 $f'\left(\dfrac{\pi}{2}\right),f'(\pi)$.

3. 求曲线 $y=2\sin x+x^2$ 在横坐标 $x=0$ 处的切线方程和法线方程.

4. 曲线 $y=x^3+x+1$ 上哪一点的切线与直线 $y=4x+1$ 平行?

5. 求抛物线方程 $y=x^2+bx+c$ 中的 b,c,使它在点 $(1,1)$ 处的切线平行于直线 $y-x+1=0$.

6. 以初速度 v_0 上抛的物体,其上升的高度 s 与时间 t 的关系是
$$s(t)=v_0 t-\dfrac{1}{2}gt^2,$$
求:(1) 上抛物体的速度 $v(t)$;(2) 经过多少时间,它的速度为零.

7. 一球沿斜面向上滚,其运动的距离与时间的关系为 $s=3t-t^2$,问何时开始向下滚?

8. 求曲线 $y=x^3-3x$ 上切线平行于 x 轴的点.

2.4 复合函数的求导法则

定理 如果函数 $y=f(u)$ 和 $u=\varphi(x)$ 分别是 u 和 x 的可导函数,则复合函数 $y=f[\varphi(x)]$ 是 x 的可导函数,而且
$$y'_x=y'_u\cdot u'_x=f'(u)\cdot\varphi'(x)$$
或
$$\dfrac{\mathrm{d}y}{\mathrm{d}x}=\dfrac{\mathrm{d}y}{\mathrm{d}u}\cdot\dfrac{\mathrm{d}u}{\mathrm{d}x}.$$

证 对自变量在 x 处的增量 Δx,相应的中间变量 $u=\varphi(x)$ 有增量
$$\Delta u=\varphi(x+\Delta x)-\varphi(x).$$
对于这个 Δu,相应地有 $y=f(u)$ 的增量
$$\Delta y=f(u+\Delta u)-f(u).$$
由于 $y=f(u)$ 在 u 处可导,即
$$\lim_{\Delta u\to 0}\dfrac{\Delta y}{\Delta u}=f'(u).$$
由极限与无穷小的关系,有
$$\dfrac{\Delta y}{\Delta u}=f'(u)+\alpha,$$
其中 α 是 $\Delta u\to 0$ 时的无穷小量,所以

$$\Delta y = f'(u)\Delta u + \alpha \Delta u,$$

两边同除以 Δx,得

$$\frac{\Delta y}{\Delta x} = f'(u)\frac{\Delta u}{\Delta x} + \alpha \frac{\Delta u}{\Delta x},$$

于是

$$\lim_{\Delta x \to 0}\frac{\Delta y}{\Delta x} = \lim_{\Delta x \to 0}\left[f'(u)\frac{\Delta u}{\Delta x} + \alpha \frac{\Delta u}{\Delta x}\right].$$

由可导函数必连续的性质,当 $\Delta x \to 0$ 时,$\Delta u \to 0$,从而

$$\lim_{\Delta x \to 0}\alpha = \lim_{\Delta u \to 0}\alpha = 0.$$

又由函数 $u = \varphi(x)$ 在点 x 处的可导性,有

$$\lim_{\Delta x \to 0}\frac{\Delta u}{\Delta x} = \varphi'(x),$$

故

$$\lim_{\Delta x \to 0}\frac{\Delta y}{\Delta x} = \lim_{\Delta x \to 0}f'(u)\frac{\Delta u}{\Delta x} + \lim_{\Delta x \to 0}\frac{\Delta u}{\Delta x}$$

$$= f'(u)\lim_{\Delta x \to 0}\frac{\Delta u}{\Delta x} + \lim_{\Delta x \to 0}\alpha \cdot \lim_{\Delta x \to 0}\frac{\Delta u}{\Delta x}$$

$$= f'(u) \cdot \varphi'(x),$$

即

$$y'_x = f'(u) \cdot \varphi'(x).$$

重复应用上述结论,可以把复合函数求导法则推广到多个中间变量的复合函数求导的情形. 例如,

$$y = f(u), \quad u = \varphi(v), \quad v = \psi(x),$$

则复合函数 $y = f\{\varphi[\psi(x)]\}$ 的导数是

$$\frac{\mathrm{d}y}{\mathrm{d}x} = \frac{\mathrm{d}y}{\mathrm{d}u} \cdot \frac{\mathrm{d}u}{\mathrm{d}v} \cdot \frac{\mathrm{d}v}{\mathrm{d}x}.$$

这个法则也称为链锁法则.

例 1 已知 $y = u^3, u = 2x + 1$,求 $\frac{\mathrm{d}y}{\mathrm{d}x}$.

解 因为 $\frac{\mathrm{d}y}{\mathrm{d}u} = 3u^2, \frac{\mathrm{d}u}{\mathrm{d}x} = 2$,故

$$\frac{\mathrm{d}y}{\mathrm{d}x} = \frac{\mathrm{d}y}{\mathrm{d}u} \cdot \frac{\mathrm{d}u}{\mathrm{d}x} = 3u^2 \cdot 2 = 6u^2 = 6(2x+1)^2.$$

例 2 $y = \sin^2 x$,求 y'.

解 设 $y = u^2, u = \sin x$,则

2.4 复合函数的求导法则

$$y' = \frac{dy}{dx} = \frac{dy}{du} \cdot \frac{du}{dx} = (u^2)' \cdot (\sin x)'$$
$$= 2u \cdot \cos x = 2\sin x \cdot \cos x = \sin 2x.$$

例 3 $y = \ln\cos x$,求 y'.

解 设 $y = \ln u, u = \cos x$,则

$$y' = y'_u \cdot u'_x = (\ln u)'(\cos x)' = \frac{1}{u} \cdot (-\sin x)$$
$$= -\frac{\sin x}{\cos x} = -\tan x.$$

在对复合函数的分解比较熟练后,可不必再写出中间变量,而只是明确知道对哪个变量求导就可以了. 具体采用下列方式来计算.

例 4 $y = \sqrt{2-x^2}$,求 y'.

解
$$y' = (\sqrt{2-x^2})' = \frac{1}{2\sqrt{2-x^2}} \cdot (2-x^2)'$$
$$= \frac{1}{2\sqrt{2-x^2}} \cdot (-2x)$$
$$= -\frac{x}{\sqrt{2-x^2}}.$$

例 5 $y = \arctan\frac{1}{x}$,求 y'.

解
$$y' = \left(\arctan\frac{1}{x}\right)' = \frac{1}{1+\left(\frac{1}{x}\right)^2} \cdot \left(\frac{1}{x}\right)'$$
$$= \frac{x^2}{1+x^2} \cdot \left(-\frac{1}{x^2}\right) = -\frac{1}{1+x^2}.$$

例 6 $y = \ln\sin x^2$,求 y'.

解
$$y' = (\ln\sin x^2)' = \frac{1}{\sin x^2} \cdot (\sin x^2)' = \frac{\cos x^2}{\sin x^2} \cdot (x^2)'$$
$$= (\cot x^2) \cdot (2x) = 2x \cdot \cot x^2.$$

例 7 $y = 2^{\sin\frac{1}{x}}$,求 y'.

解
$$y' = (2^{\sin\frac{1}{x}})' = 2^{\sin\frac{1}{x}} \cdot \ln 2 \cdot \left(\sin\frac{1}{x}\right)'$$
$$= 2^{\sin\frac{1}{x}} \cdot \ln 2 \cdot \cos\frac{1}{x} \cdot \left(\frac{1}{x}\right)'$$
$$= 2^{\sin\frac{1}{x}} \cdot \ln 2 \cdot \cos\frac{1}{x} \cdot \frac{-1}{x^2}$$

$$=-\ln2 \cdot \frac{1}{x^2} \cdot \cos\frac{1}{x} \cdot 2^{\sin\frac{1}{x}}.$$

有些函数在求其导数时,需要同时运用导数的四则运算求导法则和复合函数求导法则.

例 8 $y=e^x \arcsin e^x$,求 y'.

解 $y'=(e^x \arcsin e^x)'=(e^x)'\arcsin e^x+e^x(\arcsin e^x)'$

$$=e^x \arcsin e^x+e^x \cdot \frac{1}{\sqrt{1-(e^x)^2}}(e^x)'$$

$$=e^x \arcsin e^x+\frac{e^{2x}}{\sqrt{1-e^{2x}}}.$$

例 9 $y=\dfrac{a^x}{\sin x^2}$,求 y'.

解 $y'=\dfrac{(a^x)'\sin x^2-(\sin x^2)'a^x}{(\sin x^2)^2}$

$$=\frac{a^x \ln a \cdot \sin x^2-\cos x^2 (x^2)'a^x}{(\sin x^2)^2}$$

$$=\frac{a^x \ln a \cdot \sin x^2-2a^x x \cos x^2}{(\sin x^2)^2}.$$

例 10 $y=(1+x)^{\frac{1}{x}}$,求 y'.

解 将 $y=(1+x)^{\frac{1}{x}}$ 化为以 e 为底的指数函数

$$y=(1+x)^{\frac{1}{x}}=e^{\ln(1+x)^{\frac{1}{x}}}=e^{\frac{1}{x}\ln(1+x)}.$$

由复合函数求导法则,有

$$y'=(e^{\frac{1}{x}\ln(1+x)})'=e^{\frac{1}{x}\ln(1+x)}\left[\frac{1}{x}\ln(1+x)\right]'$$

$$=(1+x)^{\frac{1}{x}}\left\{\left(\frac{1}{x}\right)'\ln(1+x)+\frac{1}{x}[\ln(1+x)]'\right\}$$

$$=(1+x)^{\frac{1}{x}}\left[-\frac{1}{x^2}\ln(1+x)+\frac{1}{x(1+x)}\right].$$

至此,我们已推导出了基本初等函数的求导公式及四则运算求导法则和复合函数求导法则,而初等函数是由基本初等函数经有限次的四则运算和复合而构成的.因此,我们可以说对任意初等函数都能求出它的导数了.

习 题 2-4

1. 求下列函数的导数.

(1) $y=(1+6x)^6$;

(2) $y=\ln[\ln(x^2+1)]$;

(3) $y=\cos[\ln(x+\sqrt{1+x^2})]$;

(4) $y=xe^x[\ln(2x+1)+\sin x]$;

(5) $y=\sec^2\dfrac{x}{2}-\csc^2\dfrac{x}{2}$;

(6) $y=e^{\arctan x^2}$;

(7) $y=\ln\sqrt{\dfrac{1+t}{1-t}}$;

(8) $y=\arccos\left(\dfrac{1}{x}+e^x\right)$;

(9) $y=\sqrt{x+\sqrt{x+\sqrt{x}}}$;

(10) $y=\sin^n x\cos nx$;

(11) $y=\dfrac{t^3+1}{(1-2t)^3}$;

(12) $y=\dfrac{\arccot x}{\sqrt{1+x^2}}$;

(13) $y=\dfrac{1}{\arcsin x}$;

(14) $y=\sqrt{x}\ln(a^x+e^{2x})$;

(15) $y=\ln[\ln(\ln x^2)]$;

(16) $y=\log_a(x^2+\sqrt{x})$;

(17) $y=\dfrac{t^3+t}{\sin t}$;

(18) $y=\sin 2^x$;

(19) $y=\arctan\sqrt{x^2-1}-\dfrac{\ln x}{\sqrt{x^2-1}}$;

(20) $y=x^{a^a}+a^{x^a}+a^{a^x}$;

(21) $y=2^{\sin x}+\log_5 x^2$;

(22) $y=\left(\arcsin\dfrac{x}{3}\right)^2$;

(23) $y=e^{3-2x}\cos 5x$;

(24) $y=\ln(\csc x-\cot x)$;

(25) $y=\sqrt[3]{1+\cos 6x}$;

(26) $y=\ln(x+\sqrt{x^2+a^2})$;

(27) $y=\sec^3(e^{2x})$;

(28) $y=\dfrac{\sqrt{1+x}-\sqrt{1-x}}{\sqrt{1+x}+\sqrt{1-x}}$;

(29) $y=\sin\dfrac{1}{x}\cdot e^{\tan\frac{1}{x}}$;

(30) $y=e^x\cdot\sqrt{1-e^{2x}}+\arcsin e^x$;

(31) $y=\left(\dfrac{x}{1+x}\right)^x$.

2. 如果 $f(x)=e^{-x}$,求 $f(0)+xf'(0)$.

3. 已知函数 $f(x)=x(x-1)^3(x-2)^2$,求 $f'(0), f'(1), f'(2)$.

4. 已知函数 $f(x)=e^x\sin x$,求 $f(0)+2f'(0)$.

5. 已知函数 $y=e^{f(x)}$,求 y'.

2.5 隐函数及由参数方程确定的函数的导数

一、隐函数的导数

在函数的表达形式中,函数有两种表示法,一种是显函数,另一种是隐函数. 在实际问题中,有时需要计算隐函数的导数. 而有些隐函数不能表示成显函数,因此,我们希望用一种方法,不管隐函数能否表示成显函数,都能直接由隐函数的关系式求出它的导数.

下面通过具体例子来说明隐函数的求导法.

例1 求由方程 $e^y + xy + e^x = 0$ 所确定的隐函数 $y = f(x)$ 对 x 的导数 y'.

解 对方程 $e^y + xy + e^x = 0$ 的两端求导,并注意 y 是由上述方程所确定的 x 的函数,则

$$e^y \cdot y' + x'y + y'x + (e^x)' = 0,$$

即

$$e^y \cdot y' + y + xy' + e^x = 0,$$

解得

$$y' = -\frac{e^x + y}{e^y + x}.$$

例2 求由方程 $y^5 + 3y - 2x - 3x^6 = 0$ 所确定的隐函数 $y = f(x)$ 在 $x = 0$ 处的导数 $\left.\dfrac{dy}{dx}\right|_{x=0}$.

解 方程两端对 x 求导,并注意方程中 y 是 x 的函数,则

$$\frac{d}{dx}(y^5 + 3y - 2x - 3x^6) = 0,$$

从而

$$5y^4 y' + 3y' - 2 - 18x^5 = 0,$$

解得

$$y' = \frac{2 + 18x^5}{5y^4 + 3}.$$

因为当 $x = 0$ 时,从原方程得 $y = 0$,所以

$$\left.\frac{dy}{dx}\right|_{x=0} = \frac{2}{3}.$$

对数求导法 这里介绍一个在某些场合下求导较简便的方法,通常称之为"对数求导法".

对于下述两种类型的函数采用对数求导法较简便.

2.5 隐函数及由参数方程确定的函数的导数

(1) 幂指函数 $y=u(x)^{v(x)}[u(x)>0]$,其中 $u(x),v(x)$ 都是 x 的可导函数.

例 3 求 $y=(1+x)^x$ 的导数.

解 对 $y=(1+x)^x$ 的两端取自然对数,得
$$\ln y = x \cdot \ln(1+x).$$
再对上式运用隐函数求导法,上式两端同时对 x 求导,得
$$\frac{1}{y}y' = \ln(1+x) + \frac{x}{1+x},$$
解得
$$y' = y\left[\ln(1+x) + \frac{x}{1+x}\right] = (1+x)^x\left[\ln(1+x) + \frac{x}{1+x}\right].$$
这种先取对数后化为隐函数,再求导数的方法即为所谓的对数求导法.

例 4 求 $y=(\tan x)^{\cos x}$ 的导数.

解 对等式两端取对数,得
$$\ln y = \cos x \cdot \ln \tan x.$$
上式两端同时对 x 求导,得
$$\frac{1}{y} \cdot y' = -\sin x \cdot \ln \tan x + \frac{1}{\sin x},$$
解得
$$y' = y\left(-\sin x \cdot \ln \tan x + \frac{1}{\sin x}\right) = (\tan x)^{\cos x}\left(-\sin x \cdot \ln \tan x + \frac{1}{\sin x}\right).$$

(2) 能用对数求导法简化运算的函数.

例 5 求 $y=\sqrt{\dfrac{(x-1)(x-2)}{(x-3)(x-4)}}$ 的导数.

解 函数的定义域为 $(-\infty,1]\cup[2,3)\cup(4,+\infty)$,当 $x\in(4,+\infty)$ 时,等式两端取自然对数,得
$$\ln y = \frac{1}{2}[\ln(x-1)+\ln(x-2)-\ln(x-3)-\ln(x-4)].$$
等式两端对 x 再求导,得
$$\frac{1}{y} \cdot y' = \frac{1}{2}\left(\frac{1}{x-1}+\frac{1}{x-2}-\frac{1}{x-3}-\frac{1}{x-4}\right),$$
于是
$$y' = \frac{y}{2}\left(\frac{1}{x-1}+\frac{1}{x-2}-\frac{1}{x-3}-\frac{1}{x-4}\right),$$
即
$$y' = \frac{1}{2}\sqrt{\frac{(x-1)(x-2)}{(x-3)(x-4)}}\left(\frac{1}{x-1}+\frac{1}{x-2}-\frac{1}{x-3}-\frac{1}{x-4}\right),$$

同理可证当 $x\in(-\infty,1)$ 或 $x\in(2,3)$ 时,导数公式同上.

注意:在 $x=1,x=2$ 处函数的导数为 0.

二、由参数方程确定的函数的导数

设由参数方程 $\begin{cases} x=\varphi(t), \\ y=\psi(t) \end{cases}$ 确定了 y 是 x 的函数 $y=y(x)$,此函数称为**由参数方程确定的函数**,其中 t 称为参数.

现在我们讨论直接由参数方程来求出 y 对 x 的导数.

设 $x=\varphi(t)$ 具有单调连续反函数 $t=\varphi^{-1}(x)$,且此反函数能与函数 $y=\psi(t)$ 复合成函数. 因此,参数方程所确定的 $y=y(x)$ 可以看作是由 $y=\psi(t)$,与 $t=\varphi^{-1}(x)$ 复合而成的函数,又设 $\varphi(t)$,$\psi(t)$ 都对 t 可导,且 $\varphi'(t)\neq 0$,则据复合函数与反函数的求导公式,有

$$\frac{\mathrm{d}y}{\mathrm{d}x}=\frac{\mathrm{d}y}{\mathrm{d}t}\frac{\mathrm{d}t}{\mathrm{d}x}=\frac{\mathrm{d}y}{\mathrm{d}t}\cdot\frac{1}{\frac{\mathrm{d}x}{\mathrm{d}t}}=\frac{\psi'(t)}{\varphi'(t)}=\frac{y_t'}{x_t'}.$$

此即是由参数方程所确定的函数的求导公式.

例 6 求由参数方程 $\begin{cases} x=a\cos t, \\ y=b\sin t \end{cases}$ 所确定的函数 y 对 x 的导数.

解 $\dfrac{\mathrm{d}y}{\mathrm{d}x}=\dfrac{(b\sin t)'}{(a\cos t)'}=\dfrac{b\cos t}{-a\sin t}=-\dfrac{b}{a}\cot t.$

习 题 2-5

1. 求下列隐函数的导数 $\dfrac{\mathrm{d}y}{\mathrm{d}x}$.

   (1) $y^2-2xy+9=0$; (2) $x^3+y^3-3axy=0$;

   (3) $x^y=y^x$; (4) $xy=\mathrm{e}^{x+y}$.

2. 求曲线 $x^{\frac{2}{3}}+y^{\frac{2}{3}}=a^{\frac{2}{3}}$ 在点 $\left(\dfrac{\sqrt{2}}{4}a,\dfrac{\sqrt{2}}{4}a\right)$ 处的切线方程和法线方程.

3. 求下列函数的导数.

   (1) $y=\left(\dfrac{x}{1+x}\right)^x$; (2) $y=(\sin x)^{\cos x}+(\cos x)^{\sin x}$;

   (3) $y=\dfrac{\sqrt{x+2}(3-x)^4}{(x+1)^5}$; (4) $y=\sqrt{x\sin x\sqrt{1-\mathrm{e}^x}}$.

4. 求下列参数方程所确定的函数的导数 $\dfrac{\mathrm{d}y}{\mathrm{d}x}$.

(1) $\begin{cases} x=at^2, \\ y=bt^3; \end{cases}$ (2) $\begin{cases} x=e^t\sin t, \\ y=e^t\cos t; \end{cases}$

(3) $\begin{cases} x=a(t-\sin t), \\ y=a(1-\cos t); \end{cases}$ (4) $\begin{cases} x=\theta(1-\sin\theta), \\ y=\theta\cos\theta; \end{cases}$

(5) $\begin{cases} x=a\cos^3\theta, \\ y=a\sin^3\theta \end{cases}$ 在 $\theta=\dfrac{\pi}{4}$ 处;   (6) $\begin{cases} x=\dfrac{3at}{1+t^2}, \\ y=\dfrac{3at^2}{1+t^2} \end{cases}$ 在 $t=2$ 处.

5. 证明:抛物线 $x^{\frac{1}{2}}+y^{\frac{1}{2}}=a^{\frac{1}{2}}$ 上任一点的切线所截两坐标轴截距之和等于 a.

2.6 函数的微分

微分是与导数联系极为紧密的一个概念,是微积分学中的基本概念之一.

一、微分的定义

先分析一个具体问题,一块正方形金属薄片受温度变化的影响时,其边长由 x_0 变到 $x_0+\Delta x$(图 2-3),问此薄片的面积改变了多少?

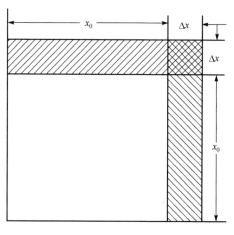

图 2-3

设此薄片的边长为 x,面积为 A,则 A 是 x 的函数: $A=x^2$,当自变量 x 自 x_0 取得增量 Δx 时,函数 A 相应的增量

$$\Delta A=(x_0+\Delta x)^2-x_0^2=2x_0\Delta x+(\Delta x)^2.$$

从上式可以看出,函数的增量 ΔA 分成两部分,第一部分 $2x_0\Delta x$ 是 Δx 的线性函数,即图中带有斜线的两个矩形面积之和,而第二部分 $(\Delta x)^2$ 在图中是带有交叉斜

线的小正方形的面积,当 $\Delta x \to 0$ 时,第二部分 $(\Delta x)^2$ 是比 Δx 高阶的无穷小. 因此,当 $|\Delta x|$ 很小时,面积函数的改变量 ΔA 可近似地用第一部分来代替.

定义 设函数 $y=f(x)$ 在某区间内有定义,x_0 及 $x_0+\Delta x$ 在这区间内,如果函数的增量

$$\Delta y = f(x_0+\Delta x) - f(x_0)$$

可表示为

$$\Delta y = A\Delta x + o(\Delta x), \tag{1}$$

其中 A 是不依赖于 Δx 的常数,而 $o(\Delta x)$ 是比 Δx 高阶的无穷小,那么称函数 $y=f(x)$ 在点 x_0 是可微的,而 $A\Delta x$ 叫做函数 $y=f(x)$ 在点 x_0 相应于自变量增量 Δx 的微分,记作 dy,即

$$dy = A\Delta x.$$

下面讨论函数可微的条件.

设函数 $y=f(x)$ 在点 x_0 可微,按定义有(1)式成立,(1)式两边除以 Δx,得

$$\frac{\Delta y}{\Delta x} = A + \frac{o(\Delta x)}{\Delta x},$$

当 $\Delta x \to 0$ 时,得

$$\lim_{x \to 0} \frac{\Delta y}{\Delta x} = A.$$

因此,如果函数 $f(x)$ 在点 x_0 可微,则 $f(x)$ 在 x_0 也一定可导,且 $A=f'(x_0)$.

反之,如果 $y=f(x)$ 在点 x_0 可导,即

$$\lim_{\Delta x \to 0} \frac{\Delta y}{\Delta x} = f'(x_0)$$

存在,于是有

$$\frac{\Delta y}{\Delta x} = f'(x_0) + \alpha,$$

其中 α 是当 $\Delta x \to 0$ 时的无穷小,因此又有

$$\Delta y = f'(x_0)\Delta x + \alpha \cdot \Delta x.$$

因为 $f'(x_0)$ 是不依赖于 Δx 的常数,而 $\alpha \cdot \Delta x = o(\Delta x)$,所以 $f(x)$ 在点 x_0 也是可微的.

因此我们得到一个重要结论:函数 $f(x)$ 在点 x_0 可微的充分必要条件是函数 $f(x)$ 在点 x_0 可导,且当 $f(x)$ 在 x_0 可微时,其微分一定是

$$dy = f'(x_0)\Delta x.$$

由定义中的(1)式可知,当 $f(x)$ 在 x_0 可微时,$\Delta y - dy = o(\Delta x)$,我们同样还可以证明 $\Delta y - dy = o(\Delta y)$,这是因为(设 $f'(x_0) \neq 0$)

$$\lim_{\Delta x \to 0} \frac{\Delta y - dy}{\Delta y} = \lim_{\Delta x \to 0} \frac{\Delta y - f'(x_0)\Delta x}{\Delta y} = \lim_{\Delta x \to 0}\left[1 - \frac{f'(x_0)}{\frac{\Delta y}{\Delta x}}\right] = 0,$$

即 $\Delta y - dy$ 既是 Δx 的高阶无穷小,也是 Δy 的高阶无穷小,故我们可以说 dy 是 Δy 的主要部分.因为 $dy = f'(x_0)\Delta x$ 是 Δx 的线性函数,所以在 $f'(x_0) \neq 0$ 的条件下,我们称 dy 是 Δy 的线性主部,从而当 $|\Delta x|$ 很小时有

$$\Delta y \approx dy.$$

例1 求函数 $y = x^2$ 在 $x = 1$ 和 $x = 3$ 处的微分.

解 $y = x^2$ 在 $x = 1$ 处的微分为

$$dy = (x^2)'|_{x=1} \cdot \Delta x = 2\Delta x.$$

$y = x^2$ 在 $x = 3$ 处的微分为

$$dy = (x^2)'|_{x=3} \cdot \Delta x = 6\Delta x.$$

函数在任意点 x 的微分,称为函数的微分,记作 dy 或 $df(x)$,即

$$dy = f'(x)\Delta x. \tag{2}$$

下面我们讨论函数 $y = x$ 的微分 dy:

$$dy = (x')\Delta x = \Delta x.$$

由于 $y = x$,故 $dy = dx$,即 $\Delta x = dx$.

故自变量的增量等于自变量的微分.

于是(2)式可写成

$$dy = f'(x)dx, \tag{3}$$

从而有 $\dfrac{dy}{dx} = f'(x)$,这就是说:函数的微分 dy 与自变量的微分 dx 之商等于该函数的导数,因此,导数也叫做"**微商**".

例2 求函数 $y = x^3$ 当 $x = 2, \Delta x = 0.02$ 时的微分.

解 先求函数在任意点的微分:

$$dy = (x^3)'dx = 3x^2 dx.$$

再求当 $x = 2, \Delta x = 0.02$ 时的微分:

$$dy|_{\substack{x=2 \\ \Delta x=0.02}} = 3x^2\, dx|_{\substack{x=2 \\ \Delta x=0.02}} = 3 \cdot 2^2 \cdot 0.02 = 0.24.$$

二、微分的几何意义

现在从几何上来说明函数 $y = f(x)$ 的微分 dy 与 Δy 的关系.在直角坐标系中,函数 $y = f(x)$ 的图形是一条曲线(图2-4).在它上面任取点 $M(x,y)$ 及其邻近的一点 $M'(x+\Delta x, y+\Delta y)$,过 M 及 M' 分别作平行于 y 轴的直线与 x 轴交于 P 及 P'.过点 M 作平行于 x 轴的直线交 $P'M'$ 于 Q,再作曲线 $y = f(x)$ 在点 M 的切线交 $P'M'$ 于 T,则

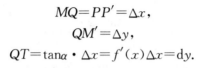

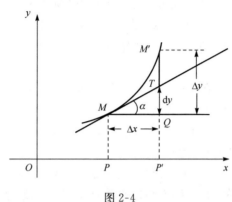

图 2-4

可见,函数 $y=f(x)$ 在点 x 处的微分 dy,可用曲线 $y=f(x)$ 上点 $M(x,y)$ 处切线的纵坐标的增量来表示,当 Δx 很小时,$|\Delta y - dy|$ 比 $|\Delta x|$ 小得多,因此在点 M 的邻近,可以用切线段来近似地代替曲线段.

三、微分公式与微分运算法则

利用基本初等函数的导数公式以及微分表达式

$$dy = f'(x)dx,$$

即可得到基本初等函数的微分公式:

(1) $d(c) = 0$;　　　　　　　　　(2) $d(x^{\mu}) = \mu x^{\mu-1} dx$;

(3) $d(\sin x) = \cos x dx$;　　　　 (4) $d(\cos x) = -\sin x dx$;

(5) $d(\tan x) = \sec^2 x dx$;　　　 (6) $d(\cot x) = -\csc^2 x dx$;

(7) $d(\sec x) = \sec x \tan x dx$;　 (8) $d(\csc x) = -\csc x \cot x dx$;

(9) $d(a^x) = a^x \ln a dx$;　　　　(10) $d(e^x) = e^x dx$;

(11) $d(\log_a x) = \dfrac{1}{x \ln a} dx$;　　(12) $d(\ln x) = \dfrac{1}{x} dx$;

(13) $d(\arcsin x) = \dfrac{1}{\sqrt{1-x^2}} dx$;　(14) $d(\arccos x) = -\dfrac{1}{\sqrt{1-x^2}} dx$;

(15) $d(\arctan x) = \dfrac{1}{1+x^2} dx$;　(16) $d(\text{arccot} x) = -\dfrac{1}{1+x^2} dx.$

利用函数和、差、积、商的求导法则,可推得相应的微分法则如下:

2.6 函数的微分

(1) $d(u \pm v) = du \pm dv$;

(2) $d(uv) = udv + vdu$, $d(cu) = cdu$;

(3) $d\left(\dfrac{u}{v}\right) = \dfrac{vdu - udv}{v^2}$.

下面讨论复合函数的微分法则.

设 $y = f(u)$, $u = \varphi(x)$, 按照复合函数的求导法则, 复合函数 $y = f[\varphi(x)]$ 的导数为

$$\frac{dy}{dx} = f'(u)\varphi'(x),$$

于是

$$dy = f'(u)\varphi'(x)dx. \tag{4}$$

由于 $\varphi'(x)dx = du$, 故 (4) 式又可写成

$$dy = f'(u)du, \tag{5}$$

即复合函数 $y = f[\varphi(x)]$ 的微分既可用 (4) 式表达, 也可用 (5) 式表达, 比较 (4), (5) 两式, 可以看出二者在形式上是一样的, 这就是说, 不论 u 是自变量还是中间变量, 函数 $y = f(u)$ 的微分总可以表示为 $f'(u)du$ 的形式, 这叫做一阶微分形式的不变性.

例 3 $y = \sin(2x + 1)$, 求 dy.

解 令 $u = 2x + 1$, 则

$$\begin{aligned} dy &= d(\sin u) = \cos u du = \cos(2x+1) d(2x+1) \\ &= \cos(2x+1) \cdot 2dx = 2\cos(2x+1)dx. \end{aligned}$$

例 4 $y = e^{1-3x}\cos x$, 求 dy.

解 利用积的微分法则, 得

$$\begin{aligned} dy &= d(e^{1-3x}\cos x) = \cos x d(e^{1-3x}) + e^{1-3x}d(\cos x) \\ &= (\cos x)e^{1-3x}(-3dx) + e^{1-3x}(-\sin x dx) \\ &= -e^{1-3x}(3\cos x + \sin x)dx. \end{aligned}$$

例 5 在下列等式左端的括号中填入适当的函数, 使等式成立.

(1) $d(\quad) = xdx$; (2) $d(\quad) = \cos\omega t dt$.

解 (1) 因为 $d(x^2) = 2xdx$, 故 $xdx = \dfrac{1}{2}dx^2 = d\left(\dfrac{x^2}{2}\right)$, 即

$$d\left(\frac{x^2}{2}\right) = xdx.$$

(2) 因为 $d(\sin \omega t) = \omega \cos \omega t dt$, 可见

$$\cos\omega t dt = \frac{1}{\omega}d(\sin\omega t) = d\left(\frac{1}{\omega}\sin\omega t\right),$$

即
$$d\left(\frac{1}{\omega}\sin\omega t\right)=\cos\omega t\,dx.$$

四、微分的应用

1. 微分在近似计算中的应用

由前面的讨论知,$\Delta y-dy$ 是一个比 Δx 和 Δy 都高阶的无穷小,故有近似公式
$$\Delta y\approx dy=f'(x_0)dx,$$
即
$$f(x_0+\Delta x)-f(x_0)\approx f'(x_0)dx,$$
或
$$f(x_0+\Delta x)\approx f(x_0)+f'(x_0)dx, \tag{6}$$
因此知道了 $f(x_0),f'(x_0)$ 及 Δx,就可求得 $f(x_0+\Delta x)$ 的近似值.

例 6 求 $\sqrt[3]{1.02}$ 的近似值.

解 当 $x_0=1$ 时,函数 $f(x)=\sqrt[3]{x}$ 的函数值为 1,即
$$f(1)=1, \quad f'(x)=\frac{1}{3\sqrt[3]{x^2}}, \quad f'(1)=\frac{1}{3}, \quad \Delta x=0.02,$$
所以
$$\sqrt[3]{1.02}=f(1.02)\approx f(1)+f'(1)\Delta x=1+\frac{1}{3}\times 0.02\approx 1.0067.$$

特殊地,当 $x_0=0,\Delta x=x$ 时,(6)式可写成
$$f(x)\approx f(0)+f'(0)x, \tag{7}$$
利用(7)式可以推得以下几个常用的近似公式[①]:

(1) $\sqrt[n]{1+x}\approx 1+\frac{1}{n}x$;

(2) $\sin x\approx x$(x 用弧度单位来表达);

(3) $\tan x\approx x$(x 用弧度单位来表达);

(4) $e^x\approx 1+x$;

(5) $\ln(1+x)\approx x$.

2. 微分在误差估计中的应用

我们先来给出误差的概念.

如果某量的准确值为 A,它的近似值为 a,则它们的差的绝对值
$$\Delta=|A-a|$$

[①] 以上五个近似公式都是在 $|x|$ 很小的情况下才成立.

叫做近似值 α 的绝对误差.

仅用绝对误差不足以刻画这个度量结果的精确程度,例如,当度量某一长度时,其绝对误差为 1cm,如果不说明近似值的大小,就不能说明度量的好坏. 如果这 1cm 的误差是度量 1000m 距离所产生的,这可以说是非常准确的,但如果这 1cm 是度量 10cm 长度所产生的误差,显然就太粗糙了. 所以,通常为了表明度量的精确程度,都是用相对误差.

近似值 α 的绝对误差 Δ 与 α 之比

$$\nabla = \frac{\Delta}{\alpha}$$

叫做 α 的相对误差.

在实际问题中,准确值 A 往往是不知道的,因此绝对误差与相对误差一般也不能知道,但一般总可知道它们不会超过某一界限,因此我们用如下概念来代替它们.

如果有一个尽可能小的数 δ,使得

$$|A - \alpha| < \delta,$$

则数 δ 叫做近似值 α 的绝对误差限,而 $\frac{\delta}{\alpha}$ 叫做相对误差限.

例 7 设测得圆钢截面的直径 $D = 60.03\text{mm}$,测量 D 的绝对误差限 $\delta_D = 0.05\text{mm}$,利用公式 $A = \frac{\pi}{4}D^2$ 计算圆钢的截面积时,试估计面积的误差.

解 我们把测量 D 时所产生的误差当作自变量 D 的增量 ΔD,则有 $\Delta D \leqslant \delta_D$,利用 $A = \frac{\pi}{4}D^2$ 来计算 A 时所产生的误差就是函数 A 的相应增量 ΔA,当 ΔD 很小时

$$|\Delta A| \approx |dA| = \frac{\pi}{2}D \cdot |\Delta D| \leqslant \frac{\pi}{2}D \cdot \delta_D.$$

因为 $D = 60.03\text{mm}, \delta_D = 0.05\text{mm}$,因此得到 A 的绝对误差限约为

$$\delta_A = \frac{\pi}{2}D\delta_D = \frac{\pi}{2} \times 60.03 \times 0.05 \approx 4.715(\text{mm}^2).$$

A 的相对误差限为

$$\frac{\delta_A}{A} = \frac{\frac{\pi}{2}D\delta_D}{\frac{\pi}{4}D^2} = 2\frac{\delta_D}{D} = 2 \times \frac{0.05}{60.03} \approx 0.17\%.$$

习 题 2-6

1. 已知 $y = x^2 - x$,计算在 $x = 2$ 处当 Δx 分别等于 $1, 0.1, 0.01$ 时的 Δy

及 dy.

2. 求下列函数的微分.

(1) $y=\dfrac{1}{x}+2\sqrt{x}$;

(2) $y=x\sin 2x$;

(3) $y=x^2 e^{2x}$;

(4) $y=e^{-x}\cos(3-x)$;

(5) $y=\dfrac{x}{\sqrt{x^2+1}}$;

(6) $y=[\ln(1-x)]^2$;

(7) $y=\tan^2(1+2x^2)$;

(8) $y=\arctan\dfrac{1-x^2}{1+x^2}$.

3. 将适当的函数填入下列括号内,使等式成立.

(1) d(　　)$=2\mathrm{d}x$;

(2) d(　　)$=\cos t\mathrm{d}t$;

(3) d(　　)$=3x\mathrm{d}x$;

(4) d(　　)$=\dfrac{1}{1+x}\mathrm{d}x$;

(5) d(　　)$=e^{-2x}\mathrm{d}x$;

(6) d(　　)$=\dfrac{1}{\sqrt{x}}\mathrm{d}x$;

(7) d(　　)$=\sec^2 3x\mathrm{d}x$;

(8) d(　　)$=\sin\omega x\mathrm{d}x$.

4. 求下列函数的微分值.

(1) $y=\dfrac{1}{(\tan x+1)^2}$ 当自变量 x 由 $\dfrac{\pi}{6}$ 变到 $\dfrac{61\pi}{360}$ 时;

(2) $y=\cos^2\varphi$ 当自变量 φ 由 $60°$ 变到 $60°30'$ 时.

5. 计算(1)$e^{1.01}$;(2)$\sin 29°$ 的近似值.

6. 一金属圆板的直径为 100mm,受热膨胀后,直径增长了 1mm,试用微分计算圆板面积约增大了多少?

7. 测量一正方形时,测得边长为 2m,已知测量时的绝对误差限为 0.01m,求面积的绝对误差限及相对误差限.

8. 计算球体体积时,要求相对误差在 2% 以内,问这时测量直径 D 的相对误差限应为多少?

2.7　高阶导数与高阶微分

一、高阶导数

函数 $y=f(x)$ 的导数 $y'=f'(x)$ 仍然是 x 的函数,如果这个函数 $f'(x)$ 的导数还存在,这个导数就叫原来函数 $y=f(x)$ 的二阶导数,记作

$$y'',\quad f''(x),\quad \dfrac{\mathrm{d}^2 y}{\mathrm{d}x^2},\quad \dfrac{\mathrm{d}^2 f}{\mathrm{d}x^2}$$

等. 一般地, 如果函数 $y=f(x)$ 的 $(n-1)$ 阶导数 $y^{(n-1)}$ 的导数存在, 这个导数就叫做 $y=f(x)$ 的 n 阶导数, 记为

$$y^n, \quad f^{(n)}(x), \quad \frac{\mathrm{d}^n y}{\mathrm{d}x^n}, \quad \frac{\mathrm{d}^n f}{\mathrm{d}x^n}.$$

当 $n=3$ 时, 也可记为

$$y''', \quad f'''(x), \quad \frac{\mathrm{d}^3 y}{\mathrm{d}x^3}, \quad \frac{\mathrm{d}^3 f}{\mathrm{d}x^3}.$$

例1 求 $y=ax^3+bx^2+cx+d$ (a,b,c,d 是常数) 的各阶导数.

解
$$y'=3ax^2+2bx+c,$$
$$y''=6ax+2b,$$
$$y'''=6a,$$
$$y^{(4)}=y^{(5)}=\cdots=y^{(n)}=\cdots=0.$$

例2 求幂函数的 n 阶导数公式.

解 设 $y=x^\mu$ (μ 是任意常数), 那么
$$y'=\mu x^{\mu-1},$$
$$y''=\mu(\mu-1)x^{\mu-2},$$
$$y'''=\mu(\mu-1)(\mu-2)x^{\mu-3},$$
$$y^{(4)}=\mu(\mu-1)(\mu-2)(\mu-3)x^{\mu-4}.$$

依此类推, 可得
$$y^{(n)}=\mu(\mu-1)(\mu-2)\cdots(\mu-n+1)x^{\mu-n}.$$

当 $\mu=n$ 时,
$$(x^n)^{(n)}=n(n-1)(n-2)\cdots(n-n+1)=n!,$$
$$(x^n)^{(n+1)}=0.$$

例3 求 $y=\sin x$ 的各阶导数.

解
$$y'=\cos x=\sin\left(x+\frac{\pi}{2}\right),$$
$$y''=\cos\left(x+\frac{\pi}{2}\right)=\sin\left(x+2\cdot\frac{\pi}{2}\right),$$
$$y'''=\cos\left(x+2\cdot\frac{\pi}{2}\right)=\sin\left(x+3\cdot\frac{\pi}{2}\right),$$
$$y^{(4)}=\sin\left(x+4\cdot\frac{\pi}{2}\right).$$

一般地, 有
$$y^{(n)}=\sin\left(x+\frac{n\pi}{2}\right).$$

下面我们来讨论两类特殊形式——隐函数的高阶导数及由参数方程确定的函

数的高阶导数.

1. 隐函数的高阶导数

例 4 求由方程 $y^3+y-x=0$ 所确定的隐函数 $y=f(x)$ 的二阶导数 y''.

解 先求一阶导,方程两端对 x 求导,得
$$3y^2y'+y'-1=0,$$
解得
$$y'=\frac{1}{3y^2+1},$$
于是
$$y''=(y')'_x=\left(\frac{1}{3y^2+1}\right)'=-(3y^2+1)^{-2}(3y^2+1)'$$
$$=-(3y^2+1)^{-2}(6yy')=-\frac{6y}{(3y^2+1)^3}.$$

注 若要求三阶导数,则在二阶导数的基础上再对 x 求一次导数即可. 需要注意的是 $y''=-\frac{6y}{(3y^2+1)^3}$ 中 y 仍是 x 的函数,依此进行下去,就可求出该隐函数的高阶导数.

2. 参数方程的高阶导数

设由参数方程 $\begin{cases} x=\varphi(t), \\ y=\psi(t) \end{cases}$ 确定了 y 是 x 的函数 $y=y(x)$.

由 2.5 节中结论可知
$$\frac{dy}{dx}=\frac{y'_t}{x'_t}=y',$$
所以
$$\frac{d^2y}{dx^2}=\left(\frac{dy}{dx}\right)'_x=(y')'_t \cdot t'_x=\frac{(y')'_t}{x'_t}.$$
同理,三阶导数
$$\frac{d^3y}{dx^3}=(y'')'_x=(y'')'_t \cdot t'_x=\frac{(y'')'_t}{x'_t}.$$

例 5 求由参数方程 $\begin{cases} x=a\cos t, \\ y=b\sin t \end{cases}$ 所确定的函数 y 对 x 的二阶导数 y''.

解 $\frac{dy}{dx}=\frac{(b\sin t)'}{(a\cos t)'}=\frac{b\cos t}{-a\sin t}=-\frac{b}{a}\cot t,$

$$\frac{d^2y}{dx^2}=\frac{(y')'_t}{x'_t}=\frac{-\frac{b}{a}(-\csc^2 t)}{-a\sin t}=-\frac{b}{a^2}\csc^3 t.$$

若要求三阶导数,则

$$\frac{\mathrm{d}^3 y}{\mathrm{d}x^3} = \frac{(y'')_t'}{x_t'} = \frac{\left(-\frac{b}{a^2}\csc^3 t\right)'}{(a\cos t)'} = \frac{-\frac{b}{a^2}\cdot 3\csc^2 t\cdot(-\csc t\cdot\cot t)}{-a\sin t}$$

$$= -\frac{3b}{a^3}\csc^4 t\cdot\cot t.$$

二、高阶微分

因为可导是可微的充要条件,故只要函数有高阶导数就一定有高阶微分,下面推导高阶微分公式,我们把 $y=f(x)$ 的 n 阶微分记为 $\mathrm{d}^n y$.

设函数 $y=f(x)$,则 $\mathrm{d}y=f'(x)\mathrm{d}x$,

$$\mathrm{d}^2 y = \mathrm{d}(\mathrm{d}y) = \mathrm{d}[y'\mathrm{d}x] = (\mathrm{d}y')(\mathrm{d}x) + y'\mathrm{d}(\mathrm{d}x)$$

$$= y''(\mathrm{d}x)^2 \xrightarrow{\text{记作}} y''\mathrm{d}x^2.$$

注意:$\mathrm{d}x$ 不依赖于 x 变化,故 $\mathrm{d}(\mathrm{d}x)=0$,

$$\mathrm{d}^3 y = \mathrm{d}[y''\mathrm{d}x^2] = \mathrm{d}y''\mathrm{d}x^2 = y'''\mathrm{d}x.$$

依此类推

$$\mathrm{d}^n y = y^{(n)}\mathrm{d}x^n,$$

其中 $\mathrm{d}x^n$ 是 $\mathrm{d}x$ 的 n 次幂.

由上式可得 $y^{(n)} = \dfrac{\mathrm{d}^n y}{\mathrm{d}x^n}$,即 $y=f(x)$ 的 n 阶导数等于函数的 n 阶微分与自变量微分的 n 次幂的商.

但应注意,对于复合函数的中间变量则不能得出上述结论,设 $y=f(u)$,而 $u=\varphi(x)$,则复合函数 $y=f[\varphi(x)]$ 的一阶微分由形式不变性可知:

$$\mathrm{d}y = f'(u)\mathrm{d}u.$$

但由于 u 不是自变量,而是 x 的函数,故 $\mathrm{d}u$ 依赖于自变量 x 变化,故 $\mathrm{d}(\mathrm{d}u)\neq 0$.

$$\mathrm{d}^2 y = \mathrm{d}[f'(u)\mathrm{d}u] = [\mathrm{d}f'(u)]\mathrm{d}u + f'(u)\mathrm{d}^2 u = f''(u)\mathrm{d}u^2 + f'(u)\mathrm{d}^2 u.$$

这表明,对高阶微分来说,已不再具有微分形式不变性了.

习 题 2-7

1. 求下列函数的二阶导数与二阶微分.

(1) $y = 2x^2 + \ln x$;

(2) $y = e^{2x-1}$;

(3) $y = e^{-t}\sin t$;

(4) $y = \sqrt{a^2 - x^2}$;

(5) $y = \dfrac{2x^3 + \sqrt{x} + 4}{x}$;

(6) $y = x\cos x$;

(7) $y=\ln(1-x^2)$; (8) $y=\dfrac{1}{x^3+1}$;

(9) $y=\tan x$; (10) $y=\cos^2 x \ln x$;

(11) $y=(1+x^2)\arctan x$; (12) $y=xe^{x^2}$.

2. 设 $f(x)=(x+10)^6$，求 $f'''(2)$.

3. 若 $f''(x)$ 存在，求下列函数 y 的二阶导数 $\dfrac{d^2 y}{dx^2}$:

(1) $y=f(x^2)$; (2) $y=\ln[f(x)]$.

4. 试从 $\dfrac{dx}{dy}=\dfrac{1}{y'}$ 导出:

(1) $\dfrac{d^2 x}{dy^2}=-\dfrac{y''}{(y')^3}$; (2) $\dfrac{d^3 x}{dy^3}=\dfrac{3(y'')^2-y'y'''}{(y')^5}$.

5. 求下列函数的 n 阶导数.

(1) $y=e^{-x}$; (2) $y=\ln(x+1)$; (3) $y=\cos x$;

(4) $y=\sin^2 x$; (5) $y=\dfrac{1}{x^2-3x+2}$.

6. 验证函数 $y=e^x \sin x$ 满足关系式：$y''-2y'+2y=0$.

7. 如果 $f(x)=x^3+x^2+x+1$，求：$f'(0), f''(0), f'''(0), f^{(4)}(0)$.

8. 求下列函数的高阶微分.

(1) $y=x^3 \ln x$，求 $d^{(4)}y$; (2) $y=\arctan x$，求 $d^2 y$;

(3) $f(x)=e^{2x-1}$，求 $d^2 f(0)$; (4) $f(x)=x\cos x$，求 $d^2 f\left(\dfrac{\pi}{2}\right)$.

9. 证明：$(\sin^4 x+\cos^4 x)^{(n)}=4^{n-1}\cos\left(4x+\dfrac{n\pi}{2}\right)$.

10. 求由下列方程所确定的隐函数的二阶导数 $\dfrac{d^2 y}{dx^2}$.

(1) $xe^y-y+1=0$; (2) $e^y=xy$.

11. 求由下列参数方程所确定的二阶导数 $\dfrac{d^2 y}{dx^2}$.

(1) $\begin{cases} x=at^2, \\ y=bt^3; \end{cases}$ (2) $\begin{cases} x=te^{-t}, \\ y=e^t. \end{cases}$

第三章 中值定理与导数的应用

第二章引进了导数和微分的概念,并讨论了微分法.本章中,我们将应用导数来研究函数以及曲线的某些性态,并利用这些知识解决一些实际问题.微分学的中值定理是导数应用的理论基础.

3.1 中值定理

罗尔定理、拉格朗日中值定理和柯西中值定理都是揭示函数在一区间两端点的值与它在该区间内某点的导数之间的关系,因此统称为**中值定理**.

一、罗尔定理

引理 设函数 $f(x)$ 在区间 (a,b) 内有定义,ξ 是 (a,b) 内的一个点,如果函数 $f(x)$ 在点 $x=\xi$ 处可导且取得最大值(或最小值),则必有 $f'(\xi)=0$.

证 只对 $f(x)$ 在点 $x=\xi$ 处取得最大值的情形进行证明,$f(x)$ 在点 $x=\xi$ 处取得最小值的情形证法完全类似.

由于 $f(x)$ 在点 $x=\xi$ 处取得最大值,故不论 Δx 为正或为负,只要 $\xi+\Delta x \in (a,b)$,就有 $f(\xi+\Delta x)-f(\xi) \leqslant 0$,从而

$$\frac{f(\xi+\Delta x)-f(\xi)}{\Delta x} \leqslant 0 \quad (\text{当 } \Delta x>0 \text{ 时}),$$

$$\frac{f(\xi+\Delta x)-f(\xi)}{\Delta x} \geqslant 0 \quad (\text{当 } \Delta x<0 \text{ 时}),$$

令 $\Delta x \to 0$,由第一章 1.3 节定理得

$$f'_-(\xi) \leqslant 0; \quad f'_+(\xi) \geqslant 0.$$

又由 $f(x)$ 在点 $x=\xi$ 处可导,得 $f'_+(\xi)=f'_-(\xi)$,所以必有

$$f'(\xi)=0.$$

定理 1（罗尔(Rolle)定理） 如果函数 $f(x)$ 在闭区间 $[a,b]$ 上连续,在开区间 (a,b) 内可导,且 $f(a)=f(b)$,则在区间 (a,b) 内至少存在一点 ξ,使得 $f'(\xi)=0$.

证 因为 $f(x)$ 在 $[a,b]$ 上连续,它必在 $[a,b]$ 上取得最大值 M 和最小值 m.

如果 $M=m$,则 $f(x)$ 在区间上恒等于一常数,因而在 (a,b) 内的一切点 x 处都有 $f'(x)=0$,定理当然成立.

如果 $M \neq m$,这时由于 $f(a)=f(b)$,故 M 和 m 中至少有一个是在区间内部

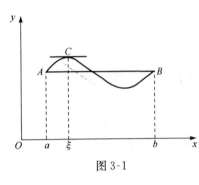

图 3-1

(非端点)某点 ξ 处取得. 根据上述引理,在点 ξ 处便有 $f'(\xi)=0$. 总之,在 $f(a)=f(b)$ 时定理成立.

罗尔定理的几何意义是:如果连续曲线 $y=f(x)$ 的两个端点 A,B 的纵坐标相等,且除端点外处处具有不垂直于 x 轴的切线,则在曲线弧 $\overparen{AB}$ 上至少有一点 C,使曲线在该点处的切线是水平的(图 3-1).

二、拉格朗日中值定理

定理 2(拉格朗日(**Lagrange**)中值定理) 如果函数 $f(x)$ 在闭区间 $[a,b]$ 上连续,在开区间 (a,b) 内可导,则在 (a,b) 内至少存在一点 ξ,使等式

$$f(b)-f(a)=f'(\xi)(b-a) \tag{1}$$

成立.

证 引进辅助函数

$$\varphi(x)=f(x)-\left[f(a)+\frac{f(b)-f(a)}{b-a}(x-a)\right].$$

$\varphi(x)$ 是曲线 $y=f(x)$ 与弦 AB 上横坐标为 x 的点的纵坐标之差(图 3-2),是 x 的函数,容易验证 $\varphi(x)$ 在区间 $[a,b]$ 上满足罗尔定理的条件:$\varphi(a)=\varphi(b)=0$,$\varphi(x)$ 在 $[a,b]$ 上连续,在 (a,b) 内可导,且

$$\varphi'(x)=f'(x)-\frac{f(b)-f(a)}{b-a}.$$

由罗尔定理知,在 (a,b) 内至少有一点 ξ,使 $\varphi'(\xi)=0$,即

$$f'(\xi)-\frac{f(b)-f(a)}{b-a}=0,$$

因此得

$$f(b)-f(a)=f'(\xi)(b-a).$$

如果把(1)式改写成下式

$$\frac{f(b)-f(a)}{b-a}=f'(\xi),$$

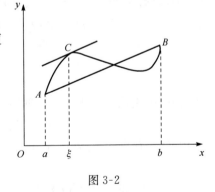

图 3-2

由图 3-2 可看出,上式左边为弦 AB 的斜率,而右边为曲线在点 C 处的切线的斜率. 因此拉格朗日中值定理的几何意义是:如果连续曲线 $y=f(x)$ 的弧 $\overparen{AB}$ 上除端点外处处有不垂直于 x 轴的切线,那么这弧上至少有一点 C,使曲线在点 C 处的切线平行于弦 AB.

公式(1)叫做**拉格朗日中值公式**.

拉格朗日中值定理也叫做**微分中值定理**或**有限增量定理**，它有一些不同的写法. 由于 $a<\xi<b$，所以量 $\theta=\dfrac{\xi-a}{b-a}$ 是一个大于 0 小于 1 的正数，即 $0<\theta<1$，又显然 $\xi=a+\theta(b-a)$，所以公式(1)还可写作

$$f(b)-f(a)=f'[a+\theta(b-a)]\cdot(b-a) \quad (0<\theta<1),$$

令 $a=x_0, b=x_0+\Delta x$，上式化为

$$f(x_0+\Delta x)-f(x_0)=f'(x_0+\theta\Delta x)\cdot\Delta x$$

或

$$\Delta y=f'(x_0+\theta\Delta x)\Delta x \quad (0<\theta<1),$$

其中 Δx 为自变量的增量，$\Delta y=f(x_0+\Delta x)-f(x_0)$ 为相应的函数的增量.

注意：上述中值定理只告诉我们至少有一个 ξ 存在，但没有告诉这样的 ξ 究竟有多少个，更没有告诉我们 ξ 的值，但随后我们将看到，这并不影响它在许多方面的应用.

下面是微分中值定理的一个重要推论.

推论 如果在区间 (a,b) 内 $f'(x)=0$，则函数 $f(x)$ 在该区间内是一个常数.

证 在区间 (a,b) 内任取两点 $x_1, x_2(x_1<x_2)$，则在区间 $[x_1, x_2]$ 上，由微分中值定理有

$$f(x_2)-f(x_1)=f'(\xi)\cdot(x_2-x_1),$$

其中 $x_1<\xi<x_2$. 因为 $f'(\xi)=0$，所以

$$f(x_2)=f(x_1),$$

这说明区间内任意两点的函数值相等，所以 $f(x)$ 是一个常数.

我们知道常数的导数等于零，这个推论就是它的逆命题.

例 证明：当 $0<a<b$ 时，$\dfrac{b-a}{b}<\ln\dfrac{b}{a}<\dfrac{b-a}{a}$.

证 设 $f(x)=\ln x$，因为 $0<a<b$，所以 $f(x)$ 在区间 $[a,b]$ 上满足拉格朗日中值定理的条件，所以

$$f(b)-f(a)=f'(\xi)(b-a) \quad (a<\xi<b),$$

由于 $f'(x)=\dfrac{1}{x}$，因此上式即为

$$\ln\dfrac{b}{a}=\dfrac{b-a}{\xi}.$$

由于 $0<a<\xi<b$，所以

$$\dfrac{b-a}{b}<\ln\dfrac{b}{a}<\dfrac{b-a}{a}.$$

三、柯西中值定理

定理 3（柯西（Cauchy）中值定理） 如果函数 $f(x)$ 与 $g(x)$ 在闭区间 $[a,b]$ 上连续，在开区间 (a,b) 内可导，且 $g'(x)$ 在 (a,b) 内的每一点处均不为零，则在 (a,b) 内至少存在一点 ξ，使等式

$$\frac{f(b)-f(a)}{g(b)-g(a)}=\frac{f'(\xi)}{g'(\xi)}$$

成立.

证 首先 $g(b)-g(a)\neq 0$. 这是由于

$$g(b)-g(a)=g'(\eta)(b-a),$$

其中 $a<\eta<b$，根据假定 $g'(\eta)\neq 0$，所以 $g(b)-g(a)\neq 0$.

与拉格朗日中值定理的证明类似，引进辅助函数

$$\varphi(x)=f(x)-f(a)-\frac{f(b)-f(a)}{g(b)-g(a)}[g(x)-g(a)].$$

容易验证，这个辅助函数 $\varphi(x)$ 适合罗尔定理的条件：$\varphi(a)=\varphi(b)$，$\varphi(x)$ 在闭区间 $[a,b]$ 上连续，在开区间 (a,b) 内可导，且

$$\varphi'(x)=f'(x)-\frac{f(b)-f(a)}{g(b)-g(a)}\cdot g'(x).$$

由罗尔定理，在 (a,b) 内必定有一点 ξ，使得 $\varphi'(\xi)=0$，即

$$f'(\xi)-\frac{f(b)-f(a)}{g(b)-g(a)}\cdot g'(\xi)=0,$$

由此得

$$\frac{f(b)-f(a)}{g(b)-g(a)}=\frac{f'(\xi)}{g'(\xi)}.$$

如果曲线弧 $\overset{\frown}{AB}$ 由参数方程

$$\begin{cases} x=g(t), \\ y=f(t) \end{cases} \quad (a\leqslant t\leqslant b)$$

表示（图 3-3），其中 t 为参数.

弦 AB 的斜率为

$$\frac{f(b)-f(a)}{g(b)-g(a)},$$

曲线上点 (x,y) 处的切线斜率为

$$\frac{\mathrm{d}y}{\mathrm{d}x}=\frac{f'(t)}{g'(t)},$$

3.1 中值定理

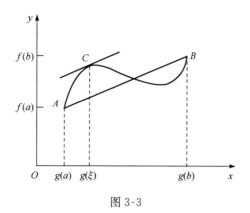

图 3-3

假定点 C 对应于参数 $t=\xi$,那么曲线上点 C 处的切线斜率为

$$\frac{f'(\xi)}{g'(\xi)},$$

因此柯西中值定理的几何意义是:如果连续曲线 $\begin{cases} x=g(t), \\ y=f(t) \end{cases}$ (t 为参数,$a\leqslant t\leqslant b$)的弧 $\overparen{AB}$ 上除端点外处处有不垂直于 x 轴的切线,那么这弧上至少有一点 C,使曲线在点 C 处的切线平行于弦 AB.

柯西中值定理也称为**广义中值定理**.

三个中值定理的关系是:柯西中值定理,当 $g(x)=x$ 时,这一特殊情形就是拉格朗日中值定理;拉格朗日中值定理,当 $f(a)=f(b)$ 时,这一特殊情形就是罗尔定理.

习 题 3-1

1. 验证拉格朗日中值定理对函数 $y=x-x^3$ 在区间 $[-2,1]$ 上的正确性.

2. 证明对于函数 $y=px^2+qx+r$,应用拉格朗日中值定理时所求得的 ξ 总是位于区间的中点.

3. 证明恒等式.

(1) $\arcsin x + \arccos x = \dfrac{\pi}{2}$ $(-1 \leqslant x \leqslant 1)$;

(2) $\arctan x = \arcsin \dfrac{x}{\sqrt{1+x^2}}$ $(-\infty < x < +\infty)$.

4. 不用求出函数 $f(x)=(x-1)(x-2)(x-3)(x-4)$ 的导数,说明方程 $f'(x)=0$ 有几个实根,并指出它们所在的区间.

5. 证明：

(1) $nb^{n-1}(a-b)<a^n-b^n<na^{n-1}(a-b)(a>b>0,n>1)$；

(2) $\dfrac{x}{1+x}<\ln(1+x)<x(x>0)$.

6. 设函数 $f(x)$ 在 $[a,b]$ 上连续，在 (a,b) 内可导，且 $f'(x)>0$，试证明：若 $f(a)\cdot f(b)<0$，则方程 $f(x)=0$ 在 (a,b) 内恰有一个根.

3.2 洛必达法则

如果当 $x\to a$（或 $x\to\infty$）时，两个函数 $f(x)$ 与 $g(x)$ 都趋于零或都趋于无穷大，那么它们商的极限可能存在，也可能不存在，通常把这种极限叫做**未定式**，并分别简记为 $\dfrac{0}{0}$ 或 $\dfrac{\infty}{\infty}$. 下面我们根据柯西中值定理推出求这类极限的一种有效方法，这就是所谓的**洛必达（L'Hospital）法则**.

先讨论 $x\to a$ 时的未定式 $\dfrac{0}{0}$ 的情形.

定理 1（洛必达法则）　如果

(1) 当 $x\to a$ 时，函数 $f(x)$ 及 $g(x)$ 都趋于零；

(2) 在点 a 的某邻域内（点 a 本身可以除外），$f'(x)$ 及 $g'(x)$ 都存在，且 $g'(x)\neq 0$；

(3) $\lim\limits_{x\to a}\dfrac{f'(x)}{g'(x)}$ 存在（或为无穷大），

则 $\lim\limits_{x\to a}\dfrac{f(x)}{g(x)}$ 存在（或为无穷大），且 $\lim\limits_{x\to a}\dfrac{f(x)}{g(x)}=\lim\limits_{x\to a}\dfrac{f'(x)}{g'(x)}$.

证　因为求函数当 $x\to a$ 时的极限与函数在点 a 的函数值无关，因此我们可以令 $f(a)=g(a)=0$，于是由条件(1)及(2)知道，$f(x)$ 及 $g(x)$ 在点 a 的某一邻域内是连续的. 设 x 是这邻域内的一点，那么在以 x 及 a 为端点的区间上，柯西中值定理的条件均满足，因此有

$$\dfrac{f(x)-f(a)}{g(x)-g(a)}=\dfrac{f'(\xi)}{g'(\xi)}\quad(\xi\text{ 在 }x\text{ 与 }a\text{ 之间}),$$

即

$$\dfrac{f(x)}{g(x)}=\dfrac{f'(\xi)}{g'(\xi)}.$$

令 $x\to a$，并对上式两端求极限，注意到 $x\to a$ 时，$\xi\to a$，再根据条件(3)便得要证明的结论.

3.2 洛必达法则

例 1 求 $\lim\limits_{x\to 1}\dfrac{\ln x}{x-1}$.

解 $\lim\limits_{x\to 1}\dfrac{\ln x}{x-1}\left(\dfrac{0}{0}\text{型}\right)=\lim\limits_{x\to 1}\dfrac{\dfrac{1}{x}}{1}=1.$

如果 $\dfrac{f'(x)}{g'(x)}$ 当 $x\to a$ 时仍属 $\dfrac{0}{0}$ 型,且这时 $f'(x)$ 及 $g'(x)$ 能满足定理中 $f(x)$ 及 $g(x)$ 所要满足的条件,那么可以继续再用洛必达法则,先确定 $\lim\limits_{x\to a}\dfrac{f'(x)}{g'(x)}$,从而确定 $\lim\limits_{x\to a}\dfrac{f(x)}{g(x)}$,即

$$\lim_{x\to a}\dfrac{f(x)}{g(x)}=\lim_{x\to a}\dfrac{f'(x)}{g'(x)}=\lim_{x\to a}\dfrac{f''(x)}{g''(x)},$$

且可以依此类推.

例 2 求 $\lim\limits_{x\to 1}\dfrac{x^3-x^2-x+1}{x^3-3x+2}$.

解 $\lim\limits_{x\to 1}\dfrac{x^3-x^2-x+1}{x^3-3x+2}\left(\dfrac{0}{0}\text{型}\right)$

$=\lim\limits_{x\to 1}\dfrac{3x^2-2x-1}{3x^2-3}\left(\dfrac{0}{0}\text{型}\right)$

$=\lim\limits_{x\to 1}\dfrac{6x-2}{6x}=\dfrac{2}{3}.$

注意:上式中的 $\dfrac{6x-2}{6x}$ 已不是未定式,不能对它应用洛必达法则,否则要导致错误结果,以后使用洛必达法则时应经常注意这一点,如果不是未定式,就不能用洛必达法则.

例 3 求 $\lim\limits_{x\to 0}\dfrac{x-x\cos x}{x-\sin x}$.

解 $\lim\limits_{x\to 0}\dfrac{x-x\cos x}{x-\sin x}\left(\dfrac{0}{0}\text{型}\right)$

$=\lim\limits_{x\to 0}\dfrac{1-\cos x+x\sin x}{1-\cos x}\left(\dfrac{0}{0}\text{型}\right)$

$=\lim\limits_{x\to 0}\dfrac{x\cos x+2\sin x}{\sin x}\left(\dfrac{0}{0}\text{型}\right)$

$=\lim\limits_{x\to 0}\dfrac{-x\sin x+3\cos x}{\cos x}=3.$

例 4　求 $\lim\limits_{x\to 2}\dfrac{2^x-4}{\sqrt{x}(x^2-4)}$.

解　$\lim\limits_{x\to 2}\dfrac{2^x-4}{\sqrt{x}(x^2-4)}$ $\left(\dfrac{0}{0}\text{型}\right)$

$=\lim\limits_{x\to 2}\dfrac{1}{\sqrt{x}}\lim\limits_{x\to 2}\dfrac{2^x-4}{x^2-4}$ $\left(\dfrac{0}{0}\text{型}\right)$

$=\dfrac{1}{\sqrt{2}}\lim\limits_{x\to 2}\dfrac{2^x\ln 2}{2x}=\dfrac{\sqrt{2}}{2}\ln 2$.

因为此例中 $\lim\limits_{x\to 2}\dfrac{1}{\sqrt{x}}=\dfrac{1}{\sqrt{2}}$，所以我们称 $\dfrac{1}{\sqrt{x}}$ 为常因子.在应用洛必达法则时,如果能将常因子先提出并计算出来,可以大大减少运算量,从而简化运算.

对于 $x\to\infty$ 时的未定式 $\dfrac{0}{0}$ 以及对于 $x\to a$ 或 $x\to\infty$ 时的未定式 $\dfrac{\infty}{\infty}$，也有相应的洛必达法则,现分别叙述如下,证明从略.

定理 2（洛必达法则）　如果

(1) 当 $x\to\infty$ 时,函数 $f(x)$ 及 $g(x)$ 都趋于零(或都为无穷大)；

(2) 若存在正数 N，当 $|x|>N$ 时，$f'(x)$ 及 $g'(x)$ 都存在,且 $g'(x)\neq 0$；

(3) $\lim\limits_{x\to\infty}\dfrac{f'(x)}{g'(x)}$ 存在(或为无穷大),

则 $\lim\limits_{x\to\infty}\dfrac{f(x)}{g(x)}$，且 $\lim\limits_{x\to\infty}\dfrac{f(x)}{g(x)}=\lim\limits_{x\to\infty}\dfrac{f'(x)}{g'(x)}$.

定理 3（洛必达法则）　如果

(1) 当 $x\to a$ 时,函数 $f(x)$ 及 $g(x)$ 都为无穷大；

(2) 在点 a 的某去心邻域内，$f'(x)$ 及 $g'(x)$ 都存在,且 $g'(x)\neq 0$；

(3) $\lim\limits_{x\to a}\dfrac{f'(x)}{g'(x)}$ 存在(或为无穷大),

则 $\lim\limits_{x\to a}\dfrac{f(x)}{g(x)}$ 存在(或为无穷大),且 $\lim\limits_{x\to a}\dfrac{f(x)}{g(x)}=\lim\limits_{x\to a}\dfrac{f'(x)}{g'(x)}$.

例 5　求 $\lim\limits_{x\to 0^+}\dfrac{\ln\cot x}{\ln x}$.

解　$\lim\limits_{x\to 0^+}\dfrac{\ln\cot x}{\ln x}$ $\left(\dfrac{\infty}{\infty}\text{型}\right)$

$$= \lim_{x \to 0^+} \frac{\frac{1}{\cot x}(-\csc^2 x)}{\frac{1}{x}}$$

$$= -\lim_{x \to 0^+} \frac{1}{\cos x} \frac{x}{\sin x} = -1.$$

例 6 求 $\lim\limits_{x \to +\infty} \dfrac{\ln x}{x^n} (n > 0)$.

解 $\lim\limits_{x \to +\infty} \dfrac{\ln x}{x^n} \left(\dfrac{\infty}{\infty} \text{型}\right) = \lim\limits_{x \to +\infty} \dfrac{\frac{1}{x}}{nx^{n-1}} = \lim\limits_{x \to +\infty} \dfrac{1}{nx^n} = 0.$

例 7 求 $\lim\limits_{x \to +\infty} \dfrac{e^x}{x^2}$.

解 $\lim\limits_{x \to +\infty} \dfrac{e^x}{x^2} \left(\dfrac{\infty}{\infty} \text{型}\right)$

$= \lim\limits_{x \to +\infty} \dfrac{e^x}{2x} \left(\dfrac{\infty}{\infty} \text{型}\right)$

$= \lim\limits_{x \to +\infty} \dfrac{e^x}{2} = +\infty.$

事实上,如果上例中的 2 是任何正数,那么极限仍为无穷大.

其他尚有一些 $0 \cdot \infty, \infty - \infty, 0^0, 1^\infty, \infty^0$ 型的未定式,我们可以通过将其转化为 $\dfrac{0}{0}$ 型或 $\dfrac{\infty}{\infty}$ 型的未定式来计算,下面举例说明.

例 8 求 $\lim\limits_{x \to 0^+} x^n \ln x (n > 0)$.

解 $\lim\limits_{x \to 0^+} x^n \ln x (0 \cdot \infty \text{型})$

$= \lim\limits_{x \to 0^+} \dfrac{\ln x}{\frac{1}{x^n}} \left(\dfrac{\infty}{\infty} \text{型}\right)$

$= \lim\limits_{x \to 0^+} \dfrac{x^{-1}}{-nx^{-n-1}} = \lim\limits_{x \to 0^+} \dfrac{-x^n}{n} = 0.$

例 9 求 $\lim\limits_{x \to 1} \left(\dfrac{1}{x-1} - \dfrac{1}{\ln x}\right)$.

解 $\lim\limits_{x \to 1} \left(\dfrac{1}{x-1} - \dfrac{1}{\ln x}\right) (\infty - \infty \text{型})$

$$=\lim_{x\to 1}\frac{\ln x-x+1}{x\ln x-\ln x}\left(\frac{0}{0}\text{型}\right)$$

$$=\lim_{x\to 1}\frac{\frac{1}{x}-1}{\ln x+x\cdot\frac{1}{x}-\frac{1}{x}}$$

$$=\lim_{x\to 1}\frac{1-x}{x-1+x\ln x}\left(\frac{0}{0}\text{型}\right)$$

$$=\lim_{x\to 1}\frac{-1}{1+1+\ln x}=-\frac{1}{2}.$$

例 10 求 $\lim\limits_{x\to 0^+}\left(\frac{1}{x}\right)^{\tan x}$.

解 $\lim\limits_{x\to 0^+}\left(\frac{1}{x}\right)^{\tan x}$ (∞^0 型)

$$=\lim_{x\to 0^+}e^{\ln\left(\frac{1}{x}\right)^{\tan x}}=\lim_{x\to 0^+}e^{\tan x(-\ln x)}$$

$$=e^{\left[\lim\limits_{x\to 0^+}\tan x(-\ln x)\right]}(0\cdot\infty\text{型})$$

$$=e^{\left(\lim\limits_{x\to 0^+}\frac{-\ln x}{\cot x}\right)}\left(\frac{\infty}{\infty}\text{型}\right)$$

$$=e^{\left[\lim\limits_{x\to 0^+}\frac{-\frac{1}{x}}{-\frac{1}{\sin^2 x}}\right]}=e^{\left(\lim\limits_{x\to 0^+}\frac{\sin x}{x}\cdot\sin x\right)}=e^0=1.$$

从以上例子中,我们可以看出,洛必达法则确实是求未定式的一种有效的方法,但未定式种类很多,只使用一种方法并不一定能完全奏效,最好与其他求极限的方法结合起来使用,例如,能化简时应尽可能化简,可利用等价无穷小替代或可利用重要极限时,应尽可能应用,这样可使运算过程简化.

例 11 求 $\lim\limits_{x\to 0}\frac{\tan x-x}{x^2\sin x}$.

解 $\lim\limits_{x\to 0}\frac{\tan x-x}{x^2\sin x}$

$$=\lim_{x\to 0}\frac{\tan x-x}{x^3}=\lim_{x\to 0}\frac{\sec^2 x-1}{3x^2}$$

$$=\lim_{x\to 0}\frac{2\sec^2 x\tan x}{6x}=\frac{1}{3}\lim_{x\to 0}\sec^2 x\lim_{x\to 0}\frac{\tan x}{x}=\frac{1}{3}.$$

当 $x\to 0$ 时,$\sin x\sim x$,此例中将等价无穷小与洛必达法则结合使用,使运算简便.

要注意的是,不是任意未定式都可应用洛必达法则求极限,如

$$\lim_{x\to\infty}\frac{x+\sin x}{x}; \quad \lim_{x\to 0}\frac{x^2\sin\frac{1}{x}}{\sin x}$$

极限都存在,但不能用洛必达法则求出.

习 题 3-2

求下列各极限.

(1) $\lim\limits_{x\to 0}\dfrac{\sin ax}{x}$;

(2) $\lim\limits_{x\to 1}\dfrac{\ln x}{x(x-1)}$;

(3) $\lim\limits_{x\to 0}\dfrac{1-\cos x}{x^2}$;

(4) $\lim\limits_{x\to 1}\dfrac{x^3-3x+2}{x^3+x^2-5x+3}$;

(5) $\lim\limits_{x\to 0}\dfrac{\mathrm{e}^x-\mathrm{e}^{-x}-2x}{x-\sin x}$;

(6) $\lim\limits_{x\to +\infty}\dfrac{\ln x}{x^2}$;

(7) $\lim\limits_{x\to 0^+}\sin x\cdot\ln x$;

(8) $\lim\limits_{x\to 0}x\cdot\cot 2x$;

(9) $\lim\limits_{x\to 0}\left(\dfrac{1}{\sin x}-\dfrac{1}{x}\right)$;

(10) $\lim\limits_{x\to 0^+}\left(\dfrac{1}{x}\right)^{\sin x}$;

(11) $\lim\limits_{x\to 0}\left(\dfrac{\sin x}{x}\right)^{\frac{1}{x^2}}$;

(12) $\lim\limits_{x\to\infty}\left(\dfrac{a_1^{\frac{1}{x}}+a_2^{\frac{1}{x}}+\cdots+a_n^{\frac{1}{x}}}{n}\right)^{nx}$ (其中 $a_i>0, i=1,2,\cdots,n$).

3.3 泰勒公式

在微分的应用中,当 $|x-x_0|$ 很小时,有如下的近似公式

$$f(x)\approx f(x_0)+f'(x_0)(x-x_0)$$

就是用一次多项式 $P_1(x)=f(x_0)+f'(x_0)(x-x_0)$ 来近似地表达 $f(x)$,当 $x\to x_0$ 时,这个表达式的误差,是比 $x-x_0$ 高阶的无穷小量.

但是这个表达式还存在着不足之处,因为在实际计算时,对于确定的 $x-x_0$ 往往希望能进一步缩小误差,且估算出误差大小,所以,我们引入下面的泰勒公式.

定理(泰勒(Taylor)中值定理) 如果函数 $f(x)$ 在含有 x_0 的区间 I 内有直到 $(n+1)$ 阶的导函数,$x\neq x_0$ 为区间 I 上任意一点,则在点 x_0 与 x 之间必可找到这样的点 ξ,使下列公式成立:

$$f(x)=f(x_0)+f'(x_0)(x-x_0)+\frac{f''(x_0)}{2!}(x-x_0)^2+\cdots+\frac{f^{(n)}(x_0)}{n!}(x-x_0)^n+R_n(x),$$

(1)

其中
$$R_n(x) = \frac{f^{(n+1)}(\xi)}{(n+1)!}(x-x_0)^{n+1}. \qquad (2)$$

证 用 $P_n(x)$ 记(1)式右端的 n 次多项式,即
$$P_n(x) = f(x_0) + f'(x_0)(x-x_0) + \frac{f''(x_0)}{2!}(x-x_0)^2 + \cdots + \frac{f^{(n)}(x_0)}{n!}(x-x_0)^n,$$
并用符号 $R_n(x)$ 记 $f(x)$ 与 $P_n(x)$ 之差,即
$$R_n(x) = f(x) - P_n(x).$$
为证明定理,我们只需证明 $R_n(x)$ 确可表为(2)式的形式就可以了.

由假设可知,$R_n(x)$ 在区间 I 内具有直到 $(n+1)$ 阶导数,且易求得
$$R_n(x_0) = R'_n(x_0) = \cdots = R_n^{(n)}(x_0) = 0, \quad R_n^{(n+1)}(x) = f^{(n+1)}(x).$$
令 $g(x) = (x-x_0)^{n+1}$,则
$$g(x_0) = g'(x_0) = \cdots = g^{(n)}(x_0) = 0, \quad g^{(n+1)}(x) = (n+1)!.$$
对两个函数 $R_n(x)$ 及 $g(x)$ 在以 x_0 及 x 为端点的区间上应用柯西中值定理,得
$$\frac{R_n(x)}{g(x)} = \frac{R_n(x) - R_n(x_0)}{g(x) - g(x_0)} = \frac{R'_n(\xi_1)}{g'(\xi_1)} \quad (\xi_1 \text{ 在 } x_0 \text{ 与 } x \text{ 之间}),$$
对以上两个函数的一阶导数 $R'_n(x)$ 及 $g'(x)$ 在以 x_0 与 ξ_1 为端点的区间上再次应用柯西中值定理得
$$\frac{R_n(x)}{g(x)} = \frac{R'_n(\xi_1)}{g'(\xi_1)} = \frac{R'_n(\xi_1) - R'_n(x_0)}{g'(\xi_1) - g'(x_0)} = \frac{R''_n(\xi_2)}{g''(\xi_2)} \quad (\xi_2 \text{ 在 } x_0 \text{ 与 } \xi_1 \text{ 之间}),$$
仿此进行下去,经过 $(n+1)$ 次后,得
$$\frac{R_n(x)}{g(x)} = \frac{R'_n(\xi_1)}{g'(\xi_1)} = \frac{R''_n(\xi_2)}{g''(\xi_2)} = \cdots = \frac{R_n^{(n+1)}(\xi)}{g^{(n+1)}(\xi)} \quad (\xi \text{ 在 } x_0 \text{ 与 } \xi_n \text{ 之间}),$$
注意到 $R_n^{(n+1)}(x) = f^{(n+1)}(x)$,$g^{(n+1)}(x) = (n+1)!$,$\xi_1, \xi_2, \cdots, \xi_n$ 都在 x_0 与 x 之间,则由上式得
$$R_n(x) = \frac{f^{(n+1)}(\xi)}{(n+1)!}(x-x_0)^{n+1} \quad (\xi \text{ 在 } x_0 \text{ 与 } x \text{ 之间}),$$
这就是所要证明的等式.

公式(1)称为 $f(x)$ 按 $(x-x_0)$ 的幂展开到 n 阶的**泰勒公式**,而 $R_n(x)$ 的表达式(2)称为**拉格朗日型余项**,$P_n(x)$ 称为 $f(x)$ 的 n 次近似多项式.

当 $n=0$ 时,泰勒公式变成拉格朗日中值公式
$$f(x) = f(x_0) + f'(\xi)(x-x_0) \quad (\xi \text{ 在 } x \text{ 与 } x_0 \text{ 之间}).$$
由泰勒中值定理可知,以多项式 $P_n(x)$ 代替 $f(x)$ 时,其误差为 $|R_n(x)|$.若 $f^{(n+1)}(x)$ 在区间 I 内有界,则
$$\lim_{x \to x_0} \frac{R_n(x)}{(x-x_0)^n} = 0,$$

3.3 泰勒公式

即当 $x \to x_0$ 时,误差 $|R_n(x)|$ 是比 $(x-x_0)^n$ 高阶的无穷小.

在泰勒公式中,如果取 $x_0=0$,则 ξ 在 0 与 x 之间. 因此可令 $\xi=\theta x (0<\theta<1)$,从而泰勒公式变成较简单的形式,即所谓的**麦克劳林(Maclaurin)公式**.

$$f(x)=f(0)+f'(0)x+\frac{f''(0)}{2!}x^2+\cdots+\frac{f^{(n)}(0)}{n!}x^n+\frac{f^{(n+1)}(\theta x)}{(n+1)!}x^{n+1} \quad (0<\theta<1), \tag{3}$$

因此得近似公式

$$f(x)\approx f(0)+f'(0)x+\frac{f''(0)}{2!}x^2+\cdots+\frac{f^{(n)}(0)}{n!}x^n,$$

其误差为

$$|R_n(x)|=\left|\frac{f^{(n+1)}(\theta x)}{(n+1)!}x^{n+1}\right| \quad (0<\theta<1).$$

例1 写出函数 $f(x)=e^x$ 展开到 n 阶的麦克劳林公式.

解 因为 $f(x)=f'(x)=\cdots=f^{(n+1)}(x)=e^x$,所以 $f(0)=1, f^{(i)}(0)=1 (i=1,2,\cdots,n)$. 把这些值代入(3),并注意到 $f^{(n+1)}(\theta x)=e^{\theta x}$,得

$$e^x=1+x+\frac{x^2}{2!}+\cdots+\frac{x^n}{n!}+\frac{e^{\theta x}}{(n+1)!}x^{n+1} \quad (0<\theta<1).$$

如果取 $x=1$,则得无理数 e 的近似式为

$$e\approx 1+1+\frac{1}{2!}+\cdots+\frac{1}{n!},$$

其误差 $|R_n(1)|=\left|\frac{e^\theta}{(n+1)!}\right|=\frac{e^\theta}{(n+1)!}<\frac{3}{(n+1)!} \quad (0<\theta<1)$,当 $n=10$ 时,$e\approx 2.718282$,误差不超过 10^{-6}.

例2 求 $f(x)=\sin x$ 展开到 $2n$ 阶的麦克劳林公式.

解 因为 $f^{(i)}(x)=\sin\left(x+\frac{i}{2}\pi\right)(i=1,2,\cdots,2n+1)$,所以 $f(0)=0, f'(0)=1, f''(0)=0, f'''(0)=-1, f^{(4)}(0)=0,\cdots$,它们顺序循环地取四个数 $0,1,0,-1$,于是按公式(3),得

$$\sin x=x-\frac{x^3}{3!}+\frac{x^5}{5!}-\cdots+(-1)^{n-1}\frac{x^{2n-1}}{(2n-1)!}+R_{2n}(x),$$

其中

$$R_{2n}(x)=\frac{\sin\left(\theta x+\frac{2n+1}{2}\pi\right)}{(2n+1)!}x^{2n+1} \quad (0<\theta<1).$$

如果取 $n=2$,则得近似公式

$$\sin x \approx x - \frac{x^3}{3!},$$

其误差

$$|R_4(x)| \leqslant \frac{1}{5!}|x|^5.$$

下面是几个常用函数的麦克劳林公式.

(1) $\cos x = 1 - \frac{x^2}{2!} + \frac{x^4}{4!} - \cdots + (-1)^{n-1} \frac{x^{2n-2}}{(2n-2)!} + R_{2n-1}(x),$

其中 $R_{2n-1}(x) = (-1)^n \frac{\cos\theta x}{(2n)!} x^{2n} \ (0 < \theta < 1);$

(2) $\ln(1+x) = x - \frac{x^2}{2} + \frac{x^3}{3} - \cdots + (-1)^{n-1} \frac{x^n}{n} + R_n(x),$

其中 $R_n(x) = (-1)^n \frac{(1+\theta x)^{-n-1}}{n+1} x^{n+1} \ (0 < \theta < 1);$

(3) $(1+x)^m = 1 + mx + \frac{m(m-1)}{2!} x^2 + \cdots + \frac{m(m-1)\cdots(m-n+1)}{n!} x^n + R_n(x),$

其中 $R_n(x) = \frac{m(m-1)\cdots(m-n)(1+\theta x)^{m-n-1}}{(n+1)!} x^{n+1} \ (0 < \theta < 1).$

习 题 3-3

1. 按 $x+1$ 的乘幂展开多项式 $1 + 3x + 5x^2 - 2x^3$.
2. 求函数 $f(x) = \sin(\sin x)$ 的三阶麦克劳林公式.
3. 当 $x_0 = -1$ 时,求函数 $f(x) = \frac{1}{x}$ 的 n 阶泰勒公式.
4. 求函数 $f(x) = xe^x$ 的 n 阶麦克劳林公式.
5. 计算 $\sin 1$,准确到四位小数.

3.4 函数单调性的判定法

作为导数和中值定理的另一个应用,我们来讨论函数的单调性.

定理 设函数 $f(x)$ 在 $[a,b]$ 上连续,在 (a,b) 内可导.

(1) 如果在 (a,b) 内 $f'(x) > 0$,那么函数 $f(x)$ 在 $[a,b]$ 上单调增加;

(2) 如果在 (a,b) 内 $f'(x) < 0$,那么函数 $f(x)$ 在 $[a,b]$ 上单调减少.

证 只证情形(1),类似地可证情形(2). 在 $[a,b]$ 上任取两点 $x_1, x_2 \ (x_1 < x_2)$,在 $[x_1, x_2]$ 上,应用拉格朗日中值定理,得

$$f(x_2) - f(x_1) = f'(\xi)(x_2 - x_1) \quad (x_1 < \xi < x_2),$$

由于 $x_2-x_1>0$,又因为在 (a,b) 内,当导数 $f'(x)>0$ 时,也有 $f'(\xi)>0$,所以
$$f(x_2)-f(x_1)>0,$$
即
$$f(x_2)>f(x_1),$$
也就是说函数 $f(x)$ 在 $[a,b]$ 上单调增加.

如果把这个判定法中的闭区间换成其他各种区间,那么结论也成立.

$f'(x)$ 在区间上恒为正(或负),仅是 $f(x)$ 在该区间上单调的充分条件,而不是必要条件. 如 $f(x)=x^3$,在 $(-\infty,+\infty)$ 上单调增加,而在点 $x=0$ 处,其导数 $f'(x)=3x^2$ 的值为零(图 3-4). 一般地,如果 $f'(x)$ 在某区间内的有限个(或可数个)点处为零,在其余各点处均为正(或负),那么函数 $f(x)$ 在该区间上仍旧是单调增加(或减少)的.

例1 讨论函数 $f(x)=x^3-6x^2+9x+1$ 的单调性.

解 这函数的定义域为 $(-\infty,+\infty)$,求一阶导数
$$f'(x)=3x^2-12x+9=3(x-1)(x-3).$$
容易看出,当 $x=1$ 及 3 时,$f'(x)=0$;当 $x>3$ 及 $x<1$ 时,$f'(x)>0$;当 $1<x<3$ 时,$f'(x)<0$. 因而函数 $f(x)$ 在 $(-\infty,1]$ 及 $[3,+\infty)$ 上是单调增加的;在 $[1,3]$ 上是单调减少的. 函数的图形如图 3-5 所示.

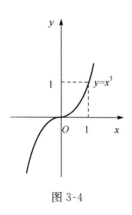

图 3-4

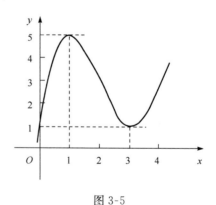

图 3-5

例2 确定函数 $f(x)=x^{\frac{2}{3}}$ 的单调区间.

解 这个函数的定义域为 $(-\infty,+\infty)$.

当 $x\neq 0$ 时,其导数为
$$f'(x)=\frac{2}{3}x^{-\frac{1}{3}}.$$

当 $x=0$ 时,函数的导数不存在. 当 $x<0$ 时,$f'(x)<0$;当 $x>0$ 时,$f'(x)>0$. 因此 $(-\infty,0]$ 为函数 $f(x)$ 的单调减少区间;$[0,+\infty)$ 为函数 $f(x)$ 的单调增加区

间. 函数的图形如图 3-6 所示.

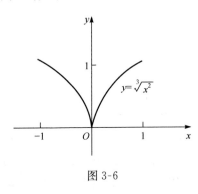

图 3-6

由以上两例看出:有些函数在它的定义域上不是单调的,但当我们用导数等于零的点和导数不存在的点来划分函数的定义域以后,就可以使函数在各个部分区间上单调. 因而判定函数单调性的步骤是:首先用一阶导数等于零的点及导数不存在的点把整个定义域划分为若干个部分区间,然后在各个部分区间上判定函数的单调性.

下面是利用函数的单调性来证明不等式的例子.

例 3 试证:当 $x>0$ 时,$x>\ln(1+x)>x-\dfrac{1}{2}x^2$.

证 设 $f(x)=x-\ln(1+x)$,由于 $x>0$ 时,

$$f'(x)=\dfrac{x}{1+x}>0,$$

所以函数 $f(x)$ 在 $[0,+\infty)$ 上是单调增加的. 又因为 $f(0)=0$,所以当 $x>0$ 时,$f(x)>0$,即

$$x>\ln(1+x).$$

同样,设 $g(x)=x-\dfrac{1}{2}x^2-\ln(1+x)$,当 $x>0$ 时,

$$g'(x)=-\dfrac{x^2}{1+x}<0,$$

所以函数 $g(x)$ 在 $[0,+\infty)$ 是单调减少的. 又因为 $g(0)=0$,所以当 $x>0$ 时,$g(x)<0$,即

$$x-\dfrac{x^2}{2}<\ln(1+x).$$

习 题 3-4

1. 确定下列函数的单调区间.

   (1) $y=x^3-3x^2+7$;   (2) $y=\ln(x+\sqrt{1+x^2})$;

   (3) $y=\mathrm{e}^{-x^2}$;   (4) $y=x+|\sin 2x|$.

2. 证明方程 $2x-\sin x=0$ 有唯一实根.

3. 证明下列不等式.

   (1) $\sin x<x$ $(x>0)$;   (2) $\cos x>1-\dfrac{1}{2}x^2$ $(x>0)$;

(3) $2\sqrt{x} > 3 - \dfrac{1}{x}$ $(x>1)$; (4) $e^x > 1+x$ $(x \neq 0)$.

3.5 函数的极值及其求法

定义 设函数 $f(x)$ 在区间 (a,b) 内有定义，x_0 是 (a,b) 内的一个点，如果在 (a,b) 内存在点 x_0 的一个邻域，对于这邻域内的任何点 $x(x \neq x_0)$，$f(x) < f(x_0)$ 均成立，就称 $f(x_0)$ 是函数 $f(x)$ 的一个**极大值**；如果存在点 x_0 的一个邻域，对于这邻域内的任何点 $x(x \neq x_0)$，$f(x) > f(x_0)$ 均成立，就称 $f(x_0)$ 是函数 $f(x)$ 的一个**极小值**.

函数的极大值与极小值统称为函数的**极值**，使函数取得极值的点称为极值点.

如函数 $f(x) = x^3 - 6x^2 + 9x + 1$，由 3.4 节例 1 可知，$f(1) = 5$ 为极大值，$f(3) = 1$ 为极小值. $x=1$ 及 $x=3$ 为极值点.

注意：极值是函数的局部性质，它仅在点 x_0 的一个邻域内考虑问题，而不是在整个定义域上考虑问题；在定义区间上，函数可能没有极值，也可能有多个极值.

下面讨论函数取得极值的条件.

定理 1（必要条件） 设函数 $f(x)$ 在点 x_0 的某邻域内有定义，如果函数 $f(x)$ 在点 x_0 处可导，且在点 x_0 处取得极值，那么这函数在点 x_0 处的导数 $f'(x_0) = 0$.

证 由于在 x_0 处取得极值，那么由极值的定义必存在 x_0 的一个邻域，使该邻域内任何一点 $x(x \neq x_0)$，总有 $f(x) < f(x_0)$（或 $f(x) > f(x_0)$），这表明 $f(x_0)$ 是函数 $f(x)$ 在该邻域的最大值（或最小值），于是由 3.1 节的引理知，必有 $f'(x_0) = 0$.

一阶导数等于零的点，即 $f'(x) = 0$ 的实根，叫做函数 $f(x)$ 的**驻点**，定理 1 告诉我们：可导函数的极值点必定是它的驻点. 但反过来，函数的驻点却不一定是极值点，如函数 $f(x) = x^3$，$x=0$ 为驻点，但不是极值点.

下面用函数的单调性来判定函数的极值.

定理 2（第一充分条件） 设函数 $f(x)$ 在点 x_0 的某邻域 $(x_0-\delta, x_0+\delta)$ 内可导，且 $f'(x_0) = 0$.

(1) 如果在 $(x_0-\delta, x_0)$ 内 $f'(x) > 0$，而在 $(x_0, x_0+\delta)$ 内 $f'(x) < 0$，则函数 $f(x)$ 在点 x_0 处取得极大值；

(2) 如果在 $(x_0-\delta, x_0)$ 内 $f'(x) < 0$，而在 $(x_0, x_0+\delta)$ 内 $f'(x) > 0$，则函数 $f(x)$ 在点 x_0 处取得极小值；

(3) 如果在 $(x_0-\delta, x_0)$ 及 $(x_0, x_0+\delta)$ 内 $f'(x)$ 都恒为正（或恒为负），则函数 $f(x)$ 在点 x_0 处没有极值.

证 就情形(1)来说，根据函数单调性的判定法，函数 $f(x)$ 在 $(x_0-\delta, x_0]$ 上是单调增加的；在$[x_0, x_0+\delta)$上是单调减少的，因此在$(x_0-\delta, x_0+\delta)$内，除x_0外，均有$f(x)<f(x_0)$成立，即$f(x_0)$是$f(x)$的一个极大值.

类似地，可论证情形(2)及情形(3).

定理2告诉我们，可导函数在驻点两侧附近，单调性改变，则驻点就是极值点；单调性不改变，则驻点不是极值点.

综合定理1和定理2可知，求可导函数的极值，首先要求出驻点，然后判断驻点处是否取得极值.

例1 求出函数$f(x)=2x^3+3x^2-12x+14$的极值.

解 求导得
$$f'(x)=6x^2+6x-12=6(x+2)(x-1).$$
令$f'(x)=0$，得驻点$x_1=-2, x_2=1$. 因为

当$x<-2$时，$f'(x)>0$；

当$-2<x<1$时，$f'(x)<0$；

当$x>1$时，$f'(x)>0$.

所以当$x=-2$时，函数取得极大值，且$f(-2)=34$；当$x=1$时，函数取得极小值，且$f(1)=7$.

当函数$f(x)$在驻点处的二阶导数存在且不为零时，也可以用下列定理来判定$f(x)$在驻点处取得极大值还是极小值.

定理3（第二充分条件） 设函数$f(x)$在点x_0的某邻域内具有一阶导数，如果函数$f(x)$在点x_0处具有二阶导数，且$f'(x_0)=0, f''(x_0)\neq 0$，那么

(1) 当$f''(x_0)<0$时，函数$f(x)$在点x_0处取得极大值；

(2) 当$f''(x_0)>0$时，函数$f(x)$在点x_0处取得极小值.

证 对情形(1)，由于$f''(x_0)<0$，按二阶导数的定义有
$$f''(x_0)=\lim_{x\to x_0}\frac{f'(x)-f'(x_0)}{x-x_0}<0.$$

根据函数极限的性质(1.3节定理2)存在x_0的某个邻域$(x_0-\delta, x_0+\delta)$，此邻域内的任何一点$x(x\neq x_0)$，均满足
$$\frac{f'(x)-f'(x_0)}{x-x_0}<0.$$

又因为$f'(x_0)=0$，所以上式即
$$\frac{f'(x)}{x-x_0}<0,$$

由上式可以看出，在上述邻域中，当$x\in(x_0-\delta, x_0)$时，$f'(x)>0$；当$x\in(x_0, x_0+\delta)$时，$f'(x)<0$，因此函数$f(x)$在点x_0处取得极大值.

情形(2)可类似地证明.

定理 3 告诉我们,在驻点 x_0 处,当 $f''(x_0) \neq 0$ 时,函数 $f(x)$ 在点 x_0 有极值;但反过来,当函数 $f(x)$ 在点 x_0 有极值时,却不一定有 $f''(x_0) \neq 0$. 如 $f(x) = -x^4$, $g(x) = x^4$ 在驻点 $x_0 = 0$ 处分别有极大值、极小值,而在点 $x_0 = 0$, $f''(0) = 0$, $g''(0) = 0$.

例 2 求函数 $f(x) = 2\sin x + \cos 2x (0 \leqslant x \leqslant 2\pi)$ 的极值.

解 求一阶及二阶导数,得
$$f'(x) = 2\cos x - 2\sin 2x, \quad f''(x) = -2(\sin x + 2\cos 2x).$$

令 $f'(x) = 0$,得驻点 $x_1 = \frac{\pi}{2}, x_2 = \frac{3\pi}{2}, x_3 = \frac{\pi}{6}, x_4 = \frac{5\pi}{6}$.

因为 $f''\left(\frac{\pi}{6}\right) = -3 < 0$, $f''\left(\frac{5\pi}{6}\right) = -3 < 0$,所以 $f(x)$ 在 $x = \frac{\pi}{6}$ 及 $x = \frac{5\pi}{6}$ 处取得极大值,且 $f\left(\frac{\pi}{6}\right) = f\left(\frac{5\pi}{6}\right) = \frac{3}{2}$.

因为 $f''\left(\frac{\pi}{2}\right) = 2 > 0$, $f''\left(\frac{3\pi}{2}\right) = 6 > 0$,所以 $f(x)$ 在 $x = \frac{\pi}{2}$ 及 $x = \frac{3\pi}{2}$ 处取得极小值,且 $f\left(\frac{3\pi}{2}\right) = -3$, $f\left(\frac{\pi}{2}\right) = 1$.

要注意的是以上求函数 $f(x)$ 的极值的方法是在假定 $f'(x)$ 存在的情况下给出的. 但在 $f'(x)$ 不存在的点处, $f(x)$ 也可能取得极值. 其判别方法也是通过考察不可导点两侧附近 $f'(x)$ 的符号,方法和定理 2 相同. 如 $f(x) = x^{\frac{2}{3}}$ 的导数 $f'(x) = \frac{2}{3} x^{-\frac{1}{3}} (x \neq 0)$,在 $x = 0$ 处,导数不存在,当 $x > 0$ 时, $f'(x) > 0$;当 $x < 0$ 时, $f'(x) < 0$,所以 $x = 0$ 时,函数 $f(x)$ 有极小值且 $f(0) = 0$.

因此,在求 $f(x)$ 的极值时,除了对使 $f'(x) = 0$ 的各个点逐个检验之外,还必须对导数不存在的点一一加以检验,这样才不致把极值点遗漏.

习 题 3-5

求下列函数的极值:

(1) $y = x^2 + x^{-2}$;

(2) $y = x^3 + 4x$;

(3) $y = \dfrac{x}{x^2 + 1}$;

(4) $y = (2x - 5)\sqrt[3]{x^2}$;

(5) $y = x + \sqrt{1 - x}$;

(6) $y = \dfrac{3x^2 + 4x + 4}{x^2 + x + 1}$;

(7) $y = 2 - (x - 1)^{\frac{2}{3}}$;

(8) $y = \sin x + \cos x, 0 \leqslant x \leqslant 2\pi$.

3.6 最大值、最小值问题

在实践中,常常遇到这样一类问题,在一定条件下,怎样使"利润最大""用料最省""效益最高"等问题,在数学上,这类问题可归结为求某一函数的最大值或最小值.

假定函数 $f(x)$ 在闭区间 $[a,b]$ 上连续、可导,由闭区间上连续函数的性质知,$f(x)$ 在 $[a,b]$ 上的最大值和最小值一定存在.如果最大值或最小值在区间的内部取得,则这个最大值或最小值一定也是函数的极大值或极小值.由于 $f(x)$ 在区间上可导,所以极值点一定是驻点.又 $f(x)$ 的最大值或最小值也可能在区间端点处取得.因此可用如下方法求函数 $f(x)$ 在区间 $[a,b]$ 上的最大值和最小值.

设 $f(x)$ 在区间 (a,b) 内的驻点为 $x_1, x_2, \cdots, x_n$,则比较

$$f(a), f(x_1), f(x_2), \cdots, f(x_n), f(b)$$

的大小,其中最大的就是 $f(x)$ 在区间 $[a,b]$ 上的**最大值**,最小的就是 $f(x)$ 在区间 $[a,b]$ 上的**最小值**.

例 1 求函数 $f(x)=(x-1)^2(x-2)^3$ 在闭区间 $[0,3]$ 上的最大值和最小值.

解 求导数,得

$$f'(x)=(x-1)(x-2)^2(5x-7).$$

令 $f'(x)=0$,得驻点 $x_1=1, x_2=\dfrac{7}{5}, x_3=2$;由于 $f(0)=-8, f(1)=0, f\left(\dfrac{7}{5}\right)=-\dfrac{108}{3125}, f(2)=0, f(3)=4$,所以 $f(x)$ 在 $[0,3]$ 上的最大值是 4,最小值是 -8.

如果函数 $f(x)$ 在一个区间(有限或无限,开或闭)内可导,且只有一个驻点 x_0,并且在这个驻点处函数 $f(x)$ 取得极值,则当 $f(x_0)$ 是极大值时,$f(x_0)$ 就是 $f(x)$ 在该区间上的**最大值**;当 $f(x_0)$ 是极小值时,$f(x_0)$ 就是 $f(x)$ 在该区间上的**最小值**.

例 2 将边长是 a 的一块正方形白铁皮(图 3-7),在四角各剪去一个相同的小正方形,可以折成一个无盖的长方体铁盒子,问剪去的小正方形的边长是多少时盒子的容积最大?

解 设剪去的正方形的边长是 x,盒子的容积为

$$V(x)=x(a-2x)^2 \quad \left(0<x<\dfrac{a}{2}\right),$$

求导数,得

$$V'(x)=(a-2x)(a-6x),$$
$$V''(x)=-8a+24x.$$

令 $V'(x)=0$，得

$$x_1=\frac{a}{6}, \quad x_2=\frac{a}{2}(\text{不符合题意}).$$

由 $V''\left(\dfrac{a}{6}\right)=-4a<0$ 可知，$V(x)$ 在 $\dfrac{a}{6}$ 处取得极大值，因而此值就是我们要求的最大值，即在四角各剪去一个边长为 $\dfrac{a}{6}$ 的小正方形，就能使盒子的容积最大.

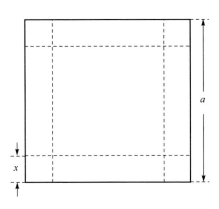

图 3-7

在实际应用问题中，若驻点只有一个，而根据问题的性质可以判定确实存在一个最大值或最小值，那么，也可以省略判断极值的步骤，直接得出这个驻点就是所求的最大值点或最小值点.

例 3 已知某地的水稻产量 y（单位：kg/亩，注：1 亩 $\approx 667\mathrm{m}^2$）与施氨肥量 x（单位：kg/亩）有如下函数关系：

$$y=124.85+32.74x-5.28x^2 \quad (0\leqslant x\leqslant 6),$$

每千克稻谷售价为 1.33 元，氨肥每千克售价为 6.02 元，求：

(1) 当每亩施用多少氨肥时，可使水稻产量最高？

(2) 当每亩施用多少氨肥时，可获利润最大？

解 (1) 水稻产量为 $y=124.85+32.74x-5.28x^2$，则 $y'=32.74-10.56x$. 令 $y'=0$ 时，$x\approx 3.1\mathrm{kg}$. 根据常识，水稻的最高产量一定是存在的，故当每亩施氨肥 3.1kg 时，水稻产量最高，最高产量 $y=175.6\mathrm{kg}/$亩.

(2) 设 L 为每亩所获利润，依题意有

$$L=1.33y-6.02x=1.33(124.85+32.74x-5.28x^2)-6.02x,$$
$$L'=1.33\times 32.74-1.33\times 5.28\times 2x-6.02,$$

令 $L'=0$，则 $x=2.67\mathrm{kg}/$亩. 那么，由问题的性质，最大利润确实存在，故当每亩施肥 2.67kg 时，获最大利润为 $L=216.18$ 元.

习 题 3-6

1. 求下列函数的最大值和最小值.

(1) $y=x+2\sqrt{x}, 0\leqslant x\leqslant 4$；

(2) $y = x^3 - 3x + 2, -2 \leqslant x \leqslant 3$;

(3) $y = 2x^3 + 3x^2 - 12x + 14, -3 \leqslant x \leqslant 4$;

(4) $y = x + \cos x, 0 \leqslant x \leqslant 2\pi$.

2. 证明在给定周长的一切矩形中,正方形的面积最大.

3. 某单位要建造一个体积为 V 的有盖圆柱形水箱,怎样选取圆柱形水池的半径和高才能使用料最省?

4. 在某一水利建设中,需要修一水渠道,渠道的断面是高度和面积已确定的等腰梯形(较短底边在下面),渠道的侧面和底面要涂抹水泥,问怎样选择渠道断面,使用掉的水泥最少?

5. 要使船能由宽度为 a 的河道驶入与其垂直的宽度为 b 的河道,如果忽略船的宽度,问船的最大长度是多少?

6. 对量 A 做了 n 次测量,得到 n 个数值 $x_1, x_2, \cdots, x_n$. 通常把与这 n 个数的差的平方和为最小的那个数 x 作为 A 的近似值,试求 A 的近似值 x.

7. 炮弹以初速 v_0 和仰角 α 射出,如果不计空气阻力,问 α 取什么值时,炮弹的水平射程最远?

8. 某加工厂每批生产某种产品 x 个单位的费用为

$$C(x) = 5x + 200 (元),$$

得到的总收入是

$$R(x) = 10x - 0.01x^2 (元),$$

问每批生产多少个单位才能使利润最大?

3.7 曲线的凹凸与拐点

前面我们用一阶导数 $f'(x)$ 的正负讨论了函数 $f(x)$ 的单调性和极值,本节我们利用二阶导数的正负说明函数的另外一些性质.

下面图中的曲线有一明显的差别,在图 3-8 中,曲线 $f(x)$ 在 (a,b) 内任意点的切线都位于曲线的下方,在图 3-9 中,曲线 $f(x)$ 在 (a,b) 内任意点的切线都位于曲线的上方. 我们把图 3-8 中的曲线叫做**凹的**,而把图 3-9 中的曲线叫做**凸的**,下面给出函数凹凸性的一般定义.

定义 设函数 $f(x)$ 在区间 (a,b) 内可导,即曲线 $y = f(x)$ 在 (a,b) 内每一点都有切线,如果所有这些切线在 (a,b) 内都位于曲线的下方(上方),则称曲线在该区间内是**凹的**(**凸的**).

3.7 曲线的凹凸与拐点

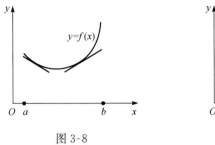

图 3-8

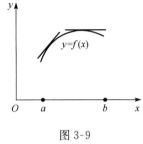

图 3-9

从图形看,如果曲线 $y=f(x)$ 在 (a,b) 上是凹的,则随着 x 的增大,点 x 的切线的斜率逐渐增大,即 $f'(x)$ 是单调增加的;同样,如果曲线是凸的,则 $f'(x)$ 是单调减少的,这引导我们用二阶导数的符号来判断凹凸性.

定理 设函数 $y=f(x)$ 在 (a,b) 内具有二阶导数.

(1) 若在 (a,b) 内 $f''(x)>0$,则在这个区间上曲线 $y=f(x)$ 是凹的;

(2) 若在 (a,b) 内 $f''(x)<0$,则在这个区间上曲线 $y=f(x)$ 是凸的.

证 对 $f''(x)>0$ 的情形求证. 设 x_0 是 (a,b) 中的任意一点(图 3-10),只需证明过点 x_0 的切线在 (a,b) 内位于曲线的下方. 切线在点 x 的纵坐标用 y_1 表示,则切线方程为

$$y_1 = f(x_0) + f'(x_0)(x-x_0),$$

对于 (a,b) 中任一点 $x(x \neq x_0)$,曲线上的点 $A(x,y)$ 和切线上的点 $B(x,y_1)$ 的纵坐标之差是

$$y - y_1 = f(x) - f(x_0) - f'(x_0)(x-x_0).$$

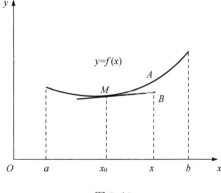

图 3-10

由拉格朗日中值定理,有
$$f(x)-f(x_0)=f'(\xi)(x-x_0) \quad (\xi 在 x 与 x_0 之间),$$
因此
$$y-y_1=[f'(\xi)-f'(x_0)](x-x_0).$$
因为在 (a,b) 内 $f''(x)>0$,所以 $f'(x)$ 是单调增加的. 因此当 $x>x_0$ 时,有 $\xi>x_0$,所以 $f'(\xi)>f'(x_0)$;当 $x<x_0$ 时,有 $\xi<x_0$,所以 $f'(\xi)<f'(x_0)$. 所以无论 $x>x_0$ 还是 $x<x_0$ 都有
$$y-y_1>0, \quad 即 \quad y>y_1,$$
这就是说对于 (a,b) 上的任一点 x,只要 $x\neq x_0$,曲线上的点 A 都位于切线上的点 B 的上方,即曲线过点 $M(x_0,f(x_0))$ 的切线在区间 (a,b) 内位于曲线的下方,由 x_0 的任意性知,曲线在该区间是凹的.

同样的方法,可以证明当 $f''(x)<0$ 时,曲线是凸的.

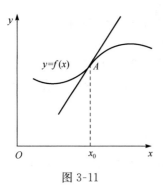

图 3-11

若连续曲线在某点的两侧单调性改变,则此点就是函数的极值点. 类似地,若连续曲线 $y=f(x)$ 在某点 $A(x_0,f(x_0))$ 的两侧凹凸性改变,则点 $A(x_0,f(x_0))$ 叫做曲线的**拐点**,这时曲线在点 A 的切线把曲线分开在它的两侧(图 3-11).

当 $f''(x)$ 存在时,如果点 $(x_0,f(x_0))$ 是拐点,同 3.1 节引理一样,必有 $f''(x_0)=0$;但反过来不一定不成立. 如 $f(x)=x^4$,当 $x=0$ 时,$f''(0)=0$,但点 $(0,0)$ 不是曲线的拐点.

例 1 确定函数 $f(x)=3x^4-4x^3+1$ 的凹凸性及拐点.

解 求导数
$$f'(x)=12x^3-12x^2, \quad f''(x)=36x\left(x-\frac{2}{3}\right).$$

令 $f''(x)=0$,得 $x_1=0, x_2=\dfrac{2}{3}$.

当 $x<0$ 时,$f''(x)>0$;当 $0<x<\dfrac{2}{3}$ 时,$f''(x)<0$;当 $x>\dfrac{2}{3}$ 时,$f''(x)>0$. 因而,当 $x<0$ 及 $x>\dfrac{2}{3}$ 时,曲线是凹的;当 $0<x<\dfrac{2}{3}$ 时,曲线是凸的.

点 $A(0,1)$ 和点 $B\left(\dfrac{2}{3},\dfrac{11}{27}\right)$ 都是拐点(图 3-12).

一阶导数不存在的点,可能是函数的极值点;同样二阶导数不存在的点,也可能是函数的拐点.

例 2 讨论曲线 $y=x^{\frac{1}{3}}$ 的凹凸性并求拐点.

解 当 $x\neq 0$ 时,$y''=-\dfrac{2}{9}x^{-\frac{5}{3}}$.

当 $x=0$ 时,二阶导数不存在;当 $x<0$ 时,$f''(x)>0$,曲线是凹的;当 $x>0$ 时,$f''(x)<0$,曲线是凸的.因而,点$(0,0)$是曲线的拐点(图 3-13).

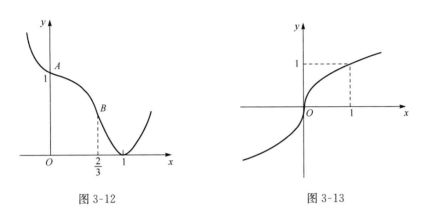

图 3-12　　　　　　　　　　　图 3-13

由以上例子看出,判定曲线 $y=f(x)$ 的凹凸性及拐点的方法:
(1) 求出使 $f''(x)=0$ 的点及二阶导数不存在的点.
(2) 这些点把定义区间分成若干部分区间,然后考察 $f''(x)$ 在各部分区间上的符号.在某区间上,若 $f''(x)>0$,则 $f(x)$ 在该区间上是凹的;若 $f''(x)<0$,则 $f(x)$ 在该区间上是凸的.
(3) 判定这些点是否为拐点.

习　题　3-7

确定函数的凹凸性及拐点.
(1) $y=2x^3+3x^2-12x+14$;
(2) $y=x^4-2x^3+1$;
(3) $y=\dfrac{(x-3)^2}{4(x-1)}$;
(4) $y=x^3-3x+2$;
(5) $y=\dfrac{4x}{x^2+1}$.

3.8　函数图形的描绘

一、曲线的渐近线

定义　若曲线 C 上的点 M 沿着曲线无限地远离原点时,点 M 与某一直线 L

的距离趋于 0，则称直线 L 为曲线 C 的**渐近线**.

例如，双曲线 $\dfrac{x^2}{a^2}-\dfrac{y^2}{b^2}=1$ 有渐近线 $\dfrac{x}{a}\pm\dfrac{y}{b}=0$，但抛物线 $y=x^2$ 无渐近线.

渐近线有以下三种情形.

1. 水平渐近线

一般来说，如果 $\lim\limits_{x\to\infty}f(x)=b$，则直线 $y=b$ 是函数 $y=f(x)$ 的图形的水平渐近线.

例如，$\lim\limits_{x\to\infty}\left(\dfrac{1}{x-1}+2\right)=2$，直线 $y=2$ 是函数 $y=\dfrac{1}{x-1}+2$ 的图形的水平渐近线.

$\lim\limits_{x\to\infty}\dfrac{1}{x}=0$，直线 $y=0$ 是函数 $y=\dfrac{1}{x}$ 的图形的水平渐近线.

2. 垂直渐近线

一般来说，如果 $\lim\limits_{x\to x_0}f(x)=\infty$，则直线 $x=x_0$ 是函数 $y=f(x)$ 的图形的垂直渐近线.

例如，$\lim\limits_{x\to 3}\dfrac{1}{x-3}=\infty$，直线 $x=3$ 是函数 $y=\dfrac{1}{x-3}$ 的图形的垂直渐近线.

3. 斜渐近线

一般来说，如果 $\lim\limits_{x\to +\infty}[f(x)-(kx+b)]=0$，则直线 $y=kx+b$ 是函数 $y=f(x)$ 的图形的斜渐近线 $\left(\text{其中 }k=\lim\limits_{x\to +\infty}\dfrac{f(x)}{x},b=\lim\limits_{x\to +\infty}[f(x)-kx]\right)$.

例如，曲线 $y=\dfrac{x^3}{x^2+2x-3}$ 的斜渐近线为 $y=x-2$，其中

$$k=\lim_{x\to\infty}\dfrac{f(x)}{x}=\lim_{x\to\infty}\dfrac{x^2}{x^2+2x-3}=1,$$

$$b=\lim_{x\to\infty}[f(x)-x]=\lim_{x\to\infty}\dfrac{-2x^2+3x}{x^2+2x-3}=-2.$$

二、函数图形的描绘

函数的图形使我们对函数有一个直观的认识. 过去我们曾经用描点法作过一些函数的图形. 但是由于当时我们对函数的性质缺少比较深入的研究，专靠描点法只能画出简单函数的图形. 下面我们用以前学过的知识提供作函数图形的一般方法.

前面我们讨论了函数 $y=f(x)$ 的单调性、极值、图形的凹凸和拐点. 函数的图形，一般是由上升和下降、凹和凸等形状的弧线结合而成的，极值点和拐点分别是

3.8 函数图形的描绘

曲线升降和凹凸的分界点,是曲线的关键点.知道了这些,再结合以前学过的知识,就可以比较准确地作出曲线来.现把作函数 $y=f(x)$ 的图形的步骤归结如下:

(1) 确定函数的定义域,并求出一阶导数 $f'(x)$ 和二阶导数 $f''(x)$.

(2) 求出 $f'(x)=0$ 和 $f''(x)=0$ 的点及一阶导数和二阶导数不存在的点.这些点把定义域划分成若干个部分区间,根据 $f'(x)$ 和 $f''(x)$ 的符号,确定函数在各个部分区间上的单调性、凹凸性、极值点和拐点,并求出各点处的函数值.这一步骤一般列表讨论,直观、简洁.

(3) 确定函数图形的水平、垂直渐近线及其他变化趋势.

(4) 确定函数的奇偶性,由对称性作图,可以缩小讨论范围,简化作图手续.

(5) 描出已求得各点,必要时再补充一些点,并按表中讨论的结果,用光滑曲线连接起来,就得到函数较准确的图形.

例1 作出函数 $y=x^3-3x+3$ 的图形.

解 (1) 函数的定义域为 $(-\infty,+\infty)$,
$$y'=3(x-1)(x+1), \quad y''=6x.$$

(2) 令 $y'=0$,得 $x_1=1, x_2=-1$,相应的 $y_1=1, y_2=5$.

令 $y''=0$,得 $x_3=0$,相应的 $y_3=3$. 列表讨论见表 3-1.

表 3-1

x	$(-\infty,-1)$	-1	$(-1,0)$	0	$(0,1)$	1	$(1,+\infty)$
y'	$+$	0	$-$	$-$	$-$	0	$+$
y''	$-$	$-$	$-$	0	$+$	$+$	$+$
$y=f(x)$ 的图形	↗	5 极大值	↘	3 拐点	↘	1 极小值	↗

这里记号 ↗ 表示曲线弧单调增加而且是凸的,↘ 表示曲线弧单调减少而且是凸的,↗ 表示曲线弧单调增加而且是凹的,↘ 表示曲线弧单调减少而且是凹的,以后不再说明.

(3) 当 $x \to +\infty$ 时, $y \to +\infty$;当 $x \to -\infty$ 时, $y \to -\infty$.

(4) 描出点 $(-1,5), (0,3), (1,1)$. 适当补充一些点,例如,当 $x=2$ 时, $y=5$;当 $x=-2$ 时, $y=1$,就可补充描出点 $(2,5), (-2,1)$. 再结合(2),(3)中得到的结果,就可画出函数 $y=x^3-3x+3$ 的图形(图 3-14).

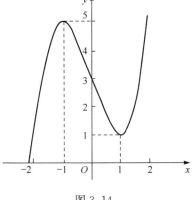

图 3-14

例2 作函数 $y=e^{-x^2}$ 的图形.

解 (1) 函数的定义域为 $(-\infty,+\infty)$,$y'=-2xe^{-x^2}$,$y''=(4x^2-2)\cdot e^{-x^2}$.

(2) 判断奇偶性,因为 $e^{-(-x)^2}=e^{-x^2}$,所以它是偶函数,图形关于 y 轴对称,因此只需画出 $x\geqslant 0$ 的图形就行了,$x<0$ 的部分利用对称性即可得出.

(3) 令 $y'=0$,得 $x_1=0$,相应的 $y_1=1$.

令 $y''=0$,得 $x=\pm\sqrt{\dfrac{1}{2}}\approx\pm 0.7$,相应的 $y=e^{-\frac{1}{2}}\approx 0.6$. 列表讨论,见表 3-2.

表 3-2

x	0	$\left(0,\sqrt{\dfrac{1}{2}}\right)$	$\sqrt{\dfrac{1}{2}}$	$\left(\sqrt{\dfrac{1}{2}},+\infty\right)$
y'	0	$-$	$-$	$-$
y''	$-$	$-$	0	$+$
$y=f(x)$ 的图形	1 极大值	↘	$e^{-\frac{1}{2}}$ 拐点	↘

(4) 因为对一切 x,有 $y>0$,所以曲线总在 x 轴的上方,又 $\lim\limits_{x\to+\infty}y=0$,所以 $y=0$ 是函数的水平渐近线.

(5) 再补充一点,当 $x=2$ 时,$y=e^{-4}\approx 0.02$,这样描出点 $(0,1)$,$\left(\sqrt{\dfrac{1}{2}},e^{-\frac{1}{2}}\right)$,$(2,e^{-4})$. 根据以上讨论,就可画出函数 $y=e^{-x^2}$ 的图形(图 3-15). 此曲线称为正态分布曲线,在概率统计中常用到.

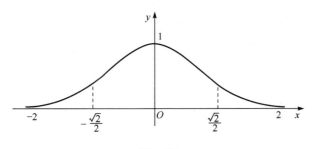

图 3-15

例3 作函数 $y=\dfrac{1}{x^2-1}$ 的图形.

解 (1) 函数的定义域为 $(-\infty,-1)\cup(-1,1)\cup(1,+\infty)$. 当 $x\neq\pm 1$ 时,
$$y'=\dfrac{-2x}{(x^2-1)^2}, \quad y''=\dfrac{2(3x^2+1)}{(x^2-1)^3}.$$

(2) 因为 $\dfrac{1}{(-x)^2-1}=\dfrac{1}{x^2-1}$,所以它是偶函数,图形关于 y 轴对称,只需画出 $x\geqslant 0$ 的图形就行了,$x<0$ 的部分利用对称性即可得出.

(3) 令 $y'=0$,得驻点 $x_1=0$,相应的 $y=-1$. 列表讨论,见表 3-3.

表 3-3

x	0	(0,1)	1	(1,+∞)
y'	0	−	不存在	−
y''	−	−	不存在	+
$y=f(x)$ 的图形	−1 极大值	↘	无定义	↘

(4) 因为
$$\lim_{x\to\infty}\dfrac{1}{x^2-1}=0,\quad \lim_{x\to\pm 1}\dfrac{1}{x^2-1}=\infty,$$
所以 $y=0$ 是其水平渐近线,$x=\pm 1$ 是其垂直渐近线.

(5) 补充如下几个点 $\left(\dfrac{1}{2},-\dfrac{4}{3}\right),\left(\dfrac{3}{2},\dfrac{4}{5}\right),\left(2,\dfrac{1}{3}\right)$,再根据以上讨论,就可画出函数的图形(图 3-16).

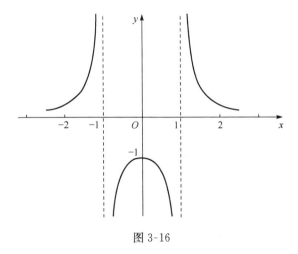

图 3-16

习 题 3-8

求作下列函数的图形.

(1) $y=x^3-x^2-x+1$; (2) $y^2=x(x-1)^2$;

(3) $y=\dfrac{1}{x}+\dfrac{1}{x-1}$;　　　　　　(4) $y=1+\dfrac{36x}{(x+3)^2}$;

(5) $y=xe^x$（注 $\lim\limits_{x\to-\infty}xe^x=0$）;　　(6) $y=\dfrac{x}{1+x^2}$;

(7) $y=\dfrac{1}{5}(x^4-6x^2+8x+7)$;　　(8) $y=\ln(x^2+1)$.

3.9　导数在经济分析中的应用

一、边际分析

在经济应用中,常用"边际"这个概念来描述经济函数的变化率. 如果 $y=f(x)$ 表示某一个经济量的经济函数,则 $f'(x)$ 称为经济函数 $f(x)$ 对 x 这个经济量的边际经济量.

1. 边际成本

设某产品的总成本函数为 $C=C(Q)$（其中 Q 为产品的产量）.

如果产品在 Q 个单位的基础上再生产 ΔQ 个单位,则总成本相应地增加了 $\Delta C=C(\Delta Q+Q)-C(Q)$. 显然,产品在 Q 个单位的基础上增加到 $\Delta Q+Q$ 个单位时,每增加一个单位产品总成本的平均增加量表示为

$$\frac{\Delta C}{\Delta Q}=\frac{C(\Delta Q+Q)-C(Q)}{\Delta Q},$$

这就是总成本函数在区间 $[Q,Q+\Delta Q]$ 上的平均变化率.

当 $\Delta Q\to 0$ 时,如果这个平均变化率的极限存在,即

$$\lim_{\Delta Q\to 0}\frac{\Delta C}{\Delta Q}=\lim_{\Delta Q\to 0}=\frac{C(\Delta Q+Q)-C(Q)}{\Delta Q}=C'(Q),$$

则称 $C'(Q)$ 为总成本函数 $C(Q)$ 在产量为 Q 时的变化率,即是总成本函数 $C(Q)$ 对产量 Q 的导数,但在经济应用中,常把 $C'(Q)$ 称为产量为 Q 时的边际成本.

当 $\Delta Q=1$ 时,由上面的式子得 $C'(Q)\approx C(Q+1)-C(Q)$.

边际成本的解释是:边际成本 $C'(Q)$ 近似等于在产量为 Q 个单位的基础上再生产一个单位产品时,总成本的增加值;还可以说 $C'(Q)$ 近似等于生产第 $Q+1$ 个单位产品的成本. 对实际应用问题作解释时,往往略去"近似"二字.

例如:$C'(10)$ 表示产量为 10 个单位产品的基础上,再增加一个产品时,总成本的增加值;它还表示生产第 11 个单位产品时的成本.

因为总成本 $C(Q)$ 等于固定成本 C_1（与产量 Q 无关的常量）与变动成本 $C_2(Q)$ 之和,即 $C(Q)=C_1+C_2(Q)$,则边际成本 $C'(Q)=C'_2(Q)$,这说明边际成本与固定成本无关,而只与变动成本有关.

例1 设某产品的总成本函数为
$$C(Q)=\frac{1}{2}Q^2+24Q+8500,$$
求:(1) 生产 50 个单位产品时的总成本和平均成本;

(2) 生产 50 个到 51 个单位产品时的总成本的平均变化率;

(3) 生产 50 个单位产品时的边际成本.

解 (1) $C(50)=\frac{1}{2}(50)^2+24\times 50+8500=10950,$

即生产 50 个单位产品时的总成本为 10950.

平均成本函数 $\bar{C}(Q)=\frac{C(Q)}{Q}$,有

$$\bar{C}(50)=\frac{10950}{50}=219,$$

即生产 50 个单位产品时的平均成本为 219.

(2) 由平均变化率

$$\frac{\Delta C}{\Delta Q}=\frac{C(\Delta Q+Q)-C(Q)}{\Delta Q},$$

根据题意 $\Delta C=C(51)-C(50)=74.5,\Delta Q=51-50=1$,因此,总成本的平均变化率为

$$\frac{\Delta C}{\Delta Q}=74.5.$$

(3) 因为边际成本函数为 $C'(Q)=Q+24$,所以 $C'(50)=50+24=74$,即生产 50 个单位产品时的边际成本为 74.

2. 边际收益

设某产品的总收益函数为 $R=R(Q)$(其中 Q 为产量或销售量).

与边际成本相类似,我们把 $R'=R'(Q)$ 称为边际收益.

边际收益 $R'(Q)$ 是产量(或销售量)为 Q 时总收益的变化率. 其经济解释是:边际收益 $R'(Q)$ 近似等于在产量(或销售)为 Q 个单位产品时,总收益的增加值.

例2 设某产品的价格与销售量的关系为 $P=10-\frac{Q}{5}$,求销售量为 20 时的总收益、平均收益与边际收益.

解 总收益函数
$$R(Q)=QP(Q)=Q\left(10-\frac{Q}{5}\right)=10Q-\frac{Q^2}{5}.$$

销售量为 20 时的总收益为
$$R(20)=10\times 20-\frac{20^2}{5}=120.$$
平均收益函数
$$\bar{R}(Q)=P(Q)=10-\frac{Q}{5},$$
销售量为 20 时的平均收益为
$$\bar{R}(20)=10-\frac{20}{5}=6.$$
边际收益函数
$$R'(Q)=10-\frac{2}{5}Q,$$
销售量为 20 时的边际收益为
$$R'(20)=10-\frac{2}{5}Q=2.$$

3. 边际利润

设某产品的总利润函数为 $L=L(Q)$(其中 Q 为产量或销售量).

与边际成本、边际收益相类似,我们称 $L'=L'(Q)$ 为边际利润.

边际利润 $L'(Q)$ 是产量(或销售量)为 Q 时总利润的变化率. 其经济解释是:边际利润近似等于在产量(或销售量)为 Q 个单位的基础上再生产(或销售)一个单位产品时,总利润的增加值.

例 3 某企业对销售分析得出,总利润 L(元)与每月的产量 Q(t)之间的关系为
$$L(Q)=250Q-5Q^2,$$
试确定每月生产 20t, 25t, 35t 的边际利润.

解 边际利润函数为
$$L'(Q)=250-10Q,$$
故
$$L'(20)=250-10\times 20=50,$$
$$L'(25)=250-10\times 25=0,$$
$$L'(35)=250-10\times 35=-100.$$

上述结果表明:当每月产量为 20t 时,再增产 1t,利润可增加 50 元;当每月产量为 25t 时,再增加 1t,利润不增加;而当每月产量为 35t 时,再增产 1t,利润不但未增加,相反减少了 100 元.

二、弹性分析

前面所谈的函数变化率是绝对改变量与绝对变化率. 在经济分析中, 仅仅研究函数的绝对改变量与绝对变化率还是不够的. 例如, 商品甲每单位价格 10 元, 涨价 1 元; 商品乙每单位价格 1000 元, 也涨价 1 元. 两种商品价格的绝对改变量都是 1 元, 但各与其原价相比, 两者涨价的百分比却有很大的不同, 商品甲涨了 10%, 而商品乙涨了 0.1%. 因此, 我们还有必要研究函数的相对改变量与相对变化率.

1. 函数的弹性

定义 设函数 $y=f(x)$ 在点 x 可导, 函数的相对改变量 $\dfrac{\Delta y}{y}$ 与自变量的相对改变量 $\dfrac{\Delta x}{x}$ 之比 $\dfrac{\Delta y/y}{\Delta x/x}$, 称为函数从 x 到 $x+\Delta x$ 两点间的相对变化率 (或弹性). 当 $\Delta x \to 0$ 时, $\dfrac{\Delta y/y}{\Delta x/x}$ 的极限称为函数 $y=f(x)$ 在点 x 的弹性, 记作 $\eta(x)$, 即

$$\eta(x) = \lim_{\Delta x \to 0} \frac{\Delta y/y}{\Delta x/x} = \lim_{\Delta x \to 0} \frac{\Delta y}{\Delta x} \cdot \frac{x}{y} = f'(x) \cdot \frac{x}{y}.$$

显然 $\eta(x)$ 仍为 x 的函数, 我们称它为 $f(x)$ 的弹性函数. 函数 $y=f(x)$ 在点 x 的弹性 $\eta(x)$ 是一个数量, 它表示 $f(x)$ 在点 x 处的相对变化率, 近似等于当自变量变化 1% 时, 函数变化的百分数.

2. 需求弹性

如果某商品的需求函数 $Q=f(P)$ (其中 Q 为需求量, P 为价格) 在点 P 可导, 则称

$$\eta(P) = \lim_{\Delta P \to 0} \frac{\Delta Q/Q}{\Delta P/P} = \lim_{\Delta P \to 0} \frac{\Delta Q}{\Delta P} \cdot \frac{P}{Q} = \lim_{\Delta P \to 0} \frac{P}{Q} \cdot \frac{\Delta Q}{\Delta P} = P \frac{Q'}{Q}$$

为该商品的需求量 Q 对价格 P 的弹性, 简称为需求弹性.

由上式可得

$$\eta(P) \approx \frac{\Delta Q/Q}{\Delta P/P}.$$

需求弹性的经济解释是: 需求弹性 $\eta(x)$ 近似等于在价格为 P 的基础上, 价格上涨 (或下跌) 1% 时, 需求量减少 (或增加) 的百分数. 对实际应用问题作解释时, 往往略去"近似"二字.

因为需求弹性表示需求对价格变动反应的强弱程度, 所以它对于调节市场价格和制定商品价格都有重要的经济意义.

例 4 设某商品的需求量 Q 与价格 P 的函数关系为 $Q=75-P^2$, 求需求弹性 $\eta(P)$, 并求 $P=6$ 时的弹性, 说明其经济意义.

解
$$\eta(P) = P\frac{Q'}{Q} = P\frac{-2P}{75-P^2} = \frac{-2P^2}{75-P^2},$$
$$\eta(6) = \frac{-2\times 6^2}{75-6^2} \approx -1.85.$$

经济意义：$\eta(6) \approx -1.85$ 表示在价格为 6 时，再提高 1%，商品的需求量将减少 1.85%.

类似地，还可以给出供给对价格的弹性等.

3. 需求弹性的弹性分析

(1) 需求弹性值的三种情形及其经济含义：

因为需求函数 $Q = f(P)$ 是一个单调减函数，即价格上涨（或下跌）时，需求量总是减少（或增加），所以需求弹性是一个负值.

当 $|\eta| < 1$ 时，称需求是低弹性的，它表示价格的变动只引起需求的微小变化，即需求对变动的反应不强烈，说明此时需求量主要已不是由价格来决定.

当 $|\eta| > 1$ 时，称需求是高弹性的，它表示价格的变动会引起需求的较大变化，即需求对变动的反应强烈，说明此时需求量在很大程度上取决于价格.

当 $|\eta| = 1$ 时，称需求有单位弹性，它表示价格上涨（或下跌）的百分数与需求的减少（或增加）的百分数相同.

例 5 设某商品的需求量 Q 为价格 P 的函数为 $Q = 4000\mathrm{e}^{-1.25P}$，求：
(i) 需求弹性 $\eta(P)$；(ii) 当 $P = 10, 0.5, 0.8$ 时的需求弹性.

解 (i)
$$\eta(P) = P\frac{Q'}{Q} = P\frac{(4000\mathrm{e}^{-1.25P})'}{4000\mathrm{e}^{-1.25P}}$$
$$= P\frac{4000\mathrm{e}^{-1.25P}(-1.25)}{4000\mathrm{e}^{-1.25P}}$$
$$= -1.25P.$$

(ii) 因为 $\eta(10) = -1.25 \times 10 = -12.5$，所以 $|\eta(10)| > 1$，属于高弹性.
因为 $\eta(0.5) = -1.25 \times 0.5 = -0.625$，所以 $|\eta(0.5)| < 1$，属于低弹性.
因为 $\eta(0.8) = -1.25 \times 0.8 = -1$，所以 $|\eta(0.8)| = 1$，属于单位弹性.

(2) 应用需求对价格的弹性来分析总收益（或市场销售量）的变化情况：

因为
$$R = P \cdot Q = P \cdot f(P),$$
$$\frac{\mathrm{d}R}{\mathrm{d}P} = [P \cdot f(P)]'$$
$$= f(P) + P \cdot f'(P)$$
$$= f(P)\left[1 + P\frac{f'(P)}{f(P)}\right]$$

3.9 导数在经济分析中的应用

$$= f(P)(1+\eta)$$
$$= f(P)(1-|\eta|).$$

(i) 若 $|\eta|<1$,即需求是低弹性,也就是说需求变动的幅度小于价格变动的幅度. 此时,由 $\dfrac{\mathrm{d}R}{\mathrm{d}P}>0$ 知,总收益函数为单调增函数. 因此价格的变化和总收益函数的变化方向相同. 即价格下跌,总收益减少;价格上涨,总收益增加. 此时,若企业采取适当提价的办法,即使销售量有所减少,但也不会影响企业的总收益.

(ii) 若 $|\eta|>1$,即需求是高弹性,也就是说需求变动的幅度大于价格变动的幅度. 此时,由 $\dfrac{\mathrm{d}R}{\mathrm{d}P}<0$ 知,总收益函数为单调减函数. 因此价格的变化和总收益函数的变化方向相反. 即价格下跌,总收益增加;价格上涨,总收益减少. 此时,若企业采取降价措施,薄利多销,可达到增加企业收益的目的.

(iii) 若 $|\eta|=1$,即需求是单位弹性,也就是说需求变动的幅度等于价格变动的幅度. 此时,如果价格升高(或降低)1%,将导致销售量减少(或增加)相同的 1%,也就是说,企业的总收益不会变. 另一方面,我们由 $\dfrac{\mathrm{d}R}{\mathrm{d}P}=0$ 知企业的总收益达到最大值.

综上所述,我们可以看出,总收益的变化受到需求弹性的制约. 因此,企业可以通过分析需求弹性,并采取相应的措施,从而达到获取最大利益的目的.

例 6 设某商品的需求函数为 $Q=f(P)=12-\dfrac{P}{2}$,求:

(1) 需求对价格的弹性;

(2) $P=6$ 时的需求弹性值,并问此时若价格上涨 1%,总收益是增加还是减少?

(3) 当 P 为何值时,总收益最大. 最大总收益是多少?

解 (1) $\eta(P)=P\cdot\dfrac{-\dfrac{1}{2}}{12-\dfrac{P}{2}}=\dfrac{P}{P-24}.$

(2) $\eta(6)=\dfrac{6}{6-24}=-\dfrac{1}{3}.$

因为 $|\eta(6)|=\dfrac{1}{3}<1$,所以此时总收益函数是单调增函数,即价格上涨 1%,总收益将增加,但增加的幅度小于 1%.

(3) 因为
$$R = P \cdot Q = P \cdot \left(12 - \frac{P}{2}\right) = 12P - \frac{P^2}{2},$$
$$\frac{dR}{dP} = 12 - P.$$

令 $\frac{dR}{dP} = 0$，即 $12 - P = 0$，解得 $P = 12$，所以当 $P = 12$ 时，总收益最大，最大收益为 $R(12) = 72$.

习　题　3-9

1. 设某产品的价格 P(元)是产量 Q(件)的函数 $P = P(Q) = 10 - 0.001Q$，总成本函数 $C = C(Q) = 100 + 7Q + 0.002Q^2$，试求：

(1) 当产品 Q 为多少件时，可获得最大利润？最大利润是多少？

(2) 获得最大利润时，销售价格 P 是多少元？

2. 某商店以每件 10 元的进价购进一批商品，已知此种商品的需求函数（每天的需求量）为 $Q = 40 - 2P$，其中 P 为销售价格，试求：

(1) 当每件销售价格 P 为多少元时，才能获得最大利润？最大利润是多少？

(2) 获得最大利润时，每天销售商品多少件？

3. 某种商品的需求量 Q 是价格 P 的函数 $Q = \frac{1}{5}(28 - P)$，总成本函数 $C = Q^2 + 4Q$，试求：

(1) 生产多少单位产品时，总利润最大？最大利润是多少？

(2) 获得最大利润时，单位商品的价格是多少？

4. 某产品生产 Q 单位的总成本函数为
$$C = C(Q) = 1170 + Q^2/1000.$$

(1) 求生产 900 个单位产品时的平均成本；

(2) 求生产 900 个单位产品时的边际成本.

5. 某产品生产 Q 单位的总收益函数为
$$R = R(Q) = 200Q - 0.01Q^2.$$

(1) 求生产 50 个单位产品时的总收益、平均收益；

(2) 求生产 50 个单位产品时的边际收益.

6. 设某种产品的需求量 Q 与价格 P 的函数关系为
$$Q = 16000\left(\frac{1}{4}\right)^P.$$

(1) 求需求量 Q 对价格 P 的弹性；

(2) 求价格 $P=2$ 时的需求弹性.

7. 设某种产品的需求量 Q(件)与价格 P(元)的函数关系为

$$Q=\frac{1-P}{P}.$$

(1) 求需求量 Q 对价格 P 的弹性；

(2) 求价格 $P=1/2$ 时的需求弹性.

第四章 不定积分

已知一个函数,求其导数(或微分),是微分学的基本问题.相反地,已知一个函数的导数(或微分),求这个函数,就是这一章要解决的基本问题.

4.1 不定积分的概念与性质

一、原函数与不定积分的概念

定义 1 在某区间上,已知函数 $f(x)$,如果存在函数 $F(x)$,在此区间上使得
$$F'(x)=f(x) \quad \text{或} \quad \mathrm{d}F(x)=f(x)\mathrm{d}x,$$
则称函数 $F(x)$ 为 $f(x)$ 在此区间上的**原函数**.

例如,因为 $(x^{\frac{1}{2}})'=\frac{1}{2}x^{-\frac{1}{2}}$,故 $x^{\frac{1}{2}}$ 是 $\frac{1}{2}x^{-\frac{1}{2}}$ 的原函数.对此例而言,定义中的某区间就是 $(0,+\infty)$,以后将不一一声明,再如 $(\sin x)'=\cos x$,故 $\sin x$ 是 $\cos x$ 的原函数.

如果 $F(x)$ 是 $f(x)$ 的原函数,首先,原函数不唯一.因为 $F(x)$ 是 $f(x)$ 的原函数,即 $F'(x)=f(x)$,所以对任意常数 C,都有 $(F(x)+C)'=f(x)$,即 $F(x)+C$ 也是 $f(x)$ 的原函数;然后,我们要问 $f(x)$ 是否还有其他形式的原函数.设 $\Phi(x)$ 是 $f(x)$ 的另一个原函数,即 $\Phi'(x)=f(x)$,因为 $F(x)$ 是 $f(x)$ 的原函数,于是
$$[\Phi(x)-F(x)]'=\Phi'(x)-F'(x)=0.$$
由 3.1 节的推论知,导数恒为零的函数必为常数,所以
$$\Phi(x)-F(x)=C_0 \quad (C_0 \text{ 为某个常数}),$$
即
$$\Phi(x)=F(x)+C_0.$$

由以上讨论知,当 C 为任意常数时,
$$F(x)+C$$
就可表示 $f(x)$ 的任意一个原函数,即 $f(x)$ 的全体原函数的集合为
$$\{F(x)+C | C \text{ 为任意常数}\}.$$

当然以上是在函数 $f(x)$ 的原函数存在的基础上得出的结论,至于在什么条件下函数 $f(x)$ 的原函数存在,我们有如下的定理.

原函数存在定理 如果 $f(x)$ 在某区间上连续,则在该区间上 $f(x)$ 必有原函数.

4.1 不定积分的概念与性质

本章只研究连续函数的原函数. 如果已知函数有不连续点,我们只在其连续区间上讨论.

定义 2 函数 $f(x)$ 的全体原函数的集合称为函数 $f(x)$ 的**不定积分**,记作
$$\int f(x)\mathrm{d}x,$$
其中符号"$\int$"称为**积分号**,$f(x)$ 称为**被积函数**,$f(x)\mathrm{d}x$ 称为**被积表达式**,x 称为**积分变量**.

如果 $F(x)$ 是 $f(x)$ 的一个原函数,则表达式 $F(x)+C$ 就是 $f(x)$ 的不定积分,即
$$\int f(x)\mathrm{d}x = F(x)+C \quad (C\text{ 为任意常数})$$
可以表示 $f(x)$ 的任意一个原函数.

因而求函数的不定积分,只要求出它的一个原函数,再加上一个任意常数就行了.

例 1 求 $\int 3x^2 \mathrm{d}x$.

解 因为 $(x^3)'=3x^2$,故 x^3 是 $3x^2$ 的一个原函数,因此
$$\int 3x^2\mathrm{d}x = x^3 + C.$$

例 2 求 $\int \dfrac{1}{\sqrt{1-x^2}}\mathrm{d}x$.

解 因为 $(\arcsin x)'=\dfrac{1}{\sqrt{1-x^2}}$,故 $\arcsin x$ 是 $\dfrac{1}{\sqrt{1-x^2}}$ 的一个原函数,因此
$$\int \frac{1}{\sqrt{1-x^2}}\mathrm{d}x = \arcsin x + C.$$

函数 $f(x)$ 的一个原函数 $F(x)$ 的图形叫做函数 $f(x)$ 的一条**积分曲线**,这样不定积分 $\int f(x)\mathrm{d}x$ 就表示一族积分曲线,称为**积分曲线族**,其中一条积分曲线可由另一条积分曲线向上(或向下)平行移动若干个单位而得到,在积分曲线族上横坐标相同的点处的切线相互平行(图 4-1).

例 3 设曲线通过点 $(0,1)$,且其上任一点 (x,y) 处的切线斜率为 $2x$,求此曲线的方程.

解 设所求曲线的方程为 $y=F(x)$,由题意知 $F'(x)=2x$,即 $F(x)$ 是 $2x$ 的一个原函数,由 $(x^2)'=2x$ 知,$2x$ 的全体原函数为

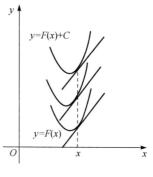

图 4-1

$$\int 2x\,dx = x^2 + C.$$

又所求曲线过点 $(0,1)$，所以
$$1 = 0^2 + C.$$
即 $C=1$，所以 $F(x) = x^2 + 1$，因而曲线方程为
$$y = x^2 + 1.$$

由于 $\int f(x)\,dx$ 是 $f(x)$ 的原函数，所以

(1) $\left[\int f(x)\,dx\right]' = f(x)$ 或 $d\left[\int f(x)\,dx\right] = f(x)\,dx$；

又因为 $F(x)$ 是 $F'(x)$ 的原函数，所以

(2) $\int F'(x)\,dx = F(x) + C$ 或 $\int dF(x) = F(x) + C$.

式(1)是 $f(x)$ 先求不定积分，再求导或微分；式(2)是 $F(x)$ 先求导或微分，后求不定积分. 符号 $\int$ 与 d 或者抵消，或者抵消后差一个常数. 即微分运算与不定积分运算二者互为逆运算.

二、基本积分表

由于微分运算与不定积分运算互为逆运算，则由微分基本公式就可以得到相应的**不定积分基本公式**.

例如，因为 $d(\sin x) = \cos x\,dx$ 或 $(\sin x)' = \cos x$，所以 $\sin x$ 是 $\cos x$ 的一个原函数，于是
$$\int \cos x\,dx = \sin x + C.$$

类似地，可以得出下列积分公式：

1. $\int 1 \cdot dx = x + C$；

2. $\int x^\mu\,dx = \dfrac{1}{\mu+1} x^{\mu+1} + C\,(\mu \neq -1)$；

3. $\int \dfrac{1}{x}\,dx = \ln|x| + C$[①]；

[①] 对于这个公式作如下的说明：

当 $x > 0$ 时，有 $\int \dfrac{1}{x}\,dx = \ln x + C$；当 $x < 0$ 时，因为 $[\ln(-x)]' = \dfrac{1}{-x}(-x)' = \dfrac{1}{x}$，所以有
$$\int \dfrac{1}{x}\,dx = \ln(-x) + C,$$
因此无论 $x > 0$ 或 $x < 0$，都有公式
$$\int \dfrac{1}{x}\,dx = \ln|x| + C.$$

4. $\int a^x \mathrm{d}x = \dfrac{1}{\ln a} a^x + C$,当 $a = \mathrm{e}$ 时,$\int \mathrm{e}^x \mathrm{d}x = \mathrm{e}^x + C$;

5. $\int \sin x \mathrm{d}x = -\cos x + C$;

6. $\int \cos x \mathrm{d}x = \sin x + C$;

7. $\int \dfrac{1}{\cos^2 x} \mathrm{d}x = \tan x + C$;

8. $\int \dfrac{1}{\sin^2 x} \mathrm{d}x = -\cot x + C$;

9. $\int \sec x \cdot \tan x \mathrm{d}x = \sec x + C$;

10. $\int \csc x \cdot \cot x \mathrm{d}x = -\csc x + C$;

11. $\int \dfrac{1}{\sqrt{1-x^2}} \mathrm{d}x = \arcsin x + C$;

12. $\int \dfrac{1}{1+x^2} \mathrm{d}x = \arctan x + C$.

这个不定积分基本公式表(**基本积分表**)是计算不定积分的基础,要求能够熟练运用.

三、不定积分的性质

根据不定积分的定义,可得如下两个性质.

1. 被积函数中不为零的常数因子可以提到积分符号外面来,即

$$\int kf(x)\mathrm{d}x = k\int f(x)\mathrm{d}x.$$

证 若 $F(x)$ 为 $f(x)$ 的原函数,则 $kF(x)$ 为 $kf(x)$ 的原函数,于是

$$\int kf(x)\mathrm{d}x = kF(x) + C,$$

而

$$k\int f(x)\mathrm{d}x = k[F(x) + C] = kF(x) + kC.$$

由于 C 为任意常数,所以 kC 也为任意常数,因而以上两式表示相同的函数集合.

2. 两个函数和的不定积分等于各个函数的不定积分之和,即

$$\int [f(x) + g(x)]\mathrm{d}x = \int f(x)\mathrm{d}x + \int g(x)\mathrm{d}x.$$

性质 2 可以推广到有限个函数的和的情形.

利用这两个性质和基本积分表,可以求出一些函数的不定积分.

例 4 求 $\int \left(\sqrt{x} - \dfrac{2}{x}\right) dx$.

解　$\int \left(\sqrt{x} - \dfrac{2}{x}\right) dx = \int x^{\frac{1}{2}} dx - 2\int \dfrac{1}{x} dx$

$$= \dfrac{1}{1+\dfrac{1}{2}} x^{\frac{1}{2}+1} - 2\ln|x| + C$$

$$= \dfrac{2}{3} x^{\frac{3}{2}} - 2\ln|x| + C.$$

例 5 求 $\int (x + 3\cos x) dx$.

解　$\int (x + 3\cos x) dx = \int x dx + 3\int \cos x dx = \dfrac{1}{2} x^2 + 3\sin x + C.$

例 6 求 $\int \dfrac{x^2}{1+x^2} dx$.

解　$\int \dfrac{x^2}{1+x^2} dx = \int \dfrac{(x^2+1)-1}{1+x^2} dx = \int \left(1 - \dfrac{1}{1+x^2}\right) dx$

$$= \int dx - \int \dfrac{1}{1+x^2} dx = x - \arctan x + C.$$

例 7 求 $\int \tan^2 x dx$.

解　$\int \tan^2 x dx = \int (\sec^2 x - 1) dx = \int \sec^2 x dx - \int dx$

$$= \tan x - x + C.$$

例 8 求 $\int \sin^2 \dfrac{x}{2} dx$.

解　$\int \sin^2 \dfrac{x}{2} dx = \int \dfrac{1}{2}(1 - \cos x) dx = \dfrac{1}{2}\left(\int dx - \int \cos x dx\right)$

$$= \dfrac{1}{2}(x - \sin x) + C.$$

注意:由于求导运算(或微分运算)与不定积分运算互为逆运算,因而检验积分结果是否正确,只要把结果求导,看它的导数是否等于被积函数,若相等则说明结果正确.

习 题 4-1

求下列不定积分.

(1) $\int x^{\frac{m}{n}} dx \, (m \neq -n)$;

(2) $\int x\sqrt{x}\, dx$;

(3) $\int \left(\dfrac{1-x}{x}\right)^2 dx$;

(4) $\int 3^x e^x dx$;

(5) $\int \dfrac{1+2x^2}{x^2(1+x^2)} dx$;

(6) $\int \left(2e^x + \dfrac{3}{x}\right) dx$;

(7) $\int \dfrac{\sqrt{1+x^2}}{\sqrt{1-x^4}} dx$;

(8) $\int e^x \left(1 - \dfrac{e^{-x}}{\sqrt{x}}\right) dx$;

(9) $\int \dfrac{\cos 2x}{\cos x - \sin x} dx$;

(10) $\int \dfrac{1}{\sin^2 x \cos^2 x} dx$;

(11) $\int \sec x (\sec x - \tan x) dx$;

(12) $\int \dfrac{1}{\cos^2 \dfrac{x}{2} \sin^2 \dfrac{x}{2}} dx$;

(13) $\int \dfrac{1}{1+\cos 2x} dx$;

(14) $\int \dfrac{\cos 2x}{\cos^2 x \sin^2 x} dx$;

(15) $\int \dfrac{1+x+x^2}{x(1+x^2)} dx$;

(16) $\int \dfrac{x^4}{1+x^2} dx$.

4.2 换元积分法

前面讲过,微分运算与不定积分运算互为逆运算,因而由复合函数的微分法可以得到相应的积分法——换元积分法,通常把换元积分法分成两类.

一、第一类换元积分法

定理 1 如果 $f(u)$ 具有原函数 $F(u)$,$u = \varphi(x)$ 有连续的导函数,则
$$\int f[\varphi(x)] \cdot \varphi'(x) dx = F[\varphi(x)] + C,$$
即
$$\int f[\varphi(x)] \cdot \varphi'(x) dx = \left[\int f(u) du\right]_{u=\varphi(x)}. \tag{1}$$

证 由于 $F(u)$ 是 $f(u)$ 的一个原函数,则 $F'(u) = f(u)$,又 $u = \varphi(x)$ 可导,所以
$$\{F[\varphi(x)]\}' = f[\varphi(x)] \cdot \varphi'(x),$$

即 $F[\varphi(x)]$ 是 $f[\varphi(x)] \cdot \varphi'(x)$ 的一个原函数,因而
$$\int f[\varphi(x)] \cdot \varphi'(x) \mathrm{d}x = F[\varphi(x)] + C.$$
又
$$\left[\int f(u) \mathrm{d}u\right]_{u=\varphi(x)} = [F(u) + C]_{u=\varphi(x)} = F[\varphi(x)] + C,$$
因而
$$\int f[\varphi(x)] \cdot \varphi'(x) \mathrm{d}x = \left[\int f(u) \mathrm{d}u\right]_{u=\varphi(x)}.$$

公式(1)告诉我们,要求 $\int g(x) \mathrm{d}x$,如果函数 $g(x)$ 可以化为 $g(x) = f[\varphi(x)] \cdot \varphi'(x)$ 的形式时,则
$$\int g(x) \mathrm{d}x = \int f[\varphi(x)] \cdot \varphi'(x) \mathrm{d}x = \left[\int f(u) \cdot \mathrm{d}u\right]_{u=\varphi(x)}.$$
这样,函数 $g(x)$ 的积分即化为函数 $f(u)$ 的积分.而 $u=\varphi(x)$ 的选择,没有一般规律可循,只有在熟记微分(或导数)公式的基础上,做较多的练习才行.

例 1 求 $\int \sqrt{x+a} \mathrm{d}x$.

解 $\int \sqrt{x+a} \mathrm{d}x = \int \sqrt{x+a} \ (x+a)' \mathrm{d}x$.

令 $u = x+a$,得
$$\int \sqrt{x+a} \mathrm{d}x = \int \sqrt{u} \mathrm{d}u = \frac{2}{3} u^{\frac{3}{2}} + C = \frac{2}{3}(x+a)^{\frac{3}{2}} + C.$$

例 2 求 $\int e^{2x} \mathrm{d}x$.

解 $\int e^{2x} \mathrm{d}x = \frac{1}{2} \int e^{2x} (2x)' \mathrm{d}x$.

令 $u = 2x$,得
$$\int e^{2x} \mathrm{d}x = \frac{1}{2} \int e^{u} \mathrm{d}u = \frac{1}{2} e^{u} + C = \frac{1}{2} e^{2x} + C.$$

例 3 求 $\int (\ln x)^3 \frac{1}{x} \mathrm{d}x$.

解 $\int (\ln x)^3 \cdot \frac{1}{x} \mathrm{d}x = \int (\ln x)^3 \cdot (\ln x)' \mathrm{d}x$.

令 $u = \ln x$,得
$$\int (\ln x)^3 \cdot \frac{1}{x} \mathrm{d}x = \int u^3 \mathrm{d}u = \frac{1}{4} u^4 + C = \frac{1}{4} (\ln x)^4 + C.$$

例 4 求 $\int \frac{1}{x^2 + a^2} \mathrm{d}x$.

4.2 换元积分法

解 $\int \dfrac{1}{x^2+a^2}dx = \dfrac{1}{a}\int \dfrac{1}{1+\left(\dfrac{x}{a}\right)^2}\cdot\left(\dfrac{x}{a}\right)'dx.$

令 $u=\dfrac{x}{a}$，得

$$\int \dfrac{1}{x^2+a^2}dx = \dfrac{1}{a}\int \dfrac{1}{1+u^2}du = \dfrac{1}{a}\arctan u + C = \dfrac{1}{a}\arctan\dfrac{x}{a} + C.$$

当对换元积分法比较熟练后，就不必明确写出 $u=\varphi(x)$，计算中把 $\varphi(x)$ 看成 u 即可.

例 5 求 $\int \dfrac{1}{\sqrt{a^2-x^2}}dx\,(a>0).$

解 $\int \dfrac{1}{\sqrt{a^2-x^2}}dx = \int \dfrac{1}{a\sqrt{1-\left(\dfrac{x}{a}\right)^2}}dx$

$\qquad = \int \dfrac{1}{\sqrt{1-\left(\dfrac{x}{a}\right)^2}}d\left(\dfrac{x}{a}\right)\quad\left(\dfrac{1}{a}dx = d\left(\dfrac{x}{a}\right)\right)$

$\qquad = \arcsin\dfrac{x}{a} + C.\ \left(把\dfrac{x}{a}看成 u\right)$

例 6 求 $\int 2x\cdot e^{x^2}dx.$

解 $\int 2x\cdot e^{x^2}dx = \int e^{x^2}d(x^2) = e^{x^2} + C.$（把 x^2 看成 u）

例 7 求 $\int \tan x\,dx.$

解 $\int \tan x\,dx = \int \dfrac{\sin x}{\cos x}dx = -\int \dfrac{1}{\cos x}d\cos x$

$\qquad = -\ln|\cos x| + C.$（把 $\cos x$ 看成 u）

类似地，可得

$$\int \cot x\,dx = \ln|\sin x| + C.$$

例 8 求 $\int \dfrac{1}{x^2-a^2}dx.$

解 $\int \dfrac{1}{x^2-a^2}dx = \int \dfrac{1}{2a}\left(\dfrac{1}{x-a} - \dfrac{1}{x+a}\right)dx$

$\qquad = \dfrac{1}{2a}\left(\int \dfrac{1}{x-a}dx - \int \dfrac{1}{x+a}dx\right)$

$$= \frac{1}{2a}\left[\int \frac{1}{x-a}d(x-a) - \int \frac{1}{x+a}d(x+a)\right]$$

$$= \frac{1}{2a}(\ln|x-a| - \ln|x+a|) + C$$

$$= \frac{1}{2a}\ln\left|\frac{x-a}{x+a}\right| + C.$$

例 9 求 $\int \frac{e^{\sqrt{x}}}{\sqrt{x}}dx$.

解 $\int \frac{e^{\sqrt{x}}}{\sqrt{x}}dx = 2\int e^{\sqrt{x}} \cdot \frac{1}{2\sqrt{x}}dx = 2\int e^{\sqrt{x}}d\sqrt{x} = 2e^{\sqrt{x}} + C.$

例 10 求 $\int \csc x \, dx$.

解 $\int \csc x \, dx = \int \frac{1}{\sin x}dx = \int \frac{1}{2\sin\frac{x}{2}\cos\frac{x}{2}}dx = \int \frac{1}{\tan\frac{x}{2}\cos^2\frac{x}{2}}d\left(\frac{x}{2}\right)$

$$= \int \frac{1}{\tan\frac{x}{2}}d\left(\tan\frac{x}{2}\right) = \ln\left|\tan\frac{x}{2}\right| + C.$$

因为

$$\tan\frac{x}{2} = \frac{\sin\frac{x}{2}}{\cos\frac{x}{2}} = \frac{2\sin^2\frac{x}{2}}{2\sin\frac{x}{2}\cos\frac{x}{2}} = \frac{1-\cos x}{\sin x} = \csc x - \cot x,$$

所以

$$\int \csc x \, dx = \ln|\csc x - \cot x| + C.$$

例 11 求 $\int \sec x \, dx$.

解 $\int \sec x \, dx = \int \frac{1}{\cos x}dx = \int \frac{1}{\sin\left(x+\frac{\pi}{2}\right)}dx = \int \frac{1}{\sin\left(x+\frac{\pi}{2}\right)}d\left(x+\frac{\pi}{2}\right).$

由上例,可得

$$\int \sec x \, dx = \ln\left|\csc\left(x+\frac{\pi}{2}\right) - \cot\left(x+\frac{\pi}{2}\right)\right| + C$$

$$= \ln|\sec x + \tan x| + C.$$

例 12 求 $\int \cos^2 x \, dx$.

解 $\int \cos^2 x \mathrm{d}x = \int \frac{1}{2}(1+\cos 2x)\mathrm{d}x = \frac{1}{2}\left[\int 1 \cdot \mathrm{d}x + \int \cos 2x \mathrm{d}x\right]$

$= \frac{1}{2}\left[x + \frac{1}{2}\int \cos 2x \mathrm{d}(2x)\right] = \frac{1}{2}\left(x + \frac{1}{2}\sin 2x\right) + C$

$= \frac{x}{2} + \frac{1}{4}\sin 2x + C.$

类似地,可得

$$\int \sin^2 x \mathrm{d}x = \frac{x}{2} - \frac{1}{4}\sin 2x + C.$$

例 13 求 $\int \cos^3 x \mathrm{d}x$.

解 $\int \cos^3 x \mathrm{d}x = \int \cos^2 x \cos x \mathrm{d}x = \int (1-\sin^2 x)\mathrm{d}(\sin x)$

$= \int 1 \cdot \mathrm{d}\sin x - \int \sin^2 x \mathrm{d}(\sin x)$

$= \sin x - \frac{1}{3}\sin^3 x + C.$

类似地,可得

$$\int \sin^3 x \mathrm{d}x = -\cos x + \frac{1}{3}\cos^3 x + C.$$

例 14 求 $\int \cos^4 x \mathrm{d}x$.

解 $\int \cos^4 x \mathrm{d}x = \int (\cos^2 x)^2 \mathrm{d}x = \int \left[\frac{1}{2}(1+\cos 2x)\right]^2 \mathrm{d}x$

$= \frac{1}{4}\int (1 + 2\cos 2x + \cos^2 2x)\mathrm{d}x$

$= \frac{1}{4}\int \left[1 + 2\cos 2x + \frac{1}{2}(1+\cos 4x)\right]\mathrm{d}x$

$= \frac{1}{4}\left(\frac{3}{2}\int 1 \cdot \mathrm{d}x + 2\int \cos 2x \mathrm{d}x + \frac{1}{2}\int \cos 4x \mathrm{d}x\right)$

$= \frac{1}{4}\left[\frac{3}{2}x + \int \cos 2x \mathrm{d}(2x) + \frac{1}{8}\int \cos 4x \mathrm{d}(4x)\right]$

$= \frac{3}{8}x + \frac{1}{4}\sin 2x + \frac{1}{32}\sin 4x + C.$

例 15 求 $\int \sin^2 x \cos^3 x \mathrm{d}x$.

解 $\int \sin^2 x \cos^3 x \mathrm{d}x = \int \sin^2 x \cos^2 x \cdot \cos x \mathrm{d}x = \int \sin^2 x (1-\sin^2 x)\mathrm{d}(\sin x)$

$$= \int (\sin^2 x - \sin^4 x) \mathrm{d}(\sin x)$$

$$= \frac{1}{3}\sin^3 x - \frac{1}{5}\sin^5 x + C.$$

例 16 求 $\int \sin^2 x \cos^2 x \mathrm{d}x$.

解 $\int \sin^2 x \cos^2 x \mathrm{d}x = \int \left(\frac{1}{2}\sin 2x\right)^2 \mathrm{d}x = \frac{1}{4}\int \frac{1}{2}(1-\cos 4x)\mathrm{d}x$

$$= \frac{1}{8}\int (1-\cos 4x)\mathrm{d}x = \frac{1}{8}\left[\int 1 \cdot \mathrm{d}x - \frac{1}{4}\int \cos 4x \mathrm{d}(4x)\right]$$

$$= \frac{1}{8}x - \frac{1}{32}\sin 4x + C.$$

例 17 求 $\int \tan^5 x \sec^3 x \mathrm{d}x$.

解 $\int \tan^5 x \cdot \sec^3 x \mathrm{d}x = \int \tan^4 x \cdot \sec^2 x \cdot \tan x \cdot \sec x \mathrm{d}x$

$$= \int (\sec^2 x - 1)^2 \sec^2 x \mathrm{d}(\sec x)$$

$$= \int (\sec^6 x - 2\sec^4 x + \sec^2 x)\mathrm{d}(\sec x)$$

$$= \frac{1}{7}\sec^7 x - \frac{2}{5}\sec^5 x + \frac{1}{3}\sec^3 x + C.$$

例 18 求 $\int \cos 2x \cos 3x \mathrm{d}x$.

解 $\int \cos 2x \cos 3x \mathrm{d}x = \frac{1}{2}\int (\cos x + \cos 5x) \mathrm{d}x$

$$= \frac{1}{2}\left[\int \cos x \mathrm{d}x + \frac{1}{5}\int \cos 5x \mathrm{d}(5x)\right]$$

$$= \frac{1}{2}\left(\sin x + \frac{1}{5}\sin 5x\right) + C.$$

上述各例用的都是第一类换元积分法,即形如 $u=\varphi(x)$ 的变量代换,只是后面的例子没有明显地写出变量 u。

用第一类换元积分法的前提是 $\int f[\varphi(x)] \cdot \varphi'(x)\mathrm{d}x$ 不易求,而作变量代换 $u=\varphi(x)$ 后, $\int f(u)\mathrm{d}u$ 易于求出,即有公式

$$\int f[\varphi(x)] \cdot \varphi'(x)\mathrm{d}x = \int f(u)\mathrm{d}u.$$

有时会遇到与此法相反的情形,其前提是 $\int f(x)\mathrm{d}x$ 不易求,而作代换 $x=\psi(t)$

4.2 换元积分法

后,$\int f[\psi(t)] \cdot \psi'(t)dt$ 易于求出,则有公式

$$\int f(x)dx = \int f[\psi(t)] \cdot \psi'(t)dt.$$

我们称其为第二类换元积分法.

二、第二类换元积分法

定理 2 设 $x=\psi(t)$ 是单调、可导的函数,并且 $\psi'(t) \neq 0$,又设 $f[\psi(t)] \cdot \psi'(t)$ 具有原函数 $\Phi(t)$,则

$$\int f(x)dx = \Phi[\bar{\psi}(x)] + C,$$

即

$$\int f(x)dx = \left[\int f[\psi(t)] \cdot \psi'(t)dt\right]_{t=\bar{\psi}(x)}, \tag{2}$$

其中 $t=\bar{\psi}(x)$ 是 $x=\psi(t)$ 的反函数.

证 令 $F(x)=\Phi[\bar{\psi}(x)]$,即 $F(x)$ 是函数 $\Phi(t)$ 与 $t=\bar{\psi}(x)$ 复合而成的函数,因为 $f[\psi(t)] \cdot \psi'(t)$ 的原函数为 $\Phi(t)$,所以

$$F'(x) = \frac{d\Phi}{dt} \cdot \frac{dt}{dx} = f[\psi(t)] \cdot \psi'(t) \cdot \frac{1}{\psi'(t)} = f[\psi(t)] = f(x),$$

即 $F(x)$ 是 $f(x)$ 的原函数,故

$$\int f(x)dx = \Phi[\bar{\psi}(x)] + C.$$

又

$$\left[\int f[\psi(x)] \cdot \psi'(t)dt\right]_{t=\bar{\psi}(x)} = [\Phi(t)+C]_{t=\bar{\psi}(x)} = \Phi[\bar{\psi}(x)] + C,$$

故

$$\int f(x)dx = \left[\int f[\psi(t)] \cdot \psi'(t)dt\right]_{t=\bar{\psi}(x)}.$$

下面举例说明公式(2)的应用.

例 19 求 $\int \sqrt{a^2-x^2}dx\,(a>0)$.

解 令 $x=a\sin t\left(-\frac{\pi}{2}<t<\frac{\pi}{2}\right)$,于是

$$\int \sqrt{a^2-x^2}dx = \int a\cos t \cdot a\cos t\,dt = a^2 \int \cos^2 t\,dt.$$

由例 12,得

$$\int \sqrt{a^2-x^2}dx = \frac{a^2}{2}\left(t+\frac{\sin 2t}{2}\right) + C.$$

由 $x=a\sin t$，得

$$t=\arcsin\frac{x}{a}, \quad \cos t=\sqrt{1-\sin^2 t}=\frac{1}{a}\sqrt{a^2-x^2},$$

$$\sin 2t=2\sin t\cos t=\frac{2x}{a^2}\sqrt{a^2-x^2},$$

因此

$$\int\sqrt{a^2-x^2}\,\mathrm{d}x=\frac{a^2}{2}\arcsin\frac{x}{a}+\frac{x}{2}\sqrt{a^2-x^2}+C.$$

为了把 $\cos t$ 换成 x 的函数，我们可以根据 $\sin t=\dfrac{x}{a}$ 作辅助三角形（图 4-2），可得

$$\cos t=\frac{\sqrt{a^2-x^2}}{a}.$$

例 20 求 $\displaystyle\int\frac{1}{\sqrt{a^2+x^2}}\,\mathrm{d}x\,(a>0)$.

解 令 $x=a\tan t\left(-\dfrac{\pi}{2}<t<\dfrac{\pi}{2}\right)$，于是

$$\int\frac{1}{\sqrt{a^2+x^2}}\,\mathrm{d}x=\int\frac{a\sec^2 t}{a\sec t}\,\mathrm{d}t=\int\sec t\,\mathrm{d}t.$$

由例 11 得

$$\int\frac{1}{\sqrt{a^2+x^2}}\,\mathrm{d}x=\ln(\sec t+\tan t)+C.$$

为了把 $\sec t$ 和 $\tan t$ 换成 x 的函数，根据 $\tan t=\dfrac{x}{a}$，作辅助三角形（图 4-3），可得

$$\sec t=\frac{1}{\cos t}=\frac{\sqrt{a^2+x^2}}{a},$$

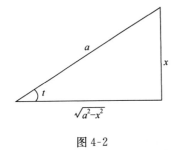

图 4-2

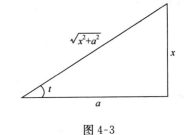

图 4-3

因此
$$\int \frac{\mathrm{d}x}{\sqrt{a^2+x^2}} = \ln\left(\frac{x}{a} + \frac{\sqrt{a^2+x^2}}{a}\right) + C$$
$$= \ln(x+\sqrt{a^2+x^2}) + C_1 \quad (C_1 = C - \ln a).$$

例 21 求 $\int \frac{1}{\sqrt{x^2-a^2}}\mathrm{d}x (a>0)$.

解 令 $x = a\sec t \left(0 < t < \frac{\pi}{2}\right)$①,则

$$\int \frac{1}{\sqrt{x^2-a^2}}\mathrm{d}x = \int \frac{a\sec t \tan t}{a\tan t}\mathrm{d}t = \int \sec t \mathrm{d}t = \ln(\sec t + \tan t) + C.$$

为了把 $\sec t$ 及 $\tan t$ 换成 x 的函数,根据 $\sec t = \frac{x}{a}$ 作辅助三角形(图 4-4),得

$$\tan t = \frac{\sqrt{x^2-a^2}}{a},$$

因此
$$\int \frac{1}{\sqrt{x^2-a^2}}\mathrm{d}x = \ln\left(\frac{x}{a} + \frac{\sqrt{x^2-a^2}}{a}\right) + C$$
$$= \ln(x+\sqrt{x^2-a^2})$$
$$+ C_1 \quad (C_1 = C - \ln a).$$

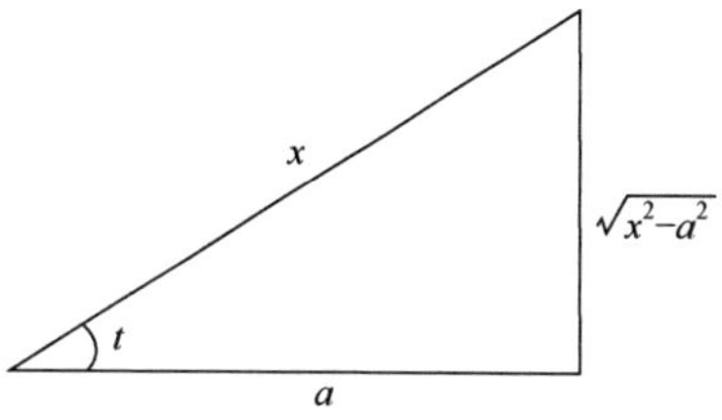

图 4-4

上面三个例子是用三角函数作变量代换的,这种变量代换叫做**三角代换**,代换后,把根式化去,但对具体的题,也不是说必须作代换化去根式,如例 5、例 9 可以用第一类换元积分法求解,也可用第二类换元积分法求解,分别作变换 $x=a\sin t$, $x=t^2$. 因而具体做题时,应尽量用简捷的方法求解.

下面介绍另一种代换 $x=\frac{1}{t}$(**倒代换**),常可用来消去被积函数分母中的变量因子 x.

例 22 求 $\int \frac{\mathrm{d}x}{x^2\sqrt{1+x^2}}$.

---

① 作代换 $x=a\sec t\left(0<t<\frac{\pi}{2}\right)$,实际上限定了 $x>a$,当 $x<-a$ 时,可设 $x=-a\sec t\left(0<t<\frac{\pi}{2}\right)$,计算得 $\int \frac{1}{\sqrt{x^2-a^2}}\mathrm{d}x = \ln(-x-\sqrt{x^2-a^2}) + C$.

把 $x>a$ 及 $x<-a$ 所得结果合起来,可以写作 $\int \frac{1}{\sqrt{x^2-a^2}}\mathrm{d}x = \ln|x+\sqrt{x^2-a^2}| + C$.

解 令 $x=\dfrac{1}{t}$,则

$$\int\dfrac{\mathrm{d}x}{x^2\sqrt{1+x^2}}=\int\dfrac{-\dfrac{1}{t^2}\mathrm{d}t}{\dfrac{1}{t^2}\sqrt{1+\dfrac{1}{t^2}}}=-\int\dfrac{|t|\mathrm{d}t}{\sqrt{1+t^2}}.$$

当 $t>0$ 时,

$$\int\dfrac{\mathrm{d}x}{x^2\sqrt{1+x^2}}=-\int\dfrac{t\mathrm{d}t}{\sqrt{1+t^2}}=-\sqrt{t^2+1}+C$$

$$=-\dfrac{\sqrt{1+x^2}}{x}+C.$$

当 $t<0$ 时,有相同的结果.

当然,上例也可作三角代换 $x=\tan t$ 求出.

除了基本积分表中的 12 个积分公式外,下面几个积分通常也被当作公式使用.

13. $\int\tan x\mathrm{d}x=-\ln|\cos x|+C$;

14. $\int\cot x\mathrm{d}x=\ln|\sin x|+C$;

15. $\int\sec x\mathrm{d}x=\ln|\sec x+\tan x|+C$;

16. $\int\csc x\mathrm{d}x=\ln|\csc x-\cot x|+C$;

17. $\int\dfrac{1}{a^2+x^2}\mathrm{d}x=\dfrac{1}{a}\arctan\dfrac{x}{a}+C$;

18. $\int\dfrac{\mathrm{d}x}{a^2-x^2}=\dfrac{1}{2a}\ln\left|\dfrac{a+x}{a-x}\right|+C$;

19. $\int\dfrac{\mathrm{d}x}{x^2-a^2}=\dfrac{1}{2a}\ln\left|\dfrac{x-a}{x+a}\right|+C$;

20. $\int\dfrac{\mathrm{d}x}{\sqrt{a^2-x^2}}=\arcsin\dfrac{x}{a}+C$;

21. $\int\dfrac{\mathrm{d}x}{\sqrt{x^2-a^2}}=\ln\left|x+\sqrt{x^2-a^2}\right|+C$;

22. $\int\dfrac{\mathrm{d}x}{\sqrt{x^2+a^2}}=\ln(x+\sqrt{x^2+a^2})+C.$

例 23 求 $\int\dfrac{\mathrm{d}x}{\sqrt{x^2+x+1}}$.

解 $\int \dfrac{dx}{\sqrt{x^2+x+1}} = \int \dfrac{dx}{\sqrt{\left(x+\dfrac{1}{2}\right)^2+\dfrac{3}{4}}}.$

令 $u = x + \dfrac{1}{2}$, 再利用公式 22, 得

$$\int \dfrac{dx}{\sqrt{x^2+x+1}} = \int \dfrac{du}{\sqrt{u^2+\left(\dfrac{\sqrt{3}}{2}\right)^2}} = \ln\left(x+\dfrac{1}{2}+\sqrt{x^2+x+1}\right)+C.$$

习 题 4-2

1. 在下列各式中, 填入适当的系数.

(1) $dx = $ _____ $d(2x)$; (2) $dx = $ _____ $d(ax)$;

(3) $dx = $ _____ $d(-x+1)$; (4) $dx = $ _____ $d(ax+b)$;

(5) $xdx = $ _____ $d(x^2+1)$; (6) $xdx = $ _____ $d(ax^2+b)$;

(7) $x^3 dx = $ _____ $d(1-2x^4)$; (8) $e^{2x}dx = $ _____ $d(e^{2x})$;

(9) $\sin 3x dx = $ _____ $d(\cos 3x)$; (10) $\dfrac{1}{x}dx = $ _____ $d(\ln 2x)$;

(11) $\dfrac{1}{\sqrt{x}}dx = $ _____ $d(\sqrt{x})$; (12) $\dfrac{1}{x^2}dx = $ _____ $d\left(\dfrac{1}{x}\right)$;

(13) $\dfrac{1}{1+4x^2}dx = $ _____ $d(\arctan 2x)$;

(14) $\dfrac{x}{\sqrt{1-x^2}}dx = $ _____ $d(\sqrt{1-x^2})$.

2. 求下列不定积分.

(1) $\int (1-2x)^3 dx$; (2) $\int xe^{x^2} dx$;

(3) $\int \dfrac{1}{1-x}dx$; (4) $\int \dfrac{1}{(1-x)^2}dx$;

(5) $\int \dfrac{x^3}{\sqrt[3]{x^4+2}}dx$; (6) $\int \dfrac{1}{x\ln x}dx$;

(7) $\int \dfrac{1}{x\ln x \ln(\ln x)}dx$; (8) $\int \dfrac{\sin\sqrt{x}}{\sqrt{x}}dx$;

(9) $\int \sqrt{\dfrac{a+x}{a-x}}dx$; (10) $\int \cos^2 3x dx$;

(11) $\int \dfrac{1}{x^2} e^{\frac{1}{x}} dx$;

(12) $\int x^2 \sqrt{1+x^3}\, dx$;

(13) $\int \dfrac{dx}{\sqrt{x(1-x)}}$;

(14) $\int \dfrac{e^x}{1+e^{2x}} dx$;

(15) $\int \dfrac{dx}{1-\cos x}$;

(16) $\int \dfrac{1}{1+\cos x} dx$;

(17) $\int \dfrac{1}{x(x^6+4)} dx$;

(18) $\int \dfrac{1-x}{\sqrt{9-4x^2}} dx$;

(19) $\int \dfrac{\sin x + \cos x}{\sqrt[3]{\sin x - \cos x}} dx$;

(20) $\int \dfrac{\sin x \cos x}{1+\sin^4 x} dx$;

(21) $\int \dfrac{x^3}{9+x^2} dx$;

(22) $\int \dfrac{\arctan \sqrt{x}}{\sqrt{x}(1+x)} dx$;

(23) $\int \sin 2x \cos 3x\, dx$;

(24) $\int \tan^4 x\, dx$;

(25) $\int \dfrac{\tan x}{\cos^4 x} dx$;

(26) $\int \sec^6 x\, dx$;

(27) $\int \dfrac{1+\ln x}{(x\ln x)^2} dx$;

(28) $\int \dfrac{\sin x + x\cos x}{(x\sin x)^2} dx$;

(29) $\int \dfrac{10^{2\arccos x}}{\sqrt{1-x^2}} dx$;

(30) $\int \dfrac{1}{e^x + e^{-x}} dx$;

(31) $\int \dfrac{x^2}{\sqrt{a^2-x^2}} dx$;

(32) $\int \dfrac{1}{x^2\sqrt{1-x^2}} dx$;

(33) $\int \dfrac{\sqrt{x^2-4}}{x} dx$;

(34) $\int \dfrac{1}{x\sqrt{x^2-1}} dx$;

(35) $\int \dfrac{1}{1+\sqrt{2x}} dx$;

(36) $\int \dfrac{x}{1+\sqrt{1+x^2}} dx$;

(37) $\int \dfrac{1}{\sqrt{1-x^2}+1} dx$;

(38) $\int \dfrac{1}{\sqrt{1-x^2}+x} dx$;

(39) $\int \dfrac{1}{\sqrt{1+e^x}} dx$;

(40) $\int \dfrac{\sqrt{a^2-x^2}}{x^4} dx$.

4.3 分部积分法

由两个函数乘积的微分法,可以得到相应的积分法——**分部积分法**.

4.3 分部积分法

设函数 $u=u(x)$ 及 $v=v(x)$ 具有连续导数,由于
$$(uv)'=u'v+uv',$$
移项,得
$$uv'=(uv)'-u'v,$$
两边积分,得
$$\int uv'\mathrm{d}x = uv - \int u'v\mathrm{d}x$$
或
$$\int u\mathrm{d}v = uv - \int v\mathrm{d}u, \tag{1}$$

公式(1)叫做**分部积分公式**.

由分部积分公式可看出,求不定积分 $\int u\mathrm{d}v$ 可转化为求不定积分 $\int v\mathrm{d}u$,下面通过例子说明如何运用这个公式.

例1 求 $\int \ln x\mathrm{d}x$.

解 令 $u=\ln x, \mathrm{d}v=\mathrm{d}x$,则 $\mathrm{d}u=\dfrac{1}{x}\mathrm{d}x, v=x$,因此
$$\int \ln x\mathrm{d}x = x\ln x - \int x \cdot \frac{1}{x}\mathrm{d}x = x\ln x - \int 1 \cdot \mathrm{d}x = x\ln x - x + C.$$

例2 求 $\int \arctan x\mathrm{d}x$.

解 令 $u=\arctan x, \mathrm{d}v=\mathrm{d}x$,则 $\mathrm{d}u=\dfrac{1}{1+x^2}\mathrm{d}x, v=x$,因此
$$\int \arctan x\mathrm{d}x = x\arctan x - \int \frac{x}{1+x^2}\mathrm{d}x = x\arctan x - \frac{1}{2}\ln(1+x^2)+C.$$

例3 求 $\int x\arctan x\mathrm{d}x$.

解 令 $u=\arctan x, \mathrm{d}v=x\mathrm{d}x$,则 $\mathrm{d}u=\dfrac{1}{1+x^2}\mathrm{d}x, v=\dfrac{x^2}{2}$,因此
$$\begin{aligned}\int x\arctan x\mathrm{d}x &= \frac{x^2}{2}\arctan x - \frac{1}{2}\int \frac{x^2}{1+x^2}\mathrm{d}x \\ &= \frac{x^2}{2}\arctan x - \frac{1}{2}\int \frac{(1+x^2)-1}{1+x^2}\mathrm{d}x \\ &= \frac{x^2}{2}\arctan x - \frac{1}{2}(x-\arctan x)+C.\end{aligned}$$

例4 求 $\int x\mathrm{e}^x\mathrm{d}x$.

解 令 $u=x, dv=e^x dx$，则 $du=dx, v=e^x$，因此
$$\int xe^x dx = xe^x - \int e^x dx = xe^x - e^x + C.$$

例5 求 $\int x^2 e^x dx$.

解 令 $u=x^2, dv=e^x dx$，则 $du=2xdx, v=e^x$，因此
$$\int x^2 e^x dx = x^2 e^x - 2\int xe^x dx.$$

利用上例结果，得
$$\int x^2 e^x dx = x^2 e^x - 2(xe^x - e^x) + C = e^x(x^2 - 2x + 2) + C.$$

例6 求 $\int x\cos x dx$.

解 令 $u=x, dv=\cos x dx$，则 $du=dx, v=\sin x$，因此
$$\int x\cos x dx = x\sin x - \int \sin x dx = x\sin x + \cos x + C.$$

例7 求 $\int x^2 \sin x dx$.

解 令 $u=x^2, dv=\sin x dx$，则 $du=2xdx, v=-\cos x$，因此
$$\int x^2 \sin x dx = -x^2 \cos x + 2\int x\cos x dx.$$

利用上例的结果，得
$$\int x^2 \sin x dx = -x^2 \cos x + 2(x\sin x + \cos x) + C.$$

以上各例，被积函数是幂函数与三角函数、指数函数、对数函数、反三角函数的乘积，都可利用分部积分法求得，但是 u 与 dv 的选择必须正确。以上各例还可推广到如下情形。

$\int x^n e^{ax} dx$，设 $u = x^n, dv = e^{ax} dx$；

$\int x^n \cos ax dx$，设 $u = x^n, dv = \cos ax dx$；

$\int x^m (\ln x)^n dx$，设 $u = (\ln x)^n, dv = x^m dx$；

$\int x^n \arcsin x dx$，设 $u = \arcsin x, dv = x^n dx$.

其中 m, n 为正整数，a 为常数。

下面几例中所用的方法也是比较典型的。

例8 求 $\int e^x \sin x dx$.

解 令 $u=e^x, dv=\sin x dx$，则 $du=e^x dx, v=-\cos x$，因此
$$\int e^x \sin x dx = -e^x \cos x + \int e^x \cos x dx.$$

对右端的积分再用一次分部积分法，令 $u=e^x, v=\sin x$，则 $du=e^x dx, dv=\cos x dx$，因此
$$\int e^x \sin x dx = -e^x \cos x + e^x \sin x - \int e^x \sin x dx.$$

由于上式右端的第三项就是所求的积分，移项整理，得
$$\int e^x \sin x dx = \frac{1}{2} e^x (\sin x - \cos x) + C.$$

因上式右端移项后不包含积分项，所以必须加上任意常数 C.

例 9 求 $\int \sec^3 x dx$.

解 令 $u=\sec x, dv=\sec^2 x dx$，则 $du=\sec x \tan x dx, v=\tan x$，因此
$$\int \sec^3 x dx = \sec x \tan x - \int \sec x \tan^2 x dx$$
$$= \sec x \tan x - \int \sec x (\sec^2 x - 1) dx$$
$$= \sec x \tan x - \int \sec^3 x dx + \int \sec x dx$$
$$= \sec x \tan x + \ln|\sec x + \tan x| - \int \sec^3 x dx,$$

移项整理，得
$$\int \sec^3 x dx = \frac{1}{2} (\sec x \tan x + \ln|\sec x + \tan x|) + C.$$

例 10 求 $I_n = \int \frac{dx}{(x^2+a^2)^n}$，其中 n 为正整数.

解 当 $n=1$ 时，
$$I_1 = \int \frac{1}{x^2+a^2} dx = \frac{1}{a} \arctan \frac{x}{a} + C.$$

当 $n>1$ 时，令 $u = \frac{1}{(x^2+a^2)^{n-1}}, dv=dx$，则
$$I_{n-1} = \int \frac{dx}{(x^2+a^2)^{n-1}} = \frac{x}{(x^2+a^2)^{n-1}} + 2(n-1) \int \frac{x^2}{(x^2+a^2)^n} dx$$
$$= \frac{x}{(x^2+a^2)^{n-1}} + 2(n-1) \int \frac{(x^2+a^2)-a^2}{(x^2+a^2)^n} dx$$
$$= \frac{x}{(x^2+a^2)^{n-1}} + 2(n-1) \left(\int \frac{1}{(x^2+a^2)^{n-1}} dx - a^2 \int \frac{1}{(x^2+a^2)^n} dx \right)$$

$$= \frac{x}{(x^2+a^2)^{n-1}} + 2(n-1)(I_{n-1} - a^2 I_n),$$

因此
$$I_n = \frac{1}{2a^2(n-1)} \left[\frac{x}{(x^2+a^2)^{n-1}} + (2n-3)I_{n-1} \right],$$

这样由 I_{n-1} 即可求 I_n,这种式子叫做**递推公式**.

由以上递推公式及 I_1 即可得 $I_n (n>1)$.

在计算不定积分的过程中,往往既要用换元积分法又要用分部积分法.

例 11 求 $\int \cos\sqrt{x}\,dx$.

解 令 $\sqrt{x} = t$,即 $x = t^2$,则
$$\int \cos\sqrt{x}\,dx = 2\int t\cos t\,dt,$$

利用例 6 的结果
$$\int \cos\sqrt{x}\,dx = 2(t\sin t + \cos t) + C = 2(\sqrt{x}\sin\sqrt{x} + \cos\sqrt{x}) + C.$$

习 题 4-3

求下列不定积分(其中 a,b 为常数).

(1) $\int (\ln x)^2 \,dx$;

(2) $\int x^2 \ln x\,dx$;

(3) $\int x^2 e^{-x}\,dx$;

(4) $\int x\sin x\,dx$;

(5) $\int x^2 \cos x\,dx$;

(6) $\int x^2 \arctan x\,dx$;

(7) $\int x\arcsin x\,dx$;

(8) $\int \frac{x}{\cos^2 x}\,dx$;

(9) $\int e^{ax}\cos bx\,dx$;

(10) $\int x\tan^2 x\,dx$;

(11) $\int \frac{x\arctan x}{\sqrt{1+x^2}}\,dx$;

(12) $\int \arctan\sqrt{x}\,dx$;

(13) $\int e^{\sqrt{x}}\,dx$;

(14) $\int \cos(\ln x)\,dx$;

(15) $\int (\arcsin x)^2 \,dx$;

(16) $\int \csc^3 x\,dx$;

(17) $\int x\cos^2 x\,dx$;

(18) $\int \frac{dx}{(x^2+a^2)^2}$.

4.4 几种特殊类型函数的积分

一、有理函数的积分

分式函数 $\dfrac{P_n(x)}{P_m(x)}$（其中 $P_n(x),P_m(x)$ 分别为 n 次、m 次多项式）称为**有理函数**. 当 $n<m$ 时,称为真分式;当 $n\geqslant m$ 时,称为假分式. 利用多项式的除法,假分式可化为一个多项式与一个真分式之和的形式,如

$$\frac{2x^3-4x+1}{x^2-3x+2}=(2x+6)+\frac{10x-11}{x^2-3x+2}.$$

真分式可按下述方法化为若干个部分分式之和的形式.

(1) 将多项式 $P_m(x)$ 在实数范围内分解成一次因式和二次质因式的乘积,

$$P_m(x)=b_0(x-a)^\alpha\cdots(x-b)^\beta(x^2+px+q)^\lambda\cdots(x^2+rx+s)^\mu,$$

其中 b_0 为 x^m 项的系数;$p^2-4q<0,\cdots,r^2-4s<0;\alpha+\cdots+\beta+2\lambda+\cdots+2\mu=m.$

(2) 真分式 $\dfrac{P_n(x)}{P_m(x)}$ 可化为如下部分分式之和,

$$\begin{aligned}\frac{P_n(x)}{P_m(x)}=&\frac{A_1}{x-a}+\frac{A_2}{(x-a)^2}+\cdots+\frac{A_\alpha}{(x-a)^\alpha}+\cdots+\frac{B_1}{x-b}+\frac{B_2}{(x-b)^2}+\cdots\\&+\frac{B_\beta}{(x-b)^\beta}+\frac{M_1x+N_1}{x^2+px+q}+\frac{M_2x+N_2}{(x^2+px+q)^2}+\cdots+\frac{M_\lambda x+N_\lambda}{(x^2+px+q)^\lambda}+\cdots\\&+\frac{R_1x+S_1}{x^2+rx+s}+\frac{R_2x+S_2}{(x^2+rx+s)^2}+\cdots+\frac{R_\mu x+S_\mu}{(x^2+rx+s)^\mu},\end{aligned}$$

其中部分分式的个数为:$\alpha+\cdots+\beta+\lambda+\cdots+\mu$;$A_1,A_2,\cdots,A_\alpha,B_1,B_2,\cdots,B_\beta,M_1,N_1,M_2,N_2,\cdots,M_\lambda,N_\lambda,R_1,S_1,R_2,S_2,\cdots,R_\mu,S_\mu$ 为待定常数.

下面举例说明.

例1 化 $\dfrac{8x-1}{x^2-3x+2}$ 为部分分式之和的形式.

解 因为 $x^2-3x+2=(x-1)(x-2)$,所以设

$$\frac{8x-1}{x^2-3x+2}=\frac{A_1}{x-1}+\frac{B_1}{x-2},$$

其中 A_1,B_1 为待定常数,两边同乘以 x^2-3x+2,得

$$8x-1=A_1(x-2)+B_1(x-1), \tag{1}$$

即

$$8x-1=(A_1+B_1)x-(2A_1+B_1), \tag{2}$$

这是个恒等式.可用两种方法求出待定常数.

(1) 等式两端 x 的同次幂系数必须相等,由(2)式,得

$$\begin{cases} A_1+B_1=8, \\ 2A_1+B_1=1, \end{cases}$$

求解,得 $A_1=-7, B_1=15$.

(2) 取特殊的 x 值,由(1)式,得

$$A_1=-7(\text{当 } x=1 \text{ 时}), \quad B_1=15(\text{当 } x=2 \text{ 时}).$$

因此

$$\frac{8x-1}{x^2-3x+1}=\frac{-7}{x-1}+\frac{15}{x-2}.$$

例 2 化 $\dfrac{x-5}{x^3-3x^2+4}$ 为部分分式之和的形式.

解 因为 $x^3-3x^2+4=(x+1)(x-2)^2$,所以设

$$\frac{x-5}{x^3-3x^2+4}=\frac{A_1}{x+1}+\frac{B_1}{x-2}+\frac{B_2}{(x-2)^2},$$

去分母,得恒等式

$$x-5=A_1(x-2)^2+B_1(x+1)(x-2)+B_2(x+1),$$

取 $x=-1$ 得 $A_1=-\dfrac{2}{3}$;取 $x=2$ 得 $B_2=-1$;取 $x=0$ 得 $B_1=\dfrac{2}{3}$. 因此

$$\frac{x-5}{x^3-3x^2+4}=\frac{-\dfrac{2}{3}}{x+1}+\frac{\dfrac{2}{3}}{x-2}+\frac{-1}{(x-2)^2}.$$

例 3 化 $\dfrac{3x^4+x^3+4x^2+1}{x^5+2x^3+x}$ 为部分分式之和的形式.

解 因为 $x^5+2x^3+x=x(x^2+1)^2$,所以设

$$\frac{3x^4+x^3+4x^2+1}{x^5+2x^3+x}=\frac{A_1}{x}+\frac{M_1x+N_1}{x^2+1}+\frac{M_2x+N_2}{(x^2+1)^2},$$

去分母,得恒等式

$$3x^4+x^3+4x^2+1=A_1(x^2+1)^2+(M_1x+N_1)x(x^2+1)+x(M_2x+N_2),$$

取 $x=0$,得 $A_1=1$;取 $x=\mathrm{i}(\mathrm{i}^2=-1)$,得

$$3-\mathrm{i}-4+1=\mathrm{i}(M_2\mathrm{i}+N_2),$$

即

$$-\mathrm{i}=-M_2+N_2\mathrm{i}.$$

因为 M_2, N_2 都是实数,所以 $M_2=0, N_2=-1$,再比较 x^4 的系数,得

$$3=A_1+M_1,$$

4.4 几种特殊类型函数的积分

所以 $M_1=2$,又比较 x^3 的系数,得 $N_1=1$,因此

$$\frac{3x^4+x^3+4x^2+1}{x^5+2x^3+x}=\frac{1}{x}+\frac{2x+1}{x^2+1}+\frac{-1}{(x^2+1)^2}.$$

由以上可知,有理函数的积分可化为多项式函数(有理函数为假分式)及形如 $\dfrac{A}{(x-a)^k}$ 与 $\dfrac{Mx+N}{(x^2+px+q)^l}$ (k,l 为正整数,$p^2-4q<0$)的积分. 这三种函数的积分我们都会求(其中 $\dfrac{Mx+N}{(x^2+px+q)^l}$ 的积分有的要化为 4.3 节例 10 的形式),从而在理论上解决了有理函数的积分问题.

例 4 求 $\displaystyle\int\frac{8x-1}{x^2-3x+2}dx$.

解 由例 1,得

$$\int\frac{8x-1}{x^2-3x+2}dx=-7\int\frac{dx}{x-1}+15\int\frac{dx}{x-2}$$
$$=-7\ln|x-1|+15\ln|x-2|+C.$$

例 5 求 $\displaystyle\int\frac{x-5}{x^3-3x^2+4}dx$.

解 由例 2,得

$$\int\frac{x-5}{x^3-3x^2+4}dx=\frac{2}{3}\int\frac{dx}{x-2}-\frac{2}{3}\int\frac{dx}{x+1}-\int\frac{dx}{(x-2)^2}$$
$$=\frac{2}{3}\ln|x-2|-\frac{2}{3}\ln|x+1|+\frac{1}{x-2}+C$$
$$=\frac{2}{3}\ln\left|\frac{x-2}{x+1}\right|+\frac{1}{x-2}+C.$$

例 6 求 $\displaystyle\int\frac{3x^4+x^3+4x^2+1}{x^5+2x^3+x}dx$.

解 由例 3,得

$$\int\frac{3x^4+x^3+4x^2+1}{x^5+2x^3+x}dx=\int\frac{dx}{x}+\int\frac{2x+1}{x^2+1}dx-\int\frac{dx}{(x^2+1)^2}$$
$$=\ln|x|+\ln(x^2+1)-\frac{x}{2(x^2+1)}+\frac{1}{2}\arctan x+C,$$

这里引用了 4.3 节例 10 的结果.

由于有理函数的积分总有一定的方法可循,所以求其他类型的积分时,常常先设法化为这种类型,然后积分. 但求有理函数的积分时,应尽可能考虑有无直接简单方法,只有在不得已时,才用以上介绍的方法,一般说来用这种方法计算往往是麻烦的.

二、三角函数的有理式的积分

所谓三角函数的有理式是指由三角函数和常数经过有限次四则运算而成的函数. 这种类型函数的积分, 当没有其他简单的方法时, 可作代换 $t=\tan\dfrac{x}{2}$, 这时,

$$\sin x = \frac{1}{\csc x} = \frac{2\sin\dfrac{x}{2}\cos\dfrac{x}{2}}{\cos^2\dfrac{x}{2}+\sin^2\dfrac{x}{2}} = \frac{2\tan\dfrac{x}{2}}{1+\tan^2\dfrac{x}{2}} = \frac{2t}{1+t^2},$$

$$\cos x = \frac{1}{\sec x} = \frac{\cos^2\dfrac{x}{2}-\sin^2\dfrac{x}{2}}{\cos^2\dfrac{x}{2}+\sin^2\dfrac{x}{2}} = \frac{1-\tan^2\dfrac{x}{2}}{1+\tan^2\dfrac{x}{2}} = \frac{1-t^2}{1+t^2},$$

$$\tan x = \frac{1}{\cot x} = \frac{2\tan\dfrac{x}{2}}{1-\tan^2\dfrac{x}{2}} = \frac{2t}{1-t^2},$$

$$x = 2\arctan t, \quad \mathrm{d}x = \frac{2}{1+t^2}\mathrm{d}t,$$

于是所求积分可化为有理函数的积分.

例 7 求 $\displaystyle\int \frac{\mathrm{d}x}{\sin x + \tan x}$.

解 令 $t=\tan\dfrac{x}{2}$, 则

$$\sin x = \frac{2t}{1+t^2}, \quad \tan x = \frac{2t}{1-t^2}, \quad \mathrm{d}x = \frac{2}{1+t^2}\mathrm{d}t,$$

于是

$$\int \frac{\mathrm{d}x}{\sin x + \tan x} = \int \frac{\dfrac{2\mathrm{d}t}{1+t^2}}{\dfrac{2t}{1+t^2}+\dfrac{2t}{1-t^2}} = \frac{1}{2}\int \frac{1-t^2}{t}\mathrm{d}t$$

$$= \frac{1}{2}\left(\ln|t|-\frac{1}{2}t^2\right)+C$$

$$= \frac{1}{2}\ln\left|\tan\frac{x}{2}\right|-\frac{1}{4}\tan^2\frac{x}{2}+C.$$

三、简单无理函数的积分

有些简单无理函数的积分,通过作适当的代换,可化为有理函数的积分.

例 8 求 $\int \dfrac{1}{\sqrt{1+x}+\sqrt[3]{(1+x)^2}}\mathrm{d}x$.

解 令 $t=\sqrt[6]{1+x}$,即 $x=t^6-1$,则

$$\int \dfrac{1}{\sqrt{1+x}+\sqrt[3]{(1+x)^2}}\mathrm{d}x = \int \dfrac{6t^5}{t^4+t^3}\mathrm{d}t = 6\int \dfrac{t^2}{t+1}\mathrm{d}t = 6\int \dfrac{(t^2-1)+1}{t+1}\mathrm{d}t$$

$$= 6\int \left(t-1+\dfrac{1}{t+1}\right)\mathrm{d}t = 6\left[\dfrac{1}{2}t^2-t+\ln(t+1)\right]+C$$

$$= 3\sqrt[3]{1+x}-6\sqrt[6]{1+x}+6\ln(1+\sqrt[6]{1+x})+C.$$

例 9 求 $\int \dfrac{1}{x+1}\sqrt[3]{\dfrac{x+1}{x-1}}\mathrm{d}x$.

解 令 $t=\sqrt[3]{\dfrac{x+1}{x-1}}$,则 $x=\dfrac{t^3+1}{t^3-1}$,$\mathrm{d}x=\dfrac{-6t^2}{(t^3-1)^2}\mathrm{d}t$,于是

$$\int \dfrac{1}{x+1}\sqrt[3]{\dfrac{x+1}{x-1}}\mathrm{d}x = \int \dfrac{t^3-1}{2t^3}\cdot t\cdot \dfrac{-6t^2}{(t^3-1)^2}\mathrm{d}x = \int \dfrac{-3}{t^3-1}\mathrm{d}t.$$

因为 $t^3-1=(t-1)(t^2+t+1)$,所以设

$$\dfrac{-3}{t^3-1}=\dfrac{A}{t-1}+\dfrac{Mt+N}{t^2+t+1},$$

去分母,得

$$-3=A(t^2+t+1)+(Mt+N)(t-1).$$

当 $t=1$ 时,$A=-1$;当 $t=0$ 时,$N=2$;当 $t=-1$ 时,$M=1$,于是

$$\int \dfrac{1}{x+1}\sqrt[3]{\dfrac{x+1}{x-1}}\mathrm{d}x = \int \left(-\dfrac{1}{t-1}+\dfrac{t+2}{t^2+t+1}\right)\mathrm{d}t$$

$$=-\int \dfrac{1}{t-1}\mathrm{d}t+\int \dfrac{\dfrac{1}{2}(2t+1)+\dfrac{3}{2}}{t^2+t+1}\mathrm{d}t$$

$$=-\int \dfrac{1}{t-1}\mathrm{d}t+\int \dfrac{\dfrac{1}{2}(2t+1)+\dfrac{3}{2}}{t^2+t+1}\mathrm{d}t$$

$$=-\ln|t-1|+\dfrac{1}{2}\int \dfrac{\mathrm{d}(t^2+t+1)}{t^2+t+1}+\dfrac{3}{2}\int \dfrac{\mathrm{d}\left(t+\dfrac{1}{2}\right)}{\left(t+\dfrac{1}{2}\right)^2+\left[\dfrac{\sqrt{3}}{2}\right]^2}$$

$$=-\ln|t-1|+\frac{1}{2}\ln(t^2+t+1)+\sqrt{3}\arctan\frac{2t+1}{\sqrt{3}}+C$$

$$=-\ln\left|\sqrt[3]{\frac{x+1}{x-1}}-1\right|+\frac{1}{2}\ln\left[\sqrt[3]{\left(\frac{x+1}{x-1}\right)^2}+\sqrt[3]{\frac{x+1}{x-1}}+1\right]$$

$$+\sqrt{3}\arctan\frac{2\sqrt[3]{\frac{x+1}{x-1}}+1}{\sqrt{3}}+C.$$

习 题 4-4

1. 求下列不定积分.

(1) $\int \dfrac{x}{(x+2)(x+3)}\mathrm{d}x$;

(2) $\int \dfrac{x}{x^3+1}\mathrm{d}x$;

(3) $\int \dfrac{1}{(1+2x)(1+x^2)}\mathrm{d}x$;

(4) $\int \dfrac{x-3}{x^3-x}\mathrm{d}x$;

(5) $\int \dfrac{\mathrm{d}x}{(2x^2+3x+1)^2}$;

(6) $\int \dfrac{3x^2+1}{(x^2-1)^3}\mathrm{d}x$;

(7) $\int \dfrac{\mathrm{d}x}{(x^2+1)(x^2+x)}$;

(8) $\int \dfrac{1}{x^4+1}\mathrm{d}x$;

(9) $\int \dfrac{\mathrm{d}x}{2+\cos x}$;

(10) $\int \dfrac{1+\sin x}{1-\cos x}\mathrm{d}x$;

(11) $\int \dfrac{\mathrm{d}x}{1+\sin x+\cos x}$;

(12) $\int \dfrac{\sin x}{1+\sin x}\mathrm{d}x$;

(13) $\int \dfrac{\mathrm{d}x}{3+\sin^2 x}$;

(14) $\int \dfrac{\mathrm{d}x}{2\sin x-\cos x+5}$;

(15) $\int \dfrac{\mathrm{d}x}{2+\sin x}$;

(16) $\int x^2\sqrt[3]{1+x^3}\mathrm{d}x$;

(17) $\int \dfrac{x^3}{\sqrt{x^8-4}}\mathrm{d}x$;

(18) $\int x^2\sqrt{1+x}\mathrm{d}x$;

(19) $\int \dfrac{\mathrm{d}x}{\sqrt{x}+\sqrt[4]{x}}$;

(20) $\int \dfrac{\sqrt{x+1}-1}{\sqrt{x+1}+1}\mathrm{d}x$;

(21) $\int \sqrt{\dfrac{1-x}{1+x}}\cdot\dfrac{\mathrm{d}x}{x}$;

(22) $\int \dfrac{\mathrm{d}x}{\sqrt[3]{(x+1)^2(x-1)^4}}$.

2. 利用以前学过的方法求下列不定积分.

(1) $\int \dfrac{\mathrm{d}x}{\sin x\cos x}$;

(2) $\int \dfrac{\ln(\tan x)}{\cos x\sin x}\mathrm{d}x$;

(3) $\int \tan^3 x \sec x \, dx$;

(4) $\int \dfrac{dx}{(1+e^x)^2}$;

(5) $\int \dfrac{\sqrt{1+\cos x}}{\sin x} dx$;

(6) $\int \sqrt{x} \sin \sqrt{x} \, dx$;

(7) $\int \dfrac{1+\cos x}{x+\sin x} dx$;

(8) $\int \dfrac{x e^x}{(e^x+1)^2} dx$;

(9) $\int \dfrac{x^7}{(1+x^4)^2} dx$;

(10) $\int \dfrac{\ln(1+x)}{(1+x)^2} dx$;

(11) $\int \dfrac{dx}{x^4 \sqrt{1+x^2}}$;

(12) $\int \ln(1+x^2) \, dx$;

(13) $\int \dfrac{\sqrt{1+\sqrt{x}}}{\sqrt{x}} dx$;

(14) $\int \dfrac{\sqrt[3]{x}}{x(\sqrt{x}+\sqrt[3]{x})} dx$;

(15) $\int \left[\ln(x+\sqrt{1+x^2})\right]^2 dx$;

(16) $\int \dfrac{dx}{\sqrt{(x-1)^3 (x-2)}}$;

(17) $\int \dfrac{dx}{(2+\cos x)\sin x}$;

(18) $\int \dfrac{\cot x}{1+\sin x} dx$;

(19) $\int \dfrac{\sin x \cos x}{\sin x + \cos x} dx$;

(20) $\int \dfrac{e^{\arctan x}}{\sqrt{(1+x^2)^3}} dx$;

(21) $\int e^{2x} \cos 3x \, dx$;

(22) $\int x \sin x \cos x \, dx$;

(23) $\int \dfrac{x+1}{(x^2+2x)\sqrt{x^2+2x}} dx$;

(24) $\int \sqrt{3-2x-x^2} \, dx$;

(25) $\int \dfrac{dx}{\sqrt{(x^2+1)^3}}$;

(26) $\int \dfrac{e^{3x}+e^x}{e^{4x}-e^{2x}+1} dx$.

4.5 积分表的使用

前面讲了求积分的基本方法,由于积分问题比较复杂,为了应用上的方便,人们把一些函数的不定积分按被积函数的类型排列成表,这种表称为**积分表**.学会使用积分表也是重要的,当然,有些函数的积分可以直接在表上查出,有些还要经过一定的换元和分部积分后,才能在表上查出,所以掌握换元法和分部积分法仍然是最为重要的.

下面举几个例子说明积分表的用法,积分表见附录.

例1 求 $\int \dfrac{x}{(3x+4)^2} dx$.

解 被积函数含有 $ax+b$,在积分表(一)中查得公式(7)

$$\int \frac{x}{(ax+b)^2} dx = \frac{1}{a^2}\left(\ln|ax+b| + \frac{b}{ax+b}\right) + C.$$

当 $a=3, b=4$ 时,得

$$\int \frac{x}{(3x+4)^2} dx = \frac{1}{9}\left(\ln|3x+4| + \frac{4}{3x+4}\right) + C.$$

例 2 求 $\int \dfrac{dx}{(x+1)^2 \sqrt{4(x+1)^2+9}}$.

解 这个积分不能在表中直接查到,先进行变量代换,令 $t=2(x+1)$,即 $x=\dfrac{t}{2}-1$,则

$$\int \frac{dx}{(x+1)^2 \sqrt{4(x+1)^2+9}} = 2\int \frac{dt}{t^2 \sqrt{t^2+9}}.$$

被积函数含有 $\sqrt{t^2+9}$,在积分表(五)中查到公式(36)

$$\int \frac{dx}{x^2 \sqrt{x^2+a^2}} = -\frac{\sqrt{x^2+a^2}}{a^2 x} + C.$$

当 $a=3$ 时,得

$$\int \frac{dx}{(x+1)^2 \sqrt{4(x+1)^2+9}} = 2\int \frac{dt}{t^2 \sqrt{t^2+9}} = -2 \cdot \frac{\sqrt{t^2+9}}{9t} + C$$

$$= -\frac{\sqrt{4(x+1)^2+9}}{9(x+1)} + C.$$

下面再举一个用递推公式求积分的例子.

例 3 求 $\int \sin^4 x \, dx$.

解 在积分表(十一)中查到公式(95)

$$\int \sin^n x \, dx = -\frac{1}{n}\sin^{n-1}x \cos x + \frac{n-1}{n}\int \sin^{n-2} x \, dx.$$

当 $n=4$ 时,

$$\int \sin^4 x \, dx = -\frac{1}{4}\sin^3 x \cos x + \frac{3}{4}\int \sin^2 x \, dx.$$

在积分表(十一)中查到公式(93)

$$\int \sin^2 x \, dx = \frac{x}{2} - \frac{1}{4}\sin 2x + C,$$

因此

$$\int \sin^4 x \, dx = -\frac{1}{4}\sin^3 x \cos x + \frac{3}{8}x - \frac{3}{16}\sin 2x + C.$$

最后，我们指出：初等函数的原函数不一定还是初等函数，若不是初等函数，这时我们就说"积不出来". 例如，下面这些积分都是"积不出来"的.

$$\int e^{-x^2} \, dx, \quad \int \frac{e^x}{x} \, dx, \quad \int \sin(x^2) \, dx, \quad \int \frac{\sin x}{x} \, dx, \quad \int \frac{dx}{\ln x}.$$

习 题 4-5

利用积分表求下列不定积分.

(1) $\int \dfrac{dx}{x^2(1-x)}$;

(2) $\int \dfrac{x}{(2+3x)^2} \, dx$;

(3) $\int \dfrac{\sqrt{x-1}}{x} \, dx$;

(4) $\int \dfrac{x^4}{25+4x^2} \, dx$;

(5) $\int \dfrac{dx}{\sqrt{9x^2+25}}$;

(6) $\int \dfrac{dx}{\sqrt{2+x-9x^2}}$;

(7) $\int \cos^5 x \, dx$;

(8) $\int \sin 2x \cos 7x \, dx$;

(9) $\int x \arcsin \dfrac{x}{2} \, dx$;

(10) $\int x^2 e^{3x} \, dx$;

(11) $\int \ln^3 x \, dx$;

(12) $\int \dfrac{dx}{2+5\cos x}$.

第五章 定 积 分

定积分的概念和高等数学中其他基本概念一样,也是从大量的实际问题中抽象出来的,它和第四章讲的不定积分概念有着密切的内在联系,并且定积分的计算正是通过不定积分来解决的. 在这一章里,我们将从实际问题出发引出定积分概念,然后再讨论定积分的有关性质,揭示微分与积分之间的内在联系,并在此基础上进一步解决定积分的计算问题. 最后介绍定积分在几何、物理方面的应用.

5.1 定积分的概念和基本性质

一、问题的提出

1. 曲边梯形的面积

设 $y=f(x)$ 为闭区间 $[a,b]$ 上的连续函数,且 $f(x)\geqslant 0$,由曲线 $y=f(x)$,直线 $x=a,x=b$,以及 x 轴所围成的平面部分(图 5-1)称为 $f(x)$ 在 $[a,b]$ 上的曲边梯形,如何求曲边梯形面积呢?

在曲边梯形的底边所在区间 $[a,b]$ 上,用 $n+1$ 个分点 $a=x_0<x_1<x_2<\cdots<x_i<\cdots<x_{n-1}<x_n=b$,分区间 $[a,b]$ 为 n 个小区间 $[x_0,x_1],[x_1,x_2],\cdots,[x_{i-1},x_i]$,$\cdots,[x_{n-1},x_n]$(图 5-2).

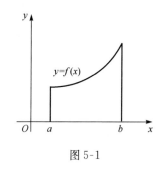

图 5-1

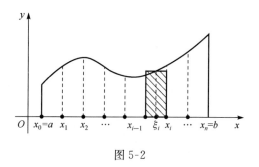

图 5-2

小区间 $[x_{i-1},x_i]$ 的长度记为 $\Delta x_i=x_i-x_{i-1}(i=1,2,\cdots,n)$. 过各分点作垂直于 x 轴的直线,将整个曲边梯形分成 n 个小曲边梯形,小曲边梯形的面积记为 $\Delta S_i(i=1,2,\cdots,n)$.

在每个小区间 $[x_{i-1},x_i]$ 上任取一点 ξ_i,作以 $f(\xi_i)$ 为高,底边长为 Δx_i 的小矩形,就以这个小矩形的面积 $f(\xi_i)\Delta x_i$,作为同底的小曲边梯形面积 ΔS_i 的近似值.

即 $\Delta S_i \approx f(\xi_i)\Delta x_i (i=1,2,\cdots,n)$，把 n 个小矩形的面积加起来，就得到整个曲边梯形面积 S 的近似值：$S = \sum_{i=1}^{n}\Delta S_i \approx \sum_{i=1}^{n}f(\xi_i)\Delta x_i$. 凭直观可以看出，当区间 $[a,b]$ 分得越细时，上面的近似就越精确，当所有 $\Delta x_i \to 0$ 时，和式 $\sum_{i=1}^{n}f(\xi_i)\Delta x_i$ 的极限就定义为曲边梯形的面积，若 $\Delta x_1, \Delta x_2, \cdots, \Delta x_n$ 中的最长者记为 λ，即 $\lambda = \max_{i}\{\Delta x_i\}$，则所有 $\Delta x_i \to 0$ 的条件可以表示为 $\lambda \to 0$，则曲边梯形面积

$$S = \lim_{\lambda \to 0}\sum_{i=1}^{n}f(\xi_i)\Delta x_i.$$

2. 变速直线运动

设一物体在一直线上做变速运动，已知它的速度为 $v=v(t)$，求经过时间 t 时，物体从 a 到 b 所经过的路程 s.

在物体做变速直线运动时，速度 $v(t)$ 是随时间 t 而不断变化的，因而不能用等速直线运动公式：

$$路程 = 速度 \times 时间$$

来解决这个问题. 我们遇到的困难，就在于速度是变量，但在变速运动中，一方面物体速度是不断变化的；另一方面速度随时间又是逐渐变化的，因此在很小一段时间内，速度的变化不大，可以近似看成不变，这样，就可以用类似计算曲边梯形面积的方法来处理.

将时间 t 的变化区间 $[a,b]$ 用 $n+1$ 个分点 $a=t_0<t_1<t_2<\cdots<t_{i-1}<t_i<\cdots<t_{n-1}<t_n=b$ 分成 n 个小区间 $[t_{i-1},t_i]$，记 $\Delta t_i = t_i - t_{i-1}(i=1,2,\cdots,n)$，并在第 $i(i=1,2,\cdots,n)$ 个小区间上任取一点 ξ_i，物体在 ξ_i 的速度为 $v(\xi_i)$，因为如果每个小区间很小，则在每个小区间上速度变化不大，所以在每个小区间上物体所经路程的近似值为 $v(\xi_i)\Delta t_i(i=1,2,\cdots,n)$. 取其和得总路程的近似值为

$$s = \sum_{i=1}^{n}\Delta s_i \approx \sum_{i=1}^{n}v(\xi_i)\Delta t_i.$$

一般地，当区间 $[a,b]$ 分得越细时，上面的近似程度就越精确. 令 $\lambda = \max_{i}\{\Delta t_i\}$，如果把区间 $[a,b]$ 无限细分，即当 $\lambda \to 0$ 时，和式 $\sum_{i=1}^{n}v(\xi_i)\Delta t_i$ 的极限就是路程 s 的精确值，即

$$s = \lim_{\lambda \to 0}\sum_{i=1}^{n}v(\xi_i)\Delta t_i.$$

二、定积分的定义

上面讲的两个问题，一个是曲边梯形的面积问题，另一个是变速直线运动的路程问题，但是如果不考虑二者的几何意义和物理意义，而只从抽象数学结构来分

析，那么它们都是一样的，最后都归结为求和式的极限．

下面我们对求和式极限问题引出一个一般概念——定积分定义．

定义 设函数 $f(x)$ 在区间 $[a,b]$ 上有定义，用 $n+1$ 个分点 $a=x_0<x_1<x_2<\cdots<x_{i-1}<\cdots<x_{n-1}<x_n=b$ 将区间 $[a,b]$ 分为 n 个小区间 $[x_{i-1},x_i]$，记 $\Delta x_i=x_i-x_{i-1}(i=1,2,\cdots,n)$；在每个小区间 $[x_{i-1},x_i]$ 上任取一点 $\xi_i(x_{i-1}\leqslant\xi_i\leqslant x_i)$，作乘积 $f(\xi_i)\Delta x_i(i=1,2,\cdots,n)$，并作出和式：$\sum_{i=1}^{n}f(\xi_i)\Delta x_i$，记 $\lambda=\max_{i}\{\Delta x_i\}$，如果不论对区间 $[a,b]$ 怎样分法，也不论对点 ξ_i 怎样取法，当 $\lambda\to 0$ 时，和式 $\sum_{i=1}^{n}f(\xi_i)\Delta x_i$ 总趋于确定的极限值 I，则称此极限值 I 为函数 $f(x)$ 在区间 $[a,b]$ 上的**定积分**，记为 $\int_a^b f(x)\mathrm{d}x$，即

$$\int_a^b f(x)\mathrm{d}x=\lim_{\lambda\to 0}\sum_{i=1}^{n}f(\xi_i)\Delta x_i,$$

其中 $f(x)$ 叫做**被积函数**，$f(x)\mathrm{d}x$ 叫做**被积表达式**，x 叫做**积分变量**，a 和 b 分别称为**积分的下限与上限**，$[a,b]$ 叫做**积分区间**．

关于定积分的定义再作几点说明：

(1) 定积分 $\int_a^b f(x)\mathrm{d}x$ 既然是和式的极限，那么这个极限值就是一个确定的数值，它只与被积函数 $f(x)$ 及区间 $[a,b]$ 有关，而与积分变量的记号无关，即

$$\int_a^b f(x)\mathrm{d}x=\int_a^b f(t)\mathrm{d}t=\int_a^b f(u)\mathrm{d}u=\cdots.$$

(2) 如果 $f(x)$ 在 $[a,b]$ 上定积分存在，即和式 $\sum_{i=1}^{n}f(\xi_i)\Delta x_i$ 的极限存在，就说 $f(x)$ 在 $[a,b]$ 上**可积**，那么函数 $f(x)$ 具备什么条件才可积呢？可以证明：如果函数 $f(x)$ 在区间 $[a,b]$ 上连续，则 $f(x)$ 在 $[a,b]$ 上可积；还可以证明：如果 $f(x)$ 在 $[a,b]$ 上有界，且只有有限个间断点，则 $f(x)$ 在 $[a,b]$ 上可积．这些证明已超出本书范围，所以证明从略．由此可知，一般常见的函数，大都是满足上述条件的函数，因此是可积的．

(3) 定积分 $\int_a^b f(x)\mathrm{d}x$ 的定义中是假定 $a<b$ 的，为今后应用方便，作如下的补充规定：

(i) 当 $a>b$ 时，规定 $\int_a^b f(x)\mathrm{d}x=-\int_b^a f(x)\mathrm{d}x$；

(ii) 当 $a=b$ 时，规定 $\int_a^b f(x)\mathrm{d}x=0$．

根据定积分定义，曲边梯形面积就可以表示为

$$S = \lim_{\lambda \to 0}\sum_{i=1}^{n} f(\xi_i)\Delta x_i = \int_a^b f(x)\mathrm{d}x.$$

变速直线运动的路程可以表示为

$$s = \lim_{\lambda \to 0}\sum_{i=1}^{n} v(\xi_i)\Delta t_i = \int_a^b v(t)\mathrm{d}t.$$

三、定积分的几何意义

由前面对曲边梯形面积的讨论,我们可以得到以下的结论:

当 $f(x) \geqslant 0$ 时,定积分 $\int_a^b f(x)\mathrm{d}x$ 的几何意义表示以 $y=f(x)$ 为曲边和 $x=a, x=b$ 及 x 轴所围成曲边梯形的面积.

如果 $f(x) \leqslant 0$,则因和式 $\sum_{i=1}^{n} f(\xi_i)\Delta x_i$ 的每一项都小于或等于零,所以定积分 $\int_a^b f(x)\mathrm{d}x$ 也小于或等于零,这时它在几何上表示曲线 $y=f(x)$, x 轴及直线 $x=a, x=b$ 所围成的曲边梯形面积的负值(图 5-3).

如果 $f(x)$ 在 $[a,b]$ 上有正、有负,则曲线有的部分在 x 轴的上方,有的部分在 x 轴的下方(图 5-4),如果对面积赋以正负号,在 x 轴上方的图形面积赋以正号,在 x 轴下方的图形面积赋以负号,于是定积分的几何意义是:介于曲线 $y=f(x)$, x 轴及直线 $x=a, x=b$ 之间的各部分面积的代数和.

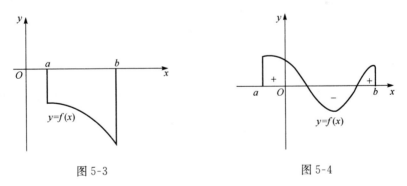

图 5-3　　　　　　　　　　图 5-4

四、定积分的性质

下面讨论定积分的性质. 下列性质中积分上、下限的大小,如不特别指明均不加以限制,并假定各性质中所列出的定积分皆存在.

性质 1　被积函数的常数因子可以提到积分号外面,即

$$\int_a^b kf(x)\mathrm{d}x = k\int_a^b f(x)\mathrm{d}x \quad (k \text{ 为常数}).$$

证

$$\int_a^b kf(x)\,\mathrm{d}x = \lim_{\lambda \to 0}\sum_{i=1}^n kf(\xi_i)\Delta x_i$$

$$= k\lim_{\lambda \to 0}\sum_{i=1}^n f(\xi_i)\Delta x_i$$

$$= k\int_a^b f(x)\,\mathrm{d}x.$$

性质 2 函数的和(差)的定积分等于它们的定积分的和(差),即

$$\int_a^b [f(x) \pm g(x)]\,\mathrm{d}x = \int_a^b f(x)\,\mathrm{d}x \pm \int_a^b g(x)\,\mathrm{d}x.$$

证 由定积分的定义,得

$$\int_a^b [f(x) \pm g(x)]\,\mathrm{d}x = \lim_{\lambda \to 0}\sum_{i=1}^n [f(\xi_i) \pm g(\xi_i)]\Delta x_i$$

$$= \lim_{\lambda \to 0}\sum_{i=1}^n f(\xi_i)\Delta x_i \pm \lim_{\lambda \to 0}\sum_{i=1}^n g(\xi_i)\Delta x_i$$

$$= \int_a^b f(x)\,\mathrm{d}x \pm \int_a^b g(x)\,\mathrm{d}x.$$

性质 3 对于任意三个数 a,b,c,恒有

$$\int_a^b f(x)\,\mathrm{d}x = \int_a^c f(x)\,\mathrm{d}x + \int_c^b f(x)\,\mathrm{d}x.$$

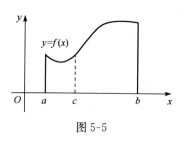

图 5-5

这个性质不作严格证明,只用几何图形加以说明.

由图 5-5 容易看出:当 $a<c<b$ 时,$[a,b]$ 上的面积等于 $[a,c]$ 上的面积与 $[c,b]$ 上的面积之和.

当点 c 在 $[a,b]$ 外,此性质也成立. 不妨设 $a<b<c$ 时,由于

$$\int_a^c f(x)\,\mathrm{d}x = \int_a^b f(x)\,\mathrm{d}x + \int_b^c f(x)\,\mathrm{d}x,$$

于是得

$$\int_a^b f(x)\,\mathrm{d}x = \int_a^c f(x)\,\mathrm{d}x - \int_b^c f(x)\,\mathrm{d}x = \int_a^c f(x)\,\mathrm{d}x + \int_c^b f(x)\,\mathrm{d}x.$$

性质 4 如果在 $[a,b]$ 上,$f(x) \geqslant 0$,则

$$\int_a^b f(x)\,\mathrm{d}x \geqslant 0,$$

如果在 $[a,b]$ 上,$f(x) \leqslant 0$,则

$$\int_a^b f(x)\,\mathrm{d}x \leqslant 0 \quad (a<b).$$

证 因为 $f(x) \geqslant 0$ 且 $\Delta x_i > 0$,所以 $\sum_{i=1}^{n} f(\xi_i) \Delta x_i$ 中各项均是非负的,因此, $\lim_{\lambda \to 0} \sum_{i=1}^{n} f(\xi_i) \Delta x_i$ 也不可能是负的,于是 $\int_a^b f(x) dx \geqslant 0$;同样可证 $f(x) \leqslant 0$ 的情形.

性质 5 如果在 $[a,b]$ 上 $f(x) \leqslant g(x)$,则
$$\int_a^b f(x) dx \leqslant \int_a^b g(x) dx.$$

证 由 $f(x) \leqslant g(x)$,得 $f(x) - g(x) \leqslant 0$,由性质 4,得 $\int_a^b [f(x) - g(x)] dx \leqslant 0$,于是,得
$$\int_a^b f(x) dx - \int_a^b g(x) dx \leqslant 0,$$
即
$$\int_a^b f(x) dx \leqslant \int_a^b g(x) dx.$$

性质 6 如果在 $[a,b]$ 上 $f(x) = 1$,则
$$\int_a^b 1 dx = \int_a^b dx = b - a.$$

证 $\int_a^b 1 dx = \lim_{\lambda \to 0} \sum_{i=1}^{n} \Delta x_i = b - a.$

性质 7 设 M, m 为函数 $f(x)$ 在区间 $[a,b]$ 上的最大值与最小值,则
$$m(b-a) \leqslant \int_a^b f(x) dx \leqslant M(b-a).$$

证 因为 $m \leqslant f(x) \leqslant M$,所以
$$\int_a^b m dx \leqslant \int_a^b f(x) dx \leqslant \int_a^b M dx.$$
由上面性质,知 $m(b-a) \leqslant \int_a^b f(x) dx \leqslant M(b-a).$

性质 8(积分中值定理) 若 $f(x)$ 在闭区间 $[a,b]$ 上连续,则在 $[a,b]$ 上至少存在一点 ξ,使得
$$\int_a^b f(x) dx = f(\xi)(b-a) \quad (a \leqslant \xi \leqslant b).$$
这个公式叫做积分中值公式.

证 由于 $f(x)$ 在 $[a,b]$ 上连续,根据闭区间上连续函数的性质,$f(x)$ 在 $[a,b]$ 上存在最大值 M 与最小值 m,即 $m \leqslant f(x) \leqslant M$,则由上面定理有
$$m(b-a) \leqslant \int_a^b f(x) dx \leqslant M(b-a),$$
或

$$m \leqslant \frac{\int_a^b f(x)\mathrm{d}x}{b-a} \leqslant M.$$

但由闭区间上连续函数的介值定理,$f(x)$ 在 $[a,b]$ 上至少存在一点 ξ,使得 $f(\xi) = \dfrac{\int_a^b f(x)\mathrm{d}x}{b-a}$. 这就证明了 $\int_a^b f(x)\mathrm{d}x = f(\xi)(b-a)$.

积分中值定理的几何意义是,若 $f(x)$ 在 $[a,b]$ 上连续,则 $f(x)$ 在 $[a,b]$ 上的曲边梯形面积等于与该曲边梯形同底,以 $\dfrac{\int_a^b f(x)\mathrm{d}x}{b-a}$ 为高的矩形面积.

习 题 5-1

1. 试比较下列各对定积分的大小.

(1) $\int_0^1 x\mathrm{d}x$ 与 $\int_0^1 x^2 \mathrm{d}x$; (2) $\int_0^{\frac{\pi}{2}} x\mathrm{d}x$ 与 $\int_0^{\frac{\pi}{2}} \sin x\mathrm{d}x$.

2. 由定积分的几何意义,判断下列定积分的值的正负.

(1) $\int_{-3}^1 x\mathrm{d}x$; (2) $\int_0^{\frac{\pi}{2}} \sin x\mathrm{d}x$;

(3) $\int_{-\frac{\pi}{2}}^0 \sin x\mathrm{d}x$; (4) $\int_{-\frac{\pi}{2}}^{\pi} \sin x\mathrm{d}x$.

3. 估计下列定积分的值.

(1) $\int_0^1 \mathrm{e}^{x^2}\mathrm{d}x$; (2) $\int_0^1 \mathrm{e}^{-x^2}\mathrm{d}x$.

5.2 微积分基本定理

前面我们把定积分定义为一类和式的极限,但用求极限的方法计算定积分往往是很困难的. 本节介绍两个定理,它们揭示了积分与微分、定积分与不定积分之间的内在联系,从根本上解决了定积分的计算问题,通常称它们为微积分基本定理.

先看变速直线运动的例子,设物体做变速直线运动,其速度 $v = v(t)$,则从 $t = a$ 到 $t = b$ 这段时间内物体的位移 s 可表示为速度 $v(t)$ 在 $[a,b]$ 上的定积分 $\int_a^b v(t)\mathrm{d}t$.

若我们知道物体的运动规律 $s = s(t)$,则同样的位移 $s = s(b) - s(a)$,即等于 $s(t)$ 在 $[a,b]$ 上的改变量,于是有 $\int_a^b v(t)\mathrm{d}t = s(b) - s(a)$.

5.2 微积分基本定理

注意: $s'(t)=v(t)$,则上式表明:函数 $v(t)$ 在 $[a,b]$ 上的定积分,等于其原函数 $s(t)$ 在 $[a,b]$ 上的改变量.这个结论是否具有普遍性呢? 我们来讨论这个问题.

设函数 $f(x)$ 在 $[a,b]$ 上连续,则对 $[a,b]$ 内的任一点 x,定积分 $\int_a^x f(x)\mathrm{d}x$ 存在,为了避免混淆,我们把积分变量 x 改用 t 表示,则上述积分变形为 $\int_a^x f(t)\mathrm{d}t$,显然它是积分上限 x 的函数,记为 $\Phi(x)$,即 $\Phi(x)=\int_a^x f(t)\mathrm{d}t$,并把它称为**变上限的定积分**.可以证明 $\Phi(x)$ 恰是被积函数 $f(x)$ 的一个原函数.

定理 1 若函数 $f(x)$ 在 $[a,b]$ 上连续,则函数 $\Phi(x)=\int_a^x f(t)\mathrm{d}t$ 在 $[a,b]$ 上可导,且 $\Phi'(x)=f(x)$,即

$$\Phi'(x)=\frac{\mathrm{d}}{\mathrm{d}x}\int_a^x f(t)\mathrm{d}t=f(x).$$

证 给 x 以增量 Δx,则 $\Phi(x)$ 有增量

$$\Delta\Phi(x)=\Phi(x+\Delta x)-\Phi(x)=\int_a^{x+\Delta x}f(t)\mathrm{d}t-\int_a^x f(t)\mathrm{d}t$$
$$=\int_x^{x+\Delta x}f(t)\mathrm{d}t.$$

由于被积函数 $f(t)$ 在 $[x,x+\Delta x]$ 上连续,应用定积分中值公式,则存在一点 ξ 使

$$\Delta\Phi=\int_x^{x+\Delta x}f(t)\mathrm{d}t=f(\xi)\Delta x, \quad \text{其中} \xi \text{介于} x \text{和} x+\Delta x \text{之间}.$$

当 $\Delta x\to 0$ 时,$\xi\to x$,所以 $\lim\limits_{\Delta x\to 0}\dfrac{\Delta\Phi(x)}{\Delta x}=\lim\limits_{\Delta x\to 0}f(\xi)=f(x)$,即 $\Phi'(x)=f(x)$.

定理 1 表明,变上限的定积分对上限的导数等于被积函数在上限处的函数值,因而 $\Phi(x)$ 是 $f(x)$ 的一个原函数.

定理 2 如果 $F(x)$ 是连续函数 $f(x)$ 在 $[a,b]$ 上的一个原函数,则

$$\int_a^b f(x)\mathrm{d}x=F(b)-F(a).$$

这个公式叫做**牛顿-莱布尼茨(Newton-Leibnitz)公式**.它是计算定积分的基本公式.

证 因为 $f(x)$ 在 $[a,b]$ 上连续,由定理 1 知道 $\Phi(x)=\int_a^x f(t)\mathrm{d}t$ 是 $f(x)$ 的一个原函数,而 $F(x)$ 也是 $f(x)$ 的一个原函数,故有 $\int_a^x f(t)\mathrm{d}t=F(x)+C$.

令 $x=a$,得到 $0=\int_a^a f(t)\mathrm{d}t=F(a)+C$,解得 $C=-F(a)$,于是 $\int_a^x f(t)\mathrm{d}t=$

$F(x)-F(a)$；再令 $x=b$，得 $\int_a^b f(t)dt = F(b)-F(a)$，即 $\int_a^b f(x)dx = F(b)-F(a)$.

定理 2 告诉我们：连续函数的定积分等于被积函数的任一原函数在积分区间上的增量，从而把连续函数的定积分计算问题，转化为求不定积分的问题.

定理 1 和定理 2 揭示了微分与积分以及定积分与不定积分之间的内在联系，因此把它们合起来叫做**微积分的基本定理**.

我们采用记号 $F(x)\big|_a^b = F(b)-F(a)$，则牛顿-莱布尼茨公式可写成

$$\int_a^b f(x)dx = F(x)\Big|_a^b \quad \text{或} \quad [F(x)]_a^b.$$

下面举几个定积分的计算例题.

例1 利用牛顿-莱布尼茨公式计算积分 $\int_a^b x^2 dx$.

解 $\int_a^b x^2 dx = \dfrac{x^3}{3}\Big|_a^b = \dfrac{1}{3}(b^3-a^3)$.

例2 求 $\int_0^\pi \sin x\, dx$.

解 $\int_0^\pi \sin x\, dx = -\cos x\big|_0^\pi = 1-(-1) = 2$.

例3 若 $f(x)$ 连续，且 $u=u(x), v=v(x)$ 可导，则

$$\frac{d}{dx}\int_{u(x)}^{v(x)} f(t)dt = f[v(x)]v'(x) - f[u(x)]u'(x).$$

证 由定积分性质有

$$\int_{u(x)}^{v(x)} f(t)dt = \int_C^{v(x)} f(t)dt - \int_C^{u(x)} f(t)dt,$$

其中 C 为常数，根据复合函数求导法则和定理 1 有

$$\frac{d}{dx}\int_{u(x)}^{v(x)} f(t)dt = \frac{d}{dx}\int_C^{v(x)} f(t)dt - \frac{d}{dx}\int_C^{u(x)} f(t)dt$$

$$= \frac{d}{dv}\left[\int_C^v f(t)dt\right]\cdot\frac{dv(x)}{dx} - \frac{d}{du}\left[\int_C^u f(t)dt\right]\cdot\frac{du(x)}{dx}$$

$$= f[v(x)]v'(x) - f[u(x)]u'(x).$$

例4 (1) 设 $\Phi(x) = \int_0^x \sin t\, dt$，求 $\Phi'\left(\dfrac{\pi}{3}\right)$；

(2) 设 $\Phi(x) = \int_{\sqrt{x}}^{2x} t^2 dt$，求 $\Phi'(x)$.

解 (1) $\Phi'(x) = \sin x$，故 $\Phi'\left(\dfrac{\pi}{3}\right) = \sin\dfrac{\pi}{3} = \dfrac{\sqrt{3}}{2}$；

(2) $$\Phi(x) = \int_{\sqrt{x}}^{2x} t^2 dt = \int_{\sqrt{x}}^{a} t^2 dt + \int_a^{2x} t^2 dt,$$

所以
$$\Phi'(x)=(2x)^2(2x)'-(\sqrt{x})^2(\sqrt{x})'=8x^2-\frac{1}{2}\sqrt{x}.$$

习 题 5-2

1. 计算下列定积分.

(1) $\int_1^3 x^3 \mathrm{d}x$;

(2) $\int_1^2 \left(x^2+\frac{1}{x^4}\right)\mathrm{d}x$;

(3) $\int_0^{\frac{\pi}{2}} \sin\varphi \cos^2\varphi \mathrm{d}\varphi$;

(4) $\int_4^9 \sqrt{x}(1+\sqrt{x})\mathrm{d}x$;

(5) $\int_{-\frac{\pi}{2}}^{\frac{\pi}{2}} \cos^2 t \mathrm{d}t$;

(6) $\int_1^2 \frac{\mathrm{d}x}{2x-1}$;

(7) $\int_0^1 t e^{-\frac{t^2}{2}} \mathrm{d}t$;

(8) $\int_{-\frac{1}{2}}^{\frac{1}{2}} \frac{\mathrm{d}x}{\sqrt{1-x^2}}$.

2. 求 $y=\int_0^z \frac{\mathrm{d}x}{1+x^3}$ 对 z 的二阶导数在 $z=1$ 处的值.

3. 试讨论函数 $y=\int_0^x t e^{-\frac{t^2}{2}} \mathrm{d}t$ 的拐点与极值点.

4. 已知 $y=\int_x^5 \sqrt{1+t^2} \mathrm{d}t$, 求 $\frac{\mathrm{d}y}{\mathrm{d}x}$.

5. 已知 $y=\int_{\sqrt{x}}^{x^2} \sin t \mathrm{d}t$, 求 $\frac{\mathrm{d}y}{\mathrm{d}x}$.

6. 求 $\lim\limits_{x\to 0} \dfrac{\int_0^{x^2} \frac{\sin t}{t}\mathrm{d}t}{x^2}$ 的值.

5.3 定积分的换元积分法与分部积分法

一、定积分的换元积分法

定理 1 设函数 $y=f(x)$ 在 $[a,b]$ 上连续,函数 $x=\varphi(t)$ 在 $[\alpha,\beta]$ 上是单值的且具有连续导数 $x'=\varphi'(t)$,当 t 在 $[\alpha,\beta]$ 上变化时,$x=\varphi(t)$ 的值在 $[a,b]$ 上变化,且 $\varphi(\alpha)=a, \varphi(\beta)=b$,则

$$\int_a^b f(x)\mathrm{d}x = \int_\alpha^\beta f[\varphi(t)]\varphi'(t)\mathrm{d}t, \tag{1}$$

这就是**定积分的换元积分公式**.

证 由假设可知(1)式两边的被积函数都是连续的,所以它们的原函数和定积

分都存在. 设 $F(x)$ 是 $f(x)$ 的一个原函数, 由牛顿-莱布尼茨公式有
$$\int_a^b f(x)\mathrm{d}x = F(b)-F(a).$$
另一方面, 设 $G(t)=f[\varphi(t)]$, 它是由 $F(x)$ 与 $x=\varphi(t)$ 复合而成的. 所以有
$$G'(t)=\frac{\mathrm{d}F}{\mathrm{d}x}\cdot\frac{\mathrm{d}x}{\mathrm{d}t}=f(x)\varphi'(t)=f[\varphi(t)]\varphi'(t),$$
即 $G(t)$ 是 $f[\varphi(t)]\varphi'(t)$ 的一个原函数, 故有
$$\int_\alpha^\beta f[\varphi(t)]\varphi'(t)\mathrm{d}t = G(t)\Big|_\alpha^\beta = f[\varphi(\beta)]-f[\varphi(\alpha)] = F(b)-F(a),$$
因而有
$$\int_a^b f(x)\mathrm{d}x = \int_\alpha^\beta f[\varphi(t)]\varphi'(t)\mathrm{d}t.$$
应用公式(1)时应注意:

(1) 用 $x=\varphi(t)$ 把原积分变量 x 换成新的变量 t 时, 积分限也要换成新变量 t 的相应的积分限;

(2) 求出 $f[\varphi(t)]\varphi'(t)$ 的原函数 $G(t)$ 后, 不必再像计算不定积分那样把 $G(t)$ 变成原来变量 x 的函数, 而只要把新变量 t 的上、下限分别代入 $G(t)$ 计算改变量就行了.

例1 计算 $\int_0^a \sqrt{a^2-x^2}\mathrm{d}x (a>0)$.

解 设 $x=a\sin t$, 则 $\mathrm{d}x=a\cos t\mathrm{d}t$, 且当 $x=0$ 时, $t=0$; 当 $x=a$ 时, $t=\frac{\pi}{2}$, 因此有
$$\int_0^a \sqrt{a^2-x^2}\mathrm{d}x = a^2\int_0^{\frac{\pi}{2}} \cos^2 t\mathrm{d}t = \frac{a^2}{2}\int_0^{\frac{\pi}{2}} (1+\cos 2t)\mathrm{d}t$$
$$= \frac{a^2}{2}\left(t+\frac{1}{2}\sin 2t\right)\Big|_0^{\frac{\pi}{2}} = \frac{1}{4}\pi a^2.$$

例2 计算 $\int_0^{\frac{\pi}{2}} \sin t\cos t\mathrm{d}t$.

解 令 $u=\sin t$, 则 $\mathrm{d}u=\cos t\mathrm{d}t$, 当 t 由 0 变到 $\frac{\pi}{2}$ 时, u 从 0 递增到 1, 所以
$$\int_0^{\frac{\pi}{2}} \sin t\cos t\mathrm{d}t = \int_0^1 u\mathrm{d}u = \frac{1}{2}u^2\Big|_0^1 = \frac{1}{2}.$$

例3 证明: (1) 若 $f(x)$ 是在 $[-a,a]$ 上连续的偶函数, 则
$$\int_{-a}^a f(x)\mathrm{d}x = 2\int_0^a f(x)\mathrm{d}x.$$

(2) 若 $f(x)$ 是在 $[-a,a]$ 上连续奇函数, 则

$$\int_{-a}^{a} f(x)dx = 0.$$

证 由于
$$\int_{-a}^{a} f(x)dx = \int_{-a}^{0} f(x)dx + \int_{0}^{a} f(x)dx,$$

对 $\int_{-a}^{0} f(x)dx$ 作变换 $x = -t$,则
$$\int_{-a}^{0} f(x)dx = \int_{a}^{0} f(-t)(-dt) = -\int_{a}^{0} f(-t)dt = \int_{0}^{a} f(-t)dt = \int_{0}^{a} f(-x)dx,$$

于是
$$\int_{-a}^{a} f(x)dx = \int_{0}^{a} f(x)dx + \int_{0}^{a} f(-x)dx$$
$$= \begin{cases} 2\int_{0}^{a} f(x)dx, & f(x) \text{为偶函数}, \\ 0, & f(x) \text{为奇函数}. \end{cases}$$

根据例 3 的结论,可简化一些对称区间 $[-a, a]$ 上定积分的计算. 例如,
$$\int_{-1}^{1} \frac{dx}{1+x^2} = 2\int_{0}^{1} \frac{dx}{1+x^2} = 2\arctan x \Big|_{0}^{1} = \frac{\pi}{2}, \quad \int_{-a}^{a} \frac{\sin^3 x}{\sqrt{1+x^4}} dx = 0.$$

二、定积分的分部积分法

定理 2 若 $u(x), v(x)$ 在 $[a,b]$ 上有连续导函数,则
$$\int_{a}^{b} u(x)v'(x)dx = [u(x)v(x)]_{a}^{b} - \int_{a}^{b} v(x)u'(x)dx, \tag{2}$$

这就是**定积分的分部积分公式**.

证 由于 $[u(x)v(x)]' = u(x)v'(x) + v(x)u'(x)$,可见 $u(x)v(x)$ 为 $u(x)v'(x) + v(x)u'(x)$ 在 $[a,b]$ 上的一个原函数,应用牛顿-莱布尼茨公式,得
$$[u(x)v(x)]_{a}^{b} = \int_{a}^{b} u(x)v'(x)dx + \int_{a}^{b} v(x)u'(x)dx,$$

移项即得所证公式(2).

例 4 计算 $\int_{0}^{1} xe^x dx$.

解 令 $u(x) = x, v'(x) = e^x$,由公式(2)便有
$$\int_{0}^{1} xe^x dx = [xe^x]_{0}^{1} - \int_{0}^{1} e^x dx = e - [e^x]_{0}^{1} = e - e + 1 = 1.$$

例 5 求 $I_n = \int_{0}^{\frac{\pi}{2}} \cos^n x dx$ (n 为正整数).

解 $I_n = \int_{0}^{\frac{\pi}{2}} \cos^n x dx = \int_{0}^{\frac{\pi}{2}} \cos^{n-1} x \cos x dx$

$$= \left[\sin x \cos^{n-1} x\right]_0^{\frac{\pi}{2}} + (n-1)\int_0^{\frac{\pi}{2}} \sin^2 x \cos^{n-2} x \, dx$$

$$= (n-1)\int_0^{\frac{\pi}{2}} (1-\cos^2 x)\cos^{n-2} x \, dx$$

$$= (n-1)\int_0^{\frac{\pi}{2}} \cos^{n-2} x \, dx - (n-1)\int_0^{\frac{\pi}{2}} \cos^n x \, dx,$$

即

$$I_n = (n-1)I_{n-2} - (n-1)I_n,$$

移项得

$$I_n = \frac{n-1}{n} I_{n-2}.$$

这种公式叫做**递推公式**,它把 I_n 的计算化为 I_{n-2},不断使用此公式就可把 $\cos^n x$ 的方次逐渐降低,当 n 为奇数时,可降到 1;当 n 为偶数时,可降到 0. 因为

$$I_1 = \int_0^{\frac{\pi}{2}} \cos x \, dx = 1, \quad I_0 = \int_0^{\frac{\pi}{2}} dx = \frac{\pi}{2},$$

于是

$$\int_0^{\frac{\pi}{2}} \cos^n x \, dx = \begin{cases} \dfrac{n-1}{n} \dfrac{n-3}{n-2} \dfrac{n-5}{n-4} \cdots \dfrac{4}{5} \dfrac{2}{3} & (n \text{ 为奇数}), \\ \dfrac{n-1}{n} \dfrac{n-3}{n-2} \dfrac{n-5}{n-4} \cdots \dfrac{3}{4} \dfrac{1}{2} \dfrac{\pi}{2} & (n \text{ 为偶数}). \end{cases}$$

容易证明,上述公式对 $\int_0^{\frac{\pi}{2}} \sin^n x \, dx$ 也适用,事实上,只要令 $x = \dfrac{\pi}{2} - t$,便可证得

$$\int_0^{\frac{\pi}{2}} \sin^n x \, dx = \int_0^{\frac{\pi}{2}} \cos^n x \, dx.$$

应用上述公式,可以得到

$$\int_0^{\frac{\pi}{2}} \sin^6 x \, dx = \frac{5}{6} \cdot \frac{3}{4} \cdot \frac{1}{2} \cdot \frac{\pi}{2} = \frac{5\pi}{32},$$

$$\int_0^{\frac{\pi}{2}} \sin^7 x \, dx = \frac{6}{7} \cdot \frac{4}{5} \cdot \frac{2}{3} = \frac{16}{35}.$$

习 题 5-3

1. 计算下列定积分.

(1) $\int_{-\frac{\pi}{2}}^{\frac{\pi}{2}} \cos x \cos 2x \, dx$;

(2) $\int_0^a x^2 \sqrt{a^2 - x^2} \, dx$;

(3) $\int_0^2 \sqrt{4-x^2} \, dx$;

(4) $\int_1^e \dfrac{2+\ln x}{x} dx$;

(5) $\int_0^{\frac{\pi}{\omega}} \sin(\omega t + \varphi_0) dt$;

(6) $\int_0^{\frac{\pi}{2}} \frac{1}{3+2\cos x} dx$;

(7) $\int_{-1}^0 \frac{3x^4+3x^2+1}{x^2+1} dx$;

(8) $\int_{\frac{3}{4}}^{\frac{4}{3}} \frac{1}{x\sqrt{x^2+1}} dx$;

(9) $\int_0^{\frac{\pi}{2}} \frac{\cos\varphi}{6-5\sin\varphi+\sin^2\varphi} d\varphi$;

(10) $\int_0^{\frac{\pi}{4}} \frac{1-\cos^4 x}{2} dx$.

2. 计算下列定积分.

(1) $\int_1^e x\ln x\, dx$;

(2) $\int_0^{e-1} \ln(x+1) dx$;

(3) $\int_0^1 x\arctan x\, dx$;

(4) $\int_0^{\ln 2} xe^{-x} dx$;

(5) $\int_0^{\frac{\pi}{2}} e^x \cos x\, dx$;

(6) $\int_1^4 \frac{\ln x}{\sqrt{x}} dx$;

(7) $\int_0^{\pi} x\sin x\, dx$;

(8) $\int_0^{\frac{\pi}{2}} \cos^7 x\, dx$.

3. 利用函数的奇偶性计算定积分.

(1) $\int_{-\pi}^{\pi} x^4 \sin x\, dx$;

(2) $\int_{-\frac{\pi}{2}}^{\frac{\pi}{2}} x\cos^4 x\, dx$.

4. 证明:$\int_0^1 x^m (1-x)^n dx = \int_0^1 x^n (1-x)^m dx\, (m>0, n>0)$.

5. 证明:$\int_0^a f(x^2) dx = \frac{1}{2} \int_{-a}^a f(x^2) dx$.

6. 证明:$\int_a^b f(x) dx = \int_a^b f(a+b-x) dx$.

5.4 广 义 积 分

前面讨论的定积分,积分区间为有限区间,被积函数是有界函数.但在实际问题中,有时遇到积分区间为无穷区间,或者被积函数在积分区间上具有无穷间断点的积分,这就有必要把定积分的概念加以推广.推广后的积分就称为广义积分.为区别,前面讲的积分称为常义积分.

一、无穷区间上的广义积分

例如,曲线 $y=\frac{1}{1+x^2}$,x 轴,y 轴及直线 $x=b$ 所围成图形的面积(图 5-6 斜线部分)是

$$S = \int_0^b \frac{\mathrm{d}x}{1+x^2} = \arctan \Big|_0^b = \arctan b.$$

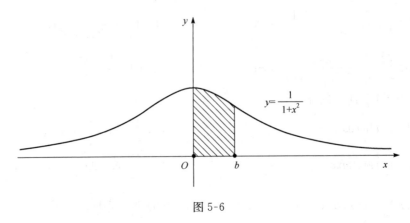

图 5-6

如果当点 $x=b$ 沿 x 轴正向无限远移，即相应于 $b \to +\infty$，这时所求的面积就是

$$\lim_{b \to +\infty} \int_0^b \frac{\mathrm{d}x}{1+x^2} = \lim_{b \to +\infty} \arctan b = \frac{\pi}{2}.$$

由于定积分上限趋于 $+\infty$，所以把它记作：

$$\int_0^{+\infty} \frac{\mathrm{d}x}{1+x^2} = \lim_{b \to +\infty} \int_0^b \frac{\mathrm{d}x}{1+x^2} = \frac{\pi}{2}.$$

这种积分就叫做**无穷区间上的广义积分**．

一般地，我们给无穷区间上的广义积分定义如下．

定义 1 如果函数 $f(x)$ 在区间 $[a,+\infty]$ 上连续，且 $b>a$，当极限 $\lim\limits_{b \to +\infty}\int_a^b f(x)\mathrm{d}x$ 存在时，则称此极限值为函数 $f(x)$ 在 $[a,+\infty]$ 上的广义积分，记作

$$\int_a^{+\infty} f(x)\mathrm{d}x = \lim_{b \to +\infty} \int_a^b f(x)\mathrm{d}x,$$

并且说广义积分 $\int_a^{+\infty} f(x)\mathrm{d}x$ 收敛（或存在），否则称广义积分 $\int_a^{+\infty} f(x)\mathrm{d}x$ 发散．

完全类似地，可以定义广义积分

$$\int_{-\infty}^b f(x)\mathrm{d}x = \lim_{a \to -\infty} \int_a^b f(x)\mathrm{d}x \quad (a<b)$$

及

$$\int_{-\infty}^{+\infty} f(x)\mathrm{d}x = \int_{-\infty}^c f(x)\mathrm{d}x + \int_c^{+\infty} f(x)\mathrm{d}x$$
$$= \lim_{a \to -\infty} \int_a^c f(x)\mathrm{d}x + \lim_{b \to +\infty} \int_c^b f(x)\mathrm{d}x,$$

5.4 广义积分

它们的收敛或发散的规定也完全一样,不再赘述.

例 1 求 $\int_{-\infty}^{0} \dfrac{\mathrm{d}x}{1+x^2}$.

解 $\int_{-\infty}^{0} \dfrac{\mathrm{d}x}{1+x^2} = \lim\limits_{a \to -\infty} \int_{a}^{0} \dfrac{\mathrm{d}x}{1+x^2} = \lim\limits_{a \to -\infty} \left(\arctan x \Big|_{a}^{0} \right)$

$\qquad = \lim\limits_{a \to -\infty} (0 - \arctan a) = -\left(-\dfrac{\pi}{2}\right) = \dfrac{\pi}{2}.$

例 2 求 $\int_{1}^{+\infty} \dfrac{\mathrm{d}x}{x}$.

解 $\int_{1}^{+\infty} \dfrac{\mathrm{d}x}{x} = \lim\limits_{b \to +\infty} \int_{1}^{b} \dfrac{\mathrm{d}x}{x} = \lim\limits_{b \to +\infty} \ln b = +\infty,$

所以广义积分 $\int_{1}^{+\infty} \dfrac{\mathrm{d}x}{x}$ 是发散的,即广义积分不存在.

例 3 证明 $\int_{1}^{+\infty} \dfrac{\mathrm{d}x}{x^p}$ 当 $p > 1$ 时收敛;当 $p \leqslant 1$ 时发散.

证明 当 $p = 1$ 时,由例 2 知发散.

当 $p \neq 1$ 时,由于

$$\lim\limits_{b \to +\infty} \int_{1}^{b} \dfrac{\mathrm{d}x}{x^p} = \lim\limits_{b \to +\infty} \dfrac{x^{1-p}}{1-p} \Big|_{1}^{b} = \begin{cases} \dfrac{1}{p-1}, & p > 1, \\ +\infty, & p < 1, \end{cases}$$

故广义积分 $\int_{1}^{+\infty} \dfrac{\mathrm{d}x}{x^p}$,当 $p > 1$ 时收敛于 $\dfrac{1}{p-1}$,而当 $p \leqslant 1$ 时发散.

二、被积函数有无穷间断点的广义积分

现在我们把定积分推广到被积函数在积分区间上有无穷间断点的情形.

定义 2 设函数 $f(x)$ 在 $(a,b]$ 上连续,而 $\lim\limits_{x \to a+0} f(x) = \infty$,取 $0 < \varepsilon < b-a$,若极限 $\lim\limits_{\varepsilon \to 0} \int_{a+\varepsilon}^{b} f(x) \mathrm{d}x$ 存在,则此极限叫做函数 $f(x)$ **在区间 $[a,b]$ 上的广义积分**. 仍然记为 $\int_{a}^{b} f(x) \mathrm{d}x$,即 $\int_{a}^{b} f(x) \mathrm{d}x = \lim\limits_{\varepsilon \to 0} \int_{a+\varepsilon}^{b} f(x) \mathrm{d}x$,这时也说广义积分 $\int_{a}^{b} f(x) \mathrm{d}x$ **收敛**. 否则,称广义积分**发散**.

同样地,如果 $f(x)$ 在 $[a,b)$ 上连续,而 $\lim\limits_{x \to b-0} f(x) = \infty$,取 $0 < \varepsilon < b-a$,如果极限 $\lim\limits_{\varepsilon \to 0} \int_{a}^{b-\varepsilon} f(x) \mathrm{d}x$ 存在,则定义 $\int_{a}^{b} f(x) \mathrm{d}x = \lim\limits_{\varepsilon \to 0} \int_{a}^{b-\varepsilon} f(x) \mathrm{d}x$;否则,就说广义积分 $\int_{a}^{b} f(x) \mathrm{d}x$ 发散.

如果 $f(x)$ 在 $[a,b]$ 上除点 $c(a<c<b)$ 外连续，且 $\lim\limits_{x\to c}f(x)=\infty$，则定义

$$\int_a^b f(x)\,\mathrm{d}x = \int_a^c f(x)\,\mathrm{d}x + \int_c^b f(x)\,\mathrm{d}x$$
$$= \lim_{\varepsilon\to 0}\int_a^{c-\varepsilon} f(x)\,\mathrm{d}x + \lim_{\varepsilon'\to 0}\int_{c+\varepsilon'}^b f(x)\,\mathrm{d}x.$$

若其中一个不收敛就说广义积分 $\int_a^b f(x)\,\mathrm{d}x$ 发散.

例 4 求 $\int_0^1 \dfrac{\mathrm{d}x}{\sqrt{1-x}}$.

解 被积函数在区间右端点 $x=1$ 处为无穷间断点，所以它是广义积分，取 $\varepsilon>0$，于是

$$\int_0^1 \frac{\mathrm{d}x}{\sqrt{1-x}} = \lim_{\varepsilon\to 0}\int_0^{1-\varepsilon}\frac{\mathrm{d}x}{\sqrt{1-x}} = \lim_{\varepsilon\to 0}\left[-2\sqrt{1-x}\right]_0^{1-\varepsilon}$$
$$= \lim_{\varepsilon\to 0}[2-2\sqrt{\varepsilon}] = 2.$$

例 5 证明广义积分 $\int_0^1 \dfrac{\mathrm{d}x}{x^p}$ 当 $p<1$ 时收敛；当 $p\geqslant 1$ 时发散.

证 取 $\varepsilon>0$，当 $p=1$ 时有

$$\lim_{\varepsilon\to 0}\int_{0+\varepsilon}^1 \frac{\mathrm{d}x}{x} = \lim_{\varepsilon\to 0}(-\ln\varepsilon) = +\infty,$$

所以，广义积分 $\int_0^1 \dfrac{\mathrm{d}x}{x}$ 发散.

若 $p\neq 1$，有

$$\lim_{\varepsilon\to 0}\int_{0+\varepsilon}^1 \frac{\mathrm{d}x}{x^p} = \lim_{\varepsilon\to 0}\frac{x^{1-p}}{1-p}\bigg|_\varepsilon^1 = \lim_{\varepsilon\to 0}\frac{1-\varepsilon^{1-p}}{1-p} = \begin{cases}\dfrac{1}{1-p}, & p<1,\\ +\infty, & p>1.\end{cases}$$

综上所述，广义积分 $\int_0^1 \dfrac{\mathrm{d}x}{x^p}$ 当 $p<1$ 时收敛；当 $p\geqslant 1$ 时发散.

可证明，当 $x>0$ 时，广义积分

$$\int_0^{+\infty} \mathrm{e}^{-t}t^{x-1}\,\mathrm{d}t \tag{1}$$

是收敛的，所以对每一个正数 x，广义积分(1)有一个确定的值和它对应，因此广义积分(1)是 x 的函数，通常记作 $\Gamma(x)$，即

$$\Gamma(x) = \int_0^{+\infty} \mathrm{e}^{-t}t^{x-1}\,\mathrm{d}t \quad (x>0) \tag{2}$$

叫做 Γ 函数(伽马函数).

Γ 函数是一个重要的非初等函数，在概率论与数理统计中经常要用到它，下面

5.4 广义积分

介绍 Γ 函数的一些性质.

(1) $\Gamma(1)=1$.

证 $\Gamma(1) = \int_0^{+\infty} e^{-t} dt = -e^{-t}\big|_0^{+\infty} = 1.$ (3)

(2) $\Gamma(x+1) = x\Gamma(x)$ $(x>0)$. (4)

证 $\Gamma(x+1) = \int_0^{+\infty} e^{-t} t^x dt = \int_0^{+\infty} t^x d(-e^{-t})$

$= -t^x e^{-t}\big|_0^{+\infty} + x\int_0^{+\infty} t^{x-1} e^{-t} dt$

$= 0 + x\Gamma(x) = x\Gamma(x).$

(3) 如果 x 为正整数 n 时,即 $x=n$,则有

$$\Gamma(n+1) = n!. \tag{5}$$

证 由公式(4),有

$\Gamma(n+1) = n\Gamma(n)$

$= n(n-1)\Gamma(n-1)$

$= \cdots$

$= n(n-1)(n-2)\cdots 3 \cdot 2 \cdot 1 \cdot \Gamma(1)$

$= n! \; \Gamma(1).$

由(3),知 $\Gamma(1)=1$,所以,$\Gamma(n+1)=n!$.

Γ 函数还可写成

$$\Gamma(x) = 2\int_0^{+\infty} y^{2x-1} e^{-y^2} dy$$

的形式.

事实上,只要在定义中令 $t=y^2$ 便得上述结果. 当 $x=\dfrac{1}{2}$ 时,$\Gamma\left(\dfrac{1}{2}\right) = 2\int_0^{+\infty} e^{-y^2} dy$,此式右端的广义积分 $\int_0^{+\infty} e^{-t^2} dt$ **叫做概率积分**,可以利用重积分计算出它的值为 $\dfrac{\sqrt{\pi}}{2}$,于是有 $\Gamma\left(\dfrac{1}{2}\right) = \sqrt{\pi}$.

习 题 5-4

1. 判断下列广义积分的收敛性,如果收敛求其值.

(1) $\int_1^{+\infty} \dfrac{\ln x}{x} dx$;

(2) $\int_0^{+\infty} e^{-ax} dx \, (a>0)$;

(3) $\int_{-\infty}^{+\infty} \dfrac{dx}{x^2+2x+2}$;

(4) $\int_{-\infty}^{+\infty} \dfrac{dx}{1+x^2}$;

(5) $\int_1^{+\infty} \dfrac{1}{x^4} dx$;

(6) $\int_1^{e} \dfrac{dx}{x\sqrt{1-(\ln x)^2}}$;

(7) $\int_1^2 \dfrac{x}{\sqrt{x-1}} dx$;

(8) $\int_1^2 \dfrac{dx}{(1-x)^2}$;

(9) $\int_0^1 \dfrac{x}{\sqrt{1-x^2}} dx$;

(10) $\int_0^2 \dfrac{dx}{x^2-4x+3}$.

2. 当 k 为何值时,积分 $\int_0^{+\infty} e^{-kx} \cos bx\, dx$ 收敛？又 k 为何值时发散？

3. 当 k 为何值时,积分 $\int_e^{+\infty} \dfrac{dx}{x(\ln x)^k}$ 收敛？又 k 为何值时,积分发散？

4. 计算.

(1) $\dfrac{\Gamma(7)}{2\Gamma(4)\Gamma(3)}$;

(2) $\dfrac{\Gamma(3)\Gamma\left(\dfrac{3}{2}\right)}{\Gamma\left(\dfrac{9}{2}\right)}$.

5. 计算.

(1) $\int_0^{+\infty} x^2 e^{-2x^2} dx$;

(2) $\int_0^{+\infty} x^2 \dfrac{\beta^{\alpha}}{\Gamma(\alpha)} x^{\alpha-1} e^{-\beta x} dx\ (\alpha>0, \beta>0, \alpha, \beta\ 均为常数)$.

第六章 定积分的应用

本章中我们将应用前面学过的定积分理论来分析和解决一些几何、物理中的问题,通过这些例子,不仅在于建立计算这些几何、物理量的公式,而且更重要的还在于介绍运用元素法将一个量表达成为定积分的分析方法.

6.1 定积分的元素法

在定积分的应用中,经常采用元素法. 为了说明这种方法,我们先回顾一下第五章中讨论过的曲边梯形的面积问题.

设 $f(x)$ 在区间 $[a,b]$ 上连续且 $f(x) \geqslant 0$,求以曲线 $y=f(x)$ 为曲边,底为 $[a,b]$ 的曲边梯形的面积 A. 把这个面积 A 表示为定积分

$$A = \int_a^b f(x) \mathrm{d}x$$

的步骤是:

(1) 用任意一组分点把区间 $[a,b]$ 分成长度为 $\Delta x_i (i=1,2,\cdots,n)$ 的 n 个小区间,相应地把曲边梯形分成 n 个窄曲边梯形,第 i 个窄曲边梯形的面积设为 ΔA_i,于是有

$$A = \sum_{i=1}^{n} \Delta A_i.$$

(2) 计算 ΔA_i 的近似值

$$\Delta A_i \approx f(\xi_i) \Delta x_i \quad (x_{i-1} \leqslant \xi_i \leqslant x_i).$$

(3) 求和,得 A 的近似值

$$A \approx \sum_{i=1}^{n} f(\xi_i) \Delta x_i.$$

(4) 求极限,得

$$A = \lim_{\lambda \to 0} \sum_{i=1}^{n} f(\xi_i) \Delta x_i = \int_a^b f(x) \mathrm{d}x.$$

在上述问题中我们注意到,所求量(即面积 A)与区间 $[a,b]$ 有关,如果把区间 $[a,b]$ 分成许多部分区间,则所求量相应地分成许多部分量(即 ΔA_i),而所求量等于所有部分量之和(即 $A = \sum_{i=1}^{n} \Delta A_i$),这一性质称为所求量对于区间 $[a,b]$ 具有可加性,我们还要指出,以 $f(\xi_i) \Delta x_i$ 近似代替部分量 ΔA_i 时,它们只相差一个比 Δx_i

高阶的无穷小,因此和式 $\sum_{i=1}^{n} f(\xi_i)\Delta x_i$ 的极限是 A 的精确值,而 A 可以表示为定积分

$$A = \int_a^b f(x)\mathrm{d}x.$$

在引出 A 的积分表达式的四个步骤中,主要的是第二步,这一步是要确定 ΔA_i 的近似值 $f(\xi_i)\Delta x_i$,使得

$$A = \lim_{\lambda \to 0} \sum_{i=1}^{n} f(\xi_i)\Delta x_i = \int_a^b f(x)\mathrm{d}x.$$

在实际应用时,为了简便起见,省略下标 i,用 ΔA 表示任一小区间 $[x, x+\mathrm{d}x]$ 上的窄曲边梯形的面积,这样,

$$A = \sum \Delta A,$$

取 $[x, x+\mathrm{d}x]$ 的左端点 x 为 ξ,以点 x 处的函数值 $f(x)$ 为高,$\mathrm{d}x$ 为底的矩形的面积 $f(x)\mathrm{d}x$ 为 ΔA 的近似值,如图 6-1 阴影部分所示,即

$$\Delta A \approx \sum f(x)\mathrm{d}x,$$

上式右端 $f(x)\mathrm{d}x$ 叫做**面积元素**,记为

$$\mathrm{d}A = f(x)\mathrm{d}x.$$

于是

$$A \approx \sum f(x)\mathrm{d}x,$$

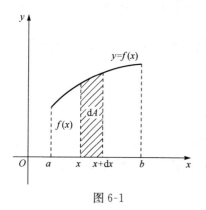

图 6-1

而

$$A = \lim \sum f(x)\mathrm{d}x = \int_a^b f(x)\mathrm{d}x.$$

一般地,如果某一实际问题中的所求量 U 符合下列条件:

(1) U 是与一个变量 x 的变化区间 $[a,b]$ 有关的量;

(2) U 对于区间 $[a,b]$ 具有可加性,也就是说,如果把区间 $[a,b]$ 分成许多部分区间,则 U 相应地分成许多部分量,而 U 等于所有部分量之和;

(3) 部分量 ΔU_i 的近似值可表示为 $f(\xi_i)\Delta x_i$.

那么就可考虑用定积分来表达这个量 U. 通常写出这个量 U 的积分表达式的步骤是:

(1) 根据问题的具体情况,选取一个变量,例如,x 为积分变量,并确定它的变化区间 $[a,b]$;

(2) 设想把区间 $[a,b]$ 分成 n 个小区间,取其中任一小区间并记作 $[x, x+\mathrm{d}x]$,

求出相应于这个小区间的部分量 ΔU 的近似值,如果 ΔU 能近似地表示为 $[a,b]$ 上的一个连续函数在 x 处的值 $f(x)$ 与 $\mathrm{d}x$ 的乘积[①],就把 $f(x)\mathrm{d}x$ 称为量 U 的元素且记作 $\mathrm{d}U$,即
$$\mathrm{d}U = f(x)\mathrm{d}x.$$
(3) 以所求量 U 的元素 $f(x)\mathrm{d}x$ 为被积表达式,在区间 $[a,b]$ 上作定积分,得
$$U = \int_a^b f(x)\mathrm{d}x,$$
这就是所求量 U 的积分表达式.

这个方法通常叫做**元素法**.下面各节中我们将应用这个方法来讨论几何、物理中的一些问题.

6.2　平面图形的面积

一、直角坐标情形

在第五章中我们已经知道,由曲线 $y=f(x)(f(x)\geqslant 0)$ 及直线 $x=a,x=b(a<b)$ 与 x 轴所围成的曲边梯形的面积 A 是定积分
$$A = \int_a^b f(x)\mathrm{d}x,$$
其中被积表达式 $f(x)\mathrm{d}x$ 就是直角坐标下的面积元素,它表示高为 $f(x)$,底为 $\mathrm{d}x$ 的一个矩形面积.

应用定积分,不但可以计算曲边梯形面积,还可计算一些比较复杂的平面图形的面积.

例1　计算由两条抛物线:$y^2 = x, y = x^2$ 所围成的图形的面积.

解　这两条抛物线所围成的图形如图 6-2 所示.为了具体定出图形的所在范围,先求出这两条抛物线的交点.为此,解方程组
$$\begin{cases} y^2 = x, \\ y = x^2, \end{cases}$$
得到两组解:
$$x=0,\quad y=0\quad 及\quad x=1,\quad y=1,$$
即这两条抛物线的交点为 $(0,0)$ 及 $(1,1)$.从而知道,这图形在直线 $x=0$ 及 $x=1$ 之间.

取横坐标 x 为积分变量,它的变化区间为

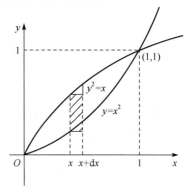

图 6-2

[①]　这里 ΔU 与 $f(x)\mathrm{d}x$ 相差一个比 $\mathrm{d}x$ 高阶的无穷小.

$[0,1]$. 相应于$[0,1]$上的任一小区间$[x, x+\mathrm{d}x]$的窄条的面积近似于高为$\sqrt{x}-x^2$, 底为$\mathrm{d}x$的窄矩形的面积. 从而得到面积元素
$$\mathrm{d}A=(\sqrt{x}-x^2)\mathrm{d}x,$$
以$(\sqrt{x}-x^2)\mathrm{d}x$为被积表达式, 在闭区间$[0,1]$上作定积分, 便得所求面积为
$$A=\int_0^1 (\sqrt{x}-x^2)\mathrm{d}x=\left[\frac{2}{3}x^{3/2}-\frac{x^3}{3}\right]_0^1=\frac{1}{3}.$$

例2 计算抛物线$y^2=2x$与直线$y=x-4$所围成的图形的面积.

解 这个图形如图 6-3 所示. 为了定出这图形所在范围, 先求出所给抛物线和直线的交点. 解方程组
$$\begin{cases} y^2=2x, \\ y=x-4, \end{cases}$$
得交点$(2,-2)$和$(8,4)$. 从而知道这图形在直线$y=-2$及$y=4$之间.

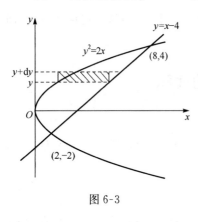

图 6-3

现在, 选取纵坐标y为积分变量, 它的变化区间为$[-2,4]$(读者可以思考一下, 取横坐标x为积分变量, 有什么不方便的地方). 相应于$[-2,4]$上任一小区间$[y, y+\mathrm{d}y]$的窄条面积近似于高为$(y+4)-\frac{1}{2}y^2$, 底为$\mathrm{d}y$的窄矩形的面积. 从而得到面积元素
$$\mathrm{d}A=\left(y+4-\frac{1}{2}y^2\right)\mathrm{d}y.$$
以$\left(y+4-\frac{1}{2}y^2\right)\mathrm{d}y$为被积表达式, 在闭区间$[-2,4]$上作定积分, 便得所求的面积为
$$A=\int_{-2}^4 \left(y+4-\frac{1}{2}y^2\right)\mathrm{d}y=\left[\frac{y^2}{2}+4y-\frac{y^3}{6}\right]_{-2}^4=18.$$

由例 2 我们可以看到, 积分变量选择的适当, 就可使计算方法较简便.

例3 求方程为$\frac{x^2}{a^2}+\frac{y^2}{b^2}=1$的椭圆的面积.

解 这椭圆关于两坐标轴都对称(图 6-4), 所以椭圆的面积为
$$A=4A_1,$$
其中A_1为该椭圆在第一象限部分的面积, 因此
$$A=4A_1=4\int_0^a y\mathrm{d}x.$$

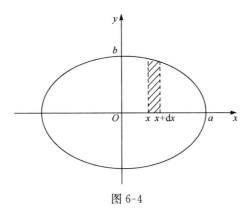

图 6-4

利用椭圆的参数方程

$$\begin{cases} x = a\cos t, \\ y = b\sin t, \end{cases}$$

应用定积分换元法,令 $x=a\cos t$,则

$$y = b\sin t, \quad dx = -a\sin t\, dt.$$

当 x 由 0 变化到 a 时,t 由 $\dfrac{\pi}{2}$ 变化到 0,所以

$$\begin{aligned}
A &= 4\int_{\pi/2}^{0} b\sin t(-a\sin t)\,dt = -4ab\int_{\pi/2}^{0}\sin^2 t\,dt \\
&= 4ab\int_{0}^{\pi/2}\sin^2 t\,dt = 4ab\cdot\int_{0}^{\frac{\pi}{2}}\frac{1-\cos 2t}{2}dt = 4ab\cdot\frac{1}{2}\cdot\left(t-\frac{1}{2}\sin 2t\right)\Big|_{0}^{\frac{\pi}{2}} \\
&= 4ab\cdot\frac{1}{2}\cdot\frac{\pi}{2} = \pi ab.
\end{aligned}$$

当 $a=b$ 时,就得到大家所熟悉的圆面积的公式 $A=\pi a^2$.

一般地,当曲边梯形的曲边由参数方程

$$\begin{cases} x=\varphi(t), \\ y=\psi(t) \end{cases}$$

给出时,曲边梯形的面积为

$$A = \int_{t_1}^{t_2}\psi(t)\varphi'(t)\,dt,$$

其中 t_1 及 t_2 分别是对应于曲边的起点及终点的参数值.

二、极坐标情形

某些平面图形,用极坐标来计算它们的面积比较方便.

设由曲线 $r=\varphi(\theta)$ 及射线 $\theta=\alpha,\theta=\beta$ 围成一图形(简称为曲边扇形),现在要计算它的面积(图 6-5).这里,当 θ 在 $[\alpha,\beta]$ 上取值时,$\varphi(\theta)\geqslant 0$.

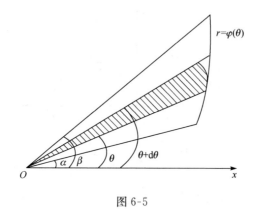

图 6-5

由于当 θ 在 $[\alpha,\beta]$ 上变动时，极径 $r=\varphi(\theta)$ 也随之变动，因此所求图形的面积不能直接利用圆扇形面积的公式 $A=\dfrac{1}{2}R^2\theta$ 来计算.

取极角 θ 为积分变量，它的变化区间为 $[\alpha,\beta]$. 就面积而言，可以用半径为 $r=\varphi(\theta)$、中心角为 $\mathrm{d}\theta$ 的圆扇形来近似代替相应于任一小区间 $[\theta,\theta+\mathrm{d}\theta]$ 的窄曲边扇形. 从而得到这窄曲边扇形面积的近似值，即曲边扇形的面积元素.

$$\mathrm{d}A=\dfrac{1}{2}[\varphi(\theta)]^2\mathrm{d}\theta,$$

以 $\dfrac{1}{2}[\varphi(\theta)]^2\mathrm{d}\theta$ 为被积表达式，在闭区间 $[\alpha,\beta]$ 上作定积分，便得所求曲边扇形的面积为

$$A=\int_\alpha^\beta \dfrac{1}{2}[\varphi(\theta)]^2\mathrm{d}\theta.$$

例 4 计算阿基米德螺线

$$r=a\theta \quad (a>0)$$

上相应于 θ 从 0 变到 2π 的一段弧与极轴所围成的图形（图 6-6）的面积.

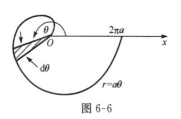

图 6-6

解 在指定的这段螺线上，θ 的变化区间为 $[0,2\pi]$. 相应于 $[0,2\pi]$ 上任一小区间 $[\theta,\theta+\mathrm{d}\theta]$ 的窄曲边扇形的面积近似于半径为 $a\theta$、中心角为 $\mathrm{d}\theta$ 的圆扇形的面积. 从而得到面积元素

$$\mathrm{d}A=\dfrac{1}{2}(a\theta)^2\mathrm{d}\theta,$$

以 $\dfrac{1}{2}(a\theta)^2\mathrm{d}\theta$ 为被积表达式，在闭区间 $[0,2\pi]$ 上作定积分，便得所求面积为

$$A = \int_0^{2\pi} \frac{a^2}{2}\theta^2 \mathrm{d}\theta = \frac{a^2}{2}\left[\frac{\theta^3}{3}\right]_0^{2\pi} = \frac{4}{3}a^2\pi^3.$$

例 5 计算心形线

$$r = a(1+\cos\theta) \quad (a>0)$$

所围成的图形的面积.

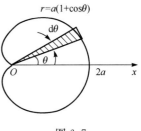

图 6-7

解 心形线所围成的图形如图 6-7 所示. 这个图形对称于极轴, 因此所求图形的面积 A 是极轴以上部分图形面积 A_1 的两倍.

对于极轴以上部分图形, θ 的变化区间为 $[0,\pi]$. 相应于 $[0,\pi]$ 上任一小区间 $[\theta, \theta+\mathrm{d}\theta]$ 的窄曲边扇形的面积近似于半径为 $a(1+\cos\theta)$, 中心角为 $\mathrm{d}\theta$ 的圆扇形的面积. 从而得到面积元素

$$\mathrm{d}A = \frac{1}{2}a^2(1+\cos\theta)^2 \mathrm{d}\theta,$$

以 $\frac{1}{2}a^2(1+\cos\theta)^2 \mathrm{d}\theta$ 为被积表达式, 在闭区间 $[0,\pi]$ 上作定积分, 便得

$$\begin{aligned}
A_1 &= \int_0^\pi \frac{1}{2}a^2(1+\cos\theta)^2 \mathrm{d}\theta = \frac{a^2}{2}\int_0^\pi (1+2\cos\theta+\cos^2\theta)\mathrm{d}\theta \\
&= \frac{a^2}{2}\int_0^\pi \left(1+2\cos\theta+\frac{1+\cos 2\theta}{2}\right)\mathrm{d}\theta \\
&= \frac{a^2}{2}\int_0^\pi \left(\frac{3}{2}+2\cos\theta+\frac{1}{2}\cos 2\theta\right)\mathrm{d}\theta \\
&= \frac{a^2}{2}\left[\frac{3}{2}\theta+2\sin\theta+\frac{1}{4}\sin 2\theta\right]_0^\pi = \frac{3}{4}\pi a^2,
\end{aligned}$$

因而所求面积为

$$A = 2A_1 = \frac{3}{2}\pi a^2.$$

习 题 6-2

1. 求图 6-8 中画斜线部分的面积.

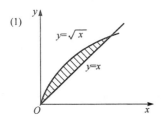

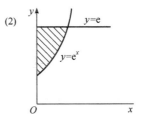

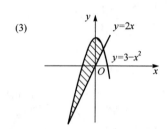
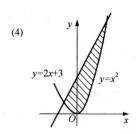

图 6-8

2. 求由下列各曲线所围成的图形的面积.

(1) $y=\frac{1}{2}x^2$ 与 $x^2+y^2=8$(两部分都要计算)；

(2) $y=\frac{1}{x}$ 与直线 $y=x$ 及 $x=2$；

(3) $y=e^x, y=e^{-x}$ 与直线 $x=1$；

(4) $y=\ln x, y$ 轴与直线 $y=\ln a, y=\ln b(b>a>0)$；

(5) $y=x^2$ 与直线 $y=x$ 及 $y=2x$.

3. 求抛物线 $y=-x^2+4x-3$ 及其在点 $(0,-3)$ 和 $(3,0)$ 处的切线所围成的图形的面积.

4. 求抛物线 $y^2=2px$ 及其在点 $\left(\frac{p}{2}, p\right)$ 处的法线所围成的图形的面积.

5. 求由下列各曲线所围成的图形的面积.

(1) $r=2a\cos\theta$； (2) $x=a\cos^3 t, y=a\sin^3 t$；

(3) $r=2a(2+\cos\theta)$.

6. 求由摆线 $x=a(t-\sin t), y=a(1-\cos t)$ 的一拱 $(0\leqslant t\leqslant 2\pi)$ 与横轴所围成的图形的面积.

7. 求对数螺线 $r=ae^\theta$ 及射线 $\theta=-\pi, \theta=\pi$ 所围成的图形的面积.

8. 求下列各曲线所围成图形的公共部分的面积.

(1) $r=3\cos\theta$ 及 $r=1+\cos\theta$；

(2) $r=\sqrt{2}\sin\theta$ 及 $r^2=\cos 2\theta$.

9. 求位于曲线 $y=e^x$ 下方,该曲线过原点的切线的左方以及 x 轴上方之间的图形的面积.

10. 求由抛物线 $y^2=4ax$ 与过焦点的弦所围成的图形面积的最小值.

6.3 体　积

一、旋转体的体积

旋转体就是由一个平面图形绕这平面内的一条直线旋转一周而成的立体. 这条直线叫做**旋转轴**. 圆柱、圆锥、圆台、球体可以分别看成是由矩形绕它的一条边、直角三角形绕它的直角边、直角梯形绕它的直角腰、半圆绕它的直径旋转一周而成的立体, 所以它们都是旋转体.

上述旋转体都可以看作是由曲线 $y=f(x)$, 直线 $x=a, x=b$ 及 x 轴所围成的曲边梯形绕 x 轴旋转一周而成的立体. 现在我们考虑用定积分来计算这种旋转体的体积.

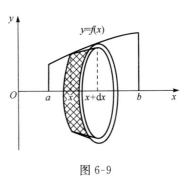

图 6-9

取横坐标 x 为积分变量, 它的变化区间为 $[a,b]$. 相应于 $[a,b]$ 上的任一小区间 $[x, x+dx]$ 的窄曲边梯形绕 x 轴旋转而成的薄片的体积近似于以 $f(x)$ 为底半径, dx 为高的扁圆柱体的体积(图 6-9), 即体积元素

$$dV = \pi [f(x)]^2 dx,$$

以 $\pi [f(x)]^2 dx$ 为被积表达式, 在闭区间 $[a,b]$ 上作定积分, 便得所求旋转体体积为

$$V = \int_a^b \pi [f(x)]^2 dx.$$

例 1　连接坐标原点 O 及点 $P(h,r)$ 的直线、直线 $x=h$ 及 x 轴围成一个直角三角形(图 6-10). 将它绕 x 轴旋转构成一个底半径为 r、高为 h 的圆锥体. 计算这圆锥体的体积.

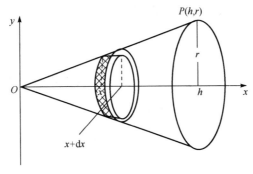

图 6-10

解 过原点 O 及点 $P(h,r)$ 的直线方程为
$$y=\frac{r}{h}x.$$

取横坐标 x 为积分变量,它的变化区间为 $[0,h]$. 圆锥体中相应于 $[0,h]$ 上任一小区间 $[x,x+\mathrm{d}x]$ 的薄片的体积近似于底半径为 $\frac{r}{h}x$,高为 $\mathrm{d}x$ 的扁圆柱体的体积,即体积元素

$$\mathrm{d}V=\pi\left(\frac{r}{h}x\right)^2\mathrm{d}x,$$

以 $\pi\left(\frac{r}{h}x\right)^2\mathrm{d}x$ 为被积表达式,在闭区间 $[0,h]$ 上作定积分,便得所求圆锥体的体积

$$V=\int_0^h \pi\left(\frac{r}{h}x\right)^2\mathrm{d}x=\frac{\pi r^2}{h^2}\left[\frac{x^3}{3}\right]_0^h=\frac{\pi r^2 h}{3}.$$

例 2 计算由椭圆

$$\frac{x^2}{a^2}+\frac{y^2}{b^2}=1$$

所围成的图形绕 x 轴旋转而成的旋转体(叫做**旋转椭球体**)的体积.

解 这个旋转椭球体也可以看作是由半个椭圆

$$y=\frac{b}{a}\sqrt{a^2-x^2}$$

及 x 轴围成的图形绕 x 轴旋转而成的立体.

取 x 为积分变量,它的变化区间为 $[-a,a]$. 旋转椭球体中相应于 $[-a,a]$ 上任一小区间 $[x,x+\mathrm{d}x]$ 的薄片的体积,近似于底半径为 $\frac{b}{a}\sqrt{a^2-x^2}$、高为 $\mathrm{d}x$ 的扁圆柱体的体积(图 6-11),即体积元素

$$\mathrm{d}V=\frac{\pi b^2}{a^2}(a^2-x^2)\mathrm{d}x,$$

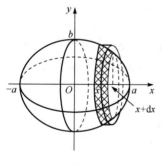

图 6-11

以 $\frac{\pi b^2}{a^2}(a^2-x^2)\mathrm{d}x$ 为被积表达式,在闭区间 $[-a,a]$ 上作定积分,便得所求旋转椭球体的体积

$$V=\int_{-a}^a \pi\frac{b^2}{a^2}(a^2-x^2)\mathrm{d}x$$
$$=\pi\frac{b^2}{a^2}\left[a^2 x-\frac{x^3}{3}\right]_{-a}^a=\frac{4}{3}\pi a b^2.$$

当 $a=b$ 时,旋转椭球体就成为半径为 a 的球体,它的体积为 $\dfrac{4}{3}\pi a^3$.

用与上面类似的方法可以推出:由曲线 $x=\varphi(y)$,直线 $y=c,y=d(c<d)$ 与 y 轴所围成的曲边梯形,绕 y 轴旋转一周而成的旋转体(图 6-12)的体积为

$$V = \pi \int_c^d [\varphi(y)]^2 \mathrm{d}y.$$

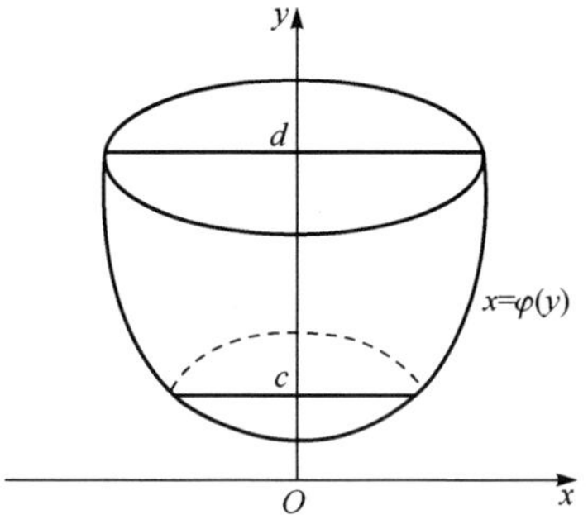

图 6-12

二、平行截面面积为已知的立体的体积

从计算旋转体体积的过程中可以看出:如果一个立体不是旋转体,但却知道该立体上垂直于一定轴的各个截面的面积,那么,这个立体的体积也可以用定积分来计算.

如图 6-13 所示,取上述定轴为 x 轴,并设该立体在过点 $x=a, x=b$ 且垂直于 x 轴的两个平面之间. 以 $A(x)$ 表示过点 x 且垂直于 x 轴的截面面积. 假定 $A(x)$ 为 x 的已知的连续函数. 这时,取 x 为积分变量,它的变化区间为 $[a,b]$;立体中相应于 $[a,b]$ 上任一小区间 $[x,x+\mathrm{d}x]$ 的一薄片的体积,近似于底面积为 $A(x)$,高为 $\mathrm{d}x$ 的扁柱体的体积,即体积元素

$$\mathrm{d}V = A(x)\mathrm{d}x,$$

以 $A(x)\mathrm{d}x$ 为被积表达式,在闭区间 $[a,b]$ 上作定积分,便得所求立体的体积

$$V = \int_a^b A(x)\mathrm{d}x.$$

例 3 一平面经过半径为 R 的圆柱体的底圆中心,并与底面交成角 α(图 6-14). 计算这平面截圆柱体所得立体的体积.

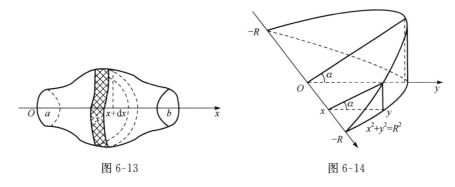

图 6-13　　　　图 6-14

解 取这平面与圆柱体的底面的交线为 x 轴,底面上过圆中心,且垂直于 x 轴的直线为 y 轴. 那么,底圆的方程为 $x^2+y^2=R^2$. 立体中过点 x 且垂直于 x 轴的

截面是一个直角三角形.它的两条直角边的长度分别为 y 及 $y\tan\alpha$,即 $\sqrt{R^2-x^2}$ 及 $\sqrt{R^2-x^2}\tan\alpha$.因而这直角三角形的面积为

$$A(x)=\frac{1}{2}(R^2-x^2)\tan\alpha,$$

从而得立体的体积元素

$$\mathrm{d}V=\frac{1}{2}(R^2-x^2)\tan\alpha\mathrm{d}x,$$

以 $\frac{1}{2}(R^2-x^2)\tan\alpha\mathrm{d}x$ 为被积表达式,在闭区间 $[-R,R]$ 上作定积分,便得所求立体体积

$$V=\int_{-R}^{R}\frac{1}{2}(R^2-x^2)\tan\alpha\mathrm{d}x=\frac{1}{2}\tan\alpha\left[R^2x-\frac{x^3}{3}\right]_{-R}^{R}=\frac{2}{3}R^3\tan\alpha.$$

习 题 6-3

1. 把抛物线 $y^2=4ax$ 及直线 $x=x_0(x_0>0)$ 所围成的图形绕 x 轴旋转,计算所得旋转抛物体的体积.

2. 由 $y=x^3,x=2,y=0$ 所围成的图形,分别绕 x 轴及 y 轴旋转,计算所得两个旋转体的体积.

3. 有一铁铸件,它是由抛物线 $y=\frac{1}{10}x^2,y=\frac{1}{10}x^2+1$ 与直线 $y=10$ 围成的图形绕 y 轴旋转而成的旋转体.算出它的重量(长度单位是 cm,铁的密度是 7.8g/cm³).

4. 把星形线 $x^{2/3}+y^{2/3}=a^{2/3}$ 绕 x 轴旋转(图 6-15),计算所得旋转体的体积.

5. 用积分方法证明图 6-16 中球缺的体积为

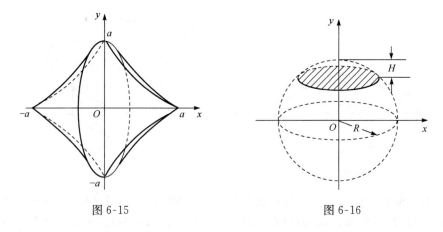

图 6-15　　　　　　　　　　图 6-16

$$V = \pi H^2 \left(R - \frac{H}{3}\right).$$

6. 求下列已知曲线所围成的图形,按指定的轴旋转所产生的旋转体的体积.

(1) $y=x^2, x=y^2$,绕 x 轴;

(2) $y=a\operatorname{ch}\dfrac{x}{a}, x=0, x=a, y=0$,绕 x 轴;

(3) $x^2+(y-5)^2=16$,绕 x 轴;

(4) 摆线 $x=a(t-\sin t), y=a(1-\cos t)$ 的一拱, $y=0$,绕 x 轴.

7. 求 $x^2+y^2=a^2$ 绕 $x=-b(b>a>0)$ 旋转所成旋转体的体积.

8. 计算以半径为 R 的圆为底,以平行于底且长度等于该圆直径的线段为顶、高为 h 的正劈锥体(图 6-17)的体积.

9. 计算底面是半径为 R 的圆,而垂直于底面上一条固定直径的所有截面都是等边三角形的立体体积(图 6-18).

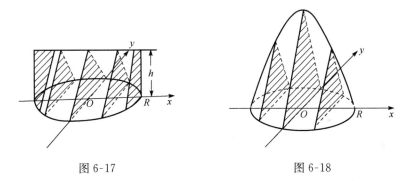

图 6-17　　　　　　　　　　图 6-18

10. 证明:由平面图形 $0 \leqslant a \leqslant x \leqslant b, 0 \leqslant y \leqslant f(x)$ 绕 y 轴旋转所成的旋转体的体积为

$$V = 2\pi \int_a^b x f(x) \, \mathrm{d}x.$$

6.4 平面曲线的弧长

一、直角坐标情形

现在我们来计算曲线 $y=f(x)$ 上相应于 x 从 a 到 b 的一段弧(图 6-19)的长度.

取横坐标 x 为积分变量,它的变化区间为 $[a,b]$. 如果函数 $y=f(x)$ 具有一阶连续导数,则曲线 $y=f(x)$ 上相应于 $[a,b]$ 上任一小区间 $[x, x+\mathrm{d}x]$ 的一段弧的长度,可以用该曲线在点 $(x, f(x))$ 处的切线上相应的一小段长度来近似代替,而

切线上这相应的小段的长度为
$$\sqrt{(\mathrm{d}x)^2+(\mathrm{d}y)^2}=\sqrt{1+(y')^2}\mathrm{d}x,$$
从而得弧长元素（即弧微分）
$$\mathrm{d}s=\sqrt{1+(y')^2}\mathrm{d}x,$$
以 $\sqrt{1+(y')^2}\mathrm{d}x$ 为被积表达式，在闭区间 $[a,b]$ 上作定积分，便得所求的弧长为
$$s=\int_a^b \sqrt{1+(y')^2}\mathrm{d}x.$$

例1 计算曲线 $y=\dfrac{2}{3}x^{3/2}$ 上相应于 x 从 a 到 b 的一段弧（图 6-20）的长度．

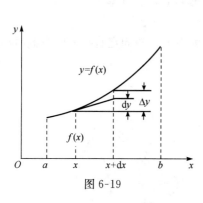

图 6-19

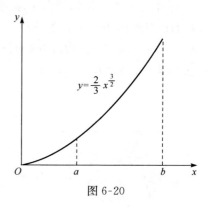

图 6-20

解 现在 $y'=x^{1/2}$，从而弧长元素
$$\mathrm{d}s=\sqrt{1+(x^{1/2})^2}\mathrm{d}x=\sqrt{1+x}\mathrm{d}x,$$
因此，所求弧长为
$$s=\int_a^b \sqrt{1+x}\mathrm{d}x=\left[\frac{2}{3}(1+x)^{3/2}\right]_a^b$$
$$=\frac{2}{3}\left[(1+b)^{3/2}-(1+a)^{3/2}\right].$$

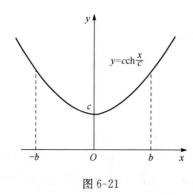

图 6-21

例2 两根电线杆之间的电线，由于其本身的重量，下垂成曲线形．这样的曲线叫悬链线．适当选取坐标系后，悬链线的方程为
$$y=c\operatorname{ch}\frac{x}{c},$$
其中 c 为常数．计算悬链线上介于 $x=-b$ 与 $x=b$ 之间一段弧（图 6-21）的长度．

解 由于对称性，要计算的弧长为相应于 x 从 0 到 b 的一段曲线弧长的两倍．

现在 $y' = \text{sh}\dfrac{x}{c}$，从而弧长元素

$$ds = \sqrt{1 + \text{sh}^2 \dfrac{x}{c}}\, dx = \text{ch}\dfrac{x}{c}\, dx,$$

因此，所求弧长为

$$s = 2\int_0^b \text{ch}\dfrac{x}{c}\, dx = 2c \left[\text{sh}\dfrac{x}{c}\right]_0^b = 2c\,\text{sh}\dfrac{b}{c}.$$

二、参数方程情形

对于有些曲线，利用参数方程来计算它的弧长比较方便.

设曲线弧的参数方程为

$$\begin{cases} x = \varphi(t), \\ y = \psi(t) \end{cases} (\alpha \leqslant t \leqslant \beta),$$

现在来计算这曲线弧的长度.

取参数 t 为积分变量，它的变化区间为 $[\alpha, \beta]$. 相应于 $[\alpha, \beta]$ 上任一小区间 $[t, t+dt]$ 的小弧段的长度的近似值（弧微分），即弧长元素为

$$ds = \sqrt{(dx)^2 + (dy)^2} = \sqrt{\varphi'^2(t)(dt)^2 + \psi'^2(t)(dt)^2}$$
$$= \sqrt{\varphi'^2(t) + \psi'^2(t)}\, dt,$$

从而，所求弧长为

$$s = \int_\alpha^\beta \sqrt{\varphi'^2(t) + \psi'^2(t)}\, dt.$$

例 3 计算摆线（图 6-22）

$$\begin{cases} x = a(\theta - \sin\theta), \\ y = a(1 - \cos\theta) \end{cases}$$

的一拱（$0 \leqslant \theta \leqslant 2\pi$）的长度.

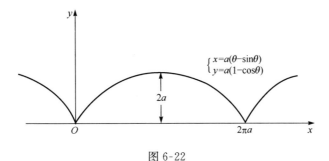

图 6-22

解 现在，弧长元素为

$$ds = \sqrt{a^2(1-\cos\theta)^2 + a^2\sin^2\theta}\,d\theta$$
$$= a\sqrt{2(1-\cos\theta)}\,d\theta$$
$$= 2a\sin\frac{\theta}{2}\,d\theta,$$

从而，所求弧长

$$s = \int_0^{2\pi} 2a\sin\frac{\theta}{2}\,d\theta = 2a\left[-2\cos\frac{\theta}{2}\right]_0^{2\pi} = 8a.$$

习 题 6-4

1. 计算曲线 $y=\ln x$ 上相应于 $\sqrt{3}\leqslant x\leqslant\sqrt{8}$ 的一段弧的长度.

2. 计算曲线 $y=\dfrac{\sqrt{x}}{3}(3-x)$ 上相应于 $1\leqslant x\leqslant 3$ 的一段弧（图 6-23）的长度.

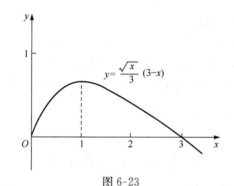

图 6-23

3. 计算半立方抛物线 $y^2=\dfrac{2}{3}(x-1)^3$ 被抛物线 $y^2=\dfrac{x}{3}$ 截得的一段弧的长度.

4. 计算抛物线 $y^2=2px$ 从顶点到这曲线上的一点 $M(x,y)$ 的弧长.

5. 计算星形线 $x=a\cos^3 t, y=a\sin^3 t$（图 6-24）的全长.

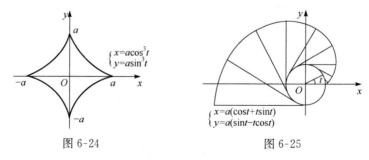

图 6-24　　　　　图 6-25

6. 将绕在圆（半径为 a）上的细线放开拉直，使细线与圆周始终相切（图 6-25），细线端点画出的轨迹叫做**圆的渐开线**，它的方程为

$$x=a(\cos t+t\sin t), \quad y=a(\sin t-t\cos t),$$

算出这曲线上相应于 t 从 0 变到 π 的一段弧的长度.

7. 求对数螺线 $r=e^{a\theta}$ 自 $\theta=0$ 到 $\theta=\varphi$ 的一段弧长.

8. 求曲线 $r\theta=1$ 自 $\theta=\dfrac{3}{4}$ 至 $\theta=\dfrac{4}{3}$ 一段弧长.

9. 求心形线 $r=a(1+\cos\theta)$ 的全长.

10. 在摆线 $x=a(t-\sin t), y=a(1-\cos t)$ 上求分摆线第一拱成 $1:3$ 的点的坐标.

6.5 功 水压力

一、变力沿直线所做的功

从物理学知道,如果物体在做直线运动的过程中有一个不变的力 F(单位:N)作用在这物体上,且这力的方向与物体运动的方向一致,那么,在物体移动了距离 s(单位:m)时,力 F 对物体所做的功 W(单位:J)为

$$W=F\cdot s.$$

如果物体在运动过程中所受到的力是变化的,这就会遇到变力对物体做功的问题.下面通过具体例子说明如何计算变力所做的功.

例1 把一个带 $+q$(单位:C)电量的点电荷放在 r 轴上坐标原点 O 处,它产生一个电场.这个电场对周围的电荷有作用力.由物理学知道,如果有一个单位正电荷放在这个电场中距离原点 O 为 r(单位:m)的地方,那么电场对它的作用力 F(单位:N)的大小为

$$F=k\dfrac{q}{r^2},$$

式中 k 是比例系数, $k=9\times 10^9 \text{N}\cdot\text{m}^2/\text{C}^2$.

如图 6-26 所示,当这个单位正电荷在电场中从 $r=a$ 处沿 r 轴移动到 $r=b(a<b)$ 处时,计算电场力 F 对它所做的功.

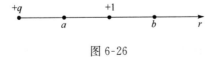

图 6-26

解 在上述移动过程中,电场对这单位正电荷的作用力是变的.取 r 为积分变量,它的变化区间为 $[a,b]$.设 $[r,r+dr]$ 为 $[a,b]$ 上的任一小区间.当单位正电荷从 r 移动到 $r+dr$ 时,电场力对它所做的功近似为 $\dfrac{kq}{r^2}dr$,即功元素为

$$dW = \frac{kq}{r^2}dr,$$

以 $\frac{kq}{r^2}dr$ 为被积表达式，在闭区间 $[a,b]$ 上作定积分，便得所求的功为

$$W = \int_a^b \frac{kq}{r^2}dr = kq\left[-\frac{1}{r}\right]_a^b = kq\left(\frac{1}{a} - \frac{1}{b}\right).$$

在计算静电场中某点的电位时，要考虑将单位正电荷从该点处 $(r=a)$ 移到无穷远处时电场力所做的功 W. 此时，电场力对单位正电荷所做的功就是广义积分：

$$W = \int_a^{+\infty} \frac{kq}{r^2}dr = \lim_{b \to +\infty} \int_a^b \frac{kq}{r^2}dr = \lim_{b \to +\infty} kq\left(\frac{1}{a} - \frac{1}{b}\right) = \frac{kq}{a}.$$

例 2 在底面积为 S 的圆柱形容器中盛有一定量的气体. 在等温条件下，由于气体的膨胀，把容器中的一个活塞（面积为 S）从点 a 处推移到点 b 处（图 6-27）. 计算在移动过程中，气体压力所做的功.

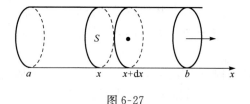

图 6-27

解 取坐标系如图 6-27 所示. 活塞的位置可以用坐标 x 来表示. 由物理学知道，一定量的气体在等温条件下，压强 p（单位：Pa）与体积 V（单位：m^3）的乘积是常数 k，即

$$pV = k \quad 或 \quad p = \frac{k}{V}.$$

因为 $V = xS$，所以

$$p = \frac{k}{xS},$$

于是，作用在活塞上的力 F（单位：N）为

$$F = p \cdot S = \frac{k}{xS} \cdot S = \frac{k}{x}.$$

在气体膨胀过程中，体积 V 是变的，因而 x 也是变的，所以作用在活塞上的力也是变的.

取 x（单位：m）为积分变量，它的变化区间为 $[a,b]$. 设 $[x, x+dx]$ 为 $[a,b]$ 上任一小区间. 当活塞从 x 移动到 $x+dx$ 时，变力 F 所做的功（单位：J）近似为 $\frac{k}{x}dx$，即功元素为

$$dW = \frac{k}{x}dx,$$

以 $\frac{k}{x}dx$ 为被积表达式,在闭区间 $[a,b]$ 上作定积分,便得所求的功为

$$W = \int_a^b \frac{k}{x}dx = k[\ln x]_a^b = k\ln\frac{b}{a}.$$

下面再举一个计算功的例子,它虽不是一个变力所做的功,但也用积分来计算.

例3 一圆柱形的贮水桶高为 5m,底圆半径为 3m,桶内盛满了水.试问要把桶内的水全部吸出需做多少功?

解 作 x 轴如图 6-28 所示.取深度 x(单位:m)为积分变量,它的变化区间为 $[0,5]$,相应于 $[0,5]$ 上任一小区间 $[x,x+dx]$ 的一薄层水的高度为 dx.水的密度为 $\gamma=1000\text{kg/m}^3$,这薄层水所受重力为 $\gamma \cdot \pi \cdot 3^2 \cdot dx \cdot g = 88200\pi dx$($g=9.8\text{m/s}^2$ 为重力加速度).这薄层水吸出桶外需做功近似地为

$$dW = 88200\pi \cdot x \cdot dx,$$

此即功元素.以 $88200\pi x dx$ 为被积表达式,在闭区间 $[0,5]$ 上作定积分,便得所求的功为

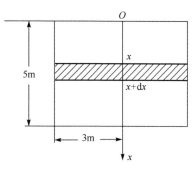

图 6-28

$$W = \int_0^5 88200\pi x dx = 88200\pi \left[\frac{x^2}{2}\right]_0^5 = 88200\pi \cdot \frac{25}{2} \approx 3.46 \times 10^6 (\text{J}).$$

二、水压力

从物理学知道,在水深为 h(单位:m)处的压强为 $p=\gamma h g$($g=9.8\text{m/s}^2$ 为重力加速度),这里 γ(单位:kg/m^3)是水的密度.如果有一面积为 A(单位:m^2)的平板水平地放置在水深为 h 处,那么,平板一侧所受的水压力 P(单位:Pa)为

$$P = p \cdot A.$$

如果平板垂直放置在水中,那么,由于水深不同的点处压强 p 不相等,平板一侧所受的水压力就不能用上述方法计算.下面我们举例说明它的计算方法.

例4 一个横放着的圆柱形水桶,桶内盛有半桶水(图 6-29(a)).设桶内的底半径为 R,水的密度为 γ,计算桶的一个端面上所受的压力.

解 桶的一个端面是圆片.所以现在要计算的是当水平面通过圆心时,垂直放置的一个半圆片的一侧所受到的水压力.

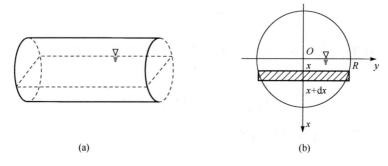

图 6-29

如图 6-29(b)所示,在这个圆片上取过圆心且垂直向下的直线为 x 轴,过圆心的水平线为 y 轴.对这个坐标系来讲,所讨论的半圆的方程为 $x^2+y^2=R^2(0\leqslant x\leqslant R)$,取 x 为积分变量,它的变化区间为 $[0,R]$.设 $[x,x+\mathrm{d}x]$ 为 $[0,R]$ 上的任一小区间.半圆片上相应于 $[x,x+\mathrm{d}x]$ 的窄条上各点处的压强近似于 γxg,这窄条的面积近似于 $2\sqrt{R^2-x^2}\mathrm{d}x$.因此,这窄条一侧所受水压力的近似值,即压力元素为

$$\mathrm{d}P=2\gamma gx\sqrt{R^2-x^2}\mathrm{d}x,$$

以 $2\gamma gx\sqrt{R^2-x^2}\mathrm{d}x$ 为被积表达式,在闭区间 $[0,R]$ 上作定积分,便得所求压力为

$$P=\int_0^R 2\gamma gx\sqrt{R^2-x^2}\mathrm{d}x=-\gamma g\int_0^R(R^2-x^2)^{1/2}\mathrm{d}(R^2-x^2)$$

$$=-\gamma g\left[\frac{2}{3}(R^2-x^2)^{3/2}\right]_0^R=\frac{2\gamma g}{3}R^3.$$

习 题 6-5

1. 由实验知道,弹簧在拉伸过程中,需要的力 F(单位:N)与伸长量 s(单位:cm)成正比,即

$$F=ks\quad(k\text{ 是比例常数}),$$

如果把弹簧由原长拉伸 6cm,计算所做的功.

2. 直径为 20cm、高为 80cm 的圆柱体内充满压强为 $10\mathrm{N/cm}^2$ 的蒸气.设温度保持不变,要使蒸气体积缩小一半,问需要做多少功?

3. (1) 证明:把质量为 m 的物体从地球表面升高到 h 处所做的功是

$$W=k\frac{mMh}{R(R+h)},$$

其中 k 是引力常数,M 是地球的质量,R 是地球的半径.

(2) 一个人造地球卫星的质量为 173kg,在高于地面 630km 处进入轨道.问把这个卫星从地面送到 630km 的高空处,克服地球引力要做多少功?已知引力常数

$k=6.67\times10^{-11}\mathrm{m}^3/(\mathrm{s}^2\cdot\mathrm{kg})$,地球质量 $M=5.98\times10^{24}\mathrm{kg}$,地球半径 $R=6370\mathrm{km}$.

4. 一物体按规律 $x=ct^3$ 做直线运动,媒质的阻力与速度的平方成正比. 计算物体由 $x=0$ 移至 $x=a$ 时,克服媒质阻力所做的功.

5. 有一闸门,它的形状和尺寸如图 6-30 所示,水面超过门顶 2m. 求闸门上所受的水压力.

6. 洒水车上的水箱是一个横放的椭圆柱体,尺寸如图 6-31 所示. 当水箱装满水时,计算水箱的一个端面所受的压力.

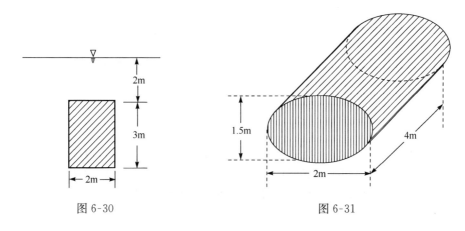

图 6-30　　　　　　　　　　图 6-31

7. 有一等腰梯形闸门,它的两条底边各长 10m 和 6m,高为 20m. 较长的底边与水面相齐. 计算闸门的一侧所受的水压力.

8. 设一锥形贮水池,深 15m、口径 20m,盛满水. 今以唧筒将水吸尽,问要做多少功?

9. 一底为 8cm、高为 6cm 的等腰三角形片,铅直地沉没在水中,顶在上,底在下且与水面平行,而顶离水面 3cm,试求它每面所受的压力.

10. 半径为 r 的球沉入水中,球的上部与水面相切,球的比重为 1,现将球从水中取出,需做多少功?

11. 边长为 a 和 b 的矩形薄板,与液面成 α 角斜沉于液体内,长边平行于液面而位于深 h 处,设 $a>b$,液体的比重为 γ,试求薄板每面所受的压力.

6.6 平　均　值

一、函数的平均值

在实际问题中,常常用一组数据的算术平均值来描述这组数据的概貌. 例如,用一个篮球队里各个队员的身长的算术平均值来描述这篮球队的身长的概貌. 又如对某一零件的长度进行 n 次测量,测得的值为 $y_1,y_2,\cdots,y_n$;这时,可以用 y_1,

$y_2, \cdots, y_n$ 的算术平均值

$$\bar{y} = \frac{y_1 + y_2 + \cdots + y_n}{n}$$

作为这一零件的长度的近似值.

然而,除了需要计算有限个数值的算术平均值外,有时还需要考虑一个连续函数 $f(x)$ 在区间 $[a,b]$ 上所取得一切值的平均值. 例如,求气温在一昼夜间的平均温度. 下面就来讨论如何规定及计算连续函数 $f(x)$ 在区间 $[a,b]$ 上的平均值.

先把区间 $[a,b]$ 分成 n 等份,设分点为

$$a = x_0 < x_1 < x_2 < \cdots < x_n = b,$$

每个小区间的长度为 $\Delta x = \frac{b-a}{n}$. 设在这些分点处 $f(x)$ 的函数值依次为 $y_0, y_1, y_2, \cdots, y_n$. 可以用 $y_0, y_1, y_2, \cdots, y_{n-1}$ 的平均值

$$\frac{y_0 + y_1 + \cdots + y_{n-1}}{n}$$

来近似表达函数 $f(x)$ 在 $[a,b]$ 上所取得一切值的平均值. 如果 n 取的比较大,即每个小区间的长度 Δx 相应地取的比较小时,上述平均值就能比较确切地表达函数 $f(x)$ 在 $[a,b]$ 上所取的一切值的平均值. 因此,我们就称极限

$$\bar{y} = \lim_{n \to +\infty} \frac{y_0 + y_1 + \cdots + y_{n-1}}{n}$$

为函数 $f(x)$ 在 $[a,b]$ 上的平均值. 现在

$$\begin{aligned}
\bar{y} &= \lim_{n \to +\infty} \frac{y_0 + y_1 + \cdots + y_{n-1}}{n} = \lim_{n \to +\infty} \frac{y_0 + y_1 + \cdots + y_{n-1}}{b-a} \cdot \frac{b-a}{n} \\
&= \lim_{\Delta x \to 0} \frac{y_0 + y_1 + \cdots + y_{n-1}}{b-a} \Delta x = \frac{1}{b-a} \lim_{\Delta x \to 0} \sum_{i=1}^{n} y_{i-1} \Delta x \\
&= \frac{1}{b-a} \lim_{\Delta x \to 0} \sum_{i=1}^{n} f(x_{i-1}) \Delta x,
\end{aligned}$$

即

$$\bar{y} = \frac{1}{b-a} \int_a^b f(x) \, dx.$$

这就是说,连续函数 $f(x)$ 在区间 $[a,b]$ 上的平均值 $\bar{y}$,等于函数 $f(x)$ 在区间 $[a,b]$ 上的定积分除以区间 $[a,b]$ 的长度 $b-a$. 定积分中值定理中的 $f(\xi)$ 就是 $f(x)$ 在区间 $[a,b]$ 上的平均值.

例1 计算从 $0(s)$ 到 $T(s)$ 这段时间内自由落体的平均速度.

解 自由落体的速度为 $v = gt$,所以要计算的平均速度(图 6-32)为

$$\bar{v} = \frac{1}{T-0} \int_0^T gt \, dt = \frac{1}{T} \left[\frac{gt^2}{2} \right]_0^T = \frac{gT}{2}.$$

6.6 平均值

例2 计算纯电阻电路中正弦交流电 $i = I_m \sin\omega t$ 在一个周期上的功率的平均值（简称平均功率）.

解 设电阻为 R，那么这电路中的电压
$$u = iR = I_m R \sin\omega t,$$
而功率
$$P = ui = I_m^2 R \sin^2 \omega t,$$
因此功率在长度为一个周期的区间 $\left[0, \dfrac{2\pi}{\omega}\right]$ 上的平均值

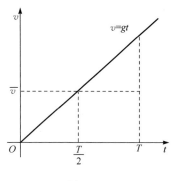

图 6-32

$$\overline{P} = \frac{1}{\frac{2\pi}{\omega}} \int_0^{\frac{2\pi}{\omega}} I_m^2 R \sin^2 \omega t \, dt = \frac{I_m^2 R}{2\pi} \int_0^{\frac{2\pi}{\omega}} \sin^2 \omega t \, d(\omega t)$$

$$= \frac{I_m^2 R}{4\pi} \int_0^{\frac{2\pi}{\omega}} (1 - \cos 2\omega t) \, d(\omega t) = \frac{I_m^2 R}{4\pi} \left[\omega t - \frac{\sin 2\omega t}{2}\right]_0^{\frac{2\pi}{\omega}}$$

$$= \frac{I_m^2 R}{4\pi} \cdot 2\pi = \frac{I_m^2 R}{2} = \frac{I_m U_m}{2} \quad (U_m = I_m R).$$

就是说，纯电阻电路中正弦交流电的平均功率等于电流、电压峰值的乘积的二分之一.

通常交流电器上标明的功率就是平均功率.

二、均方根

非恒定电流（如正弦交流电）的大小和方向是随时间的变化而变化的，那么为什么一般使用的非恒定电流的电器上却标明着确定的电流值呢？原来这些电器上标明的电流值都是一种特定的平均值，习惯上称为有效值.

周期性非恒定电流 i（如正弦交流电）的有效值是如下规定的：当 $i(t)$ 在它的一个周期 T 内在负载电阻 R 上消耗的平均功率，等于取固定值 I 的恒定电流在 R 上消耗的功率时，称这个 I 值为 $i(t)$ 的有效值. 下面来计算 $i(t)$ 的有效值.

固定值为 I 的电流在电阻 R 上消耗的功率为 $I^2 R$. 电流 $i(t)$ 在 R 上消耗的功率为 $u(t)i(t) = i^2(t)R$. 它在 $[0, T]$ 上的平均值为 $\dfrac{1}{T}\int_0^T i^2(t) R \, dt$. 因此

$$I^2 R = \frac{1}{T}\int_0^T i^2(t) R \, dt = \frac{R}{T}\int_0^T i^2(t) \, dt,$$

从而

$$I^2 = \frac{1}{T}\int_0^T i^2(t) \, dt,$$

即
$$I = \sqrt{\frac{1}{T} \int_0^T i^2(t)\,dt}.$$

对于正弦电流 $i(t) = I_m \sin\omega t$，有效值

$$I = \sqrt{\frac{1}{\frac{2\pi}{\omega}} \int_0^{2\pi/\omega} I_m^2 \sin^2\omega t\,dt} = \sqrt{\frac{I_m^2}{2\pi} \int_0^{2\pi/\omega} \sin^2\omega t\,d(\omega t)}$$

$$= \sqrt{\frac{I_m^2}{4\pi}\left[\omega t - \frac{\sin 2\omega t}{2}\right]_0^{\frac{2\pi}{\omega}}} = \frac{I_m}{\sqrt{2}}.$$

就是说，正弦交流电的有效值等于它的峰值的 $\dfrac{1}{\sqrt{2}}$.

我们把 $\sqrt{\dfrac{1}{b-a}\int_a^b f^2(t)\,dt}$ 叫做函数 $f(t)$ 在 $[a,b]$ 上的均方根. 所以周期性电流 $i(t)$ 的有效值就是它在一个周期上的均方根.

习 题 6-6

1. 一物体以速度 $v = 3t^2 + 2t \,(\text{m/s})$ 做直线运动，算出它在 $t=0$ 到 $t=3(\text{s})$ 一段时间内的平均速度.

2. 计算函数 $y = 2xe^{-x}$ 在 $[0,2]$ 上的平均值.

3. 某可控硅控制线路中，流过负载 R 的电流 $i(t)$，如图 6-33 所示，即

$$i(t) = \begin{cases} 0, & 0 \leqslant t \leqslant t_0, \\ 5\sin\omega t, & t_0 < t \leqslant \dfrac{T}{2}, \end{cases}$$

其中 t_0 称为触发时间. 如果 $T = 0.02(\text{s})\left(\text{即 } \omega = \dfrac{2\pi}{T} = 100\pi\right)$：

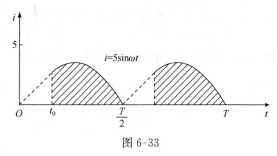

图 6-33

(1) 当触发时间 $t_0 = 0.0025(\text{s})$ 时，求 $0 \leqslant t \leqslant \dfrac{T}{2}$ 内电流的平均值；

(2) 当触发时间为 t_0 时,求 $\left[0,\dfrac{T}{2}\right]$ 内电流的平均值;

(3) 要使 $i_{平均}=\dfrac{15}{2\pi}$A 和 $\dfrac{5}{3\pi}$A,问相应的触发时间应为多少?

4. 算出正弦交流电流 $i=I_m\sin\omega t$ 经半波整流后得到的电流

$$i=\begin{cases}I_m\sin\omega t, & 0\leqslant t\leqslant\dfrac{\pi}{\omega},\\ 0, & \dfrac{\pi}{\omega}<t\leqslant\dfrac{2\pi}{\omega}\end{cases}$$

的有效值.

5. 算出周期为 T 的矩形脉冲电流

$$i=\begin{cases}a, & 0\leqslant t\leqslant c,\\ 0, & c<t\leqslant T\end{cases}$$

的有效值.

6.7 定积分在经济中的应用

例1 设某产品的总产量 Q 是时间 t 的函数,其变化率为 $Q'(t)=100+12t-0.6t^2$(单位:h),求 $t=2$ 到 $t=8$ 这 6h 的总产量.

解 因为总产量是它的变化率 $Q'(t)$ 在区间 $[2,8]$ 上的定积分,所以总产量为

$$Q=\int_2^8 Q'(t)\mathrm{d}t=\int_2^8(100+12t-0.6t^2)\mathrm{d}t$$
$$=[100t+6t^2-0.2t^3]_2^8=1081.6-222.4=859.2(单位).$$

例2 某种商品每天生产 Q 件时,固定成本为 20 元,边际成本函数 $C'(Q)=0.4Q+2$(元/件),求总成本函数 $C(Q)$. 如果该商品销售单价为 18 元/件,且产品可以全部售出,求总利润函数 $L(Q)$,并问每天生产多少件时,能够获取最大利润?

解 因为总成本是由固定成本与变动成本构成的,而变动成本是边际成本在区间 $[0,Q]$ 上的定积分,即

$$C_2(Q)=\int_0^Q(0.4Q+2)\mathrm{d}Q=[0.2Q^2+2Q]_0^Q=0.2Q^2+2Q.$$

又固定成本为 20 元,即 $C_1=20$,所以总成本函数为

$$C(Q)=0.2Q^2+2Q+20.$$

销售 Q 件商品得到的总收益函数为

$$R(Q)=18Q,$$

于是,总利润函数为

$$L(Q) = R(Q) - C(Q) = 18Q - 0.2Q^2 - 2Q - 20$$
$$= -0.2Q^2 + 16Q - 20.$$

因为 $L'(Q) = -0.4Q + 16$，令 $L'(Q) = 0$，得驻点 $Q = 40$，而 $L''(Q) = -0.4$，则 $L''(40) = -0.4 < 0$，所以，函数 $L(Q)$ 在点 $Q = 40$ 处取得唯一的极大值，并且这个极大值就是最大值.

因此，每天生产 40 件产品时，可获取最大利润.

例 3 已知生产某种产品 Q 件时，边际收益函数为 $R'(Q) = 200 - \dfrac{Q}{50}$，试求生产 Q 件时，总收益函数 $R(Q)$ 及平均收益函数 $\bar{R}(Q)$，并求生产该产品为 2000 件时，总收益 R 及平均收益 $\bar{R}$.

解 因为总收益函数是边际收益函数在区间 $[0, Q]$ 上的定积分，所以总收益函数为

$$R(Q) = \int_0^Q \left(200 - \frac{Q}{50}\right) dQ = \left[200Q - \frac{Q^2}{100}\right]_0^Q = 200Q - \frac{Q^2}{100}.$$

平均收益函数为

$$\bar{R}(Q) = \frac{R(Q)}{Q} = 200 - \frac{Q}{100}.$$

当产量 $Q = 2000$ 件时，总收益为

$$R(2000) = 200 \cdot 2000 - (2000)^2/100 = 360000 (元),$$

平均收益为

$$\bar{R}(2000) = 200 - 2000/100 = 180 (元).$$

习 题 6-7

1. 设某产品的总产量 Q 是时间 t 的函数，其变化率为 $Q'(t) = 150 + 4t - 0.24t^2$（单位/年），求第一个五年和第二个五年的总产量各为多少？

2. 已知某产品生产 Q 个单位时，边际收益为 $R'(Q) = 300 - \dfrac{Q}{150}$（元/单位），试求生产 Q 个单位时，总收益函数 $R(Q)$ 及平均收益函数 $\bar{R}(Q)$，并求生产该产品 2000 个单位时，总收益 R 及平均收益 $\bar{R}$.

3. 某产品边际成本 $C'(Q) = 1$（万元/百台），边际收益 $R'(Q) = 5 - Q$（万元/百台），试求：

(1) 生产量为多少时，总利润最大？

(2) 从获取最大利润的产量出发再生产 100 台，求总利润将减少多少？

第七章 微分方程

微分方程是在微积分的基础上发展起来的一个重要数学分支,它在科技领域中有着广泛的应用.本章主要介绍微分方程的一些基本概念和几种常见微分方程的解法.

7.1 微分方程的概念

一、实践中的微分方程举例

首先考虑以下例子,看如何建立问题中诸量及其导数(或微分)间的关系,至于如何根据所建立的关系求得未知函数,则在以下各节讨论.

例 1 在氧气充足的情况下酵母的增长规律是:酵母增长速率与酵母的现有量成正比.设在时刻 t,酵母的现有量为 A,求酵母在任何时刻的现有量 A 与时间 t 的函数关系.

解 酵母的增长速率为 $\dfrac{dA}{dt}$,由给定条件知,$A>0$,$\dfrac{dA}{dt}>0$,于是得到方程

$$\frac{dA}{dt}=kA \quad (k \text{ 为正常数}). \tag{1}$$

例 2 当不考虑资源局限时,种群自然生长.此时,种群数量的瞬时增长速度与种群在时刻 t 的数量 $N=N(t)$ 成正比,即

$$\frac{dN}{dt}=kN \quad \text{或} \quad \frac{1}{N}dN=kdt. \tag{2}$$

例 3 以初速 v_0 垂直向上抛一物体,设此物体的运动只受重力影响,试求它的运动方程.

解 取 x 轴向上,并以物体上抛的起点为坐标原点,因为物体所受的力为重力,方向与 x 轴相反,所以力 $F=-mg$(m 表示物体的质量),而物体运动的加速度就是物体位移对时间的二阶导数,即 $\dfrac{d^2x}{dt^2}$.由牛顿第二定律 $F=ma$,即得关系式

$$-mg=m\frac{d^2x}{dt^2},$$

即

$$\frac{d^2x}{dt^2}=-g. \tag{3}$$

二、微分方程的基本概念

前面所举的例子中得到的关系式,它们都有一个共同特点,都含有未知函数的导数(或微分),称这种关系式为微分方程.

定义 含有自变量、未知函数及其导数(或微分)的方程叫微分方程.

如果一个微分方程中所含的未知函数是一元函数,这种方程称为常微分方程.例如,方程(1)~(3).这是本章讨论的内容.

如果一个微分方程中所含未知函数是多元函数,所含的导数是偏导数,这种方程称为偏微分方程.例如,$\dfrac{\partial^2 z}{\partial x^2}=a\dfrac{\partial^2 z}{\partial y^2}$,其中 z 是 x 与 y 的二元函数.这种方程不在本章讨论范围.

微分方程中出现的未知函数的最高阶导数(或微分)的阶数,叫做微分方程的阶.

据此,方程(1)和(2)都是一阶微分方程,而方程(3)是二阶微分方程.

如果有一个函数满足微分方程,也即把它代入微分方程后,使方程变成关于自变量的恒等式,这个函数就叫微分方程的解.

例如,$y=e^{kt}$ 是方程(1)的解,这是因为 $(e^{kt})'=ke^{kt}$.

由此可知,要判断一个函数是否为某微分方程的解,只要把该函数代入方程即可得出结论.

求微分方程解的过程叫解微分方程. 为此考虑上述例3.

由上述讨论可知,以初速度 v_0 垂直向上抛一物体,在物体运动只受重力影响的假设下,它的运动方程满足

$$\begin{cases} \dfrac{d^2 x}{dt^2}=-g, \\ \dfrac{dx}{dt}\bigg|_{t=0}=v_0, \\ x|_{t=0}=0, \end{cases} \tag{4}$$

对(4)中方程两边积分,得

$$\int \dfrac{d^2 x}{d^2 t}dt=\int (-g)dt, \quad \dfrac{dx}{dt}=-gt+C_1, \tag{5}$$

再对上式积分,得

$$x=-\dfrac{1}{2}gt^2+C_1 t+C_2, \tag{6}$$

其中 C_1,C_2 是两个任意常数. 又因为 $\dfrac{dx}{dt}\bigg|_{t=0}=v_0$,代入(5)式得 $C_1=v_0$,将 $x|_{t=0}=0$

代入(6)得 $C_2=0$,所以微分方程(4)的解为

$$x=-\frac{1}{2}gt^2+v_0t. \tag{6'}$$

由上述求解过程可以看出,解微分方程实际上就是求不定积分,根据解的定义知(6)和(6')式都是(4)中方程的解. 这说明微分方程的解有两种,一是含有任意常数,且所含有的任意常数的个数等于微分方程的阶数,这样的解叫做通解;二是根据已知条件,从通解中求出具体的常数 C,如(6'),这样的解叫做微分方程的特解. 我们把用来确定任意常数的已知条件,叫做微分方程的初始条件. 带有初始条件的微分方程称为微分方程的初值问题,如(4).

一般地,若微分方程是一阶的,通常用来确定任意常数的初始条件是: $x=x_0$ 时, $y=y_0$,或写成 $y|_{x=x_0}=y_0$. 若微分方程是二阶的,因为其通解中含有两个任意常数,所以初始条件是: $y|_{x=x_0}=y_0, y'|_{x=x_0}=y_0'$,其中 x_0, y_0, y_0' 都是给定的值.

三、微分方程解的几何意义

微分方程通解的几何意义是以任意常数为参数的曲线族,其中每一条曲线叫做微分方程的积分曲线,例如,方程 $\frac{dy}{dx}=2x$ 的通解是 $y=x^2+C$,它所对应的积分曲线族如图 7-1 所示.

特解所对应的几何图形是某一条积分曲线. 例如,满足初始条件: $y|_{x=0}=1$ 的特解 $y=x^2+1$ 是通过点 $(0,1)$ 的一条曲线.

例 4 验证 $y=\sin x$ 是方程 $\frac{d^2y}{dx^2}+y=0$ 的解.

证 已知 $y=\sin x$,则 $\frac{dy}{dx}=\cos x, \frac{d^2y}{dx^2}=-\sin x$,将 $y, \frac{d^2y}{dx^2}$ 代入方程左边,得

$$\frac{d^2y}{dx^2}+y=-\sin x+\sin x=0,$$

即 $y=\sin x$ 是方程 $\frac{d^2y}{dx^2}+y=0$ 的解.

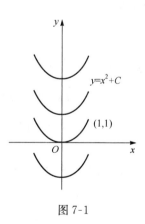

图 7-1

一般应用微分方程解决实际问题时分三个步骤:

(1) 根据问题中已给条件建立微分方程;

(2) 从建立的微分方程中求出通解(叫做解微分方程);

(3) 根据给定的初始条件求出特解.

习 题 7-1

1. 什么叫微分方程？指出下列微分方程的阶数.

   (1) $\dfrac{dy}{dx}+\sqrt{\dfrac{1-y^2}{1-x^2}}=0$；

   (2) $y''+3y'+2y=\sin x$；

   (3) $\dfrac{d^3 y}{dx^3}-y=e^x$；

   (4) $y''=C$（C 为常数）.

2. 检验下列函数是否是微分方程 $y''-y'-2y=0$ 的解.

   (1) $y=e^{-x}$；

   (2) $y=e^x$；

   (3) $y=e^{2x}$；

   (4) $y=x^2$.

3. （一级化学反应问题）在一级化学反应中，反应速率与反应物现有浓度成正比. 设物质反应开始的浓度为 a，求物质反应的规律，即求浓度与时间的函数关系.

7.2 一阶微分方程

一阶微分方程的一般形式为

$$F(x,y,y')=0.$$

在能把 y' 解出时，一阶方程可写为

$$y'=f(x,y) \quad \text{或} \quad \dfrac{dy}{dx}=f(x,y).$$

下面讨论几种常见的一阶微分方程.

一、可分离变量的微分方程

如果一阶微分方程可化为

$$g(y)dy=f(x)dx \tag{1}$$

的形式，则原方程称为可分离变量的微分方程.

一阶微分方程

$$\dfrac{dy}{dx}=f(x)\varphi(y)$$

及

$$M_1(x)N_1(y)dx+M_2(x)N_2(y)dy=0$$

都是可分离变量的微分方程. 因为经过简单的代数运算，这两个微分方程皆可化为方程(1)的形式：

$$\dfrac{1}{\varphi(y)}dy=f(x)dx$$

及
$$\frac{N_2(y)}{N_1(y)}dy = -\frac{M_1(x)}{M_2(x)}dx.$$

不难看出,对(1)式两端同时积分,得到原方程的通解
$$\int g(y)dy = \int f(x)dx + C,$$

其中 C 为任意常数.

例1 求方程 $\dfrac{dy}{dx} = e^y \sin x$ 的通解.

解 分离变量,原方程化为
$$e^{-y}dy = \sin x dx,$$

两边积分,得
$$-e^{-y} = -\cos x + C,$$

或
$$\cos x - e^{-y} = C,$$

即为方程的通解.

例2 由 7.1 节例 2 知,当不考虑资源局限时,种群自然生长. 此时种群数量的瞬时增长速度与种群在时刻 t 的数量 $N(t) = N$ 成正比,即
$$\frac{dN}{dt} = kN \quad \text{(其中 } k \text{ 为常数)},$$

或
$$\frac{dN}{N} = kdt,$$

两边积分,得 $\ln N = kt + C$,即
$$N = Ce^{kt}.$$

若此种群在初始时刻 $t = 0$ 时的数量为 N_0,即有初始条件: $N|_{t=0} = N_0$.

由此可以确定 $C = N_0$,从而得出在此初始条件下的种群生长规律:
$$N = N_0 e^{kt},$$

这就是种群生长过程的确定性方程.

二、齐次方程

如果一阶微分方程
$$\frac{dy}{dx} = f(x, y) \tag{2}$$

中的函数 $f(x, y)$ 可化为 $\dfrac{y}{x}$ 的函数,即

$$f(x,y)=\varphi\left(\frac{y}{x}\right),$$

则称这种方程为齐次方程.

此时,方程(2)化为

$$\frac{dy}{dx}=\varphi\left(\frac{y}{x}\right). \tag{3}$$

若令 $u=\frac{y}{x}$,则 $y=ux$,两边关于 x 求导,得

$$\frac{dy}{dx}=u+x\frac{du}{dx},$$

将其代入方程(3),便得到可分离变量的方程

$$x\frac{du}{dx}=\varphi(u)-u,$$

分离变量后两端同时积分

$$\int\frac{du}{\varphi(u)-u}=\ln x-\ln C,$$

即

$$x=Ce^{\int\frac{du}{\varphi(u)-u}},$$

将上式中的 u 还原为 $\frac{y}{x}$,则得原方程的通解.

例3 求齐次方程

$$\frac{dy}{dx}=\frac{y^2}{xy-x^2}$$

的通解.

解 原方程可化为

$$\frac{dy}{dx}=\left(\frac{y}{x}\right)^2\Big/\left(\frac{y}{x}-1\right).$$

令 $u=\frac{y}{x}$,则 $y=ux$,$\frac{dy}{dx}=u+x\frac{du}{dx}$,代入上面方程,得

$$u+x\frac{du}{dx}=\frac{u^2}{u-1},$$

化简得

$$x\frac{du}{dx}=\frac{u}{u-1},$$

分离变量后两端同时积分,得

$$u-\ln u=\ln x-\ln C,$$

即

$$ux = Ce^u.$$

所以原方程的通解为

$$y = Ce^{\frac{y}{x}}.$$

三、一阶线性微分方程

方程

$$\frac{dy}{dx} + P(x)y = Q(x) \tag{4}$$

称为一阶线性微分方程,其中 $P(x), Q(x)$ 是连续函数,且方程关于 y 及 $\frac{dy}{dx}$ 是一次的,$Q(x)$ 叫做自由项.

如果自由项 $Q(x) \equiv 0$,方程(4)变为

$$\frac{dy}{dx} + P(x)y = 0 \tag{5}$$

称为一阶线性齐次微分方程. 如果 $Q(x) \not\equiv 0$,则方程(4)称为一阶线性非齐次微分方程.

一阶线性非齐次微分方程的通解的求法:

首先求对应齐次方程(5)的通解.

将方程(5)分离变量,得到

$$\frac{dy}{y} = -P(x)dx,$$

两端同时积分,得方程(5)的通解为

$$\ln y = -\int P(x)dx + C_1,$$

或

$$y = Ce^{-\int P(x)dx} \quad (C = e^{C_1}).$$

其次,利用常数变易法求线性非齐次方程(4)的通解.

其方法是把方程(5)的通解 y 中的常数 C 换成 x 的函数 $C(x)$,即令

$$y = C(x)e^{-\int P(x)dx}, \tag{6}$$

将(6)式代入方程(4)中,确定出 $C(x)$,再把 $C(x)$ 代入(6)式,便得到方程(4)的通解. 具体做法如下.

由(6)式,得到

$$\frac{dy}{dx} = C'(x)e^{-\int P(x)dx} - C(x)P(x)e^{-\int P(x)dx},$$

将(6)式和上式代入方程(4)中,得

$$C'(x)\mathrm{e}^{-\int P(x)\mathrm{d}x} - C(x)P(x)\mathrm{e}^{-\int P(x)\mathrm{d}x} + C(x)P(x)\mathrm{e}^{-\int P(x)\mathrm{d}x} = Q(x),$$

即

$$C'(x) = Q(x)\mathrm{e}^{\int P(x)\mathrm{d}x},$$

积分得

$$C(x) = \int Q(x)\mathrm{e}^{\int P(x)\mathrm{d}x}\mathrm{d}x + C.$$

将此式确定的 $C(x)$ 代入(6)式,便得到方程(4)的通解

$$y = \mathrm{e}^{-\int P(x)\mathrm{d}x}\left[\int Q(x)\mathrm{e}^{\int P(x)\mathrm{d}x}\mathrm{d}x + C\right]. \tag{7}$$

由此可知:线性非齐次微分方程的通解等于它对应齐次方程的通解加上一个特解.

例 4 求方程 $y'+xy=x$ 的通解.

解 将原方程对应的齐次方程 $y'+xy=0$ 改写成

$$\frac{\mathrm{d}y}{y} = -x\mathrm{d}x,$$

两边同时积分,得

$$\ln y = -\frac{1}{2}x^2 + \ln C,$$

故

$$y = C\mathrm{e}^{-\frac{1}{2}x^2}.$$

令

$$y = C(x)\mathrm{e}^{-\frac{1}{2}x^2},$$

代入所给方程,得

$$C'(x)\mathrm{e}^{-\frac{1}{2}x^2} = x,$$

故

$$C(x) = \int x\mathrm{e}^{\frac{1}{2}x^2}\mathrm{d}x = \int \mathrm{e}^{\frac{1}{2}x^2}\mathrm{d}\left(\frac{1}{2}x^2\right) = \mathrm{e}^{\frac{1}{2}x^2} + C,$$

所求方程的通解为

$$y = \mathrm{e}^{-\frac{1}{2}x^2}(\mathrm{e}^{\frac{1}{2}x^2} + C) = C\mathrm{e}^{-\frac{1}{2}x^2} + 1.$$

例 5(溶液混合问题) 一容器中有 400L 溶液,其中含有 25kg 溶质(盐),现以 16L/min 的速度向容器注入每升含有 1.5kg 盐的溶液,并同时以 8L/min 的速度从容器中排出溶液,由于不断搅拌,可视容器中的溶液始终保持均匀.求经 t min 后,容器中的含盐量.

解 设 t min 后容器中剩留的盐量为 x kg,我们来研究容器中含盐量的消长,以建立微分方程.由于每分钟注入 16L 溶液,每升内含盐 1.5kg,故任意时刻 t,注入盐的速度为 $v_1(t) = 16 \times 1.5 = 24$(kg/min),又因为同时以每分钟 8L 的速度排

出溶液,故 t min 后溶液总量为 $400+(16-8)t$(L),而每升含盐量为 $\dfrac{x}{400+8t}$(kg),因而排出盐的速度为

$$v_2(t)=\frac{8x}{400+8t}=\frac{x}{50+t},$$

从而溶液内盐量的变化速度是

$$\frac{\mathrm{d}x}{\mathrm{d}t}=v_1(t)-v_2(t)=24-\frac{x}{50+t},$$

即

$$\frac{\mathrm{d}x}{\mathrm{d}t}+\frac{1}{50+t}x=24.$$

这是一阶线性非齐次方程,可直接利用公式(7)求通解(具体使用时,按例 4 计算过程为好,以免记忆上的差错):

$$x=\mathrm{e}^{-\int P(t)\mathrm{d}t}\left[\int Q(t)\mathrm{e}^{\int P(t)\mathrm{d}t}\mathrm{d}t+C\right].$$

而

$$\int P(t)\mathrm{d}t=\int\frac{\mathrm{d}t}{50+t}=\ln(50+t),$$

故

$$\begin{aligned}x&=\mathrm{e}^{-\ln(50+t)}\left[\int 24\mathrm{e}^{\ln(50+t)}\mathrm{d}t+C\right]\\&=\frac{1}{50+t}\left[24\int(50+t)\mathrm{d}t+C\right]\\&=\frac{24\left(50t+\frac{1}{2}t^2\right)+C}{50+t}.\end{aligned}$$

由题意,初始条件是 $x|_{t=0}=25$,代入通解得常数 $C=1250$,于是 t min 后容器内的含盐量是

$$x(t)=\frac{1250+1200t+12t^2}{50+t}(\mathrm{kg}).$$

四、*应用举例

应用微分方程解实际问题的关键是要归结出问题的数学模型——微分方程,然后利用有关方法求解微分方程.下面举例说明.

例 6 种群自然生长由于受资源局限,阻碍进一步增长时,生长速度受阻,处于"饱和水平",设种群生长的上限为 b,种群的大小为 N,种群相对增长率为

$\dfrac{1}{N}\dfrac{\mathrm{d}N}{\mathrm{d}t}$,与$(b-N)$成比例,求种群生长规律.

解 由题意知
$$\dfrac{1}{N}\dfrac{\mathrm{d}N}{\mathrm{d}t}=a(b-N),$$
分离变量化为
$$\dfrac{\mathrm{d}N}{N(b-N)}=a\mathrm{d}t,$$
而
$$\dfrac{1}{N(b-N)}=\dfrac{1}{b}\left(\dfrac{1}{N}+\dfrac{1}{b-N}\right),$$
所以有
$$\dfrac{1}{b}\left(\dfrac{1}{N}+\dfrac{1}{b-N}\right)\mathrm{d}N=a\mathrm{d}t,$$
两端积分
$$\int\dfrac{\mathrm{d}N}{N}+\int\dfrac{\mathrm{d}N}{b-N}=\int ab\,\mathrm{d}t,$$
得
$$\ln\dfrac{N}{b-N}=abt+\ln C=\ln(Ce^{abt}),$$
即
$$\dfrac{N}{b-N}=Ce^{abt},\quad N=Cbe^{abt}-NCe^{abt},$$
于是
$$N=\dfrac{Cbe^{abt}}{1+Ce^{abt}}=\dfrac{b}{1+\dfrac{1}{C}e^{-abt}},$$
即为种群生长变化的规律. 当$t\to+\infty$时,$N\to b$,数b就是稳定的种群大小. 或者说由于环境限制,种群不能超过饱和水平. 这就是自然生长曲线方程,或称逻辑斯蒂函数.

例7 一质量为m的潜水艇由静止状态下降,它所受的阻力与下降速度成正比,比例系数为$k(k>0)$,求潜水艇下降速度v与时间t的函数关系.

解 设在时刻t潜艇下降的速度为v,则潜艇的加速度为$\dfrac{\mathrm{d}v}{\mathrm{d}t}$. 因为
$$\text{潜艇受力}=\text{重力}\,mg-\text{阻力}\,kv,$$
由牛顿第二定律,有

7.2 一阶微分方程

$$mg - kv = m\frac{dv}{dt},$$

或

$$\frac{dv}{dt} + \frac{k}{m}v = g,$$

这是一阶线性方程,其初始条件为 $v|_{t=0}=0$. 其通解为

$$v = \frac{mg}{k} + Ce^{-\frac{k}{m}t},$$

由初始条件 $v|_{t=0}=0$,得 $C = -\dfrac{mg}{k}$,所以

$$v = \frac{mg}{k}(1 - e^{-\frac{k}{m}t}),$$

这就是潜艇的下降速度与时间的函数关系.

例 8 某车间容积为 10000m^3,在生产过程中部分 CO_2 扩散在车间内,车间内空气中的 CO_2 的百分比稳定在 0.12%,现用一台风量为 $1000\text{m}^3/\text{min}$ 的鼓风机通入含有 0.04% 的 CO_2 的新鲜空气,当通入空气与原有空气混合均匀后,用相同风量排出,问鼓风机开动 10min 后,车间内含有 CO_2 的百分比将降到多少?

解 设鼓风机开动 $t\text{min}$ 后,车间内空气的 CO_2 的含量为 $x\%$,经过 dt 时间间隔后,CO_2 的含量改变 $dx\%$.

由题意,在 dt 这段时间内

$$CO_2 \text{ 的改变量} = CO_2 \text{ 的通入量} - CO_2 \text{ 的排出量},$$

由于

$$CO_2 \text{ 的改变量} = 10000dx\%,$$
$$CO_2 \text{ 的通入量} = 1000 \times 0.04\% \times dt,$$
$$CO_2 \text{ 的排出量} = 1000 \times x\% dt,$$

所以得到微分方程

$$10000dx = 1000(0.04 - x)dt,$$

即

$$10dx = (0.04 - x)dt,$$

初始条件

$$x|_{t=0} = 0.12,$$

解方程得通解为

$$x = 0.04 - Ce^{-\frac{t}{10}}.$$

由 $x|_{t=0} = 0.12$,得

$$C = -0.08,$$

于是

$$x=0.04+0.08\mathrm{e}^{-\frac{t}{10}},$$

因此，10min 后，车间内空气中的 CO_2 含量降低到

$$x=0.04+0.08\mathrm{e}^{-1}\approx 0.0694.$$

习　题　7-2

1. 求下列可分离变量微分方程的通解.

(1) $xy'-y\ln y=0$；

(2) $\dfrac{\mathrm{d}y}{\mathrm{d}x}=\sqrt{\dfrac{1-y^2}{1-x^2}}$；

(3) $\dfrac{\mathrm{d}y}{\mathrm{d}x}=10^{x+y}$；

(4) $(y+1)^2\dfrac{\mathrm{d}y}{\mathrm{d}x}+x^3=0$.

2. 求下列齐次方程的通解.

(1) $\dfrac{\mathrm{d}y}{\mathrm{d}x}=\dfrac{y}{y-x}$；

(2) $xy'=y\ln\dfrac{y}{x}$；

(3) $x^2y'+y^2=xyy'$；

(4) $(y^2-x^2)\mathrm{d}y+xy\mathrm{d}x=0$.

3. 求下列微分方程的通解.

(1) $y'+y=\mathrm{e}^x$；

(2) $y'+2xy=4\mathrm{e}^{-x^2}$；

(3) $\dfrac{\mathrm{d}y}{\mathrm{d}x}=\dfrac{y}{2x-y^2}$；

(4) $(1+x^2)y'-2xy=(1+x^2)^2$.

4. 求下列微分方程满足初始条件的特解.

(1) $(y-x^2y)\mathrm{d}y+x\mathrm{d}x=0, y|_{x=\sqrt{2}}=0$；

(2) $\dfrac{\mathrm{d}y}{\mathrm{d}x}+2xy=x\mathrm{e}^{-x^2}, y|_{x=0}=1$.

5. 设一容器内原有 100L 盐水，内含食盐 10kg，现以 3L/min 的速度注入 0.01kg/L 的淡盐水，同时以 2L/min 的速度抽出混合均匀的盐水，试求容器内含盐量 Q 随时间 t 变化的规律.

6. 酵母的增长规律是：酵母增长速率与酵母现存量成正比. 设在时刻 t 酵母的现存量为 n_t. 求酵母在任何时刻的现存量 n_t 与时间 t 的函数关系. 又设酵母开始发酵后，经过 2h 其重量为 4g，经过 3h 其重量为 6g，试计算发酵前酵母的重量.

7.3　可降阶的高阶微分方程

在这一节中我们将讨论几种特殊类型的高阶微分方程，它们皆可以用降阶法求解，即将高阶方程化为一阶方程来求解.

一、$y^{(n)}=f(x)$ 型微分方程

这类方程的特点是其右端仅含有自变量 x，因此只要连续积分 n 次，便可得到

方程 $y^{(n)}=f(x)$ 的含有 n 个任意常数的通解.

例 1 求微分方程 $y'''=\mathrm{e}^{-2x}-1$ 的通解.

解 将所给方程连续积分 3 次,得

$$y''=-\frac{1}{2}\mathrm{e}^{-2x}-x+C_1,$$

$$y'=\frac{1}{4}\mathrm{e}^{-2x}-\frac{x^2}{2}+C_1x+C_2,$$

$$y=-\frac{1}{8}\mathrm{e}^{-2x}-\frac{x^3}{6}+\frac{C_1}{2}x^2+C_2x+C_3,$$

即所给方程的通解为

$$y=-\frac{1}{8}\mathrm{e}^{-2x}-\frac{1}{6}x^3+C_1'x^2+C_2x+C_3 \quad \left(\text{其中}\ C_1'=\frac{C_1}{2}\right).$$

二、$y''=f(x,y')$ 型微分方程

这类方程的特点是不明显地出现未知函数 y,只需设 $p=y'$,则

$$y''=\frac{\mathrm{d}p}{\mathrm{d}x}=p',$$

从而将所给方程化为一阶微分方程

$$p'=f(x,p),$$

求出此方程的通解 $p=\varphi(x,C_1)$,再积分一次,得到所给方程的通解:

$$y=\int\varphi(x,C_1)\mathrm{d}x+C_2.$$

例 2 求微分方程 $y''-\dfrac{2}{x+1}y'=0$ 的通解.

解 所给方程属于 $y''=f(x,y')$ 型.

设 $y'=p$,则 $p'=\dfrac{2}{x+1}p$,即

$$\frac{\mathrm{d}p}{p}=\frac{2}{x+1}\mathrm{d}x,$$

两端同时积分,得

$$\ln p=\ln(x+1)^2+\ln C_1',$$

即

$$y'=C_1'(x+1)^2.$$

再积分,得到所给方程的通解

$$y=\frac{C_1'}{3}(x+1)^3+C_2=C_1(x+1)^3+C_2 \quad \left(\text{其中}\ C_1=\frac{C_1'}{3}\right).$$

例3 求微分方程 $y'' + \dfrac{x}{1+x^2}y' = 0$ 满足初始条件 $y|_{x=0}=2, y'|_{x=0}=1$ 的特解.

解 令 $y'=p$，则有
$$p' = -\dfrac{x}{1+x^2}p,$$
分离变量，得
$$\dfrac{\mathrm{d}p}{p} = -\dfrac{x}{1+x^2}\mathrm{d}x,$$
两边积分，得
$$\ln p = -\dfrac{1}{2}\ln(1+x^2) + \ln C_1,$$
即
$$p = y' = \dfrac{C_1}{\sqrt{1+x^2}}.$$
因为 $y'|_{x=0}=1$，所以 $C_1=1$，从而有
$$p = y' = \dfrac{1}{\sqrt{1+x^2}},$$
两边积分，得
$$y = \ln(x+\sqrt{1+x^2}) + C_2.$$
又 $y|_{x=0}=2$，所以 $C_2=2$，故所给方程满足初始条件 $y|_{x=0}=2, y'|_{x=0}=1$ 的特解为
$$y = \ln(x+\sqrt{1+x^2}) + 2.$$

三、$y''=f(y,y')$ 型微分方程

这类方程不显含自变量 x，设 $p=y'$，且把 y' 看成是 y 的函数，则有
$$y'' = \dfrac{\mathrm{d}p}{\mathrm{d}x} = \dfrac{\mathrm{d}p}{\mathrm{d}y}\dfrac{\mathrm{d}y}{\mathrm{d}x} = p\dfrac{\mathrm{d}p}{\mathrm{d}y},$$
从而将所给方程化为一阶微分方程
$$p\dfrac{\mathrm{d}p}{\mathrm{d}y} = f(y,p).$$

下面举例说明其解法.

例4 求方程 $2yy'' = 1+y'^2$ 的通解.

解 原方程可化为

$$y'' = \frac{1+y'^2}{2y}.$$

设 $p = y'$,则 $y'' = p\dfrac{\mathrm{d}p}{\mathrm{d}y}$,代入上式有

$$p\frac{\mathrm{d}p}{\mathrm{d}y} = \frac{1+p^2}{2y},$$

分离变量,得

$$\frac{p}{1+p^2}\mathrm{d}p = \frac{\mathrm{d}y}{2y},$$

积分,得

$$\frac{1}{2}\ln(1+p^2) = \frac{1}{2}\ln y + \frac{1}{2}\ln C_1,$$

即

$$1 + p^2 = C_1 y,$$
$$y'^2 = C_1 y - 1,$$

于是

$$y' = \pm(C_1 y - 1)^{1/2},$$

积分,得

$$\pm\frac{(C_1 y - 1)^{-\frac{1}{2}+1}}{\dfrac{C_1}{2}} = x + C_2,$$

化简整理,得

$$y = \frac{C_1}{4}(x+C_2)^2 + \frac{1}{C_1},$$

这就是所求的通解.

习 题 7-3

1. 求下列各微分方程的通解.
 (1) $y'' = x + \sin x$; (2) $y'' - y' = e^x$;
 (3) $a^2 y'' - y = 0$; (4) $2y'^2 = (y-1)y''$.

2. 求下列微分方程的特解.
 (1) $y''(x^2+1) = 2xy', y|_{x=0} = 1, y'|_{x=0} = 3$;
 (2) $y'' + y'^2 = 0, y|_{x=0} = 1, y'|_{x=0} = 1$.

7.4 二阶常系数线性微分方程

在本节将重点介绍应用极为广泛的二阶常系数线性微分方程的解法.

形如
$$y'' + py' + qy = f(x) \quad (p, q \text{ 为常数}) \tag{1}$$
的微分方程叫做二阶常系数线性微分方程，其中 $f(x)$ 叫自由项．

当 $f(x) \neq 0$ 时，叫做非齐次线性方程．

当 $f(x) \equiv 0$ 时，叫做齐次线性方程．

一、二阶常系数齐次线性微分方程

（一）通解结构

定理 1 如果 $y_1(x), y_2(x)$ 是齐次线性方程
$$y'' + py' + qy = 0 \tag{2}$$
的两个解，则 $y = C_1 y_1(x) + C_2 y_2(x)$ 也是方程(2)的解，其中 C_1, C_2 为任意常数．

将 $y = C_1 y_1(x) + C_2 y_2(x)$ 代入方程(2)即可证明定理．详证从略．

这个定理表明，齐次线性微分方程的解具有叠加性．

当 $y_1(x), y_2(x)$ 是方程(2)的解时，$C_1 y_1(x) + C_2 y_2(x)$ 也是方程(2)的解，但不一定是方程(2)的通解．那么，对于二阶齐次线性方程(2)，它的两个解究竟具备什么条件，才能使 $y = C_1 y_1(x) + C_2 y_2(x)$ 是它的通解？ 这要看比值 $y_1(x)/y_2(x)$ 是否是常数．

若 $y_1/y_2 = k$（常数），则
$$\begin{aligned} y &= C_1 y_1(x) + C_2 y_2(x) = k C_1 y_2(x) + C_2 y_2(x) \\ &= (C_1 k + C_2) y_2(x), \end{aligned}$$
实质上它只含一个任意常数，因此不是通解．

若 $y_1/y_2 \not\equiv k$ 时，解 $y = C_1 y_1(x) + C_2 y_2(x)$ 中含有两个任意数，是齐次方程的通解．

定义 设 $y_1(x), y_2(x)$ 是定义在某区间内的两个函数，且当 x 在该区间内取值时，如果存在不为零的常数 k，使得 $y_1(x)/y_2(x) = k$，则称 $y_1(x)$ 与 $y_2(x)$ 在该区间内线性相关，否则，称为线性无关．

定理 2 如果函数 $y_1(x), y_2(x)$ 是方程(2)的两个线性无关的特解，则
$$y = C_1 y_1(x) + C_2 y_2(x)$$
就是方程(2)的通解，其中 C_1, C_2 是任意常数．

例 1 说明 $y_1 = e^{4x}, y_2 = e^{-x}$ 是方程
$$y'' - 3y' - 4y = 0$$
的两个解，并说明函数
$$y = C_1 e^{4x} + C_2 e^{-x}$$
是它的通解．

7.4 二阶常系数线性微分方程

解 容易验证 $y_1 = e^{4x}, y_2 = e^{-x}$ 是方程
$$y'' - 3y' - 4y = 0$$
的两个解. 而 $\dfrac{y_1}{y_2} = \dfrac{e^{4x}}{e^{-x}} = e^{5x}$ 不是常数,即 y_1 与 y_2 是线性无关的,因此 $y = C_1 e^{4x} + C_2 e^{-x}$ 是所给方程的通解.

(二) 通解的求法

由定理 2 可知,只要求出方程(2)的两个线性无关的解 y_1 和 y_2,就可得到其通解 $y = C_1 y_1 + C_2 y_2$.

由解的定义,要求方程(2)的特解,就是找一个函数 y,将它及其一阶、二阶导数 y' 和 y'' 代入方程,使之成为恒等式. 而根据齐次线性方程的特点,可推测出,当 y 及其导数 y' 和 y'' 之间都只相差一个常数因子时,y 可能是方程的解. 在我们研究的函数中,只有指数函数 $y = e^{rx}$ (r 为常数)具有上述这种特点.

如果 $y = e^{rx}$,则 $y' = re^{rx}, y'' = r^2 e^{rx}$,代入齐次方程(2),可得
$$r^2 e^{rx} + pre^{rx} + qe^{rx} = e^{rx}(r^2 + pr + q) = 0,$$
而 $e^{rx} \neq 0$,所以必须
$$r^2 + pr + q = 0. \tag{3}$$

由此可见,只要 r 满足方程(3),则函数 $y = e^{rx}$ 就是微分方程(2)的解,方程(3)是一个一元二次方程,其中 p, q 正好是方程(2)中 y' 和 y 的系数,我们把方程(3)称为齐次方程(2)的特征方程,把特征方程的根叫做齐次方程(2)的特征根.

由于特征方程(3)的两个根
$$r_{1,2} = \frac{-p \pm \sqrt{p^2 - 4q}}{2},$$
可能出现三种情况,因此,现就这三种情况进行讨论.

(1) $r_1 \neq r_2$ 是两个不相等的实根,即判别式 $p^2 - 4q > 0$ 时,得到方程(2)的两个特解为 $y_1 = e^{r_1 x}, y_2 = e^{r_2 x}$. 由于 $\dfrac{y_1}{y_2} = e^{(r_1 - r_2)x} \neq$ 常数,所以 y_1, y_2 是两个线性无关的特解. 从而齐次方程(2)的通解为
$$y = C_1 e^{r_1 x} + C_2 e^{r_2 x}.$$

(2) $r_1 = r_2$ 是两个相等实根时(即重根),这时只能得到齐次方程(2)的一个特解 $y_1 = e^{r_1 x}$,如要求通解,还需求出它的另一个特解 y_2,且 $\dfrac{y_2}{y_1}$ 不是常数,为此设 $\dfrac{y_2}{y_1} = u(x)$,即 $y_2 = u(x) e^{r_1 x}$,其中 $u(x)$ 待定.

将 $y_2 = u(x) e^{r_1 x}$ 求导后代入方程(2),整理后得
$$e^{r_1 x} [u''(x) + (2r_1 + p) u'(x) + (r_1^2 + pr_1 + q) u(x)] = 0.$$

因为 $e^{r_1 x} \neq 0$,则有
$$u''(x)+(2r_1+p)u'(x)+(r_1^2+pr_1+q)=0.$$
由于 r_1 是方程(3)的重根,所以
$$2r_1+p=0, \quad r_1^2+pr_1+q=0,$$
因此 $u''(x)=0$.

因为我们只要求 $u(x) \neq$ 常数,所以不妨设 $u(x)=x$,这样得到另一个特解 $y_2=xe^{r_1 x}$,于是方程(2)的通解为
$$y=C_1 e^{r_1 x}+C_2 xe^{r_1 x}=(C_1+C_2 x)e^{r_1 x}.$$

(3) 若 $r_1=\alpha+i\beta, r_2=\alpha-i\beta$,即方程(3)有一对共轭复根,则 $y_1=e^{(\alpha+i\beta)x}$, $y_2=e^{(\alpha-i\beta)x}$ 是方程(2)的两个特解,从而
$$\bar{y}_1=\frac{1}{2}(y_1+y_2), \quad \bar{y}_2=\frac{1}{2i}(y_1-y_2)$$
也是方程(2)的两个特解.

由欧拉公式 $e^{i\theta}=\cos\theta+i\sin\theta$ 可知
$$y_1=e^{(\alpha+i\beta)x}=e^{\alpha x}(\cos\beta x+i\sin\beta x),$$
$$y_2=e^{(\alpha-i\beta)x}=e^{\alpha x}(\cos\beta x-i\sin\beta x),$$
于是 $\bar{y}_1=e^{\alpha x}\cos\beta x, \bar{y}_2=e^{\alpha x}\sin\beta x$,且 $\dfrac{\bar{y}_1}{\bar{y}_2}=\cot\beta x \neq$ 常数,因此方程(2)的通解为
$$y=(C_1\cos\beta x+C_2\sin\beta x)e^{\alpha x}.$$
现以例子具体说明其应用.

例2 解方程 $y''-3y'-4y=0$.

解 先求出此方程的特征方程
$$r^2-3r-4=0,$$
求根,得到 $r_1=-1, r_2=4$,即有两个不相等的实根,因此所求微分方程的通解为
$$y=C_1 e^{-x}+C_2 e^{4x}.$$

例3 解方程 $y''-6y'+9y=0$.

解 原方程的特征方程是
$$r^2-6r+9=0,$$
即
$$(r-3)^2=0,$$
于是 $r_1=r_2=3$,因此所求微分方程的通解为
$$y=(C_1+C_2 x)e^{3x}.$$

例4(简谐振动) 设质量为 m 的质点受力的作用沿 x 轴运动,质点的平衡位置取作原点,力的方向指向原点,力的大小与质点到原点的距离成正比,求质点的运动规律.

7.4 二阶常系数线性微分方程

解 设 $x(t)$ 表示质点在 t 时刻的位置,依牛顿第二定律,有

$$m\frac{\mathrm{d}^2 x}{\mathrm{d}t^2} = -kx,$$

这里 k 是大于零的常数,设 $\dfrac{k}{m} = \omega^2$,于是有

$$\frac{\mathrm{d}^2 x}{\mathrm{d}t^2} + \omega^2 x = 0,$$

这是常系数二阶齐次方程,对应的特征方程为

$$r^2 + \omega^2 = 0.$$

于是它有一对共轭复根 $r = \pm \omega \mathrm{i}$,故微分方程的通解为

$$x = C_1 \cos\omega t + C_2 \sin\omega t,$$

把它改写成

$$x = \sqrt{C_1^2 + C_2^2} \left(\frac{C_1}{\sqrt{C_1^2 + C_2^2}} \cos\omega t + \frac{C_2}{\sqrt{C_1^2 + C_2^2}} \sin\omega t \right),$$

并设

$$A = \sqrt{C_1^2 + C_2^2}, \quad \sin\varphi = \frac{C_1}{\sqrt{C_1^2 + C_2^2}}, \quad \cos\varphi = \frac{C_2}{\sqrt{C_1^2 + C_2^2}},$$

则其通解为

$$x = A\sin(\omega t + \varphi).$$

二、二阶常系数非齐次线性微分方程

现在来考虑二阶常系数非齐次线性微分方程

$$y'' + py' + qy = f(x)$$

的求解问题.

（一）解的结构

定理 3 如果 y^* 是方程(1)的一个特解,而 $y = C_1 y_1 + C_2 y_2$ 是其所对应的齐次方程(2)的通解,则

$$y = C_1 y_1 + C_2 y_2 + y^* \tag{4}$$

是方程(1)的通解.

证 先证 C_1 及 C_2 取任何数时(4)式满足方程(1),由(4)式知

$$y' = C_1 y_1' + C_2 y_2' + y^{*'}, \quad y'' = C_1 y_1'' + C_2 y_2'' + y^{*''},$$

代入(1)式左端,得到

$$\begin{aligned} y'' + py' + qy &= C_1(y_1'' + py_1' + qy_1) + C_2(y_2'' + py_2' + qy_2) + y^{*''} + py^{*'} + qy^* \\ &= C_1 \cdot 0 + C_2 \cdot 0 + f(x) = f(x), \end{aligned}$$

即(4)式是方程(1)的解.

又(4)式中含有两个任意常数,所以(4)式是方程(1)的通解.

求二阶常系数齐次线性微分方程的通解的方法,已经解决了,因此,求方程(1)的通解问题关键是求其一个特解 y^*.

(二) 特解的求法

下面仅就函数 $f(x)$ 在实际应用中常遇到的三种类型介绍方程(1)的特解 y^* 的求法.

类型 1: $f(x) = p_m(x) = a_0 x^m + a_1 x^{m-1} + \cdots + a_{m-1} x + a_m$.

类型 2: $f(x) = p_m(x) e^{\lambda x}$.

类型 3: $f(x) = p_m(x) e^{\alpha x} \cos \beta x$ 或 $f(x) = p_m(x) e^{\alpha x} \sin \beta x$.

对于上述这些特殊的类型可以预先设定特解的形式,再用待定系数法求其特解. 先举两个例子来说明待定系数法.

例 5 求方程 $y'' - 2y' - 3y = x + 1$ 的特解 y^*.

解 因为自由项 $f(x) = x + 1$ 是一次多项式,其导数也是多项式,可以设想其特解是一个一次多项式,设为
$$y^* = ax + b,$$
其中 a, b 为待定常数. 我们看能否选择适当的系数使 y^* 满足方程,这时有
$$y^{*'} = a, \quad y^{*''} = 0,$$
将 $y^*, y^{*'}$ 和 $y^{*''}$ 代入方程,得到
$$-2a - 3ax - 3b = x + 1,$$
即有
$$\begin{cases} -3a = 1, \\ -2a - 3b = 1, \end{cases}$$
解之,得 $a = -\dfrac{1}{3}, b = -\dfrac{1}{9}$,从而
$$y^* = -\frac{1}{3}x - \frac{1}{9}$$
是方程的一个特解.

例 6 求 $y'' + 5y' = 5x^2 - 2x - 1$ 的特解 y^*.

解 这里自由项 $f(x)$ 是一个二次多项式,所以可以设想 y^* 也是多项式,又多项式导数是比原多项式次数低一次的多项式,且所给方程左端不含 y 项,所以可设 $y^* = ax^3 + bx^2 + cx + d$,其 a, b, c, d 均为待定系数,且
$$y^{*'} = 3ax^2 + 2bx + c, \quad y^{*''} = 6ax + 2b.$$
将 $y^*, y^{*'}, y^{*''}$ 代入所给方程,整理得

$$15ax^2+(6a+10b)x+2b+5c=5x^2-2x-1,$$

所以有

$$\begin{cases} 3a=1, \\ 3a+5b=-1, \\ 2b+5c=-1, \end{cases}$$

解之,得 $a=\dfrac{1}{3}, b=-\dfrac{2}{5}, c=-\dfrac{1}{25}, d\equiv 0$,所以方程的特解为

$$y^*=\frac{1}{3}x^3-\frac{2}{5}x^2-\frac{1}{25}x.$$

这两个例子启发我们,当 $f(x)$ 为多项式,且方程(1)中 y 项系数 $q\neq 0$ 时,其特解 y^* 是和 $f(x)$ 同次的多项式. 当 $q=0$ 时,其特解 y^* 是比 $f(x)$ 高一次的多项式,且其中的常数项为零,下面我们转到一般性的研究.

在特解的求法中提出的 $f(x)$ 的三种类型,事实上可以统一到研究方程:

$$y''+py'+qy=p_m(x)\mathrm{e}^{\lambda x}. \tag{5}$$

因为当 $\lambda=0$ 时,方程(5)的右端即为类型 1;当 λ 为实数时,(5)式的右端即为类型 2;当 $\lambda=\alpha+\mathrm{i}\beta$ 时,因 $\mathrm{e}^{\alpha x}\cos\beta x$(或 $\mathrm{e}^{\alpha x}\sin\beta x$)恰好是 $\mathrm{e}^{(\alpha+\mathrm{i}\beta)x}$ 的实部(或虚部).因此可以先求方程:

$$y''+py'+qy=p_m(x)\mathrm{e}^{(\alpha+\mathrm{i}\beta)x} \tag{6}$$

的特解,取其实部(或虚部)即为所求的特解,所以 $\lambda=\alpha+\mathrm{i}\beta$ 时,(5)式的右端即为类型 3.

现在来求(5)式的一个特解. 设想其特解形式是

$$y^*=q(x)\mathrm{e}^{\lambda x}, \tag{7}$$

$q(x)$ 也是多项式,但其系数是待定的,对 y^* 求导得到

$$y^{*\prime}=q'(x)\mathrm{e}^{\lambda x}+\lambda q(x)\mathrm{e}^{\lambda x},$$
$$y^{*\prime\prime}=q''(x)\mathrm{e}^{\lambda x}+2\lambda q'(x)\mathrm{e}^{\lambda x}+\lambda^2 q(x)\mathrm{e}^{\lambda x},$$

代入方程(5),并消去公因子 $\mathrm{e}^{\lambda x}$,得

$$q''(x)+(2\lambda+p)q'(x)+(\lambda^2+p\lambda+q)q(x)\equiv p_m(x), \tag{8}$$

(8)式的两端都是多项式,要使它恒等必须同次幂的系数相等,因此比较系数可确定多项式 $q(x)$ 的系数. 下面分三种情况分别讨论.

情形 1:如果 λ 不是特征方程的根,即

$$\lambda^2+p\lambda+q\neq 0,$$

则取 $q(x)$ 的次数和 $p_m(x)$ 一样,即特解(7)式的形式和(5)式的右端同样是多项式乘指数函数,且多项式次数相同.

情形 2:如果 λ 是特征方程的根,即

$$\lambda^2+p\lambda+q=0, \quad 但\ 2\lambda+p\neq 0,$$

这时(8)式左端只出现 $q'(x)$ 及 $q''(x)$,因此不能取 $q(x)$ 与 $p_m(x)$ 同次,否则左端次数必然比右端要低一次,这就不可能相等,此时应设特解为
$$y^* = xq_m(x)e^{\lambda x}, \tag{9}$$
其中 $q_m(x)$ 与 $p_m(x)$ 是同次多项式.

情形 3:如果 λ 是特征方程的重根,即
$$\lambda^2 + p\lambda + q = 0, \quad 2\lambda + p = 0,$$
此时若取 $q(x)$ 与 $p_m(x)$ 同次,则(8)式左端次数要比右端低两次,因此开始时应设特解为
$$y^* = x^2 q_m(x)e^{\lambda x}, \tag{10}$$
其中 $q_m(x)$ 是与 $p_m(x)$ 同次的多项式.

总结以上讨论,得到以下结论.

如果 $f(x) = p_m(x)e^{\lambda x}$,则方程(1)具有形如:
$$y^* = x^k q_m(x)e^{\lambda x}$$
的特解,其中 $q_m(x)$ 是与 $p_m(x)$ 同次的多项式,k 是方程(2)的特征方程中含有重根 λ 的次数(即按 λ 不是特征方程的根,或是单根,或是重根,依次取 $k=0$,或 1,或 2).

特别是当 $f(x) = Ae^{\lambda x}$ 时,其中 A 是常数(即零次多项式),则可设 $y^* = Bx^k e^{\lambda x}$,其中 k 也是按上述规定取 0 或 1,或 2,B 是待定常数.

例 7 求微分方程 $y'' - y = -5x^2$ 的通解.

解 所给方程的特征方程为
$$r^2 - 1 = 0.$$
两个根 $r_1 = 1, r_2 = -1$,于是,齐次方程 $y'' - y = 0$ 的通解为
$$y = C_1 e^x + C_2 e^{-x}.$$
由于 $f(x) = -5x^2 = -5x^2 e^0$,而 $\lambda = 0$ 不是特征方程的根,所以,令特解 $y^* = ax^2 + bx + c$,于是 $y^{*'} = 2ax + b$,$y^{*''} = 2a$,代入已给方程,得到
$$2a - (ax^2 + bx + c) = -5x^2,$$
即
$$-ax^2 - bx + (2a - c) = -5x^2,$$
比较等式两边 x 的同次幂的系数,解得
$$a = 5, \quad b = 0, \quad c = 10,$$
因此,所给原方程的通解为
$$y = C_1 e^x + C_2 e^{-x} + 5x^2 + 10.$$

例 8 求方程 $y'' - y' = x^2 e^x$ 的一个特解.

解 因为所给方程的特征方程,$r^2 - r = 0$ 有两个根 $r_1 = 0, r_2 = 1$,而 $x^2 e^x$ 中的 $\lambda = 1$ 是特征方程的单根,所以,可设所求特解为
$$y^* = x(ax^2 + bx + c)e^x = (ax^3 + bx^2 + cx)e^x,$$

7.4 二阶常系数线性微分方程

于是
$$y^{*\prime}=(3ax^2+2bx+c)\mathrm{e}^x+(ax^3+bx^2+cx)\mathrm{e}^x,$$
$$y^{*\prime\prime}=(6ax+2b)\mathrm{e}^x+2(3ax^2+2bx+c)\mathrm{e}^x+(ax^3+bx^2+cx)\mathrm{e}^x,$$

代入所给的原方程中,整理得
$$3ax^2+(6a+2b)x+(2b+c)=x^2,$$

故
$$a=\frac{1}{3},\quad b=-1,\quad c=2,$$

因此原方程的一个特解
$$y^*=x\left(\frac{1}{3}x^2-x+2\right)\mathrm{e}^x=\left(\frac{1}{3}x^3-x^2+2x\right)\mathrm{e}^x.$$

例 9 求微分方程 $y''+y=\cos x$ 的通解.

解 方程右端的自由项为 $f(x)=p_m(x)\mathrm{e}^{\alpha x}\cos\beta x$ 型,其中 $p_m(x)=1,\alpha=0$,$\beta=1$. 特征方程为 $r^2+1=0$,特征根 $r_{1,2}=\pm\mathrm{i}$,故对应的齐次方程的通解为
$$y=C_1\cos x+C_2\sin x.$$

为求原方程的一个特解,先求方程
$$y''+y=p_m(x)\mathrm{e}^{(\alpha+\mathrm{i}\beta)x}=\mathrm{e}^{\mathrm{i}x} \tag{11}$$

的一个特解.

因为 $\lambda=\mathrm{i}$ 是特征方程的单根,故设方程(11)的特解为 $y^*=xa\mathrm{e}^{\mathrm{i}x}$. 于是
$$y^{*\prime}=(a+a\mathrm{i}x)\mathrm{e}^{\mathrm{i}x},\quad y^{*\prime\prime}=(2a\mathrm{i}-ax)\mathrm{e}^{\mathrm{i}x},$$

代入方程(11),得到 $2a\mathrm{i}\mathrm{e}^{\mathrm{i}x}=\mathrm{e}^{\mathrm{i}x}$,所以 $a=-\frac{\mathrm{i}}{2}$,故
$$y^*=-\frac{\mathrm{i}}{2}x\mathrm{e}^{\mathrm{i}x}=\frac{x}{2}\sin x-\frac{\mathrm{i}}{2}x\cos x.$$

取其实部就得到原方程的一个特解 $\bar{y}=\frac{x}{2}\sin x$,于是,原方程的通解为
$$y=C_1\cos x+C_2\sin x+\frac{x}{2}\sin x.$$

对于自由项形如 $f(x)=\mathrm{e}^{\lambda x}[P_l(x)\cos\omega x+P_n(x)\sin\omega x]$(其中 λ,ω 为常数,$P_l(x),P_n(x)$ 分别为 x 的 l 次和 n 次多项式,$P_l(x),P_n(x)$ 不同时为零)的形式. 我们也可以通过下面的讨论得到其特解的形式.

由欧拉公式知
$$\begin{cases}\mathrm{e}^{\mathrm{i}x}=\cos x+\mathrm{i}\sin x,\\ \mathrm{e}^{-\mathrm{i}x}=\cos x-\mathrm{i}\sin x,\end{cases}$$

于是

$$\begin{cases}\cos x=\dfrac{1}{2}(e^{ix}+e^{-ix}),\\ \sin x=\dfrac{1}{2i}(e^{ix}-e^{-ix}),\end{cases}$$

则
$$\begin{aligned}f(x)&=e^{\lambda x}[P_l(x)\cos\omega x+P_n(x)\sin\omega x]\\ &=e^{\lambda x}\left[P_l(x)\dfrac{e^{i\omega x}+e^{-i\omega x}}{2}+P_n(x)\dfrac{e^{i\omega x}-e^{-i\omega x}}{2i}\right]\\ &=\left(\dfrac{P_l(x)}{2}+\dfrac{P_n(x)}{2i}\right)e^{(\lambda+i\omega)x}+\left(\dfrac{P_l(x)}{2}-\dfrac{P_n(x)}{2i}\right)e^{(\lambda-i\omega)x}\\ &=P(x)e^{(\lambda+i\omega)x}+\overline{P(x)}e^{(\lambda-i\omega)x},\end{aligned}$$

其中
$$P(x)=\dfrac{P_l(x)}{2}+\dfrac{P_n(x)}{2i}=\dfrac{P_l(x)}{2}-\dfrac{P_n(x)}{2}i,$$
$$\overline{P(x)}=\dfrac{P_l(x)}{2}-\dfrac{P_n(x)}{2i}=\dfrac{P_l(x)}{2}+\dfrac{P_n(x)}{2}i$$

是互成共轭的 m 次多项式(即它们对应项的系数是共轭复数),而 $m=\max\{l,n\}$。

根据前面我们讨论的结果,我们可以知道,对于 $f(x)$ 中的第一项 $P(x)e^{(\lambda+i\omega)x}$,可以求出一个 m 次多项式 $Q_m(x)$ 使 $y_1^*=x^k Q_m(x)e^{(\lambda+i\omega)x}$ 为方程 $y''+py'+qy=P(x)e^{(\lambda+i\omega)x}$ 的特解,其中 k 按 $\lambda\pm i\omega$ 是不是特征根取 0 或 1。

由于 $f(x)$ 中的 $\overline{P(x)}e^{(\lambda-i\omega)x}$ 与 $P(x)e^{(\lambda+i\omega)x}$ 共轭,所以与 y_1^* 成共轭的函数 $y_2^*=x^k \overline{Q_m(x)}e^{(\lambda-i\omega)x}$ 必然是方程 $y''+py'+qy=\overline{P(x)}e^{(\lambda-i\omega)x}$ 的特解。$Q_m(x)$ 与 $\overline{Q_m(x)}$ 是共轭的 m 次多项式。所以方程的特解为

$$\begin{aligned}y^*&=x^k Q_m(x)e^{(\lambda+i\omega)x}+x^k\overline{Q_m(x)}e^{(\lambda-i\omega)x}\\ &=x^k e^{\lambda x}[Q_m(x)(\cos\omega x+i\sin\omega x)+\overline{Q_m(x)}(\cos\omega x-i\sin\omega x)]\\ &=x^k e^{\lambda x}[R_m^{(1)}(x)\cos\omega x+R_m^{(2)}(x)\sin\omega x],\end{aligned}$$

其中 $R_m^{(1)}(x),R_m^{(2)}$ 为 m 次多项式。

综上所述,若 $f(x)=e^{\lambda x}[P_l(x)\cos\omega x+P_n(x)\sin\omega x]$,则二阶常系数非齐次线性微分方程 $y''+py'+qy=f(x)$ 的特解为

$$y^*=x^k e^{\lambda x}[R_m^{(1)}(x)\cos\omega x+R_m^{(2)}(x)\sin\omega x],$$

其中 $R_m^{(1)}(x),R_m^{(2)}(x)$ 为 m 次多项式,

$$m=\max\{l,m\},\quad k=\begin{cases}0,\lambda+i\omega(\text{或 }\lambda-i\omega)\text{不是特征方程的根},\\ 1,\lambda+i\omega(\text{或 }\lambda-i\omega)\text{是特征方程的根}.\end{cases}$$

注意:当 $f(x)=e^{\lambda x}[P_l(x)\cos\omega x+P_n(x)\sin\omega x]$ 中 $P_l(x)$ 或 $P_n(x)$ 为零(但不同时为零)时,即为前面提到的类型。

7.4 二阶常系数线性微分方程

例 10 求微分方程
$$y''-5y'+6y=\sin x$$
的通解.

解 所给方程的特征方程
$$r^2-5r+6=0$$
有两个根 $r_1=2, r_2=3$,故对应齐次方程的通解为
$$y=C_1 e^{2x}+C_2 e^{3x}.$$

由于 $\lambda+i\omega=i$ 不是特征根,所以,可设特解为
$$y^*=a\cos x+b\sin x,$$
于是
$$y^{*'}=-a\sin x+b\cos x,$$
$$y^{*''}=-a\cos x-b\sin x,$$
代入所给方程中,并整理得
$$(5a-5b)\cos x+(5a+5b)\sin x=\sin x.$$
于是得到
$$\begin{cases} 5a-5b=0, \\ 5a+5b=1, \end{cases}$$
解得
$$a=\frac{1}{10}, \quad b=\frac{1}{10},$$
因此
$$y^*=\frac{1}{10}(\cos x+\sin x),$$
从而得到原方程通解为
$$y=C_1 e^{2x}+C_2 e^{3x}+\frac{1}{10}(\cos x+\sin x).$$

例 11 如何设微分方程
$$y''+2y'+5y=x e^{-x}\cos 2x$$
的特解?为什么?

解 所给方程的特征方程
$$r^2+2r+5=0$$
有两个根 $r_1=-1+2i, r_2=-1-2i$,而 $-1+2i$ 是特征方程的根,因此,所给原方程的特解应设为
$$y^*=x e^{-x}[(ax+b)\cos 2x+(cx+d)\sin 2x].$$

习题 7-4

1. 求下列微分方程的通解.

   (1) $y''+2y'-3y=0$;
   (2) $y''+6y'+9y=0$;
   (3) $y''+4y=0$;
   (4) $y''+2y'+5y=0$;
   (5) $y''+y'=3x^2+1$;
   (6) $y''-3y'+2y=3e^{2x}$;
   (7) $y''+y=x\cos 2x$;
   (8) $y''-2y'+y=xe^x$.

2. 求满足初始条件的特解.

   (1) $y''+y=0, y|_{x=0}=1, y'|_{x=0}=1$;
   (2) $y''+4y'+4y=0, y|_{x=0}=0, y'|_{x=0}=1$;
   (3) $y''+y'=3x^2+1, y|_{x=0}=0, y'|_{x=0}=0$.

3. 如何设下列微分方程的特解？为什么？

   (1) $y''-y'+5y=xe^x\cos x$;
   (2) $y''-y=(1-x)e^x$.

7.5* 若干生长模型选例

在本章中,我们研究了阻滞的种群增长的微分方程,并给出了自然生长的逻辑斯蒂函数.在本节再补充若干生长模型,以利于后续课程的学习.

一、单分子生长模型

$$\frac{\mathrm{d}y}{\mathrm{d}t}=k(A-y). \tag{1}$$

当种群大小趋于直线(称其为渐近线)$y=A$ 时,则增长率趋于 0,这一模型又称为"单利模型",(1)式可用分离变量法解之.这种模型适合于初期种群生长量很大的情形.1973 年,Rowe 和 Powelson 用此模型于小麦根腐病的研究.

二、Gomperts 函数

$$\frac{\mathrm{d}y}{\mathrm{d}t}=ky\ln\frac{A}{y}=ky(\ln A-\ln y). \tag{2}$$

将此方程与自然生长方程比较可以看出,方程右端已不是线性函数,而是超越函数了.但仍有 $y\to A$ 时,生长速度将停止.由于对数函数比线性函数增加的较慢,可以预计这一模型与自然生长模型比较,其早期生长较快,而后期生长较慢.

利用分离变量方法可求出方程(2)的解为

$$y=A\exp\{Ce^{-kt}\}.$$

三、Richards 函数

$$\frac{dy}{dt} = \frac{ky}{nA^n}(A^n - y^n). \tag{3}$$

只要令 $x = y^n$，则 $dx = ny^{n-1}dy$，代入(3)式并整理后，用分离变量法即可得其通解为

$$y = A(1 + be^{-kt})^{-\frac{1}{n}} \quad \left(\text{其中 } b = \frac{1}{c}\right),$$

这个方程用以描述植物和动物生长现象，是一个特别实际的模型.

四、相对增长率是时间的减函数

1972 年，清泽茂久提出一个稻瘟病情增长模型

$$\frac{1}{y}\frac{dy}{dt} = r\left(1 - \frac{y}{y_0}\right), \tag{4}$$

其中 $y=$ 病痕数量（或累加孢子数），$y_0=$ 生长季节的最高病痕（或孢子）数量. 这一模型是与自然生长模型类似的，其解为

$$y = \frac{y_0}{1 + ke^{-rt}},$$

其中 $k = (y - y_0)/y_0$（当作积分常数）.

为克服有效寄主数量的限制作用，并考虑到抗病性随株龄的增长，将(4)式修改为

$$\frac{1}{y}\frac{dy}{dt} = r\left(1 - \frac{t}{T}\right), \tag{5}$$

其中 $t=$ 时间，$T=$ 病痕（或累加孢子数）停止增长的时间，即相对增长率（或个体增长率）是随时间增加的一次下降函数. 初期个体增长率为 r，故称为流行速度.

易求得方程(5)的通解为

$$y = y_0 \exp\left\{r\left(t - \frac{t^2}{2T}\right)\right\}.$$

7.6 差分方程初步

在经济与管理及其他实际问题中，许多数据都是以等间隔时间周期统计的. 例如，银行中的定期存款是按所设定的时间等间隔计息的、外贸出口额按月统计、国民收入按年统计、产品的产量按月统计等. 这些量是变量，通常称这类变量为离散型变量. 描述离散型变量之间的关系的数学模型称为离散型模型. 对取值是离散化

的经济变量,差分方程是研究它们之间变化规律的有效方法.

一、差分方程的基本概念

1. 函数的差分

对离散型变量,差分是一个重要概念.下面给出差分的定义.

设自变量 t 取离散的等间隔整数值:$t=0,\pm 1,\pm 2,\cdots$,y_t 是 t 的函数,记作 $y_t=f(t)$,显然,y_t 的取值是一个序列.当自变量由 t 改变到 $t+1$ 时,相应的函数值之差称为函数 $y_t=f(t)$ 在 t 的一阶差分,记作 Δy_t,即

$$\Delta y_t = y_{t+1} - y_t = f(t+1) - f(t).$$

由于函数 $y_t=f(t)$ 的函数值是一个序列,按一阶差分的定义,差分就是序列的相邻值之差.当函数 $y_t=f(t)$ 的一阶差分为正值时,表明序列是增加的,而且其值越大,表明序列增加得越快;当一阶差分为负值时,表明序列是减少的.

例如,设某公司经营一种商品,第 t 月初的库存量是 $R(t)$,第 t 月调进和销出这种商品的数量分别是 $P(t)$ 和 $Q(t)$,则下月月初,即第 $t+1$ 月月初的库存量 $R(t+1)$ 应是

$$R(t+1) = R(t) + P(t) - Q(t),$$

若将上式写作

$$R(t+1) - R(t) = P(t) - Q(t),$$

则等式两端就是相邻两月库存量的改变量.若记

$$\Delta R(t) = R(t+1) - R(t),$$

并将库存量 $R(t)$ 理解为是时间 t 的函数,则称上式为库存量函数 $R(t)$ 在 t 时刻(此处 t 以月为单位)的差分.

按一阶差分的定义方式,我们可以定义函数的高阶差分.函数 $y_t=f(t)$ 在 t 的一阶差分的差分为函数在 t 的二阶差分,记作 $\Delta^2 y_t$,即

$$\begin{aligned}\Delta^2 y_t &= \Delta(\Delta y_t) = \Delta y_{t+1} - \Delta y_t \\ &= (y_{t+2} - y_{t+1}) - (y_{t+1} - y_t) \\ &= y_{t+2} - 2y_{t+1} + y_t.\end{aligned}$$

依次定义函数 $y_t=f(t)$ 在 t 的 n 阶差分定义为

$$\begin{aligned}\Delta^n y_t &= \Delta(\Delta^{n-1} y_t) = \Delta^{n-1} y_{t-1} - \Delta^{n-1} y_t \\ &= \sum_{k=0}^{n} (-1)^k \frac{n(n-1)\cdots(n-k+1)}{k!} y_{t+n-k}.\end{aligned}$$

例1 设 $y_t = t^2 + t - 1$,求 $\Delta y_t, \Delta^2 y_t$.

解 $\Delta y_t = y_{t+1} - y_t = [(t+1)^2 + (t+1) - 1] - (t^2 + t - 1) = 2t + 2$,

$\Delta^2 y_t = \Delta(\Delta y_t) = y_{t+2} - 2y_{t+1} + y_t$
$\quad = [(t+2)^2 + (t+2) - 1] - 2[(t+1)^2 + (t+1) - 1] + t^2 + t - 1 = 2.$

2. 差分方程的基本概念

由 t, y_t 及 y_t 的差分给出的方程称为 y_t 的**差分方程**,其中含有的最高阶差分的阶数称为该**差分方程的阶**. 差分方程也可以写成不显含差分的形式. 例如, 二阶差分方程 $\Delta^2 y_t + \Delta y_t + y_t = 0$ 也可改写成 $y_{t+2} - y_{t+1} + y_t = 0$.

满足一差分方程的序列 y_t 称为此**差分方程的解**. 类似于微分方程情况, 若解中含有的独立常数的个数等于差分方程的阶数时, 称此解为该差分方程的**通解**. 若解中不含任意常数, 则称此解为满足某些初值条件的**特解**. 例如, 考察二阶差分方程 $y_{t+2} + y_t = 0$, 显然, $y_t = \cos \dfrac{\pi t}{2}$ 与 $y_t = \sin \dfrac{\pi t}{2}$ 都是它的特解, 而

$$y_t = C_1 \cos \frac{\pi}{2} t + C_2 \sin \frac{\pi}{2} t$$

则为它的通解, 其中 C_1, C_2 为两个任意常数.

用以确定通解中任意常数的条件称为**初始条件**. 一阶差分方程的初始条件为一个, 一般是 $y_0 = a_0$ (a_0 是常数); 二阶差分方程的初始条件为两个, 一般是 $y_0 = a_0$, $y_1 = a_1$ (a_0, a_1 是常数); 依此类推.

二、一阶常系数线性差分方程的求解

(一) 线性差分方程解的基本定理

现在我们来讨论线性差分方程解的基本定理, 将以二阶线性差分方程为例, 任意阶线性差分方程都有类似结论.

二阶线性差分方程的一般形式

$$y_{t+2} + a(t) y_{t+1} + b(t) y_t = f(t), \tag{1}$$

其中 $a(t), b(t)$ 和 $f(t)$ 均为 t 的已知函数, 且 $b(t) \neq 0$. 若 $f(t) \neq 0$, 则 (1) 式称为二阶非齐次线性差分方程; 若 $f(t) \equiv 0$, 则 (1) 式称为二阶齐次线性差分方程

$$y_{t+2} + a(t) y_{t+1} + b(t) y_t = 0. \tag{2}$$

定理 1(解的叠加原理) 若函数 $y_1(t), y_2(t)$ 是二阶齐次线性差分方程 (2) 的解, 则 $y(t) = C_1 y_1(t) + C_2 y_2(t)$ 也是该方程的解, 其中 C_1, C_2 是任意常数.

定理 2(齐次线性差分方程解的结构定理) 若函数 $y_1(t), y_2(t)$ 是二阶齐次线性差分方程 (2) 的线性无关特解, 则 $y_C(t) = C_1 y_1(t) + C_2 y_2(t)$ 是该方程的通解, 其中 C_1, C_2 是任意常数.

定理 3(非齐次线性差分方程解的结构定理) 若 $y^*(t)$ 是二阶非齐次线性差分方程 (1) 的一个特解, $y_C(t)$ 是齐次线性差分方程 (2) 的通解, 则差分方程 (1) 的通解为

$$y_t = y_C(t) + y^*(t).$$

(二) 一阶常系数线性差分方程的迭代解法

一阶常系数线性差分方程的一般形式为

$$y_{t+1}+ay_t=f(t), \tag{3}$$

其中常数 $a \neq 0$, $f(t)$ 为 t 的已知函数,当 $f(t)$ 不恒为零时,(3)式称为一阶非齐次差分方程;当 $f(t) \equiv 0$ 时,差分方程

$$y_{t+1}+ay_t=0 \tag{4}$$

称为与一阶非齐次线性差分方程对应的一阶齐次差分方程.

下面给出一阶齐次差分方程(4)的迭代解法.

1. 求齐次差分方程的通解

把方程(4)写作 $y_{t+1}=(-a)y_t$,假设在初始时刻,即 $t=0$ 时,函数 y_t 取任意常数 C. 分别以 $t=0,1,2,\cdots$ 代入上式,得

$$y_1=(-a)y_0=C(-a),$$
$$y_2=(-a)^2 y_0=C(-a)^2,$$
$$\cdots\cdots$$
$$y_t=(-a)^t y_0=C(-a)^t, \quad t=0,1,2,\cdots,$$

最后一式就是齐次差分方程(4)的通解. 特别地,当 $a=-1$ 时,齐次差分方程(4)的通解为

$$y_t=C, \quad t=0,1,2,\cdots.$$

2. 求非齐次线性差分方程的通解

(1) 设 $f(t)=b$ 为常数.

此时,非齐次差分方程(3)可写作

$$y_{t+1}=(-a)y_t+b,$$

分别以 $t=0,1,2,\cdots$ 代入上式,得

$$y_1=(-a)y_0+b,$$
$$y_2=(-a)y_1+b=(-a)^2 y_0+b[1+(-a)],$$
$$y_3=(-a)y_2+b=(-a)^3 y_0+b[1+(-a)+(-a)^2], \tag{5}$$
$$\cdots\cdots$$
$$y_t=(-a)^t y_0+b[1+(-a)+(-a)^2+\cdots+(-a)^{t-1}].$$

若 $-a \neq 1$,则由(5)式用等比级数求和公式,得

$$y_t=(-a)^t y_0+b\frac{1-(-a)^t}{1+a}, \quad t=0,1,2,\cdots$$

或

$$y_t=(-a)^t \left(y_0-\frac{b}{1+a}\right)+\frac{b}{1+a}=C(-a)^t+\frac{b}{1+a}, \quad t=0,1,2,\cdots,$$

其中 $C=y_0-\dfrac{b}{1+a}$ 为任意常数.

若 $-a=1$,则由(5)式,得

$$y_t = y_0 + bt = C + bt, \quad t = 0, 1, 2, \cdots,$$

其中 $C = y_0$ 为任意常数.

综上讨论,差分方程 $y_{t+1} + ay_t = b$ 的通解为

$$y_t = \begin{cases} C(-a)^t + \dfrac{b}{1+a}, & a \neq -1, \\ C + bt, & a = -1. \end{cases} \tag{6}$$

上述通解的表达式是两项之和,其中第一项是齐次差分方程(4)的通解,第二项是非齐次差分方程(3)的一个特解.

例 2 求解差分方程 $y_{t+1} + 2y_t = 3$.

解 由于 $a=2, b=3, \dfrac{b}{1+a} = 1$. 由通解公式(6),差分方程的通解为

$$y_t = C(-2)^t + 1 \quad (C \text{ 为任意常数}).$$

(2) $f(t)$ 为一般情况.

此时,非齐次差分方程可写作

$$y_{t+1} = (-a) y_t + f(t),$$

分别以 $t = 0, 1, 2, \cdots$ 代入上式,得

$$y_1 = (-a) y_0 + f(0),$$
$$y_2 = (-a) y_1 + f(1) = (-a)^2 y_0 + (-a) f(0) + f(1),$$
$$y_3 = (-a) y_2 + f(2) = (-a)^3 y_0 + (-a)^2 f(0) + (-a) f(1) + f(2),$$
$$\cdots\cdots$$
$$y_t = (-a)^t y_0 + (-a)^{t-1} f(0) + (-a)^{t-2} f(1) + \cdots + (-a) f(t-2) + f(t-1)$$
$$= C(-a)^t + \sum_{k=0}^{t-1} (-a)^k f(t-k-1), \tag{7}$$

其中 $C = y_0$ 是任意常数. (7)式就是非齐次差分方程(3)的通解. 其中第一项是齐次差分方程(4)的通解,第二项是非齐次线性差分方程(3)的一个特解.

例 3 求差分方程 $y_{t+1} + y_t = 3^t$ 的通解.

解 由于 $a = 1, f(t) = 3^t$. 由(7)式得非齐次线性差分方程的特解

$$y^*(t) = \sum_{k=0}^{t-1} (-1)^k 3^{t-k-1} = 3^{t-1} \sum_{k=0}^{t-1} \left(-\frac{1}{3}\right)^k$$

$$= 3^{t-1} \frac{1 - \left(-\dfrac{1}{3}\right)^t}{1 + \dfrac{1}{3}} = \frac{1}{4} 3^t - \frac{1}{4} (-1)^t,$$

于是,所求通解为

$$y_t = C_1(-1)^t + \frac{1}{4}3^t - \frac{1}{4}(-1)^t = C(-1)^t + \frac{1}{4}3^t,$$

其中 $C = C_1 - \frac{1}{4}$ 为任意常数.

这种迭代解法尽管对一般形式的函数 $f(t)$ 都适用，但对于某些常见的函数反而不方便. 当方程(3)右端函数 $f(t)$ 是多项式、指数函数、正弦函数、余弦函数等以及它们的和或乘积时，用待定系数法求解更加简便、有效.

(三) 一阶常系数线性差分方程的待定系数解法

1. 求齐次线性差分方程的通解

为了求出一阶齐次差分方程(4)的通解，由定理 2，只要求出其一非零的特解即可. 注意到方程(4)的特点，y_{t+1} 是 y_t 的常数倍，而函数 $\lambda^{t+1} = \lambda \cdot \lambda^t$ 恰满足这个特点. 不妨设方程有形如下式的特解：

$$y_t = \lambda^t,$$

其中 λ 是非零待定常数. 将其代入方程(4)中，有

$$\lambda^{t+1} + a\lambda^t = 0,$$

即

$$\lambda^t(\lambda + a) = 0.$$

由于 $\lambda^t \neq 0$，因此 $y_t = \lambda^t$ 是方程(4)的解的充要条件是 $\lambda + a = 0$. 所以 $\lambda = -a$ 时，一阶齐次差分方程(4)的非零特解为

$$y_t = (-a)^t,$$

从而差分方程(4)的通解为

$$y_C = C(-a)^t \quad (C \text{ 为任意常数}).$$

称一次代数方程 $\lambda + a = 0$ 为差分方程(3)或(4)的特征方程；特征方程的根为特征根或特征值.

由上述分析，为求出一阶齐次差分方程(4)的通解，应先写出其特征方程，进而求出特征根，写出其特解；最后写出其通解.

2. 求非齐次线性差分方程的特解和通解

下面仅就函数 $f(t)$ 为几种常见形式用待定系数法求非齐次线性差分方程(3)的特解. 根据 $f(t)$ 的形式，按表 7-1 确定特解的形式，比较方程两端的系数，可得到特解 $y^*(t)$.

表 7-1

$f(t)$的形式	确定待定特解的条件	待定特解的形式	
$P^t P_m(t)$ $P_m(t)$是 m 次多项式	ρ 不是特征根	$\rho^t Q_m(t)$	$Q_m(t)$是 m 次多项式
	ρ 是特征根	$\rho^t t Q_m(t)$	
$\rho^t(a\cos\theta t+b\sin\theta t)$	令 $\delta=\rho(\cos\theta t+i\sin\theta t)$	δ 不是特征根	$\rho^t(A\cos\theta t+B\sin\theta t)$
		δ 是特征根	$\rho^t t(A\cos\theta t+B\sin\theta t)$

例 4 求差分方程 $y_{t+1}+y_t=3+2t$ 的通解.

解 特征方程为 $\lambda+1=0$,特征根 $\lambda=-1$. 齐次差分方程的通解为
$$y_C=C(-1)^t.$$

由于 $f(t)=3+2t=\rho^t P_1(t), \rho=-1$ 不是特征根. 因此非齐次差分方程的特解为
$$y^*(t)=B_0+B_1 t.$$

将其代入已知差分方程,得
$$2B_0+B_1+2B_1 t=3+2t,$$

比较该方程的两端关于 t 的同次幂的系数,可解得 $B_0=1, B_1=1$,故 $y^*(t)=1+t$. 于是,所求通解为
$$y_t=y_C+y^*=C(-1)^t+1+t \quad (C \text{ 为任意常数}).$$

例 5 求差分方程 $y_{t+1}-3y_t=\sin\dfrac{\pi}{2}t$ 的通解.

解 因为特征根 $\lambda=3$,齐次差分方程的通解 $y_C=C3^t$.
$$f(t)=\sin\frac{\pi}{2}t=\rho^t(a\cos\theta t+b i\sin\theta t), \quad a=0, b=1, \quad \rho=1, \quad \theta=\frac{\pi}{2}.$$

令
$$\delta=\rho(\cos\theta+i\sin\theta)=\cos\frac{\pi}{2}+i\sin\frac{\pi}{2}=i,$$

因为 $\delta=i$ 不是特征根,设特解 $y^*(t)=A\cos\dfrac{\pi}{2}t+B\sin\dfrac{\pi}{t}$. 将其代入原方程有
$$A\cos\frac{\pi}{2}(t+1)+B\sin\frac{\pi}{2}(t+1)-3\left(A\cos\frac{\pi}{2}t+B\sin\frac{\pi}{2}t\right)=\sin\frac{\pi}{2}t.$$

因为 $\cos\dfrac{\pi}{2}(t+1)=-\sin\dfrac{\pi}{2}t, \sin\dfrac{\pi}{2}(t+1)=\cos\dfrac{\pi}{2}t$,所以将上式整理,得
$$(B-3A)\cos\frac{\pi}{2}t-(A+3B)\sin\frac{\pi}{2}t=\sin\frac{\pi}{2}t,$$

比较上式两端的系数,解得 $A=-\dfrac{1}{10}, B=-\dfrac{3}{10}$. 故非齐次差分方程的特解为

$$y^*(t)=-\frac{1}{10}\cos\frac{\pi}{2}t-\frac{3}{10}\sin\frac{\pi}{2}t,$$

于是,所求通解为

$$y_t=y_C+y^*=C3^t-\frac{1}{10}\cos\frac{\pi}{2}t-\frac{3}{10}\sin\frac{\pi}{2}t \quad (C\text{ 为任意常数}).$$

三、差分方程在经济学中的应用举例

（一）筹措教育经费模型

某家庭从现在着手从每月工资中拿出一部分资金存入银行,用于投资子女的教育.并计划 20 年后开始从投资账户中每月支取 1000 元,直到 10 年后子女大学毕业用完全部资金.要实现这个投资目标,20 年内共要筹措多少资金？每月要向银行存入多少钱？假设投资的月利率为 0.5%.

设第 n 个月投资账户资金为 S_n 元,每月存入资金为 a 元.于是,20 年后关于 S_n 的差分方程模型为

$$S_{n+1}=1.005S_n-1000, \tag{8}$$

并且 $S_{120}=0, S_0=x$.

解方程(8),得通解

$$S_n=1.005^n C-\frac{1000}{1-1.005}=1.005^n C+200000,$$

以及

$$S_{120}=1.005^{120}C+200000=0,$$
$$S_0=C+200000=x,$$

从而有

$$x=200000-\frac{200000}{1.005^{120}}=90073.45.$$

从现在到 20 年内, S_n 满足的差分方程为

$$S_{n+1}=1.005S_n+a, \tag{9}$$

且 $S_0=0, S_{240}=90073.45$.

解方程(9),得通解

$$S_n=1.005^n C+\frac{a}{1-1.005}=1.005^n C-200a,$$

以及

$$S_{240}=1.005^{240}C-200a=90073.45,$$
$$S_0=C-200a=0,$$

从而有

$$a = 194.95.$$

即要达到投资目标,20 年内要筹措资金 90073.45 元,平均每月要存入银行 194.95 元.

(二) 价格与库存模型

设 P_t 为第 t 个时段某类产品的价格,L_t 为第 t 个时段产品的库存量,$\bar{L}$ 为该产品的合理库存量. 一般情况下,如果库存量超过合理库存,则该产品的价格下跌,如果库存量低于合理库存,则该产品的价格上涨,于是有方程

$$P_{t+1} - p_t = c(\bar{L} - L_t), \tag{10}$$

其中 c 为比例常数. 由(10)式变形可得

$$P_{t+2} - 2P_{t+1} + P_t = -c(L_{t+1} - L_t). \tag{11}$$

又设库存量 L_t 的改变与产品销售状态有关,且在第 $t+1$ 时段库存增加量等于该时段的供求之差,即

$$L_{t+1} - L_t = S_{t+1} - D_{t+1}. \tag{12}$$

若设供给函数和需求函数分别为

$$S = a(P - \alpha), \quad D = -b(P - \alpha),$$

代入到(12)式,得

$$L_{t+1} - L_t = (a+b)P_{t+1} - a\alpha - b\alpha,$$

再由(11)式得方程

$$P_{t+2} + [c(a+b) - 2]P_{t+1} + P_t = (a+b)\alpha, \tag{13}$$

设方程(13)的特解为 $P_t^* = A$,代入方程得 $A = \alpha$,方程(13)对应的齐次方程的特征方程为

$$\lambda^2 + [c(a+b) - 2]\lambda + 1 = 0,$$

解得 $\lambda_{1,2} = -r \pm \sqrt{r^2 - 1}$,$r = \frac{1}{2}[c(a+b) - 2]$,于是

若 $|r| < 1$,并设 $r = \cos\theta$,则方程(13)的通解为

$$P_t = B_1 \cos n\theta + B_2 \sin n\theta + \alpha;$$

若 $|r| > 1$,则 λ_1, λ_2 为两个实根,方程(13)的通解为

$$P_t = A_1 \lambda_1^n + A_2 \lambda_2^n + \alpha.$$

由于 $\lambda_2 = -r - \sqrt{r^2 - 1} < -r < -1$,则当 $t \to +\infty$ 时,λ_2^n 将迅速变化,方程无稳定解.

因此,当 $-1 < r < 1$,即 $0 < r+1 < 2$,亦即 $0 < c < \dfrac{4}{a+b}$ 时,价格相对稳定,其中 a, b, c 为正常数.

(三) 动态经济系统的蛛网模型

在自由市场上你一定注意过这样的现象：一个时期由于猪肉的上市量远大于需求量时，销售不畅会导致价格下跌，农民觉得养猪赔钱，于是转而经营其他农副产品．过一段时间猪肉上市量减少，供不应求导致价格上涨，原来的饲养户觉得有利可图，又重操旧业，这样下一个时期会重新出现供大于求价格下跌的局面．在没有外界干预的条件下，这种现象将一直循环下去，在完全自由竞争的市场体系中，这种现象是永远不可避免的．由于商品的价格主要是由供求关系决定的，商品数量越多，意味着供越大于求，因而价格越低．而下一个时期商品的数量是由商品的价格决定的，商品价格越低，生产的数量就越少．当商品数量少到一定程度时，价格又出现反弹．这样的需求和供给关系决定了市场经济中价格和数量必然是振荡的．有的商品这种振荡的振幅越来越小，最后趋于平稳，有的商品的振幅越来越大，最后导致经济崩溃．

现以猪肉价格的变化与供求关系来研究上述振荡现象．

设第 n 个时期(长度假定为一年)猪肉的产量为 Q_n^s，价格为 P_n，产量与价格的关系为 $P_n = f(Q_n)$，本时期的价格又决定下一时期的产量，因此，$Q_{n+1}^s = g(P_n)$．这种产销关系可用下述过程来描述：

$$Q_1^s \to P_1 \to Q_2^s \to P_2 \to Q_3^s \to P_3 \to \cdots \to Q_n^s \to P_n \to \cdots$$

设

$$A_1 = (Q_1^s, P_1), A_2 = (Q_2^s, P_1), A_3 = (Q_2^s, P_2),$$
$$A_4 = (Q_3^s, P_2), \cdots, A_{2k-1} = (Q_k^s, P_k), A_{2k} = (Q_{k+1}^s, P_k).$$

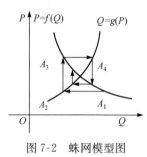

图 7-2 蛛网模型图

以产量 Q 和价格 P 分别作为坐标系的横轴和纵轴，绘出图 7-2. 这种关系很像一个蜘蛛网，故称为蛛网模型．

对于蛛网模型，假定商品本期的需求量 Q_t^d 决定于本期的价格 P_t，即需求函数为 $Q_t^d = f(P_t)$，商品本期产量 Q_t^s 决定于前一期的价格 P_{t-1}，即供给函数为 $Q_t^s = g(P_{t-1})$．根据上述假设，蛛网模型可以用下述联立方程式来表示

$$\begin{cases} Q_t^d = \alpha - \beta P_t, \\ Q_t^s = \lambda + \mu P_{t-1}, \\ Q_t^d = Q_t^s, \end{cases}$$

其中，$\alpha, \beta, \delta, \gamma$ 均为常数且均大于零．

蛛网模型分析了商品的产量和价格波动的三种情况．现在只讨论一种情形：供给曲线斜率的绝对值大于需求曲线斜率的绝对值．即当市场由于受到干扰偏离原

7.6 差分方程初步

有的均衡状态以后,实际价格和实际产量会围绕均衡水平上下波动,但波动的幅度越来越小,最后会恢复到原来的均衡点.

假设,在第一期由于某种外在原因的干扰,如恶劣的气候条件,实际产量由均衡水平 Q_e 减少为 Q_1. 根据需求曲线,消费者愿意支付 P_1 的价格购买全部的产量 Q_1,于是,实际价格上升为 P_1. 根据第一期较高的价格水平 P_1,按照供给曲线,生产者将第二期的产量增加为 Q_2;在第二期,生产者为了出售全部的产量 Q_2,接受消费者所愿意支付的价格 P_2,于是,实际价格下降为 P_2. 根据第二期的较低的价格水平 P_2,生产者将第三期的产量减少为 Q_3;在第三期,消费者愿意支付 P_3 的价格购买全部的产量 Q_3,于是,实际价格又上升为 P_3. 根据第三期较高的价格水平 P_3,生产者又将第四期的产量增加为 Q_4. 如此循环下去(图 7-3),实际产量和实际价格的波动幅度越来越小,最后恢复到均衡点 e 所代表的水平.

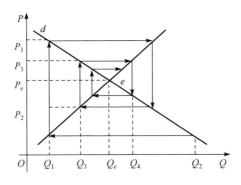

图 7-3 收敛型蛛网

由此可见,图 7-3 中的平衡点 e 所代表的平衡状态是稳定的. 也就是说,由于外在的原因,当价格和产量偏离平衡点 (P_e, Q_e) 后,经济制度中存在着自发的因素,能使价格和产量自动地恢复均衡状态. 产量和价格的变化轨迹形成了一个蜘蛛网似的图形,这就是蛛网模型名称的由来.

下面给出具体实例:

据统计,某城市 2001 年的猪肉产量为 30 万吨,价格为 6.00 元/千克. 2002 年生产猪肉 25 万吨,价格为 8.00 元/千克. 已知 2003 年的猪肉产量为 28 万吨,若维持目前的消费水平与生产方式,并假定猪肉产量与价格之间是线性关系. 问若干年以后的产量与价格是否会趋于稳定? 若稳定请求出稳定的产量和价格.

解 设 2001 年猪肉的产量为 x_1,猪肉的价格为 y_1,2002 年猪肉的产量为 x_2,猪肉的价格为 y_2,依此类推. 根据线性假设,需求函数 $y = f(x)$ 是一条直线,且 $A_1(30,6)$ 和 $A_3(25,8)$ 在直线上,因此得需求函数为

$$y_n = 18 - \frac{2}{5} x_n \quad (n=1,2,\cdots). \tag{14}$$

供给函数 $x=g(y)$ 也是一条直线，且 $A_2(25,6)$ 和 $A_4(28,8)$ 在直线上，因此得供给函数为

$$x_{n+1}=16+\frac{3}{2}y_n \quad (n=1,2,\cdots).\tag{15}$$

将(14)式代入到(15)式得关于 x_n 的差分方程

$$x_{n+1}=43-\frac{3}{5}x_n,\tag{16}$$

利用迭代法解方程(16). 于是有

$$x_{k+1}-x_k=\left(-\frac{3}{5}\right)^{k-1}(x_2-x_1),$$

所以

$$x_{n+1}-x_1=\sum_{k=1}^{n}(x_{k+1}-x_k)=(x_2-x_1)\sum_{k=1}^{n}\left(-\frac{3}{5}\right)^{k-1},$$

从而

$$x_{n+1}=x_1+(x_2-x_1)\sum_{k=1}^{n}\left(-\frac{3}{5}\right)^{k-1}=30-5\sum_{k=1}^{n}\left(-\frac{3}{5}\right)^{k-1},$$

于是，

$$\lim_{n\to\infty}x_{n+1}=30-5\times\frac{1}{1+\frac{3}{5}}=\frac{215}{8}=26.875(万吨).$$

类似于上述推导过程，得到关于 y_n 的表达式

$$y_{n+1}=y_1+(y_2-y_1)\sum_{k=1}^{n}\left(-\frac{3}{5}\right)^{k-1}=6+2\sum_{k=1}^{n}\left(-\frac{3}{5}\right)^{k-1},$$

于是，

$$\lim_{n\to\infty}y_{n+1}=6+2\times\frac{1}{1+\frac{3}{5}}=\frac{58}{8}=7.25(元/千克).$$

若干年以后的产量与价格都会趋于稳定，其稳定的产量为 26.875(万吨)，稳定的价格为 7.25(元/千克).

习 题 7-6

1. 指出下列差分方程的阶数：

(1) $y_{t+2}-5y_{t+1}+y_t-t=0$；

(2) $a_0(t)y_{t+n}+a_1(t)y_{t+n-1}+\cdots+a_n(t)y_t=b(t)$.

2. 求下列函数的差分：

(1) $y_t=2^t+3^t$，求 $\Delta y_t,\Delta^2 y_t$；

(2) $I_t = b(C_t - C_{t-1})$, $C_t = ay_{t-1}$, $y_t = 2t$, 求 ΔI_t, $\Delta^2 I_t$.

3. 求下列线性差分方程的通解:

(1) $y_{t+1} + y_t = 2^t$;

(2) $3y_t - 3y_{t-1} = 1$;

(3) $y_{t+1} + \sqrt{3} y_t = \cos \dfrac{\pi}{3} t$;

(4) $y_{t+1} + 2y_t - 2^t = \sin \pi t$.

4. 设某人于某年年底在银行存款 a 元,其年利率是 r,且按复利计算利息,又该存款人每年年底均取出固定数额为 b 元的部分存款,求该存款人每年年底在银行存款余额的变化规律.

第八章 空间解析几何与向量代数

在平面解析几何中,我们通过平面直角坐标系把平面上的几何图形和方程建立了对应关系,从而可以用代数方法来研究几何问题.空间解析几何与平面解析几何情况类似,它是通过空间直角坐标系建立空间图形和方程的对应关系,通过代数方法来研究空间几何图形.

8.1 向量及其运算

一、向量的概念

在物理和力学的研究中,经常会遇到两种不同类型的量:一种是用数表示的量,叫做数量或标量,如时间、温度、体积、质量等;另一种量是既有大小,又有方向的量叫向量(或矢量),如速度、位移、力等.

在几何中,向量可用一条有向线段来表示,线段的长度表示向量的大小,线段的方向表示向量的方向,并用箭头来表示;起点为 M_1,终点为 M_2 的向量,记作 $\overrightarrow{M_1M_2}$.有时也用黑体字母 $\boldsymbol{a}, \boldsymbol{b}$ 表示向量(图 8-1).向量的大小叫做向量的模(或长度)记作 $|\boldsymbol{a}|$ 或 $|\overrightarrow{M_1M_2}|$.

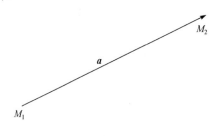

图 8-1

模等于 1 的向量叫做**单位向量**.

模等于 0 的向量叫做**零向量**,记作 **0**.

若两个向量 $\boldsymbol{a}$ 和 $\boldsymbol{b}$ 的模相等,而且方向相同,则称这两个向量**相等**,记作 $\boldsymbol{a} = \boldsymbol{b}$.

根据两向量相等的定义,一个向量平移后仍与原向量相等.因此,向量的起点可以放在空间的任何一点.这种不考虑起点位置的向量叫做自由向量.本书主要讨论自由向量.

与向量 $\boldsymbol{a}$ 的大小相等,而方向相反的向量叫向量 $\boldsymbol{a}$ 的**负向量**,记作 $-\boldsymbol{a}$.

二、向量的加减法

根据力的合成法则(图 8-2),定义两向量的加法为:

设有两向量 $\overrightarrow{OA}$ 和 $\overrightarrow{OB}$,以 $\overrightarrow{OA}$,$\overrightarrow{OB}$ 为边所作平行四边形的对角线向量 $\overrightarrow{OC}$ 叫做向量 $\overrightarrow{OA}$ 和 $\overrightarrow{OB}$ 的和.记 $\overrightarrow{OA}+\overrightarrow{OB}=\overrightarrow{OC}$,这种定义两向量和的方法叫做**平行四边形法则**.

若向量 $\overrightarrow{OA}$ 与 $\overrightarrow{OB}$ 共线,则定义它们的和为如下的向量:若两个向量的指向相同,其和的方向与原来两个向量的指向相同,而模等于原来两个向量模的和;若两个向量的指向相反时,其和的方向与模较大的向量的方向相同,而模等于原来两向量的模之差.

根据向量相等的定义及平行四边形的性质,在图 8-2 中,$\overrightarrow{OB}=\overrightarrow{AC}$,若把第二个向量 $\overrightarrow{OB}$ 的起点平移到第一个向量 $\overrightarrow{OA}$ 的终点 A,则以第一个向量的起点 O 为起点,以第二个向量的终点 C 为终点的向量 $\overrightarrow{OC}$,就是向量 $\overrightarrow{OA}$ 与 $\overrightarrow{OB}$ 的和.这种求两向量和的方法叫做**三角形法则**[①].

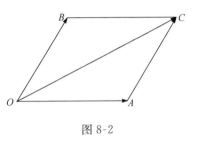

图 8-2

向量的加法满足下列两个性质:

(1) 交换律:$a+b=b+a$;
(2) 结合律:$(a+b)+c=a+(b+c)$.

向量 a 与 $(-b)$ 的和,叫做向量 a 与 b 的差,记作 $a-b$,即 $a-b=a+(-b)$.

三、向量与数量的乘法

设 λ 是一数,向量 a 与数 λ 的乘积 λa 规定为:当 $\lambda>0$ 时,λa 表示一向量,它的方向与 a 的方向相同,它的模等于 $|a|$ 的 λ 倍,即 $|\lambda a|=\lambda|a|$;当 $\lambda=0$ 时,λa 是零向量,即 $\lambda a=\mathbf{0}$;当 $\lambda<0$ 时,λa 是一个与 a 反向且模 $|\lambda a|=|\lambda||a|$ 的向量.

由向量数乘的定义不难看出,两非零向量 a 与 b 平行的充要条件是 $b=\lambda a(\lambda\neq 0)$,或者存在两不全为零的数 λ,γ,使得 $\lambda a+\gamma b=\mathbf{0}$.

对于非零向量 a,我们有 $a=|a|a^0$,其中 $a^0=\dfrac{a}{|a|}$ 是与 a 同向的单位向量.

向量与数量的乘法满足下列两个性质:

(1) 结合律:$\lambda(\gamma a)=\gamma(\lambda a)=(\lambda\gamma)a$;
(2) 分配律:$(\lambda+\gamma)a=\lambda a+\gamma a$.

---

① 三角形法则可以推广到求任意有限个向量和的多边形法则.

例 如图 8-3 所示,已知平行四边形 $ABCD$,记 $\overrightarrow{AB}=a$,$\overrightarrow{AD}=b$,对角线 AC 与 BD 的交点为 M,试用 a,b 表示向量 $\overrightarrow{MA}$,$\overrightarrow{MB}$,$\overrightarrow{MC}$,$\overrightarrow{MD}$.

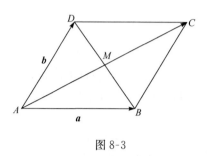

图 8-3

解 由于平行四边形的对角线互相平分,故由平行四边形法则知:
$$a+b=2\overrightarrow{AM}=2\overrightarrow{MC},$$
于是
$$\overrightarrow{MC}=\frac{1}{2}(a+b).$$
又 $\overrightarrow{MA}=-\overrightarrow{AM}=-\overrightarrow{MC}$,所以
$$\overrightarrow{MA}=-\frac{1}{2}(a+b).$$
而
$$\overrightarrow{MD}=\frac{1}{2}\overrightarrow{BD}=\frac{1}{2}(b-a),\quad \overrightarrow{MB}=-\overrightarrow{MD}=\frac{1}{2}(a-b).$$

习 题 8-1

1. 如果四边形的对角线互相平分,证明它是平行四边形.
2. 已知平行四边形 $ABCD$ 的边 BC 和 CD 的中点分别为 K 和 L,且 $\overrightarrow{AK}=a$,$\overrightarrow{AL}=b$,试求 $\overrightarrow{BC}$ 和 $\overrightarrow{CD}$.
3. 证明不共线的三个非零向量 a,b,c 构成三角形的充分条件是 $a+b+c=0$.
4. 设 $u=a-b+2c$,$v=-a+3b-c$,试用 a,b,c 表示 $2u-3v$.
5. 设 A,B,C,D 是一个四边形的顶点,M,N 分别是边 AB,CD 的中点. 证明 $\overrightarrow{MN}=\frac{1}{2}(\overrightarrow{AD}+\overrightarrow{BC})$.

8.2 空间直角坐标系与向量的坐标表示

一、空间直角坐标系

在空间任取一固定点 O,通过点 O 作三条互相垂直且有相同长度单位的数轴,分别叫做 x 轴(横轴)、y 轴(纵轴)、z 轴(竖轴),统称为坐标轴,O 叫做坐标原点. 这样就构成了**空间直角坐标系** O_{xyz}.

空间直角坐标系分两类,一类是右手坐标系;另一类是左手坐标系. 如果用右手握住 z 轴使右手握拳的方向和 x 轴的正向到 y 轴的正向的转向一致时,拇指恰指向 z 轴的正向,就说坐标轴的正向 Ox,Oy,Oz 符合右手法则,这样的坐标系 O_{xyz}

8.2 空间直角坐标系与向量的坐标表示

叫做右手系(图 8-4(a)).本书将采用右手坐标系.图 8-4(b)为左手坐标系.

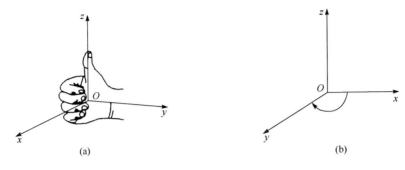

图 8-4

任意两条坐标轴可以确定一个平面.如 x 轴和 y 轴确定 xOy 平面, y 轴和 z 轴确定 yOz 平面, z 轴和 x 轴确定 zOx 平面.

这三个平面都叫做**坐标平面**.三个平面把空间分成八个部分,每部分叫做一个**卦限**(图 8-5).

取定了空间直角坐标系以后,就可以建立空间的点与有序数组间的一一对应关系.

1. 空间点的坐标

设 M 为空间的一个点,过点 M 作三个平面分别垂直于 x 轴、y 轴和 z 轴,并与它们分别交于 P,Q,R 三点(图 8-6).设这三点在 x 轴、y 轴、z 轴上的坐标分别为 x,y 和 z,则点 M 唯一确定一个有序数组 (x,y,z),反之,若把一个有序数组 (x,y,z) 视为 x 轴、y 轴和 z 轴上的点 P,Q 和 R 的坐标,并过 P,Q,R 三点分别作垂直于 x 轴、y 轴和 z 轴的平面,则这三个互相垂直的平面交于唯一的点 M,即有序数组 (x,y,z) 唯一确定空间一点 M.

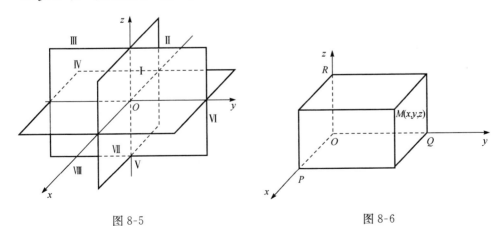

图 8-5　　　　　　　　　　　图 8-6

总之,有序数组(x,y,z)与空间一点M间存在一一对应关系. 通常把这种有序数组(x,y,z)叫做点M**的坐标**,并把x,y和z分别叫做点M**的横坐标、纵坐标和竖坐标**. 坐标为(x,y,z)的点M记为$M(x,y,z)$.

2. 空间两点间的距离

设$M_1(x_1,y_1,z_1)$和$M_2(x_2,y_2,z_2)$是空间两个已知点,则M_1与M_2两点间的距离d为

$$d=|M_1M_2|=\sqrt{(x_2-x_1)^2+(y_2-y_1)^2+(z_2-z_1)^2}.$$

事实上,过点M_1,M_2各作三个平面分别垂直于三个坐标轴,这六个平面构成了一个以线段M_1M_2为一条对角线的平行六面体(图 8-7).

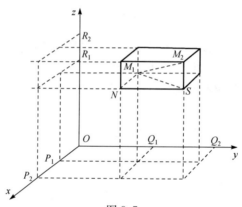

图 8-7

$$d^2=|M_1M_2|^2=|M_1S|^2+|SM_2|^2=|M_1N|^2+|NS|^2+|SM_2|^2.$$

由于

$$|M_1N|=|P_1P_2|=|x_2-x_1|,\quad |NS|=|Q_1Q_2|=|y_2-y_1|,$$
$$|SM_2|=|R_1R_2|=|z_2-z_1|,$$

所以

$$d=\sqrt{(x_2-x_1)^2+(y_2-y_1)^2+(z_2-z_1)^2}.$$

例 1 在z轴上求与点$A(-4,1,7)$和点$B(3,5,-2)$等距离的点.

解 因为所求点在z轴上,所以可设该点为$M(0,0,z)$,由题意有$|MA|=|MB|$,即

$$\sqrt{(0+4)^2+(0-1)^2+(z-7)^2}=\sqrt{(0-3)^2+(0-5)^2+(z+2)^2},$$

两边平方,解得$z=\dfrac{14}{9}$,所以所求点为$M\left(0,0,\dfrac{14}{9}\right)$.

二、向量的坐标表示法

1. 向量在轴上的投影

通常把向量$\boldsymbol{a},\boldsymbol{b}$的起点都放在同一点$O$,则它们所成的角$\varphi(0\leqslant\varphi\leqslant\pi)$,叫做

向量 $\boldsymbol{a}$ 与 $\boldsymbol{b}$ 的**夹角**,记作 $(\widehat{\boldsymbol{a},\boldsymbol{b}})$(图 8-8).

首先,考虑空间一点在一轴 u 上的投影,设已知空间一点 A,通过 A 引轴 u 的垂直平面 α,则面 α 与轴 u 的交点 A' 叫做点 A 在轴 u 上的**投影**(图 8-9).

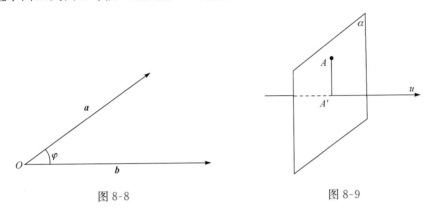

图 8-8   图 8-9

其次,考虑向量在一个轴上的投影,设已知 $\overrightarrow{AB}$ 的起点 A 和终点 B 在轴 u 上的投影分别为 A' 与 B'(图 8-10),则轴 u 上的有向线段 $\overrightarrow{A'B'}$ 的值 $A'B'$ 叫做向量 $\overrightarrow{AB}$ 在轴 u 上的投影,记作 $\mathrm{Prj}_u \overrightarrow{AB} = A'B'$.

定理 1 向量 $\overrightarrow{AB}$ 在轴 u 上的投影等于向量的模乘以轴与向量夹角的余弦.即

$$\mathrm{Prj}_u \overrightarrow{AB} = |\overrightarrow{AB}| \cos\varphi.$$

证 如图 8-11 所示,通过向量 $\overrightarrow{AB}$ 的始点 A 引轴 u',使 u' 与 u 平行且有相同正向,则 u 和向量 $\overrightarrow{AB}$ 的夹角 φ 等于轴 u' 和向量 $\overrightarrow{AB}$ 的夹角,而且有

$$\mathrm{Prj}_u \overrightarrow{AB} = \mathrm{Prj}_{u'} \overrightarrow{AB},$$

但 $\mathrm{Prj}_{u'} \overrightarrow{AB} = |\overrightarrow{AB}| \cos\varphi$,所以 $\mathrm{Prj}_u \overrightarrow{AB} = |\overrightarrow{AB}| \cos\varphi$.

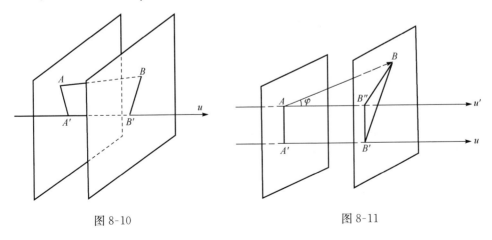

图 8-10   图 8-11

由 $\cos\varphi$ 的取值的不同情况,我们得到:当一向量与其投影轴成锐角时,向量的投影为正;成钝角时,向量的投影为负;成直角时,向量的投影为零.

定理 2 有限个向量的和在轴上的投影等于各向量在该轴上投影的和. 即
$$\text{Prj}(\boldsymbol{a}_1+\boldsymbol{a}_2+\cdots+\boldsymbol{a}_n)=\text{Prj}\boldsymbol{a}_1+\text{Prj}\boldsymbol{a}_2+\cdots+\text{Prj}\boldsymbol{a}_n.$$
证明从略.

2. 向量的分解与向量的坐标

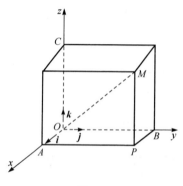

图 8-12

设有一向量 $\overrightarrow{OM}$,其起点为直角坐标系的原点 O,终点 M 的坐标为 $M(x,y,z)$. 通常称 $\overrightarrow{OM}$ 为点 M 的向径. 由图 8-12 可见,$OA=x, AP=y, PM=z$.

因为 $\overrightarrow{AP}=\overrightarrow{OB}, \overrightarrow{PM}=\overrightarrow{OC}$,所以有
$$\overrightarrow{OM}=\overrightarrow{OA}+\overrightarrow{OB}+\overrightarrow{OC}.$$
把 $\overrightarrow{OA}, \overrightarrow{OB}$ 和 $\overrightarrow{OC}$ 叫做向量 $\overrightarrow{OM}$ 在坐标轴上的**分量**.

在 x 轴、y 轴和 z 轴上,以原点为起点,分别引三个单位向量,其方向与坐标轴方向一致,记为 $\boldsymbol{i},\boldsymbol{j},\boldsymbol{k}$,叫做空间直角坐标系的**基本单位向量**.

由 OA, OB 与 OC 就是 $\overrightarrow{OM}$ 分别在 x, y 与 z 轴上的投影,又 $OA=x, OB=y, OC=z$,所以 $\overrightarrow{OM}$ 在各坐标轴上的分量可表示为 $\overrightarrow{OA}=x\boldsymbol{i}, \overrightarrow{OB}=y\boldsymbol{j}, \overrightarrow{OC}=z\boldsymbol{k}$,于是
$$\overrightarrow{OM}=x\boldsymbol{i}+y\boldsymbol{j}+z\boldsymbol{k}.$$
通常把上式叫做向量 $\overrightarrow{OM}$ 的**坐标表达式**. 也记作 $\overrightarrow{OM}=\{x,y,z\}$,并称 x,y 和 z 为向量 $\overrightarrow{OM}$ 的**坐标**.

注意:分向量与坐标是两个不同的概念. 向量的分向量 $x\boldsymbol{i},y\boldsymbol{j},z\boldsymbol{k}$ 是三个向量,而向量的坐标 x,y 和 z 是三个数量.

利用向量的坐标,我们可以将两个向量的和、差及数量的乘积的运算化为代数运算如下.

设 $\boldsymbol{a}=x_1\boldsymbol{i}+y_1\boldsymbol{j}+z_1\boldsymbol{k}=\{x_1,y_1,z_1\}, \boldsymbol{b}=x_2\boldsymbol{i}+y_2\boldsymbol{j}+z_2\boldsymbol{k}=\{x_2,y_2,z_2\}$,则
$$\boldsymbol{a}+\boldsymbol{b}=(x_1+x_2)\boldsymbol{i}+(y_1+y_2)\boldsymbol{j}+(z_1+z_2)\boldsymbol{k},$$
$$\boldsymbol{a}-\boldsymbol{b}=(x_1-x_2)\boldsymbol{i}+(y_1-y_2)\boldsymbol{j}+(z_1-z_2)\boldsymbol{k},$$
$$\lambda\boldsymbol{a}=\lambda x_1\boldsymbol{i}+\lambda y_1\boldsymbol{j}+\lambda z_1\boldsymbol{k}.$$

例 2 设两点为 $M_1(x_1,y_1,z_1)$ 与 $M_2(x_2,y_2,z_2)$,求向量 $\overrightarrow{M_1M_2}$ 的坐标.

解 由向量减法,知
$$\overrightarrow{M_1M_2}=\overrightarrow{OM_2}-\overrightarrow{OM_1}=(x_2\boldsymbol{i}+y_2\boldsymbol{j}+z_2\boldsymbol{k})-(x_1\boldsymbol{i}+y_1\boldsymbol{j}+z_1\boldsymbol{k})$$
$$=\{x_2-x_1,y_2-y_1,z_2-z_1\}.$$

例 3 求证 $\boldsymbol{a}=(x_1,y_1,z_1)$ 和 $\boldsymbol{b}=(x_2,y_2,z_2)$ 平行的充要条件是

$$\frac{x_1}{x_2} = \frac{y_1}{y_2} = \frac{z_1}{z_2}.$$

证 因为 $a // b$ 的充要条件为存在着数 λ，使 $a = \lambda b$，因此有 $\{x_1, y_1, z_1\} = \lambda \{x_2, y_2, z_2\}$，于是 $x_1 = \lambda x_2, y_1 = \lambda y_2, z_1 = \lambda z_2$，即

$$\frac{x_1}{x_2} = \frac{y_1}{y_2} = \frac{z_1}{z_2} = \lambda.$$

三、向量的模与方向余弦

1. 向量的模

如果向量 a 的起点是 $M_1(x_1, y_1, z_1)$，终点是 $M_2(x_2, y_2, z_2)$，则向量 $a = \overrightarrow{M_1 M_2}$ 的模 $|a|$ 就是 M_1、M_2 两点间的距离

$$|a| = |\overrightarrow{M_1 M_2}| = \sqrt{(x_2-x_1)^2 + (y_2-y_1)^2 + (z_2-z_1)^2}.$$

如果向量 a 的起点为原点，终点为 $M(x, y, z)$，则向量 a 的模是

$$|a| = \sqrt{x^2 + y^2 + z^2}.$$

证明请读者自己完成.

2. 向量的方向角与方向余弦

因为向量平行移动时方向不变，为了在给定的坐标系里表示向量 a 的方向，我们可将向量 a 平行移动，使起点与坐标原点重合，终点为 M，这样，向量 a 的方向就可以用它与 Ox, Oy, Oz 三个坐标轴的三个夹角 α, β, γ 表示. 为了唯一确定这些夹角，规定 $0 \leqslant \alpha \leqslant \pi, 0 \leqslant \beta \leqslant \pi, 0 \leqslant \gamma \leqslant \pi$. α, β, γ 称为向量 a 的方向角. 如果给出了向量的方向角，则向量的方向就完全确定. 向量方向角的余弦叫做向量的方向余弦(图 8-13). 由向量投影性质，知

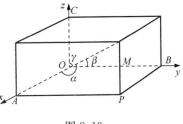

图 8-13

$$OA = |\overrightarrow{OM}| \cos\alpha, \quad OB = |\overrightarrow{OM}| \cos\beta, \quad OC = |\overrightarrow{OM}| \cos\gamma,$$

从而有

$$\cos\alpha = \frac{OA}{|\overrightarrow{OM}|} = \frac{x}{\sqrt{x^2+y^2+z^2}},$$

$$\cos\beta = \frac{OB}{|\overrightarrow{OM}|} = \frac{y}{\sqrt{x^2+y^2+z^2}},$$

$$\cos\gamma = \frac{OC}{|\overrightarrow{OM}|} = \frac{z}{\sqrt{x^2+y^2+z^2}}.$$

利用上述公式可以计算向量 $\overrightarrow{OM}$ 的方向余弦. 显然，方向余弦的平方和等于

1,即
$$\cos^2\alpha + \cos^2\beta + \cos^2\gamma = 1.$$

如果有一组实数 m, n, p 与向量 $\overrightarrow{OM}$ 的方向余弦成比例,即
$$\frac{m}{\cos\alpha} = \frac{n}{\cos\beta} = \frac{p}{\cos\gamma},$$

则称 m, n, p 为向量 $\overrightarrow{OM}$ 的**方向数**.

若 $\boldsymbol{a}^0$ 是向量 $\overrightarrow{OM}$ 的单位向量,则 $\boldsymbol{a}^0$ 可用方向余弦表示为
$$\boldsymbol{a}^0 = \{\cos\alpha, \cos\beta, \cos\gamma\}$$
$$= \left\{\frac{x}{\sqrt{x^2+y^2+z^2}}, \frac{y}{\sqrt{x^2+y^2+z^2}}, \frac{z}{\sqrt{x^2+y^2+z^2}}\right\},$$

或
$$\boldsymbol{a}^0 = \cos\alpha \boldsymbol{i} + \cos\beta \boldsymbol{j} + \cos\gamma \boldsymbol{k}$$
$$= \frac{x}{\sqrt{x^2+y^2+z^2}}\boldsymbol{i} + \frac{y}{\sqrt{x^2+y^2+z^2}}\boldsymbol{j} + \frac{z}{\sqrt{x^2+y^2+z^2}}\boldsymbol{k}.$$

例 4 设已知两点 $M_1(2, 2, \sqrt{2})$ 和 $M_2(1, 3, 0)$,求向量 $\overrightarrow{M_1M_2}$ 的模、方向余弦和方向角.

解 因为
$$\overrightarrow{M_1M_2} = (1-2)\boldsymbol{i} + (3-2)\boldsymbol{j} + (0-\sqrt{2})\boldsymbol{k} = -\boldsymbol{i} + \boldsymbol{j} - \sqrt{2}\boldsymbol{k},$$

所以
$$|\overrightarrow{M_1M_2}| = \sqrt{(-1)^2 + 1^2 + (-\sqrt{2})^2} = 2,$$
$$\cos\alpha = -\frac{1}{2}, \quad \cos\beta = \frac{1}{2}, \quad \cos\gamma = -\frac{\sqrt{2}}{2},$$

所以 $\alpha = \dfrac{2\pi}{3}, \beta = \dfrac{\pi}{3}, \gamma = \dfrac{3\pi}{4}$.

例 5 设已知两点 $A(4, 0, 5)$ 和 $B(7, 1, 3)$,求方向和 $\overrightarrow{AB}$ 一致的单位向量.

解 因为
$$\overrightarrow{AB} = (7-4)\boldsymbol{i} + (1-0)\boldsymbol{j} + (3-5)\boldsymbol{k},$$
$$|\overrightarrow{AB}| = \sqrt{3^2 + 1^2 + (-2)^2} = \sqrt{14},$$

所以 $\boldsymbol{a}^0 = \dfrac{\overrightarrow{AB}}{|\overrightarrow{AB}|} = \dfrac{3\boldsymbol{i} + \boldsymbol{j} - 2\boldsymbol{k}}{\sqrt{14}} = \dfrac{3}{\sqrt{14}}\boldsymbol{i} + \dfrac{1}{\sqrt{14}}\boldsymbol{j} - \dfrac{2}{\sqrt{14}}\boldsymbol{k}.$

习 题 8-2

1. 求点 $M(1, -2, 3)$ 与原点及各坐标轴、坐标平面的距离.
2. 求下列各对点之间的距离:

(1) $(1,2,2), (-1,0,1)$;　　(2) $(4,-2,3), (-2,1,3)$.

3. 证明以 $A(4,3,1), B(7,1,2)$ 和 $C(5,2,3)$ 为顶点的三角形是等腰三角形.

4. 已知两点 $M_1(4,\sqrt{2},1)$ 和 $M_2(3,0,2)$, 求向量 $\overrightarrow{M_1M_2}$ 的模、方向余弦及方向角.

5. 三个力 $\boldsymbol{F}_1=\{1,2,3\}, \boldsymbol{F}_2=\{-2,3,-4\}, \boldsymbol{F}_3=\{3,-4,5\}$ 同作用于一点, 求合力 $\boldsymbol{G}$ 的大小及方向余弦.

6. 已知 $\boldsymbol{a}=\{\alpha,5,-1\}, \boldsymbol{b}=\{3,1,\gamma\}$ 共线, 求 α 和 γ.

7. 已知 $\boldsymbol{a}$ 的方向角 $\alpha=\dfrac{\pi}{3}, \beta=\dfrac{2\pi}{3}$. 试求 $\boldsymbol{a}$ 的第三个方向角 γ; 又已知 $\boldsymbol{a}$ 在 x 轴上的投影为 1, 试求 $\boldsymbol{a}$ 的坐标.

8.3* 数量积与向量积

在这一节中将介绍由物理模型抽象出来的关于向量的两种乘法——数量积和向量积.

一、数量积

定义 设 $\boldsymbol{a},\boldsymbol{b}$ 为两个向量, 它们间的夹角为 $\theta(0\leqslant\theta\leqslant\pi)$, 数量 $|\boldsymbol{a}||\boldsymbol{b}|\cos\theta$ 称为向量 $\boldsymbol{a},\boldsymbol{b}$ 的**数量积**, 记作 $\boldsymbol{a}\cdot\boldsymbol{b}$, 即 $\boldsymbol{a}\cdot\boldsymbol{b}=|\boldsymbol{a}||\boldsymbol{b}|\cos\theta$.

数量积有如下性质.

(1) $\boldsymbol{a}\cdot\boldsymbol{a}=|\boldsymbol{a}|^2$.

因为 $\theta=0$, 所以 $\boldsymbol{a}\cdot\boldsymbol{a}=|\boldsymbol{a}|^2\cos0=|\boldsymbol{a}|^2$. 特别地, 有 $\boldsymbol{i}\cdot\boldsymbol{i}=\boldsymbol{j}\cdot\boldsymbol{j}=\boldsymbol{k}\cdot\boldsymbol{k}=1$.

(2) 两向量 $\boldsymbol{a}$ 与 $\boldsymbol{b}$ 互相垂直的充要条件是其数量积等于 0, 即 $\boldsymbol{a}\cdot\boldsymbol{b}=0$, 特别地, 有 $\boldsymbol{i}\cdot\boldsymbol{j}=\boldsymbol{j}\cdot\boldsymbol{k}=\boldsymbol{k}\cdot\boldsymbol{i}=0$.

(3) 两非零向量 $\boldsymbol{a}$ 与 $\boldsymbol{b}$ 的夹角 θ 的余弦可用数量积表示为 $\cos\theta=\dfrac{\boldsymbol{a}\cdot\boldsymbol{b}}{|\boldsymbol{a}||\boldsymbol{b}|}$.

有时需要把两个向量的数量积表示成投影形式, 由于 $|\boldsymbol{b}|\cos\theta$ 表示向量 $\boldsymbol{b}$ 在向量 $\boldsymbol{a}$ 方向上的投影, 即 $\text{Prj}_{\boldsymbol{a}}\boldsymbol{b}=|\boldsymbol{b}|\cos\theta$. 所以有

$$\boldsymbol{a}\cdot\boldsymbol{b}=|\boldsymbol{a}|\text{Prj}_{\boldsymbol{a}}\boldsymbol{b} \quad \text{或} \quad \boldsymbol{a}\cdot\boldsymbol{b}=|\boldsymbol{b}|\text{Prj}_{\boldsymbol{b}}\boldsymbol{a}.$$

这表明两个向量的数量积等于其中一个向量的模与另一个向量在该向量方向上的投影之积.

数量积的运算还满足:

(1) 交换律: $\boldsymbol{a}\cdot\boldsymbol{b}=\boldsymbol{b}\cdot\boldsymbol{a}$;

(2) 分配律: $(\boldsymbol{a}+\boldsymbol{b})\cdot\boldsymbol{c}=\boldsymbol{a}\cdot\boldsymbol{c}+\boldsymbol{b}\cdot\boldsymbol{c}$;

(3) 结合律：$(\lambda \boldsymbol{a}) \cdot \boldsymbol{b} = \boldsymbol{a} \cdot (\lambda \boldsymbol{b}) = \lambda(\boldsymbol{a} \cdot \boldsymbol{b})$.

利用这些运算规律,由数量积的性质,可以推得数量积的坐标表达式.

设 $\boldsymbol{a} = \{a_x, a_y, a_z\}$, $\boldsymbol{b} = \{b_x, b_y, b_z\}$,则 $\boldsymbol{a} \cdot \boldsymbol{b} = a_x b_x + a_y b_y + a_z b_z$,事实上,

$$\begin{aligned}
\boldsymbol{a} \cdot \boldsymbol{b} &= (a_x \boldsymbol{i} + a_y \boldsymbol{j} + a_z \boldsymbol{k}) \cdot (b_x \boldsymbol{i} + b_y \boldsymbol{j} + b_z \boldsymbol{k}) \\
&= a_x \boldsymbol{i} \cdot (b_x \boldsymbol{i} + b_y \boldsymbol{j} + b_z \boldsymbol{k}) + a_y \boldsymbol{j} \cdot (b_x \boldsymbol{i} + b_y \boldsymbol{j} + b_z \boldsymbol{k}) + a_z \boldsymbol{k} \cdot (b_x \boldsymbol{i} + b_y \boldsymbol{j} + b_z \boldsymbol{k}) \\
&= a_x b_x \boldsymbol{i} \cdot \boldsymbol{i} + a_x b_y \boldsymbol{i} \cdot \boldsymbol{j} + a_x b_z \boldsymbol{i} \cdot \boldsymbol{k} + a_y b_x \boldsymbol{j} \cdot \boldsymbol{i} + a_y b_y \boldsymbol{j} \cdot \boldsymbol{j} + a_y b_z \boldsymbol{j} \cdot \boldsymbol{k} \\
&\quad + a_z b_x \boldsymbol{k} \cdot \boldsymbol{i} + a_z b_y \boldsymbol{k} \cdot \boldsymbol{j} + a_z b_z \boldsymbol{k} \cdot \boldsymbol{k} \\
&= a_x b_x + a_y b_y + a_z b_z.
\end{aligned}$$

由数量积的坐标表达式,可以推及向量 $\boldsymbol{a}$ 与 $\boldsymbol{b}$ 互相垂直的充要条件是

$$a_x b_x + a_y b_y + a_z b_z = 0.$$

两个非零向量 $\boldsymbol{a}, \boldsymbol{b}$ 间夹角 θ 的余弦可表示为

$$\cos\theta = \frac{a_x b_x + a_y b_y + a_z b_z}{\sqrt{a_x^2 + a_y^2 + a_z^2} \cdot \sqrt{b_x^2 + b_y^2 + b_z^2}}.$$

例 1 在 xOy 坐标面上,求与向量 $\boldsymbol{a} = \{-4, 3, 7\}$ 垂直的单位向量.

解 设所求单位向量 $\boldsymbol{b} = \{m, n, p\}$,因为 $\boldsymbol{b}$ 在 xOy 面内,所以 $p = 0$,从而有 $m^2 + n^2 = 1$.

又由 $\boldsymbol{b}$ 垂直于 $\boldsymbol{a}$,可得 $\boldsymbol{a} \cdot \boldsymbol{b} = -4m + 3n = 0$,说明 m, n 应为方程组 $\begin{cases} m^2 + n^2 = 1, \\ -4m + 3n = 0 \end{cases}$ 的解,解之得

$$\begin{cases} m = \dfrac{3}{5}, \\ n = \dfrac{4}{5}, \end{cases} \quad \text{或} \quad \begin{cases} m = -\dfrac{3}{5}, \\ n = -\dfrac{4}{5}, \end{cases}$$

所以,单位向量 $\boldsymbol{b} = \left\{\dfrac{3}{5}, \dfrac{4}{5}, 0\right\}$ 或 $\boldsymbol{b} = \left\{-\dfrac{3}{5}, -\dfrac{4}{5}, 0\right\}$.

二、向量积

设向量 $\boldsymbol{c}$ 是由向量 $\boldsymbol{a}$ 与向量 $\boldsymbol{b}$ 确定的,它满足：

(1) $|\boldsymbol{c}| = |\boldsymbol{a}| |\boldsymbol{b}| \sin\theta$；

(2) $\boldsymbol{c}$ 垂直于 $\boldsymbol{a}$ 和 $\boldsymbol{b}$ 所确定的平面；

(3) $\boldsymbol{c}$ 的正向,由 $\boldsymbol{a}, \boldsymbol{b}, \boldsymbol{c}$ 构成右手法则来确定,

则向量 $\boldsymbol{c}$ 叫做向量 $\boldsymbol{a}$ 与 $\boldsymbol{b}$ 的**向量积**(叉积,或矢量积).记作 $\boldsymbol{a} \times \boldsymbol{b}$,即

$$\boldsymbol{c} = \boldsymbol{a} \times \boldsymbol{b}.$$

由向量积的定义,不难得出

$$\boldsymbol{i} \times \boldsymbol{j} = \boldsymbol{k}, \quad \boldsymbol{j} \times \boldsymbol{k} = \boldsymbol{i}, \quad \boldsymbol{k} \times \boldsymbol{i} = \boldsymbol{j}.$$

向量积有如下性质：

(1) $a \times a = 0$；

(2) a 平行于 b 的充要条件是 $a \times b = 0$；

(3) 若 $a \neq 0, b \neq 0$, 则
$$\sin\theta = \frac{|a \times b|}{|a||b|}.$$

向量积的运算满足：

(1) 分配律：$(a+b) \times c = a \times c + b \times c$；

(2) 结合律：$(\lambda a) \times b = a \times (\lambda b) = \lambda(a \times b)$.

但不满足交换律，而是满足 $a \times b = -(b \times a)$.

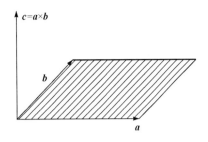

图 8-14

因为按右手法则从 b 转向 a 与从 a 转向 b 所定出的方向恰好相反，而模都等于 $|a||b|\sin\theta$，所以 $a \times b = -(b \times a)$.

特别地，有 $j \times i = -k, k \times j = -i, i \times k = -j$.

由向量积的性质及其运算规律，可以导出向量积的坐标表达式：

设 $a = \{a_x, a_y, a_z\}, b = \{b_x, b_y, b_z\}$, 则
$$a \times b = (a_y b_z - a_z b_y)i + (a_z b_x - a_x b_z)j + (a_x b_y - a_y b_x)k.$$

借助于三阶行列式，可把上式记为
$$a \times b = \begin{vmatrix} i & j & k \\ a_x & a_y & a_z \\ b_x & b_y & b_z \end{vmatrix}.$$

由上式可以看出，向量 a 与 b 互相平行的充要条件是 $\dfrac{a_x}{b_x} = \dfrac{a_y}{b_y} = \dfrac{a_z}{b_z}$.

例 2 已知 $\triangle ABC$ 中三个顶点的坐标分别为 $A(1,2,3), B(3,4,5), C(-1,-2,7)$，求 $\triangle ABC$ 的面积.

解 由向量积的定义，$\triangle ABC$ 的面积
$$S = \frac{1}{2}|\overrightarrow{AB} \times \overrightarrow{AC}|.$$

而 $\overrightarrow{AB} = \{2,2,2\}, \overrightarrow{AC} = \{-2,-4,4\}$，得
$$\overrightarrow{AB} \times \overrightarrow{AC} = \begin{vmatrix} i & j & k \\ 2 & 2 & 2 \\ -2 & -4 & 4 \end{vmatrix} = \{16, -12, -4\},$$

因此，
$$|\overrightarrow{AB} \times \overrightarrow{AC}| = \sqrt{16^2 + (-12)^2 + (-4)^2} = 4\sqrt{26},$$

故 $S = \dfrac{1}{2}|\overrightarrow{AB} \times \overrightarrow{AC}| = 2\sqrt{26}$.

习 题 8-3

1. 已知 $a=\{4,-3,4\}, b=\{3,2,-1\}$，求：
(1) a 与 b 的数量积；(2) $3a$ 与 $2b$ 的数量积.

2. 已知 a, b 的夹角 $\theta=\dfrac{\pi}{3}$，且 $|a|=3, |b|=4$，计算：
(1) $a \cdot b$；(2) $(3a-2b) \cdot (a+2b)$.

3. 证明向量 $a=\{2,-1,1\}$ 和向量 $b=\{4,9,1\}$ 互相垂直.

4. 已知 $a=\{2,-3,1\}, b=\{1,-1,3\}, c=\{1,-2,0\}$，求：
(1) $(a \cdot b)c-(a \cdot c)b$；(2) $(a+b) \times (b+c)$；(3) $(a \times b) \cdot c$.

5. 已知 $A(1,2,0), B(3,0,-3)$ 和 $C(5,2,6)$，试求 $\triangle ABC$ 的面积.

6. 试证四个点 $A(1,2,-1), B(0,1,5), C(-1,2,1)$ 及 $D(2,1,3)$ 在同一平面上.

7. 已知向量 $a=\{2,-2,3\}, b=\{1,0,-2\}, c=\{4,-3,5\}$，试计算 $(a \times b) \cdot c$ 及 $b \cdot (a \times c)$.

8.4* 平面及其方程

一、平面的点法式方程

已知 $M_0(x_0, y_0, z_0)$ 为空间平面 π 上的一点，$n=Ai+Bj+Ck$ 为垂直平面 π 的向量，叫做平面 π 的**法向量**.

设平面 π 的法向量 $n=\{A,B,C\}$，且平面 π 过定点 $M_0(x_0, y_0, z_0)$，我们来建立平面 π 的方程.

设 $M(x,y,z)$ 是平面 π 上任一异于 M_0 的点，则向量 $\overrightarrow{M_0M}$ 与 n 垂直，即 $n \cdot \overrightarrow{M_0M}=0$.

由于 $n=\{A,B,C\}, \overrightarrow{M_0M}=\{x-x_0, y-y_0, z-z_0\}$，所以有
$$A(x-x_0)+B(y-y_0)+C(z-z_0)=0, \tag{1}$$
即平面上任一点的坐标 (x,y,z) 都满足方程(1).

反过来，如果 $M(x,y,z)$ 不在平面 π 上，则向量 $\overrightarrow{M_0M}$ 与法向量不垂直，从而 $n \cdot \overrightarrow{M_0M} \neq 0$，即不在平面 π 上的点 M 的坐标 (x,y,z) 都不满足(1).

由此知凡在平面 π 上的任意一点的坐标 (x,y,z) 都满足方程(1)，不在平面 π 上的点的坐标都不满足方程(1)，这样的方程(1)就叫做平面 π 的方程，并且它是由平面 π 上的一点 $M(x_0, y_0, z_0)$ 及它的一个法向量 $n=\{A,B,C\}$ 所确定的，所以方程(1)也叫做平面的**点法式方程**.

例1 求过点 $M_0\left(1,-1,-\dfrac{1}{2}\right)$ 并垂直于向量 $\boldsymbol{n}=\{-2,1,3\}$ 的平面方程.

解 根据公式(1),所求平面方程为
$$(-2)(x-1)+(y+1)+3\left(z+\dfrac{1}{2}\right)=0,$$
化简得 $2x-y-3z-\dfrac{9}{2}=0.$

例2 求过三点 $A(2,-1,4),B(-1,3,-2)$ 和 $C(0,2,3)$ 所确定的平面方程.

解 先找出平面的法向量 $\boldsymbol{n}$,由于法向量与 $\overrightarrow{AB},\overrightarrow{AC}$ 都垂直,而 $\overrightarrow{AB}=\{-3,4,-6\},\overrightarrow{AC}=\{-2,3,-1\}$,所以可取它们的向量积 $\overrightarrow{AB}\times\overrightarrow{AC}$ 作为法向量 $\boldsymbol{n}$,于是
$$\boldsymbol{n}=\overrightarrow{AB}\times\overrightarrow{AC}=\begin{vmatrix} \boldsymbol{i} & \boldsymbol{j} & \boldsymbol{k} \\ -3 & 4 & -6 \\ -2 & 3 & -1 \end{vmatrix}=14\boldsymbol{i}+9\boldsymbol{j}-\boldsymbol{k},$$
即 $\boldsymbol{n}=\{14,9,-1\}.$

根据公式(1),所求平面方程为
$$14(x-2)+9(y+1)-(z-4)=0,$$
即 $14x+9y-z-15=0.$

二、平面的一般方程

方程(1)可写成
$$Ax+By+Cz+D=0,$$
其中 $D=-(Ax_0+By_0+Cz_0)(A,B,C$ 不同时为零),这说明,任一平面可用 x,y,z 的一次方程来表示.

反过来,设已给一个 x,y,z 的一次方程
$$Ax+By+Cz+D=0 \qquad (2)$$
(A,B,C 是不同时为 0 的常数),则坐标满足这个方程的点组成一个平面.

事实上,任取方程(2)的一组解 x_0,y_0,z_0,则
$$Ax_0+By_0+Cz_0+D=0, \qquad (3)$$
(2)-(3),得
$$A(x-x_0)+B(y-y_0)+C(z-z_0)=0,$$
与方程(1)比较,可知它就是过点 $M_0(x_0,y_0,z_0)$,且法向量为 $\boldsymbol{n}=\{A,B,C\}$ 的平面的点法式方程,因此,x,y,z 的一次方程(2)表示一平面.

称方程(2)为平面的一般方程,方程(2)中的 x,y,z 的系数 A,B,C 就是该平面的法向量的坐标,即 $\boldsymbol{n}=\{A,B,C\}.$

若方程(2)中 A,B,C,D 均不为零时,则它可改写成 $\dfrac{x}{a}+\dfrac{y}{b}+\dfrac{z}{c}=1$ 的形式,其中 $a=-\dfrac{D}{A},b=-\dfrac{D}{B},c=-\dfrac{D}{C}$ 为该平面在三个坐标轴 x,y,z 上的截距,所以,通常又称 $\dfrac{x}{a}+\dfrac{y}{b}+\dfrac{z}{c}=1$ 为**截距式**.

在平面的一般方程 $Ax+By+Cz+D=0$ 中,$D=0$,即 $Ax+By+Cz=0$ 是通过原点的平面. 若 A,B,C 中有一个为 0,如 $C=0$,则平面的法线向量 $\boldsymbol{n}=\{A,B,C\}=\{A,B,0\}$,即 $\boldsymbol{n}$ 在 z 轴上投影为零,因此 $\boldsymbol{n}$ 垂直于 z 轴,故 $Ax+By+D=0$ 是平行 z 轴的平面. 若 $B=0$,则 $Ax+Cz+D=0$ 是平行于 y 轴的平面,若 $A=0$,则 $By+Cz+D=0$ 是平行 x 轴的平面.

若 A,B,C 中有两个为零,如 $A=C=0$,这时方程为 $By+D=0$,即 $y=-\dfrac{D}{B}$ 表示平行于 zOx 坐标面的平面;同理,当 $B=C=0$ 时,方程 $Ax+D=0$ 表示平行于 yOz 坐标面的平面;当 $A=B=0$ 时,方程 $Cz+D=0$ 表示平行于 xOy 面的平面.

例 3 求过点 $(1,1,3)$ 且平行于平面 $x-2y+3z-5=0$ 的平面方程.

解 平面 $x-2y+3z-5=0$ 的法向量为 $\boldsymbol{n}=\{1,-2,3\}$,也是所求平面的法向量,代入点法式(1),即得所求的平面方程为 $1(x-1)-2(y-1)+3(z-3)=0$,即 $x-2y+3z-8=0$.

例 4 求通过两点 $M_1(1,1,1)$ 和 $M_2(0,1,-1)$ 且垂直于平面 $\pi_1:x+y+z=0$ 的平面方程.

解 由于所求平面 π 的法向量 $\boldsymbol{n}$ 应同时垂直于 $\overrightarrow{M_1M_2}$ 和 π_1 的法向量 $\boldsymbol{n}_1$,因此取

$$\boldsymbol{n}=\boldsymbol{n}_1\times\overrightarrow{M_1M_2}=\begin{vmatrix} \boldsymbol{i} & \boldsymbol{j} & \boldsymbol{k} \\ 1 & 1 & 1 \\ -1 & 0 & -2 \end{vmatrix}=-2\boldsymbol{i}+\boldsymbol{j}+\boldsymbol{k},$$

代入点法式得 $-2(x-1)+(y-1)+(z-1)=0$,即 $2x-y-z=0$.

三、有关平面的一些其他问题

1. 点到平面的距离

设点 $P_1(x_1,y_1,z_1)$ 是平面 $\pi:Ax+By+Cz+D=0$ 外一点,则 P_1 到这个平面的距离为

$$d=\dfrac{|Ax_1+By_1+Cz_1+D|}{\sqrt{A^2+B^2+C^2}}.$$

证明从略.

2. 两平面的夹角

设 π_1 为 $A_1x+B_1y+C_1z+D_1=0$，π_2 为 $A_2x+B_2y+C_2z+D_2=0$，则可以得到下面几条结论：

(1) 两平面 π_1,π_2 的夹角 θ，可由
$$\cos\theta=\frac{A_1A_2+B_1B_2+C_1C_2}{\sqrt{A_1^2+B_1^2+C_1^2}\cdot\sqrt{A_2^2+B_2^2+C_2^2}}$$
来确定；

(2) 两平面垂直的充分必要条件是
$$A_1A_2+B_1B_2+C_1C_2=0.$$

(3) 两平面平行的充分必要条件是
$$\frac{A_1}{A_2}=\frac{B_1}{B_2}=\frac{C_1}{C_2}.$$

例 5 求两平面 $\pi_1:2x-y+z-6=0$，$\pi_2:x+y+2z-5=0$ 的夹角.

解 由夹角公式
$$\cos\theta=\frac{2\times1+(-1)\times1+1\times2}{\sqrt{2^2+(-1)^2+1^2}\sqrt{1^2+1^2+2^2}}=\frac{1}{2},$$
故夹角为 $\frac{\pi}{3}$.

习 题 8-4

1. 指出下列平面的特点.
   (1) $z=0$；
   (2) $3y-1=0$；
   (3) $2x-3y-6=0$；
   (4) $x-2z=0$.

2. 检验 $3x-5y+2z-17=0$ 是否通过下面的点.
   (1) $(4,1,2)$；
   (2) $(2,-1,3)$；
   (3) $(3,0,4)$；
   (4) $(0,-4,2)$.

3. 在下列平面上各找出一点，并写出它们的一个法向量.
   (1) $x-2y+3z=0$；
   (2) $2x+y-3z-6=0$.

4. 求分别适合下列条件的平面方程.
   (1) 平行于 xOz 平面且通过点 $(2,-5,3)$；
   (2) 过 x 轴和点 $(4,-3,-1)$；
   (3) 平行于 Oy 轴，且通过点 $(1,-5,1)$ 和 $(3,2,-2)$；
   (4) 通过三点：$(2,3,0)$，$(-2,-3,4)$，$(0,6,0)$；
   (5) 过点 $(1,1,1)$ 和 $(2,2,2)$ 且垂直于平面 $x+y-z=0$.

5. 求点 $(1,2,1)$ 到平面 $x+2y+2z-10=0$ 的距离.

6. 求三平面 $7x-5y-31=0, 4x+11z+43=0$ 和 $2x+3y+4z+20=0$ 的交点.

7. 求平面过 z 轴,且与平面 $2x+y-\sqrt{5}z-7=0$ 的夹角为 $\dfrac{\pi}{3}$ 的平面方程.

8.5* 空间直线的方程

一、空间直线的点向式方程

设已知点 $M_0(x_0,y_0,z)$ 及一向量 $\boldsymbol{s}=\{m,n,p\}$,则过点 M_0 且平行于向量 $\boldsymbol{s}$ 的直线 L 就完全确定了,如图 8-15 所示,向量 $\boldsymbol{s}$ 叫做直线 L 的**方向向量**.

设点 $M(x,y,z)$ 为直线上任意一点,则向量 $\overrightarrow{M_0M}$ 与 $\boldsymbol{s}$ 平行,所以有

$$\frac{x-x_0}{n}=\frac{y-y_0}{n}=\frac{z-z_0}{p}. \tag{1}$$

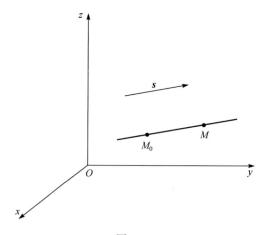

图 8-15

反过来,如果点 M 不在直线 L 上,则 $\overrightarrow{M_0M}$ 就与 $\boldsymbol{s}$ 不平行,则两向量对应坐标不成比例,因此方程(1)叫做直线 L 的方程,并且叫做直线的**点向式方程**或**标准方程**.

二、空间直线的参数方程

在(1)式中令 $\dfrac{x-x_0}{m}=\dfrac{y-y_0}{n}=\dfrac{z-z_0}{p}=t$,则

$$\begin{cases} x=x_0+mt, \\ y=y_0+nt, \\ z=z_0+pt, \end{cases} \tag{2}$$

方程组(2)叫做直线 L 的**参数方程**,其中 t 叫做参数.

三、空间直线的一般方程

两个相交平面的联立方程组:
$$\begin{cases} A_1x+B_1y+C_1z+D_1=0, \\ A_2x+B_2y+C_2z+D_2=0 \end{cases}$$
表示空间一直线,叫做空间直线的**一般方程**.

例 1 求过点 $M(1,2,3)$ 且分别以 $\boldsymbol{s}_1=\{2,1,3\}, \boldsymbol{s}_2=\{1,0,2\}$ 及 $\boldsymbol{s}_3=\{1,0,0\}$ 为方向向量的三条直线的标准方程.

解 三条直线分别为
$$L_1: \frac{x-1}{2}=\frac{y-2}{1}=\frac{z-3}{3},$$
$$L_2^{①}: \frac{x-1}{1}=\frac{y-2}{0}=\frac{z-3}{2},$$
$$L_3^{②}: \frac{x-1}{1}=\frac{y-2}{0}=\frac{z-3}{0}.$$

例 2 将直线的一般方程 $\begin{cases} x-2y-z+4=0, \\ 5x+y-2z+8=0 \end{cases}$ 化为点向式方程.

解 先确定直线的方向向量
$$\boldsymbol{s}=\begin{vmatrix} \boldsymbol{i} & \boldsymbol{j} & \boldsymbol{k} \\ 1 & -2 & -1 \\ 5 & 1 & -2 \end{vmatrix}=5\boldsymbol{i}-3\boldsymbol{j}+11\boldsymbol{k},$$

易知直线过点 $(0,0,4)$,故得直线的点向式方程为
$$\frac{x}{5}=\frac{y}{-3}=\frac{z-4}{11}.$$

习 题 8-5

1. 求下列直线的方程.

(1) 过点 $(3,4,-4)$,方向角为 $60°,45°,120°$;

(2) 过点 $(3,-2,-1)$ 与 $(5,4,5)$;

(3) 过点 $(0,-3,2)$ 且与两点 $(3,4,-7),(2,7,-6)$ 的连线平行;

---

① L_2 的方程应理解为 $\begin{cases} y=2, \\ \frac{x-1}{1}=\frac{z-3}{2}. \end{cases}$

② L_3 的方程应理解为 $\begin{cases} y=2, \\ z=3. \end{cases}$

(4) 过点$(4,-1,3)$且平行于直线$\dfrac{x-3}{2}=y=\dfrac{z-1}{5}$.

2. 将下列直线的一般方程化为标准方程.

(1) $\begin{cases} x-y+z=1, \\ 2x+y+z=4; \end{cases}$ (2) $\begin{cases} x-5y+2z-1=0, \\ z=2+5y. \end{cases}$

3. 试问直线$\dfrac{x-1}{2}=\dfrac{y+3}{-1}=\dfrac{z+2}{5}$是否在平面$4x+3y-z+3=0$上.

4. 求下列直线与平面的交点的坐标.

(1) 直线$\begin{cases} y=9-2x, \\ z=9x-43 \end{cases}$与平面$3x-4y+7z-33=0$;

(2) $\begin{cases} x=-3+3t, \\ y=-2-2t, \\ z=t \end{cases}$与平面$x+2y+2z+6=0$.

5. 求过直线$\dfrac{x+1}{-2}=\dfrac{y-1}{1}=\dfrac{z+2}{-3}$且与$z$轴平行的平面方程.

8.6 空间曲面

一、曲面方程与球面方程

由前可知,平面的方程都是x,y,z的一次方程,而x,y,z的一次方程的图形都是平面. 一般地,在空间直角坐标系中,空间曲面与三元方程也有这样的关系:空间曲面可以用它上面的点的流动坐标(x,y,z)所满足的方程来表示;反过来,坐标满足x,y,z的三元方程的点的全体也将形成一个曲面,也就是说,曲面S与三元方程$F(x,y,z)=0$有如下关系:

(1) 曲面S上任一点的坐标都满足这个方程;

(2) 不在曲面S上的点,其坐标不满足这个方程,

则这个方程$F(x,y,z)=0$称为**曲面S的方程**,而曲面S称为这个**方程的图形**.

下面举例说明如何建立曲面的方程.

例1 一平面垂直平分以点$A(1,2,3)$及点$B(2,-1,4)$为端点的线段,试求这个平面的方程.

解 这个平面可以看作是与A,B两点有等距离的动点的轨迹. 这个平面上任何一点$M(x,y,z)$都有关系$|AM|=|MB|$,所以有

$$\sqrt{(x-1)^2+(y-2)^2+(z-3)^2}=\sqrt{(x-2)^2+(y+1)^2+(z-4)^2},$$

两边平方,化简,得

$$2x-6y+2z-7=0,$$

不在这个平面上的点 $M(x,y,z)$ 就不满足关系式 $|AM|=|MB|$,从而可知它的坐标也不满足这方程. 所以上式就是所求的平面方程.

例 2 求以定点 $M_0(a,b,c)$ 为中心,以 R 为半径的球面方程.

解 球面可以看作是空间中与定点等距离的点的轨迹. 设球面上动点 M 的坐标为 (x,y,z),点 $M(x,y,z)$ 位于这个球面上的充要条件是

$$|M_0M|=R,$$

即

$$(x-a)^2+(y-b)^2+(z-c)^2=R^2,$$

这就是以 $M_0(a,b,c)$ 为球心,以 R 为半径的球面方程. 当点 M_0 为原点时,球面方程为

$$x^2+y^2+z^2=R^2,$$

这就是以原点为球心,R 为半径的**球面方程**.

二、柱面

一动直线 L 与定曲线 c 相交且平行于定直线 l 移动所生成的曲面叫做**柱面**,这定曲线 c 叫做柱面的**准线**,动直线 L 叫做柱面的**母线**.

下面来考察母线平行于坐标轴的柱面.

设柱面的母线平行于 z 轴,准线是 xOy 平面上的一条曲线 c,其方程为 $F(x,y)=0$,在柱面上任取一点 $M(x,y,z)$,过 M 作直线平行于 z 轴,交 xOy 平面于点 M_0,则点 M_0 的坐标为 $M_0(x,y,0)$,而 M_0 必在准线 c 上,即满足方程 $F(x,y)=0$. 反过来,坐标满足方程 $F(x,y)=0$ 的点 $M(x,y,z)$,一定在过 $M_0(x,y,0)$ 且平行 z 轴的直线上,即在柱面上,所以方程 $F(x,y)=0$ 在空间表示母线平行于 z 轴的柱面(图 8-16).

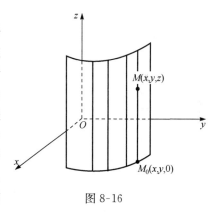

图 8-16

类似地考虑,不难看出,方程 $F(y,z)=0$ 表示母线平行 x 轴的柱面;方程 $F(x,z)=0$ 表示母线平行 y 轴的柱面.

例如,方程 $\varphi(x,y)=x+y-1=0$,它在 xOy 平面中表示一直线,而在空间直角坐标系中,则表示一个平面,并且这个平面也是一个柱面,是以 xOy 平面上的直线 $x+y-1=0$ 为准线,而母线平行 z 轴.

例 3 方程 $\dfrac{x^2}{a^2}+\dfrac{y^2}{b^2}=1$ 表示一柱面,其母线平行于 z 轴,准线为 xOy 平面上的一椭圆,任何与 xOy 平面平行的平面与此柱面都截成一椭圆,所以我们把这一柱

面叫做椭圆柱面(图 8-17). 类似地, $\dfrac{x^2}{a^2} - \dfrac{y^2}{b^2} = 1$ 叫做双曲柱面(图 8-18), $y^2 = 2px$ 叫做抛物柱面(图 8-19), $x^2 + y^2 = a^2$ 为圆柱面. 因为这些柱面它们的准线都是坐标面上的二次曲线, 所以这些柱面都叫**二次柱面**.

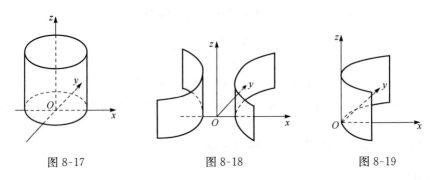

图 8-17　　　　图 8-18　　　　图 8-19

三、旋转曲面

将 yOz 平面上一条连续曲线弧 L: $\begin{cases} F(y,z)=0, \\ x=0 \end{cases}$ 绕 z 轴旋转一周, 则得一曲面, 叫做**旋转曲面**, z 轴叫做**旋转轴**(图 8-20). 下面来研究旋转曲面的方程.

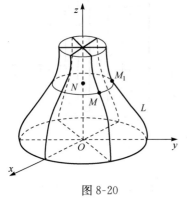

图 8-20

设在旋转面上任取一点 $M(x,y,z)$, 过点 M 作一平面垂直于 z 轴, 则这个平面与旋转面的交线为一圆, 且中心 N 在旋转轴上, 它的坐标为 $(0,0,z)$, 半径为

$$r = NM = \sqrt{x^2 + y^2}.$$

设此平面与 yOz 平面上的曲线 L 的交点为 $M_1(0,Y,Z)$, 点 M_1 也在此圆上, 因此有 $Y = \pm\sqrt{x^2+y^2}$, $Z = z$, 而点 M_1 的坐标应满足 $F(y,z) = 0$, 即应有

$$F(\pm\sqrt{x^2+y^2}, z) = 0. \tag{1}$$

由于 $M(x,y,z)$ 为旋转曲面上任意一点, 所以方程(2)就是我们所求的旋转曲面的方程.

因此只要在曲线 L 的方程 $F(y,z)=0$ 中将 y 代换以 $\pm\sqrt{x^2+y^2}$ 后, 就得到曲线 L 绕 z 轴旋转所生成的旋转曲面方程.

同理, 如果将曲线 L 绕 y 轴旋转, 则得旋转曲面方程为

8.6 空间曲面

$$F(y, \pm\sqrt{x^2+z^2}) = 0.$$

例 4 椭圆 $\begin{cases} \dfrac{x^2}{a^2} + \dfrac{y^2}{b^2} = 1, \\ z = 0 \end{cases}$ 绕 x 轴旋转,得曲面方程为

$$\frac{x^2}{a^2} + \frac{y^2+z^2}{b^2} = 1,$$

绕 y 轴旋转,得曲面方程为

$$\frac{x^2+z^2}{a^2} + \frac{y^2}{b^2} = 1.$$

这两种曲面都叫做**旋转椭球面**.

例 5 抛物线 $\begin{cases} y^2 = 2pz, \\ x = 0 \end{cases}$ 绕 z 轴旋转所得的曲面方程为 $x^2+y^2=2pz$,它叫做**旋转抛物面**.

例 6 双曲线 $\begin{cases} \dfrac{x^2}{a^2} - \dfrac{z^2}{c^2} = 1, \\ y = 0 \end{cases}$ 绕 x 轴旋转所成曲面方程为

$$\frac{x^2}{a^2} - \frac{y^2+z^2}{c^2} = 1,$$

绕 z 轴旋转曲面方程为

$$\frac{x^2+y^2}{a^2} - \frac{z^2}{c^2} = 1.$$

这两种曲面都叫做**旋转双曲面**.

四、空间曲线

前面讲过,空间直线可以看作是两个平面的交线,同样,空间曲线也可以看作是两个曲面的交线.

设 S_1, S_2 为两相交曲面,方程分别为

$$S_1: F_1(x,y,z) = 0, \quad S_2: F_2(x,y,z) = 0.$$

它们的交线为 L.

因为曲线 L 上任一点 $M(x,y,z)$ 在两曲面上,所以它的坐标同时满足两个曲面方程,即满足方程组

$$\begin{cases} F_1(x,y,z) = 0, \\ F_2(x,y,z) = 0 \end{cases}$$

而不在曲线 L 上的点,一定不能同时在两个曲面上,故其坐标 (x,y,z) 必不满足上述方程组.因而可用上述方程组表示空间曲线 L,并把它叫做**空间曲线 L 的一般方程**.

例7 试问方程组 $\begin{cases} z = x^2 + y^2, \\ y = 2 \end{cases}$ 表示怎样的曲线？

解 方程组中的方程 $z = x^2 + y^2$ 可视为 zOx 面上的平面曲线 $z = x^2$ 绕 z 轴旋转而成的旋转抛物面；而 $y = 2$ 表示过点 $(0, 2, 0)$ 且平行于 zOx 平面的平面. 故所给方程组表示旋转抛物面与平面的交线，它是平面 $y = 2$ 上的抛物线.

例8 下列方程组表示什么曲线？

(1) $\begin{cases} x^2 + y^2 + z^2 = 1, \\ z = 0; \end{cases}$ (2) $\begin{cases} x^2 + y^2 = 1, \\ z = 0; \end{cases}$ (3) $\begin{cases} x^2 + y^2 + z^2 = 1, \\ x^2 + y^2 = 1. \end{cases}$

解 这三个方程组都表示 xOy 平面上以原点为圆心，半径为 1 的圆.

五、曲线在坐标面上的投影

设已知空间曲线 c 和平面 π，从 c 上各点向平面 π 引垂线，垂线与平面 π 的交点所构成的曲线 c_1，叫做曲线 c 在平面 π 上的投影（图 8-21），实际上，它就是通过曲线 c 且母线垂直于平面 π 的柱面与平面 π 的交线，这个柱面叫做从 c 到平面 π 的**投影柱面**.

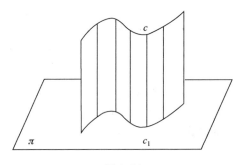

图 8-21

设空间曲线 c 的方程为

$$\begin{cases} F_1(x, y, z) = 0, \\ F_2(x, y, z) = 0. \end{cases} \quad (2)$$

由这个方程组消去 z，就得到一个不含变量 z 的方程 $\varphi(x, y) = 0$. 它表示一个母线平行于 z 轴的柱面，因为这柱面方程是由曲线 c 的方程消去 z 得到的，所以，c 上点的坐标一定满足这个方程，这说明柱面经过曲线 c，从而，这个柱面就是从 c 到 xOy 平面的投影柱面，所以曲线 $\begin{cases} \varphi(x, y) = 0, \\ z = 0 \end{cases}$ 就是曲线 c **在 xOy 平面上的投影**.

类似地，由方程(1)消去 x（或 y）所得到的方程就表示曲线 c 到 yOz（或 zOx）平面的投影柱面，它与 yOz（或 zOx）平面的交线就是 c 到 yOx（或 zOx）平面上的投影.

例 9 已知两球面的方程为 $x^2+y^2+z^2=1$ 和 $x^2+(y-1)^2+(z-1)^2=1$,试求它们的交线在 xOy 面上的投影.

解 把两个球面的方程联立并消去 z,即从方程 $x^2+y^2+z^2=1$ 中减去 $x^2+(y-1)^2+(z-1)^2=1$ 并化简,得到 $y+z=1$,再以 $z=1-y$ 代入上述两个球面方程之一,便得到包含两球面的交线而母线平行于 z 轴的柱面
$$x^2+2y^2-2y=0,$$
于是两球面的交线在 xOy 面上的投影方程是
$$\begin{cases} x^2+2y^2-2y=0, \\ z=0. \end{cases}$$

在重积分的计算中,常常需要确定一个空间立体或曲面在坐标面上的投影.

六、常见的几种二次曲面

前面讲的几种曲面(平面例外),其方程都是 x,y,z 的二次方程,一般地,二次方程所表示的曲面叫做**二次曲面**.

我们将用坐标面以及平行于坐标面的平面截曲面,然后通过考察其交线(又叫截痕),分析综合,从而了解曲面的全貌,这种方法叫**截痕法**.

1. 椭球面

由方程 $\dfrac{x^2}{a^2}+\dfrac{y^2}{b^2}+\dfrac{z^2}{c^2}=1$ 所表示的曲面叫做**椭球面**.

由上述方程,可见
$$\frac{x^2}{a^2}\leqslant 1,\quad \frac{y^2}{b^2}\leqslant 1,\quad \frac{z^2}{c^2}\leqslant 1,$$
即 $|x|\leqslant a,|y|\leqslant b,|z|\leqslant c$.

这说明椭球面被包含在一个以原点 O 为中心的长方体内,该长方体六个面的方程分别为 $x=\pm a, y=\pm b, z=\pm c$,其中 a,b,c 叫做**椭球面的半轴**.

为了了解这个曲面的形状,我们先求出它与三个坐标面的交线
$$\begin{cases}\dfrac{x^2}{a^2}+\dfrac{y^2}{b^2}=1, \\ z=0;\end{cases}\quad \begin{cases}\dfrac{y^2}{b^2}+\dfrac{z^2}{c^2}=1, \\ x=0;\end{cases}\quad \begin{cases}\dfrac{x^2}{a^2}+\dfrac{z^2}{c^2}=1, \\ y=0.\end{cases}$$
它们都是椭圆.

再用平行于 xOy 面的平面 $z=z_1(|z_1|<c)$ 截这个曲面,交线为
$$\begin{cases}\dfrac{x^2}{\dfrac{a^2}{c^2}(c^2-z_1^2)}+\dfrac{y^2}{\dfrac{b^2}{c^2}(c^2-z_1^2)}=1, \\ z=z_1,\end{cases}$$

它是平面 $z=z_1$ 内的椭圆,其两个半轴分别等于 $\dfrac{a}{c}\sqrt{c^2-z_1^2}$ 与 $\dfrac{b}{c}\sqrt{c^2-z_1^2}$. 当 z_1 变动时,椭圆的中心均在 z 轴上. 当 $|z_1|$ 由 0 增大到 c,这种椭圆形截面由大到小,最后缩成一点.

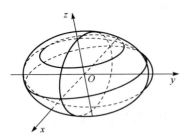

图 8-22

用平面 $y=y_1(|y_1|\leqslant b)$ 或 $x=x_1(|x_1|\leqslant a)$ 去截椭球面,可得与上述类似的结果.

综上所述,可见椭球面的形状如图 8-22 所示.

若 $a=b$,则椭球面方程变为

$$\dfrac{x^2}{a^2}+\dfrac{y^2}{a^2}+\dfrac{z^2}{c^2}=1,$$

它表示一个由 xOz 坐标面内的椭圆

$$\dfrac{x^2}{a^2}+\dfrac{z^2}{c^2}=1$$

绕 z 轴旋转而成的旋转曲面,叫做旋转椭球面. 这时,若用平面 $z=z_1$ 截旋转椭球面,其截痕都是圆心在 z 轴上的圆.

若 $a=b=c$,则方程变为 $x^2+y^2+z^2=a^2$,它表示一个球心在坐标原点 O,半径为 a 的球面. 所以球面是椭球面的特例.

2. 椭圆抛物面

由方程 $\dfrac{x^2}{2p}+\dfrac{y^2}{2q}=z(p,q$ 同号)所表示的曲面叫做**椭圆抛物面**(图 8-23).

设 $p>0,q>0$,用截痕法去研究它的形状.

(1) 用坐标面 $z=0$ 去截这个曲面,截得一点为 $(0,0,0)$.

用平面 $z=h(h>0)$ 去截这个曲面,截痕为中心在 z 轴上的椭圆 $\begin{cases}\dfrac{x^2}{2ph}+\dfrac{y^2}{2qh}=1,\\ z=h,\end{cases}$ 它的两个半轴为 $\sqrt{2ph}$

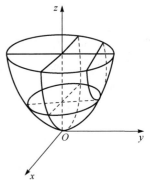

图 8-23

和 $\sqrt{2qh}$,当 $h<0$ 时,平面 $z=h$ 与曲面不相交,原点叫做**椭圆抛物面的顶点**.

(2) 用平行于 xOz 坐标面的平面 $y=k$ 去截这个曲面时,截痕为抛物线 $\begin{cases}x^2=2p\left(z-\dfrac{k^2}{2q}\right),\\ y=k,\end{cases}$ 它的轴平行 z 轴,顶点为 $\left(0,k,\dfrac{k^2}{2q}\right)$.

(3) 同理可知,用平行于 yOz 坐标面的平面 $x=k$ 去截这个曲面时,截痕也是抛物线.

3. 双曲抛物面

方程 $-\dfrac{x^2}{a^2}+\dfrac{y^2}{b^2}=2z$ 所表示的曲面叫做**双曲抛物面**(图 8-24).

4. 单叶双曲面

方程 $\dfrac{x^2}{a^2}+\dfrac{y^2}{b^2}-\dfrac{z^2}{c^2}=1$ 所表示的曲面叫做**单叶双曲面**(图 8-25).

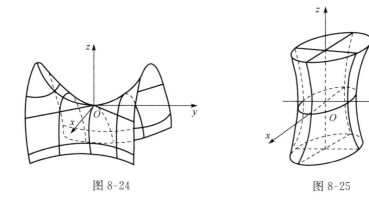

图 8-24　　　　　　　　图 8-25

5. 双叶双曲面

方程 $\dfrac{x^2}{a^2}+\dfrac{y^2}{b^2}-\dfrac{z^2}{c^2}=-1$ 所表示的曲面叫做**双叶双曲面**(图 8-26).

6. 二次锥面

二次齐次方程 $\dfrac{x^2}{a^2}+\dfrac{y^2}{b^2}-\dfrac{z^2}{c^2}=0$ 所表示的曲面叫做**二次锥面**(图 8-27).

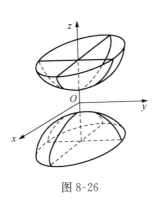 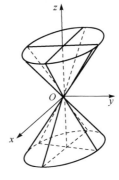

图 8-26　　　　　　　　图 8-27

习 题 8-6

1. 建立球心在点 $(1,3,-2)$ 且通过坐标原点的球面方程.
2. 方程 $x^2+y^2+z^2-2x+4y+2z=0$ 表示什么曲面?
3. 画出下列各方程所表示的曲面.

(1) $\left(x-\dfrac{a}{2}\right)^2+y^2=\left(\dfrac{a}{2}\right)^2$; (2) $-\dfrac{x^2}{4}+\dfrac{y^2}{9}=1$;

(3) $\dfrac{x^2}{9}+\dfrac{z^2}{4}=1$; (4) $y^2-z=0$.

4. 将 xOz 面内的抛物线 $z^2=5x$ 绕 x 轴旋转一周,求所形成旋转曲面的方程.
5. 求下列各题条件所生成的旋转曲面方程.

(1) 曲线 $\begin{cases} 4x^2+9y^2=36, \\ z=0 \end{cases}$ 绕 x 轴旋转一周;

(2) 曲线 $\begin{cases} y^2=5x, \\ z=0 \end{cases}$ 绕 x 轴旋转一周;

(3) 曲线 $\begin{cases} x^2+z^2=9, \\ z=0 \end{cases}$ 绕 z 轴旋转一周.

6. 求曲线 $\begin{cases} x^2+y^2-z=0, \\ z=x+1 \end{cases}$ 在 xOy 平面上的投影曲线方程.

7. 求两个球面 $x^2+y^2+z^2=1$ 和 $x^2+(y-1)^2+(z-1)^2=1$ 交线在 xOy 平面上的投影曲线方程.

8. 求曲线 $\begin{cases} 2x^2+y^2+z^2=16, \\ x^2-y^2+z^2=0 \end{cases}$ 在 xOy 平面上的投影柱面方程.

9. $\begin{cases} y^2+z^2-2x=0, \\ z=3 \end{cases}$ 是什么曲线? 写出它在 xOy 平面上的投影柱面和投影曲线方程.

第九章 多元函数微分学

在前面我们讨论了一元函数的微积分学,研究的对象是一元函数 $y=f(x)$. 但在自然科学和工程技术以及经济学问题中出现的函数,其因变量时常不是仅依赖于一个自变量,而是依赖于两个或更多的自变量. 这就提出了关于多元函数的问题. 多元函数是在一元函数的基础上发展起来的,因此,许多概念及处理问题的思想方法和一元函数有相似之处,在学习中应密切注意多元函数与一元函数相应内容的联系,注意把握其共同点和差异之处.

本章主要内容包括:多元函数的概念,多元函数的偏导数、全微分等有关内容及其应用. 具体讨论中将以二元函数为主. 因为从一元函数过渡到二元函数的一些方法和原理,在两个以上自变量的多元函数中具有代表性,关于二元函数的理论可以很容易推广到一般的多元函数.

9.1 多元函数的概念

一、多元函数关系应用举例

1. 圆柱体的体积 V 由其底面半径 x 和高 y 确定:
$$V=\pi x^2 \cdot y,$$
故 V 依赖于 x,y 两个自变量,因此它是一个二元函数. 显然由于 x,y 的具体意义,它们的变化范围是 $x>0, y>0$.

2. 长、宽、高分别为 x,y,z 的长方体的表面积为
$$S=2(x \cdot y + y \cdot z + z \cdot x),$$
故 S 为三个自变量 x,y,z 的函数,即它是一个三元函数,其中显然有 $x>0, y>0, z>0$.

由此可见,所谓多元函数是指依赖于多个自变量的函数. 下面给出二元函数的定义.

二、二元函数的定义

定义 1 设 D 为 xOy 平面上的一个平面点集,如果对 D 中任意一点 (x,y),按照某个确定的规则 f,变量 z 总有确定的数值与点 (x,y) 对应,则称变量 z 是变量 x 和 y 的**二元函数**,记为:$z=f(x,y)$,其中 $(x,y) \in D$,并称 x 和 y 为自变量,z 称为因变量,点集 D 称为函数 $z=f(x,y)$ 的定义域.

完全类似地,可给出三元函数 $u=f(x,y,z)$ 及一般 n 元函数 $u=f(x_1,x_2,\cdots,x_n)$ 的定义.

注意:(1)由于二元函数与三元函数、四元函数……的理论完全类似,故今后我们重点讨论二元函数.

(2) 二元函数的理论与一元函数的理论大部分是类似的,但也有一小部分不同. 读者学习时要和一元函数理论相对照,既要注意它们的共同点,更要注意它们之间的不同点.

(3) 与一元函数类似,二元函数概念中仍包括三个要素:对应规律、定义域、值域. 但如果知道了对应规律和定义域,则值域就随之确定. 一元函数的定义域一般是一个区间,现在二元函数的定义域一般是一个平面区域,与一元函数的定义域类似,一个抽象的二元函数 $y=f(x,y)$ 的定义域应是使得函数表达式有意义的点 (x,y) 的全体.

(4) 自变量为两个以及多于两个的函数称为多元函数.

所谓区域,通常是指平面上由一条或几条自己不相交的曲线所限定的部分. 例如,圆、椭圆、圆环、某一象限等都称为区域. 如果这些曲线也包括在内,则叫做闭区域. 如果这些曲线不包括在内,则叫做开区域. 这些曲线叫做区域(开或闭)的边界. 如果某区域(开或闭)能被一个中心在原点,半径适当大的圆包围在里面,则称此区域是有界的,反之称为是无界的.

例 1 试确定下列函数的定义域.

(1) $z=\ln(xy)$;

(2) $z=\sqrt{1-\dfrac{x^2}{a^2}-\dfrac{y^2}{b^2}}\ (a>0,b>0)$;

(3) $z=\arcsin(x^2+y^2)+\sqrt{2x-y^2}$.

解 (1) 由对数函数性质可知,定义域为
$$D=\{(x,y)\,|\,xy>0\}=\{(x,y)\,|\,x>0,y>0 \text{ 或 } x<0,y<0\},$$
定义域图示如图 9-1 所示.

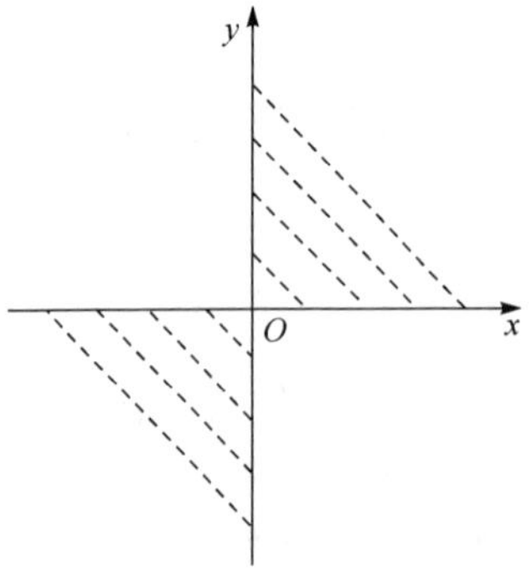

(2) 因为只有当 $1-\dfrac{x^2}{a^2}-\dfrac{y^2}{b^2}\geqslant 0$ 时,因变量 z 才有确定的实数值,所以函数的定义域为 xOy 平面上椭圆 $\dfrac{x^2}{a^2}+\dfrac{y^2}{b^2}=1$ 所围成的闭区域. 记为
$$D=\left\{(x,y)\,\bigg|\,\dfrac{x^2}{a^2}+\dfrac{y^2}{b^2}\leqslant 1\right\},$$
定义域图示如图 9-2 所示.

(3) 要使函数 z 有意义,x,y 必须同时满足不

图 9-1

等式 $x^2+y^2 \leqslant 1$ 及 $2x-y^2 \geqslant 0$,所以函数的定义域是有界闭区域.记为
$$D=\{(x,y)|x^2+y^2 \leqslant 1 \text{ 且 } 2x-y^2 \geqslant 0\},$$
定义域图示如图 9-3 所示.

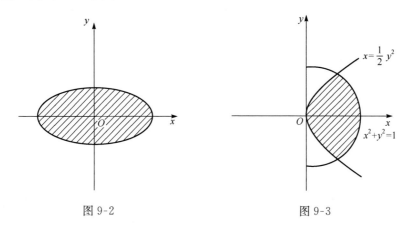

图 9-2　　　　　　　　　　图 9-3

三、二元函数的几何意义

我们知道一元函数 $y=f(x)$ 的几何图形是 xOy 平面上的一条曲线.现在我们来研究二元函数 $z=f(x,y)$ 的几何表示.设其定义域为 xOy 平面上的区域 D.从 D 中任取一点 $P(x,y)$,由 $z=f(x,y)$ 确定空间一点 $M(x,y,f(x,y))$,当点 $P(x,y)$ 在 D 内变动时,与之相应的点 M 就在空间相应地变动.其轨迹为:$\{(x,y,z)|z=f(x,y),(x,y) \in D\}$,构成一个空间曲面,这个曲面就称为二元函数 $z=f(x,y)$ 的图形(图 9-4).

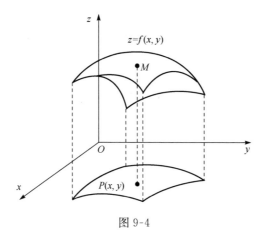

图 9-4

因此,二元函数可以用一个曲面作为它的几何表示.

注意：(1) 一元函数表示平面曲线，二元函数表示空间曲面，而三元函数及更多元函数就无法用普通的直观图形表示了.

(2) 常见的一元函数的定义域为区间，二元函数的定义域为平面区域，同样地，三元函数的定义域为一个或几个曲面所围成的三维空间中的区域，但更多元的函数的定义域就无法作普通的几何直观描述了.

四、二元函数的极限

与一元函数类似，可引入二元函数的极限概念. 为此首先引入邻域的概念. 所谓点 P_0 的邻域：是以 $P_0(x_0, y_0)$ 为中心，$\delta>0$ 为半径的圆的内部区域，记为 $N(P_0, \delta)$，即

$$N(P_0, \delta) = \{(x, y) \mid \sqrt{(x-x_0)^2 + (y-y_0)^2} < \delta\}.$$

定义 2 设函数 $z=f(x,y)$ 在点 $P_0(x_0, y_0)$ 的某邻域内有定义（点 P_0 可以除外），$P(x,y)$ 是该邻域内的任一点，且 $P \neq P_0$，A 为某常数，如果对任意给定的 $\varepsilon>0$，存在 $\delta>0$，使当 $|x-x_0|<\delta$ 且 $|y-y_0|<\delta$ 时，恒有

$$|f(x,y) - A| < \varepsilon$$

成立，则称当 $P(x,y) \to P_0(x_0, y_0)$ 时，函数 $f(x,y)$ 的极限为 A，或函数 $f(x,y)$ 以 A 为极限. 记为

$$\lim_{\substack{x \to x_0 \\ y \to y_0}} f(x,y) = A \quad \text{或} \quad \lim_{(x,y) \to (x_0, y_0)} f(x,y) = A.$$

同样地，定义 2 也可等价地定义为如下.

定义 2' 如果对任给的 $\varepsilon>0$，存在 $\delta>0$，使当 $0 < \rho = \sqrt{(x-x_0)^2 + (y-y_0)^2} < \delta$ 时恒有：$|f(x,y) - A| < \varepsilon$ 成立，则称当 $P(x,y) \to P_0(x_0, y_0)$ 时，$f(x,y)$ 以 A 为极限.

注意：由定义可知，点 $P(x,y)$ 趋于点 $P_0(x_0, y_0)$ 的方式是任意的. 当点 $P(x,y)$ 按某一特殊方式趋于点 $P_0(x_0, y_0)$ 时，函数 $f(x,y)$ 的极限存在，并不能保证点 $P(x,y)$ 趋于 $P_0(x_0, y_0)$ 时 $f(x,y)$ 的极限存在.

反之，若点 $P(x,y)$ 以不同方式无限靠近 $P_0(x_0, y_0)$ 时，函数 $f(x,y)$ 趋于不同的数值，则可以断言函数在该点无极限.

例 2 证明 $\lim\limits_{\substack{x \to 0 \\ y \to 0}} \dfrac{x^3 + y^3}{x^2 + y^2} = 0$.

证明 任给 $\varepsilon>0$，由于 $(x,y) \neq (0,0)$ 时，有

$$\left| \frac{x^3 + y^3}{x^2 + y^2} \right| \leq \frac{x^2}{x^2 + y^2} |x| + \frac{y^2}{x^2 + y^2} |y| \leq |x| + |y|,$$

故可取 $\delta = \dfrac{\varepsilon}{2}$，则当 $|x|<\delta, |y|<\delta, (x,y) \neq (0,0)$ 时，恒有

9.1 多元函数的概念

$$\left|\frac{x^3+y^3}{x^2+y^2}\right| \leqslant |x|+|y| < \frac{\varepsilon}{2}+\frac{\varepsilon}{2}=\varepsilon,$$

所以 $\lim\limits_{\substack{x\to 0 \\ y\to 0}}\dfrac{x^3+y^3}{x^2+y^2}=0.$

注意：函数 $\dfrac{x^3+y^3}{x^2+y^2}$ 在点 $(0,0)$ 没有定义.

例 3 求极限 $\lim\limits_{\substack{x\to 0 \\ y\to 0}}\dfrac{xy^2}{x^2+y^2}.$

解 由于对任意的 $(x,y)\neq(0,0)$ 有：$\dfrac{y^2}{x^2+y^2}\leqslant 1$，故当 $(x,y)\to(0,0)$ 时，$\dfrac{y^2}{x^2+y^2}$ 为有界量；又因为 $\lim\limits_{\substack{x\to 0 \\ y\to 0}}x=0$，故当 $(x,y)\to(0,0)$ 时，x 为无穷小量，于是由无穷小量的性质可知，当 $(x,y)\to(0,0)$ 时，$\dfrac{xy^2}{x^2+y^2}$ 为无穷小量，即

$$\lim\limits_{\substack{x\to 0 \\ y\to 0}}\frac{xy^2}{x^2+y^2}=0.$$

例 4 设有函数

$$f(x,y)=\begin{cases}\dfrac{xy}{x^2+y^2}, & (x,y)\neq(0,0),\\ 0, & (x,y)=(0,0).\end{cases}$$

讨论 $(x,y)\to(0,0)$ 时，该函数极限是否存在.

解 考虑点 (x,y) 沿直线 $y=kx$ 趋于原点 $(0,0)$ 的情形，有

$$\lim\limits_{\substack{x\to 0 \\ y\to 0}}\frac{xy}{x^2+y^2}=\lim\limits_{x\to 0}\frac{kx^2}{x^2+k^2x^2}=\frac{k}{1+k^2}.$$

上式右端的值随直线 $y=kx$ 的斜率 k 的取值不同而改变，这表明当 $(x,y)\to(0,0)$ 时，由于趋向方式的改变，$f(x,y)$ 将趋于不同的值，因此当 $(x,y)\to(0,0)$ 时，该函数极限不存在.

例 5 证明极限 $\lim\limits_{\substack{x\to 0 \\ y\to 0}}\dfrac{xy^2}{x^2+y^4}$ 不存在.

证 令 $f(x,y)=\dfrac{xy^2}{x^2+y^4}$，则 $f(x,0)\equiv 0$（当 $x\neq 0$ 时），故当点 $P(x,y)$ 沿 x 轴趋于点 $O(0,0)$ 时，$f(x,y)\to 0$；

若令 $x=y^2(y\neq 0)$，则 $f(x,y)=\dfrac{xy^2}{x^2+y^4}=\dfrac{y^4}{y^4+y^4}=\dfrac{1}{2}$，故当点 $P(x,y)$ 沿抛物线 $x=y^2$ 趋于点 $O(0,0)$ 时，$f(x,y)\to\dfrac{1}{2}.$

由此可知,极限 $\lim\limits_{\substack{x\to 0\\y\to 0}}\dfrac{x\cdot y^2}{x^2+y^4}$ 不存在.

注意:一元函数极限四则运算法则同样适用于二元函数.

五、二元函数的连续性

有了二元函数极限的概念,就可以定义二元函数的连续性.

定义 3 如果函数 $z=f(x,y)$ 在点 $P_0(x_0,y_0)$ 的某邻域内有定义,且有
$$\lim_{\substack{x\to x_0\\y\to y_0}}f(x,y)=f(x_0,y_0),$$
则称函数 $f(x,y)$ 在点 $P_0(x_0,y_0)$ 处**连续**.否则称函数 $f(x,y)$ 在点 P_0 处**间断**.

由定义可知,函数 $f(x,y)$ 在点 $P_0(x_0,y_0)$ 处连续必须同时满足三个条件:

(1) $f(x,y)$ 在点 P_0 处有定义;

(2) 极限 $\lim\limits_{\substack{x\to x_0\\y\to y_0}}f(x,y)$ 存在;

(3) $\lim\limits_{\substack{x\to x_0\\y\to y_0}}f(x,y)=f(x_0,y_0)$.

这三个条件中只要有一个不满足,则 $f(x,y)$ 在点 P_0 处间断.

例如,由例 3 可知:函数
$$f(x,y)=\begin{cases}\dfrac{xy^2}{x^2+y^2}, & (x,y)\neq(0,0),\\ 0, & (x,y)=(0,0)\end{cases}$$
在点 $(0,0)$ 处连续,而例 4 和例 5 中的函数在点 $(0,0)$ 处间断.

如果函数 $f(x,y)$ 在区域 D 上每一点都连续,则称 $f(x,y)$ 在区域 D 上连续,或称 $f(x,y)$ 为区域 D 上的连续函数.在区域 D 上连续的函数,其几何图形为空间中一张连续的曲面.

与一元函数类似,二元连续函数有如下性质:

(1) 若 $f(x,y)$ 和 $g(x,y)$ 为区域 D 上的连续函数,则 $f(x,y)\pm g(x,y)$,$f(x,y)\cdot g(x,y)$,$f(x,y)/g(x,y)(g(x,y)\neq 0)$ 均为区域 D 上的连续函数.

(2) 连续函数的复合函数仍为连续函数.

(3) 最值定理:定义在有界闭区域 D 上的二元连续函数,在定义域 D 上必能取得最大值和最小值.

(4) 介值定理:定义在有界闭区域 D 上的二元连续函数,如果其最大值与最小值不相等,则该函数在区域 D 上至少有一次取得介于最大值与最小值之间的任何数值.

(5) 如果二元函数在有界闭区域 D 上连续,则该二元连续函数在 D 上有界.

习 题 9-1

1. 求下列函数的定义域.

(1) $z=\sqrt{\sin(x^2+y^2)}$;

(2) $z=\arcsin\dfrac{x}{y^2}$;

(3) $z=\ln[(16-x^2-y^2)\cdot(x^2+y^2-4)]$;

(4) $z=\sqrt{x-\sqrt{y}}$;

(5) $z=\dfrac{1}{\sqrt{x+y}}+\dfrac{1}{\sqrt{x-y}}$;

(6) $z=\sqrt{R^2-x^2-y^2}+\dfrac{1}{\sqrt{x^2+y^2-r^2}}\ (0<r<R)$;

(7) $z=\arcsin(x-y^2)+\ln\ln(10-x^2-4y^2)$;

(8) $z=\sin\dfrac{1}{2x-1}+\tan(\pi y)$.

2. 试写出三元函数极限 $\lim\limits_{\substack{x\to x_0\\ y\to y_0\\ z\to z_0}}f(x,y,z)$ 的定义.

3. 若 $f(x,y)=\dfrac{2xy}{x^2+y^2}$, 求 $f\left(1,\dfrac{y}{x}\right)$.

4. 设 $f\left(x+y,\dfrac{y}{x}\right)=x^2-y^2$, 求 $f(x,y)$.

5. 设 $z=x+y+f(x-y)$, 且当 $y=0$ 时 $z=x^2$, 求函数 f 和 z 的表达式.

6. 指出下列函数的不连续点(如果存在的话).

(1) $z=\dfrac{x+1}{\sqrt{x^2+y^2}}$;

(2) $z=\dfrac{1}{\sin x\cdot\sin y}$;

(3) $z=\dfrac{xy^2}{x+y}$;

(4) $z=\ln(a^2-x^2-y^2)$;

(5) $f(x,y)=\begin{cases}\dfrac{x^2-y^2}{x^2+y^2}, & (x,y)\neq(0,0),\\ 0, & (x,y)=(0,0).\end{cases}$

7. 求下列函数的极限.

(1) $\lim\limits_{\substack{x\to 0\\ y\to 1}}\dfrac{1-xy}{x^2+y^2}$;

(2) $\lim\limits_{\substack{x\to 0\\ y\to 0}}\dfrac{xy}{\sqrt{xy+1}-1}$;

(3) $\lim\limits_{\substack{x\to+\infty\\ y\to+\infty}}\dfrac{1+x^2+y^2}{x^2+y^2}$;

(4) $\lim\limits_{\substack{x\to 0\\ y\to 0}}(x+y)\cdot\sin\dfrac{1}{x}\cdot\sin\dfrac{1}{y}$;

(5) $\lim\limits_{\substack{x\to 0\\y\to 0}}f(x,y)$,这里 $f(x,y)=\begin{cases}\dfrac{y^3+x^3}{y-x}, & x\neq y,\\ 0, & x=y.\end{cases}$

9.2 偏导数与全微分

一、偏导数

对于一元函数,常需考察其变化率问题;对于多元函数,应用上也常需考察其变化率问题.这时常用的方法是分别考察因变量对每一个自变量的变化率(其他自变量视为不变).这就是所谓偏导数的概念.

1. 偏导数的概念

定义 1 设二元函数 $z=f(x,y)$ 在点 $P_0(x_0,y_0)$ 的某个邻域内有定义,如果固定 y_0 后,一元函数 $f(x,y_0)$ 在点 $x=x_0$ 处可导,即极限

$$\lim_{\Delta x\to 0}\frac{f(x_0+\Delta x,y_0)-f(x_0,y_0)}{\Delta x}$$

存在,则称此极限值为函数 $z=f(x,y)$ 在点 $P_0(x_0,y_0)$ 处关于自变量 x 的**偏导数**,记为 $f'_x(x_0,y_0)$,或记为

$$\left.\frac{\partial f}{\partial x}\right|_{(x_0,y_0)},\quad \left.z'_x\right|_{(x_0,y_0)},\quad \left.\frac{\partial z}{\partial x}\right|_{(x_0,y_0)}.$$

类似地,可定义函数 $z=f(x,y)$ 在点 $P_0(x_0,y_0)$ 处关于自变量 y 的偏导数,记为 $f'_y(x_0,y_0)$,或记为

$$\left.\frac{\partial f}{\partial y}\right|_{(x_0,y_0)},\quad \left.z'_y\right|_{(x_0,y_0)},\quad \left.\frac{\partial z}{\partial y}\right|_{(x_0,y_0)}.$$

如果函数 $z=f(x,y)$ 在区域 D 内每一点的偏导数 $f'_x(x,y),f'_y(x,y)$ 都存在,则称函数 $z=f(x,y)$ 在区域 D 内的偏导数存在.记为 f'_x 或 $\dfrac{\partial f}{\partial x}$ 或 $z'_x,\dfrac{\partial z}{\partial x}$ 和 f'_y 或 $\dfrac{\partial f}{\partial y}$ 或 $z'_y,\dfrac{\partial z}{\partial y}$.

显然,当 $z=f(x,y)$ 在 D 内的偏导数存在时,偏导数 f'_x 和 f'_y 仍为 x 和 y 的二元函数.因此有时也称 f'_x 和 f'_y 为**偏导函数**,简称**偏导数**.

因此函数 $z=f(x,y)$ 在点 $P_0(x_0,y_0)$ 处的偏导数可视为偏导函数 $\dfrac{\partial z}{\partial x},\dfrac{\partial z}{\partial y}$ 在点 $P_0(x_0,y_0)$ 处的函数值.

注意:求多元函数的偏导数不需要建立新的法则,例如,对于二元函数 $z=f(x,y)$,要求 $f'_x(x,y)$,只要将 $f(x,y)$ 中的 y 视为常量,求 x 的函数 $f(x,y)$ 的普通导数就行了.因此前面所学的一元函数求导数的各种法则都可应用.又如,三元

9.2 偏导数与全微分

函数 $u=f(x,y,z)$ 的偏导数 $\dfrac{\partial u}{\partial y}$，只需将 $f(x,y,z)$ 中的 x 和 z 都视为常量，而对 y 的一元函数 $f(x,y,z)$ 求普通导数就行了.

例1 求函数 $f(x,y)=x^3+2xy-7xy^2+\ln(x^2+y^2)$ 的偏导数 $f'_x(x,y)$ 和 $f'_y(x,y)$ 以及 $f'_y(0,1)$.

解
$$f'_x(x,y)=3x^2+2y-7y^2+\frac{2x}{x^2+y^2},$$
$$f'_y(x,y)=2x-14xy+\frac{2y}{x^2+y^2}.$$

在 $f'_y(x,y)$ 中，将 (x,y) 代为 $(0,1)$，即得 $f'_y(0,1)=2$.

例2 设 $u=x^y\cos 2z$，求 $\dfrac{\partial u}{\partial x},\dfrac{\partial u}{\partial y},\dfrac{\partial u}{\partial z}$.

解 求 $\dfrac{\partial u}{\partial x}$ 时，视 y,z 为常量，对 x 求导数，得

$$\frac{\partial u}{\partial x}=yx^{y-1}\cos 2z.$$

类似地，可得

$$\frac{\partial u}{\partial y}=x^y\ln x\cos 2z;\quad \frac{\partial u}{\partial z}=-2x^y\sin 2z.$$

例3 求函数

$$f(x,y)=\begin{cases}\dfrac{2x^3}{x^2+y^2}, & (x,y)\neq(0,0),\\ 0, & (x,y)=(0,0)\end{cases}$$

的偏导数 $f'_x(0,0)$ 和 $f'_y(0,0)$.

解 由于 $f(x,0)=\dfrac{2x^3}{x^2}=2x\,(x\neq 0\text{ 时})$，故

$$f'_x(0,0)=\lim_{\Delta x\to 0}\frac{f(\Delta x,0)-f(0,0)}{\Delta x}=\lim_{\Delta x\to 0}\frac{2\Delta x}{\Delta x}=2.$$

又 $f(0,y)\equiv 0\,(y\neq 0\text{ 时})$，而 $f(0,0)=0$，故

$$f'_y(0,0)=\lim_{\Delta y\to 0}\frac{f(0,\Delta y)-f(0,0)}{\Delta y}=0.$$

注意：一元函数中，函数在某点可导，则它在该点必连续；对于多元函数来说却不一定成立.

例4 求函数

$$f(x,y)=\begin{cases}\dfrac{xy}{x^2+y^2}, & (x,y)\neq(0,0),\\ 0, & (x,y)=(0,0)\end{cases}$$

的偏导数 f'_x 和 f'_y.

解 当 $(x,y)\neq(0,0)$ 时,有

$$f'_x=\left(\dfrac{xy}{x^2+y^2}\right)'_x=\dfrac{y(y^2-x^2)}{(x^2+y^2)^2},$$

$$f'_y=\left(\dfrac{xy}{x^2+y^2}\right)'_y=\dfrac{x(x^2-y^2)}{(x^2+y^2)^2}.$$

当 $(x,y)=(0,0)$ 时,由于 $f(x,0)=f(0,y)=0$,所以

$$f'_x(0,0)=\lim_{\Delta x\to 0}\dfrac{f(0+\Delta x,0)-f(0,0)}{\Delta x}=\lim_{\Delta x\to 0}\dfrac{0}{\Delta x}=0,$$

$$f'_y(0,0)=\lim_{\Delta y\to 0}\dfrac{f(0,0+\Delta y)-f(0,0)}{\Delta y}=\lim_{\Delta y\to 0}\dfrac{0}{\Delta y}=0.$$

由此可见,$f(x,y)$ 在 $(0,0)$ 处两个偏导数都存在,而在 9.1 节例 4 中,我们已证明该函数在点 $(0,0)$ 不连续.

这是因为偏导数仅刻画了多元函数在某点处沿 x 轴或 y 轴特定方向变化时的分析性质,而不是多元函数在相应点处发生变化时的整体分析性质. 这是多元函数与一元函数的重要区别之一.

2. 偏导数的几何意义

二元函数 $z=f(x,y)$ 在点 (x_0,y_0) 处的偏导数 $f'_x(x_0,y_0)$ 表示曲面 $z=f(x,y)$ 与平面 $y=y_0$ 的交线在空间点 $M(x_0,y_0,f(x_0,y_0))$ 处的切线 T_x 对 x 轴的斜率;同理 $f'_y(x_0,y_0)$ 表示曲面 $z=f(x,y)$ 与平面 $x=x_0$ 的交线在点 M 处的切线 T_y 对 y 轴的斜率(图 9-5).

由定义可知,函数 $z=f(x,y)$ 在点 (x_0,y_0) 处的偏导数,可理解为该函数在点 (x_0,y_0) 处沿 x 轴和 y 轴方向的变化率.

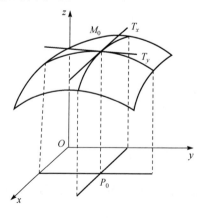

图 9-5

二、全微分

多元函数偏导数只描述了某个自变量变化而其他自变量保持不变时的变化特征,为了研究所有自变量同时发生变化时多元函数的变化特征,需引入全微分的概念.

为此,我们先考虑矩形面积随边长变化而变化的情况. 设矩形的边长为 x 和 y,则其面积 S 为 x,y 的二元函数:

$$S=xy,$$
对应于边长的改变量 $\Delta x, \Delta y$,面积的改变量为
$$\Delta S=(x+\Delta x)(y+\Delta y)-xy=y\Delta x+x\Delta y+\Delta x\Delta y,$$
其中 $y\Delta x+x\Delta y$ 是自变量改变量 $\Delta x, \Delta y$ 的线性表达式,称为 ΔS 的线性主部,余下部分 $\Delta x\Delta y$ 是比 $\rho=\sqrt{(\Delta x)^2+(\Delta y)^2}$ 高阶的无穷小量(图 9-6). 显然,当 $\Delta x, \Delta y$ 很小时,面积改变量 ΔS 可用其线性主部近似地表示,即有: $\Delta S \approx y\Delta x+x\Delta y$.

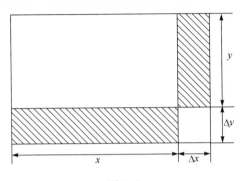

图 9-6

这个例子启发我们,对于一般的多元函数,当自变量发生变化时,可否用自变量改变量的线性主部近似表示函数的相应改变量呢? 这就是全微分的思想.

定义 2 如果函数 $z=f(x,y)$ 在点 (x,y) 处的改变量 Δz 可表示为
$$\Delta z=f(x+\Delta x,y+\Delta y)-f(x,y)=A\Delta x+B\Delta y+o(\rho), \tag{1}$$
其中 A,B 都不依赖于 $\Delta x, \Delta y$,即关于 $\Delta x, \Delta y$ 为常量(A,B 一般依赖于点 (x,y),随 (x,y) 而改变). $\rho=\sqrt{(\Delta x)^2+(\Delta y)^2}$,$o(\rho)$ 是比 ρ 高阶的无穷小,即 $\lim\limits_{\rho \to 0}\dfrac{o(\rho)}{\rho}=0$,则称函数 $z=f(x,y)$ 在点 (x,y) **可微**,表达式 $A\Delta x+B\Delta y$ 叫做函数在点 (x,y) 的**全微分**,记为 $\mathrm{d}z$ 或 $\mathrm{d}f(x,y)$,即
$$\mathrm{d}z=A\Delta x+B\Delta y. \tag{2}$$

如果 $z=f(x,y)$ 在区域 D 中每一点都可微,则称此函数是区域 D 内的**可微函数**.

很自然要问:在什么条件下函数在一点 (x,y) 处才可微呢? 如何具体求出全微分 $\mathrm{d}z$(即求出其中的 A 和 B)?

关于多元函数的全微分、偏导数和连续性之间的关系,有以下三个基本定理.

定理 1 若函数 $z=f(x,y)$ 在点 (x,y) 处可微,则该函数在点 (x,y) 处的偏导数存在,且有: $A=\dfrac{\partial z}{\partial x}, B=\dfrac{\partial z}{\partial y}$,于是,由(2)式有
$$\mathrm{d}z=\frac{\partial z}{\partial x}\Delta x+\frac{\partial z}{\partial y}\Delta y. \tag{3}$$

证 由定义有
$$\Delta z = A\Delta x + B\Delta y + o(\rho),$$
于是令 $\Delta y=0$,从而 $\rho=|\Delta x|$,所以 Δz 变为
$$\Delta z = A\Delta x + o(|\Delta x|),$$
即
$$\frac{\Delta z}{\Delta x} = A + \frac{o(|\Delta x|)}{\Delta x}.$$

由于 $\lim\limits_{\Delta x \to 0} \frac{o(|\Delta x|)}{\Delta x}=0$,故知 $\lim\limits_{\Delta x \to 0}\frac{\Delta z}{\Delta x}$ 存在 $\left(\text{即}\frac{\partial z}{\partial x}\text{存在}\right)$,并且 $\frac{\partial z}{\partial x}=A$.

类似地,令 $\Delta x=0$,可证 $\frac{\partial z}{\partial y}$ 存在且 $\frac{\partial z}{\partial y}=B$.

定理得证.

注意:(1) 由定理可知,全微分 $\mathrm{d}z$ 是唯一的.

(2) 本定理的逆定理不成立,即由点 (x_0,y_0) 处偏导数存在,不能推出 $f(x,y)$ 在 (x_0,y_0) 可微.

例 5 已知函数
$$f(x,y)=\begin{cases}\dfrac{x \cdot y}{x^2+y^2}, & x^2+y^2\neq 0,\\ 0, & x^2+y^2=0\end{cases}$$
在点 $(0,0)$ 处的偏导数 $f'_x(0,0)=0$, $f'_y(0,0)=0$,证明:$f(x,y)$ 在 $(0,0)$ 处不可微.

证 因为
$$\Delta z = f(0+\Delta x,0+\Delta y)-f(0,0)=\frac{\Delta x \cdot \Delta y}{(\Delta x)^2+(\Delta y)^2},$$
而且
$$\Delta z - f'_x(0,0)\Delta x - f'_y(0,0)\Delta y = \frac{\Delta x \cdot \Delta y}{(\Delta x)^2+(\Delta y)^2}.$$

由于极限 $\lim\limits_{\substack{\Delta x \to 0 \\ \Delta y \to 0}}\frac{\Delta x \cdot \Delta y}{(\Delta x)^2+(\Delta y)^2}$ 不存在,即当 $\rho \to 0$ 时,$\frac{\Delta x \cdot \Delta y}{(\Delta x)^2+(\Delta y)^2}$ 不是比 ρ 高阶的无穷小量,故函数 $f(x,y)$ 在 $(0,0)$ 处不可微.

定理 2 若函数 $z=f(x,y)$ 在 (x,y) 处可微,则该函数在点 (x,y) 处连续.

证 因为 $z=f(x,y)$ 在点 (x,y) 处可微,故由定义可知 $\lim\limits_{\substack{\Delta x \to 0 \\ \Delta y \to 0}}\Delta z = \lim\limits_{\substack{\Delta x \to 0 \\ \Delta y \to 0}}[A\Delta x + B\Delta y + o(\rho)]=0$,即有
$$\lim\limits_{\substack{\Delta x \to 0 \\ \Delta y \to 0}}[f(x+\Delta x,y+\Delta y)-f(x,y)]=0,$$
从而 $\lim\limits_{\substack{\Delta x \to 0 \\ \Delta y \to 0}}f(x+\Delta x,y+\Delta y)=f(x,y)$,故 $z=f(x,y)$ 在点 (x,y) 处连续. 定理得证.

9.2 偏导数与全微分

定理 3 若函数 $z=f(x,y)$ 在点 (x,y) 的某邻域内偏导数 $\dfrac{\partial z}{\partial x}$ 和 $\dfrac{\partial z}{\partial y}$ 都存在,且在点 (x,y) 处连续,则函数 $z=f(x,y)$ 必在点 (x,y) 处可微.

证明从略.

注意:(1)本定理为可微的充分条件而非必要条件.例如,函数

$$f(x,y)=\begin{cases}(x^2+y^2)\sin\dfrac{1}{x^2+y^2}, & x^2+y^2\neq 0,\\ 0, & x^2+y^2=0\end{cases}$$

在点 $(0,0)$ 处可微,但偏导数不连续.

(2) 多元函数的可微、偏导数存在与连续之间存在如下关系:

$$\text{偏导数存在且连续} \to \text{可微} \begin{matrix} \nearrow \text{偏导数存在},\\ \searrow \text{连续}.\end{matrix}$$

但反之不一定成立.

(3) 习惯上,我们常用 $\mathrm{d}x,\mathrm{d}y$ 分别表示自变量的增量 Δx 和 Δy,因此全微分也可写为

$$\mathrm{d}z=\frac{\partial z}{\partial x}\mathrm{d}x+\frac{\partial z}{\partial y}\mathrm{d}y. \tag{4}$$

例 6 求函数 $z=\arctan\dfrac{x}{y}$ 的全微分.

解 由于

$$\frac{\partial z}{\partial x}=\frac{y}{x^2+y^2}, \quad \frac{\partial z}{\partial y}=\frac{-x}{x^2+y^2},$$

可得

$$\mathrm{d}z=\frac{y}{x^2+y^2}\mathrm{d}x-\frac{x}{x^2+y^2}\mathrm{d}y=\frac{y\mathrm{d}x-x\mathrm{d}y}{x^2+y^2}.$$

对于一般的 n 元函数 $u=f(x_1,x_2,\cdots,x_n)$,可与二元函数类似地定义全微分:

$$\mathrm{d}u=\sum_{i=1}^{n}\frac{\partial f}{\partial x_i}\mathrm{d}x_i.$$

例 7 求三元函数 $u=xyz+\mathrm{e}^{xyz}$ 的全微分.

解 由

$$\frac{\partial u}{\partial x}=yz+yz\mathrm{e}^{xyz}=yz(1+\mathrm{e}^{xyz}),$$

$$\frac{\partial u}{\partial y}=xz+xz\mathrm{e}^{xyz}=xz(1+\mathrm{e}^{xyz}),$$

$$\frac{\partial u}{\partial z}=xy+xy\mathrm{e}^{xyz}=xy(1+\mathrm{e}^{xyz}),$$

可得
$$du=(1+e^{xyz})(yzdx+xzdy+xydz).$$

例8 求函数 $z=x^3y+2y^3x$ 在点 $(2,4)$ 处的全微分.

解 $\dfrac{\partial z}{\partial x}=3x^2y+2y^3$, $\dfrac{\partial z}{\partial y}=x^3+6xy^2$, $\dfrac{\partial z}{\partial x}\Big|_{(2,4)}=176$, $\dfrac{\partial z}{\partial y}\Big|_{(2,4)}=200$,

可得 $dz|_{(2,4)}=176dx+200dy$.

当自变量改变量的绝对值 $|\Delta x|$ 和 $|\Delta y|$ 充分小时,可利用全微分进行近似计算.

$$\Delta z = f(x_0+\Delta x, y_0+\Delta y)-f(x_0,y_0)$$
$$\approx dz = f'_x(x_0,y_0)\Delta x + f'_y(x_0,y_0)\Delta y, \tag{5}$$

即
$$f(x_0+\Delta x, y_0+\Delta y)\approx f(x_0,y_0)+f'_x(x_0,y_0)\Delta x+f'_y(x_0y_0)\Delta y. \tag{6}$$

例9 求 $(1.97)^{2.98}$ 的近似值.

解 设 $f(x,y)=x^y$,则问题变为求函数 $f(x,y)$ 在 $x=1.97, y=2.98$ 时的近似值. 为此,取 $x_0=2, \Delta x=-0.03; y_0=3, \Delta y=-0.02$,则由(6)式,可得

$$(1.97)2.98\approx 2^3-3\times 2^2\times 0.03-(\ln2)\times 2^3\times 0.02$$
$$\approx 8-0.36-0.11(\text{取 }\ln2\approx 0.6931)$$
$$=7.53.$$

习 题 9-2

1. 求下列函数在给定点处的偏导数.

(1) $z=\dfrac{xy(x^2-y^2)}{x^2+y^2}$,求 $z'_x(1,1), z'_y(1,1)$;

(2) $z=e^{x^2+y^2}$,求 $z'_x(0,1), z'_y(1,0)$;

(3) $z=\ln|x\cdot y|$,求 $z'_x(-1,-1), z'_y(1,1)$.

2. 求下列函数的一阶偏导数.

(1) $z=x^2\arctan\dfrac{y}{x}-y^2\arctan\dfrac{x}{y}$; (2) $z=\ln(x+\ln y)$;

(3) $z=x\ln\dfrac{y}{x}$; (4) $z=\arcsin\dfrac{x}{y}$;

(5) $z=\log_y x$; (6) $u=e^{\frac{x}{y}}+e^{\frac{z}{x}}$;

(7) $u=z^{x\cdot y}$; (8) $u=(xy)^z$;

(9) $u=\sqrt{x^2+y^2+z^2}$; (10) $z=\ln\dfrac{\sqrt{x^2+y^2}-x}{\sqrt{x^2+y^2}+x}$.

3. 证明下列各题.

(1) 若 $z=x^y y^x$,则 $x\dfrac{\partial z}{\partial x}+y\dfrac{\partial z}{\partial y}=z(x+y+\ln z)$;

(2) 若 $z=f(ax+by)$，则 $b\dfrac{\partial z}{\partial x}=a\dfrac{\partial z}{\partial y}$；

(3) 若 $u=(y-z)(z-x)(x-y)$，则 $\dfrac{\partial u}{\partial x}+\dfrac{\partial u}{\partial y}+\dfrac{\partial u}{\partial z}=0$.

4. 求下列函数的全微分.

(1) $z=e^{x(x^2+y^2)}$；

(2) $z=\arctan\dfrac{x+y}{x-y}$；

(3) $z=\sqrt{\dfrac{y}{x}}$；

(4) $z=\ln\sqrt{x^2+y^2}$.

5. 求下列函数在给定点的全微分的值.

(1) $z=\ln(x^2+y^2)$，其中 $x=2,\Delta x=0.1;y=1,\Delta y=-0.1$；

(2) $z=e^{xy}$；其中 $x=1,\Delta x=0.15;y=1,\Delta y=0.1$.

6. 计算下列各题的近似值.

(1) $\sqrt{(1.02)^3+(1.97)^3}$； (2) $1.02^{4.05}$； (3) $\sqrt{(1.04)^{1.99}+\ln 1.02}$.

7. 曲线 $\begin{cases}z=\dfrac{x^2+y^2}{4}\\ y=4\end{cases}$，在点 $(2,4,5)$ 处的切线与 x 轴的正向所成的角度是多少？

9.3 多元复合函数微分法与隐函数微分法

一、多元复合函数微分法

先考虑最简单的情形.

设 $z=f(u,v)$ 是自变量 u 和 v 的二元函数，而 $u=\varphi(x),v=\psi(x)$ 是自变量 x 的一元函数，则 $z=f[\varphi(x),\psi(x)]$ 是 x 的复合函数.

定理 1 设函数 $z=f(u,v)$ 可微，函数 $u=\varphi(x)$ 和 $v=\psi(x)$ 可导，则复合函数
$$z=F(x)=f[\varphi(x),\psi(x)],$$
对 x 可导，且有
$$\frac{dz}{dx}=\frac{\partial f}{\partial u}\frac{du}{dx}+\frac{\partial f}{\partial v}\frac{dv}{dx}. \tag{1}$$

证 设对应于自变量改变量 Δx，中间变量 $u=\varphi(x)$ 和 $v=\psi(x)$ 的改变量分别为 Δu 和 Δv，进而函数 z 的改变量为 Δz，则因为函数 $z=f(u,v)$ 可微，由定义有
$$\Delta z=\frac{\partial f}{\partial u}\Delta u+\frac{\partial f}{\partial v}\Delta v+o(\rho),$$
其中 $\rho=\sqrt{(\Delta u)^2+(\Delta v)^2}$，$o(\rho)$ 为无穷小量（当 $\rho\to 0$ 时），两边同除以 Δx，得
$$\frac{\Delta z}{\Delta x}=\frac{\partial f}{\partial u}\frac{\Delta u}{\Delta x}+\frac{\partial f}{\partial v}\frac{\Delta v}{\Delta x}+\frac{o(\rho)}{\Delta x}. \tag{*}$$

由于 u,v 是 x 的连续函数 $\left(\text{因为} \dfrac{\mathrm{d}u}{\mathrm{d}x}, \dfrac{\mathrm{d}v}{\mathrm{d}x} \text{存在}\right)$，因此，当 $\Delta x \to 0$ 时，也有 $\Delta u \to 0$，$\Delta v \to 0$，从而

$$\lim_{\Delta x \to 0} \frac{o(\rho)}{\Delta x} = \lim_{\Delta x \to 0} \frac{o(\rho)}{\rho} \cdot \frac{\rho}{\Delta x} = \lim_{\Delta x \to 0} \frac{o(\rho)}{\rho} \cdot \sqrt{\left(\frac{\Delta u}{\Delta x}\right)^2 + \left(\frac{\Delta v}{\Delta x}\right)^2}$$

$$= 0 \cdot \lim_{\Delta x \to 0} \sqrt{\left(\frac{\Delta u}{\Delta x}\right)^2 + \left(\frac{\Delta v}{\Delta x}\right)^2}$$

$$= 0 \cdot \sqrt{\left(\frac{\mathrm{d}u}{\mathrm{d}x}\right)^2 + \left(\frac{\mathrm{d}v}{\mathrm{d}x}\right)^2} = 0,$$

故在(∗)式两边令 $\Delta x \to 0$，取极限得到

$$\frac{\mathrm{d}z}{\mathrm{d}x} = \lim_{\Delta x \to 0} \frac{\Delta z}{\Delta x} = \frac{\partial f}{\partial u} \cdot \frac{\mathrm{d}u}{\mathrm{d}x} + \frac{\partial f}{\partial v} \cdot \frac{\mathrm{d}v}{\mathrm{d}x}.$$

定理证毕.

公式(1)称为全导数公式.

特别地，若 $z=f(u,v)$ 可微，且 $u=x, v=\psi(x)$ 可导，则复合函数 $z=f[x,\psi(x)]$ 对 x 可导，且由公式(1)有

$$\frac{\mathrm{d}z}{\mathrm{d}x} = \frac{\partial f}{\partial u} + \frac{\partial f}{\partial v} \cdot \psi'(x). \tag{2}$$

公式(1)式可推广到更一般的情形，设 n 元函数 $z=f(u_1,u_2,\cdots,u_n)$ 可微，且一元函数 $u_1=\varphi_1(x), u_2=\varphi_2(x), \cdots, u_n=\varphi_n(x)$ 对 x 皆可导，则复合函数

$$z=f[\varphi_1(x),\varphi_2(x),\cdots,\varphi_n(x)]$$

对 x 可导，且有

$$\frac{\mathrm{d}z}{\mathrm{d}x} = \sum_{i=1}^{n} \frac{\partial f}{\partial u_i} \cdot \varphi_i'(x). \tag{3}$$

例1 设 $z=\mathrm{e}^{u \cdot v}, u=\sin x, v=\cos x$，求 $\dfrac{\mathrm{d}z}{\mathrm{d}x}$.

解 将 $\dfrac{\partial z}{\partial u}=v\mathrm{e}^{uv}, \dfrac{\partial z}{\partial v}=u\mathrm{e}^{uv}, \dfrac{\mathrm{d}u}{\mathrm{d}x}=\cos x, \dfrac{\mathrm{d}v}{\mathrm{d}x}=-\sin x$，代入(1)式，可得

$$\frac{\mathrm{d}z}{\mathrm{d}x} = (\cos^2 x - \sin^2 x)\mathrm{e}^{\sin x \cos x} = \cos 2x \cdot \mathrm{e}^{\frac{1}{2}\sin 2x}.$$

例2 设 $z=\arctan(x \cdot y), y=\mathrm{e}^x$，求 $\dfrac{\mathrm{d}z}{\mathrm{d}x}$.

解 将 $\dfrac{\partial z}{\partial x}=\dfrac{y}{1+x^2y^2}, \dfrac{\partial z}{\partial y}=\dfrac{x}{1+x^2y^2}, \dfrac{\mathrm{d}y}{\mathrm{d}x}=\mathrm{e}^x$，代入(1)式，可得

$$\frac{\mathrm{d}z}{\mathrm{d}x} = \frac{y}{1+x^2y^2} + \frac{x}{1+x^2y^2}\mathrm{e}^x = \frac{(1+x)\mathrm{e}^x}{1+x^2\mathrm{e}^{2x}}.$$

9.3 多元复合函数微分法与隐函数微分法

下面再考虑依赖多个自变量的复合函数.

定理 2 设 $z=f(u,v), u=\varphi(x,y), v=\psi(x,y)$,若函数 $u=\varphi(x,y)$ 和 $v=\psi(x,y)$ 在点 (x,y) 处的偏导数都存在;而且函数 $z=f(u,v)$ 在对应的 (u,v) 处可微,则复合函数 $z=f[\varphi(x,y),\psi(x,y)]$ 在 (x,y) 处对于 x,y 的偏导数必存在,且

$$\begin{cases} \dfrac{\partial z}{\partial x}=\dfrac{\partial f}{\partial u}\cdot\dfrac{\partial u}{\partial x}+\dfrac{\partial f}{\partial v}\cdot\dfrac{\partial v}{\partial x}, \\ \dfrac{\partial z}{\partial y}=\dfrac{\partial f}{\partial u}\cdot\dfrac{\partial u}{\partial y}+\dfrac{\partial f}{\partial v}\cdot\dfrac{\partial v}{\partial y}. \end{cases} \tag{4}$$

证 计算 $\dfrac{\partial z}{\partial x}$ 时,只需将 y 视为常量,则 $u=\varphi(x,y)$ 和 $v=\psi(x,y)$ 为 x 的一元函数,从而函数 $z=f[\varphi(x,y),\psi(x,y)]$ 为 x 的一元函数,于是,将符号作适当变化后,利用公式(1),即可得到公式(4)中 $\dfrac{\partial z}{\partial x}$. 类似地,可得到公式(4)中的 $\dfrac{\partial z}{\partial y}$,定理证毕.

公式(4)式就是依赖两个自变量的二元复合函数的求导公式,称为链锁规则.

例 3 设 $z=e^u\sin v$,而 $u=x+y, v=x-y$,求 $\dfrac{\partial z}{\partial x}, \dfrac{\partial z}{\partial y}$.

解 因为

$$\dfrac{\partial z}{\partial u}=e^u\cdot\sin v, \dfrac{\partial z}{\partial v}=e^u\cdot\cos v, \dfrac{\partial u}{\partial x}=1, \dfrac{\partial u}{\partial y}=1, \dfrac{\partial v}{\partial x}=1, \dfrac{\partial v}{\partial y}=-1.$$

由链锁规则,可得

$$\dfrac{\partial z}{\partial x}=e^u\sin v\cdot 1+e^u\cos v\cdot 1=[\sin(x-y)+\cos(x-y)]\cdot e^{x+y},$$

$$\dfrac{\partial z}{\partial y}=e^u\sin v\cdot 1+e^u\cos v\cdot(-1)=[\sin(x-y)-\cos(x-y)]\cdot e^{x+y}.$$

例 4 设 $Q=f(x,xy,xyz)$,且 f 存在一阶连续偏导数,求函数 Q 的全部偏导数.

解 设 $u=x, v=xy, w=xyz$,则 $Q=f(u,v,w)$,于是,

$$\dfrac{\partial Q}{\partial x}=\dfrac{\partial f}{\partial u}\cdot\dfrac{\partial u}{\partial x}+\dfrac{\partial f}{\partial v}\cdot\dfrac{\partial v}{\partial x}+\dfrac{\partial f}{\partial w}\cdot\dfrac{\partial w}{\partial x}=f_1'+yf_2'+yzf_3',$$

$$\dfrac{\partial Q}{\partial y}=\dfrac{\partial f}{\partial u}\cdot\dfrac{\partial u}{\partial y}+\dfrac{\partial f}{\partial v}\cdot\dfrac{\partial v}{\partial y}+\dfrac{\partial f}{\partial w}\cdot\dfrac{\partial w}{\partial y}=xf_2'+xzf_3',$$

$$\dfrac{\partial Q}{\partial z}=\dfrac{\partial f}{\partial u}\cdot\dfrac{\partial u}{\partial z}+\dfrac{\partial f}{\partial v}\cdot\dfrac{\partial v}{\partial z}+\dfrac{\partial f}{\partial w}\cdot\dfrac{\partial w}{\partial z}=xyf_3'.$$

注意:在这个例子中,我们用 f_1' 表示函数 $f(u,v,w)$ 对第一个变量 u 的偏导数,即 $f_1'=\dfrac{\partial f}{\partial u}$;类似地,记 $f_2'=\dfrac{\partial f}{\partial v}, f_3'=\dfrac{\partial f}{\partial w}$. 这种表示法不依赖于中间变量具体用

什么符号表示,简洁而又含义清楚,是偏导数运算中常用的一种表示法,特别对一般的 n 元函数 $u=f(x_1,x_2,\cdots,x_n)$,记 $f_i'=\dfrac{\partial f}{\partial x_i}$,$i=1,2,\cdots,n$,显然更方便.

例 5 设 $z=xy+xF\left(\dfrac{y}{x}\right)$,其中 F 可微,试证:$x\dfrac{\partial z}{\partial x}+y\dfrac{\partial z}{\partial y}=xy+z$.

证 设 $u=\dfrac{y}{x}$,则有

$$\frac{\partial z}{\partial x}=y+F(u)+xF'(u)\left(-\frac{y}{x^2}\right)=y+F(u)-uF'(u),$$

$$\frac{\partial z}{\partial y}=x+xF'(u)\frac{1}{x}=x+F'(u),$$

于是有

$$x\frac{\partial z}{\partial x}+y\frac{\partial z}{\partial y}=x[y+F(u)-uF'(u)]+y[x+F'(u)]$$

$$=xy+xF\left(\frac{y}{x}\right)+xy$$

$$=xy+z.$$

多元函数的复合关系是多种多样的,我们不可能也没有必要将所有情形的求导公式都写出来,通过前面的例题,我们可归结出如下几点原则:① 首先应分清自变量、中间变量以及它们之间的关系;② 求多元函数对某个自变量的偏导数时,应经过一切有关的中间变量,最后归结到自变量;③ 一般地说,有几个中间变量,求导公式右端就含有几项,有几次复合,每一项就有几个因子相乘.总之,多元复合函数的求导是灵活多样的,不应死套公式.

最后,利用多元复合函数求导公式,我们证明多元函数全微分的一条重要性质——**全微分形式的不变性**.

设函数 $z=f(x,y)$ 可微,当 x,y 为自变量时,有全微分公式:

$$\mathrm{d}z=\frac{\partial z}{\partial x}\mathrm{d}x+\frac{\partial z}{\partial y}\mathrm{d}y.$$

当 $x=x(s,t),y=y(s,t)$ 为可微函数时,对复合函数:

$$z=f[x(s,t),y(s,t)]$$

仍有全微分公式

$$\mathrm{d}z=\frac{\partial z}{\partial x}\mathrm{d}x+\frac{\partial z}{\partial y}\mathrm{d}y.$$

证 由链锁规则,有

$$\frac{\partial z}{\partial s}=\frac{\partial z}{\partial x}\frac{\partial x}{\partial s}+\frac{\partial z}{\partial y}\frac{\partial y}{\partial s},$$

9.3 多元复合函数微分法与隐函数微分法

$$\frac{\partial z}{\partial t}=\frac{\partial z}{\partial x}\frac{\partial x}{\partial t}+\frac{\partial z}{\partial y}\frac{\partial y}{\partial t},$$

于是,由全微分的定义,有

$$\begin{aligned}\mathrm{d}z &= \frac{\partial z}{\partial s}\mathrm{d}s+\frac{\partial z}{\partial t}\mathrm{d}t \\ &= \left(\frac{\partial z}{\partial x}\frac{\partial x}{\partial s}+\frac{\partial z}{\partial y}\frac{\partial y}{\partial s}\right)\mathrm{d}s+\left(\frac{\partial z}{\partial x}\frac{\partial x}{\partial t}+\frac{\partial z}{\partial y}\frac{\partial y}{\partial t}\right)\mathrm{d}t \\ &= \frac{\partial z}{\partial x}\left(\frac{\partial x}{\partial s}\mathrm{d}s+\frac{\partial x}{\partial t}\mathrm{d}t\right)+\frac{\partial z}{\partial y}\left(\frac{\partial y}{\partial s}\mathrm{d}s+\frac{\partial y}{\partial t}\mathrm{d}t\right) \\ &= \frac{\partial z}{\partial x}\mathrm{d}x+\frac{\partial z}{\partial y}\mathrm{d}y.\end{aligned}$$

全微分形式不变性表明,对于函数 $z=f(x,y)$,无论 x,y 是自变量还是中间变量,其全微分公式:$\mathrm{d}z=\frac{\partial z}{\partial x}\mathrm{d}x+\frac{\partial z}{\partial y}\mathrm{d}y$ 永远成立.

这个性质很重要,而且应用很广,例如,可以用它来证明关于多元函数的全微分的如下性质:

(1) $z=u\pm v$,则 $\mathrm{d}z=\mathrm{d}u\pm\mathrm{d}v$;

(2) $z=uv$,则 $\mathrm{d}z=u\mathrm{d}v+v\mathrm{d}u$;

(3) $z=\frac{u}{v}$,则 $\mathrm{d}z=\frac{v\mathrm{d}u-u\mathrm{d}v}{v^2}$.

这里 u,v 是两个可微函数,而不记 u,v 究竟是哪些变量的函数.

利用全微分形式不变性,可直接计算复合函数的全微分和偏导数,而不必先找出中间变量,例如,例 4 中的函数 $Q=f(x,xy,xyz)$,由全微分形式不变性有

$$\begin{aligned}\mathrm{d}Q &= f_1'\mathrm{d}x+f_2'\mathrm{d}(xy)+f_3'\mathrm{d}(xyz) \\ &= f_1'\mathrm{d}x+f_2'(y\mathrm{d}x+x\mathrm{d}y)+f_3'(yz\mathrm{d}x+xz\mathrm{d}y+xy\mathrm{d}z) \\ &= (f_1'+yf_2'+yzf_3')\mathrm{d}x+(xf_2'+xzf_3')\mathrm{d}y+xyf_3'\mathrm{d}z,\end{aligned}$$

于是有

$$\frac{\partial Q}{\partial x}=f_1'+yf_2'+yzf_3',$$

$$\frac{\partial Q}{\partial y}=xf_2'+xzf_3',$$

$$\frac{\partial Q}{\partial z}=xyf_3'.$$

这与例 4 的结果相同.

上述结论,可以推广到中间变量或自变量为任意多个的情形.

二、隐函数微分法

一般地说,能用 $y=f(x), z=f(x,y)$ 等形式给出的函数,称为显函数;而以方程 $F(x,y)=0, F(x,y,z)=0$ 确定的函数 $y=f(x), z=f(x,y)$ 等,则称为隐函数.

设方程 $F(x,y)=0$ 确定隐函数 $y=f(x)$,且函数 $F(x,y)$ 存在连续偏导数,则当 $\dfrac{\partial F}{\partial y}\neq 0$ 时,有隐函数求导公式:

$$\frac{\mathrm{d}y}{\mathrm{d}x}=-\frac{F'_x}{F'_y}=-\frac{\dfrac{\partial F}{\partial x}}{\dfrac{\partial F}{\partial y}}. \tag{5}$$

证 因为 $y=f(x)$ 是由 $F(x,y)=0$ 确定的隐函数,故有恒等式:$F[x,f(x)]=0$,在此等式两边同时对 x 求导,并利用链锁规则:

$$\frac{\partial F}{\partial x}+\frac{\partial F}{\partial y}\frac{\mathrm{d}y}{\mathrm{d}x}=0,$$

于是 $\dfrac{\mathrm{d}y}{\mathrm{d}x}=-\dfrac{\dfrac{\partial F}{\partial x}}{\dfrac{\partial F}{\partial y}}.$

例 6 求由方程 $\sin y+\mathrm{e}^x-xy^2=0$ 所确定的隐函数 $y=y(x)$ 的导数 $\dfrac{\mathrm{d}y}{\mathrm{d}x}$.

解 设 $F(x,y)=\sin y+\mathrm{e}^x-xy^2$,则有

$$\frac{\partial F}{\partial x}=\mathrm{e}^x-y^2, \quad \frac{\partial F}{\partial y}=\cos y-2xy,$$

于是,由公式(5)有

$$\frac{\mathrm{d}y}{\mathrm{d}x}=\frac{y^2-\mathrm{e}^x}{\cos y-2xy}.$$

类似地,对于方程 $F(x,y,z)=0$ 所确定的二元隐函数 $z=f(x,y)$,若函数 $F(x,y,z)$ 存在连续偏导数,且 $\dfrac{\partial F}{\partial z}\neq 0$,则有偏导数公式

$$\begin{cases}\dfrac{\partial z}{\partial x}=-\left(\dfrac{\partial F}{\partial x}\right)\Big/\left(\dfrac{\partial F}{\partial z}\right),\\ \dfrac{\partial z}{\partial y}=-\left(\dfrac{\partial F}{\partial y}\right)\Big/\left(\dfrac{\partial F}{\partial z}\right).\end{cases} \tag{6}$$

例 7 设函数 $z=f(x,y)$ 由方程 $\sin z=xyz$ 确定,求 $\dfrac{\partial z}{\partial x},\dfrac{\partial z}{\partial y}$.

解法一 设 $F(x,y,z)=\sin z-xyz$,则有
$$\frac{\partial F}{\partial x}=-yz,\quad \frac{\partial F}{\partial y}=-xz,\quad \frac{\partial F}{\partial z}=\cos z-xy,$$
于是,由公式(6)有
$$\frac{\partial z}{\partial x}=\frac{yz}{\cos z-xy},\quad \frac{\partial z}{\partial y}=\frac{xz}{\cos z-xy}.$$

解法二 对方程 $\sin z=xyz$ 两边直接求导.

对 x 求偏导有
$$\cos z\frac{\partial z}{\partial x}=yz+xy\frac{\partial z}{\partial x},$$
解出 $\dfrac{\partial z}{\partial x}$,得 $\dfrac{\partial z}{\partial x}=\dfrac{yz}{\cos z-xy}$. 同理,可得
$$\frac{\partial z}{\partial y}=\frac{xz}{\cos z-xy}.$$

解法三 设 $F(x,y,z)=\sin z-xyz$,则有
$$\mathrm{d}F=\cos z\mathrm{d}z-(xy\mathrm{d}z+xz\mathrm{d}y+yz\mathrm{d}x)=0.$$
视 z 为 x,y 的函数,则
$$\mathrm{d}z=\frac{yz}{\cos z-xy}\mathrm{d}x+\frac{xz}{\cos z-xy}\mathrm{d}y,$$
于是,由全微分公式,可得
$$\frac{\partial z}{\partial x}=\frac{yz}{\cos z-xy},\quad \frac{\partial z}{\partial y}=\frac{xz}{\cos z-xy},$$

隐函数的情况是多种多样的,由方程组确定的一元或多元隐函数,其求导方法可按上面讨论的基本思想类似地进行.

习 题 9-3

1. 求下列函数的导数或偏导数.

(1) $u=\mathrm{e}^x\cos(x+y), x=t^3, y=\ln t$,求 $\dfrac{\mathrm{d}u}{\mathrm{d}t}$;

(2) $z=f(x,y), y=\varphi(x)$,求 $\dfrac{\mathrm{d}z}{\mathrm{d}x}$;

(3) $z=u^2v^3+2\sin t, u=\mathrm{e}^t, v=\cos t$,求 $\dfrac{\mathrm{d}z}{\mathrm{d}t}$;

(4) $z=\ln(u^2+v^2), u=x-y, v=xy$,求 $\dfrac{\partial z}{\partial x},\dfrac{\partial z}{\partial y}$;

(5) $u=f(x,y,z), x=s^2+t^2, y=\cos(s-t), z=st$,求 $\dfrac{\partial u}{\partial s},\dfrac{\partial u}{\partial t}$;

(6) $u=f(x,y,z,w), x=\varphi(y,z), w=\psi(y,z)$,求$\dfrac{\partial u}{\partial y}, \dfrac{\partial u}{\partial z}$;

(7) $w=f(x,u,v), u=g(x,y), v=h(x,y)$,求$\dfrac{\partial w}{\partial x}, \dfrac{\partial w}{\partial y}$;

(8) $u=f(x^2+y^2+z^2)$,求$\dfrac{\partial u}{\partial x}, \dfrac{\partial u}{\partial y}, \dfrac{\partial u}{\partial z}$;

(9) $u=f\left(x,\dfrac{x}{y}\right)$,求$\dfrac{\partial u}{\partial x}, \dfrac{\partial u}{\partial y}$.

2. 如果 $F(x,y,z)=0$ 成立,且 F 是可微的,证明:$\dfrac{\partial x}{\partial y}\dfrac{\partial y}{\partial z}\dfrac{\partial z}{\partial x}=-1$.

3. 求下列方程所确定的隐函数的导数.

(1) $\dfrac{x^2}{a^2}+\dfrac{y^2}{b^2}=1$; (2) $y^x=x^y$;

(3) $\sin(xy)=x^2y^2+\mathrm{e}^{xy}$.

4. 求下列方程所确定函数 $z=f(x,y)$ 的全微分.

(1) $yz=\arctan(xz)$;

(2) $xyz=\mathrm{e}^z$;

(3) $2xz-2xyz+\ln(xyz)=0$.

9.4 高阶偏导数

与一元函数高阶导数类似地可定义多元函数的高阶偏导数.

设 $z=f(x,y)$ 为定义在区域 D 上的二元函数,则该函数在 D 上的偏导数 $\dfrac{\partial z}{\partial x}$,$\dfrac{\partial z}{\partial y}$ 仍为自变量 x,y 的二元函数.如果 $\dfrac{\partial z}{\partial x}$ 和 $\dfrac{\partial z}{\partial y}$ 对 x 和 y 的偏导数存在,则称 $\dfrac{\partial z}{\partial x}$ 和 $\dfrac{\partial z}{\partial y}$ 对 x 和 y 的偏导数为函数 $z=f(x,y)$ 对 x,y 的二阶偏导数,显然二阶偏导数共有 4 个,即

$$\dfrac{\partial}{\partial x}\left(\dfrac{\partial z}{\partial x}\right)=\dfrac{\partial^2 z}{\partial x^2}=f''_{xx}(x,y)=f''_{11},$$

$$\dfrac{\partial}{\partial y}\left(\dfrac{\partial z}{\partial x}\right)=\dfrac{\partial^2 z}{\partial x \partial y}=f''_{xy}(x,y)=f''_{12},$$

$$\dfrac{\partial}{\partial x}\left(\dfrac{\partial z}{\partial y}\right)=\dfrac{\partial^2 z}{\partial y \partial x}=f''_{yx}(x,y)=f''_{21},$$

$$\dfrac{\partial}{\partial y}\left(\dfrac{\partial z}{\partial y}\right)=\dfrac{\partial^2 z}{\partial y^2}=f''_{yy}(x,y)=f''_{22},$$

其中$\dfrac{\partial^2 z}{\partial x^2}$和$\dfrac{\partial^2 z}{\partial y^2}$分别称为$z=f(x,y)$对$x$和$y$的二阶偏导数,$\dfrac{\partial^2 z}{\partial x \partial y}$和$\dfrac{\partial^2 z}{\partial y \partial x}$称为$z=f(x,y)$对$x$和$y$的二阶混合偏导数.

二元函数$z=f(x,y)$的4个二阶偏导数仍为x,y的函数,又可能再对x,y求偏导数.得到$z=f(x,y)$的8个三阶偏导数.一般地,对函数$z=f(x,y)$的n阶偏导数再求一次偏导数,可得$z=f(x,y)$的$n+1$阶偏导数,例如:

$$\dfrac{\partial}{\partial x}\left(\dfrac{\partial^2 z}{\partial x^2}\right)=\dfrac{\partial^3 z}{\partial x^3}=f'''_{xxx}(x,y)=f'''_{111},$$

$$\dfrac{\partial}{\partial y}\left(\dfrac{\partial^2 z}{\partial x \partial y}\right)=\dfrac{\partial^3 z}{\partial x \partial y^2}=f'''_{xyy}(x,y)=f'''_{122}.$$

总之,二元函数的二阶偏导数有4个,三阶偏导数有8个,依此类推,n阶偏导数共有2^n个,三元函数$u=f(x,y,z)$的n阶偏导数共有3^n个等.

例1 求函数$z=x^3 y^2 - x^2 y^3 + xy$的二阶偏导数.

解 因为

$$\dfrac{\partial z}{\partial x}=3x^2 y^2 - 2xy^3 + y, \quad \dfrac{\partial z}{\partial y}=2x^3 y - 3x^2 y^2 + x,$$

所以有

$$\dfrac{\partial^2 z}{\partial x^2}=6xy^2 - 2y^3, \quad \dfrac{\partial^2 z}{\partial x \partial y}=6x^2 y - 6xy^2 + 1,$$

$$\dfrac{\partial^2 z}{\partial y \partial x}=6x^2 y - 6xy^2 + 1, \quad \dfrac{\partial^2 z}{\partial y^2}=6x^3 - 6x^2 y.$$

例2 求函数$z=\arctan\dfrac{y}{x}$的二阶偏导数.

解 因为

$$\dfrac{\partial z}{\partial x}=-\dfrac{y}{x^2+y^2}, \quad \dfrac{\partial z}{\partial y}=\dfrac{x}{x^2+y^2},$$

所以有

$$\dfrac{\partial^2 z}{\partial x^2}=\dfrac{2xy}{(x^2+y^2)^2}, \quad \dfrac{\partial^2 z}{\partial x \partial y}=\dfrac{y^2-x^2}{(x^2+y^2)^2},$$

$$\dfrac{\partial^2 z}{\partial y \partial x}=\dfrac{y^2-x^2}{(x^2+y^2)^2}, \quad \dfrac{\partial^2 z}{\partial y^2}=-\dfrac{2xy}{(x^2+y^2)^2}.$$

上面两例中,均有$\dfrac{\partial^2 z}{\partial x \partial y}=\dfrac{\partial^2 z}{\partial y \partial x}$,即二阶混合偏导数的运算次序可以交换.但这个结果不是对任意的函数都成立,而是有条件的,下面的定理给出了混合偏导数相等的充分条件.

定理 如果函数 $z=f(x,y)$ 的两个二阶混合偏导数 $\dfrac{\partial^2 z}{\partial x \partial y}$ 和 $\dfrac{\partial^2 z}{\partial y \partial x}$ 在区域 D 内连续,则在该区域内这两个偏导数必相等.

这个定理可以推广到二阶以上混合偏导数以及更多元函数的情形.

例3 设函数 $z=f(x,y)$ 由方程 $xy+yz+zx=1$ 所确定,求 $\dfrac{\partial^2 z}{\partial x \partial y}$.

解 令 $F(x,y,z)=xy+yz+zx-1$,则由隐函数求偏导公式,可得

$$\frac{\partial z}{\partial x}=-\left(\frac{\partial F}{\partial x}\right)\Big/\left(\frac{\partial F}{\partial z}\right)=-\frac{y+z}{x+y},$$

$$\frac{\partial z}{\partial y}=-\left(\frac{\partial F}{\partial z}\right)\Big/\left(\frac{\partial F}{\partial z}\right)=-\frac{x+z}{x+y},$$

于是

$$\frac{\partial^2 z}{\partial x \partial y}=\frac{\partial}{\partial y}\left(-\frac{y+z}{x+y}\right)=-\frac{\left(1+\dfrac{\partial z}{\partial y}\right)(x+y)-(y+z)}{(x+y)^2}$$

$$=-\frac{x-z+(x+y)\dfrac{\partial z}{\partial y}}{(x+y)^2}.$$

再将 $\dfrac{\partial z}{\partial y}$ 代入上式,可得

$$\frac{\partial^2 z}{\partial x \partial y}=\frac{2z}{(x+y)^2}.$$

此例也可由方程 $xy+yz+zx=1$ 解出 z,然后再求 $\dfrac{\partial^2 z}{\partial x \partial y}$.

习 题 9-4

1. 求下列函数的二阶偏导数 $\dfrac{\partial^2 z}{\partial x^2}, \dfrac{\partial^2 z}{\partial y^2}, \dfrac{\partial^2 z}{\partial x \partial y}$:

(1) $z=\dfrac{x}{x^2+y^2}$; (2) $z=x^2 \arctan \dfrac{y}{x}-y^2 \arctan \dfrac{x}{y}$;

(3) $z=\arctan \dfrac{x+y}{1-xy}$; (4) $z=\dfrac{y^2-x^2}{y^2+x^2}$;

(5) $z=(\cos y+x\sin y)\mathrm{e}^x$.

2. 验证 $z=\ln(\mathrm{e}^x+\mathrm{e}^y)$ 满足方程

$$\frac{\partial^2 z}{\partial x^2} \cdot \frac{\partial^2 z}{\partial y^2}-\left(\frac{\partial^2 z}{\partial x \partial y}\right)^2=0.$$

3. 设 $u=\dfrac{1}{\sqrt{x^2+y^2+z^2}}$，求证：$\dfrac{\partial^2 u}{\partial x^2}+\dfrac{\partial^2 u}{\partial y^2}+\dfrac{\partial^2 u}{\partial z^2}=0$.

4. 设 $y=\varphi(x+at)+\psi(x-at)$，其中 φ,ψ 是任意二次可微函数，证明：
$$\dfrac{\partial^2 y}{\partial t^2}=a^2\dfrac{\partial^2 y}{\partial x^2}.$$

5. 设 $x^2+y^2+z^2=4z$，求 $\dfrac{\partial^2 z}{\partial x^2}$.

6. 设 $e^z-xyz=0$，求 $\dfrac{\partial^2 z}{\partial x^2}$.

7. 设 $z^3-3xyz=0$，求 $\dfrac{\partial^2 z}{\partial x\partial y}$.

8. 设 $u=f(x,xy,xyz)$，f 有二阶连续偏导数，试求 $\dfrac{\partial^2 u}{\partial x^2},\dfrac{\partial^2 u}{\partial x\partial y}$.

9.5　多元函数的极值与最值

一、极值的定义

多元函数的极值与一元函数极值的定义是类似的，但多元函数极值的判别方法较复杂，本节介绍二元函数极值的定义及判别方法，一般地 n 元函数极值可类似地讨论.

定义　设函数 $z=f(x,y)$ 在点 (x_0,y_0) 的某邻域内有定义，如果对该邻域内异于 (x_0,y_0) 的点 (x,y)，恒有不等式 $f(x_0,y_0)>f(x,y)$（或 $f(x_0,y_0)<f(x,y)$）成立，则称函数 $f(x,y)$ 在点 (x_0,y_0) 处取得**极大值**（或**极小值**）$f(x_0,y_0)$，并称 (x_0,y_0) 为 $f(x,y)$ 的**极大值点**（或**极小值点**）. 函数的极大值与极小值统称为**极值**，极大值点与极小值点统称为**极值点**.

注意：与一元函数类似，二元函数极值也是一个局部性的概念.

例 1　函数 $z=f(x,y)=x^2+2y^2$ 在点 $(0,0)$ 处取极小值，这是因为对任何 $(x,y)\neq(0,0)$，恒有 $f(x,y)=x^2+2y^2>0=f(0,0)$ 成立.

例 2　函数 $z=f(x,y)=-\sqrt{x^2+y^2}$ 在点 $(0,0)$ 处取极大值，这是因为对任何 $(x,y)\neq(0,0)$，恒有 $f(0,0)=0>-\sqrt{x^2+y^2}=f(x,y)$ 成立.

例 3　函数 $z=xy$ 在点 $(0,0)$ 处既不取极大值也不取极小值，因为 $f(0,0)=0$，而在点 $(0,0)$ 处的任何邻域内，$z=xy$ 既可取正值也可取负值.

二、极值存在的必要条件

定理 1　设函数 $z=f(x,y)$ 在点 (x_0,y_0) 处一阶偏导数存在，且 (x_0,y_0) 为该

函数的极值点，则必有
$$f'_x(x_0,y_0)=0; \quad f'_y(x_0,y_0)=0.$$

证 不妨设 $z=f(x,y)$ 在点 (x_0,y_0) 处取极大值，依定义，对点 (x_0,y_0) 某邻域内异于 (x_0,y_0) 的任何点 (x,y)，恒有
$$f(x,y)<f(x_0,y_0).$$

特别地，对该邻域内的点 $(x,y_0)\neq(x_0,y_0)$，有
$$f(x,y_0)<f(x_0,y_0).$$

这表明，一元函数 $f(x,y_0)$ 在点 $x=x_0$ 处取极大值，由一元函数取得极值的必要条件，可知：
$$f'_x(x_0,y_0)=0.$$

类似地，可证：$f'_y(x_0,y_0)=0.$

定理得证.

注意：极值点有可能是一阶偏导数等于零的点，也有可能是一阶偏导数不存在的点，例如，例 2 中的函数，在点 $(0,0)$ 处取极大值，但该函数在点 $(0,0)$ 处的一阶偏导数不存在；另一方面，一阶偏导数等于零的点，也有可能不是极值点，例如，例 3 在点 $(0,0)$ 不是极值点，但显然有 $z'_x(0,0)=z'_y(0,0)=0$.

通常，称一阶偏导数等于零的点为二元函数 $z=f(x,y)$ 的**驻点**.

由定理 1 和上面的讨论可知，函数 $z=f(x,y)$ 的极值点可在驻点和一阶偏导数不存在的点中取得.

那么如何判定一个驻点是否是极值点？我们有如下的定理.

三、极值存在的充分条件

定理 2 设函数 $z=f(x,y)$ 在驻点 (x_0,y_0) 的某邻域内连续，且有直到二阶的连续偏导数. $f'_x(x_0,y_0)=0$，$f'_y(x_0,y_0)=0$，记 $A=f''_{xx}(x_0,y_0)$，$B=f''_{xy}(x_0,y_0)$，$C=f''_{yy}(x_0,y_0)$.

(1) 若 $B^2-AC<0$ 且 $A>0$，则 $f(x_0,y_0)$ 为极小值；若 $B^2-AC<0$ 且 $A<0$，则 $f(x_0,y_0)$ 为极大值.

(2) 若 $B^2-AC>0$，则 $f(x_0,y_0)$ 不是极值.

(3) 若 $B^2-AC=0$，则 $f(x_0,y_0)$ 是否为极值，需进一步讨论才能确定.

证明从略.

为了便于记忆和使用，可将定理 2 的结论列成下表.

B^2-AC	−	−	+	0
A 或 C	+	−		
$f(x_0,y_0)$	极小值	极大值	非极值	待定

综合上述讨论,可得出求函数 $z=f(x,y)$ 极值的步骤如下:

第一步:令一阶偏导数等于零,解方程组求驻点.
$$f'_x(x,y)=0, \quad f'_y(x,y)=0.$$

第二步:计算 B^2-AC,按定理 2 判定驻点是否为极值点.

第三步:求极值点的函数值,即得所求极值.

例 4 求函数 $z=(2ax-x^2)(2by-y^2)$ 的极值,其中 a,b 为非零常数.

解 由极值的必要条件
$$z'_x=2(a-x)(2by-y^2)=0,$$
$$z'_y=2(2ax-x^2)(b-y)=0,$$

解方程组得驻点为 $(a,b),(0,0),(0,2b),(2a,0),(2a,2b)$. 因为
$$z''_{xx}=-2(2by-y^2),$$
$$z''_{xy}=4(a-x)(b-y),$$
$$z''_{yy}=-2(2ax-x^2).$$

对驻点 (a,b),有 $A=-2b^2<0, B=0, C=-2a^2<0, B^2-AC=-4a^2b^2<0$.

由定理 2 可知,点 (a,b) 为极大值点,且极大值为 $z(a,b)=a^2b^2$.

对驻点 $(0,0)$,有 $A=C=0, B=4ab, B^2-AC=16a^2b^2>0$,故点 $(0,0)$ 不是极值点.

类似地,可以验证,点 $(0,2b),(2a,0),(2a,2b)$ 都不是极值点.

四、最大值和最小值

设函数 $z=f(x,y)$ 是定义在区域 D 上的二元连续函数,点 $(x_0,y_0)\in D$,如果对任意的 $(x,y)\in D$,不等式 $f(x_0,y_0)\leqslant f(x,y)$(或 $f(x_0,y_0)\geqslant f(x,y)$)恒成立,则称 $f(x_0,y_0)$ 为函数 $f(x,y)$ 在区域 D 上的**最小值**(或**最大值**),(x_0,y_0) 为 $f(x,y)$ 在 D 上的**最小值点**(或**最大值点**). 最大值与最小值统称为**最值**. 最大值点与最小值点统称为**最值点**.

对于定义在有界闭区域 D 上的二元连续函数,只要求出函数在 D 内的全部极值点,再将函数的极值与函数在 D 的边界上的值相比较,就可确定函数在区域 D 上的最值.

例 5 某企业生产两种商品的产量分别为 x 单位和 y 单位,利润函数为
$$L=64x-2x^2+4xy-4y^2+32y-14,$$

求最大利润.

解 由极值存在的必要条件:
$$\begin{cases} L'_x=64-4x+4y=0, \\ L'_y=32-8y+4x=0, \end{cases}$$

解得唯一驻点 $x_0=40, y_0=24$.

由于
$$L''_{xx}=-4, \quad A=-4<0,$$
$$L''_{xy}=4, \quad B=4,$$
$$L''_{yy}=-8, \quad C=-8<0,$$

所以 $B^2-AC=-16<0$.

点 $(40,24)$ 为极大值点,亦即最大值点,最大值为 $L(40,24)=1650$,即:该企业生产两种产品的产量分别为 40 单位和 24 单位时,利润最大,最大利润为 1650.

在求解实际问题的最值时,如果从问题的实际意义知道所求函数的最值存在,且一定在区域 D 的内部取得,而函数在 D 内只有一个驻点,则该驻点就是所求函数的最值点,可以不再判别.

例 6 有一宽 24cm 的长方形铁板,把它两边折起,做成一个横截面为等腰梯形的水槽,问怎样折法,才能使梯形截面的面积为最大.

解 设折起来的边长为 x cm,倾角为 α,那么梯形截面面积为 x 和 α 的函数.

设 $L=(24-2x+x\cos\alpha)\cdot x\sin\alpha$,即
$$L=24x\sin\alpha-2x^2\sin\alpha+x^2\sin\alpha\cdot\cos\alpha,$$

其定义域为 $0<x<12, 0<\alpha\leqslant\dfrac{\pi}{2}$.

$$\frac{\partial L}{\partial x}=L'_x=24\sin\alpha-4x\sin\alpha+2x\sin\alpha\cos\alpha=2\sin\alpha(12-2x+x\cos\alpha),$$

$$\frac{\partial L}{\partial \alpha}=L'_\alpha=24x\cos\alpha-2x^2\cos\alpha+x^2(\cos^2\alpha-\sin^2\alpha)$$
$$=24x\cos\alpha-2x^2\cos\alpha+x^2(2\cos^2\alpha-1).$$

令 $L'_x=0, L'_\alpha=0$,得
$$\begin{cases} 2\sin\alpha(12-2x+x\cos\alpha)=0, \\ x[24\cos\alpha-2x\cos\alpha+x(2\cos^2\alpha-1)]=0, \end{cases}$$

由于 $x\neq 0, \alpha\neq 0$,所以
$$\begin{cases} 12-2x+x\cos\alpha=0, \\ 24\cos\alpha-2x\cos\alpha+x(2\cos^2\alpha-1)=0, \end{cases}$$

解此方程组,得
$$x=8, \quad \alpha=\frac{\pi}{3}.$$

根据题意可知,截面面积的最大值一定存在,并且在区域 $D: 0<x<12, 0<\alpha\leqslant\dfrac{\pi}{2}$ 内取得,而函数在 D 内只有一个驻点: $x=8, \alpha=\dfrac{\pi}{3}$,因此,可以断定当 $x=$

$8cm, \alpha = \dfrac{\pi}{3}$ 时,能使水槽梯形的截面面积为最大.

五、条件极值

上面讨论的极值问题,自变量在定义域内可以任意取值,未受任何限制,通常称为无条件极值.在实际问题中,求极值或最值时,对自变量的取值往往要附加一定的约束条件,这类附有约束条件的极值问题,称为条件极值.条件极值的约束条件分为等式约束条件和不等式约束条件两类.我们这里仅讨论等式约束条件下的**条件极值**问题.

考虑函数 $z=f(x,y)$ 在满足约束条件 $\varphi(x,y)=0$ 时的条件极值问题.求解这一条件极值问题的常用方法是拉格朗日乘数法,其基本思想方法是:将条件极值化为无条件极值问题.

拉格朗日乘数法的具体步骤如下:

(1) 构造辅助函数(称为拉格朗日函数)
$$F = F(x,y,\lambda) = f(x,y) + \lambda \varphi(x,y),$$
其中 λ 为待定常数,称为拉格朗日乘数.将原条件极值化为求三元函数 $F(x,y,\lambda)$ 的无条件极值问题.

(2) 由无条件极值问题的极值必要条件,有
$$\begin{cases} F'_x = f'_x(x,y) + \lambda \varphi'_x(x,y) = 0, \\ F'_y = f'_y(x,y) + \lambda \varphi'_y(x,y) = 0, \\ F'_\lambda = \varphi(x,y) = 0, \end{cases}$$
联立求解这个方程组,解出可能的极值点 (x,y) 和乘数 λ.

(3) 判别求出的 (x,y) 是否为极值点,通常由实际问题的实际意义判定.

当然,上述条件极值问题也可采用如下的方法求解:先由方程 $\varphi(x,y)=0$,解出 $y=\psi(x)$ 并将其代入 $f(x,y)$,得 x 的一元函数 $z=f(x,\psi(x))$,然后再求此一元函数的无条件极值.

例 7 求定点 $(\bar{x},\bar{y})$ 到直线 $ax+by+c=0$ 的最短距离,其中 a,b 为不能同时为零的常数.

解 设 (x,y) 为直线 $ax+by+c=0$ 上的任意一点,则点 $(\bar{x},\bar{y})$ 与点 (x,y) 的距离为
$$r = \sqrt{(x-\bar{x})^2 + (y-\bar{y})^2},$$
于是,问题变成在 $ax+by+c=0$ 的条件下,求 r 的最小值.而欲求 r 的最小值等价于求 r^2 的最小值,因此,设拉格朗日函数为
$$F(x,y,\lambda) = (x-\bar{x})^2 + (y-\bar{y})^2 + \lambda(ax+by+c).$$

令

$$\begin{cases} F'_x = 2(x-\bar{x}) + a\lambda = 0, & (1) \\ F'_y = 2(y-\bar{y}) + b\lambda = 0, & (2) \\ F'_\lambda = ax + by + c = 0, & (3) \end{cases}$$

由$(1) \times a + (2) \times b$,得

$$2a(x-\bar{x}) + 2b(y-\bar{y}) + \lambda(a^2+b^2) = 0,$$
$$2(ax+by) - 2(a\bar{x}+b\bar{y}) + \lambda(a^2+b^2) = 0.$$

将(3)式代入上式并解出λ,得

$$\lambda = \frac{2(a\bar{x}+b\bar{y}+c)}{a^2+b^2}.$$

将λ代入(1)式解出x,得

$$x = \bar{x} - \frac{a}{2}\lambda = \bar{x} - \frac{a(a\bar{x}+b\bar{y}+c)}{a^2+b^2}.$$

将λ代入(2)式解出y,得

$$y = \bar{y} - \frac{b}{2}\lambda = \bar{y} - \frac{b(a\bar{x}+b\bar{y}+c)}{a^2+b^2}.$$

所得是唯一驻点,必有极值点,代入r求出极值:

$$r = \frac{|a\bar{x}+b\bar{y}+c|}{\sqrt{a^2+b^2}},$$

即为定点$(\bar{x},\bar{y})$到直线$ax+by+c=0$上的点的最短距离.

例8 设某工厂生产A和B两种产品,产量分别为x和y(单位:千件),利润函数为

$$L(x,y) = 6x - x^2 + 16y - 4y^2 - 2(单位:万元).$$

已知生产这两种产品时,每千件产品各需消耗某种原料2000kg,现有该原料12000kg,问两种产品各生产多少千件时,总利润最大?最大总利润为多少?

解 依题有约束条件:

$$2000x + 2000y = 12000,$$

即$x+y=6$,因此问题变为在$x+y=6$的条件下,求利润函数$L(x,y)$的最大值.设拉格朗日函数为

$$F(x,y,\lambda) = 6x - x^2 + 16y - 4y^2 - 2 + \lambda(x+y-6).$$

令

$$\begin{cases} F'_x = 6 - 2x + \lambda = 0, \\ F'_y = 16 - 8y + \lambda = 0, \\ F'_\lambda = x + y - 6 = 0, \end{cases}$$

消去λ后,得等价方程组:

$$\begin{cases} -x+4y=5, \\ x+y=6, \end{cases}$$

由此解得 $\begin{cases} x_0=3.8(千件), \\ y_0=2.2(千件). \end{cases}$

最大总利润为

$$L(3.8, 2.2) = 6 \times 3.8 - 3.8^2 + 16 \times 2.2 - 4 \times 2.2^2 - 2 = 22.2(万元).$$

拉格朗日乘数法也可以推广到自变量多于两个而条件多于一个的情形.

例如,要求函数: $v=f(x,y,z,t)$ 在条件: $\begin{cases} \varphi(x,y,z,t)=0, \\ \psi(x,y,z,t)=0 \end{cases}$ 下的极值,先作辅助函数:

$$F(x,y,z,t) = f(x,y,z,t) + \lambda_1 \varphi(x,y,z,t) + \lambda_2 \psi(x,y,z,t),$$

其中 λ_1, λ_2 为待定常数,再求出 $F(x,y,z,t)$ 对自变量和 λ_1, λ_2 的一阶偏导数,并使之为零,然后与两个约束条件一起联立方程组求解,解出 x,y,z,t(以及 λ_1, λ_2),则 (x,y,z,t) 就是函数 $v=f(x,y,z,t)$ 可能取得极值的点.

习　题　9-5

1. 求下列函数的极值.

(1) $f(x,y) = 4(x-y) - x^2 - y^2$;

(2) $f(x,y) = xy + x^3 + y^3$;

(3) $f(x,y) = 1 - \sqrt{x^2 + y^2}$;

(4) $f(x,y) = e^{2x}(x + y^2 + 2y)$;

(5) $f(x,y) = x^2 + y^2 - 2\ln x - 2\ln y, x>0, y>0$;

(6) $f(x,y) = \sin x + \sin y + \sin(x+y), 0 \leqslant x \leqslant \dfrac{\pi}{2}, 0 \leqslant y \leqslant \dfrac{\pi}{2}$.

2. 求由方程 $x^2 + y^2 + z^2 - 2x + 2y - 4z - 10 = 0$ 所确定的隐函数 $z(x,y)$ 的极值.

3. 求下列函数在指定条件下的条件极值:

(1) $f(x,y) = x+y$, 如果 $x^2 + y^2 = 1$;

(2) $f(x,y) = \dfrac{1}{x} + \dfrac{4}{y}$, 如果 $x+y=3$;

(3) $f(x,y) = -xy$, 如果 $x^2 + y^2 = 1$;

(4) $f(x,y,z) = x - 2y + 2z$, 如果 $x^2 + y^2 + z^2 = 1$;

(5) $z = xy - 1$, 如果 $(x-1)(y-1) = 1$ 且 $x>0, y>0$;

(6) $z = x + y$, 如果 $\dfrac{1}{x} + \dfrac{1}{y} = 1$ 且 $x>0, y>0$.

4. 求椭圆 $\dfrac{x^2}{a^2}+\dfrac{y^2}{b^2}=1$ 的内接矩形的最大面积.

5. 求曲线 $y=\sqrt{x}$ 上动点到定点 $(a,0)$ 的最小距离.

6. 某工厂生产的一种产品同时在两个市场销售,售价分别为 p_1, p_2,销售量分别为 q_1 和 q_2,需求函数分别为
$$q_1=24-0.2p_1, \quad q_2=10-0.05p_2,$$
总成本函数为
$$c=35+40(p_1+p_2),$$
试问:厂家应如何确定两个市场的售价,才能使其获得的总利润最大? 最大总利润为多少?

7. 某地区用 k 单位资金投资三个项目,投资额分别为 x,y,z 个单位,所能获得的利益为 $R=x^\alpha y^\beta z^\gamma$, α,β,γ 为正的常数. 问如何分配这 k 单位投资额,能使效益最大? 最大效益为多少?

8. 一帐幕,下部为圆柱形,上部覆以圆锥形的篷顶. 设帐幕的容积为一定数 k,今要使所用布最少,试证幕布尺寸间应有关系式: $R=\sqrt{5}H, h=2H$,其中 R,H 各为圆柱形的底半径和高,h 为圆锥形的高.

选 做 题

1. 确定下列函数的定义域.

(1) $z=\sqrt{1-x^2}+\sqrt{y^2-1}$; (2) $z=\sqrt{x\cdot\sin y}$;

(3) $z=\sqrt{x\ln(y-x)}$; (4) $z=\arcsin\dfrac{x^2+y^2}{4}$.

2. 已知 $f(u,v,w)=u^w+w^{u+v}$,试求 $f(x+y,x-y,xy)$.

3. 求下列函数的一阶和二阶偏导数.

(1) $z=\dfrac{x}{\sqrt{x^2-y^2}}$; (2) $z=\dfrac{\cos x^2}{y}$.

4. 求下列函数的偏导数(这些函数是可微的).

(1) $u=f(x,y)$,其中 $x=r\cos\theta, y=r\sin\theta$,求 $\dfrac{\partial u}{\partial r}, \dfrac{\partial^2 u}{\partial r^2}$;

(2) $u=f(x,y)$,其中 $x=a\xi, y=b\eta(a,b$ 为常数),求 $\dfrac{\partial u}{\partial \xi}, \dfrac{\partial^2 u}{\partial \xi^2}, \dfrac{\partial^2 u}{\partial \xi \partial \eta}, \dfrac{\partial u}{\partial \eta}, \dfrac{\partial^2 u}{\partial \eta^2}$;

(3) $u=f(x^2+y^2+z^2)$,求 $\dfrac{\partial u}{\partial x}, \dfrac{\partial^2 u}{\partial x^2}, \dfrac{\partial^2 u}{\partial x \partial y}, \dfrac{\partial u}{\partial y}, \dfrac{\partial u}{\partial z}$;

(4) $u=f\left(x,\dfrac{x}{y}\right)$,求 $\dfrac{\partial u}{\partial x}, \dfrac{\partial^2 u}{\partial x^2}, \dfrac{\partial u}{\partial y}$.

5. 求下列函数的全微分.

(1) $z=\sin(x^2+y)$；   (2) $z=\dfrac{x\cdot y}{x^2-y^2}$；

(3) $z=(x^2+y^2)\mathrm{e}^{\frac{x^2+y^2}{xy}}$；   (4) $u=x^2yz$；

(5) $u=\ln(x^x y^y z^z)$.

6. 求下列函数的全微分(这些函数可微).

(1) $u=f(x+y)$；   (2) $z=f(ax,by)$；   (3) $u=f(ax^2+by^2+cz^2)$.

7. 验证下列各式(其中 f,φ,ψ 为任意可微函数).

(1) 设 $z=\varphi(x^2+y^2)$，则 $y\dfrac{\partial z}{\partial x}-x\cdot\dfrac{\partial z}{\partial y}=0$；

(2) 设 $u=\sin x+f(\sin y-\sin x)$，则 $\dfrac{\partial u}{\partial y}\cos x+\dfrac{\partial u}{\partial x}\cos y=\cos x\cdot\cos y$；

(3) 设 $x^2+y^2+z^2=yf\left(\dfrac{z}{y}\right)$，则 $(x^2-y^2-z^2)\dfrac{\partial z}{\partial x}+2xy\dfrac{\partial z}{\partial y}=2xz$；

(4) 设 $f(x+zy^{-1},y+zx^{-1})=0$ 成立，则 $x\dfrac{\partial z}{\partial x}+y\dfrac{\partial z}{\partial y}=z-xy$；

(5) 设 $u=x\varphi(x+y)+y\varphi(x+y)$，则 $\dfrac{\partial^2 u}{\partial x^2}-2\dfrac{\partial^2 u}{\partial x\partial y}+\dfrac{\partial^2 u}{\partial y^2}=0$；

(6) 设 $z=\dfrac{y}{y^2-a^2x^2}$，则 $\dfrac{\partial^2 z}{\partial x^2}=a^2\dfrac{\partial^2 z}{\partial y^2}$.

8. 设 $u=f(x,y)$，而 $x=\mathrm{e}^s\cos t, y=\mathrm{e}^s\sin t$，求证：
$$\dfrac{\partial^2 u}{\partial x^2}+\dfrac{\partial^2 u}{\partial y^2}=\mathrm{e}^{-2s}\left(\dfrac{\partial^2 u}{\partial s^2}+\dfrac{\partial^2 u}{\partial t^2}\right).$$

9. 设 $n\geqslant 1, x\geqslant 0, y\geqslant 0$，证明不等式：
$$\dfrac{x^n+y^n}{2}\geqslant\left(\dfrac{x+y}{2}\right)^n.$$

$\Big($提示：在 $x+y=s(s$ 为定数$)$ 的条件下，求函数 $z=\dfrac{1}{2}(x^n+y^n)$ 的极值.$\Big)$

第十章　多元函数积分学

多元函数的积分和定积分一样,也是从几何、物理等实际问题的需要而产生的.它是定积分的一种推广.定积分的被积函数是一元函数,积分范围是区间,而多元函数积分的被积函数是多元函数,积分范围是一个可以度量的几何形体(它或是直线段,或是曲线段,或是一块平面图形,或是一块曲面,或是一块空间区域等).多元函数积分与定积分在形式上虽然不同,但本质上是一致的,都是一类和式的极限.

10.1　二重积分的概念

一、二重积分问题举例

研究曲顶柱体的体积.

所谓曲顶柱体是指:它的底是:xOy 平面上的有界区域 D,它的侧面是以 D 的边界曲线为准线而母线平行于 z 轴的柱面,它的顶是曲面 $z=f(x,y)$(图 10-1).

设函数 $z=f(x,y)$ 在区域 D 上连续,且 $f(x,y)\geqslant 0$.

现在来讨论如何计算曲顶柱体的体积 V,求体积 V 的方法与求曲边梯形的面积方法类似:

第一步:将区域 D 任意划分为 n 个小区域:$\Delta\sigma_1,\Delta\sigma_2,\cdots,\Delta\sigma_n$,并以 $\Delta\sigma_i$ 表示第 i 个小区域的面积($i=1,2,\cdots,n$).以每个小区域 $\Delta\sigma_i$ 为底作出以 $\Delta\sigma_i$ 的边界线为准线而母线平行于 z 轴的 n 个小曲顶柱体,这样就将整个大曲顶柱体分割成 n 个小曲顶柱体(图 10-2).

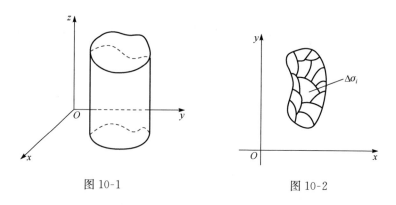

图 10-1　　　　　图 10-2

第二步:考虑每一个小曲顶柱体的体积,由于曲面 $z=f(x,y)$ 是连续的,所以当 $\Delta\sigma_i$ 足够小时,它所对应的曲顶变化也很小,可以把它近似地看作平顶柱体,并在每个 $\Delta\sigma_i$ 中任取一点 (ξ_i,η_i),以 $f(\xi_i,\eta_i)$ 为高,以 $\Delta\sigma_i$ 为底的平顶柱体的体积 $f(\xi_i,\eta_i)\Delta\sigma_i$ 就作为相应的小曲顶柱体的体积的近似值.

第三步:把所有这些平顶柱体的体积累加起来,就是整个曲顶柱体的体积 V 的近似值:

$$V \approx \sum_{i=1}^{n} f(\xi_i,\eta_i)\Delta\sigma_i. \tag{1}$$

一般地说,把区域 D 分得越"细",那么(1)式近似的精确度越高.而所谓分得"细",不仅要求每一块 $\Delta\sigma_i$ 的面积越来越小,而且还要求不论哪个方向它都缩得越来越小.为此,引入区域直径的概念:闭区域上任意两点间距离的最大值称为该区域的直径.

这样,在划分时,只要使每个 $\Delta\sigma_i$ 的直径越来越小,就能把区域越分越细.若用 d_i 表示第 i 个小区域的直径 $(i=1,2,\cdots,n)$,并且记

$$d=\max\{d_1,d_2,\cdots,d_n\},$$

则当 $d\to 0$ 时,(1)式右边的极限,就定义为曲顶柱体的体积 V,即

$$V = \lim_{d\to 0}\sum_{i=1}^{n} f(\xi_i,\eta_i)\Delta\sigma_i. \tag{2}$$

上述求曲顶柱体体积的方法,通过"分割—近似代替—求和—取极限",将问题化成求和式的极限: $\lim_{d\to 0}\sum_{i=1}^{n} f(\xi_i,\eta_i)\Delta\sigma_i$,将这一思想加以抽象推广,可引入二重积分的概念.

二、二重积分的定义

定义 设函数 $z=f(x,y)$ 是定义在有界区域 D 上的有界函数,将 D 任意分割成 n 个小区域 $\Delta\sigma_i(i=1,2,\cdots,n)$,且以同一记号 $\Delta\sigma_i$ 表示它的面积,在每个小区域 $\Delta\sigma_i$ 中任取一点 (ξ_i,η_i),如果用 d_i 表示每个小区域的直径,$d=\max\{d_1,d_2,\cdots,d_n\}$,当 $d\to 0$ 时,和式

$$\sum_{i=1}^{n} f(\xi_i,\eta_i)\Delta\sigma_i \tag{3}$$

的极限存在,则称此极限值为函数 $z=f(x,y)$ 在区域 D 上的**二重积分**,记作

$$\iint_D f(x,y)\mathrm{d}\sigma,$$

即

$$\iint_D f(x,y)\mathrm{d}\sigma = \lim_{d\to 0}\sum_{i=1}^{n} f(\xi_i,\eta_i)\Delta\sigma_i, \tag{4}$$

其中 $f(x,y)$ 称为**被积函数**,x,y 称为**积分变量**,$f(x,y)d\sigma$ 称为**被积表达式**,$d\sigma$ 称为**面积元素**,D 称为**积分区域**.

由上述定义可见,曲顶柱体的体积 V 是表示其曲顶的函数 $z=f(x,y)$ 在区域 D 上的二重积分:$V = \iint\limits_{D} f(x,y)d\sigma$.

对上述定义,可作如下几点说明:

(1) 若二重积分 $\iint\limits_{D} f(x,y)d\sigma$ 存在,则其数值仅与积分区域 D 和被积函数有关.而与区域 D 的划分方法以及点 (ξ_i,η_i) 的取法无关.因此在实际计算中,为了方便,常采用特殊的划分和选点方法.

例如,在直角坐标系中,常采用两组分别平行于 x 轴和 y 轴的直线划分积分区域 D,这样,这些小区域绝大部分是矩形区域,因此可写成 $\Delta\sigma_i = \Delta x_i \cdot \Delta y_i$,从而面积元素 $d\sigma$ 也记作 $dx \cdot dy$,二重积分记作 $\iint\limits_{D} f(x,y)dxdy$,于是

$$\iint\limits_{D} f(x,y)d\sigma = \iint\limits_{D} f(x,y)dxdy,$$

并称 $dxdy$ 为直角坐标系下的面积元素.

(2) 由定义,只有当和式的极限存在时,二重积分才存在,这时也称函数 $f(x,y)$ 在 D 上是可积的.对此,二重积分有如下的存在定理.

定理 如果函数 $f(x,y)$ 在有界闭区域 D 上连续,则和式(3)的极限必存在,即函数 $f(x,y)$ 在 D 上的二重积分必存在.

二重积分 $\iint\limits_{D} f(x,y)d\sigma$ 的几何意义是:二重积分在几何上可表示成以区域 D 为底,曲面 $z=f(x,y)$ 为顶的曲顶柱体的体积.

类似于定积分的几何意义,若 $f(x,y)$ 在 D 上不同部分异号,则 $f(x,y)$ 在 D 上的二重积分也可以看成是这些部分区域上的柱体体积的代数和.

三、二重积分的性质

设二元函数 $f(x,y)$ 与 $g(x,y)$ 在有界闭区域 D 上可积,则有如下性质:

(1) $\iint\limits_{D} k \cdot f(x,y)d\sigma = k \cdot \iint\limits_{D} f(x,y)d\sigma$ (k 为常数).

(2) $\iint\limits_{D} [f(x,y) \pm g(x,y)]d\sigma = \iint\limits_{D} f(x,y)d\sigma \pm \iint\limits_{D} g(x,y)d\sigma.$

(3) 若积分区域 D 被分成 D_1 和 D_2 两个积分区域(D_1 和 D_2 不相重叠),则有

$$\iint\limits_{D} f(x,y)d\sigma = \iint\limits_{D_1} f(x,y)d\sigma + \iint\limits_{D_2} f(x,y)d\sigma,$$

这条性质对于 D 分解成不相重叠的有限个区域也是成立的.

(4) 若在 D 上，$f(x,y) \leqslant g(x,y)$ 恒成立，则有
$$\iint\limits_D f(x,y) \mathrm{d}\sigma \leqslant \iint\limits_D g(x,y) \mathrm{d}\sigma.$$

特别地：若在 D 上 $f(x,y) \leqslant 0$（或 $\geqslant 0$）恒成立，则有
$$\iint\limits_D f(x,y) \mathrm{d}\sigma \leqslant 0 \quad (\text{或} \geqslant 0).$$

(5) $\left| \iint\limits_D f(x,y) \mathrm{d}\sigma \right| \leqslant \iint\limits_D |f(x,y)| \mathrm{d}\sigma.$

(6) 若区域 D 的面积为 σ，则有 $\iint\limits_D \mathrm{d}\sigma = \sigma.$

(7) 如果在 D 上 $m \leqslant f(x,y) \leqslant M$，则有
$$m\sigma \leqslant \iint\limits_D f(x,y) \mathrm{d}\sigma \leqslant M\sigma,$$

其中 σ 是区域 D 的面积.

(8) 二重积分中值定理：若函数 $f(x,y)$ 在有界闭区域 D 上连续，则至少存在一点 $(\xi,\eta) \in D$，使得
$$\iint\limits_D f(x,y) \mathrm{d}\sigma = f(\xi,\eta)\sigma,$$

其中 σ 为区域 D 的面积.

中值定理的几何意义是，在 D 上至少有一点 (ξ,η)，使得二重积分所确定的曲顶柱体的体积，等于以 D 为底，$f(\xi,\eta)$ 为高的平顶柱体的体积.

习 题 10-1

1. 求积分 $I_1 = \iint\limits_{D_1}(x^2+y^2)^3 \mathrm{d}\sigma$ 与积分 $I_2 = \iint\limits_{D_2}(x^2+y^2)^3 \mathrm{d}\sigma$ 之间的关系，其中：

$D_1 = \{(x,y) \mid -1 \leqslant x \leqslant 1, -2 \leqslant y \leqslant 2\}$，$D_2 = \{(x,y) \mid 0 \leqslant x \leqslant 1, 0 \leqslant y \leqslant 2\}$.

2. 利用二重积分的定义证明.

(1) $\iint\limits_D \mathrm{d}\sigma = \sigma$（其中 σ 为 D 的面积）；

(2) $\iint\limits_D k \cdot f(x,y) \mathrm{d}\sigma = k \cdot \iint\limits_D f(x,y) \mathrm{d}\sigma$（其中 k 为常数）.

3. 利用二重积分的性质估计下列各积分的值.

(1) $I = \iint\limits_D (x+y+1) \mathrm{d}\sigma, D = \{(x,y) \mid 0 \leqslant x \leqslant 1, 0 \leqslant y \leqslant 2\};$

(2) $I = \iint\limits_{D} (x^2 + 4y^2 + 9)\mathrm{d}\sigma, D = \{(x, y) \mid x^2 + y^2 \leqslant 4\}.$

10.2 二重积分的计算

与定积分类似,由定义直接计算二重积分是很难的,甚至是不可能的,解决的方法是,在二重积分存在的前提下,利用积分区域的特殊划分方法,将计算二重积分的问题化为计算两次定积分的问题.

一、直角坐标系下二重积分的计算

设 $z = f(x, y)$ 为区域 D 上的连续函数,这里 $f(x, y)$ 不一定是正的(不妨设 $f(x, y) \geqslant 0$),我们根据区域 D 的不同形态寻找解决二重积分计算的不同方法.

首先,当区域 $D = \{(x, y) \mid a \leqslant x \leqslant b, \varphi_1(x) \leqslant y \leqslant \varphi_2(x)\}$ 时,如图 10-3 所示,称为 x 型区域.

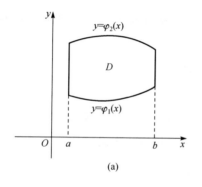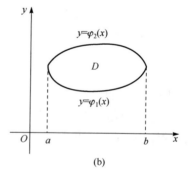

图 10-3

此时,由二重积分几何意义可知,当 $f(x, y) \geqslant 0$ 时,二重积分 $\iint\limits_{D} f(x, y)\mathrm{d}\sigma$ 表示以 D 为底,曲面 $z = f(x, y)$ 为顶的曲顶柱体的体积 V.

下面应用计算"平行截面为已知的立体的体积"的方法来计算.

在区间 $[a, b]$ 内任取一点 x_0,过该点作垂直于 x 轴的平面 $x = x_0$ 去截曲顶柱体,所得的截面是一个曲边梯形(图 10-4 阴影部分).由定积分几何意义可知,此曲边梯形的面积为

$$A(x_0) = \int_{\varphi_1(x_0)}^{\varphi_2(x_0)} f(x_0, y)\mathrm{d}y,$$

由 x_0 的任意性可知,对任意的 $x \in [a, b]$,过点 $(x, 0, 0)$ 作垂直于 x 轴的平面,该平面与曲顶柱体相交所得截面的面积为

$$A(x) = \int_{\varphi_1(x)}^{\varphi_2(x)} f(x,y)\mathrm{d}y,$$

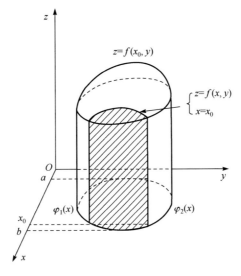

图 10-4

其中 y 为积分变量，x 在积分过程中视为常数. 于是，所求曲顶柱体的体积为

$$V = \int_a^b A(x)\mathrm{d}x = \int_a^b \left[\int_{\varphi_1(x)}^{\varphi_2(x)} f(x,y)\mathrm{d}y\right]\mathrm{d}x.$$

这个体积也就是所求二重积分的值，由此得二重积分计算公式：

$$\iint_D f(x,y)\mathrm{d}\sigma = \int_a^b \left[\int_{\varphi_1(x)}^{\varphi_2(x)} f(x,y)\mathrm{d}y\right]\mathrm{d}x, \tag{1}$$

其中 D 为 x 型区域.

(1) 式也可写成

$$\iint_D f(x,y)\mathrm{d}\sigma = \int_a^b A(x)\mathrm{d}x = \int_a^b \mathrm{d}x \int_{\varphi_1(x)}^{\varphi_2(x)} f(x,y)\mathrm{d}y. \tag{2}$$

上式右端积分也称为先对 y，后对 x 的累次积分(或二次积分、逐次积分).

注意：先对 y 求定积分时，y 是积分变量，x 看作常量，积分上下限是 x 的函数；在对 x 求定积分时，x 是积分变量，积分上下限均为常数.

类似地，如果积分区域 D 如图 10-5 所示，则称为 y 型区域，即

$$D = \{(x,y) \mid \psi_1(y) \leqslant x \leqslant \psi_2(y), c \leqslant y \leqslant d\},$$

其中 $\psi_1(y)$ 和 $\psi_2(y)$ 在区间 $[c,d]$ 上连续. 这时，可采用先对 x，后对 y 的积分次序，将二重积分化为累次积分

$$\iint_D f(x,y)\mathrm{d}\sigma = \int_c^d \left[\int_{\psi_1(y)}^{\psi_2(y)} f(x,y)\mathrm{d}x\right]\mathrm{d}y, \tag{3}$$

或写成

$$\iint\limits_D f(x,y)\mathrm{d}\sigma = \int_c^d \mathrm{d}y \cdot \int_{\psi_1(y)}^{\psi_2(y)} f(x,y)\mathrm{d}x. \tag{4}$$

公式(1)和公式(3)是在 $f(x,y)\geqslant 0$ 的条件下得到的. 可以证明,对一般的可积函数 $f(x,y)$ 这两个公式仍然成立. 因此,实际使用公式时可不受 $f(x,y)\geqslant 0$ 的限制.

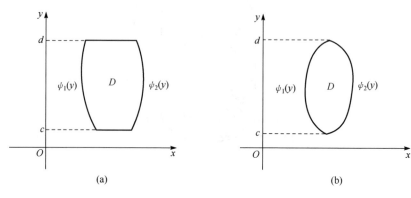

图 10-5

注意:(1) 化二重积分为累次积分的关键是确定积分限,而积分限是由积分区域 D 的几何形状确定的. 因此,计算二重积分时,应先画出 D 的简图,如果 D 的形状是 x 型或 y 型标准区域,可按公式(1)或(3)定限;如果 D 不是标准区域,则应先将 D 分成若干个无公共内点的小区域,而每个小区域都是标准区域,然后利用二重积分对区域的可加性进行计算.

(2) 若 $D=\{(x,y)|a\leqslant x\leqslant b,c\leqslant y\leqslant d\}$ 为矩形区域,则公式变成

$$\iint\limits_D f(x,y)\mathrm{d}\sigma = \int_a^b \mathrm{d}x \int_c^d f(x,y)\mathrm{d}y = \int_c^d \mathrm{d}y \int_a^b f(x,y)\mathrm{d}x.$$

(3) 如果区域 D 既是 x 型区域,又是 y 型区域(如 D 为矩形区域),从理论上讲,将二重积分化成两种不同顺序的累次积分,结果是一样的. 但实际计算时,可能影响计算的繁简,甚至于影响到是否能"积出". 因此,化二重积分为累次积分时,应注意积分顺序的选择,必要时可交换积分顺序. 交换积分次序时,积分限应相应地变化.

例 1 计算二重积分 $\iint\limits_D xy\mathrm{d}\sigma$,积分区域 D 是由抛物线 $y^2=8x$ 与 $x^2=y$ 所围成的区域.

解 积分区域如图 10-6 所示,它既是 x 型区域,又是 y 型区域,因此有

$$\iint\limits_D xy\mathrm{d}\sigma = \int_0^2 \mathrm{d}x \int_{x^2}^{\sqrt{8x}} xy\mathrm{d}y$$

$$= \frac{1}{2}\int_0^2 (8x^2 - x^5)\,dx$$

$$= \frac{16}{3},$$

或者

$$\iint\limits_{D} xy\,d\sigma = \int_0^4 dy \int_{\frac{1}{8}y^2}^{\sqrt{y}} xy\,dx$$

$$= \frac{1}{2}\int_0^4 \left(y^2 - \frac{1}{64}y^5\right)dy$$

$$= \frac{16}{3}.$$

例 2 计算 $\iint\limits_{D}(x^2+y^2-y)\,d\sigma$,其中 D 是由 $y=x, y=\dfrac{x}{2}$ 及 $y=2$ 围成的区域.

解 先画出 D 的简图(图 10-7).

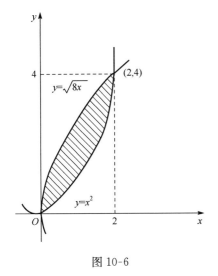

图 10-6

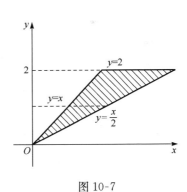

图 10-7

按先对 x,后对 y 的次序来积分,此时

$$D = \{(x,y) \mid y \leqslant x \leqslant 2y, 0 \leqslant y \leqslant 2\},$$

所以

$$\iint\limits_{D}(x^2+y^2-y)\,d\sigma$$

$$= \int_0^2 dy \int_y^{2y}(x^2+y^2-y)\,dx$$

$$= \int_0^2 \left[\frac{1}{3}x^3 + xy^2 - xy\right]_y^{2y} dy$$
$$= \int_0^2 \left(\frac{8}{3}y^3 + 2y^3 - 2y^2 - \frac{1}{3}y^3 - y^3 + y^2\right) dy$$
$$= \frac{32}{3}.$$

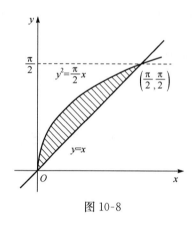

图 10-8

如果按先对 y 后对 x 的次序积分，计算较繁。

例 3 计算二重积分 $I = \iint_D \frac{1}{y} \sin y \, d\sigma$，其中 D 是由 $y^2 = \frac{\pi}{2}x$ 与 $y = x$ 所围成的区域。

解 先画出区域 D 的简图：积分区域如图 10-8 所示，如果先对 y 后对 x 积分，则有

$$I = \int_0^{\frac{\pi}{2}} dx \int_x^{\sqrt{\frac{\pi}{2}x}} \frac{1}{y} \sin y \, dy,$$

这时将遇到 $\frac{1}{y}\sin y$ 的原函数不能用初等函数表示的困难，因此，应改为先对 x 后对 y 的积分。

$$I = \int_0^{\frac{\pi}{2}} dy \int_{\frac{2}{\pi}y^2}^{y} \left(\frac{1}{y}\sin y\right) dx$$
$$= \int_0^{\frac{\pi}{2}} \frac{1}{y}\sin y \cdot \left(y - \frac{2}{\pi}y^2\right) dy$$
$$= \int_0^{\frac{\pi}{2}} \left(\sin y - \frac{2y}{\pi}\sin y\right) dy$$
$$= \left[-\cos y + \frac{2}{\pi}(y\cos y - \sin y)\right]_0^{\frac{\pi}{2}}$$
$$= 1 - \frac{2}{\pi}.$$

二、*二重积分的一般变量替换公式

由于二重积分的积分区域和被积函数的复杂多样，仅靠直角坐标下化二重积分为累次积分的方法，难以计算出所有的二重积分。解决的方法就是对特定的二重积分，选择合适的变量替换。将原二重积分化为新坐标系下的新二重积分，而新二重积分较原二重积分易于计算。下面不加证明地给出二重积分的变量替换公式。

设 $\iint\limits_D f(x,y)\mathrm{d}\sigma$ 为一给定的二重积分,其中被积函数 $f(x,y)$ 在积分区域 D 上连续,作变换:
$$u=u(x,y),\quad v=v(x,y),$$
其逆变换为
$$x=x(u,v),\quad y=y(u,v).$$

假设:① x,y 平面上的区域 D 经变换后变为 u,v 平面上的区域 Ω,且 D 与 Ω 的点之间存在一一对应关系;② 函数 $x(u,v),y(u,v)$ 存在连续偏导数,则有二重积分变量替换公式
$$\iint\limits_D f(x,y)\mathrm{d}\sigma=\iint\limits_\Omega f[x(u,v),y(u,v)]|J(u,v)|\mathrm{d}u\mathrm{d}v,$$
其中
$$J(u,v)=\frac{\partial(x,y)}{\partial(u,v)}=\begin{vmatrix}\dfrac{\partial x}{\partial u} & \dfrac{\partial x}{\partial v}\\ \dfrac{\partial y}{\partial u} & \dfrac{\partial y}{\partial v}\end{vmatrix}=\left(\frac{\partial x}{\partial u}\right)\left(\frac{\partial y}{\partial v}\right)-\left(\frac{\partial x}{\partial v}\right)\left(\frac{\partial y}{\partial u}\right).$$

例 4 计算二重积分 $I=\iint\limits_D xy\mathrm{d}\sigma$,其中积分区域为 $D=\{(x,y)\mid x+y\geqslant 0, x-y\geqslant 0, x-y\leqslant 1-(x+y)^2\}$.

解 作变换:$u=x+y, v=x-y$,其逆变换为
$$x=\frac{1}{2}(u+v),\quad y=\frac{1}{2}(u-v),$$
于是有
$$J(u,v)=\begin{vmatrix}\dfrac{1}{2} & \dfrac{1}{2}\\ \dfrac{1}{2} & -\dfrac{1}{2}\end{vmatrix}=-\frac{1}{2},$$
$$|J(u,v)|=\frac{1}{2},$$
变换后的积分区域为
$$\Omega=\{(u,v)\mid u\geqslant 0, 0\leqslant v\leqslant 1-u^2\},$$
于是,由(2)式,有
$$I=\iint\limits_\Omega \frac{1}{2}(u+v)\cdot\frac{1}{2}(u-v)\cdot\frac{1}{2}\mathrm{d}u\mathrm{d}v$$
$$=\frac{1}{8}\iint\limits_\Omega(u^2-v^2)\mathrm{d}u\mathrm{d}v=\frac{1}{8}\int_0^1\mathrm{d}u\int_0^{1-u^2}(u^2-v^2)\mathrm{d}v$$

$$= \frac{1}{8}\int_0^1 \left(\frac{1}{3}u^6 - 2u^4 + 2u^2 - \frac{1}{3}\right)du = -\frac{1}{420}.$$

例 5 求曲线 $xy=a^2, xy=2a^2, y=x, y=2x(x>0,y>0)$ 所围成的区域 D 的面积.

解 作变换：$xy=u, \dfrac{y}{x}=v$，其逆变换：$x=\sqrt{\dfrac{u}{v}}, y=\sqrt{uv}$.

在这个变换下，

$$J(u,v) = \begin{vmatrix} \dfrac{1}{2\sqrt{uv}} & -\dfrac{\sqrt{u}}{2\sqrt{v^3}} \\ \dfrac{1}{2}\sqrt{\dfrac{v}{u}} & \dfrac{1}{2}\sqrt{\dfrac{u}{v}} \end{vmatrix} = \dfrac{1}{4v} + \dfrac{1}{4v} = \dfrac{1}{2v}.$$

积分区域为 $\Omega = \{(u,v) \mid a^2 \leqslant u \leqslant 2a^2, 1 \leqslant v \leqslant 2\}$，于是所求面积为

$$I = \iint_D dxdy = \iint_\Omega \frac{1}{2v} du dv = \int_{a^2}^{2a^2} du \int_1^2 \frac{1}{2v} dv = \frac{a^2}{2}\ln 2.$$

三、极坐标系下二重积分的计算

最常用的坐标变换就是直角坐标变换为极坐标.

由平面解析几何可知，平面上任意一点的直角坐标 (x,y) 与该点的极坐标 (r,θ) 之间，有如下变换公式：

$$x=r\cos\theta, \quad y=r\sin\theta,$$

于是有

$$J(r,\theta) = \begin{vmatrix} \cos\theta & -r\sin\theta \\ \sin\theta & r\cos\theta \end{vmatrix} = r\cos^2\theta + r\sin^2\theta = r.$$

将其代入变换公式，可得极坐标系下的二重积分变换公式：

$$\iint_D f(x,y) d\sigma = I = \iint_\Omega f[r\cos\theta, r\sin\theta] \cdot r dr d\theta, \tag{5}$$

其中 Ω 是直角坐标系下的积分区域 D 经极坐标变换后而得到的极坐标系下的积分区域.

要计算(5)式右端的二重积分，同样需要化为关于 r 和 θ 的累次积分，下面分三种情况讨论：

(1) 如果极点 O 在积分区域 Ω 之内，且 Ω 由连续曲线 $r=r(\theta)$ 围成(图 10-9)，即有 $\Omega = \{(r,\theta) \mid 0 \leqslant r \leqslant r(\theta), 0 \leqslant \theta \leqslant 2\pi\}$，则有

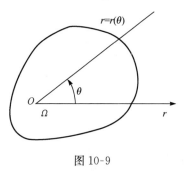

图 10-9

$$f(r\cos\theta,r\sin\theta)r\mathrm{d}r\mathrm{d}\theta=\int_0^{2\pi}\mathrm{d}\theta\int_0^{r(\theta)}f(r\cos\theta,r\sin\theta)r\mathrm{d}r.$$

（2）如果极点 O 在积分区域 Ω 之外，且 Ω 由射线 $\theta=\alpha,\theta=\beta$ 和连续曲线 $r=r_1(\theta)$，$r=r_2(\theta)$ 所围成（图 10-10），即有

$$\Omega=\{(r,\theta)\mid 0\leqslant r_1(\theta)\leqslant r\leqslant r_2(\theta),\alpha\leqslant\theta\leqslant\beta\},$$

则有 $\iint\limits_{\Omega}f(r\cos\theta,r\sin\theta)r\mathrm{d}r\mathrm{d}\theta=\int_\alpha^\beta\mathrm{d}\theta\int_{r_1(\theta)}^{r_2(\theta)}f(r\cos\theta,r\sin\theta)r\mathrm{d}r.$

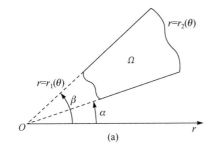
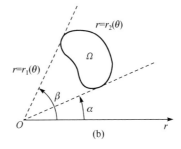

图 10-10

（3）如果极点 O 在积分区域 Ω 的边界上，且 Ω 由射线 $\theta=\alpha,\theta=\beta$ 与连续曲线 $r=r(\theta)$ 所围成（图 10-11），即有

$$\Omega=\{(r,\theta)\mid 0\leqslant r\leqslant r(\theta),\alpha\leqslant\theta\leqslant\beta\},$$

则有

$$\iint\limits_{\Omega}f(r\cos\theta,r\sin\theta)r\mathrm{d}r\mathrm{d}\theta=\int_\alpha^\beta\mathrm{d}\theta\int_0^{r(\theta)}f(r\cos\theta,r\sin\theta)r\mathrm{d}r.$$

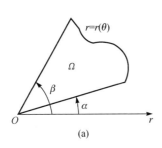
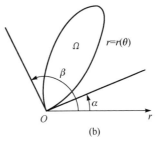

图 10-11

例 6 计算二重积分 $I=\iint\limits_{D}\mathrm{e}^{x^2+y^2}\mathrm{d}\sigma$，其中

$$D=\{(x,y)\mid 1\leqslant x^2+y^2\leqslant 4\}.$$

解 此题若在直角坐标系下计算，将遇到原函数不能用初等函数表示的困难．由积分区域和被积函数的特点可知，用极坐标将非常简单，易知积分区域为中心在

原点的圆环(图 10-12).

$$I = \iint_D e^{r^2} r dr d\theta$$
$$= \int_0^{2\pi} d\theta \int_1^2 e^{r^2} r dr$$
$$= \pi(e^4 - e).$$

例 7 计算二重积分 $I = \iint_D |x^2 + y^2 - 4| d\sigma$,其中
$$D = \{(x,y) | x^2 + y^2 \leqslant 16\}.$$

解 因为被积函数 $|x^2 + y^2 - 4|$ 在积分区域内变号,故应将 D 分为两部分(图 10-13).

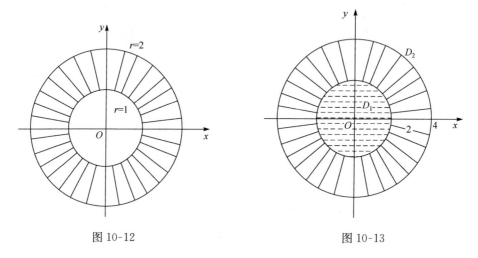

图 10-12　　　　　　　　图 10-13

$$D_1 = \{(x,y) | x^2 + y^2 \leqslant 4\},$$
$$D_2 = \{(x,y) | 4 \leqslant x^2 + y^2 \leqslant 16\},$$

于是有

$$I = \iint_{D_1} (4 - x^2 - y^2) d\sigma + \iint_{D_2} (x^2 + y^2 - 4) d\sigma$$
$$= \iint_{\Omega_1} (4 - r^2) r dr d\theta + \iint_{\Omega_2} (r^2 - 4) r dr d\theta$$
$$= \int_0^{2\pi} d\theta \int_0^2 (4 - r^2) r dr + \int_0^{2\pi} d\theta \int_2^4 (r^2 - 4) r dr$$
$$= 2\pi \left(2r^2 - \frac{1}{4}r^4\right)\bigg|_0^2 + 2\pi \left(\frac{1}{4}r^4 - 2r^2\right)\bigg|_2^4 = 80\pi.$$

例 8 计算二重积分 $I = \iint_D xy d\sigma$,其中

$$D=\{(x,y)\,|\,1\leqslant x^2+y^2\leqslant 2x, y\geqslant 0\}.$$

解 积分区域 D 如图 10-14 所示.

利用极坐标有

$$I = \iint_\Omega r^3\cos\theta\sin\theta \mathrm{d}r\mathrm{d}\theta$$

$$= \int_0^{\frac{\pi}{3}} \mathrm{d}\theta \int_1^{2\cos\theta} \cos\theta\sin\theta \cdot r^3 \mathrm{d}r$$

$$= \frac{1}{4}\left(\frac{1}{2}\cos^2\theta - \frac{8}{3}\cos^6\theta\right)\Big|_0^{\frac{\pi}{3}}$$

$$= \frac{9}{16}.$$

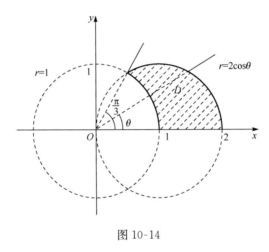

图 10-14

最后,我们总结一下计算二重积分的基本步骤:

(1) 绘出积分区域 D 的草图.

(2) 根据被积函数的特征和积分区域的形状,确定在哪种坐标系下计算,必要时要作变量替换.

(3) 选择积分次序(若 D 不是标准区域,应先将 D 分为若干个标准区域).

(4) 确定积分限.

(5) 计算累次积分.

习 题 10-2

1. 计算下列各二重积分.

(1) $\iint\limits_D \sqrt{xy}\mathrm{d}x\mathrm{d}y$,其中 $D=\{(x,y)\,|\,0\leqslant x\leqslant a, 0\leqslant y\leqslant b\}$;

(2) $\iint_D e^{x+y} dxdy$,其中 $D = \{(x,y) \mid 0 \leqslant x \leqslant 1, 0 \leqslant y \leqslant 1\}$;

(3) $\iint_D x^2 y\cos(x \cdot y^2) dxdy$,其中 $D\{(x,y) \mid 0 \leqslant x \leqslant \dfrac{\pi}{2}, 0 \leqslant y \leqslant 2)\}$;

(4) $\iint_D \dfrac{ydxdy}{(1+x^2+y^2)^{3/2}}$,其中 $D = \{(x,y) \mid 0 \leqslant x \leqslant 1, 0 \leqslant y \leqslant 1\}$.

2. 化二重积分 $\iint_D f(x,y) dxdy$ 为二次积分(分别列出按两个变量的不同次序的两个二次积分),其中积分区域 D 为

(1) D 是由直线 $y=x$ 与抛物线 $y^2=2x$ 所围成的区域;

(2) D 是由 $y=0, y=x^3(x>0)$ 及 $x+y=2$ 所围成的区域;

(3) D 是由 $y=x^2, y=4-x^2$ 所围成的区域;

(4) D 是由 $y=2x, 2y-x=0, xy=2$ 所围成的第一象限中的区域;

(5) D 为椭圆 $\dfrac{x^2}{4}+\dfrac{y^2}{9}=1$ 所围成的区域;

(6) D 为圆 $(x-1)^2+(y-2)^2=9$ 所围成的区域.

3. 计算下列各二重积分.

(1) $\iint_D x\sqrt{y} dxdy$,其中 D 为 $y=\sqrt{x}, y=x^2$ 所围成的区域;

(2) $\iint_D \cos(x+y) dxdy$,其中 D 为 $x=0, y=\pi, y=x$ 所围成的区域;

(3) $\iint_D x dxdy$,其中 D 为 $y=x^2$ 及 $y=x^3$ 所围成的区域;

(4) $\iint_D (x^2+y^2-x) dxdy$,其中 D 为 $y=2, y=x$ 及 $y=2x$ 所围成的区域;

(5) $\iint_D \dfrac{x^2}{y^2} dxdy$,其中 D 为 $x=2, y=x$ 及 $xy=1$ 所围成的区域.

4. 作出下列各二次积分所对应的二重积分区域 D,并更换积分次序.

(1) $\int_1^3 dx \int_2^5 f(x,y) dy$;

(2) $\int_1^e dx \int_0^{\ln x} f(x,y) dy$;

(3) $\int_0^1 dy \int_{-\sqrt{1-y^2}}^{\sqrt{1-y^2}} f(x,y) dx$;

(4) $\int_0^1 dx \int_0^{x^2} f(x,y) dy + \int_1^3 dx \int_0^{\frac{1}{2}(3-x)} f(x,y) dy$.

5. 利用二重积分求由下列曲线所围成区域的面积.

(1) $y^2 = \dfrac{b^2}{a}x, y = \dfrac{b}{a}x$;

(2) $xy = a^2, xy = 2a^2 (a>0), y = x, y = 2x$ 在第一象限内.

6. 设平面薄片所占区域 D 是由直线 $y=0, x=1, y=x$ 所围成的,它的面密度为 $u(x,y) = x^2 + y^2$,求薄片的质量.

7. 计算平面 $x=0, y=0, z=0, x=1, y=1$ 及 $2x+3y+z=6$ 所围成的立体的体积.

8. 求由曲面 $z = x^2 + 2y^2$ 及 $z = 6 - 2x^2 - y^2$ 所围成的立体的体积.

9. 求曲线 $\sqrt{x} + \sqrt{y} = \sqrt{3}$ 和 $x + y = 3$ 所围区域的面积.

10. 求曲线 $y = \sin x, y = \cos x$ 和 $x = 0$ 所围区域的面积(第一象限部分).

11. 利用二重积分计算由下列曲面所围成的立体的体积.

(1) $\dfrac{x}{a} + \dfrac{y}{b} + \dfrac{z}{c} = 1, x=0, y=0, z=0$ 且 $a>0, b>0, c>0$;

(2) $(x-1)^2 + (y-1)^2 = 1, xy = z, z = 0$;

(3) $z = \dfrac{1}{2}y^2, 2x + 3y - 12 = 0, x = 0, y = 0, z = 0$;

(4) 计算以 xOy 平面上圆周 $x^2 + y^2 = ax$ 围成的区域为底,而以曲面 $z = x^2 + y^2$ 为顶的曲顶柱体的体积.

12. 把下列积分化为极坐标形式.

(1) $\iint\limits_{D} f(x,y) \mathrm{d}x\mathrm{d}y$,其中 D 为圆环:$1 \leqslant x^2 + y^2 \leqslant 4$;

(2) $\int_0^R \mathrm{d}x \int_0^{\sqrt{R^2 - x^2}} f(x,y) \mathrm{d}y$;

(3) $\int_0^{2R} \mathrm{d}y \int_0^{\sqrt{2Ry - y^2}} f(x^2 + y^2) \mathrm{d}x$.

13. 利用极坐标计算下列各题.

(1) $\iint\limits_{D} (x^2 + y^2) \sqrt{a^2 - x^2 - y^2} \mathrm{d}\sigma, D = \{(x,y) \mid x^2 + y^2 \leqslant a^2\}$;

(2) $\iint\limits_{D} \ln(1 + x^2 + y^2) \mathrm{d}\sigma, D = \{(x,y) \mid x^2 + y^2 \leqslant 1, x \geqslant 0, y \geqslant 0\}$;

(3) $\iint\limits_{D} \sin \sqrt{x^2 + y^2} \mathrm{d}x\mathrm{d}y, D = \{(x,y) \mid \pi^2 \leqslant x^2 + y^2 \leqslant 4\pi^2\}$.

10.3 广义二重积分

前面讲的二重积分的积分区域都是有界的,而且被积函数在积分区域内是连续的. 这一节将把二重积分概念推广到积分区域是无界域和被积函数在有界域内有无穷型不连续点的情形.

定义 1 设函数 $z=f(x,y)$ 在平面的无界域 D 上连续,在 D 中任取一有界闭域 R,则 $f(x,y)$ 在 R 上的二重积分

$$I_R = \iint\limits_R f(x,y)\mathrm{d}\sigma$$

存在,令 R 变化并使 $R \to D$,此时如果 I_R 的极限存在,则称此极限值为函数 $z=f(x,y)$ 在 D 上的**广义二重积分**,记为

$$\iint\limits_D f(x,y)\mathrm{d}\sigma = \lim_{R \to D} I_R = \lim_{R \to D} \iint\limits_R f(x,y)\mathrm{d}\sigma,$$

此时也称广义二重积分是**收敛**的. 如果极限不存在,则称广义二重积分是**发散**的.

定义 2 设函数 $f(x,y)$ 在平面有界闭区域 D 中有无穷型不连续点 $P_0(x_0, y_0)$(即 $\lim\limits_{P \to P_0} f(x,y) = \infty$),除去点 P_0 外,$f(x,y)$ 在 D 中连续,设 Δ 是包含 P_0 的任一小区域,如果 $f(x,y)$ 在区域 $D-\Delta$ 上的二重积分

$$\iint\limits_{D-\Delta} f(x,y)\mathrm{d}\sigma$$

当 Δ 无限收缩而趋于 P_0 时的极限存在,则此极限值称为函数 $z=f(x,y)$ 在 D 上的**广义二重积分**,记为

$$\iint\limits_D f(x,y)\mathrm{d}\sigma = \lim_{\Delta \to P_0} \iint\limits_{D-\Delta} f(x,y)\mathrm{d}\sigma,$$

此时也称广义二重积分是收敛的,如果极限不存在,则称广义二重积分是发散的.

例 1 设 D 为全平面,求 $\iint\limits_D \mathrm{e}^{-(x^2+y^2)} \mathrm{d}\sigma$.

解 设 D_R 为中心在原点,半径为 R 的圆域(图 10-15),则有

$$\iint\limits_{D_R} \mathrm{e}^{-(x^2+y^2)} \mathrm{d}\sigma = \int_0^{2\pi} \mathrm{d}\theta \int_0^R \mathrm{e}^{-r^2} r \mathrm{d}r$$

$$= 2\pi \left(-\frac{1}{2}\mathrm{e}^{-r^2}\right)\bigg|_0^R$$

$$= \pi(1 - \mathrm{e}^{-R^2}).$$

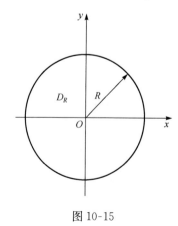

图 10-15

10.3 广义二重积分

显然,当 $R \to +\infty$ 时,有 $D_R \to D$,于是有

$$\iint_D e^{-(x^2+y^2)} d\sigma = \lim_{R \to \infty} \iint_{D_R} e^{-(x^2+y^2)} d\sigma$$
$$= \lim_{R \to \infty} \pi(1-e^{-R^2}) = \pi.$$

例 2 计算广义积分 $\int_{-\infty}^{+\infty} e^{-x^2} dx$ 和 $\dfrac{1}{\sqrt{2\pi}} \int_{-\infty}^{+\infty} e^{-\frac{1}{2}x^2} dx$.

解 由例 1 可知:

$$\pi = \iint_D e^{-(x^2+y^2)} d\sigma (D \text{ 为全平面}) = \int_{-\infty}^{+\infty} \left(\int_{-\infty}^{+\infty} e^{-x^2} e^{-y^2} dy \right) dx$$
$$= \int_{-\infty}^{+\infty} e^{-x^2} dx \int_{-\infty}^{+\infty} e^{-y^2} dy = \left(\int_{-\infty}^{+\infty} e^{-x^2} dx \right)^2,$$

所以 $\int_{-\infty}^{+\infty} e^{-x^2} dx = \sqrt{\pi}$,令 $x = \sqrt{2}t$,则 $dx = \sqrt{2}dt$,则有

$$\frac{1}{\sqrt{2\pi}} \int_{-\infty}^{+\infty} e^{-\frac{1}{2}x^2} dx = \frac{1}{\sqrt{\pi}} \int_{-\infty}^{+\infty} e^{-t^2} dt = \frac{1}{\sqrt{\pi}} \sqrt{\pi} = 1.$$

通常积分 $\int_{-\infty}^{+\infty} e^{-x^2} dx$ 在概率论中经常被用到,因此也把 $\int_0^{+\infty} e^{-x^2} dx = \dfrac{\sqrt{\pi}}{2}$ 称为概率积分.

例 3 计算二重积分 $\iint_D x e^{-y^2} d\sigma$,其中积分区域 D 是由曲线 $y = 4x^2$ 和 $y = 9x^2$ 在第一象限围成的区域.

解 区域 D 如图 10-16 所示;设 $D_b = \left\{ (x, y) \left| \dfrac{1}{3}\sqrt{y} \leqslant x \leqslant \dfrac{1}{2}\sqrt{y}, 0 \leqslant y \leqslant b \right. \right\}$,则

$$\iint_{D_b} x e^{-y^2} d\sigma = \int_0^b e^{-y^2} dy \int_{\frac{1}{3}\sqrt{y}}^{\frac{1}{2}\sqrt{y}} x dx$$
$$= \frac{1}{2} \int_0^b \left(\frac{1}{4}y - \frac{1}{9}y \right) e^{-y^2} dy$$
$$= \frac{5}{72} \int_0^b y e^{-y^2} dy$$
$$= -\frac{5}{144} e^{-y^2} \Big|_0^b$$
$$= \frac{5}{144} (1 - e^{-b^2}).$$

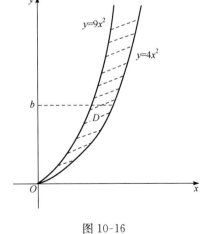

图 10-16

显然当 $D_b \to D$ 时(当 $b \to +\infty$ 时),有

$$\iint\limits_{D} x\mathrm{e}^{-y^2}\,\mathrm{d}\sigma = \lim_{b\to+\infty}\iint\limits_{D_b} x\mathrm{e}^{-y^2}\,\mathrm{d}\sigma = \frac{5}{144}\lim_{b\to+\infty}(1-\mathrm{e}^{-b^2})$$
$$= \frac{5}{144}.$$

例 4 讨论广义二重积分
$$\iint\limits_{D} \frac{\mathrm{d}\sigma}{(\sqrt{x^2+y^2})^n}, \quad D = \{(x,y) \mid x^2 + y^2 \leqslant a^2\}$$
的敛散性.

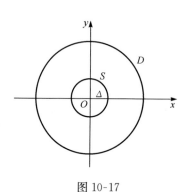

图 10-17

解 被积函数在 D 中有无穷型不连续点$(0,0)$,现作以$(0,0)$为中心,以 ρ 为半径的圆域 Δ,则在区域 $S=D-\Delta$ 上(图 10-17),有

$$\iint\limits_{S} \frac{\mathrm{d}\sigma}{(\sqrt{x^2+y^2})^n} = \int_0^{2\pi}\mathrm{d}\theta \int_\rho^a \frac{r\mathrm{d}r}{r^n}$$
$$= 2\pi \int_\rho^a r^{1-n}\mathrm{d}r$$
$$= \begin{cases} 2\pi\ln r \Big|_\rho^a (\text{当 } n = 2 \text{ 时}), \\ 2\pi \dfrac{r^{2-n}}{2-n}\Big|_\rho^a = \dfrac{2\pi}{n-2}\left(\dfrac{1}{\rho^{n-2}} - \dfrac{1}{a^{n-2}}\right)(\text{当 } n \neq 2 \text{ 时}). \end{cases}$$

当 $n \geqslant 2, \rho \to 0$ 时,上式右端的极限不存在;当 $n < 2, \rho \to 0$ 时,极限存在,故知广义二重积分 $\iint\limits_{D} \dfrac{\mathrm{d}\sigma}{(\sqrt{x^2+y^2})^n}$ 当 $n < 2$ 时收敛,当 $n \geqslant 2$ 时发散.

习 题 10-3

1. 计算 $\iint\limits_{D} \mathrm{e}^{-x-y}\mathrm{d}x\mathrm{d}y$,$D$ 为平面第一象限.

2. 计算 $\iint\limits_{D} \ln\dfrac{1}{\sqrt{x^2+y^2}}\mathrm{d}x\mathrm{d}y$,$D$ 为圆 $x^2 + y^2 = a^2$ 所围成的区域.

3. 讨论广义二重积分 $\iint\limits_{D} \dfrac{\mathrm{d}x\mathrm{d}y}{(x^2+y^2)^n}$ 的敛散性,其中 D 是以原点为圆心,以 1 为半径的圆的外部.

4. 讨论广义二重积分 $\iint\limits_{D} \dfrac{y\mathrm{d}x\mathrm{d}y}{\sqrt{x}}$ 的敛散性,其中 D 是由 $x=0, x=1, y=0, y=1$ 围成的正方域.

10.4* 二重积分的应用

二重积分的应用是广泛的,前面我们利用二重积分来计算物体的体积,下面再介绍几个二重积分应用举例.其主要方法是元素法的推广:设所要计算的某个量 U 对于区域 D 具有可加性(就是说,当区域被分成许多小区域时,所求量 U 相应地分成许多部分量,且 U 等于部分量之和),并且在区域内任取一个直径很小的区域 $d\sigma$,相应地部分量可近似地表示为 $f(x,y)d\sigma$,其中 $M(x,y) \in d\sigma$,这个 $f(x,y)d\sigma$ 就是所求量 U 的元素,记作 dU.以它作为被积表达式,在区域上积分:

$$\iint_D f(x,y)d\sigma,$$

这就是所求量的积分表达式.

一、曲面面积

设曲面 S 的方程为 $z=f(x,y)$,它在 xOy 平面上的投影为 D,函数 $f(x,y)$ 在 D 上具有一阶连续偏导数 $f'_x(x,y)$ 和 $f'_y(x,y)$,求此曲面的面积 A(图 10-18).

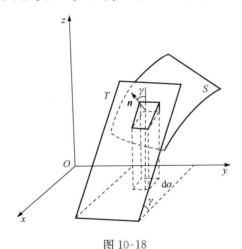

图 10-18

在区域 D 上任取一直径很小的区域 $d\sigma$(这个小区域的面积也记作 $d\sigma$),在小区域 $d\sigma$ 内取一点 $P(x,y)$,对应于曲面 S 上一点 $M(x,y,f(x,y))$.设曲面 S 在点 M 的切平面为 T,以小区域 $d\sigma$ 的边界为准线作母线平行于 z 轴的柱面,这柱面在曲面 S 上截下一小片曲面.在切平面上截下一小片平面.由于 $d\sigma$ 的直径很小,切平面 T 上的那一小片平面的面积 dA 可以近似地代替相应的那一小片曲面的面积.设点 M 处曲面 S 上法线 $\boldsymbol{n}$(指向朝上)与 z 轴所成的角为 γ,则

$$dA = \frac{d\sigma}{\cos\gamma}. \tag{1}$$

因为

$$\cos\gamma = \frac{1}{\sqrt{1+[f'_x(x,y)]^2+[f'_y(x,y)]^2}}, \tag{2}$$

所以

$$dA = \sqrt{1+[f'_x(x,y)]^2+[f'_x(x,y)]^2}\,d\sigma, \tag{3}$$

这就是曲面 S 的面积元素. 以它为被积表达式在区域 D 上积分,得

$$A = \iint_D \sqrt{1+[f'_x(x,y)]^2+[f'_y(x,y)]^2}\,d\sigma, \tag{4}$$

也可写成

$$A = \iint_D \sqrt{1+\left(\frac{\partial z}{\partial x}\right)^2+\left(\frac{\partial z}{\partial y}\right)^2}\,dxdy, \tag{4'}$$

这就是计算曲面面积的公式.

对(1)式作如下说明:设两平面 π_1 与 π_2 的交角为 γ,交线是 l,S_1 是 π_1 的一个区域,它在 π_2 上的投影为 S_2,则面积 S_1 与 S_2 之间有关系: $S_2 = S_1\cos\gamma$.

例1 求由两个圆柱面 $x^2+y^2=a^2$ 及 $x^2+z^2=a^2$ 所围成的立体的表面积 A.

解 显然此立体关于坐标面是对称的,图 10-19 已画出此立体的第一卦限中的部分,又由于此部分中表面积 ABC 和 ABE 的面积相等,因此只需求出 ABC 的面积,然后乘以 16 就得到总的表面积 A.

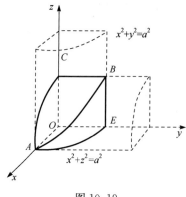

图 10-19

将 $x^2+z^2=a^2$ 对 x 求导,得

$$2x+2z\frac{\partial z}{\partial x}=0,$$

即 $\frac{\partial z}{\partial x} = -\frac{x}{z}$. 因为 $\frac{\partial z}{\partial y}=0$,所以

$$\sqrt{1+\left(\frac{\partial z}{\partial x}\right)^2+\left(\frac{\partial z}{\partial y}\right)^2} = \sqrt{1+\frac{x^2}{z^2}+0} = \frac{\sqrt{z^2+x^2}}{z} = \frac{a}{\sqrt{a^2-x^2}}.$$

因为投影区域 $D = \{(x,y) \mid 0 \leqslant y(x) \leqslant \sqrt{a^2-x^2}, 0 \leqslant x \leqslant a\}$,所以

$$\frac{A}{16} = \iint_D \sqrt{1 + \left(\frac{\partial z}{\partial x}\right)^2 + \left(\frac{\partial z}{\partial y}\right)^2}\, \mathrm{d}x\mathrm{d}y$$

$$= a\iint_D \frac{\mathrm{d}x\mathrm{d}y}{\sqrt{a^2 - x^2}} = a\int_0^a \mathrm{d}x \int_0^{\sqrt{a^2-x^2}} \frac{\mathrm{d}y}{\sqrt{a^2 - x^2}}$$

$$= a\int_0^a \frac{1}{\sqrt{a^2 - x^2}} y \bigg|_0^{\sqrt{a^2-x^2}} \mathrm{d}x$$

$$= a\int_0^a \mathrm{d}x = a^2,$$

从而所求面积 A 为 $16a^2$.

二、重心

设有一平面薄片,占有 xOy 平面的区域 D,如图 10-20 所示,其上任一点 $P(x,y)$ 处的密度为 $\rho(x,y)$,假定 $\rho(x,y)$ 在 D 上连续. 现在要找该薄片 D 的重心的坐标.

在区域 D 上任取一小区域 $\mathrm{d}\sigma$(这个小区域的面积也记为 $\mathrm{d}\sigma$),$P(x,y)$ 是这个小区域内的一点. 由于小区域 $\mathrm{d}\sigma$ 的直径很小,且 $\rho(x,y)$ 连续,所以相应于小区域 $\mathrm{d}\sigma$ 的质量近似地等于 $\rho(x,y)\mathrm{d}\sigma$,这部分质量可近似地看作集中在点 P 上,于是这一小块对于 x 轴及 y 轴的静矩元素 $\mathrm{d}M_y$ 及 $\mathrm{d}M_x$ 分别为 $\mathrm{d}M_y = x\rho(x,y)\mathrm{d}\sigma$ 及 $\mathrm{d}M_x = y\rho(x,y)\mathrm{d}\sigma$,从而,整个 D 对 x 轴及 y 轴的静矩分别有

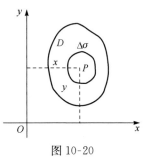

图 10-20

$$M_y = \iint_D x\rho(x,y)\mathrm{d}\sigma \quad \text{及} \quad M_x = \iint_D y\rho(x,y)\mathrm{d}\sigma. \tag{5}$$

又知道薄片 D 的质量为

$$M = \iint_D \rho(x,y)\mathrm{d}\sigma,$$

所以,薄片的重心坐标为

$$\bar{x} = \frac{M_y}{M} = \frac{\iint_D x\rho(x,y)\mathrm{d}\sigma}{\iint_D \rho(x,y)\mathrm{d}\sigma}, \quad \bar{y} = \frac{M_x}{M} = \frac{\iint_D x\rho(x,y)\mathrm{d}\sigma}{\iint_D \rho(x,y)\mathrm{d}\sigma}. \tag{6}$$

如果薄片是均匀的,则(6)式中的 ρ 是常量,(6)式可简化为

$$\bar{x} = \frac{\iint\limits_D x\,d\sigma}{\iint\limits_D d\sigma} = \frac{1}{A}\iint\limits_D x\,d\sigma, \quad \bar{y} = \frac{\iint\limits_D y\,d\sigma}{\iint\limits_D d\sigma} = \frac{1}{A}\iint\limits_D y\,d\sigma. \tag{7}$$

例 2 设有一等腰三角形薄片,其上任一点处的密度与这点离底边的距离成正比,求此薄片的重心.

解 以等腰三角形底边为 x 轴,底边的垂直等分线为 y 轴,且三角形底边长为 $2a$,高为 h(图 10-21).

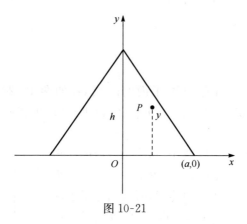

图 10-21

由题设三角形中任一点 $P(x,y)$ 处的密度 $\rho(x,y)=ky$,其中 k 为某一比例常数.

由对称性可知,重心在 y 轴上 $\bar{x}=0$,所以只需求出 $\bar{y}$ 即可.

$$\bar{y} = \frac{\iint\limits_D ky^2\,d\sigma}{\iint\limits_D ky\,d\sigma} = \frac{\iint\limits_D y^2\,d\sigma}{\iint\limits_D y\,d\sigma},$$

其中 D 是三角形所在的区域.

如果令 D_1 表示三角形第一象限中的区域,则

$$D_1 = \left\{(x,y) \,\Big|\, 0 \leqslant y \leqslant \frac{h}{a}(a-x), 0 \leqslant x \leqslant a\right\}.$$

由对称性

$$\iint\limits_D y^2\,d\sigma = 2\iint\limits_{D_1} y^2\,d\sigma = 2\int_0^a dx \int_0^{\frac{h}{a}(a-x)} y^2\,dy = \frac{2}{3}\frac{h^3}{a^3}\int_0^a (a-x)^3\,dx = \frac{1}{6}ah^3,$$

$$\iint\limits_D y\,d\sigma = 2\iint\limits_{D_1} y\,d\sigma = 2\int_0^a dx \int_0^{\frac{h}{a}(a-x)} y\,dy = \frac{h^2}{a^2}\int_0^a (a-x)^2\,dx = \frac{1}{3}ah^2,$$

因而可得:$\bar{y}=\dfrac{1}{2}h$. 所以这三角形的重心在底边的高的中点处.

习 题 10-4

1. 求锥面 $z=\sqrt{x^2+y^2}$ 被柱面 $z^2=2x$ 所截部分的曲面面积.

2. 求平面 $\dfrac{x}{a}+\dfrac{y}{b}+\dfrac{z}{c}=1$ 被三个坐标面所割出部分的面积.

3. 设平面薄片所占的区域 D 是由抛物线 $y=x^2$ 及直线 $y=x$ 所围成的,它在点 (x,y) 处的密度为 $u(x,y)=x^2 \cdot y$,求该薄片的重心.

4. 求正弦曲线 $y=\sin x$,x 轴及直线 $x=\dfrac{\pi}{4}$ 所围成的面积的重心(如果密度为常数).

选 做 题

1. 把累次积分 $\int_0^1 \mathrm{d}x \int_0^x f(x,y)\mathrm{d}y + \int_1^2 \mathrm{d}x \int_0^{2-x} f(x,y)\mathrm{d}y$ 化为先对 x 后对 y 的累次积分.

2. 证明:$\int_0^a \mathrm{d}x \int_0^x f(y)\mathrm{d}y = \int_0^a (a-x)f(x)\mathrm{d}x (a>0)$.

3. 计算下列二重积分的值.

(1) $\iint\limits_D |xy|\mathrm{d}x\mathrm{d}y$,$D$ 是以坐标原点为圆心,以 a 为半径的圆域;

(2) $\iint\limits_D \sqrt{|y-x^2|}\mathrm{d}x\mathrm{d}y$,$D$ 由 $|x|\leqslant 1, 0\leqslant y \leqslant 2$ 所确定的区域;

(3) $\iint\limits_D y^2\sqrt{R^2-x^2}\mathrm{d}x\mathrm{d}y$,$D=\{(x,y) \mid x^2+y^2 \leqslant R^2\}$;

(4) $\iint\limits_D \dfrac{y}{x^2+y^2}\mathrm{d}x\mathrm{d}y$,$D=\{(x,y) \mid y\leqslant x \leqslant y^2, 1\leqslant y \leqslant \sqrt{3}\}$;

(5) $\int_1^2 \mathrm{d}x \int_x^{\sqrt{3}x} xy\mathrm{d}y$;

(6) $\iint\limits_D y\mathrm{e}^{xy}\mathrm{d}x\mathrm{d}y$,$D$ 由 $y=\ln 2, y=\ln 3, x=2, x=4$ 所围成;

(7) $\iint\limits_D 4y^2\sin(xy)\mathrm{d}x\mathrm{d}y$,$D$ 由 $x=0, y=\sqrt{\dfrac{\pi}{2}}, y=x$ 所围成;

(8) $\iint\limits_D |y-x^2|\mathrm{d}x\mathrm{d}y$,$D$ 由 $y=0, y=2$ 和 $|x|=1$ 所围成.

4. 利用极坐标计算下列各题.

(1) $\iint\limits_D e^{x^2+y^2}dxdy, D = \{(x,y) \mid a^2 \leqslant x^2+y^2 \leqslant b^2\}$;

(2) $\iint\limits_D \arctan\dfrac{y}{x}dxdy, D$ 是由 $x^2+y^2 = 4, x^2+y^2 = 1$ 及 $y = x, y = 0$ 所围成的第一象限内的区域;

(3) $\iint\limits_D \sqrt{\dfrac{1-x^2-y^2}{1+x^2+y^2}}dxdy, D = \{(x,y) \mid x^2+y^2 \leqslant 1\}$;

(4) $\iint\limits_D e^{-x^2-y^2}d\sigma, D = \{(x,y) \mid x^2+y^2 \leqslant 1\}$.

5. 求极限 $\lim\limits_{\varepsilon \to 0}\iint\limits_{\varepsilon^2 \leqslant x^2+y^2 \leqslant 1}\ln(x^2+y^2)dxdy$.

6. 求极限 $\lim\limits_{\varepsilon \to 0^+}\dfrac{1}{\pi\varepsilon^2}\iint\limits_{x^2+y^2 \leqslant \varepsilon^2}f(x,y)d\sigma$, 其中 $f(x,y)$ 为区域 D 上的连续函数.

7. 交换积分的次序.

(1) $\int_0^2 dx\int_x^{2x}f(x,y)dy$;

(2) $\int_0^1 dy\int_0^{\sqrt[3]{y}}f(x,y)dx + \int_1^2 dy\int_0^{2-y}f(x,y)dx$;

(3) $\int_0^1 dx\int_{1-x^2}^1 f(x,y)dy + \int_1^e dx\int_{\ln x}^1 f(x,y)dy$.

10.5　三重积分的概念及其计算

定积分及二重积分作为和的极限的概念,可以很自然地推广到三重积分.

定义　设 $f(x,y,z)$ 是空间有界闭区域 Ω 上的有界函数. 将 Ω 任意分成 n 个小闭区域 $\Delta V_1, \Delta V_2, \cdots, \Delta V_n$, 其中 ΔV_i 表示第 i 个小闭区域, 也表示它的体积, 在每个 ΔV_i 上任取一点 (ξ_i, η_i, ζ_i), 作乘积 $f(\xi_i, \eta_i, \zeta_i)\Delta V_i (i = 1, 2, \cdots, n)$, 并作和 $\sum\limits_{i=1}^n f(\xi_i, \eta_i, \zeta_i)\Delta V_i$. 如果当各小闭区域直径中的最大值 λ 趋于零时, 该和的极限存在, 则称此极限为函数 $f(x,y,z)$ 在闭区域 Ω 上的**三重积分**, 记作 $\iiint\limits_\Omega f(x,y,z)dV$, 即

$$\iiint\limits_\Omega f(x,y,z)dV = \lim_{\lambda \to 0}\sum_{i=1}^n f(\xi_i, \eta_i, \zeta_i)\Delta V_i, \tag{1}$$

其中 dV 称为**体积元素**.

体积元素 dV 象征着 ΔV_i. 在直角坐标系中,如果用平行于坐标面的平面来划分 Ω,那么除了包含 Ω 的边界点的一些不规则小闭区域外,得到的小闭区域 ΔV_i 为长方体. 设长方体小闭区域 ΔV_i 的边长为 $\Delta x_i, \Delta y_k, \Delta z_l$,则 $\Delta V_i = \Delta x_i \Delta y_k \Delta z_l$. 因此在直角坐标系中,有时也把体积元素 dV 记作 $\mathrm{d}x\mathrm{d}y\mathrm{d}z$,而把三重积分记作

$$\iiint\limits_{\Omega} f(x,y,z) \mathrm{d}x\mathrm{d}y\mathrm{d}z,$$

其中 $\mathrm{d}x\mathrm{d}y\mathrm{d}z$ 称为直角坐标系中的体积元素.

当函数 $f(x,y,z)$ 在闭区域 Ω 上连续时,(1)式右端的和的极限必定存在,也就是函数 $f(x,y,z)$ 在闭区域 Ω 上的三重积分必定存在. 以后我们总假定函数 $f(x,y,z)$ 在闭区域 Ω 上是连续的. 关于二重积分的一些术语,例如,被积函数、积分区域等,也可相应地用到三重积分上. 三重积分的性质也与 10.1 节中所叙述的二重积分的性质类似,这里不再重复.

如果 $f(x,y,z)$ 是某物体在点 (x,y,z) 处的密度,Ω 是该物体所占有的**空间闭区域**,$f(x,y,z)$ 在 Ω 上连续,则 $\sum_{i=1}^{n} f(\xi_i,\eta_i,\zeta_i) \Delta V_i$ 是该物体的质量 M 的近似值,这个和当 $\lambda \to 0$ 时的极限就是该物体的质量 M,所以

$$M = \iiint\limits_{\Omega} f(x,y,z) \mathrm{d}V.$$

三重积分也可化为**三次积分**来计算,下面我们只限于叙述化三重积分为三次积分的方法.

假设平行于 z 轴且穿过闭区域 Ω 内部的直线与闭区域 Ω 的边界曲面 S 相交不多于两点. 把闭区域 Ω 投影到 xOy 面上,得一平面闭区域 D(图 10-22). 以 D 的边界为准线作母线平行于 z 轴的柱面. 这柱面与曲面 S 的交线从 S 中分出的上、下两部分,它们的方程分别为

$$S_1: z = z_1(x,y),$$
$$S_2: z = z_2(x,y),$$

其中 $z_1(x,y)$ 与 $z_2(x,y)$ 都是 D 上的连续函数,且 $z_1(x,y) \leqslant z_2(x,y)$. 过 D 内任一点 (x,y) 作平行于 z 轴的直线,这直线通过曲面 S_1 穿入 Ω 内,然后通过曲面 S_2 穿出 Ω 外,穿入点与穿出点的竖坐标分别为 $z_1(x,y)$ 与 $z_2(x,y)$.

先将 x,y 看作定值,将 $f(x,y,z)$ 只看作 z 的函数,在区间 $[z_1(x,y), z_2(x,y)]$ 上对 z 积分. 积分的结果是 x,y 的函数,记为 $F(x,y)$,即

$$F(x,y) = \int_{z_1(x,y)}^{z_2(x,y)} f(x,y,z) \mathrm{d}z,$$

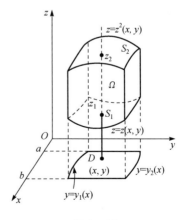

图 10-22

然后计算 $F(x,y)$ 在闭区域 D 上的二重积分

$$\iint_D F(x,y)\mathrm{d}\sigma = \iint_D \left[\int_{z_1(x,y)}^{z_2(x,y)} f(x,y,z)\mathrm{d}z\right]\mathrm{d}\sigma.$$

假如闭区域 D 可用不等式

$$y_1(x) \leqslant y \leqslant y_2(x), \quad a \leqslant x \leqslant b$$

来表示. 把这个二重积分化为二次积分, 于是得到三重积分的计算公式:

$$\iiint_\Omega f(x,y,z)\mathrm{d}V = \int_a^b \mathrm{d}x \int_{y_1(x)}^{y_2(x)} \mathrm{d}y \int_{z_1(x,y)}^{z_2(x,y)} f(x,y,z)\mathrm{d}z. \tag{2}$$

公式(2)把三重积分化为先对 z, 次对 y, 最后对 x 的**三次积分**.

如果平行于 x 轴或 y 轴且穿过闭区域 Ω 内部的直线与 Ω 的边界曲面 S 相交不多于两点, 也可把闭区域 Ω 投影到 yOz 面上或 xOz 面上, 这样便可把三重积分化为按其他顺序的三次积分. 如果平行于坐标轴且穿过闭区域 Ω 内部的直线与边界曲面 S 的交点多于两个, 也可像处理二重积分那样, 把 Ω 分成若干部分, 使 Ω 上的三重积分化为各部分闭区域上的三重积分的和.

例 1 计算三重积分 $\iiint_\Omega x\mathrm{d}x\mathrm{d}y\mathrm{d}z$, 其中 Ω 为三个坐标面及平面 $x+2y+z=1$ 所围成的闭区域.

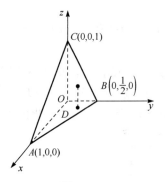

图 10-23

解 作闭区域 Ω, 如图 10-23 所示.

将 Ω 投影到 xOy 面上, 得投影区域 D 为三角形区域 OAB. 直线 OA, OB 及 AB 的方程依次为 $y=0$, $x=0$ 及 $x+2y=1$, 所以 D 可用不等式

$$0 \leqslant y \leqslant \frac{1-x}{2}, \quad 0 \leqslant x \leqslant 1$$

来表示.

在 D 内任取一点 (x,y), 过此点作平行于 z 轴的直线, 该直线通过平面 $z=0$ 穿入 Ω 内, 然后通过平面 $z=1-x-2y$ 穿出 Ω 外.

于是, 由公式(2), 得

$$\begin{aligned}
\iiint_\Omega x\mathrm{d}x\mathrm{d}y\mathrm{d}z &= \int_0^1 \mathrm{d}x \int_0^{\frac{1-x}{2}} \mathrm{d}y \int_0^{1-x-2y} x\mathrm{d}z \\
&= \int_0^1 x\mathrm{d}x \int_0^{\frac{1-x}{2}} (1-x-2y)\mathrm{d}y \\
&= \frac{1}{4} \int_0^1 (x-2x^2+x^3)\mathrm{d}x = \frac{1}{48}.
\end{aligned}$$

有时, 我们计算一个三重积分也可以化为先计算一个二重积分, 再计算一个定积分, 即有下述计算公式.

设空间闭区域
$$\Omega = \{(x,y,z) \mid c_1 \leqslant z \leqslant c_2, (x,y) \in D_z\},$$
其中 D_z 是竖坐标为 z 的平面截闭区域 Ω 所得到的一个平面闭区域(图 10-24),则有
$$\iiint_\Omega f(x,y,z)\mathrm{d}v = \int_{c_1}^{c_2}\mathrm{d}z\iint_{D_z}f(x,y,z)\mathrm{d}x\mathrm{d}y. \tag{3}$$

例 2 计算三重积分 $\iiint_\Omega z^2\mathrm{d}x\mathrm{d}y\mathrm{d}z$,其中 Ω 是由椭球面 $\dfrac{x^2}{a^2}+\dfrac{y^2}{b^2}+\dfrac{z^2}{c^2}=1$ 所围成的空间闭区域.

解 空间闭区域 Ω 可表示为
$$\left\{(x,y,z)\,\bigg|\,-c\leqslant z\leqslant c,\dfrac{x^2}{a^2}+\dfrac{y^2}{b^2}\leqslant 1-\dfrac{z^2}{c^2}\right\},$$
如图 10-25 所示,由公式(3),得
$$\begin{aligned}\iiint_\Omega z^2\mathrm{d}x\mathrm{d}y\mathrm{d}z &= \int_{-c}^{c}z^2\mathrm{d}z\iint_{D_z}\mathrm{d}x\mathrm{d}y \\ &= \pi ab\int_{-c}^{c}\left(1-\dfrac{z^2}{c^2}\right)z^2\mathrm{d}z \\ &= \dfrac{4}{15}\pi abc^3.\end{aligned}$$

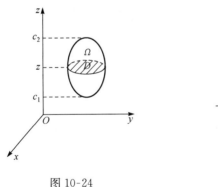

图 10-24

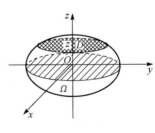

图 10-25

习 题 10-5

1. 化三重积分 $I = \iiint_\Omega f(x,y,z)\mathrm{d}x\mathrm{d}y\mathrm{d}z$ 为三次积分,其中积分区域 Ω 分别是:

(1) 由双曲抛物面 $xy=z$ 及平面 $x+y-1=0, z=0$ 所围成的闭区域;

(2) 由曲面 $z=x^2+y^2$ 及平面 $z=1$ 所围成的闭区域;

(3) 由曲面 $z=x^2+2y^2$ 及 $z=2-x^2$ 所围成的闭区域；

(4) 由曲面 $cz=xy(c>0), \dfrac{x^2}{a^2}+\dfrac{y^2}{b^2}=1, z=0$ 所围成的在第一卦限内的闭区域；

(5) 由曲面 $z=x^2+y^2, y=x^2$ 及平面 $y=1, z=0$ 所围成的闭区域.

2. 设有一物体，占有空间闭区域 $\Omega: 0 \leqslant x \leqslant 1, 0 \leqslant y \leqslant 1, 0 \leqslant z \leqslant 1$，在点 (x,y,z) 处的密度为 $\rho(x,y,z)=x+y+z$，计算该物体的质量.

3. 如果三重积分 $\iiint\limits_{\Omega} f(x,y,z)\mathrm{d}x\mathrm{d}y\mathrm{d}z$ 的被积函数 $f(x,y,z)$ 是三个函数 $f_1(x), f_2(y), f_3(z)$ 的乘积，即 $f(x,y,z)=f_1(x) \cdot f_2(y) \cdot f_3(z)$，积分区域 Ω 为 $a \leqslant x \leqslant b, c \leqslant y \leqslant d, l \leqslant z \leqslant m$，证明这个三重积分等于三个单积分的乘积，即
$$\iiint\limits_{\Omega} f_1(x)f_2(y)f_3(z)\mathrm{d}x\mathrm{d}y\mathrm{d}z = \int_a^b f_1(x)\mathrm{d}x \int_c^d f_2(y)\mathrm{d}y \int_l^m f_3(z)\mathrm{d}z.$$

4. 计算 $\iiint\limits_{\Omega} xy^2z^3 \mathrm{d}x\mathrm{d}y\mathrm{d}z$，其中 Ω 是由曲面 $z=xy$ 与平面 $y=x, x=1$ 和 $z=0$ 所围成的闭区域.

5. 计算 $\iiint\limits_{\Omega} \dfrac{\mathrm{d}x\mathrm{d}y\mathrm{d}z}{(1+x+y+z)^3}$，其中 Ω 为平面 $x=0, y=0, z=0, x+y+z=1$ 所围成的四面体.

6. 计算 $\iiint\limits_{\Omega} xyz \mathrm{d}x\mathrm{d}y\mathrm{d}z$，其中 Ω 为球面 $x^2+y^2+z^2=1$ 及三个坐标面所围成的在第一卦限内的闭区域.

7. 计算 $\iiint\limits_{\Omega} xz \mathrm{d}x\mathrm{d}y\mathrm{d}z$，其中 Ω 是由平面 $z=0, z=y, y=1$ 以及抛物柱面 $y=x^2$ 所围成的闭区域.

8. 计算 $\iiint\limits_{\Omega} z \mathrm{d}x\mathrm{d}y\mathrm{d}z$，其中 Ω 是由锥面 $z=\dfrac{h}{R}\sqrt{x^2+y^2}$ 与平面 $z=h(R>0, h>0)$ 所围成的闭区域.

9. 计算 $\iiint\limits_{\Omega} z^2 \mathrm{d}x\mathrm{d}y\mathrm{d}z$，其中 Ω 是两个球 $x^2+y^2+z^2 \leqslant R^2$ 和 $x^2+y^2+z^2 \leqslant 2Rz(R>0)$ 的公共部分.

10.6 利用柱面坐标和球面坐标计算三重积分

在 10.2 节二重积分的计算中我们看到，由于积分区域和被积函数的特点，二重积分有时要用极坐标来计算，与此类似，三重积分有时也要利用柱面坐标或球面

10.6 利用柱面坐标和球面坐标计算三重积分

坐标来进行计算.

一、利用柱面坐标计算三重积分

设 $M(x,y,z)$ 为空间内一点,并设点 M 在 xOy 面上的投影 P 的极坐标为 (r,θ),则这样的三个数 r,θ,z 就称为点 M 的**柱面坐标**(图 10-26),这里规定 r,θ,z 的变化范围为

$$0 \leqslant r < +\infty, \quad 0 \leqslant \theta \leqslant 2\pi, \quad -\infty < z < +\infty.$$

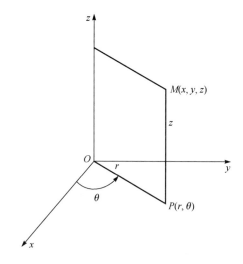

图 10-26

三组坐标面分别为

$r=$ 常数,即以 z 轴为轴的圆柱面;

$\theta=$ 常数,即过 z 轴的半平面;

$z=$ 常数,即与 xOy 面平行的平面.

显然,点 M 的直角坐标与柱面坐标的关系为

$$\begin{cases} x=r\cos\theta, \\ y=r\sin\theta, \\ z=z. \end{cases} \tag{1}$$

现在要把三重积分 $\iiint\limits_{\Omega} f(x,y,z)\mathrm{d}V$ 中的变量变换为柱面坐标. 为此,用三组坐标面 $r=$ 常数,$\theta=$ 常数,$z=$ 常数把 Ω 分成许多小闭区域,除了含 Ω 的边界点的一些不规则小闭区域外,这种小闭区域都是柱体,今考虑由 r,θ,z 各取得微小增量 $\mathrm{d}r,\mathrm{d}\theta,\mathrm{d}z$ 所成的柱体的体积(图 10-27). 这个体积等于高与底面积的乘积. 现在高为 $\mathrm{d}z$,底面积在不计高阶无穷小时为 $r\mathrm{d}r\mathrm{d}\theta$(即极坐标系中的面积元素),于是得

$$dV = r\,dr\,d\theta\,dz,$$

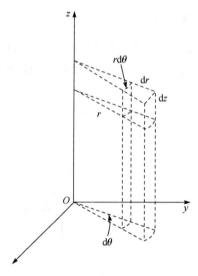

图 10-27

这就是柱面坐标系中的体积元素. 再注意到关系式(1), 就有

$$\iiint\limits_{\Omega} f(x,y,z)\,dx\,dy\,dz = \iiint\limits_{\Omega} F(r,\theta,z)\,r\,dr\,d\theta\,dz, \qquad (2)$$

其中 $F(r,\theta,z)=f(r\cos\theta,r\sin\theta,z)$. (2)式就是把三重积分的变量从直角坐标变换为柱面坐标的公式, 至于变量变换为柱面坐标后的三重积分的计算, 则可化为三次积分来进行, 化为三次积分时, 积分限是根据 r,θ,z 在积分区域 Ω 中的变化范围来确定的, 下面通过例子来说明.

例 1 利用柱面坐标计算三重积分 $\iiint\limits_{\Omega} z\,dx\,dy\,dz$, 其中闭区域 Ω 为半球体:
$$x^2+y^2+z^2 \leqslant 1, z \geqslant 0.$$

解 把闭区域 Ω 投影到 xOy 面上, 得半径为 1 的圆形闭区域 $D: 0 \leqslant r \leqslant 1, 0 \leqslant \theta \leqslant 2\pi$. 在 D 内任取一点 (r,θ), 过此点作平行于 z 轴的直线, 此直线通过平面 $z=0$ 穿入 Ω 内, 然后通过上半球面 $z=\sqrt{1-x^2-y^2}$, 即 $z=\sqrt{1-r^2}$ 穿出 Ω 外, 因此闭区域 Ω 可用不等式

$$0 \leqslant z \leqslant \sqrt{1-r^2}, \quad 0 \leqslant r \leqslant 1, \quad 0 \leqslant \theta \leqslant 2\pi$$

来表示, 于是

$$\iiint\limits_{\Omega} z\,dx\,dy\,dz = \iiint\limits_{\Omega} zr\,dr\,d\theta\,dz = \int_0^{2\pi} d\theta \int_0^1 r\,dr \int_0^{\sqrt{1-r^2}} z\,dz$$
$$= \frac{1}{2}\int_0^{2\pi} d\theta \int_0^1 r(1-r^2)\,dr = \frac{1}{2}\cdot 2\pi\left[\frac{r^2}{2}-\frac{r^4}{4}\right]_0^1 = \frac{\pi}{4}.$$

二、利用球面坐标计算三重积分

设 $M(x,y,z)$ 为空间内一点,则点 M 也可用这样三个有次序的数 r,φ,θ 来确定,其中 r 为原点 O 与点 M 间的距离,φ 为有向线段 $\overrightarrow{OM}$ 与 z 轴正向所夹的角,θ 为从正 z 轴来看自 x 轴按逆时针方向转到有向线段 $\overrightarrow{OP}$ 的角,这里 P 为点 M 在 xOy 面上的投影(图 10-28).这样的三个数 r,φ,θ 称为点 M 的**球面坐标**,这里 r,φ,θ 的变化范围为

$$0 \leqslant r < +\infty, \quad 0 \leqslant \varphi \leqslant \pi, \quad 0 \leqslant \theta \leqslant 2\pi.$$

三组坐标面分别为

$r=$ 常数,即以原点为心的球面;

$\varphi=$ 常数,即以原点为顶点,z 轴为轴的圆锥面;

$\theta=$ 常数,即过 z 轴的半平面.

设点 M 在 xOy 面上的投影为 P,点 P 在 x 轴上的投影为 A,则 $OA=x,AP=y,PM=z$.又

$$OP = r\sin\varphi, \quad z = r\cos\varphi,$$

因此,点 M 的直角坐标与球面坐标的关系为

$$\begin{cases} x = OP\cos\theta = r\sin\varphi\cos\theta, \\ y = OP\sin\theta = r\sin\varphi\sin\theta, \\ z = r\cos\varphi. \end{cases} \tag{3}$$

为了把三重积分中的变量从直角坐标变换为球面坐标,用三组坐标面 $r=$ 常数,$\varphi=$ 常数,$\theta=$ 常数把积分区域 Ω 分成许多小闭区域.考虑由 r,φ,θ 各取得微小增量 $\mathrm{d}r,\mathrm{d}\varphi,\mathrm{d}\theta$ 所成的六面体的体积(图 10-29).不计高阶无穷小,可把这个六面体看作长方体,其经线方向的长为 $r\mathrm{d}\varphi$,纬线方向的宽为 $r\sin\varphi\mathrm{d}\theta$,向径方向的高为 $\mathrm{d}r$,于是得

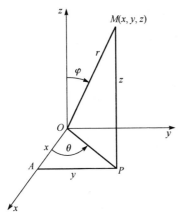

图 10-28

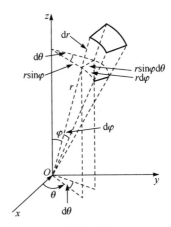

图 10-29

$$dV = r^2\sin\varphi\,dr\,d\varphi\,d\theta,$$

这就是球面坐标系中的体积元素. 再注意到关系式(3), 就有

$$\iiint_\Omega f(x,y,z)dxdydz = \iiint_\Omega F(r,\varphi,\theta)r^2\sin\varphi\,dr\,d\varphi\,d\theta, \tag{4}$$

其中 $F(r,\varphi,\theta) = f(r\sin\varphi\cos\theta, r\sin\varphi\sin\theta, r\cos\varphi)$. (4)式就是把三重积分的变量从直角坐标变换为球面坐标的公式.

要计算变量变换为球面坐标后的三重积分, 可把它化为对 r, 对 φ 及对 θ 的三次积分.

若积分区域 Ω 的边界曲面是一个包围原点在内的闭曲面, 其球面坐标方程为 $r=r(\varphi,\theta)$, 则

$$I = \iiint_\Omega F(r,\varphi,\theta)r^2\sin\varphi\,dr\,d\varphi\,d\theta = \int_0^{2\pi}d\theta\int_0^\pi d\varphi\int_0^{r(\varphi,\theta)}F(r,\varphi,\theta)r^2\sin\varphi\,dr.$$

当积分区域 Ω 由球面 $r=a$ 所围成时, 则

$$I = \int_0^{2\pi}d\theta\int_0^\pi d\varphi\int_0^a F(r,\varphi,\theta)r^2\sin\varphi\,dr.$$

特别地, 当 $F(r,\varphi,\theta)=1$ 时, 由上式即得球的体积

$$V = \int_0^{2\pi}d\theta\int_0^\pi \sin\varphi\,d\varphi\int_0^a r^2\,dr = 2\pi\cdot 2\cdot\frac{a^3}{3} = \frac{4}{3}\pi a^3,$$

这是我们所熟知的结果.

例2 求半径为 a 的球面与半顶角为 α 的内接锥面所围成的立体(图 10-30)的体积.

解 设球面通过原点 O, 球心在 z 轴上, 又内接锥面的顶点在原点 O, 其轴与 z 轴重合, 则球面方程为 $r=2a\cos\varphi$, 锥面方程为 $\varphi=\alpha$, 因为立体所占有的空间闭区域 Ω 可用不等式

$$0\leqslant r\leqslant 2a\cos\varphi, \quad 0\leqslant\varphi\leqslant\alpha, \quad 0\leqslant\theta\leqslant 2\pi$$

来表示, 所以

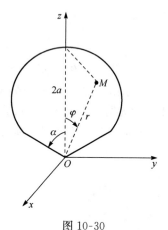

图 10-30

$$V = \iiint_\Omega r^2\sin\varphi\,dr\,d\varphi\,d\theta = \int_0^{2\pi}d\theta\int_0^\alpha d\varphi\int_0^{2a\cos\varphi}r^2\sin\varphi\,dr$$

$$= 2\pi\int_0^\alpha \sin\varphi\,d\varphi\int_0^{2a\cos\varphi}r^2\,dr = \frac{16\pi a^3}{3}\int_0^\alpha \cos^3\varphi\sin\varphi\,d\varphi$$

$$= \frac{4\pi a^3}{3}(1-\cos^4\alpha).$$

在三重积分的应用中也可采用元素法.

设物体占有空间闭区域 Ω, 在点 (x,y,z) 处的密度为 $\rho(x,y,z)$, 假定这函数在

Ω 上连续,求该物体的重心的坐标和转动惯量. 与 10.3 节中关于平面薄片的这类问题一样,应用元素法可写出

$$\bar{x} = \frac{1}{M}\iiint\limits_\Omega x\rho dV, \quad \bar{y} = \frac{1}{M}\iiint\limits_\Omega y\rho dV, \quad \bar{z} = \frac{1}{M}\iiint\limits_\Omega z\rho dV,$$

$$I_x = \iiint\limits_\Omega (y^2 + z^2)\rho dV,$$

等,其中 $M = \iiint\limits_\Omega \rho dV$ 为物体的质量.

例 3 求均匀半球体的重心.

解 取半球体的对称轴为 z 轴,原点取在球心上,又设球半径为 a,则半球体所占空间闭区域 Ω 可用不等式

$$x^2 + y^2 + z^2 \leqslant a^2, \quad z \geqslant 0$$

来表示.

显然,重心在 z 轴上,故 $\bar{x} = \bar{y} = 0$.

$$\bar{z} = \frac{1}{M}\iiint\limits_\Omega z\rho dV = \frac{1}{V}\iiint\limits_\Omega z dV,$$

其中 $V = \frac{2}{3}\pi a^3$ 为半球体的体积.

$$\iiint\limits_\Omega z dV = \iiint\limits_\Omega r\cos\varphi \cdot r^2 \sin\varphi dr d\varphi d\theta = \int_0^{2\pi} d\theta \int_0^{\frac{\pi}{2}} \cos\varphi \sin\varphi d\varphi \int_0^a r^3 dr$$

$$= 2\pi \cdot \left[\frac{\sin^2\varphi}{2}\right]_0^{\frac{\pi}{2}} \cdot \frac{a^4}{4} = \frac{\pi a^4}{4},$$

因此,$\bar{z} = \frac{3}{8}a$,重心为 $\left(0, 0, \frac{3}{8}a\right)$.

例 4 求均匀球体对于过球心的一条轴 l 的转动惯量.

解 取球心为坐标原点,z 轴与轴 l 重合,又设球的半径为 a,则球体所占空间闭区域 Ω 可用不等式

$$x^2 + y^2 + z^2 \leqslant a^2$$

来表示.

所求转动惯量即球体对于 z 轴的转动惯量 I_z.

$$I_z = \iiint\limits_\Omega (x^2 + y^2)\rho dV$$

$$= \rho\iiint\limits_\Omega (r^2 \sin^2\varphi \cos^2\theta + r^2 \sin^2\varphi \sin^2\theta) r^2 \sin\varphi dr d\varphi d\theta$$

$$= \rho\iiint\limits_\Omega r^4 \sin^3\varphi dr d\varphi d\theta = \rho\int_0^{2\pi} d\theta \int_0^\pi \sin^3\varphi d\varphi \int_0^a r^4 dr$$

$$= \rho \cdot 2\pi \cdot \frac{a^5}{5} \int_0^\pi \sin^3\varphi \, d\varphi$$

$$= \frac{2}{5}\pi a^5 \rho \cdot \frac{4}{3} = \frac{2}{5} a^2 M,$$

其中 $M = \frac{4}{3}\pi a^3 \rho$ 为球体的质量.

例 5 求半径为 R 的匀质球:$x^2+y^2+z^2 \leqslant R^2$ 对于位于点 $M_0(0,0,a)(a>R)$ 处的单位质量的质点的引力.

解 我们应用元素法来求引力 $F = \{F_x, F_y, F_z\}$. 在球内任取一直径很小的闭区域 dV(这闭区域的体积也记作 dV),(x,y,z) 是 dV 内的一个点. 把球体中相应于 dV 的部分的质量 ρdV 近似地看作集中在点 (x,y,z) 处. 于是按两质点间的引力公式可得出球体中相应于 dV 的部分对该质点的引力的大小近似地为 $f \frac{\rho dV}{r^2}$,引力的方向与 $\{x,y,z-a\}$ 一致,其中 $r = \sqrt{x^2+y^2+(z-a)^2}$,$f$ 为引力常数. 于是球体对该质点的引力在三个坐标轴上的投影 F_x, F_y, F_z 的元素:

$$dF_x = f \frac{\rho x \, dV}{r^3},$$

$$dF_y = f \frac{\rho y \, dV}{r^3},$$

$$dF_z = f \frac{\rho (z-a) \, dV}{r^3}.$$

由球体的对称性易知 $F_x = F_y = 0$,而

$$F_z = \iiint_\Omega f\rho \frac{z-a}{[x^2+y^2+(z-a)^2]^{\frac{3}{2}}} dV$$

$$= f\rho \int_{-R}^{R} (z-a) dz \iint_{x^2+y^2 \leqslant R^2 - z^2} \frac{dx\,dy}{[x^2+y^2+(z-a)^2]^{\frac{3}{2}}}$$

$$= f\rho \int_{-R}^{R} (z-a) dz \int_0^{2\pi} d\theta \int_0^{\sqrt{R^2-z^2}} \frac{r\,dr}{[r^2+(z-a)^2]^{\frac{3}{2}}}$$

$$= 2\pi f\rho \int_{-R}^{R} (z-a) \left(\frac{1}{a-z} - \frac{1}{\sqrt{R^2-2az+a^2}} \right) dz$$

$$= 2\pi f\rho \left[-2R + \frac{1}{a} \int_{-R}^{R} (z-a) d\sqrt{R^2-2az+a^2} \right]$$

$$= 2\pi f\rho \left(-2R + 2R - \frac{2R^3}{3a^2} \right)$$

$$= -f \cdot \frac{4\pi R^3}{3} \rho \cdot \frac{1}{a^2} = -f \frac{M}{a^2},$$

其中 $M=\dfrac{4\pi R^3}{3}\rho$ 为球的质量. 上述结果表明:匀质球对球外一质点的引力如同球的质量集中于球心时两质点间的引力.

习 题 10-6

1. 利用柱面坐标计算下列三重积分.

(1) $\iiint\limits_{\Omega} z\,\mathrm{d}V$,其中 Ω 是由曲面 $z=\sqrt{2-x^2-y^2}$ 及 $z=x^2+y^2$ 所围成的闭区域;

(2) $\iiint\limits_{\Omega} (x^2+y^2)\,\mathrm{d}V$,其中 Ω 是由曲面 $x^2+y^2=2z$ 及平面 $z=2$ 所围成的闭区域.

2. 利用球面坐标计算下列三重积分:

(1) $\iiint\limits_{\Omega} (x^2+y^2+z^2)\,\mathrm{d}V$,其中 Ω 是由球面 $x^2+y^2+z^2=1$ 所围成的闭区域;

(2) $\iiint\limits_{\Omega} z\,\mathrm{d}V$,其中闭区域 Ω 由不等式 $x^2+y^2+(z-a)^2\leqslant a^2,x^2+y^2\leqslant z^2$ 所确定.

3. 选用适当的坐标计算下列三重积分.

(1) $\iiint\limits_{\Omega} xy\,\mathrm{d}V$,其中 Ω 为柱面 $x^2+y^2=1$ 及平面 $z=1,z=0,x=0,y=0$ 所围成的在第一卦限内的闭区域;

(2) $\iiint\limits_{\Omega} \sqrt{x^2+y^2+z^2}\,\mathrm{d}V$,其中 Ω 是由球面 $x^2+y^2+z^2=z$ 所围成的闭区域;

(3) $\iiint\limits_{\Omega} (x^2+y^2)\,\mathrm{d}V$,其中 Ω 是由曲面 $4z^2=25(x^2+y^2)$ 及平面 $z=5$ 所围成的闭区域;

(4) $\iiint\limits_{\Omega} (x^2+y^2)\,\mathrm{d}V$,其中 Ω 是由两个半球面 $z=\sqrt{A^2-x^2-y^2},z=\sqrt{a^2-x^2-y^2}(A>a>0)$ 及平面 $z=0$ 所围成的闭区域.

4. 利用三重积分计算下列由曲面所围成的立体的体积.

(1) $z=6-x^2-y^2$ 及 $z=\sqrt{x^2+y^2}$;

(2) $x^2+y^2+z^2=2az(a>0)$ 及 $x^2+y^2=z^2$(含有 z 轴的部分);

(3) $z=\sqrt{x^2+y^2}$ 及 $z=x^2+y^2$;

(4) $z=\sqrt{2-x^2-y^2}$ 及 $x^2+y^2=4z$.

5. 球心在原点、半径为 R 的球体，在其上任意一点的密度的大小与这点到球心的距离成正比，求这球体的质量.

6. 利用三重积分计算下列由曲面所围立体的重心(设密度 $\rho=1$).

(1) $z^2=x^2+y^2, z=1$;

(2) $z=\sqrt{A^2-x^2-y^2}, z=\sqrt{a^2-x^2-y^2}\ (A>a>0), z=0$;

(3) $z=x^2+y^2, x+y=a, x=0, y=0, z=0$.

7. 球体 $x^2+y^2+z^2 \leqslant 2Rz$ 内，各点处的密度的大小等于该点到坐标原点的距离的平方，试求这球体的重心.

8. 一均匀物体(密度 ρ 为常量)占有的闭区域 Ω 是由曲面 $z=x^2+y^2$ 和平面 $z=0, |x|=a, |y|=a$ 所围成的，求：

(1) 体积；(2) 物体的重心；(3) 物体关于 z 轴的转动惯量.

9. 求半径为 a，高为 h 的均匀圆柱体对于过中心而平行于母线的轴的转动惯量(设密度 $\rho=1$).

10. 求均匀柱体：$x^2+y^2\leqslant R^2, 0\leqslant z\leqslant h$ 对于位于点 $M_0(0,0,a)\ (a>h)$ 处的单位质量的质点的引力.

10.7* 含参变量的积分

设 $f(x,y)$ 是矩形域 $R(a\leqslant x\leqslant b, \alpha\leqslant y\leqslant \beta)$ 上的连续函数. 在 $[a,b]$ 上任意取定 x 的一个值，于是 $f(x,y)$ 是变量 y 在 $[\alpha,\beta]$ 上的一个一元连续函数，从而积分

$$\int_\alpha^\beta f(x,y)\mathrm{d}y$$

存在，这个积分的值依赖于取定的 x 值. 当 x 的值改变时，一般说来这个积分的值也跟着改变. 这个积分确定一个定义在 $[a,b]$ 上的 x 的函数，我们把它记作 $\varphi(x)$，即

$$\varphi(x)=\int_\alpha^\beta f(x,y)\mathrm{d}y \quad (a\leqslant x\leqslant b), \tag{1}$$

这里变量 x 在积分过程中是一个常量，通常称它为**参变量**，因此(1)式右端是一个含参变量 x 的积分，这积分确定 x 的一个函数 $\varphi(x)$，下面讨论关于 $\varphi(x)$ 的一些性质.

定理 1 如果函数 $f(x,y)$ 在矩形域 $R(a\leqslant x\leqslant b, \alpha\leqslant y\leqslant \beta)$ 上连续，那么由公式(1)确定的函数 $\varphi(x)$ 在 $[a,b]$ 上也连续.

证 设 x 和 $x+\Delta x$ 是 $[a,b]$ 上的两点，则

$$\varphi(x+\Delta x)-\varphi(x)=\int_\alpha^\beta [f(x+\Delta x,y)-f(x,y)]\mathrm{d}y. \tag{2}$$

由于 $f(x,y)$ 在闭区域 R 上连续，从而一致连续，因此对于任意取定的 $\varepsilon>0$，

存在 $\delta>0$，使得对于 R 内的任意两点 (x_1,y_1) 及 (x_2,y_2)，只要它们之间的距离小于 δ，即

$$\sqrt{(x_2-x_1)^2+(y_2-y_1)^2}<\delta,$$

就有 $|f(x_2,y_2)-f(x_1,y_1)|<\varepsilon$.

因为点 $(x+\Delta x,y)$ 与 (x,y) 的距离等于 $|\Delta x|$，所以当 $|\Delta x|<\delta$ 时，就有

$$|f(x+\Delta x,y)-f(x,y)|<\varepsilon,$$

于是由(2)式，有

$$|\varphi(x+\Delta x)-\varphi(x)|\leqslant\int_\alpha^\beta|f(x+\Delta x,y)-f(x,y)|\mathrm{d}y<\varepsilon(\beta-\alpha),$$

所以 $\varphi(x)$ 在 $[a,b]$ 上连续.

既然函数 $\varphi(x)$ 在 $[a,b]$ 上连续，那么它在 $[a,b]$ 上的积分存在，这个积分可以写为

$$\int_a^b\varphi(x)\mathrm{d}x=\int_a^b\left[\int_\alpha^\beta f(x,y)\mathrm{d}y\right]\mathrm{d}x=\int_a^b\mathrm{d}x\int_\alpha^\beta f(x,y)\mathrm{d}y.$$

右端积分是函数 $f(x,y)$ 先对 y 后对 x 的二次积分. 当 $f(x,y)$ 在矩形域 R 上连续时，$f(x,y)$ 在 R 上的二重积分 $\iint\limits_R f(x,y)\mathrm{d}x\mathrm{d}y$ 是存在的，这个二重积分化为二次积分来计算时，如果先对 y 后对 x 积分，就是上面的这个二次积分. 但二重积分 $\iint\limits_R f(x,y)\mathrm{d}x\mathrm{d}y$ 也可化为先对 x 后对 y 的二次积分 $\int_\alpha^\beta\left[\int_a^b f(x,y)\mathrm{d}x\right]\mathrm{d}y$，因此有下面的定理 2.

定理 2 如果函数 $f(x,y)$ 在矩形域 $R(a\leqslant x\leqslant b,\alpha\leqslant y\leqslant\beta)$ 上连续，则

$$\int_a^b\left[\int_\alpha^\beta f(x,y)\mathrm{d}y\right]\mathrm{d}x=\int_\alpha^\beta\left[\int_a^b f(x,y)\mathrm{d}x\right]\mathrm{d}y. \tag{3}$$

公式(3)也可写成

$$\int_a^b\mathrm{d}x\int_\alpha^\beta f(x,y)\mathrm{d}y=\int_\alpha^\beta\mathrm{d}y\int_a^b f(x,y)\mathrm{d}x. \tag{3'}$$

下面考虑由公式(1)确定的函数 $\varphi(x)$ 的微分问题.

定理 3 如果函数 $f(x,y)$ 及其偏导数 $\dfrac{\partial f(x,y)}{\partial x}$ 都在矩形域 $R(a\leqslant x\leqslant b,\alpha\leqslant y\leqslant\beta)$ 上连续，那么由积分公式(1)确定的函数 $\varphi(x)$ 在 $[a,b]$ 上可微分，并且

$$\varphi'(x)=\frac{\mathrm{d}}{\mathrm{d}x}\int_\alpha^\beta f(x,y)\mathrm{d}y=\int_\alpha^\beta\frac{\partial f(x,y)}{\partial x}\mathrm{d}y. \tag{4}$$

证 因为 $\varphi'(x)=\lim\limits_{\Delta x\to 0}\dfrac{\varphi(x+\Delta x)-\varphi(x)}{\Delta x}$，为了求 $\varphi'(x)$，先利用公式(2)作出增量之比

$$\frac{\varphi(x+\Delta x)-\varphi(x)}{\Delta x}=\int_\alpha^\beta \frac{f(x+\Delta x,y)-f(x,y)}{\Delta x}\mathrm{d}y. \tag{5}$$

由拉格朗日中值定理以及 $\dfrac{\partial f}{\partial x}$ 的一致连续性,我们有

$$\frac{f(x+\Delta x,y)-f(x,y)}{\Delta x}=\frac{\partial f(x+\theta\Delta x,y)}{\partial x}=\frac{\partial f(x,y)}{\partial x}+\eta(x,y,\Delta x), \tag{6}$$

其中 $0<\theta<1$,$|\eta|$ 可小于任意给定的正数 ε,只要 $|\Delta x|$ 小于某个正数 δ. 因此

$$\left|\int_\alpha^\beta \eta(x,y,\Delta x)\mathrm{d}y\right|<\int_\alpha^\beta \varepsilon\,\mathrm{d}y=\varepsilon(\beta-\alpha) \quad (|\Delta x|<\delta),$$

这就是说

$$\lim_{\Delta x\to 0}\int_\alpha^\beta \eta(x,y,\Delta x)\mathrm{d}y=0.$$

由(5)式及(6)式,有

$$\frac{\varphi(x+\Delta x)-\varphi(x)}{\Delta x}=\int_\alpha^\beta \frac{\partial f(x,y)}{\partial x}\mathrm{d}y+\int_\alpha^\beta \eta(x,y,\Delta x)\mathrm{d}y.$$

令 $\Delta x\to 0$ 取上式的极限,即得公式(4).

在积分(1)中,积分限 α 与 β 都是常数. 但在实际应用中还会遇到对于参变量 x 的不同的值,积分限也有不同的情形,这时积分限也是参变量 x 的函数,这样,积分

$$\Phi(x)=\int_{\alpha(x)}^{\beta(x)}f(x,y)\mathrm{d}y \tag{7}$$

也是参变量 x 的函数. 下面我们考虑这种更为广泛地依赖于参变量的积分的某些性质.

定理 4 如果函数 $f(x,y)$ 在矩形域 $R(a\leqslant x\leqslant b,\alpha\leqslant y\leqslant\beta)$ 上连续,又函数 $\alpha(x)$ 与 $\beta(x)$ 在区间 $[a,b]$ 上连续,并且

$$\alpha\leqslant\alpha(x)\leqslant\beta,\quad \alpha\leqslant\beta(x)\leqslant\beta\quad (a\leqslant x\leqslant b),$$

则由积分公式(7)确定的函数 $\Phi(x)$ 在 $[a,b]$ 上也连续.

证 设 x 和 $x+\Delta x$ 是 $[a,b]$ 上的两点,则

$$\Phi(x+\Delta x)-\Phi(x)=\int_{\alpha(x+\Delta x)}^{\beta(x+\Delta x)}f(x+\Delta x,y)\mathrm{d}y-\int_{\alpha(x)}^{\beta(x)}f(x,y)\mathrm{d}y.$$

因为

$$\int_{\alpha(x+\Delta x)}^{\beta(x+\Delta x)}f(x+\Delta x,y)\mathrm{d}y$$
$$=\int_{\alpha(x+\Delta x)}^{\alpha(x)}f(x+\Delta x,y)\mathrm{d}y+\int_{\alpha(x)}^{\beta(x)}f(x+\Delta x,y)\mathrm{d}y+\int_{\beta(x)}^{\beta(x+\Delta x)}f(x+\Delta x,y)\mathrm{d}y,$$

所以

$$\Phi(x+\Delta x)-\Phi(x)=\int_{\alpha(x+\Delta x)}^{\alpha(x)}f(x+\Delta x,y)\mathrm{d}y$$

$$+ \int_{\beta(x)}^{\beta(x+\Delta x)} f(x+\Delta x, y)\,\mathrm{d}y$$
$$+ \int_{a(x)}^{\beta(x)} [f(x+\Delta x, y) - f(x, y)]\,\mathrm{d}y. \tag{8}$$

当 $\Delta x \to 0$ 时,上式右端最后一个积分的积分限不变,根据证明定理 1 时同样的方法,这个积分趋于零. 又

$$\left| \int_{a(x+\Delta x)}^{a(x)} f(x+\Delta x, y)\,\mathrm{d}y \right| \leqslant M|a(x+\Delta x) - a(x)|,$$

$$\left| \int_{\beta(x)}^{\beta(x+\Delta x)} f(x+\Delta x, y)\,\mathrm{d}y \right| \leqslant M|\beta(x+\Delta x) - \beta(x)|,$$

其中 M 是 $|f(x, y)|$ 在矩形域 R 上的最大值. 根据 $a(x)$ 与 $\beta(x)$ 在 $[a, b]$ 上连续的假定,由以上两式可见,当 $\Delta x \to 0$ 时,(8) 式右端的前两个积分都趋于零,于是,当 $\Delta x \to 0$ 时,

$$\Phi(x+\Delta x) - \Phi(x) \to 0 \quad (a \leqslant x \leqslant b),$$

所以函数 $\Phi(x)$ 在 $[a, b]$ 上连续.

关于函数 $\Phi(x)$ 的微分,有下列定理.

定理 5 如果函数 $f(x, y)$ 及其偏导数 $\dfrac{\partial f(x, y)}{\partial x}$ 都在矩形域 $R(a \leqslant x \leqslant b, \alpha \leqslant y \leqslant \beta)$ 上连续,又函数 $a(x)$ 与 $\beta(x)$ 都在区间 $[a, b]$ 上可微,并且

$$\alpha \leqslant a(x) \leqslant \beta, \quad \alpha \leqslant \beta(x) \leqslant \beta \quad (a \leqslant x \leqslant b),$$

则由积分 (7) 确定的函数 $\Phi(x)$ 在 $[a, b]$ 上可微,并且

$$\Phi'(x) = \frac{\mathrm{d}}{\mathrm{d}x} \int_{a(x)}^{\beta(x)} f(x, y)\,\mathrm{d}y$$
$$= \int_{a(x)}^{\beta(x)} \frac{\partial f(x, y)}{\partial x}\,\mathrm{d}y + f[x, \beta(x)]\beta'(x) - f[x, a(x)]a'(x). \tag{9}$$

证 由 (8) 式,有

$$\frac{\Phi(x+\Delta x) - \Phi(x)}{\Delta x} = \int_{a(x)}^{\beta(x)} \frac{f(x+\Delta x, y) - f(x, y)}{\Delta x}\,\mathrm{d}y$$
$$+ \frac{1}{\Delta x} \int_{\beta(x)}^{\beta(x+\Delta x)} f(x+\Delta x, y)\,\mathrm{d}y$$
$$- \frac{1}{\Delta x} \int_{a(x)}^{a(x+\Delta x)} f(x+\Delta x, y)\,\mathrm{d}y. \tag{10}$$

当 $\Delta x \to 0$ 时,上式右端的第一个积分的积分限不变,根据证明定理 3 时同样的理由,有

$$\int_{a(x)}^{\beta(x)} \frac{f(x+\Delta x, y) - f(x, y)}{\Delta x}\,\mathrm{d}y \to \int_{a(x)}^{\beta(x)} \frac{\partial f(x, y)}{\partial x}\,\mathrm{d}y.$$

对于 (10) 式右端的第二项,应用积分中值定理,得

$$\frac{1}{\Delta x}\int_{\beta(x)}^{\beta(x+\Delta x)} f(x+\Delta x,y)\mathrm{d}y = \frac{1}{\Delta x}[\beta(x+\Delta x)-\beta(x)]f(x+\Delta x,\eta),$$

其中 η 在 $\beta(x)$ 与 $\beta(x+\Delta x)$ 之间,当 $\Delta x \to 0$ 时,

$$\frac{1}{\Delta x}[\beta(x+\Delta x)-\beta(x)] \to \beta'(x), \quad f(x+\Delta x,\eta) \to f[x,\beta(x)],$$

于是

$$\frac{1}{\Delta x}\int_{\beta(x)}^{\beta(x+\Delta x)} f(x+\Delta x,y)\mathrm{d}y \to f[x,\beta(x)]\beta'(x).$$

类似地可证,当 $\Delta x \to 0$ 时,

$$\frac{1}{\Delta x}\int_{\alpha(x)}^{\alpha(x+\Delta x)} f(x+\Delta x,y)\mathrm{d}y \to f[x,\alpha(x)]\alpha'(x).$$

因此,令 $\Delta x \to 0$,取(10)式的极限便得公式(9).

公式(9)称为莱布尼茨公式.

例 1 设 $\Phi(x) = \int_x^{x^2} \frac{\sin xy}{y}\mathrm{d}y$,求 $\Phi'(x)$.

解 应用莱布尼茨公式,得

$$\Phi'(x) = \int_x^{x^2} \cos xy \, \mathrm{d}y + \frac{\sin x^3}{x^2} \cdot 2x - \frac{\sin x^2}{x} \cdot 1$$

$$= \left[\frac{\sin xy}{x}\right]_x^{x^2} + \frac{2\sin x^3}{x} - \frac{\sin x^2}{x} = \frac{3\sin x^3 - 2\sin x^2}{x}.$$

例 2 求 $I = \int_0^1 \frac{x^b - x^a}{\ln x}\mathrm{d}x \,(0 < a < b)$.

解 因为

$$\int_a^b x^y \mathrm{d}y = \left[\frac{x^y}{\ln x}\right]_a^b = \frac{x^b - x^a}{\ln x},$$

所以 $I = \int_0^1 \mathrm{d}x \int_a^b x^y \mathrm{d}y$,这里函数 $f(x,y) = x^y$ 在矩形域 $R(0 \leqslant x \leqslant 1, 0 < a \leqslant y \leqslant b)$ 上连续,根据定理 2,可交换积分次序,由此有

$$I = \int_a^b \mathrm{d}y \int_0^1 x^y \mathrm{d}x = \int_a^b \left[\frac{x^{y+1}}{y+1}\right]_0^1 \mathrm{d}y = \int_a^b \frac{1}{y+1}\mathrm{d}y = \ln\frac{b+1}{a+1}.$$

例 3 计算定积分 $I = \int_0^1 \frac{\ln(1+x)}{1+x^2}\mathrm{d}x$.

解 考虑含参变量 α 的积分所确定的函数

$$\varphi(\alpha) = \int_0^1 \frac{\ln(1+\alpha x)}{1+x^2}\mathrm{d}x.$$

显然,$\varphi(0) = 0, \varphi(1) = I$. 根据公式(4),得

$$\varphi'(\alpha) = \int_0^1 \frac{x}{(1+\alpha x)(1+x^2)} \mathrm{d}x.$$

把被积函数分解为部分分式,得到

$$\frac{x}{(1+\alpha x)(1+x^2)} = \frac{1}{1+\alpha^2}\left[\frac{-\alpha}{1+\alpha x} + \frac{x}{1+x^2} + \frac{\alpha}{1+x^2}\right],$$

于是

$$\varphi'(\alpha) = \frac{1}{1+\alpha^2}\left[\int_0^1 \frac{-\alpha \mathrm{d}x}{1+\alpha x} + \int_0^1 \frac{x\mathrm{d}x}{1+x^2} + \int_0^1 \frac{\alpha \mathrm{d}x}{1+x^2}\right]$$

$$= \frac{1}{1+\alpha^2}\left[-\ln(1+\alpha) + \frac{1}{2}\ln 2 + \alpha \cdot \frac{\pi}{4}\right],$$

上式在 $[0,1]$ 上对 α 积分,得到

$$\varphi(1) - \varphi(0) = -\int_0^1 \frac{\ln(1+\alpha)}{1+\alpha^2}\mathrm{d}\alpha + \frac{1}{2}\ln 2\int_0^1 \frac{\mathrm{d}\alpha}{1+\alpha^2} + \frac{\pi}{4}\int_0^1 \frac{\alpha}{1+\alpha^2}\mathrm{d}\alpha,$$

即

$$I = -I + \frac{\ln 2}{2} \cdot \frac{\pi}{4} + \frac{\pi}{4} \cdot \frac{\ln 2}{2} = -I + \frac{\pi}{4}\ln 2,$$

从而 $I = \frac{\pi}{8}\ln 2$.

习 题 10-7

1. 求下列含参变量的积分所确定的函数的极限.

(1) $\lim\limits_{x \to 0} \int_x^{1+x} \frac{\mathrm{d}y}{1+x^2+y^2}$;

(2) $\lim\limits_{x \to 0} \int_{-1}^1 \sqrt{x^2+y^2}\mathrm{d}y$;

(3) $\lim\limits_{x \to 0} \int_0^2 y^2\cos(xy)\mathrm{d}y$.

2. 求下列函数的导数.

(1) $\varphi(x) = \int_{\sin x}^{\cos x} (y^2\sin x - y^3)\mathrm{d}y$;

(2) $\varphi(x) = \int_0^x \frac{\ln(1+xy)}{y}\mathrm{d}y$;

(3) $\varphi(x) = \int_{x^2}^{x^3} \arctan\frac{y}{x}\mathrm{d}y$;

(4) $\varphi(x) = \int_x^{x^2} \mathrm{e}^{-xy^2}\mathrm{d}y$.

3. 设 $F(x) = \int_0^x (x+y)f(y)\mathrm{d}y$,其中 $f(x)$ 为可微分的函数,求 $F''(x)$.

4. 应用对参数的微分法,计算下列积分.

(1) $I = \int_0^{\frac{\pi}{2}} \ln\frac{1+a\cos x}{1-a\cos x} \cdot \frac{\mathrm{d}x}{\cos x} (|a| < 1)$;

(2) $I = \int_0^{\frac{\pi}{2}} \ln(\cos^2 x + a^2\sin^2 x)\mathrm{d}x (a > 0)$.

$\left(\text{提示}:\text{设 } \varphi(a) = \int_0^{\frac{\pi}{2}} \ln(\cos^2 x + a^2 \sin^2 x)\,\mathrm{d}x, \text{则有 } \varphi(1) = 0, \varphi(a) = I.\right)$

5. 计算下列积分.

$$\int_0^1 \frac{\arctan x}{x} \frac{\mathrm{d}x}{\sqrt{1-x^2}};$$

$\left(\text{提示}:\text{利用公式} \dfrac{\arctan x}{x} = \int_0^1 \dfrac{\mathrm{d}y}{1+x^2 y^2}\right)$

(2) $\int_0^1 \sin\left(\ln \dfrac{1}{x}\right) \dfrac{x^b - x^a}{\ln x}\,\mathrm{d}x \,(0 < a < b).$

$\left(\text{提示}:\text{利用公式} \dfrac{x^b - x^a}{\ln x} = \int_a^b x^y \,\mathrm{d}y\right)$

第十一章 级 数

级数是高等数学的重要组成部分,它不仅可以表示函数,而且可以用来计算函数值,特别对于超越函数. 本章重点介绍常数项级数和幂级数.

11.1 级数的概念与性质

一、级数的概念

设已给数列 $u_1, u_2, \cdots, u_n, \cdots$,则式子

$$u_1 + u_2 + \cdots + u_n + \cdots, \tag{1}$$

或简写成 $\sum\limits_{n=1}^{\infty} u_n$,称为**无穷级数**,简称**级数**,其中第 n 项 u_n 称为级数的**通项**或**一般项**.

各项都是常数的级数称为**常数项级数**. 级数(1)的前 n 项和记为 S_n,即

$$S_n = u_1 + u_2 + \cdots + u_n = \sum_{k=1}^{n} u_k.$$

例如,级数 $\dfrac{1}{1\cdot 2} + \dfrac{1}{2\cdot 3} + \dfrac{1}{3\cdot 4} + \cdots + \dfrac{1}{n(n+1)} + \cdots$ 的一般项 $u_n = \dfrac{1}{n(n+1)}$,它的前 n 项和为

$$S_n = \frac{1}{1\cdot 2} + \frac{1}{2\cdot 3} + \frac{1}{3\cdot 4} + \cdots + \frac{1}{n(n+1)}.$$

由于级数是无穷多项相加的,而无穷多项相加是无法实现的. 因此,我们以有限项的和即级数的前 n 项和作为研究无穷多项和的基础.

由级数(1)的前 n 项和,容易写出

$$S_1 = u_1,$$
$$S_2 = u_1 + u_2,$$
$$\cdots\cdots$$
$$S_n = u_1 + u_2 + \cdots + u_n,$$
$$\cdots\cdots$$

这样就得到了数列 $\{S_n\}$:

$$S_1, S_2, \cdots, S_n, \cdots.$$

定义 当 $n \to \infty$ 时,如果数列 $\{S_n\}$ 以某一常数 S 为极限,即

$$\lim_{n\to\infty} S_n = S,$$

则称级数(1)收敛,且其和为 S,记作

$$S = u_1 + u_2 + \cdots + u_n + \cdots,$$

这时,也称级数(1)收敛于和 S.

如果数列 $\{S_n\}$ 没有极限,则称级数(1)发散.

级数(1)的和 S 与它的前 n 项和 S_n 的差 $S - S_n$ 称为级数(1)的余项,记作 r_n,即 $r_n = S - S_n = u_{n+1} + u_{n+2} + \cdots$,显然 $\lim_{n\to\infty} r_n = 0$.

例 研究几何级数(也称等比级数):

$$\sum_{n=0}^{\infty} aq^n = a + aq + aq^2 + \cdots + aq^n + \cdots$$

的敛散性,其中 $a \neq 0$,q 称为级数的公比.

解 (1) $|q| \neq 1$:

前 n 项和

$$S_n = \frac{a(1-q^n)}{1-q} = \frac{a}{1-q} - \frac{aq^n}{1-q}.$$

当 $|q| < 1$ 时,$\lim_{n\to\infty} S_n = \frac{a}{1-q}$,所以级数 $\sum_{n=1}^{\infty} aq^n$ 收敛,其和 $S = \frac{a}{1-q}$.

当 $|q| > 1$ 时,因为 $\lim_{n\to\infty} q^n = \infty$,于是 $\lim_{n\to\infty} S_n = \infty$,所以级数 $\sum_{n=0}^{\infty} aq^n$ 发散.

(2) $|q| = 1$:

当 $q = 1$ 时,$S_n = na$,$\lim_{n\to\infty} S_n = \lim_{n\to\infty} na = \infty$,所以级数 $\sum_{n=0}^{\infty} aq^n$ 发散.

当 $q = -1$ 时,$\sum_{n=0}^{\infty} aq^n = \sum_{n=0}^{\infty} (-1)^n a$. 如果 n 为偶数,$S_n = 0$;如果 n 为奇数,$S_n = a$,所以数列 $\{S_n\}$ 没有极限,因此这个级数发散.

综上所述,得到如下结论:几何级数 $\sum_{n=0}^{\infty} aq^n$ 当 $|q| < 1$ 时收敛,且和为 $\frac{a}{1-q}$;当 $|q| \geq 1$ 时发散.

二、级数的基本性质

性质 1 如果级数 $\sum_{n=1}^{\infty} u_n$ 收敛,其和为 S,k 为常数,则级数 $\sum_{n=1}^{\infty} ku_n$ 也收敛,其和为 kS.

证 设 $\sum_{n=1}^{\infty} u_n$ 的前 n 项和为 S_n,$\sum_{n=1}^{\infty} ku_n$ 的前 n 行项和为 σ_n,因为

$$\sigma_n = ku_1 + ku_2 + \cdots + ku_n = kS_n,$$

所以
$$\lim_{n\to\infty}\sigma_n = \lim_{n\to\infty}kS_n = k\lim_{n\to\infty}S_n = kS,$$

即级数 $\sum_{n=1}^{\infty}ku_n$ 收敛,且和为 kS.

容易看出,当 $k\neq 0$ 时,由 $\sigma_n = kS_n$ 可知,如果 S_n 没有极限,则 σ_n 也没有极限. 因此可以得到这样的结论:**级数的每一项同乘以不为零的常数后,其敛散性不变**.

性质 2 若级数 $\sum_{n=1}^{\infty}u_n$ 收敛于和 S,级数 $\sum_{n=1}^{\infty}v_n$ 收敛于 σ,则级数 $\sum_{n=1}^{\infty}(u_n\pm v_n)$ 也收敛,且其和为 $S\pm\sigma$.

性质 3 收敛级数加上有限项或去掉有限项不改变其收敛性(但其和一般不再相同).

性质 4 收敛级数加括号后仍收敛,且其和不变.

此三性质在常识范围内是可以理解的,但对于性质 4 需注意,未判别是否收敛的级数不能随意加括号. 例如,级数 $1-1+1-1+1-1+\cdots+(-1)^{n-1}+\cdots$,它是发散的(自证). 但若加括号:
$$(1-1)+(1-1)+\cdots+(1-1)+\cdots,$$

显然收敛于 0.

三、级数收敛的必要条件

级数收敛的必要条件 如果级数 $\sum_{n=1}^{\infty}u_n$ 收敛,则
$$\lim_{n\to\infty}u_n = 0.$$

证 设级数 $\sum_{n=1}^{\infty}u_n$ 的前 n 项和为 S_n,且 $\lim_{n\to\infty}S_n = S$.

又 $S_n = u_1 + u_2 + \cdots + u_{n-1} + u_n = S_{n-1} + u_n$,于是 $u_n = S_n - S_{n-1}$,而
$$\lim_{n\to\infty}S_n = \lim_{n\to\infty}S_{n-1} = S,$$

所以
$$\lim_{n\to\infty}u_n = \lim_{n\to\infty}(S_n - S_{n-1}) = \lim_{n\to\infty}S_n - \lim_{n\to\infty}S_{n-1} = 0.$$

由此推出,如果当 n 无限增大时,级数的第 n 项不趋于零,则级数发散.

但是,即使级数满足 $\lim_{n\to\infty}u_n = 0$,但级数也不一定收敛.

例如,级数 $1 + \frac{1}{2} + \frac{1}{3} + \cdots + \frac{1}{n} + \cdots$ 称为**调和级数**. 当 $n\to\infty$ 时,这个级数的 $u_n = \frac{1}{n} \to 0$,但级数发散. 将这级数写为

$$1+\frac{1}{2}+\left(\frac{1}{3}+\frac{1}{4}\right)+\left(\frac{1}{5}+\frac{1}{6}+\frac{1}{7}+\frac{1}{8}\right)+\cdots$$

$$>\frac{1}{2}+\frac{1}{2}+\left(\frac{1}{4}+\frac{1}{4}\right)+\left(\frac{1}{8}+\frac{1}{8}+\frac{1}{8}+\frac{1}{8}\right)+\cdots.$$

上面不等号右边的级数括号里的和都等于 $\frac{1}{2}$,因此把它写为

$$\frac{1}{2}+\frac{1}{2}+\frac{1}{2}+\frac{1}{2}+\cdots=\sum_{n=1}^{\infty}\frac{1}{2},$$

而级数 $\sum_{n=1}^{\infty}\frac{1}{2}$ 的通项 $u_n=\frac{1}{2}\not\to 0(n\to\infty)$,所以 $\sum_{n=1}^{\infty}\frac{1}{2}$ 发散.因此调和级数发散.

习 题 11-1

1. 写出下列级数的通项.

(1) $1+\frac{1}{3}+\frac{1}{5}+\frac{1}{7}+\cdots$;

(2) $1-\frac{1}{3}+\frac{1}{7}-\frac{1}{15}+\frac{1}{31}-\cdots$;

(3) $\frac{1}{1\cdot 2}+\frac{1\cdot 3}{1\cdot 2\cdot 3}+\frac{1\cdot 3\cdot 5}{1\cdot 2\cdot 3\cdot 4}+\cdots$;

(4) $\frac{2}{\ln 2}-\frac{3}{2\ln 3}+\frac{4}{3\ln 4}-\cdots$.

2. 判别下列级数的敛散性.

(1) $\frac{1}{4}-\frac{3}{4^2}+\frac{3^2}{4^3}-\frac{3^3}{4^4}+\cdots$;

(2) $2^3+\left(\frac{3}{2}\right)^3+\left(\frac{4}{3}\right)^3+\left(\frac{5}{4}\right)^3+\cdots$;

(3) $\frac{1}{2}+\frac{2}{3}+\frac{3}{4}+\frac{4}{5}+\cdots$;

(4) $\left(\frac{1}{2}+\frac{1}{3}\right)+\left(\frac{1}{2^2}+\frac{1}{3^2}\right)+\left(\frac{1}{2^3}+\frac{1}{3^3}\right)+\cdots$.

3. 利用级数性质判定下列级数的敛散性.

(1) $\sum_{n=1}^{\infty}\left(\frac{1}{2^n}-\frac{1}{5^n}\right);$

(2) $\sum_{n=1}^{\infty}\left[\frac{1}{3^n}-\frac{1}{n(n+1)}\right].$

11.2 正 项 级 数

如果级数 $\sum_{n=1}^{\infty} u_n$ 的每一项非负,即 $u_n \geqslant 0$,则称级数 $\sum_{n=1}^{\infty} u_n$ 为**正项级数**.

一、正项级数收敛的充分必要条件

设级数
$$\sum_{n=1}^{\infty} u_n = u_1 + u_2 + \cdots + u_n + \cdots$$
是正项级数,它的前 n 项和为 S_n. 显然数列 $\{S_n\}$ 是单调增加的,即
$$S_1 \leqslant S_2 \leqslant \cdots \leqslant S_n \leqslant \cdots.$$

如果存在一个常数 $M > 0$,使得 $S_n \leqslant M (n = 1, 2, \cdots)$,即 $\{S_n\}$ 有界,则根据单调有界数列必有极限的准则,知 $\lim_{n \to \infty} S_n$ 存在,即级数 $\sum_{n=1}^{\infty} u_n$ 收敛;反之,如果正项级数 $\sum_{n=1}^{\infty} u_n$ 收敛,而 $\lim_{n \to \infty} S_n = S$ 存在,则根据收敛的数列必有界的性质可知,数列 $\{S_n\}$ 有界. 于是得到下述结论.

定理 1 正项级数 $\sum_{n=1}^{\infty} u_n$ 收敛的充分必要条件是它的前 n 项和数列 $\{S_n\}$ 有界.

由定理知,若正项级数 $\sum_{n=1}^{\infty} u_n$ 发散,则它的前 n 项和数列 $S_n \to +\infty (n \to \infty)$,即 $\sum_{n=1}^{\infty} u_n = +\infty$.

二、正项级数收敛性的判别法

1. 比较判别法

定理 2 设
$$\sum_{n=1}^{\infty} u_n = u_1 + u_2 + \cdots + u_n + \cdots, \tag{1}$$
$$\sum_{n=1}^{\infty} v_n = v_1 + v_2 + \cdots + v_n + \cdots \tag{2}$$
为两个正项级数,
(1) 如果级数(2)收敛,且 $u_n \leqslant v_n (n = 1, 2, \cdots)$,则级数(1)亦收敛.
(2) 如果级数(2)发散,且 $u_n \geqslant v_n (n = 1, 2, \cdots)$,则级数(1)亦发散.

证 (1) 因为级数(2)收敛,所以其前 n 项和数列 $\{\sigma_n\}$ 有界,即 $\sigma_n \leqslant M (n=1, 2, \cdots)$. 由 $u_n \leqslant v_n (n=1, 2, \cdots)$ 可知,级数(1)的前 n 项和 S_n 满足

$$S_n = u_1 + u_2 + \cdots + u_n$$
$$\leqslant v_1 + v_2 + \cdots + v_n = \sigma_n \leqslant M \quad (n=1, 2, \cdots),$$

即级数(1)的前 n 项和数列 $\{S_n\}$ 有界,因此级数(1)收敛.

(2) 用反证法证明.

假设级数(1)收敛,又 $u_n \geqslant v_n (n=1, 2, \cdots)$,于是根据(1)推得级数(2)收敛,与假设中的级数(2)发散矛盾,故级数(1)发散.

例 1 讨论 p 级数 ($p>0$):

$$1 + \frac{1}{2^p} + \frac{1}{3^p} + \cdots + \frac{1}{n^p} + \cdots$$

的敛散性.

解 当 $0 < p \leqslant 1$ 时, $\frac{1}{n^p} \geqslant \frac{1}{n}$. 因为调和级数 $\sum_{n=1}^{\infty} \frac{1}{n}$ 发散,所以当 $0 < p \leqslant 1$ 时, p 级数发散.

当 $p > 1$ 时,依次把 p 级数的一项,两项,四项,八项,…括在一起,即

$$1 + \left(\frac{1}{2^p} + \frac{1}{3^p}\right) + \left(\frac{1}{4^p} + \frac{1}{5^p} + \frac{1}{6^p} + \frac{1}{7^p}\right) + \left(\frac{1}{8^p} + \cdots + \frac{1}{15^p}\right) + \cdots.$$

它的各项小于级数

$$1 + \left(\frac{1}{2^p} + \frac{1}{2^p}\right) + \left(\frac{1}{4^p} + \frac{1}{4^p} + \frac{1}{4^p} + \frac{1}{4^p}\right) + \left(\frac{1}{8^p} + \cdots + \frac{1}{8^p}\right) + \cdots$$
$$= 1 + \frac{1}{2^{p-1}} + \left(\frac{1}{2^{p-1}}\right)^2 + \left(\frac{1}{2^{p-1}}\right)^3 + \cdots$$
$$= \sum_{n=1}^{\infty} \left(\frac{1}{2^{p-1}}\right)^{n-1}$$

的对应项,而级数 $\sum_{n=1}^{\infty} \left(\frac{1}{2^{p-1}}\right)^{n-1}$ 是公比为 $\frac{1}{2^{p-1}}$ 的几何级数,且 $\frac{1}{2^{p-1}} < 1$,故 $\sum_{n=1}^{\infty} \left(\frac{1}{2^{p-1}}\right)^{n-1}$ 收敛. 当 $p > 1$ 时,根据定理 2 知 p 级数收敛.

综上所述, p 级数当 $p > 1$ 时收敛,当 $0 < p \leqslant 1$ 时发散.

例 2 级数 $1 + \frac{1}{2^2} + \frac{1}{3^2} + \cdots + \frac{1}{n^2} + \cdots$ 是 p 级数,且 $p = 2 > 1$,故收敛.

例 3 级数 $1 + \frac{1}{\sqrt{2}} + \frac{1}{\sqrt{3}} + \cdots + \frac{1}{\sqrt{n}} + \cdots$ 是 p 级数,且 $p = \frac{1}{2} < 1$,故发散.

例 4 讨论级数 $\frac{1}{5} + \left(\frac{2}{7}\right)^2 + \cdots + \left(\frac{n}{2n+3}\right)^n + \cdots$ 的敛散性.

解 因为 $u_n = \left(\dfrac{n}{2n+3}\right)^n < \left(\dfrac{1}{2}\right)^n$,而级数 $\sum\limits_{n=1}^{\infty}\left(\dfrac{1}{2}\right)^n$ 收敛,所以级数 $\sum\limits_{n=1}^{\infty}\left(\dfrac{n}{2n+3}\right)^n$ 收敛.

2. 比值判别法(达朗贝尔判别法)

定理 3 设正项级数 $\sum\limits_{n=1}^{\infty} u_n$ 的后项与前项之比的极限为 ρ,即

$$\lim_{n\to\infty}\frac{u_{n+1}}{u_n}=\rho,$$

则当 $\rho<1$ 时,级数 $\sum\limits_{n=1}^{\infty} u_n$ 收敛;当 $\rho>1$ 或 $\rho=+\infty$ 时,级数 $\sum\limits_{n=1}^{\infty} u_n$ 发散;当 $\rho=1$ 时,级数 $\sum\limits_{n=1}^{\infty} u_n$ 可能收敛也可能发散.

例 5 判断级数 $\sum\limits_{n=1}^{\infty}\dfrac{1}{n!}$ 的敛散性.

解 因为 $\lim\limits_{n\to\infty}\dfrac{u_{n+1}}{u_n}=\lim\limits_{n\to\infty}\dfrac{1}{(n+1)!}\Big/\dfrac{1}{n!}=\lim\limits_{n\to\infty}\dfrac{1}{n+1}=0<1$,所以级数 $\sum\limits_{n=1}^{\infty}\dfrac{1}{n!}$ 收敛.

例 6 判定级数 $\sum\limits_{n=1}^{\infty}\dfrac{n+1}{n^2}$ 的敛散性.

解 因为 $\lim\limits_{n\to\infty}\dfrac{u_{n+1}}{u_n}=\lim\limits_{n\to\infty}\dfrac{n+2}{(n+1)^2}\cdot\dfrac{n^2}{n+1}=1$,所以比值判别法失效,改用比较判别法. 由于

$$\frac{n+1}{n^2}>\frac{n}{n^2}=\frac{1}{n},$$

而级数 $\sum\limits_{n=1}^{\infty}\dfrac{1}{n}$ 发散,所以级数 $\sum\limits_{n=1}^{\infty}\dfrac{n+1}{n^2}$ 也发散.

习 题 11-2

1. 用比较判别法判定下列级数的敛散性.

(1) $\sum\limits_{n=1}^{\infty}\dfrac{1}{\sqrt{2n(2n+1)}}$; (2) $\sum\limits_{n=1}^{\infty}\dfrac{1}{(n+1)\sqrt{n}}$;

(3) $\sum\limits_{n=1}^{\infty}\dfrac{1}{n}\sin\dfrac{1}{n}$; (4) $\sum\limits_{n=1}^{\infty}\dfrac{3^n+1}{2^n}$.

2. 用比值判别法判定下列级数的敛散性.

(1) $\sum_{n=1}^{\infty} \dfrac{n}{2^n}$;

(2) $\sum_{n=1}^{\infty} \dfrac{3^n}{n!}$;

(3) $\sum_{n=1}^{\infty} \dfrac{1}{3^n}\left(\dfrac{e}{2}\right)^n$;

(4) $\sum_{n=1}^{\infty} \dfrac{2n+1}{n^n}$.

3. 判定下列级数的敛散性.

(1) $\sum_{n=1}^{\infty} \dfrac{n!}{n^n}$;

(2) $\sum_{n=1}^{\infty} \dfrac{(-1)^n + 2n}{n^3}$;

(3) $\sum_{n=1}^{\infty} \sqrt{\dfrac{n-1}{n+1}}$;

(4) $\sum_{n=1}^{\infty} n\left(\dfrac{2}{3}\right)^n$.

11.3 任意项级数

本节讨论各项具有任意正负号的级数,即任意项级数.

一、交错级数

若级数的各项是正负相间的,即
$$u_1 - u_2 + u_3 - u_4 + \cdots + (-1)^{n+1} u_n + \cdots, \tag{1}$$
其中 $u_n > 0 (n=1,2,\cdots)$,则称(1)式为**交错级数**.

交错级数收敛的判别法(莱布尼茨准则) 如果交错级数(1)满足条件:

(1) $u_n \geqslant u_{n+1} (n=1,2,\cdots)$;

(2) $\lim\limits_{n\to\infty} u_n = 0$,

则级数(1)收敛,且其和 $S \leqslant u_1$,余项 r_n 的绝对值 $|r_n| \leqslant u_{n+1}$.

证 当项数为偶数 $2n$ 时,级数的第 $2n$ 项部分和为
$$S_{2n} = (u_1 - u_2) + (u_3 - u_4) + \cdots + (u_{2n-1} - u_{2n}),$$
或
$$S_{2n} = u_1 - (u_2 - u_3) - (u_4 - u_5) - \cdots - (u_{2n-2} - u_{2n-1}) - u_{2n}.$$

由条件(1)知,上面括号内的差值都是非负的.于是由第一式可知,数列 $\{S_{2n}\}$ 单调增加,由第二式知,$S_{2n} \leqslant u_1 (n=1,2,\cdots)$.

由单调有界数列必有极限的准则,得到
$$\lim_{n\to\infty} S_{2n} = S \leqslant u_1.$$

再由 $S_{2n} = S_{2n-1} + u_{2n}$ 及条件(2),可知
$$\lim_{n\to\infty} S_{2n-1} = \lim_{n\to\infty}(S_{2n} - u_{2n}) = \lim_{n\to\infty} S_{2n} - \lim_{n\to\infty} u_{2n} = S - 0 = S,$$
因此,$\lim\limits_{n\to\infty} S_n = S \leqslant u_1$,即级数(1)收敛,且其和 $S \leqslant u_1$.

如果以 S_n 作为级数和 S 的近似值,则余项 r_n 的绝对值
$$|r_n|=u_{n+1}-u_{n+2}+u_{n+3}-u_{n+4}+\cdots$$
也是一个交错级数,它满足收敛的条件(1),(2),因此其和 $|r_n|\leqslant u_{n+1}$.

例 1 判定级数 $1-\dfrac{1}{2}+\dfrac{1}{3}-\dfrac{1}{4}+\cdots+(-1)^{n-1}\dfrac{1}{n}+\cdots$ 的敛散性.

解 所给级数是一个交错级数,且满足

(1) $u_n=\dfrac{1}{n}>\dfrac{1}{n+1}=u_{n+1}$ $(n=1,2,\cdots)$;

(2) $\lim\limits_{n\to\infty}u_n=\lim\limits_{n\to\infty}\dfrac{1}{n}=0$,

因此级数 $\sum\limits_{n=1}^{\infty}(-1)^{n-1}\dfrac{1}{n}$ 是收敛的,其和 $S\leqslant 1$. 若取前 n 项的和 $S_n=1-\dfrac{1}{2}+\dfrac{1}{3}-\cdots+(-1)^{n-1}\dfrac{1}{n}$ 作为 S 的近似值,所产生的误差 $|r_n|\leqslant\dfrac{1}{n+1}$.

二、绝对收敛与条件收敛

设
$$\sum_{n=1}^{\infty}u_n=u_1+u_2+\cdots+u_n+\cdots \tag{2}$$
是任意项级数,其各项取绝对值,则得到正项级数.
$$\sum_{n=1}^{\infty}|u_n|=|u_1|+|u_2|+\cdots+|u_n|+\cdots. \tag{3}$$
如何利用正项级数的收敛性判定级数(2)的收敛性呢? 下面给出定理.

定理 如果级数 $\sum\limits_{n=1}^{\infty}|u_n|$ 收敛,则级数 $\sum\limits_{n=1}^{\infty}u_n$ 也收敛.

这个定理告诉我们,任意项级数的敛散性可通过级数 $\sum\limits_{n=1}^{\infty}|u_n|$ 的收敛性来判断.

定义 如果级数 $\sum\limits_{n=1}^{\infty}|u_n|$ 收敛,则称级数 $\sum\limits_{n=1}^{\infty}u_n$ 为**绝对收敛**;如果级数 $\sum\limits_{n=1}^{\infty}u_n$ 收敛,而级数 $\sum\limits_{n=1}^{\infty}|u_n|$ 发散,则称级数 $\sum\limits_{n=1}^{\infty}u_n$ 为**条件收敛**.

由于任意项级数各项的绝对值组成的级数是正项级数,因此,判别正项级数敛散性的方法,都可以用来判定任意项级数是否绝对收敛. 注意用比值判别法判断 $\sum\limits_{n=1}^{\infty}|u_n|$ 为发散的,则可推出级数 $\sum\limits_{n=1}^{\infty}u_n$ 必发散(不证).

例2 判定级数
$$\sum_{n=1}^{\infty}(-1)^n\frac{n^n}{n!}=-1+\frac{2^2}{2!}-\frac{3^3}{3!}+\cdots+(-1)^n\frac{n^n}{n!}+\cdots$$
的敛散性.

解 因为
$$\lim_{n\to\infty}\left|\frac{u_{n+1}}{u_n}\right|=\lim_{n\to\infty}\frac{(n+1)^{n+1}}{(n+1)!}\Big/\frac{n^n}{n!}=\lim_{n\to\infty}\left(\frac{n+1}{n}\right)^n=\mathrm{e}>1,$$
所以级数 $\sum_{n=1}^{\infty}(-1)^n\frac{n^n}{n!}$ 发散.

此例说明,如果 $\sum_{n=1}^{\infty}|u_n|$ 是用比值法判定为发散的,则 $\sum_{n=1}^{\infty}u_n$ 也发散.

习 题 11-3

1. 判定下列交错级数的敛散性.

(1) $\sum_{n=1}^{\infty}(-1)^{n-1}\frac{1}{\sqrt{n}}$;

(2) $\sum_{n=1}^{\infty}(-1)^{n-1}\frac{n}{2n-1}$;

(3) $\sum_{n=1}^{\infty}(-1)^{n+1}\frac{1}{\ln(n+1)}$;

(4) $\sum_{n=1}^{\infty}(-1)^{n+1}\left(\frac{1}{2^n}+\frac{1}{n}\right)$.

2. 判定下列级数的敛散性,如果收敛,说明是绝对收敛还是条件收敛.

(1) $\sum_{n=1}^{\infty}(-1)^{n-1}\frac{1}{1+n^2}$;

(2) $\sum_{n=1}^{\infty}(-1)^{n-1}\frac{1}{n\cdot 2^n}$;

(3) $\sum_{n=1}^{\infty}(-1)^{n-1}\frac{n^2}{(n+1)(n+2)}$;

(4) $\sum_{n=1}^{\infty}(-1)^{n-1}\frac{1}{\sqrt[4]{n}}$.

11.4 幂 级 数

设 $u_1(x),u_2(x),\cdots,u_n(x),\cdots$ 是定义在区间 I 上的函数列,则每一项为函数的级数,即
$$u_1(x)+u_2(x)+\cdots+u_n(x)+\cdots \tag{1}$$
称为定义在区间 I 上的**函数项级数**,简称级数,记为 $\sum_{n=1}^{\infty}u_n(x)$.

对于 I 上的每一个确定的值 x_0,函数项级数(1)就成为常数项级数
$$u_1(x_0)+u_2(x_0)+\cdots+u_n(x_0)+\cdots. \tag{2}$$

如果级数(2)收敛,那么 x_0 就称为函数项级数(1)的**收敛点**;如果级数(2)发散,那么 x_0 就称为函数项级数(1)的**发散点**.

11.4 幂级数

级数(1)收敛点的全体称为级数(1)的**收敛域**. 对于收敛域中每一点 x, 级数(1)都有一个和与之对应, 这个和在收敛域上是 x 的函数, 记作 $S(x)$, 称为级数(1)的和函数, 即
$$S(x)=u_1(x)+u_2(x)+\cdots+u_n(x)+\cdots.$$
最常见的函数项级数为幂级数和三角级数.

形如
$$a_0+a_1(x-x_0)+a_2(x-x_0)^2+\cdots+a_n(x-x_0)^n+\cdots \tag{3}$$
的级数称为 $x-x_0$ 的**幂级数**, 其中 $a_0,a_1,\cdots,a_n,\cdots$ 称为幂级数的系数.

特别地, 当 $x_0=0$ 时, 级数(3)成为
$$a_0+a_1x+a_2x^2+\cdots+a_nx^n+\cdots \tag{4}$$
称为 x 的**幂级数**.

如果作变换 $x=x-x_0$, 则级数(3)就变成级数(4), 因此, 下面只讨论形如级数(4)的幂级数.

一、幂级数的收敛半径

定理 1(Abel 定理) 若幂级数(4)当 $x=x_0(x_0\neq 0)$ 时收敛, 则对一切满足不等式 $|x|<|x_0|$ 的点 x, 级数(4)绝对收敛; 若级数(4)当 $x=x_0$ 时发散, 则对一切满足不等式 $|x|>|x_0|$ 的点 x, 级数(4)也发散.

此定理证明略.

依此定理, 我们能够找到这样一个正数 R, 当 $|x|<R$ 时, 级数(4)收敛, 而 $|x|>R$ 时, 级数(4)发散, 这样的数 R 就称为幂级数的**收敛半径**. 而区间 $(-R,R)$ 称为级数的**收敛区间**. 从而, 级数在 $(-R,R)$ 内必收敛.

下面的定理提供了求收敛半径的一种方法.

定理 2 设幂级数 $\sum_{n=0}^{\infty}a_nx^n$ 的所有系数 $a_n\neq 0$, 且
$$\lim_{n\to\infty}\left|\frac{a_{n+1}}{a_n}\right|=\rho,$$
则

(1) 当 $0<\rho<+\infty$ 时, $R=\dfrac{1}{\rho}$;

(2) 当 $\rho=0$ 时, $R=+\infty$;

(3) 当 $\rho=+\infty$ 时, $R=0$.

例 1 求幂级数 $\sum_{n=1}^{\infty}nx^{n-1}$ 的收敛半径.

解 因为
$$\lim_{n\to\infty}\left|\frac{a_{n+1}}{a_n}\right|=\lim_{n\to\infty}\frac{n+1}{n}=1,$$

所以给定的幂级数的收敛半径 $R=1$.

例2 求幂级数 $\sum\limits_{n=1}^{\infty} \dfrac{n}{2^n} x^n$ 的收敛半径、收敛域.

解 由于
$$\lim_{n\to\infty}\left|\dfrac{a_{n+1}}{a_n}\right| = \lim_{n\to\infty} \dfrac{n+1}{2^{n+1}} \Big/ \dfrac{n}{2^n} = \dfrac{1}{2},$$
因此所给幂级数的收敛半径 $R=2$.

当 $x=2$ 时,所给级数为 $\sum\limits_{n=1}^{\infty} n$ 是发散的级数;

当 $x=-2$ 时,所给级数为 $\sum\limits_{n=1}^{\infty}(-1)^n n$ 也发散,因此所给级数的收敛域为 $(-2,2)$.

例3 求级数 $\sum\limits_{n=1}^{\infty} \dfrac{(-1)^{n-1}}{n} x^n$ 的收敛域.

解 因为 $\lim\limits_{n\to\infty}\left|\dfrac{a_{n+1}}{a_n}\right| = \lim\limits_{n\to\infty}\dfrac{n}{n+1}=1$,所以,$R=1$,从而所求级数的收敛半径为 1.

当 $x=1$ 时,所给级数为 $\sum\limits_{n=1}^{\infty} \dfrac{(-1)^{n-1}}{n}$,是收敛的;

当 $x=-1$ 时,级数成为 $\sum\limits_{n=1}^{\infty} \dfrac{(-1)^{2n-1}}{n} = -\sum\limits_{n=1}^{\infty} \dfrac{1}{n}$,是发散的.

因此,所求级数的收敛域为 $(-1,1]$.

二、幂级数的性质

下面给出幂级数的一些性质,证明从略.

(1) 设 $(-R_1,R_1),(-R_2,R_2)$ 分别是幂级数 $f(x)=\sum\limits_{n=0}^{\infty} a_n x^n$, $g(x)=\sum\limits_{n=0}^{\infty} b_n x^n$ 的收敛区间. 令 $R=\min\{R_1,R_2\}$,则在区间 $(-R,R)$ 内有

$$f(x) \pm g(x) = \sum_{n=0}^{\infty} a_n x^n \pm \sum_{n=0}^{\infty} b_n x^n = \sum_{n=0}^{\infty} (a_n \pm b_n) x^n,$$

$$f(x)g(x) = \sum_{n=0}^{\infty} a_n x^n \sum_{n=0}^{\infty} b_n x^n = \sum_{n=0}^{\infty} (a_0 b_n + a_1 b_{n-1} + a_2 b_{n-2} + \cdots + a_n b_0) x^n.$$

这说明两幂级数在其收敛区间的公共部分可逐项相加、相减或相乘.

(2) 幂级数的和函数 $S(x) = \sum\limits_{n=0}^{\infty} a_n x^n$ 在其收敛区间 $(-R,R)$ 内连续.

11.4 幂级数

(3) 幂级数的和函数 $S(x) = \sum_{n=0}^{\infty} a_n x^n$ 在其收敛区间 $(-R, R)$ 内可导,且

$$S'(x) = \Big(\sum_{n=0}^{\infty} a_n x^n\Big)' = \sum_{n=0}^{\infty} (a_n x^n)' = \sum_{n=1}^{\infty} n a_n x^{n-1}.$$

这说明,幂级数在其收敛区间内可逐项求导,而求导后的幂级数的收敛区间不变.

(4) 幂级数的和函数 $S(x) = \sum_{n=0}^{\infty} a_n x^n$ 在收敛区间 $(-R, R)$ 内可逐项积分,即对 $-R < x < R$ 有

$$\int_0^x S(x) dx = \int_0^x \Big(\sum_{n=0}^{\infty} a_n x^n\Big) dx = \sum_{n=0}^{\infty} \int_0^x a_n x^n dx = \sum_{n=0}^{\infty} \frac{a_n}{n+1} x^{n+1},$$

且积分后的幂级数的收敛半径不变.

例 4 已知 $\dfrac{1}{1-x} = 1 + x + x^2 + \cdots + x^n + \cdots \ (-1 < x < 1)$. 根据性质(3),在收敛区间 $(-1, 1)$ 内逐项求导

$$\Big(\frac{1}{1-x}\Big)' = (1 + x + x^2 + \cdots + x^n + \cdots)',$$

即

$$\frac{1}{(1-x)^2} = 1 + 2x + 3x^2 + \cdots + nx^{n-1} + \cdots.$$

这个级数的收敛半径仍为 1,与例 1 结论相同,且易证明在 $x = \pm 1$ 处,此级数发散,所以级数 $\sum_{n=1}^{\infty} n x^{n-1}$ 的收敛域为 $(-1, 1)$.

例 5 求幂级数 $\sum_{n=1}^{\infty} \dfrac{2n-1}{2^n} x^{2n-2}$ 的收敛半径及和函数,并求 $\sum_{n=1}^{\infty} \dfrac{2n-1}{2^n}$ 的值.

解 因为 $\lim\limits_{n \to \infty} \dfrac{2n+1}{2^{n+1}} \dfrac{2^n}{2n-1} x^2 = \dfrac{x^2}{2}$,由比值判别法知,当 $\dfrac{x^2}{2} < 1$,即 $|x| < \sqrt{2}$ 时,级数绝对收敛;当 $\dfrac{x^2}{2} > 1$,即 $|x| > \sqrt{2}$ 时,级数发散. 因此幂级数的收敛半径 $R = \sqrt{2}$.

设 $f(x) = \sum_{n=1}^{\infty} \dfrac{2n-1}{2^n} x^{2n-2}$,对 $x \in (-\sqrt{2}, \sqrt{2})$ 逐项积分,有

$$\int_0^x f(x) dx = \int_0^x \Big(\sum_{n=1}^{\infty} \frac{2n-1}{2^n} x^{2n-2}\Big) dx = \sum_{n=1}^{\infty} \int_0^x \frac{2n-1}{2^n} x^{2n-2} dx$$

$$= \sum_{n=1}^{\infty} \frac{1}{2^n} x^{2n-1} = \frac{1}{x} \sum_{n=1}^{\infty} \Big(\frac{x^2}{2}\Big)^n$$

$$= \frac{1}{x} \frac{\dfrac{x^2}{2}}{1-\dfrac{x^2}{2}} = \frac{x}{2-x^2},$$

于是

$$f(x) = \left(\int_0^x f(x)\,\mathrm{d}x\right)' = \left(\frac{x}{2-x^2}\right)' = \frac{2+x^2}{(2-x^2)^2}.$$

令 $x=1$ 由上式可得 $\sum\limits_{n=1}^{\infty} \dfrac{2n-1}{2^n} = 3$.

习 题 11-4

1. 求下列幂级数的收敛域和收敛半径.

(1) $x + \dfrac{x^2}{3} + \dfrac{x^3}{5} + \cdots + \dfrac{x^n}{2n-1} + \cdots$;

(2) $1 + 3x + \dfrac{3^2}{2!}x^2 + \cdots + \dfrac{3^n}{n!}x^n + \cdots$;

(3) $\dfrac{x}{2} + 2\left(\dfrac{x}{2}\right)^2 + 3\left(\dfrac{x}{2}\right)^3 + \cdots + n\left(\dfrac{x}{2}\right)^n + \cdots$;

(4) $1 + x + 2!x^2 + 3!x^3 + \cdots + n!x^n + \cdots$.

2. 求下列级数的和函数.

(1) $\sum\limits_{n=1}^{\infty} \dfrac{nx^{n-1}}{a^n}, |x| < a$;

(2) $\sum\limits_{n=1}^{\infty} \dfrac{x^n}{na^{n-1}}, x \in [-a, a)$;

(3) $\sum\limits_{n=1}^{\infty} (-1)^n 2nx^{2n-1}, |x| < 1$;

(4) $\sum\limits_{n=1}^{\infty} \dfrac{n(n+1)}{2} x^{n-1}, |x| < 1$.

11.5 函数的幂级数展开式

一、泰勒(Taylor)级数

在第三章已经给出,如果函数 $f(x)$ 在 x_0 的某一邻域内具有直到 $n+1$ 阶导数,则有泰勒公式:

$$f(x) = f(x_0) + f'(x_0)(x-x_0) + \frac{f''(x_0)}{2!}(x-x_0)^2 + \cdots$$

$$+\frac{f^{(n)}(x_0)}{n!}(x-x_0)^n+R_n(x), \tag{1}$$

其中 $R_n(x)$ 为拉格朗日型余项：

$$R_n(x)=\frac{f^{(n+1)}(\xi)}{(n+1)!}(x-x_0)^{n+1} \quad (\xi \text{ 在 } x \text{ 与 } x_0 \text{ 之间}).$$

设 $f(x)$ 在所讨论的邻域内具有任意阶导数 $f'(x), f''(x), \cdots, f^{(n)}(x), \cdots$，且级数

$$f(x_0)+f'(x_0)(x-x_0)+\frac{f''(x_0)}{2!}(x-x_0)^2+\cdots+\frac{f^{(n)}(x_0)}{n!}(x-x_0)^n+\cdots \tag{2}$$

的前 $n+1$ 项的和为 $S_{n+1}(x)$.

如果 $\lim\limits_{n\to\infty}R_n(x)=0$，则根据公式(1)

$$f(x)-S_{n+1}(x)=R_n(x),$$

当 n 无限增大时有

$$\lim_{n\to\infty}[f(x)-S_{n+1}(x)]=\lim_{n\to\infty}R_n(x)=0,$$

即 $f(x)=\lim\limits_{n\to\infty}S_{n+1}(x)$，所以级数(2)收敛，且以 $f(x)$ 为和函数.

反之，若级数(2)收敛于和函数 $f(x)$，则有

$$\lim_{n\to\infty}R_n(x)=\lim_{n\to\infty}[f(x)-S_{n+1}(x)]=f(x)-f(x)=0.$$

通常把级数(2)称为函数 $f(x)$ 的泰勒级数. 于是得到如下结论：

定理 函数 $f(x)$ 的泰勒级数在 x_0 的某邻域内收敛于 $f(x)$ 的充分必要条件是：$f(x)$ 的泰勒公式中的余项 $R_n(x)$ 当 n 无限增大时极限等于零.

可见，在 x_0 的某邻域内，如果 $\lim\limits_{n\to\infty}R_n(x)=0$，则

$$f(x)=f(x_0)+f'(x_0)(x-x_0)+\frac{f''(x_0)}{2!}(x-x_0)^2+\cdots+\frac{f^{(n)}(x_0)}{n!}(x-x_0)^n+\cdots, \tag{3}$$

这时，也称(3)式右端的级数为 $f(x)$ 在点 x_0 的泰勒级数展开式.

当 $x_0=0$ 时，(3)式写成下列重要形式：

$$f(x)=f(0)+f'(0)x+\frac{f''(0)}{2!}x^2+\cdots+\frac{f^{(n)}(0)}{n!}x^n+\cdots, \tag{4}$$

这时，称(4)式右边的级数为 $f(x)$ 的麦克劳林级数.

将函数展开成泰勒级数，就是用幂级数来表示函数. 可以证明这种展开式是唯一的.

若函数 $f(x)$ 能够表示为 x 的幂级数，即

$$f(x)=a_0+a_1x+a_2x^2+a_3x^3+\cdots+a_nx^n+\cdots, \tag{5}$$

则这个幂级数就是 $f(x)$ 的麦克劳林级数(4).

事实上,在幂级数(5)的收敛区间内逐项求导,有
$$f'(x)=a_1+2a_2x+3a_3x^2+\cdots+na_nx^{n-1}+\cdots,$$
$$f''(x)=2a_2+3\cdot 2a_3x+\cdots+n(n-1)a_nx^{n-2}+\cdots,$$
$$f'''(x)=3!\ a_3+\cdots+n(n-1)(n-2)a_nx^{n-3}+\cdots,$$
$$f^{(n)}(x)=n!\ a_n+(n+1)n(n-1)\cdots 2a_{n+1}x+\cdots.$$

将 $x=0$ 代入上述各式,便得到
$$a_0=f(0), a_1=f'(0), a_2=\frac{f''(0)}{2!},\cdots,a_n=\frac{f^{(n)}(0)}{n!},\cdots.$$

类似地,可以证明 $f(x)$ 表示成 $(x-x_0)$ 的幂级数形式也是唯一的.

二、函数展开成幂级数

函数展开成幂级数,通常有两种方法,即直接展开法和间接展开法.

1. 直接展开法

这是最基本的方法,把 $f(x)$ 展开成幂级数,可以按下列步骤进行:

(1) 求出 $f(x)$ 的各阶导数 $f'(x), f''(x), \cdots f^{(n)}(x), \cdots$;

(2) 计算 $f(x)$ 及其各阶导数在 $x=0$ 处的值;

(3) 写出幂级数
$$f(0)+f'(0)x+\frac{f''(0)}{2!}x^2+\cdots+\frac{f^{(n)}(0)}{n!}x^n+\cdots,$$

并求出它的收敛区间;

(4) 考察当 x 在收敛区间内时余项 $R_n(x)$ 的极限是否为零,若为零,则由(3)所求得的幂级数就是 $f(x)$ 的幂级数展开式.

例1 将函数 $f(x)=e^x$ 展成 x 的幂级数.

解 因 $f^{(n)}(x)=e^x$,所以 $f^{(n)}(0)=1(n=1,2,\cdots)$.

又 $f(0)=1$,因此得幂级数
$$1+x+\frac{x^2}{2!}+\cdots+\frac{x^n}{n!}+\cdots,$$

且知其收敛半径 $R=+\infty$,收敛域为 $(-\infty,+\infty)$,对于 $(-\infty,+\infty)$ 内任一 x 值,有
$$|f^{(n+1)}(x)|\leqslant e^{|x|}\quad (n=0,1,2,\cdots),$$
$$|R_n(x)|\leqslant \frac{e^{|x|}}{(n+1)!}|x|^{n+1}.$$

因为 $\frac{|x|^{n+1}}{(n+1)!}$ 是收敛级数 $\sum_{n=0}^{\infty}\frac{|x|^{n+1}}{(n+1)!}$ 的通项,所以
$$\lim_{n\to\infty}R_n(x)=0,$$

从而 e^x 展成 x 的幂级数为

$$e^x = 1 + x + \frac{x^2}{2!} + \cdots + \frac{x^n}{n!} + \cdots \quad (-\infty < x < +\infty).$$

例 2 把 $f(x) = \sin x$ 展成 x 的幂级数.

解 因 $f^{(n)}(x) = \sin\left(x + n \cdot \frac{\pi}{2}\right)(n = 1, 2, \cdots)$. 由此知 $f(0) = 0, f'(0) = 1$, $f''(0) = 0, f'''(0) = -1, \cdots$, 即 $f^{(n)}(0)$ 循环地取 $0, 1, 0, -1$ 四个值. 所以有幂级数

$$x - \frac{x^3}{3!} + \frac{x^5}{5!} - \frac{x^7}{7!} + \cdots + (-1)^n \frac{x^{2n+1}}{(2n+1)!} + \cdots,$$

且知其收敛半径 $R = +\infty$. 由于对 $(-\infty, +\infty)$ 内任一 x 值,有

$$|f^{(n+1)}(x)| \leqslant 1 \quad (n = 0, 1, 2, \cdots),$$

所以 $\lim\limits_{n \to \infty} R_n(x) = 0$, 从而 $\sin x$ 展成 x 的幂级数为

$$\sin x = x - \frac{x^3}{3!} + \frac{x^5}{5!} - \frac{x^7}{7!} + \cdots + (-1)^n \frac{x^{2n+1}}{(2n+1)!} + \cdots \quad (-\infty < x < +\infty).$$

类似地,还可以得到下述函数的 x 的幂级数展开式.

(1) $\dfrac{1}{1+x} = 1 - x + x^2 - x^3 + \cdots + (-1)^n x^n + \cdots (-1 < x < 1)$;

(2) $(1+x)^m = 1 + mx + \dfrac{m(m-1)}{2!} x^2 + \cdots + \dfrac{m(m-1)\cdots(m-n+1)}{n!} x^n + \cdots (-1 < x < 1)$.

它的收敛半径为 $R = 1$, 在 $x = \pm 1$ 处展开式是否正确,要根据 m 的取值,看右端级数是否收敛而定.

由上例可以看出,用直接展开法将函数展成 x 的幂级数是相当麻烦的,很多情况下,n 阶导数的一般表示式不易写出. 即便能写出,证明余项趋于零也是一件很困难的事,所以除了几个常用函数的 x 幂级数展开式以外,通常采用间接展开法.

2. 间接展开法

(1) 变量置换法: 变量置换法就是利用一些已知函数的幂级数展开式及幂级数性质,将某些函数展成幂级数,下面以具体例子说明这种方法.

例 3 将 $f(x) = \dfrac{1}{1+x^2}$ 展开成幂级数.

解 已知 $\dfrac{1}{1+x} = 1 - x + x^2 - x^3 + \cdots + (-1)^n x^n + \cdots (-1 < x < 1)$, 用 x^2 代替 x, 得到所求的幂级数

$$\frac{1}{1+x^2} = 1 - x^2 + x^4 - x^6 + \cdots + (-1)^n x^{2n} + \cdots \quad (-1 < x < 1).$$

例 4 将 $f(x)=\dfrac{1}{2-x}$ 展开成幂级数.

解 因为 $\dfrac{1}{2-x}=\dfrac{1}{2}\dfrac{1}{1-\dfrac{x}{2}}$,而

$$\dfrac{1}{1-x}=1+x+x^2+\cdots+x^n+\cdots \quad (-1<x<1),$$

用 $\dfrac{x}{2}$ 代替上式的 x,得到

$$\dfrac{1}{2-x}=\dfrac{1}{2}\left[1+\dfrac{x}{2}+\left(\dfrac{x}{2}\right)^2+\cdots+\left(\dfrac{x}{2}\right)^n+\cdots\right]$$

$$=\dfrac{1}{2}+\dfrac{x}{2^2}+\dfrac{x^2}{2^3}+\cdots+\dfrac{x^n}{2^{n+1}}+\cdots.$$

又因为 $-1<\dfrac{x}{2}<1$,所以上式的 x 满足 $-2<x<2$,即其收敛区间为 $(-2,2)$.

(2) 逐项积分法:用这个方法,首先要找出所给函数是哪个已知级数的和函数的积分,然后利用幂级数性质即可得到所需要的幂级数展开式.

例 5 将 $f(x)=\ln(1+x)$ 展成幂级数.

解 已知

$$\dfrac{1}{1+x}=1-x+x^2-x^3+\cdots+(-1)^n x^n+\cdots \quad (-1<x<1),$$

将上式从 0 到 x 逐项积分,得到

$$\ln(1+x)=x-\dfrac{x^2}{2}+\dfrac{x^3}{3}-\dfrac{x^4}{4}+\cdots+(-1)^n\dfrac{x^{n+1}}{n+1}+\cdots,$$

这个级数的收敛半径 $R=1$.

当 $x=-1$ 时,右端级数成为

$$-1-\dfrac{1}{2}-\dfrac{1}{3}-\dfrac{1}{4}-\cdots-(-1)^{2n+1}\dfrac{1}{n+1}-\cdots,$$

这个级数是发散的.

当 $x=1$ 时,右端级数成为

$$1-\dfrac{1}{2}+\dfrac{1}{3}-\dfrac{1}{4}+\cdots+(-1)^{n-1}\dfrac{1}{n}+\cdots,$$

这个级数是收敛的,因此

$$\ln(1+x)=x-\dfrac{x^2}{2}+\dfrac{x^3}{3}-\dfrac{x^4}{4}+\cdots+(-1)^{n-1}\dfrac{x^n}{n}+\cdots$$

的收敛域为 $(-1,1]$.

(3) 逐项求导法.

例 6 把 $f(x)=\dfrac{1}{(1-x)^2}$ 展开成幂级数.

解 因为 $\left(\dfrac{1}{1-x}\right)'=\dfrac{1}{(1-x)^2}$,而

$$\dfrac{1}{1-x}=1+x+x^2+\cdots+x^n+\cdots \quad (-1<x<1),$$

所以有

$$\left(\dfrac{1}{1-x}\right)'=1+2x+\cdots+nx^{n-1}+\cdots \quad (-1<x<1),$$

即 $\dfrac{1}{(1-x)^2}$ 展成幂级数为

$$\dfrac{1}{(1-x)^2}=1+2x+\cdots+nx^{n-1}+\cdots \quad (-1<x<1).$$

三、*函数的幂级数展开式的应用

1. 近似计算

有了函数的幂级数展开式,可以求函数的近似值.通常将所求的函数值作为某个级数的和,这个级数的前 n 项和就是它的近似值,级数的余项就是误差,估计误差就是估计余项的绝对值.

例 7 求 e 的近似值,要求误差不超过 0.0001.

解 因为

$$e^x=1+x+\dfrac{x^2}{2!}+\dfrac{x^3}{3!}+\cdots+\dfrac{x^n}{n!}+\cdots \quad (-\infty<x<+\infty).$$

令 $x=1$,得到 $e=1+1+\dfrac{1}{2!}+\dfrac{1}{3!}+\cdots+\dfrac{1}{n!}+\cdots$.

如果取前 n 项和作为 e 的近似值,则误差

$$\begin{aligned}|r_n|=r_n&=\dfrac{1}{n!}+\dfrac{1}{(n+1)!}+\dfrac{1}{(n+2)!}+\cdots\\&=\dfrac{1}{n!}\left[1+\dfrac{1}{n+1}+\dfrac{1}{(n+1)(n+2)}+\cdots\right]\\&\leqslant \dfrac{1}{n!}\left(1+\dfrac{1}{n}+\dfrac{1}{n^2}+\cdots\right)\\&=\dfrac{1}{n!}\cdot\dfrac{1}{1-\dfrac{1}{n}}=\dfrac{1}{(n-1)(n-1)!}.\end{aligned}$$

凭观察. 取 $n=8$. 这时

$$|r_8| \leqslant \frac{1}{7 \cdot 7!} < 0.0001,$$

于是 $e \approx 1+1+\frac{1}{2!}+\cdots+\frac{1}{7!} \approx 2.7183$.

例 8 计算积分 $\int_0^1 e^{-x^2} dx$ 精确到小数点后三位.

解 因为 $e^x = 1+x+\frac{x^2}{2!}+\cdots+\frac{x^n}{n!}+\cdots$,所以令 $x=-x^2$,得

$$e^{-x^2} = 1-x^2+\frac{1}{2!}x^4+\cdots+(-1)^n \frac{1}{n!}x^{2n}+\cdots,$$

逐项积分,得

$$\int_0^x e^{-x^2} dx = x-\frac{1}{1 \cdot 3}x^3+\frac{1}{2! \cdot 5}x^5+\cdots+(-1)^n \frac{x^{2n+1}}{n!(2n+1)}+\cdots.$$

令 $x=1$,得

$$\int_0^1 e^{-x^2} dx = 1-\frac{1}{3}+\frac{1}{5 \cdot 2!}-\frac{1}{7 \cdot 3!}+\frac{1}{9 \cdot 4!}-\cdots.$$

上式右端是交错级数,所以其误差 $|r_n| \leqslant u_{n+1}$. 又 $\frac{1}{9 \cdot 4!} = \frac{1}{216} = 0.0046 > 0.001$,而 $\frac{1}{11 \cdot 5!} = \frac{1}{1320} < 0.00075 < 0.001$,从而取前五项即可满足要求. 故

$$\int_0^1 e^{-x} dx \approx 0.74748.$$

例 9 求 $\sin 10°$ 的近似值,并估计误差.

解 $10° = \frac{\pi}{180} \times 10 = \frac{\pi}{18}$. 在 $\sin x$ 的展开式中. 令 $x = \frac{\pi}{18}$,得

$$\sin \frac{\pi}{18} = \frac{\pi}{18} - \frac{1}{3!}\left(\frac{\pi}{18}\right)^3 + \frac{1}{5!}\left(\frac{\pi}{18}\right)^5 - \frac{1}{7!}\left(\frac{\pi}{18}\right)^7 + \cdots.$$

上式右端是一个收敛的交错级数,且各项绝对值单调减少. 取其前三项之和作为 $\sin \frac{\pi}{18}$ 的近似值,得

$$\sin \frac{\pi}{18} \approx \frac{\pi}{18} - \frac{1}{3!}\left(\frac{\pi}{18}\right)^3 + \frac{1}{5!}\left(\frac{\pi}{18}\right)^5 \approx 0.173648.$$

误差估计式:

$$|r_5| \leqslant \frac{1}{7!}\left(\frac{\pi}{18}\right)^7 \approx \frac{1}{5040} \times (0.174533)^7 < 0.000001.$$

2. 欧拉公式

在复数的计算中,曾用到欧拉公式:
$$e^{ix}=\cos x+i\sin x,$$
现在利用幂级数推导上式.

事实上,在 e^x 的展开式中,用 ix 代替 x,得
$$e^{ix}=1+ix+\frac{(ix)^2}{2!}+\cdots+\frac{(ix)^n}{n!}+\cdots$$
$$=1+ix-\frac{x^2}{2!}-i\frac{x^3}{3!}+\frac{x^4}{4!}+i\frac{x^5}{5!}+\cdots$$
$$=\left(1-\frac{x^2}{2!}+\frac{x^4}{4!}-\cdots\right)+i\left(x-\frac{x^3}{3!}+\frac{x^5}{5!}-\cdots\right),$$

而
$$\cos x=1-\frac{x^2}{2!}+\frac{x^4}{4!}-\cdots,$$
$$\sin x=x-\frac{x^3}{3!}+\frac{x^5}{5!}-\cdots,$$

所以 $e^{ix}=\cos x+i\sin x$.

若上式中令 $x=-x$,又得到 $e^{-ix}=\cos x-i\sin x$,由此可求得
$$\begin{cases} \cos x=\dfrac{e^{ix}+e^{-ix}}{2}, \\ \sin x=\dfrac{e^{ix}-e^{-ix}}{2i}, \end{cases}$$

这也称为欧拉公式.欧拉公式揭示了在复变函数中指数与三角函数的联系.

习 题 11-5

1. 将下列函数展成幂级数,并求收敛域.

(1) $\cos^2 x$;
(2) $\arctan x$;
(3) $\dfrac{x}{1-x^2}$;

(4) $\ln\left(1-\dfrac{x}{2}\right)$;
(5) $\sin\left(x+\dfrac{\pi}{4}\right)$.

2. 将下列函数展成幂级数,并求收敛域.

(1) $\ln x$;
(2) $\dfrac{1}{x}$;
(3) a^x.

3. 利用幂级数计算下列各数的近似值.

(1) $\cos 2°$(精确到 0.0001);

(2) $\sqrt[3]{0.999}$精确到 0.000001);

(3) $\int_0^1 \dfrac{\sin x}{x} \mathrm{d}x$(精确到 0.0001);

(4) $\int_0^{\frac{1}{5}} \sqrt[3]{1+x^2} \mathrm{d}x$(精确到 0.0001).

11.6 傅里叶级数

从本节开始,我们讨论由三角函数组成的函数项级数,即所谓三角级数,着重研究如何把函数展开成三角级数.

一、三角级数、三角函数系的正交性

在第一章中,我们介绍过周期函数的概念,周期函数反映了客观世界中的周期运动.

正弦函数是一种常见而简单的周期函数.例如,描述简谐振动的函数
$$y = A\sin(\omega t + \varphi)$$
就是一个以 $\dfrac{2\pi}{\omega}$ 为周期的正弦函数,其中 y 为动点的位置,t 为时间,A 为振幅,ω 为角频率,φ 为初相.

在实际问题中,除了正弦函数外,还会遇到非正弦的周期函数,它们反映了较复杂的周期运动.如电子技术中常用的周期为 T 的**矩形波**(图 11-1),就是一个非正弦周期函数的例子.

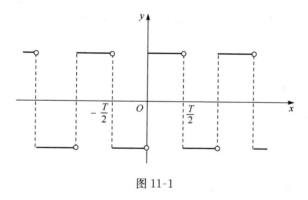

图 11-1

如何深入研究非正弦周期函数呢?联系到前面介绍过的用函数的幂级数展开式表示与讨论函数,我们也想将周期函数展开成由简单的周期函数,例如三角函数组成的级数.具体地说,将周期为 $T = \dfrac{2\pi}{\omega}$ 的周期函数用一系列三角函数 $A_n \sin(n\omega t + \varphi_n)$ 组成的级数来表示,记为

11.6 傅里叶级数

$$f(t) = A_0 + \sum_{n=1}^{\infty} A_n \sin(n\omega t + \varphi_n), \tag{1}$$

其中 $A_0, A_n, \varphi_n (n=1,2,\cdots)$ 都是常数.

将周期函数按上述方式展开,它的物理意义是很明确的,这就是把一个比较复杂的周期运动看成是许多不同频率的简谐振动的叠加. 在电工学上,这种展开称为谐波分析. 其中常数项 A_0 称为 $f(t)$ 的**直流分量**,$A_1 \sin(\omega t + \varphi_1)$ 称为**一次谐波**(又称为**基波**),而 $A_2 \sin(2\omega t + \varphi_2)$,$A_3 \sin(3\omega t + \varphi_3)$,$\cdots$ 依次称为**二次谐波**、**三次谐波**等.

为了以后讨论方便起见,我们将正弦函数 $A_n \sin(n\omega t + \varphi_n)$ 按三角公式变形,得

$$A_n \sin(n\omega t + \varphi_n) = A_n \sin\varphi_n \cos n\omega t + A_n \cos\varphi_n \sin n\omega t,$$

并且令 $\dfrac{a_0}{2} = A_0, a_n = A_n \sin\varphi_n, b_n = A_n \cos\varphi_n, \omega t = x$,则 (1) 式右端的级数就可以改写为

$$\frac{a_0}{2} + \sum_{n=1}^{\infty} (a_n \cos nx + b_n \sin nx). \tag{2}$$

一般地,形如(2)式的级数称为**三角级数**,其中 $a_0, a_n, b_n (n=1,2,\cdots)$ 都是常数.

如同讨论幂级数时一样,我们必须讨论三角级数(2)的收敛问题,以及如何把给定周期为 2π 的周期函数展开成三角级数(2). 为此,我们首先介绍三角函数系的正交性.

所谓三角函数系

$$1, \cos x, \sin x, \cos 2x, \sin 2x, \cdots, \cos nx, \sin nx, \cdots \tag{3}$$

在区间 $[-\pi, \pi]$ 上**正交**,就是指在三角函数系(3)中任何不同的两个函数的乘积在区间 $[-\pi, \pi]$ 上的积分都等于零,即

$$\int_{-\pi}^{\pi} \cos nx \, dx = 0 \quad (n=1,2,\cdots),$$

$$\int_{-\pi}^{\pi} \sin nx \, dx = 0 \quad (n=1,2,\cdots),$$

$$\int_{-\pi}^{\pi} \sin kx \cos nx \, dx = 0 \quad (k,n=1,2,\cdots),$$

$$\int_{-\pi}^{\pi} \cos kx \cos nx \, dx = 0 \quad (k,n=1,2,\cdots k \neq n),$$

$$\int_{-\pi}^{\pi} \sin kx \sin nx \, dx = 0 \quad (k,n=1,2,\cdots k \neq n),$$

以上等式,都可以通过计算定积分来验证,现将第四式验证如下.

利用三角函数中积化和差的公式

$$\cos kx\cos nx=\frac{1}{2}\left[\cos(k+n)x+\cos(k-n)x\right].$$

当 $k\neq n$ 时,有

$$\begin{aligned}\int_{-\pi}^{\pi}\cos kx\cos nx\,\mathrm{d}x&=\frac{1}{2}\int_{-\pi}^{\pi}\left[\cos(k+n)x+\cos(k-n)x\right]\mathrm{d}x\\&=\frac{1}{2}\left[\frac{\sin(k+n)x}{k+n}+\frac{\sin(k-n)x}{k-n}\right]_{-\pi}^{\pi}\\&=0\quad(k,n=1,2,\cdots,k\neq n).\end{aligned}$$

其余等式请读者自行验证.

在三角函数系(3)中,两个相同函数的乘积在区间 $[-\pi,\pi]$ 上的积分不等于零,即

$$\int_{-\pi}^{\pi}1^2\mathrm{d}x=2\pi,$$

$$\int_{-\pi}^{\pi}\sin^2 nx\,\mathrm{d}x=\pi,\quad\int_{-\pi}^{\pi}\cos^2 nx\,\mathrm{d}x=\pi\quad(n=1,2,\cdots).$$

二、函数展开成傅里叶级数

设 $f(x)$ 是周期为 2π 的周期函数,且能展开成三角级数

$$f(x)=\frac{a_0}{2}+\sum_{k=1}^{\infty}(a_k\cos kx+b_k\sin kx). \tag{4}$$

我们自然要问:系数 $a_0,a_1,b_1,\cdots$ 与函数 $f(x)$ 之间存在着怎样的关系?换句话说,如何利用 $f(x)$ 把 $a_0,a_1,b_1,\cdots$ 表达出来? 为此,我们进一步假设级数(4)可以逐项积分.

先求 a_0. 对(4)式从 $-\pi$ 到 π 逐项积分:

$$\int_{-\pi}^{\pi}f(x)\mathrm{d}x=\int_{-\pi}^{\pi}\frac{a_0}{2}\mathrm{d}x+\sum_{k=1}^{\infty}\left[a_k\int_{-\pi}^{\pi}\cos kx\,\mathrm{d}x+b_k\int_{-\pi}^{\pi}\sin kx\,\mathrm{d}x\right].$$

根据三角函数系(3)的正交性,等式右端除第一项外,其余各项均为零,所以

$$\int_{-\pi}^{\pi}f(x)\mathrm{d}x=\frac{a_0}{2}\cdot 2\pi,$$

于是得 $a_0=\dfrac{1}{\pi}\displaystyle\int_{-\pi}^{\pi}f(x)\mathrm{d}x.$

其次求 a_n. 用 $\cos nx$ 乘(4)式两端,再从 $-\pi$ 到 π 逐项积分,我们得到

$$\int_{-\pi}^{\pi}f(x)\cos nx\,\mathrm{d}x=\frac{a_0}{2}\int_{-\pi}^{\pi}\cos nx\,\mathrm{d}x+\sum_{k=1}^{\infty}\left[a_k\int_{-\pi}^{\pi}\cos kx\cos nx\,\mathrm{d}x+b_k\int_{-\pi}^{\pi}\sin kx\cos nx\,\mathrm{d}x\right].$$

根据三角函数系(3)的正交性,等式右端除 $k=n$ 的一项外,其余各项均为零,所以

$$\int_{-\pi}^{\pi} f(x)\cos nx\,\mathrm{d}x = a_n \int_{-\pi}^{\pi} \cos^2 nx\,\mathrm{d}x = a_n\pi,$$

于是得

$$a_n = \frac{1}{\pi}\int_{-\pi}^{\pi} f(x)\cos nx\,\mathrm{d}x \quad (n=1,2,\cdots).$$

类似地,用 $\sin nx$ 乘(4)式的两端,再从 $-\pi$ 到 π 逐项积分,可得

$$b_n = \frac{1}{\pi}\int_{-\pi}^{\pi} f(x)\sin nx\,\mathrm{d}x \quad (n=1,2,\cdots).$$

由于当 $n=0$ 时,a_n 的表达式正好给出 a_0,因此,已得结果可以合并写成

$$\begin{cases} a_n = \dfrac{1}{\pi}\int_{-\pi}^{\pi} f(x)\cos nx\,\mathrm{d}x \quad (n=0,1,2,\cdots), \\ b_n = \dfrac{1}{\pi}\int_{-\pi}^{\pi} f(x)\sin nx\,\mathrm{d}x \quad (n=1,2,\cdots). \end{cases} \tag{5}$$

如果公式(5)中的积分都存在,这时它们定出的系数 $a_0,a_1,b_1,\cdots$ 称为函数 $f(x)$ 的**傅里叶(Fourier)系数**,将这些系数代入(4)式右端,所得的三角级数

$$\frac{a_0}{2} + \sum_{n=1}^{\infty}(a_n\cos nx + b_n\sin nx) \tag{6}$$

称为函数 $f(x)$ 的**傅里叶级数**.

我们面临着一个基本问题:函数 $f(x)$ 在怎样的条件下,它的傅里叶级数收敛于 $f(x)$?简单地说,函数 $f(x)$ 满足什么条件就可以展开成傅里叶级数.

下面,我们叙述一个收敛定理(不加证明),它给出了关于上述问题的一个重要结论.

收敛定理(狄利克雷(Dirichlet)充分条件) 设 $f(x)$ 是周期为 2π 的周期函数.如果它满足条件:在一个周期内连续或只有有限个第一类间断点,并且至多只有有限个极值点,则 $f(x)$ 的傅里叶级数收敛,并且

(1) 当 x 是 $f(x)$ 的连续点时,级数收敛于 $f(x)$;

(2) 当 x 是 $f(x)$ 的间断点时,级数收敛于 $\dfrac{f(x-0)+f(x+0)}{2}$.

收敛定理告诉我们:只要函数在 $[-\pi,\pi]$ 上至多有有限个第一类间断点,并且不做无限次振动,那么函数的傅里叶级数在连续点处收敛于该点的函数值,在间断点处收敛于该点左极限与右极限的算术平均值.可见,函数展开成傅里叶级数的条件比展开成幂级数的条件低得多.

例 1 设 $f(x)$ 是周期为 2π 的周期函数,它在 $[-\pi,\pi)$ 上的表达式为

$$f(x)=\begin{cases}-1, & -\pi\leqslant x<0,\\ 1, & 0\leqslant x<\pi,\end{cases}$$

将 $f(x)$ 展开成傅里叶级数.

解 所给函数满足收敛定理的条件,它在点 $x=k\pi(k=0,\pm1,\pm2,\cdots)$ 处不连续,在其他点处连续,从而由收敛定理知道,$f(x)$ 的傅里叶级数收敛,并且当 $x=k\pi$ 时,级数收敛于

$$\frac{-1+1}{2}=\frac{1+(-1)}{2}=0.$$

当 $x\neq k\pi$ 时,级数收敛于 $f(x)$. 和函数的图形如图 11-2 所示. 计算傅里叶系数如下:

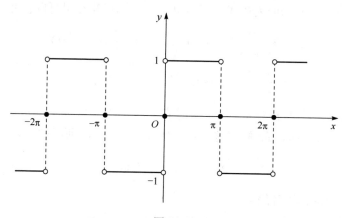

图 11-2

$$\begin{aligned}a_n &= \frac{1}{\pi}\int_{-\pi}^{\pi} f(x)\cos nx\,dx \\ &= \frac{1}{\pi}\int_{-\pi}^{0}(-1)\cos nx\,dx + \frac{1}{\pi}\int_{0}^{\pi} 1\cdot\cos nx\,dx \\ &= 0 \quad (n=0,1,2,\cdots), \\ b_n &= \frac{1}{\pi}\int_{-\pi}^{\pi} f(x)\sin nx\,dx \\ &= \frac{1}{\pi}\int_{-\pi}^{0}(-1)\sin nx\,dx + \frac{1}{\pi}\int_{0}^{\pi} 1\cdot\sin nx\,dx \\ &= \frac{1}{\pi}\left[\frac{\cos nx}{n}\right]_{-\pi}^{0} + \frac{1}{\pi}\left[-\frac{\cos nx}{n}\right]_{0}^{\pi} \\ &= \frac{1}{n\pi}(1-\cos n\pi-\cos n\pi+1) \\ &= \frac{2}{n\pi}[1-(-1)^n]\end{aligned}$$

11.6 傅里叶级数

$$= \begin{cases} \dfrac{4}{n\pi}, & n=1,3,5,\cdots, \\ 0, & n=2,4,6,\cdots. \end{cases}$$

将求得的系数代入(6)式,就得到 $f(x)$ 的傅里叶级数展开式为

$$f(x) = \dfrac{4}{\pi}\left[\sin x + \dfrac{1}{3}\sin 3x + \cdots + \dfrac{1}{2k-1}\sin(2k-1)x + \cdots\right]$$

$$(-\infty < x < \infty; x \neq 0, \pm\pi, \pm 2\pi, \cdots).$$

如果把例 1 中的函数理解为矩形波的波形函数(周期 $T=2\pi$,幅值 $E=1$,自变量 x 表示时间),那么上面所得到的展开式表明:矩形波是由一系列不同频率的正弦波叠加而成的,这些正弦波的频率依次为基波频率的奇数倍.

例 2 设 $f(x)$ 是周期为 2π 的周期函数,它在 $[-\pi,\pi)$ 上的表达式为

$$f(x) = \begin{cases} x, & -\pi \leqslant x < 0, \\ 0, & 0 \leqslant x < \pi, \end{cases}$$

将 $f(x)$ 展开成傅里叶级数.

解 所给函数满足收敛定理的条件,它在点 $x=(2k+1)\pi(k=0,\pm 1,\pm 2,\cdots)$ 处不连续. 因此,$f(x)$ 的傅里叶级数在 $x=(2k+1)\pi$ 处收敛于

$$\dfrac{f(-\pi-0)+f(-\pi+0)}{2} = \dfrac{0-\pi}{2} = -\dfrac{\pi}{2},$$

在连续点 $x(x \neq (2k+1)\pi)$ 处收敛于 $f(x)$. 和函数的图形如图 11-3 所示.

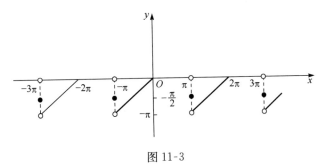

图 11-3

计算傅里叶系数如下:

$$a_0 = \dfrac{1}{\pi}\int_{-\pi}^{\pi} f(x)\mathrm{d}x = \dfrac{1}{\pi}\int_{-\pi}^{0} x\mathrm{d}x = \dfrac{1}{\pi}\left[\dfrac{x^2}{2}\right]_{-\pi}^{0} = -\dfrac{\pi}{2},$$

$$a_n = \dfrac{1}{\pi}\int_{-\pi}^{\pi} f(x)\cos nx\,\mathrm{d}x = \dfrac{1}{\pi}\int_{-\pi}^{0} x\cos nx\,\mathrm{d}x$$

$$= \dfrac{1}{\pi}\left[\dfrac{x\sin nx}{n} + \dfrac{\cos nx}{n^2}\right]_{-\pi}^{0}$$

$$= \frac{1}{n^2\pi}(1-\cos n\pi)$$

$$= \begin{cases} \dfrac{2}{n^2\pi}, & n=1,3,5,\cdots, \\ 0, & n=2,4,6,\cdots. \end{cases}$$

$$b_n = \frac{1}{\pi}\int_{-\pi}^{\pi} f(x)\sin nx\,dx = \frac{1}{\pi}\int_{-\pi}^{0} x\sin nx\,dx$$

$$= \frac{1}{\pi}\left[-\frac{x\cos nx}{n}+\frac{\sin nx}{n^2}\right]_{-\pi}^{0}$$

$$= -\frac{\cos n\pi}{n} = \frac{(-1)^{n+1}}{n}.$$

将求得的系数代入(6)式,得到 $f(x)$ 的傅里叶级数展开式为

$$f(x)=-\frac{\pi}{4}+\left(\frac{2}{\pi}\cos x+\sin x\right)-\frac{1}{2}\sin 2x+\left(\frac{2}{3^2\pi}\cos 3x+\frac{1}{3}\sin 3x\right)$$

$$-\frac{1}{4}\sin 4x+\left(\frac{2}{5^2\pi}\cos 5x+\frac{1}{5}\sin 5x\right)-\cdots \quad (-\infty<x<+\infty; x\neq\pm\pi,\pm 3\pi,\cdots).$$

应该注意,如果函数 $f(x)$ 只在区间 $[-\pi,\pi]$ 上有定义,并且满足收敛定理的条件,那么 $f(x)$ 也可以展开成傅里叶级数. 事实上,我们可以在 $[-\pi,\pi)$ 或 $(-\pi,\pi]$ 外补充函数 $f(x)$ 的定义,使它拓广成周期为 2π 的周期函数 $F(x)$. 按这种方式拓广函数的定义域的过程称为**周期延拓**. 再将 $F(x)$ 展开成傅里叶级数. 最后限制 x 在 $(-\pi,\pi)$ 内,此时 $F(x)\equiv f(x)$,这样便得到 $f(x)$ 的傅里叶级数展开式. 根据收敛定理,这级数在区间端点 $x=\pm\pi$ 处收敛于 $\frac{1}{2}[f(\pi-0)+f(-\pi+0)]$.

例 3 设 $f(x)$ 是周期为 2π 的周期函数,它在 $[-\pi,\pi)$ 上的表达式为

$$f(x)=\begin{cases} -x, & -\pi\leqslant x<0, \\ x, & 0\leqslant x<\pi. \end{cases}$$

将函数展开成傅里叶级数.

解 所给函数满足收敛定理的条件,它在整个数轴上连续(图 11-4),因此 $f(x)$ 的傅里叶级数处处收敛于 $f(x)$.

计算傅里叶系数如下:

$$a_0 = \frac{1}{\pi}\int_{-\pi}^{\pi} f(x)\,dx = \frac{1}{\pi}\int_{-\pi}^{0}(-x)\,dx+\frac{1}{\pi}\int_{0}^{\pi} x\,dx$$

$$= \frac{1}{\pi}\left[-\frac{x^2}{2}\right]_{-\pi}^{0}+\frac{1}{\pi}\left[\frac{x^2}{2}\right]_{0}^{\pi}=\pi,$$

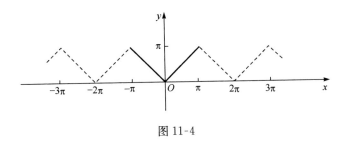

图 11-4

$$a_n = \frac{1}{\pi}\int_{-\pi}^{\pi} f(x)\cos nx\,dx$$
$$= \frac{1}{\pi}\int_{-\pi}^{0}(-x)\cos nx\,dx + \frac{1}{\pi}\int_{0}^{\pi} x\cos nx\,dx$$
$$= -\frac{1}{\pi}\left[\frac{x\sin nx}{n} + \frac{\cos nx}{n^2}\right]_{-\pi}^{0} + \frac{1}{\pi}\left[\frac{x\sin nx}{n} + \frac{\cos nx}{n^2}\right]_{0}^{\pi}$$
$$= \frac{2}{n^2\pi}(\cos n\pi - 1)$$
$$= \begin{cases} -\dfrac{4}{n^2\pi}, & n=1,3,5,\cdots, \\ 0, & n=2,4,6,\cdots, \end{cases}$$
$$b_n = \frac{1}{\pi}\int_{-\pi}^{\pi} f(x)\sin nx\,dx$$
$$= \frac{1}{\pi}\int_{-\pi}^{0}(-x)\sin nx\,dx + \frac{1}{\pi}\int_{0}^{\pi} x\sin nx\,dx$$
$$= -\frac{1}{\pi}\left[-\frac{x\cos nx}{n} + \frac{\sin nx}{n^2}\right]_{-\pi}^{0} + \frac{1}{\pi}\left[-\frac{x\cos nx}{n} + \frac{\sin nx}{n^2}\right]_{0}^{\pi}$$
$$= 0 \quad (n=1,2,\cdots).$$

将求得的系数代入(6)式,得到 $f(x)$ 的傅里叶级数展开式为

$$f(x) = \frac{\pi}{2} - \frac{4}{\pi}\left(\cos x + \frac{1}{3^2}\cos 3x + \frac{1}{5^2}\cos 5x + \cdots\right) \quad (-\pi \leqslant x \leqslant \pi).$$

利用这个展开式,我们可以求出几个特殊级数的和. 当 $x=0$ 时, $f(0)=0$, 于是由这个展开式得出

$$\frac{\pi^2}{8} = 1 + \frac{1}{3^2} + \frac{1}{5^2} + \cdots.$$

设

$$\sigma = 1 + \frac{1}{2^2} + \frac{1}{3^2} + \frac{1}{4^2} + \cdots,$$

$$\sigma_1 = 1 + \frac{1}{3^2} + \frac{1}{5^2} + \cdots \left(= \frac{\pi^2}{8}\right),$$

$$\sigma_2 = \frac{1}{2^2} + \frac{1}{4^2} + \frac{1}{6^2} + \cdots,$$

$$\sigma_3 = 1 - \frac{1}{2^2} + \frac{1}{3^2} - \frac{1}{4^2} + \cdots,$$

因为
$$\sigma_2 = \frac{\sigma}{4} = \frac{\sigma_1 + \sigma_2}{4},$$

所以
$$\sigma_2 = \frac{\sigma_1}{3} = \frac{\pi^2}{24},$$

$$\sigma = \sigma_1 + \sigma_2 = \frac{\pi^2}{8} + \frac{\pi^2}{24} = \frac{\pi^2}{6}.$$

又
$$\sigma_3 = 2\sigma_1 - \sigma = \frac{\pi^2}{4} - \frac{\pi^2}{6} = \frac{\pi^2}{12}.$$

习 题 11-6

1. 下列周期函数 $f(x)$ 的周期为 2π, 试将 $f(x)$ 展开成傅里叶级数, 如果 $f(x)$ 在 $[-\pi, \pi)$ 上的表达式为

(1) $f(x) = 3x^2 + 1 (-\pi \leqslant x < \pi)$;

(2) $f(x) = e^{2x} (-\pi \leqslant x < \pi)$;

(3) $f(x) = \begin{cases} bx, & -\pi \leqslant x < 0, \\ ax, & 0 \leqslant x < \pi, \end{cases}$ (a, b 为常数, 且 $a > b > 0$).

2. 将下列函数 $f(x)$ 展开成傅里叶级数:

(1) $f(x) = 2\sin\frac{x}{3} (-\pi \leqslant x < \pi)$;

(2) $f(x) = \begin{cases} e^x, & -\pi \leqslant x < 0, \\ 1, & 0 \leqslant x < \pi. \end{cases}$

3. 设周期函数 $f(x)$ 的周期为 2π, 证明 $f(x)$ 的傅里叶系数为

$$a_n = \frac{1}{\pi} \int_0^{2\pi} f(x) \cos nx \, dx \quad (n = 0, 1, 2, \cdots),$$

$$b_n = \frac{1}{\pi} \int_0^{2\pi} f(x) \sin nx \, dx \quad (n = 1, 2, \cdots).$$

11.7 正弦级数和余弦级数

一、奇函数和偶函数的傅里叶级数

一般说来,一个函数的傅里叶级数既含有正弦项,又含有余弦项(见 11.6 节例 2).但是,也有一些函数的傅里叶级数只含有正弦项(见 11.6 节例 1)或者只含有常数项和余弦项(见 11.6 节例 3).这是什么原因呢?实际上,这些情况是与所给函数 $f(x)$ 的奇偶性有密切关系的.下面我们介绍一个定理.

定理 当周期为 2π 的奇函数 $f(x)$ 展开成傅里叶级数时,它的傅里叶系数为

$$\begin{cases} a_n = 0 \quad (n=0,1,2,\cdots), \\ b_n = \dfrac{2}{\pi}\int_0^\pi f(x)\sin nx\,\mathrm{d}x \quad (n=1,2,\cdots), \end{cases} \tag{1}$$

而当周期为 2π 的偶函数 $f(x)$ 展开成傅里叶级数时,它的傅里叶系数为

$$\begin{cases} a_n = \dfrac{2}{\pi}\int_0^\pi f(x)\cos nx\,\mathrm{d}x \quad (n=0,1,2,\cdots), \\ b_n = 0 \quad (n=1,2,\cdots). \end{cases} \tag{2}$$

这个定理的正确性在几何上是很明显的,我们现在对第一部分加以证明.

证 设 $f(x)$ 为奇函数,即 $f(-x)=-f(x)$.按傅里叶系数公式有

$$\begin{aligned} a_n &= \frac{1}{\pi}\int_{-\pi}^{\pi} f(x)\cos nx\,\mathrm{d}x \\ &= \frac{1}{\pi}\int_{-\pi}^{0} f(x)\cos nx\,\mathrm{d}x + \frac{1}{\pi}\int_{0}^{\pi} f(x)\cos nx\,\mathrm{d}x. \end{aligned}$$

利用定积分换元法,在右边的第一个积分中以 $-x$ 代 x,然后对调积分的上下限同时更换它的符号,得

$$\begin{aligned} a_n &= \frac{1}{\pi}\int_{\pi}^{0} f(-x)\cos(-nx)(-\mathrm{d}x) + \frac{1}{\pi}\int_{0}^{\pi} f(x)\cos nx\,\mathrm{d}x \\ &= -\frac{1}{\pi}\int_{0}^{\pi} f(x)\cos nx\,\mathrm{d}x + \frac{1}{\pi}\int_{0}^{\pi} f(x)\cos nx\,\mathrm{d}x \\ &= 0 \quad (n=0,1,2,\cdots). \end{aligned}$$

同理

$$\begin{aligned} b_n &= \frac{1}{\pi}\int_{-\pi}^{\pi} f(x)\sin nx\,\mathrm{d}x \\ &= \frac{1}{\pi}\int_{-\pi}^{0} f(x)\sin nx\,\mathrm{d}x + \frac{1}{\pi}\int_{0}^{\pi} f(x)\sin nx\,\mathrm{d}x \\ &= \frac{1}{\pi}\int_{\pi}^{0} f(-x)\sin(-nx)(-\mathrm{d}x) + \frac{1}{\pi}\int_{0}^{\pi} f(x)\sin nx\,\mathrm{d}x \end{aligned}$$

$$= \frac{1}{\pi} \int_0^\pi f(x)\sin nx\,dx + \frac{1}{\pi} \int_0^\pi f(x)\sin nx\,dx$$

$$= \frac{2}{\pi} \int_0^\pi f(x)\sin nx\,dx \quad (n=1,2,\cdots).$$

这个定理说明了：如果 $f(x)$ 为奇函数，那么它的傅里叶级数是只含有正弦项的**正弦级数**

$$\sum_{n=1}^{\infty} b_n \sin nx. \tag{3}$$

如果 $f(x)$ 为偶函数，那么它的傅里叶级数是只含有常数项和余弦项的**余弦级数**

$$\frac{a_0}{2} + \sum_{n=1}^{\infty} a_n \cos nx. \tag{4}$$

例1 设 $f(x)$ 是周期为 2π 的周期函数，它在 $[-\pi,\pi]$ 上的表达式为 $f(x)=x$. 将 $f(x)$ 展开成傅里叶级数.

解 首先，所给函数满足收敛定理的条件，它在点

$$x = (2k+1)\pi \,(k=0,\pm 1,\pm 2,\cdots)$$

处不连续，因此 $f(x)$ 的傅里叶级数在点 $x=(2k+1)\pi$ 处收敛于

$$\frac{f(\pi-0)+f(-\pi+0)}{2} = \frac{\pi+(-\pi)}{2} = 0$$

在连续点 $x\,(x\neq(2k+1)\pi)$ 处收敛于 $f(x)$. 和函数的图形如图 11-5 所示.

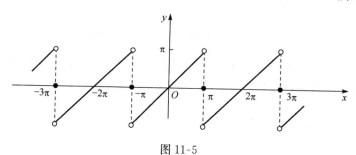

图 11-5

其次，若不计 $x=(2k+1)\pi\,(k=0,\pm 1,\pm 2,\cdots)$，则 $f(x)$ 是周期为 2π 的奇函数. 显然，此时(1)式仍成立. 按公式(1)有 $a_n=0\,(n=0,1,2,\cdots)$，而

$$b_n = \frac{2}{\pi}\int_0^\pi f(x)\sin nx\,dx = \frac{2}{\pi}\int_0^\pi x\sin nx\,dx = \frac{2}{\pi}\left[-\frac{x\cos nx}{n}+\frac{\sin nx}{n^2}\right]_0^\pi$$

$$= -\frac{2}{\pi}\cos n\pi = \frac{2}{n}(-1)^{n+1}\,(n=1,2,\cdots).$$

将求得的 b_n 代入正弦级数(3)，得 $f(x)$ 的傅里叶级数展开式为

11.7 正弦级数和余弦级数

$$f(x)=2\left(\sin x-\frac{1}{2}\sin 2x+\frac{1}{3}\sin 3x-\cdots\right) \quad (-\infty<x<+\infty; x\neq\pm\pi,\pm 3\pi,\cdots).$$

例 2 将周期函数
$$u(t)=|E\sin t|$$
展开成傅里叶级数,其中 E 是正的常数.

解 所给函数满足收敛定理的条件,它在整个数轴上连续(图 11-6),因此 $u(t)$ 的傅里叶级数处处收敛于 $u(t)$.

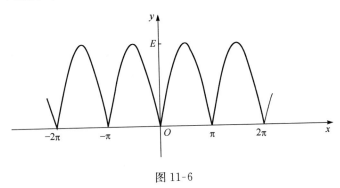

图 11-6

因为 $u(t)$ 为偶函数,所以按公式(2)有 $b_n=0$,而

$$a_0=\frac{2}{\pi}\int_0^\pi u(t)\mathrm{d}t=\frac{2}{\pi}\int_0^\pi E\sin t\,\mathrm{d}t$$

$$=\frac{2e}{\pi}\left[-\cos t\right]_0^\pi=\frac{4E}{\pi},$$

$$a_n=\frac{2}{\pi}\int_0^\pi u(t)\cos nt\,\mathrm{d}t$$

$$=\frac{2}{\pi}\int_0^\pi E\sin t\cos nt\,\mathrm{d}t$$

$$=\frac{E}{\pi}\int_0^\pi[\sin(n+1)t-\sin(n-1)t]\mathrm{d}t$$

$$=\frac{E}{\pi}\left[-\frac{\cos(n+1)t}{n+1}+\frac{\cos(n-1)t}{n-1}\right]_0^\pi$$

$$=\frac{E}{\pi}\left[\frac{1-\cos(n+1)\pi}{n+1}+\frac{\cos(n-1)\pi-1}{n-1}\right]$$

$$=\begin{cases}-\dfrac{4E}{(n^2-1)\pi}, & n=2,4,6,\cdots,\\ 0, & n=3,5,7,\cdots.\end{cases}$$

当 $n=1$ 时,上述计算方法不适用,所以 a_1 另行计算如下:

$$a_1 = \frac{2}{\pi}\int_0^\pi u(t)\cos t\,dt = \frac{2}{\pi}\int_0^\pi E\sin t\cos t\,dt$$
$$= \frac{2E}{\pi}\left[\frac{\sin^2 t}{2}\right]_0^\pi = 0.$$

将求得的 a_n 代入余弦级数(4)，得 $u(t)$ 的傅里叶级数展开式为

$$u(t) = \frac{4E}{\pi}\left(\frac{1}{2} - \frac{1}{3}\cos 2t - \frac{1}{15}\cos 4t - \frac{1}{35}\cos 6t - \cdots\right) \quad (-\infty < t < +\infty).$$

二、函数展开成正弦级数或余弦级数

在实际应用(如研究某种波动问题，热的传导、扩散问题)中，有时还需要把定义在区间 $[0,\pi]$ 上的函数 $f(x)$ 展开成正弦级数或余弦级数.

根据前面讨论的结果，这类展开问题可以按如下的方法解决：设函数 $f(x)$ 定义在区间 $[0,\pi]$ 上并且满足收敛定理的条件，我们在开区间 $(-\pi,0)$ 内补充函数 $f(x)$ 的定义，得到定义在 $(-\pi,\pi]$ 上的函数 $F(x)$，使它在 $(-\pi,\pi)$ 上成为奇函数①

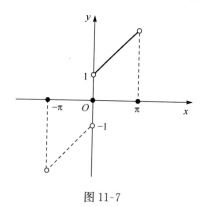

图 11-7

(偶函数). 按这种方式拓广函数定义域的过程称为**奇延拓**(**偶延拓**). 然后将**奇延拓**(**偶延拓**)后的函数展开成傅里叶级数，这个级数必定是正弦级数(余弦级数). 再限制 x 在 $[0,\pi]$ 上，此时 $F(x) \equiv f(x)$，这样便得到 $f(x)$ 的正弦级数(余弦级数)展开式.

例3 将函数 $f(x) = x+1 \; (0 \leqslant x \leqslant \pi)$ 分别展开成正弦级数和余弦级数.

解 先求正弦级数，为此对函数 $f(x)$ 进行奇延拓(图 11-7). 按公式(1)有

$$b_n = \frac{2}{\pi}\int_0^\pi f(x)\sin nx\,dx$$
$$= \frac{2}{\pi}\int_0^\pi (x+1)\sin nx\,dx$$
$$= \frac{2}{\pi}\left[-\frac{x\cos nx}{n} + \frac{\sin nx}{n^2} - \frac{\cos nx}{n}\right]_0^\pi$$
$$= \frac{2}{n\pi}(1 - \pi\cos n\pi - \cos n\pi)$$

---

① 补充 $f(x)$ 的定义使它在 $(-\pi,\pi)$ 上成为奇函数时，若 $f(0) \neq 0$，规定 $F(0) = 0$.

$$=\begin{cases}\dfrac{2}{\pi}\cdot\dfrac{\pi+2}{n}, & n=1,3,5,\cdots,\\ -\dfrac{2}{n}, & n=2,4,6,\cdots.\end{cases}$$

将求得的 b_n 代入正弦级数(3)，得

$$x+1=\frac{2}{\pi}\left[(\pi+2)\sin x-\frac{\pi}{2}\sin 2x+\frac{1}{3}(\pi+2)\sin 3x-\frac{\pi}{4}\sin 4x+\cdots\right]\quad(0<x<\pi).$$

在端点 $x=0$ 及 $x=\pi$ 处，级数的和显然为零，它不代表原来函数 $f(x)$ 的值.

再求余弦级数，为此对 $f(x)$ 进行偶延拓(图 11-8). 按公式(2)有

$$a_0=\frac{2}{\pi}\int_0^{\pi}(x+1)\mathrm{d}x=\frac{2}{\pi}\left[\frac{x^2}{2}+x\right]_0^{x}=\pi+2,$$

$$\begin{aligned}a_n&=\frac{2}{\pi}\int_0^{\pi}(x+1)\cos nx\,\mathrm{d}x\\&=\frac{2}{\pi}\left[\frac{x\sin nx}{n}+\frac{\cos nx}{n^2}+\frac{\sin nx}{n}\right]_0^{\pi}\\&=\frac{2}{n^2\pi}(\cos n\pi-1)\\&=\begin{cases}0, & n=2,4,5,\cdots,\\ -\dfrac{4}{n^2\pi}, & n=1,3,5,\cdots.\end{cases}\end{aligned}$$

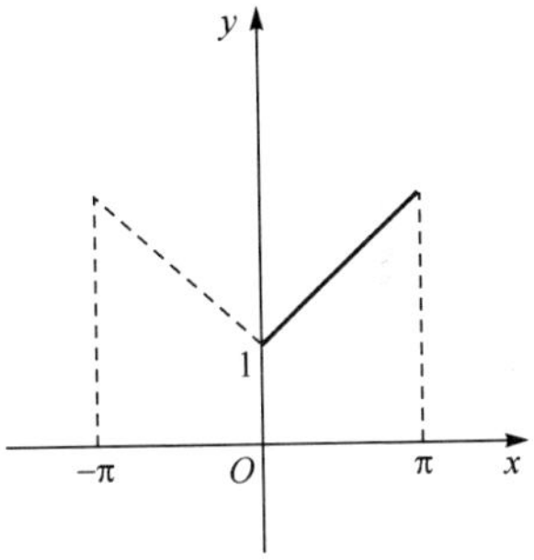

图 11-8

将求得的 a_n 代入余弦级数(4)，得

$$x+1=\frac{\pi}{2}+1-\frac{4}{\pi}\left(\cos x+\frac{1}{3^2}\cos 3x+\frac{1}{5^2}\cos 5x+\cdots\right)\quad(0\leqslant x\leqslant\pi).$$

习　题　11-7

1. 将函数 $f(x)=\cos\dfrac{x}{2}\ (-\pi\leqslant x\leqslant\pi)$ 展开成傅里叶级数.

2. 设 $f(x)$ 是周期为 2π 的周期函数，它在 $[-\pi,\pi)$ 上的表达式为

$$f(x)=\begin{cases}-\dfrac{\pi}{2}, & -\pi\leqslant x<-\dfrac{\pi}{2},\\ x, & -\dfrac{\pi}{2}\leqslant x<\dfrac{\pi}{2},\\ \dfrac{\pi}{2}, & \dfrac{\pi}{2}\leqslant x<\pi,\end{cases}$$

将 $f(x)$ 展开成傅里叶级数.

3. 将函数 $f(x)=\dfrac{\pi-x}{2}(0\leqslant x\leqslant\pi)$ 展开成正弦级数.

4. 将函数 $f(x)=2x^2(0\leqslant x\leqslant\pi)$ 分别展开成正弦级数和余弦级数.

5. 设周期函数 $f(x)$ 的周期为 2π,证明：

(1) 如果 $f(x-\pi)=-f(x)$,则 $f(x)$ 的傅里叶系数 $a_0=0, a_{2k}=0, b_{2k}=0 (k=1,2,\cdots)$;

(2) 如果 $f(x-\pi)=f(x)$,则 $f(x)$ 的傅里叶系数 $a_{2k+1}=0, b_{2k+1}=0 (k=0,1,2,\cdots)$.

11.8 周期为 $2l$ 的周期函数的傅里叶级数

到现在为止,我们所讨论的周期函数都是以 2π 为周期的,但是实际问题中所遇到的周期函数,它的周期不一定是 2π. 例如,11.6 节中我们所指出的矩形波,它的周期是 $T=\dfrac{2\pi}{\omega}$. 因此,下面我们讨论周期为 $2l$ 的周期函数的傅里叶级数. 根据前面讨论的结果,经过自变量的变量代换,可得下面的定理.

定理 设周期为 $2l$ 的周期函数 $f(x)$ 满足收敛定理的条件,则它的傅里叶级数展开式[①]为

$$f(x)=\frac{a_0}{2}+\sum_{n=1}^{\infty}\left(a_n\cos\frac{n\pi x}{l}+b_n\sin\frac{n\pi x}{l}\right), \tag{1}$$

其中系数 a_n, b_n 为

$$\begin{cases} a_n=\dfrac{1}{l}\displaystyle\int_{-l}^{l}f(x)\cos\dfrac{n\pi x}{l}\mathrm{d}x & (n=0,1,2,\cdots), \\ b_n=\dfrac{1}{l}\displaystyle\int_{-l}^{l}f(x)\sin\dfrac{n\pi x}{l}\mathrm{d}x & (n=1,2,\cdots). \end{cases} \tag{2}$$

如果 $f(x)$ 为奇函数,则有

$$f(x)=\sum_{n=1}^{\infty}b_n\sin\frac{n\pi x}{l}, \tag{3}$$

其中系数 b_n 为

$$b_n=\frac{2}{l}\int_0^l f(x)\sin\frac{n\pi x}{l}\mathrm{d}x \quad (n=1,2,\cdots). \tag{4}$$

如果 $f(x)$ 为偶函数,则有

---

① 在等式(1),(3)和(5)中,如果 x 为函数的间断点,应以算术平均值 $\dfrac{1}{2}[f(x-0)+f(x+0)]$ 代替等式左边的 $f(x)$.

11.8 周期为 $2l$ 的周期函数的傅里叶级数

$$f(x) = \frac{a_0}{2} + \sum_{n=1}^{\infty} a_n \cos \frac{n\pi x}{l}, \tag{5}$$

其中系数 a_n 为

$$a_n = \frac{2}{l} \int_0^l f(x) \cos \frac{n\pi x}{l} \mathrm{d}x \quad (n = 0, 1, 2, \cdots). \tag{6}$$

证 作变量代换 $z = \dfrac{\pi x}{l}$,于是区间 $-l \leqslant x \leqslant l$ 就变换成 $-\pi \leqslant z \leqslant \pi$,设函数 $f(x) = f\left(\dfrac{lz}{\pi}\right) = F(z)$,从而 $F(z)$ 是周期为 2π 的周期函数,并且它满足收敛定理的条件,将 $F(z)$ 展开成傅里叶级数:

$$F(z) = \frac{a_0}{2} + \sum_{n=1}^{\infty} (a_n \cos nz + b_n \sin nz),$$

其中 $a_n = \dfrac{1}{\pi} \int_{-\pi}^{\pi} F(z) \cos nz \, \mathrm{d}z, b_n = \dfrac{1}{\pi} \int_{-\pi}^{\pi} F(z) \sin nz \, \mathrm{d}z.$

在以上式子中令 $z = \dfrac{\pi x}{l}$,并注意到 $F(z) = f(x)$,于是有

$$f(x) = \frac{a_0}{2} + \sum_{n=1}^{\infty} \left(a_n \cos \frac{n\pi x}{l} + b_n \sin \frac{n\pi x}{l} \right),$$

而且 $a_n = \dfrac{1}{l} \int_{-l}^{l} f(x) \cos \dfrac{n\pi x}{l} \mathrm{d}x, b_n = \dfrac{1}{l} \int_{-l}^{l} f(x) \sin \dfrac{n\pi x}{l} \mathrm{d}x.$

类似地,可以证明定理的其余部分.

例 1 设 $f(x)$ 是周期为 4 的周期函数,它在 $[-2, 2)$ 上的表达式为

$$f(x) = \begin{cases} 0, & -2 \leqslant x < 0, \\ k, & 0 \leqslant x < 2 \end{cases} \quad (\text{常数 } k \neq 0).$$

将 $f(x)$ 展开成傅里叶级数.

解 这时 $l = 2$,按公式(2),有

$$a_0 = \frac{1}{2} \int_{-2}^{0} 0 \mathrm{d}x + \frac{1}{2} \int_{0}^{2} k \mathrm{d}x = k,$$

$$a_n = \frac{1}{2} \int_{0}^{2} k \cos \frac{n\pi x}{2} \mathrm{d}x = \left[\frac{k}{n\pi} \sin \frac{n\pi x}{2} \right]_0^2 = 0,$$

$$b_n = \frac{1}{2} \int_{0}^{2} k \sin \frac{n\pi x}{2} \mathrm{d}x = \left[-\frac{k}{n\pi} \cos \frac{n\pi x}{2} \right]_0^2$$

$$= \frac{k}{n\pi} (1 - \cos n\pi) \begin{cases} \dfrac{2k}{n\pi}, & n = 1, 3, 5, \cdots, \\ 0, & n = 2, 4, 6, \cdots. \end{cases}$$

将求得的系数 a_n, b_n 代入(1)式,得

$$f(x)=\frac{k}{2}+\frac{2k}{\pi}\left(\sin\frac{\pi x}{2}+\frac{1}{3}\sin\frac{3\pi x}{2}+\frac{1}{5}\sin\frac{5\pi x}{2}+\cdots\right)$$
$$(-\infty<x<+\infty; x\neq 0,\pm 2,\pm 4,\cdots).$$

$f(x)$ 的傅里叶级数和函数的图形如图 11-9 所示.

例 2 将如图 11-10 所示的函数

$$M(x)=\begin{cases}\dfrac{px}{2}, & 0\leqslant x<\dfrac{l}{2},\\ \dfrac{p(l-x)}{2}, & \dfrac{l}{2}\leqslant x\leqslant l\end{cases}$$

展开成正弦级数.

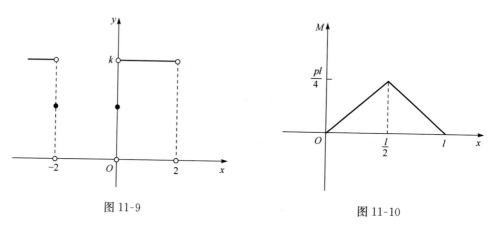

图 11-9　　　　　　　图 11-10

解　$M(x)$ 是定义在 $[0,l]$ 上的函数,要将它展开成正弦级数,必须对 $M(x)$ 进行奇延拓,按公式(4)计算延拓后的函数的傅里叶系数:

$$b_n=\frac{2}{l}\int_0^l M(x)\sin\frac{n\pi x}{l}\mathrm{d}x$$
$$=\frac{2}{l}\left[\int_0^{\frac{l}{2}}\frac{px}{2}\sin\frac{n\pi x}{l}\mathrm{d}x+\int_{\frac{l}{2}}^l\frac{p(l-x)}{2}\sin\frac{n\pi x}{l}\mathrm{d}x\right].$$

对上式右端的第二项,令 $t=l-x$,则

$$b_n=\frac{2}{l}\left[\int_0^{\frac{l}{2}}\frac{px}{2}\sin\frac{n\pi x}{l}\mathrm{d}x+\int_{\frac{l}{2}}^0\frac{pt}{2}\sin\frac{n\pi(l-t)}{l}(-\mathrm{d}t)\right]$$
$$=\frac{2}{l}\left[\int_0^{\frac{l}{2}}\frac{px}{2}\sin\frac{n\pi x}{l}\mathrm{d}x+(-1)^{n+1}\int_0^{\frac{l}{2}}\frac{pt}{2}\sin\frac{n\pi x}{l}\mathrm{d}t\right].$$

当 $n=2,4,6,\cdots$ 时,$b_n=0$;当 $n=1,3,5,\cdots$ 时,

$$b_n=\frac{4p}{2l}\int_0^{\frac{l}{2}}x\sin\frac{n\pi x}{l}\mathrm{d}x=\frac{2pl}{n^2\pi^2}\sin\frac{n\pi}{2}.$$

将求得的 b_n 代入(3)式,得

$$M(x)=\frac{2pl}{\pi^2}\left(\sin\frac{\pi x}{l}-\frac{1}{3^2}\sin\frac{3\pi x}{l}+\frac{1}{5^2}\sin\frac{5\pi x}{l}-\cdots\right) \quad (0\leqslant x\leqslant l).$$

例 3 将函数 $f(x)=10-x(5<x<15)$ 展开成傅里叶级数.

解 作变量代换 $z=x-10$,则区间 $5<x<15$ 变换成 $-5<z<5$,而 $f(x)=f(z+10)=-z=F(z)$. 补充函数 $F(z)=-z(-5<z<5)$ 的定义,令 $F(-5)=5$,然后将 $F(z)$ 作周期延拓(周期为10),这拓广的周期函数满足收敛定理的条件,它的傅里叶级数在 $(-5,5)$ 内收敛于 $F(z)$.

计算拓广的周期函数的傅里叶系数如下:

$$a_n=0 \quad (n=0,1,2,\cdots),$$

$$b_n=\frac{2}{5}\int_0^5(-z)\sin\frac{n\pi z}{5}\mathrm{d}z=(-1)^n\frac{10}{n\pi} \quad (n=1,2,\cdots),$$

于是

$$F(z)=\frac{10}{\pi}\sum_{n=1}^\infty\frac{(-1)^n}{n}\sin\frac{n\pi z}{5}(-5<z<5),$$

从而

$$10-x=\frac{10}{\pi}\sum_{n=1}^\infty\frac{(-1)^n}{n}\sin\frac{n\pi}{5}(x-10)$$

$$=\frac{10}{\pi}\sum_{n=1}^\infty\frac{(-1)^n}{n}\sin\frac{n\pi}{5}x \quad (5<x<15).$$

习 题 11-8

1. 将下列各周期函数展开成傅里叶级数(下面给出函数在一个周期内的表达式).

(1) $f(x)=1-x^2 \quad \left(-\frac{1}{2}\leqslant x<\frac{1}{2}\right);$

(2) $f(x)\begin{cases}x, & -1\leqslant x<0, \\ 1, & 0\leqslant x<\frac{1}{2}, \\ -1, & \frac{1}{2}\leqslant x<1;\end{cases}$

(3) $f(x)=\begin{cases}2x+1, & -3\leqslant x<0, \\ 1, & 0\leqslant x<3.\end{cases}$

2. 将下列函数分别展开成正弦级数和余弦级数.

(1) $f(x)=\begin{cases} x, & 0 \leqslant x < \dfrac{l}{2}, \\ l-x, & \dfrac{l}{2} \leqslant x \leqslant l; \end{cases}$

(2) $f(x)=x^2 \ (0 \leqslant x \leqslant 2)$.

3. 将函数

$$f(x)=\begin{cases} x, & -\dfrac{\pi}{2} \leqslant x < \dfrac{\pi}{2}, \\ \pi-x, & \dfrac{\pi}{2} \leqslant x \leqslant \dfrac{3\pi}{2} \end{cases}$$

展开成傅里叶级数.

自 测 题

自 测 题 一

一、选择题

1. 设 $f(x-1)$ 的定义域为 $[0,a](a>0)$,则 $f(x)$ 的定义域为（　　）.
   (A) $[1,a+1]$；
   (B) $[-1,a-1]$；
   (C) $[1-a,1+a]$；
   (D) $[a-1,a+1]$.

2. 设 $f(x)$ 的定义域为 $(0,1]$,$\varphi(x)=1-\ln x$,则复合函数 $f[\varphi(x)]$ 的定义域为（　　）.
   (A) $(0,e]$；　　(B) $(1,e]$；　　(C) $[1,e]$；　　(D) $[0,1]$.

3. 若 $f(x)$ 为奇函数,$\varphi(x)$ 为偶函数,且 $\varphi[f(x)]$ 有意义,则 $\varphi[f(x)]$ 为（　　）.
   (A) 奇函数；
   (B) 偶函数；
   (C) 可能是奇函数也可能是偶函数；
   (D) 非奇非偶函数.

4. 若 $\lim\limits_{x \to x_0} f(x) = 0$,则（　　）.
   (A) 当 $g(x)$ 为任意函数时,有 $\lim\limits_{x \to x_0} f(x) \cdot g(x) = 0$ 成立；
   (B) 当 $g(x)$ 为有界函数时,有 $\lim\limits_{x \to x_0} f(x) \cdot g(x) = 0$ 成立；
   (C) 仅当 $\lim\limits_{x \to x_0} g(x) = 0$ 时,才有 $\lim\limits_{x \to x_0} f(x) \cdot g(x) = 0$ 成立；
   (D) 仅当 $g(x)$ 为常数时,才有 $\lim\limits_{x \to x_0} f(x) \cdot g(x) = 0$ 成立.

5. 设 $f(x) = \begin{cases} x-1, & -1 < x \leqslant 0, \\ x, & 0 < x \leqslant 1, \end{cases}$ 则 $\lim\limits_{x \to 0} f(x) = $（　　）.
   (A) -1；　　(B) 1；　　(C) 0；　　(D) 不存在.

6. 设 $\{a_n\},\{b_n\},\{c_n\}$ 均为非负数列,且 $\lim\limits_{n \to \infty} a_n = 0, \lim\limits_{n \to \infty} b_n = 1, \lim\limits_{n \to \infty} c_n = \infty$,则必有（　　）.
   (A) $a_n < b_n$ 对任意 n 成立；
   (B) $b_n < c_n$ 对任意 n 成立；
   (C) 极限 $\lim\limits_{n \to \infty} a_n c_n$ 不存在；
   (D) 极限 $\lim\limits_{n \to \infty} b_n c_n$ 不存在.

7. 设函数 $f(x)=\lim\limits_{n\to\infty}\dfrac{1+x}{1+x^{2n}}$，讨论函数 $f(x)$ 的间断点，其结论为(　　).

(A) 不存在间断点；　　　　　　　　(B) 存在间断点 $x=1$；

(C) 存在间断点 $x=0$；　　　　　　　(D) 存在间断点 $x=-1$.

8. 设数列 x_n 与 y_n 满足 $\lim\limits_{n\to\infty}x_n y_n=0$，则下列断言正确的是(　　).

(A) 若 x_n 发散，则 y_n 必发散；

(B) 若 x_n 无界，则 y_n 必有界；

(C) 若 x_n 无界，则 y_n 必为无穷小；

(D) 若 $\dfrac{1}{x_n}$ 为无穷小，则 y_n 必为无穷小.

9. 在区间 $(-\infty,+\infty)$ 内，方程 $|x|^{\frac{1}{4}}+|x|^{\frac{1}{2}}-\cos x=0$(　　).

(A) 无实根；　　　　　　　　　　　(B) 有且仅有一个实根；

(C) 有且仅有两个实根；　　　　　　(D) 有无穷多个实根.

二、填空题

1. 设 $f(x)=\dfrac{1}{1-x}$，则 $f[f(x)]=$ ＿＿＿＿＿＿.

2. 若 $\lim\limits_{n\to\infty}a_n=a$，则 $\lim\limits_{n\to\infty}|a_n|=$ ＿＿＿＿＿＿.

3. 设 $\lim\limits_{x\to\infty}(\sqrt{x^2-x+1}-ax-b)=0$，则 $a=$ ＿＿＿＿＿＿，$b=$ ＿＿＿＿＿＿.

4. 函数 $f(x)=\dfrac{1}{1-\ln x^2}$ 的连续区间是＿＿＿＿＿＿.

5. 函数 $f(x)=e^{\frac{1}{x}}$ 的间断点是＿＿＿＿＿＿，其为第＿＿＿＿＿＿类间断点.

三、求下列极限

1. $\lim\limits_{x\to+\infty}\dfrac{x+\sin x}{x}$；　　　　　2. $\lim\limits_{x\to\infty}\left(\dfrac{x+2}{x-2}\right)^x$.

四、求函数 $f(x)=\dfrac{x}{\ln|x-1|}$ 的间断点，并判断其类型.

五、证明方程 $xa^x-b=0(a>b>0)$ 在 $[0,1]$ 上至少存在一个根.

六、设 $f(x)$ 在 $(-\infty,+\infty)$ 内连续，$x=a$ 和 $x=b$ 是方程 $f(x)=0$ 的相邻两个根，证明：若 a,b 之间某一点 c 处的函数值 $f(c)$ 为正(负)，则 $f(x)$ 在 (a,b) 内恒正(负).

自 测 题 二

一、填空题

1. 若 $f(t) = \lim\limits_{x \to \infty} \left[t\left(1+\dfrac{1}{x}\right)^{2tx} \right]$，则 $f'(t) = $ _____.

2. 若 $f'(a) = k$ 存在，则 $\lim\limits_{h \to +\infty} h\left(f\left(a - \dfrac{1}{h}\right) - f(a) \right) = $ _____.

3. 设 $f(x)$ 为可导函数，$y = f\left(\cos\left(\dfrac{1}{\sqrt{x}} \right) \right)$，则 $\mathrm{d}y = $ _____.

4. 设 $y = y(x)$ 由方程 $xy + \ln y = 1$ 确定，则曲线 $y = y(x)$ 在 $x = 1$ 处的法线方程为 _____.

5. 曲线 $\begin{cases} x = \mathrm{e}^t \sin 2t, \\ y = \mathrm{e}^t \cos t \end{cases}$ 在点 $(0, 1)$ 处的切线方程为 _____.

6. 设 $y = \mathrm{e}^{\tan \frac{1}{x}} \sin \dfrac{1}{x}$，则 $y' = $ _____.

二、选择题

1. 设 $f(x)$ 可导，$F(x) = f(x)(1 + |\sin x|)$，若使 $F(x)$ 在 $x = 0$ 处可导，则必有（ ）.

   (A) $f(0) = 0$；
   (B) $f'(0) = 0$；
   (C) $f(0) + f'(0) = 0$；
   (D) $f(0) - f'(0) = 0$.

2. 设 $f(x) = 3x^3 + x^2 |x|$，则使 $f^{(n)}(0)$ 存在的最高阶数 n 为（ ）.

   (A) 0；　　　(B) 1；　　　(C) 2；　　　(D) 3.

3. 已知函数 $f(x)$ 具有任意阶导数，且 $f'(x) = [f(x)]^2$，则当 n 为大于 2 的正整数时，$f(x)$ 的 n 阶导数 $f^{(n)}(x)$ 是（ ）.

   (A) $n! [f(x)]^{n+1}$；
   (B) $n [f(x)]^{n+1}$；
   (C) $[f(x)]^{2n}$；
   (D) $n! [f(x)]^{2n}$.

4. 若函数 $y = f(x)$，有 $f'(x_0) = \dfrac{1}{2}$，则当 $\Delta x \to 0$ 时，该函数在 $x = x_0$ 处的微分 $\mathrm{d}y$ 是（ ）.

   (A) 与 Δx 等价的无穷小；
   (B) 与 Δx 同阶的无穷小；
   (C) 比 Δx 低阶的无穷小；
   (D) 比 Δx 高阶的无穷小.

5. 函数 $f(x) = (x^2 - x - 2)|x^3 - x|$ 不可导点的个数是（ ）.

   (A) 3；　　　(B) 2；　　　(C) 1；　　　(D) 0.

三、计算与证明题

1. 设 $y=y(x)$ 由 $\begin{cases} x=\arctan t, \\ 2y-ty^2+e^t=5 \end{cases}$ 所确定,求 $\dfrac{dy}{dx}$.

2. 设函数 $y=y(x)$ 由方程 $xe^{f(y)}=e^y$ 确定,其中 f 具有二阶导数,且 $f'\neq 1$,求 $\dfrac{d^2y}{dx^2}$.

3. 设 $f(x)=\begin{cases} x\arctan\dfrac{1}{x^2}, & x\neq 0, \\ 0, & x=0, \end{cases}$ 试讨论 $f'(x)$ 在 $x=0$ 处的连续性.

4. 设函数 $f(x)=\begin{cases} \dfrac{g(x)-\cos x}{x}, & x\neq 0, \\ a, & x=0, \end{cases}$ 其中 $g(x)$ 具有二阶连续导函数且 $g(0)=1$.

(1) 确定 a 的值,使 $f(x)$ 在点 $x=0$ 处连续;
(2) 求 $f'(x)$.

自 测 题 三

一、判断题

1. 函数 $f(x)=e^x$ 在 $[-1,1]$ 上满足罗尔定理的条件. ( )
2. 单调函数的导函数必为单调函数. ( )
3. 设 $\lim\limits_{x\to a}\dfrac{f(x)-f(a)}{(x-a)^2}=1$,则 $f(x)$ 在点 $x=a$ 处取得极小值. ( )
4. 函数 $F(x)=e^x-(ax^2+bx+c)$ 至多只有三个零点. ( )
5. 若函数 $f(x)$ 在 $[0,+\infty)$ 上连续,且在 $(0,+\infty)$ 内 $f'(x)<0$,则 $f(0)$ 为 $f(x)$ 在 $[0,+\infty)$ 上的最大值. ( )

二、填空题

1. 当 $x\to 0$ 时,$x-\sin x\sim ax^b$,则常数 $a=$ _____,$b=$ _____.
2. 函数 $f(x)=e^{-x}\sin x$ 在 $[0,2\pi]$ 上满足罗尔中值定理,当 $\xi=$ _____ 时,$f'(\xi)=0$.
3. 在 $[0,1]$ 上 $f''(x)>0$,则 $f'(0),f'(1),f(1)-f(0)$ 三者的大小关系为 _____.
4. $F(x)=C(x^2+1)^2$ $(C>0)$ 在点 $x=$ _____ 处取得极小值,其值为 _____.
5. 在 $1,\sqrt{2},\sqrt[3]{3},\sqrt[4]{4},\sqrt[5]{5},\cdots,\sqrt[n]{n},\cdots$ 中的最大值为 _____.

三、选择题

1. $f(x)$ 为 $(-\infty, +\infty)$ 上的偶函数,在 $(-\infty, 0)$ 内 $f'(x)>0$ 且 $f''(x)<0$,则在 $(0, +\infty)$ 内（　　）.

   (A) $f'(x)>0$ 且 $f''(x)<0$;　　　　(B) $f'(x)>0$ 且 $f''(x)>0$;

   (C) $f'(x)<0$ 且 $f''(x)<0$;　　　　(D) $f'(x)<0$ 且 $f''(x)>0$.

2. 设 $f(x)$ 在 $[0,1]$ 上可导,且 $0<f(x)<1$, $f'(x)\neq 1$,则在 $(0,1)$ 中存在（　　）个 ξ,使得 $f(\xi)=\xi$.

   (A) 1;　　　　(B) 2;　　　　(C) 3;　　　　(D) 0.

3. 设 $f''(x_0)$ 存在,则 $\lim\limits_{h\to 0}\dfrac{f(x_0+h)+f(x_0-h)-2f(x_0)}{h^2}=$（　　）.

   (A) $f''(x_0)$;　(B) $-f''(x_0)$;　(C) $\dfrac{1}{2}f''(x_0)$;　(D) $2f''(x_0)$.

4. $f''(x_0)=0$ 是 $y=f(x)$ 的图形在 x_0 处有拐点的（　　）.

   (A) 充分条件;　　　　　　　　(B) 必要条件;

   (C) 充分必要条件;　　　　　　(D) 以上说法都不对.

5. $f(x)=x-\dfrac{3}{2}x^{\frac{2}{3}}$ 的极值点的个数是（　　）.

   (A) 0 个;　　　　(B) 1 个;　　　　(C) 2 个;　　　　(D) 3 个.

四、证明不等式：当 $0<x<\dfrac{\pi}{2}$ 时, $\sin x > x-\dfrac{x^3}{6}$.

五、求下列极限

1. $\lim\limits_{x\to 0}\dfrac{1}{x}\left(\dfrac{1}{x}-\cot x\right)$.

2. $\lim\limits_{x\to +\infty}\dfrac{e^x-e^{-x}}{e^x+e^{-x}}$.

3. $\lim\limits_{x\to 0}\left(\dfrac{3^x+5^x}{2}\right)^{\frac{2}{x}}$.

六、证明题

设函数 $f(x)$ 在闭区间 $[a,b]$ 上连续,在开区间 (a,b) 内二次可导,且连接点 $(a,f(a))$ 和点 $(b,f(b))$ 的直线段与曲线 $y=f(x)$ 相交于 $(c,f(c))$,其中 $a<c<b$,证明开区间 (a,b) 内至少有一点 ξ,使 $f''(\xi)=0$.

七、写出多项式 $f(x)=1+3x+5x^2-2x^3$ 在 $x_0=-1$ 处的一阶、二阶和三阶泰勒公式.

八、设 $f(x)=\dfrac{12x}{(1+x)^2}$,求此函数的单调区间、凸凹区间、极值和拐点,并作出

图像.

自 测 题 四

一、选择题

1. 若 $f(x)$ 的导函数为 $\sin x$,则 $f(x)$ 的一个原函数是( ).
   (A) $1+\sin x$; (B) $1-\sin x$; (C) $1+\cos x$; (D) $1-\cos x$.

2. 设 $f(x)$ 的一个原函数为 $\ln x$,则 $f'(x) = ($).
   (A) $\dfrac{1}{x}$; (B) $x\ln x$; (C) $-\dfrac{1}{x^2}$; (D) e^x.

3. 设函数 $f(x)$ 在 $(-\infty, +\infty)$ 上连续,则 $d[\int f(x)dx]$ 等于( ).
   (A) $f(x)$; (B) $f(x)dx$; (C) $f(x)+C$; (D) $f'(x)dx$.

4. 下列等式中,正确的结果是( ).
   (A) $\int f'(x)dx = f(x)$; (B) $\int df(x) = f(x)$;
   (C) $\dfrac{d}{dx}\int f(x)dx = f(x)$; (D) $d\int f(x)dx = f(x)$.

5. 设 $f(x)$ 是连续函数,$F(x)$ 是 $f(x)$ 的原函数,则( ).
   (A) 当 $f(x)$ 是奇函数时,$F(x)$ 必是偶函数;
   (B) 当 $f(x)$ 是偶函数时,$F(x)$ 必是奇函数;
   (C) 当 $f(x)$ 是周期函数时,$F(x)$ 必是周期函数;
   (D) 当 $f(x)$ 是单调函数时,$F(x)$ 必是单调函数.

6. 设 $f(x)$ 在闭区间 $[0,1]$ 上连续,则在开区间 $(0,1)$ 内 $f(x)$ 必有( ).
   (A) 导函数; (B) 原函数;
   (C) 最大值和最小值; (D) 极值.

7. 设 $f(x) = e^x$,则 $\int \dfrac{f(\ln x)}{x^3}dx = ($).
   (A) $\dfrac{1}{x}+C$; (B) $\ln x + C$; (C) $-\dfrac{1}{x}+C$; (D) $-\ln x + C$.

8. $\int f'(x^3)dx = x^3 + C$,则 $f(x) = ($).
   (A) $\dfrac{6}{5}x^{\frac{5}{3}}+C$; (B) $\dfrac{9}{5}x^{\frac{5}{3}}+C$; (C) $x^3 + C$; (D) $x + C$.

9. $\int \dfrac{dx}{\sqrt{x(1-x)}} = ($).

(A) $\frac{1}{2}\arcsin\sqrt{x}+C$; (B) $\arcsin\sqrt{x}+C$;

(C) $2\arcsin(2x+1)+C$; (D) $\arcsin(2x-1)+C$.

10. 设 $F(x)$ 的导函数为 $f(x)=\dfrac{1}{\sqrt{1-x^2}}$，且 $F(1)=\dfrac{3}{2}\pi$，则 $F(x)=($ $)$.

(A) $\arcsin x$; (B) $\arcsin x+\dfrac{\pi}{2}$;

(C) $\arccos x+\pi$; (D) $\arcsin x+\pi$.

二、填空题

1. 设 $f'(x)=f(x)$，则 $\int f(ax+b)f'(ax+b)\,\mathrm{d}x=$ _____.

2. 若 $\int f(x)\,\mathrm{d}x=F(x)+C$，则 $\int \dfrac{f(\sqrt{x})}{\sqrt{x}}\,\mathrm{d}x=$ _____.

3. $\int \dfrac{\mathrm{d}x}{\sqrt{e^x-1}}=$ _____.

4. 设 $f(x)$ 的一个原函数为 $\sin x$，则 $\int xf'(x)\,\mathrm{d}x=$ _____.

5. 设 $f(x)f'(x)=x$，$f(x)>0$，且 $f(1)=\sqrt{2}$，则 $f(x)=$ _____.

三、求下列不定积分

1. $\int \dfrac{\ln\ln x}{x}\,\mathrm{d}x$; 2. $\int \sqrt{x}\sin\sqrt{x}\,\mathrm{d}x$;

3. $\int \dfrac{\mathrm{d}x}{x\sqrt{x^2-1}}$; 4. $\int \ln(1+x^2)\,\mathrm{d}x$.

四、证明题

1. 设 $f(x)$ 的原函数是 $\dfrac{\sin x}{x}$，试证：$\int xf'(x)\,\mathrm{d}x=\cos x-\dfrac{2\sin x}{x}+C$.

2. 设 $f'(e^x)=x^2+x+1$，试证：$f(x)=x(\ln x)^2-x\ln x+2x+C$.

自 测 题 五

一、判断题

1. 函数 $f(x)$ 在区间 $[a,b]$ 上连续，则 $f(x)$ 在区间 $[a,b]$ 上可积.   (   )

2. $\dfrac{\mathrm{d}}{\mathrm{d}x}\int_1^x f'(t)\,\mathrm{d}t=f(x)-f(1)$.   (   )

3. 下列做法是正确的：

$$\int_{-1}^{1} \frac{1}{1+x^2} dx = -\int_{-1}^{1} \frac{d\left(\frac{1}{x}\right)}{1+\left(\frac{1}{x}\right)^2} = \left[-\arctan\frac{1}{x}\right]_{-1}^{1} = -\frac{\pi}{2}.$$ (　　)

4. 函数 $f(x)$ 在 $[a,b]$ 上有定义，则存在一点 $\xi \in [a,b]$，使
$$\int_a^b f(x) dx = f(\xi)(b-a).$$ (　　)

5. 设 $a = \int_1^2 \ln x \, dx, b \int_1^2 |\ln x| \, dx$，则 $a = b$. (　　)

二、填空题

1. 设 $\int_0^1 f(tx) dx = \sin t \, (t \neq 0)$，则 $f(t) = $ _____ .

2. $\int_{-a}^{a} x[f(x) + f(-x)] dx = $ _____ .

3. $\int_a^b f'(2x) dx = $ _____ .

4. $\int_0^{\frac{\pi}{2}} \sin^5 x \, dx$ _____ .

5. 设 φ'' 在 $[a,b]$ 上连续，且 $\varphi'(b) = a, \varphi'(a) = b$，则 $\int_a^b \varphi'(x)\varphi''(x) dx = $ _____ .

三、选择题

1. 定积分 $\int_{-2}^{2} \min\left\{\frac{1}{|x|}, x^2\right\} dx$ 的值为 (　　).

(A) $2\left(\frac{1}{3} + \ln 2\right)$;　　　　　　(B) $\frac{1}{3} + \ln 2$;

(C) $2\left(\frac{1}{3} - \ln 2\right)$;　　　　　　(D) $\frac{1}{3} - \ln 2$.

2. 若 $f(x)$ 为可导函数，且已知 $f(0) = 0, f'(0) = 2$，则 $\lim\limits_{x \to 0} \dfrac{\int_0^x f(x) dx}{x^2}$ 的值为 (　　).

(A) 0;　　　(B) 1;　　　(C) 2;　　　(D) 不存在.

3. 设 $f(x)$ 为连续函数，且 $F(x) = \int_{\frac{1}{x}}^{\ln x} f(t) dt$，则 $F'(x) = $ (　　).

(A) $f(\ln x) + f\left(\frac{1}{x}\right)$;　　　　(B) $\frac{1}{x} f(\ln x) - \frac{1}{x^2} f\left(\frac{1}{x}\right)$;

(C) $f(\ln x) - f\left(\frac{1}{x}\right)$;　　　　(D) $\frac{1}{x} f(\ln x) + \frac{1}{x^2} f\left(\frac{1}{x}\right)$.

4. 设函数 $f(x)$ 在区间 $[a,b]$ 上连续，则 $\int_a^b f(x)\mathrm{d}x = ($ 　　 $)$.

(A) $\int_a^b f(u)\mathrm{d}u$;　　　　　　　　(B) $\int_a^b f(2u)\mathrm{d}(2u)$;

(C) $\int_{2a}^{2b} f(2u)\mathrm{d}(2u)$;　　　　　　(D) $\int_{\frac{a}{2}}^{\frac{b}{2}} f(u)\mathrm{d}(2u)$.

5. $\int_{-1}^{1} \dfrac{1}{u^2}\mathrm{d}u = ($ 　　 $)$.

(A) -2;　　　　(B) 2;　　　　(C) 0;　　　　(D) 不存在.

四、计算并说明下面三者的区别与联系.

(1) $\int \cos x \mathrm{d}x$;　　　　(2) $\int_0^{\frac{\pi}{2}} \cos x \mathrm{d}x$;　　　　(3) $\int_0^x \cos x \mathrm{d}x$.

五、用三种方法计算含绝对值的定积分：
$$\int_{-1}^{4} x\sqrt{|x|}\,\mathrm{d}x.$$

六、设 $\int_0^\pi [f(x)+f''(x)]\sin x \mathrm{d}x = 5, f(\pi)=2$，求 $f(0)$.

七、证明：方程 $4x - 1 - \int_0^x \dfrac{\mathrm{d}t}{1+t^2} = 0$ 在区间 $(0,1)$ 内有且仅有一个根.

八、若 $f(x)$ 在 $[0,\pi]$ 上连续，证明：$\int_0^\pi x f(\sin x)\mathrm{d}x = \dfrac{\pi}{2}\int_0^\pi f(\sin x)\mathrm{d}x$，并计算 $\int_0^\pi \dfrac{x\sin x}{1+\cos^2 x}\mathrm{d}x$.

自 测 题 六

一、填空题

1. 由曲线 $y=\ln x$ 与两直线 $y=(e+1)-x$ 及 $y=0$ 所围成的平面图形的面积是_____.

2. 位于曲线 $y=x\mathrm{e}^{-x}$ $(0\leqslant x<+\infty)$ 下方，x 轴上方的无界图形的面积是_____.

3. 函数 $y=\dfrac{x^2}{\sqrt{1-x^2}}$ 在区间 $\left[\dfrac{1}{2},\dfrac{\sqrt{3}}{2}\right]$ 上的平均值为_____.

4. 求摆线 $\begin{cases} x=1-\cos t, \\ y=t-\sin t \end{cases}$ 一拱 $(0\leqslant t\leqslant 2\pi)$ 的弧长_____.

5. 曲线 $y=\cos x\ \left(-\dfrac{\pi}{2}\leqslant x\leqslant \dfrac{\pi}{2}\right)$ 与 x 轴所围成图形，绕 x 轴旋转一周而成的旋转体体积为_____.

二、选择题

1. 设在闭区间 $[a,b]$ 上 $f(x)>0, f'(x)<0, f''(x)>0$. 记 $S_1 = \int_a^b f(x) dx$, $S_2 = f(b)(b-a)$, $S_3 = \frac{1}{2}[f(a)+f(b)](b-a)$, 则( ).

(A) $S_1 < S_2 < S_3$;　　　　　　　　(B) $S_2 < S_3 < S_1$;
(C) $S_3 < S_1 < S_2$;　　　　　　　　(D) $S_2 < S_1 < S_3$.

2. 设 $f(x), g(x)$ 在区间 $[a,b]$ 上连续, 且 $m > f(x) > g(x)$ (m 为常数), 由曲线 $y=f(x), y=g(x), x=a$ 及 $x=b$ 所围成平面图形绕直线 $y=m$ 旋转而成的旋转体体积为( ).

(A) $\int_a^b \pi[2m-f(x)+g(x)][f(x)-g(x)] dx$;

(B) $\int_a^b \pi[2m-f(x)-g(x)][f(x)-g(x)] dx$;

(C) $\int_a^b \pi[m-f(x)+g(x)][f(x)-g(x)] dx$;

(D) $\int_a^b \pi[m-f(x)-g(x)][f(x)-g(x)] dx$.

3. 曲线 $y=x(x-1)(2-x)$ 与 x 轴所围成图形的面积可表示为( ).

(A) $-\int_0^2 x(x-1)(2-x) dx$;

(B) $\int_0^1 x(x-1)(2-x) dx - \int_1^2 x(x-1)(2-x) dx$;

(C) $-\int_0^1 x(x-1)(2-x) dx + \int_1^2 x(x-1)(2-x) dx$;

(D) $\int_0^2 x(x-1)(2-x) dx$.

三、计算与证明题

1. 求曲线 $y=\sqrt{x}$ 的一条切线, 使由该曲线与切线及直线 $x=0, x=2$ 所围成的平面图形面积最小, 并求这最小面积.

2. 设 $\rho = \rho(x)$ 是抛物线 $y=\sqrt{x}$ 上任一点 $M(x,y)$ ($x \geq 1$) 处的曲率半径, $s=s(x)$ 是该抛物线上介于点 $A(1,1)$ 与 M 之间的弧长, 计算 $3\rho \dfrac{d^2\rho}{ds^2} - \left(\dfrac{d\rho}{ds}\right)^2$ 的值 $\left(\text{在直角坐标系下曲率公式为 } K = \dfrac{|y''|}{(1-y'^2)^{\frac{3}{2}}}, \text{曲率半径为 } \dfrac{1}{K}\right)$.

3. 设曲线 $y=ax^2$ ($a>0, x \geq 0$) 与 $y=1-x^2$ 交于点 A, 过坐标原点 O 和点 A 的直线与曲线 $y=ax^2$ 围成一平面图形, 问 a 为何值时, 该图形绕 x 轴旋转一周所得的旋转体体积最大？最大体积是多少？

4. 设 xOy 平面上有正方形 $D=\{(x,y)\mid 0\leqslant x\leqslant 1,0\leqslant y\leqslant 1\}$ 及直线 $l:x+y=t(t\geqslant 0)$. 若 $S(t)$ 表示正方形 D 位于直线 l 左下方部分的面积,试求
$$\int_0^x S(t)\mathrm{d}t(x\geqslant 0).$$

自 测 题 七

一、填空题

1. 由方程 $xyz+\sqrt{x^2+y^2+z^2}=\sqrt{2}$ 所确定的函数 $z=z(x,y)$ 在点 $(1,0,-1)$ 处的全微分 $\mathrm{d}z=$ _____.

2. 设 $f\left(x+y,\dfrac{y}{x}\right)=x^2-y^2$,则 $f(x,y)=$ _____.

3. 极限 $\lim\limits_{\substack{x\to 0\\ y\to 0}}\dfrac{\sqrt{x^2y^2+1}-1}{x^2+y^2}=$ _____.

4. 设 $f(x,y)=x+(y-1)\arcsin\sqrt{\dfrac{x}{y}}$,则 $f'_x(x,1)=$ _____.

5. 函数 $z=\ln(y-x)+\dfrac{\sqrt{x}}{\sqrt{1-x^2-y^2}}$ 的定义域为 _____.

二、选择题

1. 二元函数 $f(x,y)$ 在点 (x_0,y_0) 处的两个偏导数存在是 $f(x,y)$ 在该点连续的( ).

(A) 充分条件而非必要条件；
(B) 必要条件而非充分条件；
(C) 充分必要条件；
(D) 既非充分条件又非必要条件.

2. 已知 $\dfrac{(x+ay)\mathrm{d}x+y\mathrm{d}y}{(x+y)^2}$ 为某函数的全微分,则 a 等于( ).

(A) -1； (B) 0； (C) 1； (D) 2.

3. 二元函数 $f(x,y)=\begin{cases}\dfrac{xy}{x^2+y^2},&(x,y)\neq 0,\\ 0,&(x,y)=0\end{cases}$ 在点 $(0,0)$ 处( ).

(A) 连续,偏导数存在；
(B) 连续,偏导数不存在；
(C) 不连续,偏导数存在；
(D) 不连续,偏导数不存在.

4. 已知 $z=x+y+\dfrac{1}{xy}$,则 $\dfrac{\partial z}{\partial x}$ 在点 $(1,1)$ 处的值是( ).

(A) 1； (B) 0； (C) 2； (D) 5.

5. 设 $z=\varphi(x+y)+\psi(x-y)$，则必有（　　）．

(A) $z''_{xx}-z''_{yy}=0$；
(B) $z''_{xx}+z''_{yy}=0$；
(C) $z''_{xy}=0$；
(D) $z''_{xx}+z''_{xy}=0$．

三、计算与证明题

1. 设 $z=f(e^x \sin y, x^2+y^2)$，其中 f 具有二阶连续偏导数，求 $\dfrac{\partial^2 z}{\partial x \partial y}$．

2. 在椭圆 $x^2+4y^2=4$ 上求一点，使其到直线 $2x+3y-6=0$ 的距离最短．

3. 设函数 $z(x,y)$ 由方程 $F\left(x+\dfrac{z}{y}, y+\dfrac{z}{x}\right)=0$ 所确定，证明：

$$x\frac{\partial z}{\partial x}+y\frac{\partial z}{\partial y}=z-xy.$$

4. 设 $u=x^{y^z}$，求 $\dfrac{\partial u}{\partial x}, \dfrac{\partial u}{\partial y}, \dfrac{\partial u}{\partial z}$．

5. 设 u 是 x,y,z 的函数，由方程 $u^2+z^2+y^2-x=0$ 确定，其中 $z=xy^2+y\ln y-y$，求 $\dfrac{\partial u}{\partial x}$．

自测题 八

一、选择题

1. 估计积分 $I=\displaystyle\iint_{|x|+|y|\leqslant 10}\dfrac{1}{\cos^2 x+\cos^2 y+100}\mathrm{d}x\mathrm{d}y$ 的值，则正确的是（　　）．

(A) $0.5<I<1.04$；
(B) $1.04<I<1.96$；
(C) $1.96<I<2$；
(D) $2<I<2.14$．

2. 设 $f(x,y)$ 为连续函数，则 $\displaystyle\int_0^{\frac{\pi}{4}}\mathrm{d}\theta\int_0^1 f(r\cos\theta, r\sin\theta)r\mathrm{d}r$ 等于（　　）．

(A) $\displaystyle\int_0^{\frac{\sqrt{2}}{2}}\mathrm{d}x\int_x^{\sqrt{1-x^2}}f(x,y)\mathrm{d}y$；
(B) $\displaystyle\int_0^{\frac{\sqrt{2}}{2}}\mathrm{d}x\int_0^{\sqrt{1-x^2}}f(x,y)\mathrm{d}y$；
(C) $\displaystyle\int_0^{\frac{\sqrt{2}}{2}}\mathrm{d}y\int_y^{\sqrt{1-y^2}}f(x,y)\mathrm{d}x$；
(D) $\displaystyle\int_0^{\frac{\sqrt{2}}{2}}\mathrm{d}y\int_0^{\sqrt{1-y^2}}f(x,y)\mathrm{d}x$．

3. 设 $D: x^2+y^2 \leqslant a^2$，当 $a=$（　　）时，有 $\displaystyle\iint_D \sqrt{a^2-x^2-y^2}\mathrm{d}x\mathrm{d}y=\pi$．

(A) 1；
(B) $\sqrt[3]{\dfrac{3}{2}}$；
(C) $\sqrt[3]{\dfrac{3}{4}}$；
(D) $\sqrt[3]{\dfrac{1}{2}}$．

4. 设 $I_1 = \iint\limits_D \cos\sqrt{x^2+y^2}\,d\sigma, I_2 = \iint\limits_D \cos(x^2+y^2)\,d\sigma, I_3 = \iint\limits_D \cos(x^2+y^2)^2\,d\sigma$,
其中 $D = \{(x,y) \mid x^2+y^2 \leqslant 1\}$,则( ).

(A) $I_3 > I_2 > I_1$; (B) $I_1 > I_2 > I_3$;
(C) $I_2 > I_1 > I_3$; (D) $I_3 > I_1 > I_2$.

5. 极坐标系下的二次积分 $\int_{-\frac{\pi}{2}}^{\frac{\pi}{2}} d\theta \int_0^{\cos\theta} f(r\cos\theta, r\sin\theta)r\,dr$,在直角坐标系下的二次积分式为( ).

(A) $2\int_0^1 dx \int_0^{\sqrt{1-x^2}} f(x,y)\,dy$; (B) $2\int_0^1 dx \int_0^{\sqrt{x-x^2}} f(x,y)\,dy$;

(C) $\int_0^1 dx \int_{-\sqrt{x-x^2}}^{\sqrt{x-x^2}} f(x,y)\,dy$; (D) $4\int_0^1 dx \int_0^{\sqrt{1-x^2}} f(x,y)\,dy$.

6. 改变积分次序,则 $\int_0^a dx \int_{\sqrt{a^2-x^2}}^{x+2a} f(x,y)\,dy = ($).

(A) $\int_0^{3a} dy \int_{\sqrt{a^2-y^2}}^{y-2a} f(x,y)\,dx$;

(B) $\int_0^a dy \int_{\sqrt{a^2-y^2}}^{y-2a} f(x,y)\,dx$;

(C) $\int_0^a dy \int_{\sqrt{a^2-y^2}}^a f(x,y)\,dx + \int_a^{3a} dy \int_{y-2a}^a f(x,y)\,dx$;

(D) $\int_0^a dy \int_{\sqrt{a^2-y^2}}^a f(x,y)\,dx + \int_a^{2a} dy \int_0^a f(x,y)\,dx + \int_{2a}^{3a} dy \int_{y-2a}^a f(x,y)\,dx$.

二、填空题

1. $\lim\limits_{r \to 0} \dfrac{1}{\pi r^2} \iint\limits_D e^{x^2-y^2} \cos(x+y)\,dxdy = $ _____,其中 $D = \{(x,y) \mid x^2+y^2 \leqslant r^2\}$.

2. 交换积分次序,有 $\int_0^{2a} dx \int_{\sqrt{2ax-x^2}}^{\sqrt{2ax}} f(x,y)\,dy = $ _____.

3. 广义二重积分 $I = \int_{\frac{1}{2}}^1 dx \int_{1-x}^x f(x,y)\,dy + \int_1^{+\infty} dx \int_0^x f(x,y)\,dy$,交换积分次序有_____.

4. 设 D 由直线 $x=0, x-y=1, x+y=1$ 围成,则 $\iint\limits_D e^{x^2} y\,dxdy = $ _____.

5. 二重积分 $I = \iint\limits_D \sqrt{x^2+y^2}\,dxdy$ 在极坐标系下可化为二次积分_____,其中 D 由圆 $x^2+y^2=2x$,直线 $y=x$ 及 x 轴所围成的平面闭区域.

6. 设 $a > 0, f(x) = g(x) = \begin{cases} a, & 0 \leqslant x \leqslant 1, \\ 0, & \text{其他}, \end{cases}$ 而 D 表示全平面，则 $I = \iint\limits_D f(x)g(y-x)\mathrm{d}x\mathrm{d}y = $ _____.

三、计算题

1. 计算下列二重积分.

(1) $I = \iint\limits_D (x^2 + y^2)\mathrm{d}x\mathrm{d}y$，$D$ 由 $y = x, y = x+a, y = a, y = 3a$ 所围成，其中 $a > 0$；

(2) $I = \iint\limits_D xy^2 \mathrm{d}x\mathrm{d}y$，其中 D 是由抛物线 $y^2 = 2px$ 与直线 $x = \dfrac{p}{2}(p > 0)$ 所围成的区域；

(3) $I = \iint\limits_D (x^2 + y^2)\mathrm{d}x\mathrm{d}y$，其中 $D = \{(x,y) \mid 0 \leqslant x \leqslant 1, \sqrt{x} \leqslant y \leqslant 2\sqrt{x}\}$；

(4) $I = \iint\limits_D \sqrt{x}\,\mathrm{d}x\mathrm{d}y$，其中 $D = \{(x,y) \mid x^2 + y^2 \leqslant x\}$.

2. 改变下列积分的积分次序.

(1) $I = \int_{-1}^0 \mathrm{d}y \int_{-1-\sqrt{1+y}}^{-1+\sqrt{1+y}} f(x,y)\mathrm{d}x + \int_0^3 \mathrm{d}y \int_{y-2}^{-1+\sqrt{1+y}} f(x,y)\mathrm{d}x$；

(2) $I = \int_{-\sqrt{2}}^{\sqrt{2}} \mathrm{d}x \int_{x^2}^{4-x^2} f(x,y)\mathrm{d}y$；

(3) $I = \int_0^1 \mathrm{d}x \int_{1-x}^{\sqrt{1-x^2}} f(x,y)\mathrm{d}y$；

(4) $I = \int_{-1}^0 \mathrm{d}y \int_{-(1+y)}^{1+y} f(x,y)\mathrm{d}x + \int_0^1 \mathrm{d}y \int_{y-1}^{1-y} f(x,y)\mathrm{d}x$.

3. 利用极坐标计算下列二重积分.

(1) $I = \iint\limits_D \mathrm{e}^{-x^2-y^2}\mathrm{d}x\mathrm{d}y$，其中 D 为圆域 $x^2 + y^2 \leqslant 1$；

(2) $I = \iint\limits_D |xy|\mathrm{d}x\mathrm{d}y$，其中 D 为圆域 $x^2 + y^2 \leqslant a^2$；

(3) $I = \iint\limits_D (x+y)\mathrm{d}x\mathrm{d}y$，其中 $D = \{(x,y) \mid x^2 + y^2 \leqslant x+y\}$；

(4) $I = \iint\limits_D f'(x^2+y^2)\mathrm{d}x\mathrm{d}y$，其中 D 为圆域 $x^2 + y^2 \leqslant R^2$.

4. 选择适当的积分次序计算下列二重积分.

(1) 求积分 $I = \int_0^1 f(x)\mathrm{d}x$，其中 $f(x) = \int_0^{\sqrt{x}} \mathrm{e}^{-\frac{y^2}{2}}\mathrm{d}y$；

(2) 求 $I = \int_1^2 \mathrm{d}y \int_{\sqrt{y-1}}^1 \dfrac{\sin x}{x}\mathrm{d}x$；

(3) 求 $I = \iint\limits_{D} x^2 e^{-y^2} dxdy$,其中 D 是由直线 $y=x, y=1$ 及 y 轴所围成的闭区域;

(4) 求 $I = \iint\limits_{D} \dfrac{e^{xy}}{y^y - 1} dxdy$,其中 D 是由 $y=e^x, y=2$ 及 y 轴所围成的闭区域.

5. 计算二重积分 $I = \iint\limits_{D} e^{-(x^2+y^2-\pi)} \sin(x^2+y^2) dxdy$,其中
$$D = \{(x,y) \mid x^2 + y^2 \leqslant \pi\}.$$

6. 求由下列曲面所围的立体 V 的体积:
(1) V 是由 $x^2+y^2=x$ 与 $x^2+y^2+z^2=1$ 所围的立体;
(2) V 是由 $z=x^2+y^2$ 与 $x+y=1$ 以及各坐标面所围的立体;
(3) V 是由 $z=2-x^2-y^2$ 与 $z=x^2+y^2$ 所围的立体.

7. 设 $f(x)$ 在 $[a,b]$ 上连续,且 $f(x)>0$,证明
$$\int_a^b f(x) dx \int_a^b \dfrac{1}{f(x)} dx \geqslant (b-a)^2.$$

8. 计算下列广义二重积分.
(1) $I = \iint\limits_{D} \dfrac{1}{x^2+y^2} dxdy$,其 $D = \{(x,y) \mid x \geqslant 1, y \geqslant x^2\}$;
(2) $I = \int_0^{+\infty} dx \int_x^{2x} e^{-y^2} dy$.

自 测 题 九

一、选择题

1. 若函数 $f(x)$ 满足关系式 $f(x) = \int_0^{2x} f\left(\dfrac{t}{2}\right) dt + \ln 2$,则 $f(x)$ 等于( ).

(A) $e^x \ln 2$;　　(B) $e^{2x} \ln 2$;　　(C) $e^x + \ln 2$;　　(D) $e^{2x} + \ln 2$.

2. 方程 $y' \sin x = y \ln y$,满足定解条件 $y\left(\dfrac{\pi}{2}\right) = e$ 的特解是( ).

(A) $\dfrac{e}{\sin x}$;　　(B) $e^{\sin x}$;　　(C) $\dfrac{e}{\tan\dfrac{x}{2}}$;　　(D) $e^{\tan\frac{x}{2}}$.

3. 方程 $y'' - 2y' + 3y = e^x \sin\sqrt{2}x$ 的特解可设为( ).

(A) $e^x(A\cos\sqrt{2}x + B\sin\sqrt{2}x)$;　　(B) $xe^x(A\cos\sqrt{2}x + B\sin\sqrt{2}x)$;

(C) $Ae^x \sin\sqrt{2}x$;　　(D) $Ae^x \cos\sqrt{2}x$.

4. 下列等式是差分方程的是( ).

(A) $Y_{t+1}-\Delta Y_t=5$; (B) $f(x+1)+f(x)=2$;
(C) $\Delta^2 Y_t=\Delta Y_{t+1}-\Delta Y_t$; (D) $\sin(x+1.5)+\sin x=1$.

5. 方程 $(x+y)y'+(x-y)=0$ 的通解是( ).

(A) $\frac{1}{2}(x^2+y^2)=Ce^{\arcsin\frac{y}{x}}$; (B) $\arctan\frac{y}{x}+\ln\sqrt{x^2+y^2}=C$;

(C) $x^2+y^2=\arctan\frac{y}{x}+C$; (D) $\sqrt{x^2+y^2}=Ce^{\arctan\frac{y}{x}}$.

二、填空题

1. 已知曲线 $y=f(x)$ 过点 $\left(0,-\frac{1}{2}\right)$,且其上任一点 (x,y) 处的切线斜率为 $x\ln(1+x^2)$,则 $f(x)=$ _____.

2. 函数 $y=(C_1+C_2 x+x^2)e^{-x}$ 是方程 _____ 的通解.

3. 已知 $Y_1(t)=2^t$, $Y_2(t)=2^t-3t$ 是差分方程 $Y_{t+1}-p(t)Y_t=f(t)$ 的两个特解,则 $p(t)=$ _____, $f(t)$ _____.

4. 微分方程 $y'+y\tan x=\cos x$ 的通解为 _____.

5. 方程 $yy''-y'^2=y^2\ln y$ 的通解为 _____.

三、设某商品的需求量 D 和供给量 S 各自对价格 p 的函数为 $D(p)=\frac{a}{p^2}$, $S(p)=bp$,且 p 是时间 t 的函数,并满足方程 $\frac{dp}{dt}=k[D(p)-S(p)]$ (a,b,k 均为正常数),求:

(1) 需求量与供给量相等时的均衡价格 p_e;

(2) 当 $t=0, p=1$ 时的价格函数 $p(t)$;

(3) 求 $\lim_{t\to+\infty} p(t)$.

四、计算题

1. 求微分方程 $xy\frac{dy}{dx}=x^2+y^2$ 满足条件 $y|_{x=e}=2e$ 的特解.

2. 解微分方程 $x^2 y'-y=x^2 e^{x-\frac{1}{x}}$.

3. 已知 $y_1=xe^x+e^{2x}$, $y_2=xe^x+e^{-x}$, $y_3=xe^x+e^{2x}-e^{-x}$ 是某二阶线性非齐次方程的三个特解,求其通解及该微分方程.

4. 求差分方程 $y_{n+1}+y_n=n(-1)^n$ 的通解.

五、设 Q_t, S_t 和 P_t 分别是某商品的 t 期需求量、供给量和价格,且 Q_t, S_t, P_t 和 P_{t-1} 满足关系式

$$\begin{cases} Q_t=\alpha-\beta P_t, \\ S_t=-\gamma+\delta P_{t-1}, \quad t=1,2,\cdots, \\ Q_t=S_t, \end{cases}$$

其中 $\alpha,\beta,\gamma,\delta$ 都是正常数. 若初始价格 P_0 已知, 试确定 P_t; 当 $\delta<\beta$ 时, 求 $\lim\limits_{t\to+\infty}P_t$.

自 测 题 十

一、选择题

1. 设级数 $\sum\limits_{n=1}^{\infty}a_n$ 条件收敛, 将其中的正项保留, 负项改为 0, 组成的级数记为 $\sum\limits_{n=1}^{\infty}b_n$, 将 $\sum\limits_{n=1}^{\infty}a_n$ 中的负项保留, 正项改为 0, 组成的级数记为 $\sum\limits_{n=1}^{\infty}c_n$, 则(　　).

(A) $\sum\limits_{n=1}^{\infty}b_n$ 与 $\sum\limits_{n=1}^{\infty}c_n$ 必定都收敛;

(B) $\sum\limits_{n=1}^{\infty}b_n$ 与 $\sum\limits_{n=1}^{\infty}c_n$ 必定都发散;

(C) $\sum\limits_{n=1}^{\infty}b_n$ 与 $\sum\limits_{n=1}^{\infty}c_n$ 中必定有一收敛, 另一发散;

(D) 以上三种情形都可以发生.

2. 级数 $\sum\limits_{n=1}^{\infty}(-1)^n\left(\dfrac{a}{n}-\ln\dfrac{n+a}{n}\right)(a>0)$(　　).

(A) 条件收敛;   (B) 绝对收敛;
(C) 发散;   (D) 敛散性与 a 的取值有关.

3. 已知级数 $\sum\limits_{n=1}^{\infty}(-1)^n a_n=2$, $\sum\limits_{n=1}^{\infty}a_{2n-1}=5$, 则级数 $\sum\limits_{n=1}^{\infty}a_{2n}=$(　　).

(A) 3;   (B) 7;   (C) 8;   (D) 9.

4. 已知 $\lim\limits_{n\to\infty}na_n=0$, 且级数 $\sum\limits_{n=1}^{\infty}n(a_n-a_{n-1})$ 收敛, 则级数 $\sum\limits_{n=1}^{\infty}a_n$ 收敛性的结论是(　　).

(A) 收敛;   (B) 发散;
(C) 不定;   (D) 敛散性与 a_n 的正负有关.

5. 设 a 为常数, 则级数 $\sum\limits_{n=1}^{\infty}\left[\dfrac{\sin(na)}{n^2}-\dfrac{1}{\sqrt{n}}\right]$(　　).

(A) 绝对收敛;   (B) 条件收敛;
(C) 发散;   (D) 敛散性与 a 有关.

6. 设级数 $\sum\limits_{n=1}^{\infty}u_n$ 收敛, 则必收敛的级数为(　　).

(A) $\sum\limits_{n=1}^{\infty}(-1)^n\dfrac{u_n}{n}$;   (B) $\sum\limits_{n=1}^{\infty}u_n^2$;

(C) $\sum_{n=1}^{\infty}(u_n-u_{2n})$; (D) $\sum_{n=1}^{\infty}(u_n+u_{n+1})$.

7. 设正项级数 $\sum_{n=1}^{\infty}u_n$ 收敛,则( ).

(A) $\lim_{n\to\infty}\dfrac{u_{n+1}}{u_n}<1$; (B) $\lim_{n\to\infty}\dfrac{u_{n+1}}{u_n}\leqslant 1$;

(C) 若极限 $\lim_{n\to\infty}\dfrac{u_{n+1}}{u_n}$ 存在,其值小于1;

(D) 若极限 $\lim_{n\to\infty}\dfrac{u_{n+1}}{u_n}$ 存在,其值小于等于1.

8. 若级数 $\sum_{n=1}^{\infty}u_n$, $\sum_{n=1}^{\infty}v_n$ 发散,则( ).

(A) $\sum_{n=1}^{\infty}(u_n+v_n)$ 发散; (B) $\sum_{n=1}^{\infty}(u_n v_n)$ 发散;

(C) $\sum_{n=1}^{\infty}(|u_n|+|v_n|)$ 发散; (D) $\sum_{n=1}^{\infty}(u_n^2+v_n^2)$ 发散.

9. 已知级数 $\sum_{n=1}^{\infty}u_n^2$ 收敛,则 $\sum_{n=1}^{\infty}(-1)^n\dfrac{u_n}{n}$ ( ).

(A) 绝对收敛; (B) 条件收敛;
(C) 不定; (D) 发散.

10. 若级数 $\sum_{n=0}^{\infty}a_n(x-1)^n$ 在 $x=-1$ 处收敛,则在 $x=2$ 处,级数( ).

(A) 绝对收敛; (B) 条件收敛;
(C) 发散; (D) 收敛性不能确定.

11. 幂级数 $\sum_{n=1}^{\infty}\dfrac{x^{n-1}}{3^{n-1}n^{3/2}}$ 的收敛域为( ).

(A) $(-3,3]$; (B) $(-3,3)$; (C) $[-3,3]$; (D) $[-3,3)$.

12. 已知级数 $x+\dfrac{x^3}{3}+\dfrac{x^5}{5}+\cdots$ 在收敛域内的和函数为 $S(x)=\dfrac{1}{2}\ln\dfrac{1+x}{1-x}$,则级数 $\sum_{n=1}^{\infty}\dfrac{1}{2^n(2n-1)}=$ ( ).

(A) $\dfrac{1}{2}\ln(\sqrt{2}+1)$; (B) $\dfrac{1}{\sqrt{2}}\ln(\sqrt{2}+1)$;

(C) $\dfrac{1}{2}\ln(\sqrt{2}-1)$; (D) $\dfrac{1}{\sqrt{2}}\ln(\sqrt{2}-1)$.

二、填空题

1. $\sum_{n=1}^{\infty} \frac{1}{n(n+10)} = $ _____.

2. $\sum_{n=1}^{\infty} \frac{1}{\sqrt{n(n+1)}(\sqrt{n+1}+\sqrt{n})} = $ _____.

3. 已知级数 $\sum_{n=1}^{\infty} \frac{(-1)^n + a}{n}$ 收敛,则 $a = $ _____.

4. 设 $a_1 = a_2 = 1, a_{n+1} = a_n + a_{n-1} (n=2,3,\cdots)$,若幂级数 $\sum_{n=1}^{\infty} a_n x^{n-1}$ 在收敛区间内的和函数为 $S(x)$,则 $S(x) = $ _____.

5. 已知级数 $\sum_{n=1}^{\infty} (-1)^{n-1} \frac{(x-a)^n}{n}$ 在 $x > 0$ 时发散,在 $x = 0$ 时收敛,则 $a = $ _____.

6. 若幂级数 $\sum_{n=0}^{\infty} a_n x^n$ 的收敛半径为 R,则级数 $\sum_{n=0}^{\infty} a_n x^{2n+1}$ 的收敛半径为 _____.

7. 若幂级数 $\sum_{n=0}^{\infty} a^{n^2} x^n (a > 0)$ 在 $(-\infty, +\infty)$ 上收敛,则 a 满足条件 _____.

8. $\sum_{n=0}^{\infty} \frac{1}{(n+1)} x^n$ 的收敛域为 _____.

9. $\sum_{n=1}^{\infty} (0.1)^n n = $ _____.

10. $\sum_{n=1}^{\infty} \frac{1}{n!} \sum_{n=1}^{\infty} \frac{(-1)^n}{n!} = $ _____.

11. 设 $a_n > 0, p > 0$,且 $\lim_{n \to \infty} [n^p (e^{\frac{1}{n}} - 1) a_n] = 1$,若级数 $\sum_{n=1}^{\infty} a_n$ 收敛,则 p 的取值范围是 _____.

12. $f(x) = \cos^2 x$ 展开成 x 的幂级数为 _____.

三、解答题

1. 判断下列级数的敛散性:

(1) $\sum_{n=1}^{\infty} \frac{n}{10+n}$;

(2) $\sum_{n=1}^{\infty} \left(\frac{n}{n+1}\right)^n$;

(3) $\sum_{n=1}^{\infty} n \sin \frac{\pi}{n}$;

(4) $\sum_{n=1}^{\infty} \frac{1}{\sqrt{n(n+1)}}$;

(5) $\sum_{n=2}^{\infty} \frac{1}{\sqrt{n^3-1}}$;

(6) $\sum_{n=2}^{\infty} \frac{1}{1+(\ln n)^n}$;

(7) $\sum_{n=1}^{\infty} \frac{n}{3^n}$;

(8) $\sum_{n=1}^{\infty} \frac{3^n n!}{n^n}$;

(9) $\sum_{n=1}^{\infty} \frac{1}{\sqrt{n(n^2+1)}}$.

2. 判断下列级数的敛散性,若收敛,说明是条件收敛还是绝对收敛?

(1) $\sum_{n=1}^{\infty} (-1)^n \dfrac{2^n}{n(2^n+(-1)^n)}$;

(2) $\sum_{n=1}^{\infty} \dfrac{\sin na}{n^2}$;

(3) $\sum_{n=1}^{\infty} (-1)^{\frac{n(n+1)}{2}} \dfrac{n^5}{5^n}$;

(4) $\sum_{n=1}^{\infty} (-1)^n \dfrac{1}{n-\ln n}$;

(5) $\sum_{n=1}^{\infty} \dfrac{n\cos n\pi}{n^2+1}$.

3. (1) 将 $f(x)=\dfrac{1}{x^2+3x+2}$ 展开成 $x+4$ 的幂级数;

(2) 将函数 $f(x)=\dfrac{x}{2+x-x^2}$ 展开成 x 的幂级数;

(3) 设 $f(x)$ 的麦克劳林级数为 $f(x)=\sum_{n=1}^{\infty}(-1)^{n-1}x^n$,又 $g(x)=\dfrac{xf(x)}{1+x}$,求 $g(x)$ 的麦克劳林级数.

4. 求下列幂级数的收敛域.

(1) $\sum_{n=1}^{\infty} \dfrac{1}{n3^n}(x-3)^n$;

(2) $\sum_{n=1}^{\infty} \dfrac{1}{\sqrt{n}3^{n-1}}(-x)^n$;

(3) $\sum_{n=1}^{\infty} 3^n x^{2n+1}$.

5. 求幂级数 $\sum_{n=1}^{\infty} \dfrac{(-1)^{n-1} x^{2n+1}}{n(2n-1)}$ 的收敛域及和函数 $S(x)$.

6. 求级数 $\sum_{n=1}^{\infty} \dfrac{n^2}{n!}$ 的和.

7. 求幂级数 $1+\sum_{n=1}^{\infty}(-1)^n \dfrac{x^{2n}}{2n}$ ($|x|<1$) 的和函数 $f(x)$ 及其极值.

8. 将函数 $f(x)=\arctan\dfrac{1-2x}{1+2x}$ 展开成 x 的幂级数,并求级数

$$\sum_{n=0}^{\infty}(-1)^n \dfrac{1}{2n+1}$$

的和.

习题参考答案

习 题 1-1

1. $f(-2)=-2$.

2. $f(0)=2; f(1)=\sqrt{3}; f(-1)=\sqrt{3}; f\left(\dfrac{1}{a}\right)=\sqrt{4-\dfrac{1}{a^2}}; f(x_0)=\sqrt{4-x_0^2};$
$f(x+h)=\sqrt{4-(x^2+2xh+h^2)}.$

3. (1) $\left[-\dfrac{2}{3},+\infty\right)$; (2) $(-\infty,1)\cup(1,+\infty)$; (3) $(2,+\infty)$;

(4) $(-\infty,4)\cup(4,5)\cup(5,6)\cup(6,+\infty)$;

(5) $(-\infty,-2]\cup[2,+\infty)$; (6) $[-2,1)\cup(1,+\infty)$;

(7) $(1,2)\cup(2,4]$; (8) $(-\infty,1)\cup(1,2)\cup(2,+\infty)$.

4. 略.

5. $\varphi\left(\dfrac{\pi}{6}\right)=\dfrac{1}{2}; \varphi\left(\dfrac{\pi}{4}\right)=\dfrac{\sqrt{2}}{2}; \varphi\left(-\dfrac{\pi}{4}\right)=\dfrac{\sqrt{2}}{2}; \varphi(-2)=0.$

6. (1) 偶函数；(2) 奇函数；(3) 偶函数；(4) 奇函数；(5) 既非奇函数也非偶函数；(6) 偶函数.

7~9. 略.

10. (1) 是周期函数，周期 $l=2\pi$；(2) 是周期函数，周期 $l=\dfrac{\pi}{3}$；(3) 是周期函数，周期 $l=2$；

(4) 不是周期函数；(5) 是周期函数，周期 $l=\pi$；(6) 是周期函数，周期 $l=\dfrac{2\pi}{\omega}$.

习 题 1-2

1. (1) $y=\dfrac{1}{5}\arcsin\dfrac{x}{2}$；(2) $y=e^{x-1}-2$；(3) $y=1-x^2(x\geqslant 0)$；(4) $y=\log_2\dfrac{x}{1-x}$.

2. (2).

3. $f[\varphi(x)]=2^{2x}; \varphi[f(x)]=2^{x^2}.$

4. $\varphi(x^2)=x^6+1; [\varphi(x)]^2=x^6+2x^3+1.$

5. $f(x+1)=(x+2)^2.$

6. (1) $[-1,1]$；(2) $[2k\pi,(2k+1)\pi](k=0,\pm 1,\cdots)$；(3) $[-a,1-a]$；(4) 若 $0<a\leqslant\dfrac{1}{2}$，
$[a,1-a]$；若 $a>\dfrac{1}{2}$，则函数无定义.

7. (1) $f[f(x)]=4x-6$; (2) $f(x)=\dfrac{1}{x}+\sqrt{\dfrac{1}{x^2}+1}\,(x>0)$.

8. $f[g(x)]=\begin{cases}1, & x<0,\\ 0, & x=0,\\ -1, & x>0;\end{cases}$ $g[f(x)]=\begin{cases}e, & |x|<1,\\ 1, & |x|=1,\\ e^{-1}, & |x|>1.\end{cases}$

9. $V=\dfrac{\pi r^2 h^3}{3[(h-r)^2-r^2]}\,(2r<h<+\infty)$.

10. $y=\begin{cases}0.15x, & x\leqslant 50,\\ 7.5+0.25(x-50), & x>50.\end{cases}$

习 题 1-3

1. (1) 0; (2) 0; (3) 1; (4) 0; (5) 2; (6) 没有极限.
2~8. 略.

习 题 1-4

1. (1) -7; (2) ∞; (3) $\dfrac{2}{3}$; (4) 0; (5) 0; (6) $\dfrac{1}{2}$; (7) $2x$; (8) $3x^2$; (9) $\dfrac{2}{3}$; (10) 0; (11) $\dfrac{1}{5}$; (12) ∞.

2. (1) $\dfrac{1}{2}$; (2) $\dfrac{1}{3}$; (3) 1.

3. (1) 0; (2) 0.

习 题 1-5

(1) $\dfrac{2}{5}$; (2) 1; (3) 2; (4) 0; (5) $-\sin a$; (6) $\cos a$; (7) $e^{\frac{1}{3}}$; (8) e^2; (9) e^2; (10) e^{-k}; (11) e^{-2}; (12) e^{-2}.

习 题 1-6

1~2. 略.

3. (1) $\dfrac{3}{2}$; (2) $\dfrac{1}{3}$; (3) $0(m<n$ 时$),1(m=n$ 时$),\infty(m>n$ 时$)$.

4. 略.

习 题 1-7

1. (1) $k=1$; (2) $k=1$; (3) $k=2$.

2. (1) $x=1$ 为可去间断点,补充定义 $y|_{x=1}=-2$, $x=2$ 为第二类无穷间断点;

(2) $x=0$ 和 $x=k\pi+\dfrac{\pi}{2}$ 为可去间断点,补充定义 $y|_{x=0}=1$, $y|_{x=k\pi+\frac{\pi}{2}}=0$; $x=k\pi(k\neq 0)$ 为

习题参考答案

第二类无穷间断点；

(3) $x=0$ 为第二类振荡间断点；

(4) $x=1$ 为第一类跳跃间断点.

3. (1) $\sqrt{5}$；(2) $-\dfrac{1}{2}(e^{-2}+1)$；(3) 1；(4) 0；(5) $-\dfrac{\sqrt{2}}{2}$；(6) $\dfrac{1}{2}$；(7) -2；(8) 2；(9) 5；(10) 0.

4. (1) 1；(2) 0；(3) 1；(4) e^3；(5) 1.

5～9. 略.

习 题 2-1

1. (1),(2),(3),(5),(6).

2. (1) $\dfrac{\Delta y}{\Delta x}=a$；(2) $\dfrac{\Delta y}{\Delta x}=3x^2+3x\cdot\Delta x+(\Delta x)^2$；(3) $\dfrac{\Delta y}{\Delta x}=\dfrac{1}{\sqrt{x+\Delta x}+\sqrt{x}}$.

3. (1) $y'=a$；(2) $y'=-\dfrac{1}{x^2}$；(3) $y'=2ax+b$.

4. (1) $f'(1)=-1,f'(2)=-\dfrac{1}{4}$；(2) $f'\left(\dfrac{\pi}{2}\right)=-1,f'\left(\dfrac{\pi}{6}\right)=-\dfrac{1}{2}$.

5. $k_1=y'\Big|_{x=\frac{2}{3}\pi}=-\dfrac{1}{2}$；$k_2=y'|_{x=\pi}=-1$.

6. 切线方程为 $y-8=12(x-2)$，即 $12x-y-16=0$；法线方程为 $y-8=-\dfrac{1}{12}(x-2)$，即 $x+12y-98=0$.

7. (1) 在 $x=0$ 处连续，不可导；(2) 在 $x=0$ 处连续，不可导；(3) 在 $x=0$ 处连续且可导.

8. 略.

9. $f'(x)=\begin{cases}\cos x, & x<0,\\ 1, & x\geqslant 0.\end{cases}$

10. $a=2,b=-1$.

习 题 2-2

1. (1) $\dfrac{6}{5}\sqrt[5]{x}$；(2) $-3x^{-4}$；(3) $-\dfrac{\sqrt{2}}{2}$；(4) -1；(5) $\dfrac{1}{x\ln 5}$.

2. 略.

3. 当 $x=\pi$ 时有水平切线；$\pi<x<2\pi$ 时切线的倾角是锐角；$0<x<\pi$ 时切线的倾角是钝角.

4. $(2,4)$.

5. $y-1=\dfrac{1}{e}(x-e)$.

6. 略.

习题 2-3

1. (1) $\dfrac{2}{(x+1)^2}$; (2) $\dfrac{\sin x+\cos x+1}{(1+\cos x)^2}$; (3) $3\cdot\dfrac{1+x^2-x\sin 2x}{[\cos x(1+x^2)]^2}$;

   (4) $\dfrac{6(\sqrt{x}+x)\cos x-3\sin x}{2\sqrt{x}(1+\sqrt{x})^2}$; (5) $\log_3 x+\dfrac{1}{\ln 3}$;

   (6) $\dfrac{a^x(1+x^2)\ln a-2xa^x}{(1+x^2)^2}-\dfrac{5}{\sqrt{1-x^2}}$; (7) $\arctan x+\dfrac{x}{1+x^2}-\dfrac{2}{x(1+\ln x)^2}$;

   (8) $\dfrac{1}{2\sqrt{x}}(x-\cot x)\log_5 x+(1+\csc^2 x)\sqrt{x}\log_5 x+\dfrac{1}{\sqrt{x}\ln 5}(x-\cot x)$.

2. (1) $y'|_{x=\frac{\pi}{2}}=-\mathrm{e}^{\frac{\pi}{2}}$, $y'|_{x=\pi}=-\mathrm{e}^{\pi}$; (2) $y'|_{x=\frac{\pi}{2}}=2$, $y'|_{x=0}=0$;

   (3) $f'(4)=-\dfrac{1}{18}$; (4) $f'\left(\dfrac{\pi}{2}\right)=1+\pi+\dfrac{2}{\pi}$, $f'(\pi)=\dfrac{1}{\pi}-\pi^2$.

3. 切线方程 $y=2x$,法线方程 $y=-\dfrac{1}{2}x$.

4. $(1,3),(-1,-1)$.

5. $b=-1,c=1$.

6. (1) $v(t)=v_0-gt$; (2) $t=\dfrac{v_0}{g}$.

7. $t=\dfrac{3}{2}$ 时开始向下滚.

8. $(-1,2),(1,-2)$.

习题 2-4

1. (1) $y'=36(1+6x)^5$; (2) $y'=\dfrac{2x}{(1+x^2)\ln(1+x^2)}$;

   (3) $y'=\dfrac{1}{\sqrt{1+x^2}}\sin[\ln(x+\sqrt{1+x^2})]$;

   (4) $y'=\mathrm{e}^x[\ln(2x+1)+\sin x]+x\mathrm{e}^x[\ln(2x+1)+\sin x]+x\mathrm{e}^x\left(\dfrac{2}{2x+1}+\cos x\right)$;

   (5) $y'=\sec^2\dfrac{x}{2}\tan\dfrac{x}{2}+\csc^2\dfrac{x}{2}\cot\dfrac{x}{2}$; (6) $y'=\dfrac{2x}{1+x^4}\mathrm{e}^{\arctan x^2}$;

   (7) $y'=\dfrac{1}{1-t^2}$; (8) $y'=\dfrac{1-x^2\mathrm{e}^x}{|x|\sqrt{x^2-(1+x\mathrm{e}^x)^2}}$;

   (9) $y'=\dfrac{4\sqrt{x^2+x\sqrt{x}}+2\sqrt{x}+1}{8\sqrt{x+\sqrt{x+\sqrt{x}}}\cdot\sqrt{x+\sqrt{x}\cdot\sqrt{x}}}$; (10) $y'=n\sin^{(n-1)}x\cos(n+1)x$;

   (11) $y'=\dfrac{3(t^2+2)}{(1-2t)^4}$; (12) $y'=\dfrac{-1-x\operatorname{arccot}x}{(\sqrt{1+x^2})^3}$; (13) $y'=\dfrac{-1}{\sqrt{1-x^2}(\arcsin x)^2}$;

(14) $y' = \dfrac{1}{2\sqrt{x}}\ln(a^x+e^{2x}) + \sqrt{x} \cdot \dfrac{a^x\ln a + 2e^{2x}}{a^x+e^{2x}}$; (15) $y' = \dfrac{2}{x\ln x^2 \cdot \ln(\ln x^2)}$;

(16) $y' = \dfrac{4x\sqrt{x}+1}{2(x^2\sqrt{x}+x)\ln x}$; (17) $y' = \dfrac{(3t^2+1)\sin t - (t^3+t)\cos t}{\sin^2 t}$;

(18) $y' = 2^x\ln 2 \cdot \cos 2^x$; (19) $y' = \dfrac{x\ln x}{(\sqrt{x^2-1})^3}$;

(20) $y' = a^a x^{a-1} + ax^{a-1}a^{x^a}\ln a + x^a a^{a^x}(\ln a)^2$; (21) $y' = 2^{\sin x} \cdot \cos x \cdot \ln 2 + \dfrac{2}{x\ln 5}$;

(22) $y' = \dfrac{2}{\sqrt{9-x^2}}\arcsin\dfrac{x}{3}$; (23) $y' = -2e^{3-2x}\cos 5x - 5e^{3-2x}\sin 5x$; (24) $y' = \csc x$;

(25) $y' = \dfrac{-2\sin 6x}{(\sqrt[3]{1+\cos 6x})^2}$; (26) $y' = \dfrac{1}{\sqrt{x^2+a^2}}$; (27) $y' = 6e^{2x}\sec^3(e^{2x})\tan e^{2x}$;

(28) $y' = \dfrac{1}{\sqrt{1-x^2}(1+\sqrt{1-x^2})}$; (29) $y' = -\dfrac{1}{x^2}e^{\tan\frac{1}{x}}\left(\cos\dfrac{1}{x} + \sec\dfrac{1}{x} \cdot \tan\dfrac{1}{x}\right)$;

(30) $y' = 2e^x\sqrt{1-e^{2x}}$; (31) $y' = \left(\dfrac{x}{1+x}\right)^x\left(\ln\dfrac{x}{1+x} + \dfrac{1}{1+x}\right)$.

2. $f(0) + xf'(0) = 1 - x$.
3. $f'(0) = -4, f'(1) = 0, f'(2) = 0$.
4. $f(0) + 2f'(0) = 2$.
5. $y' = f'(x)e^{f(x)}$.

习 题 2-5

1. (1) $\dfrac{dy}{dx} = \dfrac{y}{y-x}$; (2) $\dfrac{dy}{dx} = \dfrac{ay-x^2}{y^2-ax}$; (3) $\dfrac{dy}{dx} = \dfrac{y^2-xy\ln y}{x^2-xy\ln x}$; (4) $\dfrac{dy}{dx} = \dfrac{e^{x+y}-y}{x-e^{x+y}}$.

2. 切线方程为 $x + y - \dfrac{\sqrt{2}}{2}a = 0$, 法线方程为 $x - y = 0$.

3. (1) $y' = \left(\dfrac{x}{1+x}\right)^x\left(\ln\dfrac{x}{1+x} + \dfrac{1}{1+x}\right)$;

(2) $y' = (\sin x)^{1+\cos x}(\cot^2 x - \ln\sin x) - (\cos x)^{1+\sin x}(\tan^2 x - \ln\cos x)$;

(3) $y' = \dfrac{(3-x)^3 \cdot (x^2-32x-73)}{2\sqrt{x+2}(x+1)^6}$; (4) $y' = \dfrac{1}{2}\sqrt{x\sin x\sqrt{1-e^x}}\left[\dfrac{1}{x} + \cot x - \dfrac{e^x}{2(1-e^x)}\right]$.

4. (1) $\dfrac{dy}{dx} = \dfrac{3b}{2a}t$; (2) $\dfrac{dy}{dx} = \dfrac{1-\tan t}{1+\tan t}$; (3) $\dfrac{dy}{dx} = \dfrac{\sin t}{1-\cos t}$; (4) $\dfrac{dy}{dx} = \dfrac{\cos\theta - \theta\sin\theta}{1-\sin\theta - \theta\cos\theta}$;

(5) $\dfrac{dy}{dx}\Big|_{\theta=\frac{\pi}{4}} = -1$; (6) $\dfrac{dy}{dx}\Big|_{t=2} = -\dfrac{4}{3}$.

5. 略.

习 题 2-6

1. 当 $\Delta x = 1$ 时, $\Delta y = 4, dy = 3$; 当 $\Delta x = 0.1$ 时, $\Delta y = 0.31, dy = 0.3$; 当 $\Delta x = 0.01$ 时, $\Delta y =$

$0.0301, dy = 0.03$.

2. (1) $dy = \left(-\dfrac{1}{x^2} + \dfrac{\sqrt{x}}{x}\right)dx$; (2) $dy = (\sin 2x + 2x\cos 2x)dx$; (3) $dy = 2x(1+x)e^{2x}dx$;

(4) $dy = e^{-x}[\sin(3-x) - \cos(3-x)]dx$; (5) $dy = (x^2+1)^{-\frac{3}{2}}dx$; (6) $dy = \dfrac{2\ln(1-x)}{x-1}dx$;

(7) $dy = 8x\tan(1+2x^2)\sec^2(1+2x^2)dx$; (8) $dy = \dfrac{-2x}{1+x^4}dx$.

3. 略.

4. (1) $dy \approx -0.0059$; (2) $dy \approx -0.0076$.

5. (1) $e^{1.01} \approx 2.7455$; (2) $\sin 29° \approx 0.4849$.

6. 约增大 157.08mm^2.

7. 面积的绝对误差限为 0.04，相对误差限为 0.01.

8. 直径 D 的相对误差限应为 $\dfrac{2}{3}\%$.

习　题　2-7

1. (1) $y'' = 4 - \dfrac{1}{x^2}$, $d^2y = \left(4 - \dfrac{1}{x^2}\right)dx^2$;　(2) $y'' = 4e^{2x-1}$, $d^2y = 4e^{2x-1}dx^2$;

(3) $y'' = -2e^{-t}\cos t$, $d^2y = -2e^{-t}\cos t \cdot dt^2$;　(4) $y'' = \dfrac{-a^2}{(\sqrt{a^2-x^2})^3}$, $d^2y = \dfrac{-a^2}{(\sqrt{a^2-x^2})^3}dx^2$;

(5) $y'' = 4 + \dfrac{3}{4}x^{-\frac{5}{2}} + 8x^{-3}$, $d^2y = \left(4 + \dfrac{3}{4}x^{-\frac{5}{2}} + 8x^{-3}\right)dx^2$;

(6) $y'' = -2\sin x - x\cos x$, $d^2y = (-2\sin x - x\cos x)dx^2$;

(7) $y'' = -\dfrac{2(1+x^2)}{(1-x^2)^2}$, $d^2y = -\dfrac{2(1+x^2)}{(1-x^2)^2}dx^2$;

(8) $y'' = \dfrac{6x(2x^3-1)}{(1+x^3)^3}$, $d^2y = \dfrac{6x(2x^3-1)}{(1+x^3)^3}dx^2$;

(9) $y'' = 2\sec^2 x \cdot \tan x$, $d^2y = 2\sec^2 x \cdot \tan x\, dx^2$;

(10) $y'' = -2\cos 2x \ln x - \dfrac{2\sin 2x}{x} - \dfrac{\cos^2 x}{x^2}$, $d^2y = \left(-2\cos 2x \ln x - \dfrac{2\sin 2x}{x} - \dfrac{\cos^2 x}{x^2}\right)dx^2$;

(11) $y'' = 2\arctan x + \dfrac{2x}{1+x^2}$, $d^2y = \left(2\arctan x + \dfrac{2x}{1+x^2}\right)dx^2$;

(12) $y'' = 2xe^{x^2}(3+2x^2)$, $d^2y = [2xe^{x^2}(3+2x^2)]dx^2$.

2. $f'''(2) = 207360$.

3. (1) $\dfrac{d^2y}{dx^2} = 2f'(x^2) + 4x^2 f''(x^2)$;　(2) $\dfrac{d^2y}{dx^2} = \dfrac{f''(x)f(x) - [f'(x)]^2}{[f(x)]^2}$.

4. 略.

5. (1) $y^{(n)} = (-1)^n e^{-x}$; (2) $y^{(n)} = \dfrac{(-1)^{n-1}(n-1)!}{(1+x)^n}$;

习题参考答案

(3) $y^{(n)} = \cos\left(x + \frac{n\pi}{2}\right)$; (4) $y^{(n)} = 2^{n-1}\sin\left[2x + \frac{(n-1)\pi}{2}\right]$;

(5) $y^{(n)} = (-1)^n n! \left[\frac{1}{(x-2)^{n+1}} - \frac{1}{(x-1)^{n+1}}\right]$.

6. 略.

7. $f'(0) = 1; f''(0) = 0; f'''(0) = 6, f^{(4)}(0) = 0$.

8. (1) $d^{(4)}y = \frac{6}{x}dx^4$; (2) $d^2 y = \frac{-2x}{(1+x^2)}dx^2$; (3) $d^2 f(0) = \frac{4}{e}dx^2$; (4) $d^2 f\left(\frac{\pi}{2}\right) = -2dx^2$.

9. 略.

10. (1) $\frac{d^2 y}{dx^2} = \frac{e^{2y}(3-y)}{(2-y)^3}$; (2) $\frac{d^2 y}{dx^2} = \frac{2(e^y - x)y - y^2 e^y}{(e^y - x)^3}$.

11. (1) $\frac{d^2 y}{dx^2} = \frac{3b}{4a^2 t}$; (2) $\frac{d^2 y}{dx^2} = \frac{e^{3t}(3-2t)}{(1-t)^3}$.

习　题　3-1

1~3. 略.

4. 三个根分别位于区间 $(1,2), (2,3)$ 及 $(3,4)$ 内.

5~6. 略.

习　题　3-2

(1) a; (2) 1; (3) $\frac{1}{2}$; (4) $\frac{3}{4}$; (5) 2; (6) 0; (7) 0; (8) $\frac{1}{2}$; (9) 0; (10) 1; (11) $e^{-\frac{1}{6}}$;

(12) $a_1 a_2 \cdots a_n$.

习　题　3-3

1. $5 - 13(x+1) + 11(x+1)^2 - 2(x+1)^3$.

2. $x - \frac{1}{3}x^3 + \frac{f^{(4)}(\theta x)}{24}x^4 \ (0 < \theta < 1)$.

3. $-[1 + (x+1) + (x+1)^2 + \cdots + (x+1)^n] + (-1)^{n+1}\frac{(x+1)^{n+1}}{[-1+\theta(x+1)]^{n+2}} \ (0 < \theta < 1)$.

4. $x + x^2 + \frac{x^3}{2!} + \cdots + \frac{x^n}{(n-1)!} + \frac{(n+1+\theta x)e^{\theta x}}{(n+1)!}x^{n+1} \ (0 < \theta < 1)$.

5. 0.84146.

习　题　3-4

1. (1) 在 $(-\infty, 0], [2, +\infty)$ 内单调增加, 在 $[0, 2]$ 内单调减少;

(2) 在 $(-\infty, +\infty)$ 内单调增加;

(3) 在 $(-\infty, 0]$ 内单调增加, 在 $[0, +\infty)$ 内单调减少;

(4) 在 $\left[\dfrac{k\pi}{2}, \dfrac{k\pi}{2}+\dfrac{\pi}{3}\right]$, $k\in \mathbf{Z}$ 上单调增加,在 $\left[\dfrac{k\pi}{2}+\dfrac{\pi}{3}, \dfrac{k\pi}{2}+\dfrac{\pi}{2}\right]$, $k\in \mathbf{Z}$ 上单调减少.

2~3. 略.

习 题 3-5

(1) 极小值 $y|_{x=\pm 1}=2$; (2) 无极值;

(3) 极小值 $y\big|_{x=-1}=-\dfrac{1}{2}$,极大值 $y\big|_{x=1}=\dfrac{1}{2}$;

(4) 极小值 $y|_{x=1}=-3$,极大值 $y|_{x=0}=0$; (5) 极大值 $y\big|_{x=\frac{3}{4}}=\dfrac{5}{4}$;

(6) 极大值 $y|_{x=0}=4$,极小值 $y|_{x=-2}=\dfrac{8}{3}$; (7) 极大值 $y|_{x=1}=2$;

(8) 极大值 $y|_{x=\frac{\pi}{4}}=\sqrt{2}$,极小值 $y|_{x=\frac{5\pi}{4}}=-\sqrt{2}$.

习 题 3-6

1. (1) 最大值为 $y|_{x=4}=8$,最小值为 $y|_{x=0}=0$;

(2) 最大值为 $y|_{x=3}=20$,最小值为 $y|_{x=1}=0$;

(3) 最大值为 $y|_{x=4}=142$,最小值为 $y|_{x=1}=7$;

(4) 最大值为 $y|_{x=2\pi}=2\pi+1$,最小值为 $y|_{x=0}=1$.

2. 略.

3. 当圆柱体的高与底面直径相等时,它的表面积最小.

4. 应选择渠道断面,使它在地面的宽度是 $\dfrac{a}{h}+\dfrac{h}{\sqrt{3}}$(高度为 h,面积为 a),侧面与地平面的夹角是 $60°$.

5. $(a^{\frac{2}{3}}+b^{\frac{2}{3}})^{\frac{3}{2}}$.

6. $x=\dfrac{1}{n}(x_1+x_2+\cdots+x_n)$.

7. 当 $\alpha=45°$时,水平射程达到最大值 $\dfrac{v_0^2}{g}$.

8. $x=250$.

习 题 3-7

(1) 在 $\left(-\infty, -\dfrac{1}{2}\right]$ 内是凸的,在 $\left[-\dfrac{1}{2}, +\infty\right)$ 内是凹的,点 $\left(-\dfrac{1}{2}, \dfrac{41}{2}\right)$ 是拐点;

(2) 在 $(-\infty, 0]$ 及 $[1, +\infty)$ 内是凹的,在 $[0,1]$ 内是凸的,点 $(0,1)$ 及 $(1,0)$ 是拐点;

(3) 在 $(-\infty, 1)$ 内是凸的,在 $(1, +\infty)$ 内是凹的,无拐点;

(4) 在 $(-\infty, 0]$ 上凸的,在 $[0, +\infty)$ 内是凹的,点 $(0,2)$ 是拐点;

(5) 在 $(-\sqrt{3},0)$ 及 $(\sqrt{3},+\infty)$ 内是凹的,在 $(-\infty,-\sqrt{3})$ 及 $(0,\sqrt{3})$ 内是凸的,点 $(0,0)$,$(\sqrt{3},\sqrt{3})$ 及 $(-\sqrt{3},-\sqrt{3})$ 是拐点.

习 题 3-8

(1)

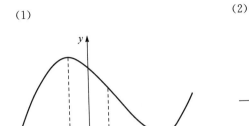

(2)

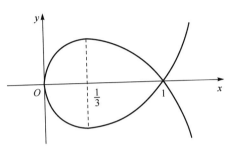

关于 x 轴对称.

(3)

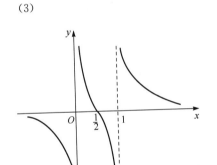

垂直渐近线 $x=0$；$x=1$；水平渐近线 $y=0$.

(4)

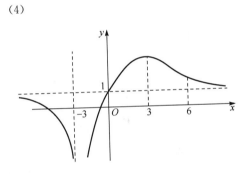

垂直渐近线 $x=-3$；水平渐近线 $y=1$.

(5)

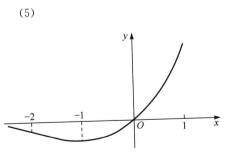

水平渐近线 $y=0$.

(6)

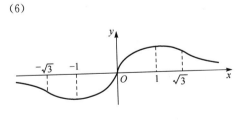

水平渐近线 $y=0$,关于原点对称.

(7)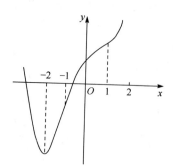

(8)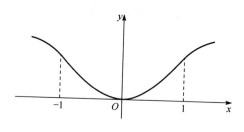

关于 y 轴对称.

习 题 3-9

1. (1) $Q=500$ 件, $L=650$ 元; (2) $P=9.5$ 元.
2. (1) $P=15$ 元, $L=50$ 元; (2) $Q=10$ 件.
3. (1) $Q=2, L=24$; (2) $P=18$.
4. (1) 2.2; (2) 1.8.
5. (1) $R(50)=9975, \overline{R}(50)=199.5$; (2) $R'(50)=199$.
6. (1) $\eta(P)=-P\ln 4$; (2) $\eta(2)=2\ln 4$.
7. (1) $\eta(P)=\dfrac{1}{P-1}$; (2) $\eta\left(\dfrac{1}{2}\right)=-2$.

习 题 4-1

(1) $\dfrac{n}{m+n}x^{\frac{m+n}{n}}+C$;

(2) $\dfrac{2}{5}x^{\frac{5}{2}}+C$;

(3) $-\dfrac{1}{x}-2\ln|x|+x+C$;

(4) $\dfrac{3^x e^x}{\ln 3+1}+C$;

(5) $-\dfrac{1}{x}+\arctan x+C$;

(6) $2e^x+3\ln|x|+C$;

(7) $\arcsin x+C$;

(8) $e^x-2\sqrt{x}+C$;

(9) $\sin x-\cos x+C$;

(10) $\tan x-\cot x+C$;

(11) $\tan x-\sec x+C$;

(12) $-4\cot x+C$;

(13) $\dfrac{1}{2}\tan x+C$;

(14) $-(\cot x+\tan x)+C$;

(15) $\ln|x|+\arctan x+C$;

(16) $\dfrac{1}{3}x^3-x+\arctan x+C$.

习 题 4-2

1. (1) $\dfrac{1}{2}$; (2) $\dfrac{1}{a}$; (3) -1; (4) $\dfrac{1}{a}$; (5) $\dfrac{1}{2}$; (6) $\dfrac{1}{2a}$; (7) $-\dfrac{1}{8}$; (8) $\dfrac{1}{2}$; (9) $-\dfrac{1}{3}$; (10) 1;

(11) 2; (12) -1; (13) $\dfrac{1}{2}$; (14) -1.

2. (1) $-\dfrac{1}{8}(1-2x)^4 + C$;   (2) $\dfrac{1}{2}e^{x^2} + C$;

(3) $-\ln|1-x| + C$;   (4) $\dfrac{1}{1-x} + C$;

(5) $\dfrac{3}{8}\sqrt[3]{(x^4+2)^2} + C$;   (6) $\ln|\ln x| + C$;

(7) $\ln|\ln(\ln x)| + C$;   (8) $-2\cos\sqrt{x} + C$;

(9) $a\arcsin\dfrac{x}{a} - \sqrt{a^2-x^2} + C$;   (10) $\dfrac{x}{2} + \dfrac{1}{12}\sin 6x + C$;

(11) $-e^{\frac{1}{x}} + C$;   (12) $\dfrac{2}{9}(1+x^3)^{\frac{3}{2}} + C$;

(13) $\arcsin(2x-1) + C$;   (14) $\arctan e^x + C$;

(15) $-\cot\dfrac{x}{2} + C$;   (16) $\tan\dfrac{x}{2} + C$;

(17) $\dfrac{1}{24}\ln\dfrac{x^6}{x^6+C} + C$;   (18) $\dfrac{1}{2}\arcsin\dfrac{2x}{3} + \dfrac{1}{4}\sqrt{9-4x^2} + C$;

(19) $\dfrac{3}{2}(\sin x - \cos x)^{\frac{2}{3}} + C$;   (20) $\dfrac{1}{2}\arctan(\sin^2 x) + C$;

(21) $\dfrac{x^2}{2} - \dfrac{9}{2}\ln(x^2+9) + C$;   (22) $(\arctan\sqrt{x})^2 + C$;

(23) $\dfrac{1}{2}\cos x - \dfrac{1}{10}\cos 5x + C$;   (24) $\dfrac{1}{3}\tan^3 x - \tan x + x + C$;

(25) $\dfrac{1}{2}\tan^2 x + \dfrac{1}{4}\tan^4 x + C$;   (26) $\tan x + \dfrac{2}{3}\tan^3 x + \dfrac{1}{5}\tan^5 x + C$;

(27) $-\dfrac{1}{x\ln x} + C$;   (28) $-\dfrac{1}{x\sin x} + C$;

(29) $-\dfrac{10^{2\arccos x}}{2\ln 10} + C$;   (30) $\arctan e^x + C$;

(31) $\dfrac{a^2}{2}\left(\arcsin\dfrac{x}{a} - \dfrac{x}{a^2}\sqrt{a^2-x^2}\right) + C$;   (32) $-\dfrac{\sqrt{1-x^2}}{x} + C$;

(33) $\sqrt{x^2-4} - 2\arccos\dfrac{2}{x} + C$;   (34) $\arccos\dfrac{1}{x} + C$;

(35) $\sqrt{2x} - \ln(1+\sqrt{2x}) + C$;   (36) $\sqrt{1+x^2} - \ln(1+\sqrt{1+x^2}) + C$;

(37) $\arcsin x - \dfrac{x}{1+\sqrt{1-x^2}} + C$;   (38) $\dfrac{1}{2}(\arcsin x + \ln|x + \sqrt{1-x^2}|) + C$;

(39) $\ln\dfrac{\sqrt{1+e^x}-1}{\sqrt{1+e^x}+1}+C$;

(40) $-\dfrac{(a^2-x^2)^{\frac{3}{2}}}{3a^2x^3}+C$.

习题 4-3

(1) $x(\ln x)^2-2x\ln x+2x+C$;

(2) $\dfrac{x^3}{3}\left(\ln x-\dfrac{1}{3}\right)+C$;

(3) $-e^{-x}(x^2+2x+2)+C$;

(4) $-x\cos x+\sin x+C$;

(5) $x^2\sin x+2x\cos x-2\sin x+C$;

(6) $\dfrac{1}{3}x^3\arctan x-\dfrac{1}{6}x^2+\dfrac{1}{6}\ln(1+x^2)+C$;

(7) $\dfrac{x^2}{2}\arcsin x-\dfrac{1}{4}\arcsin x+\dfrac{x}{4}\sqrt{1-x^2}+C$;

(8) $x\tan x+\ln|\cos x|+C$;

(9) $\dfrac{e^{ax}}{a^2+b^2}(b\sin bx+a\cos bx)+C$;

(10) $-\dfrac{1}{2}x^2+x\tan x+\ln|\cos x|+C$;

(11) $\sqrt{1+x^2}\arctan x-\ln(x+\sqrt{1+x^2})+C$;

(12) $(x+1)\arctan\sqrt{x}-\sqrt{x}+C$;

(13) $2e^{\sqrt{x}}(\sqrt{x}-1)+C$;

(14) $\dfrac{x}{2}[\cos(\ln x)+\sin(\ln x)]+C$;

(15) $x(\arcsin x)^2+2\sqrt{1-x^2}\arcsin x-2x+C$;

(16) $\dfrac{1}{2}(-\csc x\cdot\cot x+\ln|\csc x-\cot x|)+C$;

(17) $\dfrac{1}{4}x^2+\dfrac{x}{4}\sin 2x+\dfrac{1}{8}\cos 2x+C$;

(18) $\dfrac{x}{2a^2(x^3+a^2)}+\dfrac{1}{2a^3}\arctan\dfrac{x}{a}+C$.

习题 4-4

1. (1) $3\ln|x+3|-2\ln|x+2|+C$;

(2) $\dfrac{1}{3}\left[-\ln|x+1|+\dfrac{1}{2}\ln(x^2-x+1)+\sqrt{3}\arctan\dfrac{2x-1}{\sqrt{3}}\right]+C$;

(3) $\dfrac{1}{5}\left[\ln\dfrac{(1+2x)^2}{1+x^2}+\arctan x\right]+C$;

(4) $3\ln|x|-\ln|x-1|-2\ln|x+1|+C$;

(5) $4\ln\left|\dfrac{x+1}{2x+1}\right|-\dfrac{4x+3}{(x+1)(2x+1)}+C$;

(6) $-\dfrac{x}{(x^2-1)^2}+C$;

(7) $\dfrac{1}{4}\ln\dfrac{x^4}{(x+1)^2(x^2+1)}-\dfrac{1}{2}\arctan x+C$;

(8) $\dfrac{\sqrt{2}}{8}\ln\dfrac{x^2+\sqrt{2}x+1}{x^2-\sqrt{2}x+1}+\dfrac{\sqrt{2}}{4}\arctan(\sqrt{2}x-1)+\dfrac{\sqrt{2}}{4}\arctan(\sqrt{2}x+1)+C$;

(9) $\dfrac{2}{\sqrt{3}}\arctan\dfrac{\tan\dfrac{x}{2}}{\sqrt{3}}+C$;

(10) $-\cot\dfrac{x}{2}+2\ln\left|\tan\dfrac{x}{2}\right|-\ln\left(\sec^2\dfrac{x}{2}\right)+C$;

(11) $\ln\left|1+\tan\dfrac{x}{2}\right|+C$;

(12) $x+\dfrac{2}{1+\tan\dfrac{x}{2}}+C$;

(13) $\dfrac{1}{2\sqrt{3}}\arctan\dfrac{2\tan x}{\sqrt{3}}+C$;

(14) $\dfrac{1}{\sqrt{5}}\arctan\dfrac{3\tan\dfrac{x}{2}+1}{\sqrt{5}}+C$;

(15) $\dfrac{2}{\sqrt{3}}\arctan\dfrac{2\tan\dfrac{x}{2}+1}{\sqrt{3}}+C$;

(16) $\dfrac{1}{4}(1+x^3)^{\frac{4}{3}}+C$;

(17) $\dfrac{1}{4}\ln(x^4+\sqrt{x^8-4}+C)$;

(18) $\dfrac{2}{105}\sqrt{1+x}(15x^3+3x^2-4x+8)+C$;

(19) $2\sqrt{x}-4\sqrt[4]{x}+4\ln(\sqrt[4]{x}+1)+C$;

(20) $x-4\sqrt{x+1}+4\ln(\sqrt{x+1}+1)+C$;

(21) $\ln\left|\dfrac{1-\sqrt{1-x^2}}{x}\right|-\arcsin x+C$, 或 $\ln\left|\dfrac{\sqrt{1-x}-\sqrt{1+x}}{\sqrt{1-x}+\sqrt{1+x}}\right|+2\arctan\sqrt{\dfrac{1-x}{1+x}}+C$;

(22) $-\dfrac{3}{2}\sqrt[3]{\dfrac{x+1}{x-1}}+C$.

2. (1) $\ln|\tan x|+C$;

(2) $\dfrac{1}{2}[\ln(\tan x)]^2+C$;

(3) $\dfrac{1}{3}\sec^3 x-\sec x+C$;

(4) $x-\ln(e^x+1)+\dfrac{1}{e^x+1}-C$;

(5) $\sqrt{2}\ln\left|\csc\dfrac{x}{2}-\cot\dfrac{x}{2}\right|+C$;

(6) $(4-2x)\cos\sqrt{x}+4\sqrt{x}\sin\sqrt{x}+C$;

(7) $\ln|x+\sin x|+C$;

(8) $\dfrac{xe^x}{e^x+1}-\ln(1+e^x)+C$;

(9) $\dfrac{1}{4}\left[\ln(x^4+1)+\dfrac{1}{x^4+1}\right]+C$;

(10) $-\dfrac{1}{1+x}[\ln(1+x)+1]+C$;

(11) $-\dfrac{\sqrt{(1+x^2)^3}}{3x^3}+\dfrac{\sqrt{1+x^2}}{x}+C$;

(12) $x\ln(1+x^2)-2x+2\arctan x+C$;

(13) $\dfrac{4}{3}(1+\sqrt{x})\sqrt{1+\sqrt{x}}+C$;

(14) $\ln\left|\dfrac{x}{(\sqrt[6]{x}+1)^6}\right|+C$;

(15) $x[\ln(x+\sqrt{1+x^2})]^2-2\sqrt{1+x^2}\ln(x+\sqrt{1+x^2})+2x+C$;

(16) $2\sqrt{\dfrac{x-2}{x-1}}+C$;

(17) $\dfrac{1}{3}\ln(2+\cos x)-\dfrac{1}{2}\ln(1+\cos x)+\dfrac{1}{6}\ln(1-\cos x)+C$;

(18) $-\ln|\csc x+1|+C$;

(19) $\dfrac{1}{2}(\sin x-\cos x)+\dfrac{1}{2\sqrt{2}}\ln\left|\dfrac{1+\sqrt{2}\cos x}{1+\sqrt{2}\sin x}\right|+C$;

(20) $\dfrac{1}{2}e^{\arctan x}\left(\dfrac{1+x}{\sqrt{1+x^2}}\right)+C$;

(21) $\dfrac{1}{13}e^{2x}(2\cos 3x+3\sin 3x)+C$;

(22) $-\dfrac{1}{4}x\cos 2x+\dfrac{1}{8}\sin 2x+C$; (23) $-\dfrac{1}{\sqrt{x^2+2x}}+C$;

(24) $\dfrac{x+1}{2}\sqrt{3-2x-x^2}+2\arcsin\dfrac{x+1}{2}+C$; (25) $\dfrac{x}{\sqrt{1+x^2}}+C$;

(26) $\arctan(e^x-e^{-x})+C$.

习 题 4-5

(1) $-\dfrac{1}{x}-\ln\left|\dfrac{1-x}{x}\right|+C$; (2) $\dfrac{1}{9}\left(\ln|2+3x|+\dfrac{2}{2+3x}\right)+C$;

(3) $2\sqrt{x-1}-2\arctan\sqrt{x-1}+C$; (4) $\dfrac{1}{12}x^3-\dfrac{25}{16}x+\dfrac{125}{32}\arctan\dfrac{2x}{5}+C$;

(5) $\dfrac{1}{3}\ln(3x+\sqrt{9x^2+25})+C$; (6) $\dfrac{1}{3}\arcsin\dfrac{18x-1}{\sqrt{73}}+C$;

(7) $\dfrac{1}{5}\sin x\cos^4 x+\dfrac{4}{15}\sin x\cos^2 x+\dfrac{8}{15}\sin x+C$; (8) $\dfrac{1}{10}\cos 5x-\dfrac{1}{18}\cos 9x+C$;

(9) $\left(\dfrac{x^2}{3}-1\right)\arcsin\dfrac{x}{2}+\dfrac{x}{4}\sqrt{4-x^2}+C$; (10) $\dfrac{1}{27}e^{3x}(9x^2-6x+2)+C$;

(11) $x\ln^3 x-3x\ln^2 x+6x\ln x-6x+C$; (12) $\dfrac{1}{\sqrt{21}}\ln\left|\dfrac{\sqrt{3}\tan\dfrac{x}{2}+\sqrt{7}}{\sqrt{3}\tan\dfrac{x}{2}-\sqrt{7}}\right|+C$.

习 题 5-1

1. (1) $\displaystyle\int_0^1 x\,dx>\int_0^1 x^2\,dx$; (2) $\displaystyle\int_0^{\frac{\pi}{2}} x\,dx>\int_0^{\frac{\pi}{2}}\sin x\,dx$.

2. (1) $\displaystyle\int_{-3}^1 x\,dx<0$; (2) $\displaystyle\int_0^{\frac{\pi}{2}}\sin x\,dx>0$; (3) $\displaystyle\int_{-\frac{\pi}{2}}^0 \sin x\,dx<0$; (4) $\displaystyle\int_{-\frac{\pi}{2}}^{\pi}\sin x\,dx>0$.

3. (1) $1\leqslant\displaystyle\int_0^1 e^{x^2}\,dx\leqslant e$; (2) $\dfrac{1}{e}\leqslant\displaystyle\int_0^1 e^{-x^2}\,dx\leqslant 1$.

习 题 5-2

1. (1) 20; (2) $\dfrac{21}{8}$; (3) $\dfrac{1}{3}$; (4) $45\dfrac{1}{6}$; (5) $\dfrac{\pi}{2}$; (6) $\dfrac{1}{2}\ln 3$; (7) $1-\dfrac{1}{\sqrt{e}}$; (8) $\dfrac{\pi}{3}$.

2. $-\dfrac{3}{4}$.

3. 极值点为 $x=0$, 拐点为 $\left(\pm 1, 1-\dfrac{1}{\sqrt{e}}\right)$.

4. $-\sqrt{1+x^2}$.

5. $-\dfrac{1}{2\sqrt{x}}\sin\sqrt{x}+2x\sin x^2$.

6. 1.

习　题　5-3

1. (1) $\dfrac{2}{3}$；(2) $\dfrac{\pi}{16}a^4$；(3) π；(4) $\dfrac{5}{2}$；(5) $\dfrac{2}{\omega}\cos\varphi_0$；(6) $\dfrac{2}{\sqrt{5}}\arctan\dfrac{1}{\sqrt{5}}$；(7) $\dfrac{\pi}{4}+1$；(8) $\ln\dfrac{3}{2}$；

(9) $\ln\dfrac{4}{3}$；(10) $\dfrac{5\pi}{64}-\dfrac{1}{8}$.

2. (1) $\dfrac{1}{4}(e^2+1)$；(2) 1；(3) $\dfrac{1}{4}(\pi-2)$；(4) $\dfrac{1}{2}(1-\ln 2)$；(5) $\dfrac{1}{2}(e^{\frac{\pi}{2}}-1)$；

(6) $8\ln 2-4$；(7) π；(8) $\dfrac{16}{35}$.

3. (1) 0；(2) 0.

4～6. 略.

习　题　5-4

1. (1) 发散；(2) $\dfrac{1}{a}$；(3) π；(4) π；(5) $\dfrac{1}{3}$；(6) $\dfrac{\pi}{2}$；(7) $\dfrac{8}{3}$；(8) 发散；(9) 1；(10) 发散.

2. 当 $k>0$ 时收敛于 $\dfrac{k}{k^2+b^2}$，当 $k\leqslant 0$ 时发散.

3. 当 $k>1$ 时收敛于 $\dfrac{1}{k-1}$，当 $k\leqslant 1$ 时发散.

4. (1) 30；(2) $\dfrac{16}{105}$.

5. (1) $\dfrac{\sqrt{2\pi}}{16}$；(2) $\dfrac{\alpha(\alpha+1)}{\beta^2}$.

习　题　6-2

1. (1) $\dfrac{1}{6}$；(2) 1；(3) $\dfrac{32}{3}$；(4) $\dfrac{32}{3}$.

2. (1) $2\pi+\dfrac{4}{3}$，$6\pi-\dfrac{4}{3}$；(2) $\dfrac{3}{2}-\ln 2$；(3) $e+\dfrac{1}{e}-2$；(4) $b-a$；(5) $\dfrac{7}{6}$.

3. $\dfrac{9}{4}$.

4. $\dfrac{16}{3}p^2$.

5. (1) πa^2；(2) $\dfrac{3}{8}\pi a^2$；(3) $18\pi a^2$.

6. $3\pi a^2$.

7. $\dfrac{a^2}{4}(e^{2\pi}-e^{-2\pi})$.

8. (1) $\dfrac{5}{4}\pi$; (2) $\dfrac{\pi}{6}+\dfrac{1-\sqrt{3}}{2}$.

9. $\dfrac{e}{2}$.

10. $\dfrac{8}{3}a^2$.

习 题 6-3

1. $2\pi a x_0^2$.

2. $\dfrac{128}{7}\pi, \dfrac{64}{5}\pi$.

3. $741(g)$.

4. $\dfrac{32}{105}\pi a^3$.

5. 略.

6. (1) $\dfrac{3}{10}\pi$; (2) $\dfrac{\pi a^2}{4}\left[2a+\dfrac{a}{2}(e^2-e^{-2})\right]$; (3) $160\pi^2$; (4) $5\pi^2 a^2$.

7. $2\pi^2 a^2 b$.

8. $\dfrac{\pi R^2 h}{2}$.

9. $\dfrac{4\sqrt{3}}{3}R^3$.

10. 略.

习 题 6-4

1. $1+\dfrac{1}{2}\ln\dfrac{3}{2}$.

2. $2\sqrt{3}-\dfrac{4}{3}$.

3. $\dfrac{8}{9}\left[\left(\dfrac{5}{2}\right)^{\frac{3}{2}}-1\right]$.

4. $\dfrac{y}{2p}\sqrt{p^2+y^2}+\dfrac{p}{2}\ln\dfrac{y+\sqrt{p^2+y^2}}{p}$.

5. $6a$.

6. $\dfrac{a}{2}\pi^2$.

7. 略.

8. $\ln\dfrac{3}{2}+\dfrac{5}{12}$.

9. $8a$.

10. $\left(\left(\dfrac{2}{3}\pi-\dfrac{\sqrt{3}}{2}\right)a,\dfrac{3}{2}a\right).$

习　题　6-5

1. $0.18\,k(\text{J}).$
2. $800\pi\ln2(\text{J}).$
3. (1) 略；(2) $9.75\times10^{5}(\text{kJ}).$
4. $\dfrac{27}{7}kc^{\frac{2}{3}}a^{\frac{7}{3}}$ (其中 k 为比例常数).
5. $205.8(\text{kN}).$
6. $17.3(\text{kN}).$
7. $14373(\text{kN}).$
8. $57697.5(\text{kJ}).$
9. $1.65(\text{N}).$
10. $\dfrac{4}{3}\pi r^{4}g.$
11. $\dfrac{1}{2}\gamma ab(2h+b\sin\alpha).$

习　题　6-6

1. $12(\text{m/s}).$
2. $1-\dfrac{3}{\text{e}^{2}}.$
3. (1) $\dfrac{5}{\pi}\left(1+\dfrac{\sqrt{2}}{2}\right)(\text{A})$；(2) $\dfrac{5}{\pi}(1+\cos100\pi t_{0})(\text{A})$；(3) $\dfrac{1}{300}(\text{s}),0.0073(\text{s}).$
4. $\dfrac{I_{m}}{2}.$
5. $a\sqrt{\dfrac{c}{T}}.$

习　题　6-7

1. 790(单位)；830(单位).
2. $R(Q)=300Q-\dfrac{Q^{2}}{300};\overline{R}(Q)=300-\dfrac{Q}{300};R(2000)\approx586666.7(元);\overline{R}(2000)\approx293.3(元).$
3. (1) $Q=4$(百台)；(2) 0.5(万元).

习题 7-1

1. 含有未知函数及其导数的方程叫微分方程.
   (1) 一阶；(2) 二阶；(3) 三阶；(4) 二阶.

2. (1),(3) 是微分方程的解;(2),(4) 不是微分方程的解.
3. $y=a(1-e^{-kt})$.

习题 7-2

1. (1) $y=e^{Cx}$; (2) $\arcsin y=\arcsin x+C$;

   (3) $10^x+10^{-y}=C$; (4) $\dfrac{(y+1)^3}{3}+\dfrac{x^4}{4}=C$.

2. (1) $y^2-2xy=C$; (2) $y=xe^{Cx+1}$;

   (3) $y=Ce^{\frac{y}{x}}$; (4) $y=Ce^{-\frac{x^2}{2y^2}}$.

3. (1) $y=Ce^{-x}+\dfrac{e^x}{2}$; (2) $y=(4x+C)e^{-x^2}$;

   (3) $x=y^2(C-\ln y)$; (4) $y=(1+x^2)(x+C)$.

4. (1) $y^2=\ln(x^2-1)$; (2) $y=\left(\dfrac{x^2}{2}+1\right)e^{-x^2}$.

5. 略.

6. $n_0=\dfrac{16}{9}(g)$.

习题 7-3

1. (1) $y=\dfrac{1}{6}x^3-\sin x+C_1x+C_2$; (2) $y=e^x(x+C_1)+C_2$;

   (3) $\ln(y\pm\sqrt{y^2+(aC_1)^2})=\dfrac{x}{|a|}+C_2$; (4) $y=\dfrac{x+C_1}{x+C_2}$.

2. (1) $y=x^3+3x+1$; (2) $y=\ln(x+1)+1$.

习题 7-4

1. (1) $y=C_1e^x+C_2e^{-3x}$; (2) $y=(C_1+C_2x)e^{-3x}$;

   (3) $y=C_1\cos 2x+C_2\sin 2x$; (4) $y=e^{-x}(C_1\cos 2x+C_2\sin 2x)$;

   (5) $y=C_1+C_2e^{-x}+x^3-3x^2+7x$; (6) $y=C_1e^x+C_2e^{2x}+3xe^{2x}$;

   (7) $y=C_1\cos x+C_2\sin x-\dfrac{1}{3}x\cos 2x+\dfrac{4}{9}\sin 2x$; (8) $y=(C_1+C_2x)e^x+\dfrac{1}{6}x^3e^x$.

2. (1) $y=\cos x+\sin x$; (2) $y=xe^{-2x}$; (3) $y=-7+7e^{-x}+x^3-3x^2+7x$.

3. (1) 设 $y^*=xe^x[(ax+b)\cos x+(cx+d)\sin x]$; (2) 设 $y^*=x(ax+b)e^x$.

习题 7-6

1. (1) 2; (2) n.

2. (1) $2^t+2\cdot 3^t;4\cdot 3^t+2^t$; (2) 0;0.

3. (1) $y_t=C(-1)^t+\dfrac{1}{3}2^t$ (C 为任意常数);

(2) $y_t = C + \frac{1}{3}t$ (C 为任意常数);

(3) $y_t = C(-\sqrt{3})^t + \frac{7\sqrt{3}-2}{26}\cos\frac{\pi}{3}t + \frac{4\sqrt{3}-3}{26}\sin\frac{\pi}{3}t$ (C 为任意常数);

(4) $y_t = C(-2)^t - t \cdot 2^{t-1} \cdot \sin\pi t$ (C 为任意常数).

4. 设 y_t 是存款 t 年整时该存款人的存款余额 ($t=0,1,2,\cdots$),
$$y_t = \left(a - \frac{b}{r}\right)(1+r)^t + \frac{b}{r} \quad (t=0,1,2,\cdots).$$

习 题 8-1

1. 略.

2. $\overrightarrow{BC} = \frac{4}{3}\boldsymbol{b} - \frac{2}{3}\boldsymbol{a}; \overrightarrow{CD} = \frac{2}{3}\boldsymbol{b} - \frac{4}{3}\boldsymbol{a}$.

3. 略.

4. $5\boldsymbol{a} - 11\boldsymbol{b} + 7\boldsymbol{c}$.

5. 略.

习 题 8-2

1. $d_0 = \sqrt{14}, d_x = \sqrt{13}, d_y = \sqrt{10}, d_z = \sqrt{5}. d_{xOy} = 3, d_{xOz} = 2, d_{yOz} = 1.$

2. (1) $d=3$; (2) $d=3\sqrt{5}$.

3. 略.

4. $|\overrightarrow{M_1M_2}| = 2$, 方向余弦: $-\frac{1}{2}, -\frac{\sqrt{2}}{2}, \frac{1}{2}$, 方向角: $\frac{2\pi}{3}, \frac{3\pi}{4}, \frac{\pi}{3}$.

5. $\sqrt{21}, \frac{2}{\sqrt{21}}, \frac{1}{\sqrt{21}}, \frac{4}{\sqrt{21}}$.

6. $a=15, \gamma=-\frac{1}{5}$.

7. $\gamma = \frac{\pi}{4}$ 或 $\gamma = \frac{3\pi}{4}, \boldsymbol{a} = \{1,-1,\sqrt{2}\}$ 或 $\boldsymbol{a} = \{1,-1,-\sqrt{2}\}$.

习 题 8-3

1. (1) 2; (2) 12.

2. (1) 6; (2) -13.

3. 略.

4. (1) $\{0,-8,-24\}$; (2) $\{0,-1,-1\}$; (3) 2.

5. 14.

6. 略.

7. $5, -5$.

习 题 8-4

1. (1) xOy 平面;(2) 过点 $\left(0, \dfrac{1}{3}, 0\right)$ 且平行于 zOx 平面的平面;

   (3) 过 xOy 平面上的直线 $2x-3y-6=0$ 且平行于 z 轴的平面;

   (4) 过 zOx 平面上的直线 $x-2z=0$ 且过 y 轴的平面.

2. (1) 不通过;(2) 通过;(3) 通过;(4) 不通过.

3. (1) 点 $(0,0,0)$, $\boldsymbol{n}=\{1,-2,3\}$;

   (2) 点 $(0,0,-2)$, $\boldsymbol{n}=\{2,1,-3\}$.

4. (1) $y+5=0$;(2) $y-3z=0$;(3) $3x+2z-5=0$;(4) $3x+2y+6z-12=0$;(5) $x-y=0$.

5. 1.

6. $(3,-2,-5)$.

7. $x+3y=0$ 及 $3x-y=0$.

习 题 8-5

1. (1) $x-3=\dfrac{y-4}{\sqrt{2}}=\dfrac{z+4}{-1}$;(2) $x-3=\dfrac{y+2}{3}=\dfrac{z+1}{3}$;(3) $\dfrac{x}{-1}=\dfrac{y+3}{3}=z-2$;

   (4) $\dfrac{x-4}{2}=\dfrac{y+1}{1}=\dfrac{z-3}{5}$.

2. (1) $\dfrac{x-1}{-2}=\dfrac{y-1}{1}=\dfrac{z-1}{3}$;(2) $\dfrac{x+3}{-5}=\dfrac{y}{1}=\dfrac{z-2}{5}$.

3. 在平面上.

4. (1) $(5,-1,2)$;(2) $(0,-4,1)$.

5. $x+2y-1=0$.

习 题 8-6

1. $x^2+y^2+z^2-2x-6y+4z=0$.

2. $(x-1)^2+(y+2)^2+(z+1)^2=6$,它表示一球面.

3. 略.

4. $y^2+z^2=5x$.

5. (1) $4x^2+9(y^2+z^2)=36$;(2) $y^2+z^2=5x$;(3) $x^2+y^2+z^2=9$.

6. $\begin{cases} x^2+y^2-x-1=0, \\ z=0. \end{cases}$

7. $\begin{cases} x^2+2y^2-2y=0, \\ z=0. \end{cases}$

8. $x^2+2y^2=16$.

9. 投影柱面:$y^2=2x-9$; 投影曲线:$\begin{cases} y^2=2x-9, \\ z=0. \end{cases}$

习题参考答案

习 题 9-1

1. (1) $D=\{(x,y)\mid 2n\pi\leqslant x^2+y^2\leqslant(2n+1)\pi, n=0,1,2,\cdots\}$;
   (2) $D=\{(x,y)\mid -y^2\leqslant x\leqslant y^2, y\neq 0\}$; (3) $D=\{(x,y)\mid 4<x^2+y^2<16\}$;
   (4) $D=\{(x,y)\mid x\geqslant 0, 0\leqslant y\leqslant x^2\}$; (5) $D=\{(x,y)\mid x>0, -x<y<x\}$;
   (6) $D=\{(x,y)\mid r^2<x^2+y^2\leqslant R^2\}$;
   (7) $D=\left\{(x,y)\mid \dfrac{1}{9}(x^2+4y^2)<1, y^2-1\leqslant x\leqslant y^2+1\right\}$;
   (8) $D=\left\{(x,y)\mid x\neq \dfrac{1}{2} \text{和} y\neq \dfrac{2n+1}{2}, n=0,\pm 1,\pm 2,\cdots\right\}$.

2. 略.

3. $\dfrac{2xy}{x^2+y^2}$.

4. $f(x,y)=\dfrac{x^2(1-y)}{1+y}$.

5. $f(x)=x^2-x, z(x,y)=2y+(x-y)^2$.

6. (1) $(0,0)$;(2) $x=m\pi, y=n\pi(m,n=0,\pm 1,\pm 2,\cdots)$;(3) $y=-x$;(4) $x^2+y^2<a^2$;
   (5) $(0,0)$.

7. (1) 1;(2) 2;(3) 1;(4) 0;(5) 不存在.

习 题 9-2

1. (1) $z'_x(1,1)=1, z'_y(1,1)=-1$; (2) $z'_x(0,1)=z'_y(1,0)=0$;
   (3) $z'_x(-1,-1)=-1, z'_y(1,1)=1$.

2. (1) $z'_x=2x\arctan\dfrac{y}{x}-y, z'_y=x-2y\arctan\dfrac{x}{y}$;
   (2) $z'_x=\dfrac{1}{x+\ln y}, z'_y=\dfrac{1}{y(x+\ln y)}$; (3) $z'_x=\ln\dfrac{y}{x}-1, z'_y=\dfrac{x}{y}$;
   (4) $z'_x=\dfrac{|y|}{y\sqrt{y^2-x^2}}, z'_y=-\dfrac{x|y|}{y^2\sqrt{y^2-x^2}}$; (5) $z'_x=\dfrac{1}{x\ln y}, z'_y=\dfrac{\ln x}{y(\ln y)^2}$;
   (6) $u'_x=\dfrac{1}{y}\cdot e^{x/y}, u'_y=-\dfrac{1}{y^2}(xe^{x/y}+ze^{z/y}), u'_z=\dfrac{1}{y}e^{z/y}$;
   (7) $u'_x=u\cdot y\cdot \ln z, u'_y=u\cdot x\cdot \ln z, u'_z=\dfrac{x\cdot y\cdot u}{z}$;
   (8) $u'_x=\dfrac{z\cdot u}{x}, u'_y=\dfrac{z\cdot u}{y}, u'_z=u\cdot \ln(x\cdot y)$; (9) $u'_x=\dfrac{x}{u}, u'_y=\dfrac{y}{u}, u'_z=\dfrac{z}{u}$;
   (10) $z'_x=-\dfrac{2}{\sqrt{x^2+y^2}}, z'_y=\dfrac{2x}{y\sqrt{x^2+y^2}}$.

3. 略.

4. (1) $dz=e^{x(x^2+y^2)}[(3x^2+y^2)dx+2xydy]$; (2) $dz=\dfrac{1}{x^2+y^2}(xdy-ydx)$;

(3) $dz = \dfrac{z}{2}\left(\dfrac{1}{y}dy - \dfrac{1}{x}dx\right)$； (4) $dz = \dfrac{1}{x^2+y^2}(xdx+ydy)$.

5. (1) 0.04；(2) $\dfrac{1}{4}e \approx 0.6796$.

6. (1) 2.95；(2) 1.08；(3) 1.05.

7. $\dfrac{\pi}{4}$.

习　题　9-3

1. (1) $\dfrac{du}{dt} = \dfrac{1}{t}e^{t^3}[3t^2\cos(t^3+\ln t) - (3t^2+1)\sin(t^3+\ln t)]$；

(2) $\dfrac{dz}{dx} = \dfrac{\partial f}{\partial x} + \dfrac{\partial f}{\partial y}\cdot \varphi'(x)$；(3) $\dfrac{dz}{dt} = 2uv^3 e^t - 3u^2 v^2 \sin t + 2\cos t$；

(4) $\dfrac{\partial z}{\partial x} = \dfrac{2(x-y)+2xy^2}{(x-y)^2+(xy)^2}, \dfrac{\partial z}{\partial y} = \dfrac{2(y-x)+2x^2 y}{(x-y)^2+(xy)^2}$；

(5) $\dfrac{\partial u}{\partial s} = 2\dfrac{\partial f}{\partial x}\cdot s - \dfrac{\partial f}{\partial y}\sin(s-t) + \dfrac{\partial f}{\partial z}\cdot t, \dfrac{\partial u}{\partial t} = 2\dfrac{\partial f}{\partial x}\cdot t + \dfrac{\partial f}{\partial y}\sin(s-t) + \dfrac{\partial f}{\partial z}\cdot s$；

(6) $\dfrac{\partial u}{\partial y} = \dfrac{\partial f}{\partial x}\dfrac{\partial f}{\partial y} + \dfrac{\partial \varphi}{\partial y} + \dfrac{\partial f}{\partial \omega}\dfrac{\partial \omega}{\partial y}, \dfrac{\partial u}{\partial z} = \dfrac{\partial f}{\partial x}\dfrac{\partial \varphi}{\partial z} + \dfrac{\partial f}{\partial z} + \dfrac{\partial f}{\partial \omega}\dfrac{\partial \omega}{\partial z}$；

(7) $\dfrac{\partial \omega}{\partial x} = \dfrac{\partial f}{\partial x} + \dfrac{\partial f}{\partial u}\cdot \dfrac{\partial u}{\partial x} + \dfrac{\partial f}{\partial v}\cdot \dfrac{\partial v}{\partial x}, \dfrac{\partial \omega}{\partial y} = \dfrac{\partial f}{\partial y} + \dfrac{\partial f}{\partial u}\cdot \dfrac{\partial u}{\partial y} + \dfrac{\partial f}{\partial v}\cdot \dfrac{\partial v}{\partial y}$；

(8) $\dfrac{\partial u}{\partial x} = 2xf'(v), \dfrac{\partial u}{\partial y} = 2yf'(v), \dfrac{\partial u}{\partial z} = 2zf'(v)\ (v = x^2+y^2+z^2)$；

(9) $\dfrac{\partial u}{\partial x} = \dfrac{\partial f}{\partial x} + \dfrac{1}{y}\dfrac{\partial f}{\partial z}, \dfrac{\partial u}{\partial y} = -\dfrac{x}{y^2}\cdot \dfrac{\partial f}{\partial z}\ \left(z=\dfrac{x}{y}\right)$.

2. 略.

3. (1) $\dfrac{dy}{dx} = -\dfrac{b^2 x}{a^2 y}$；(2) $\dfrac{dy}{dx} = \dfrac{y^2 - xy\ln y}{x^2 - xy\ln x}$；(3) $\dfrac{dy}{dx} = -\dfrac{y}{x}$.

4. (1) $dz = \dfrac{z}{y(1+x^2 z^2)-x}[dx - (1+x^2 z^2)dy]$；

(2) $dz = \dfrac{z}{z-1}\left(\dfrac{1}{x}dx + \dfrac{1}{y}dy\right)$； (3) $dz = -\dfrac{z}{x}dx + \dfrac{z(2xyz-1)}{y(2xz-2xyz+1)}dy$.

习　题　9-4

1. (1) $z''_{xx} = \dfrac{2x(x^2-3y^2)}{(x^2+y^2)^3}, z''_{yy} = -\dfrac{2x(x^2-3y^2)}{(x^2+y^2)^3}, z''_{xy} = \dfrac{2y(3x^2-y^2)}{(x^2+y^2)^3}$；

(2) $z''_{xy} = \dfrac{x^2-y^2}{x^2+y^2}, z''_{xx} = 3\arctan\dfrac{y}{x} - \dfrac{2xy}{x^2+y^2}, z''_{yy} = \dfrac{2xy}{x^2+y^2} - 2\arctan\dfrac{x}{y}$；

(3) $z''_{xy} = 0, z''_{xx} = \dfrac{-2x}{(1+x^2)^2}, z''_{yy} = \dfrac{-2y}{(1+y^2)^2}$；

(4) $z''_{xy} = \dfrac{8xy(y^2-x^2)}{(x^2+y^2)^3}$, $z''_{xx} = \dfrac{4y^2(3x^2-y^2)}{(x^2+y^2)^3}$, $z''_{yy} = \dfrac{4x^2(x^2-3y^2)}{(x^2+y^2)^3}$;

(5) $z''_{xx} = 2e^x\sin y + (\cos y + x\sin y)e^x$, $z''_{xy} = (\cos y - \sin y + x\cos y)e^x$, $z''_{yy} = -(\cos y + x\sin y)e^x$.

2~4. 略.

5. $\dfrac{\partial^2 z}{\partial x^2} = \dfrac{4-4z+z^2+x^2}{(2-z)^3}$.

6. $\dfrac{\partial^2 z}{\partial x^2} = \dfrac{2y^2 ze^z - 2xy^3 z - y^2 z^2 e^z}{(e^z - xy)^3}$.

7. $\dfrac{\partial^2 z}{\partial x \partial y} = \dfrac{z(z^4 - 2xyz^2 - x^2 y^2)}{(z^2 - xy)^3}$.

8. $\dfrac{\partial^2 u}{\partial x^2} = f''_{11} + y^2 f''_{22} + y^2 z^2 f''_{33} + 2yf''_{12} + 2yzf''_{13} + 2y^2 f''_{23}$; $\dfrac{\partial^2 u}{\partial x \partial y} = xyf''_{22} + xyz^2 f''_{33} + xf''_{12} + xzf''_{13} + 2xyzf''_{23} + f'_2 + zf'_3$.

习 题 9-5

1. (1) 极大值,$f(2,-2)=8$;

(2) 极大值,$f\left(-\dfrac{1}{3},-\dfrac{1}{3}\right)=\dfrac{1}{27}$,在点$(0,0)$处无极值;

(3) 极大值,$f(0,0)=1$;

(4) 极小值,$f\left(\dfrac{1}{2},-1\right)=-\dfrac{e}{2}$;

(5) 极小值,$f(1,1)=2$;

(6) 极大值,$f\left(\dfrac{\pi}{3},\dfrac{\pi}{3}\right)=\dfrac{\sqrt{3}}{2}$.

2. 当 $x=1,y=-1$ 时有极小值 $z_1=-2$,极大值 $z_2=6$.

3. (1) 在点 $\left(\dfrac{1}{\sqrt{2}},\dfrac{1}{\sqrt{2}}\right)$ 处有极大值 $\sqrt{2}$,在点 $\left(-\dfrac{1}{\sqrt{2}},-\dfrac{1}{\sqrt{2}}\right)$ 处有极小值 $-\sqrt{2}$;

(2) 在点 $(1,2)$ 处有极小值 3;

(3) 极小值点为 $\left(\dfrac{1}{\sqrt{2}},\dfrac{1}{\sqrt{2}}\right)$,$\left(-\dfrac{1}{\sqrt{2}},-\dfrac{1}{\sqrt{2}}\right)$ 极小值为 $-\dfrac{1}{2}$,极大值点为 $\left(-\dfrac{1}{\sqrt{2}},\dfrac{1}{\sqrt{2}}\right)$,$\left(\dfrac{1}{\sqrt{2}},-\dfrac{1}{\sqrt{2}}\right)$ 极大值为 $\dfrac{1}{2}$;

(4) 在点 $\left(\dfrac{1}{3},-\dfrac{2}{3},\dfrac{2}{3}\right)$ 处有极大值 3,在点 $\left(-\dfrac{1}{3},\dfrac{2}{3},-\dfrac{2}{3}\right)$ 处有极小值 -3;

(5) 极小值 $z(2,2)=3$;

(6) 极小值 $z(2,2)=4$.

4. 最大面积为 $2ab$.

5. $a \geq \dfrac{1}{2}$ 时,最小距离为 $\sqrt{a-\dfrac{1}{4}}$;$a < \dfrac{1}{2}$ 时,最小距离为 $|a|$.

6. $p_1=80, p_2=120$,最大总利润为 605.

7. $x=\dfrac{\alpha k}{\alpha+\beta+\gamma}, y=\dfrac{\beta k}{\alpha+\beta+\gamma}, z=\dfrac{\gamma k}{\alpha+\beta+\gamma}$ 时,效益最大,最大效益为 $\alpha^{\alpha}\beta^{\beta}\gamma^{\gamma}\left(\dfrac{k}{\alpha+\beta+\gamma}\right)^{\alpha+\beta+\gamma}$.

8. 略.

选 做 题

1. (1) $|x|\leqslant 1, |y|\geqslant 1$;

   (2) $x\geqslant 0, 2k\pi\leqslant y\leqslant(2k+1)\pi$ 及 $x\leqslant 0, (2k+1)\pi\leqslant y\leqslant(2k+2)\pi, k=0,\pm 1,\pm 2,\cdots$;

   (3) $x\geqslant 0, y\geqslant x+1$ 及 $x\leqslant 0, x<y\leqslant x+1$;

   (4) $x^2+y^2\leqslant 4$.

2. $(x+y)^{xy}+(xy)^{2x}$.

3. (1) $\dfrac{\partial z}{\partial x}=\dfrac{y^2}{(x^2+y^2)^{3/2}}$, $\dfrac{\partial z}{\partial y}=\dfrac{-xy}{(x^2+y^2)^{3/2}}$, $\dfrac{\partial^2 z}{\partial x^2}=\dfrac{-3xy^2}{(x^2+y^2)^{5/2}}$,

   $\dfrac{\partial^2 z}{\partial y\partial x}=\dfrac{y(2x^2+y^2)}{(x^2+y^2)^{5/2}}$, $\dfrac{\partial^2 z}{\partial y^2}=-\dfrac{x(x^2-2y^2)}{(x^2+y^2)^{5/2}}$;

   (2) $\dfrac{\partial z}{\partial x}=-\dfrac{2x\sin x^2}{y}$, $\dfrac{\partial z}{\partial y}=-\dfrac{\cos x^2}{y^2}$, $\dfrac{\partial^2 z}{\partial x^2}=-\dfrac{2\sin x^2+4x^2\cos x^2}{y}$,

   $\dfrac{\partial^2 z}{\partial y\partial x}=\dfrac{2x\sin x^2}{y^2}$, $\dfrac{\partial^2 z}{\partial y^2}=-\dfrac{2\cos x^2}{y^3}$.

4. (1) $\dfrac{\partial u}{\partial r}=f'_x\cos\theta+f'_y\sin\theta$, $\dfrac{\partial^2 u}{\partial r^2}=f''_{xx}\cos^2\theta+2f''_{xy}\sin\theta\cos\theta+f''_{yy}\sin^2\theta$;

   (2) $\dfrac{\partial u}{\partial\xi}=af'_x$, $\dfrac{\partial u}{\partial\eta}=bf'_y$, $\dfrac{\partial^2 u}{\partial\xi^2}=a^2 f''_{xx}$, $\dfrac{\partial^2 u}{\partial\eta^2}=b^2 f''_{yy}$, $\dfrac{\partial^2 u}{\partial\xi\partial\eta}=abf''_{xy}$;

   (3) $\dfrac{\partial u}{\partial x}=2xf'(x^2+y^2+z^2)$, $\dfrac{\partial^2 u}{\partial x^2}=f''(x^2+y^2+z^2)\cdot 4x^2+2f'(x^2+y^2+z^2)$, $\dfrac{\partial^2 u}{\partial x\partial y}=4xyf''(x^2+y^2+z^2)$, $\dfrac{\partial u}{\partial y}=2yf'(x^2+y^2+z^2)$, $\dfrac{\partial u}{\partial z}=2zf'(x^2+y^2+z^2)$;

   (4) $\dfrac{\partial u}{\partial x}=f'_1\left(x,\dfrac{x}{y}\right)+f'_2\left(x,\dfrac{x}{y}\right)\cdot\dfrac{1}{y}$, $\dfrac{\partial u}{\partial y}=f'_2\left(x,\dfrac{x}{y}\right)\cdot\left(-\dfrac{x}{y^2}\right)$, $\dfrac{\partial^2 u}{\partial x^2}=f''_{11}\left(x,\dfrac{x}{y}\right)+f''_{12}\left(x,\dfrac{x}{y}\right)\cdot\dfrac{1}{y}+f''_{21}\left(x,\dfrac{x}{y}\right)\cdot\dfrac{1}{y}+f''_{22}\left(x,\dfrac{x}{y}\right)\cdot\dfrac{1}{y^2}$.

5. (1) $dz=\cos(x^2+y)(2x dx+dy)$;

   (2) $dz=\dfrac{x^2+y^2}{(x^2-y^2)^2}(-y dx+x dy)$;

   (3) $dz=e^{\frac{x^2+y^2}{x\cdot y}}\left[\left(\dfrac{x^4-y^4}{x^2 y}+2x\right)dx+\left(\dfrac{y^4-x^4}{x\cdot y^2}+2y\right)dy\right]$;

   (4) $du=2xyz dx+x^2 z dy+x^2 y dz$;

   (5) $du=(1+\ln x)dx+(1+\ln y)dy+(1+\ln z)dz$.

6. (1) $du=f'(dx+dy)$;

   (2) $dz=f'_1(ax,by)a dx+f'_2(ax,by)b dy$;

(3) $du = f'(ax^2 + by^2 + cz^2)(2axdx + 2bydy + 2czdz)$.

7~9. 略.

习 题 10-1

1. $I_1 = 4I_2$.
2. 略.
3. (1) $2 \leqslant I \leqslant 8$； (2) $36\pi \leqslant I \leqslant 100\pi$.

习 题 10-2

1. (1) $\dfrac{4}{9}(ab)^{\frac{3}{2}}$; (2) $(e-1)^2$; (3) $-\dfrac{\pi}{16}$; (4) $\ln\dfrac{2+\sqrt{2}}{1+\sqrt{3}}$.

2. (1) $\int_0^2 dx \int_x^{\sqrt{2x}} f(x,y)dy$ 或 $\int_0^2 dy \int_{\frac{y^2}{2}}^y f(x,y)dx$;

   (2) $\int_0^1 dx \int_0^{x^3} f(x,y)dy + \int_1^2 dx \int_0^{2-x} f(x,y)dy$ 或 $\int_0^1 dy \int_{\sqrt[3]{y}}^{2-y} f(x,y)dx$;

   (3) $\int_{-\sqrt{2}}^{\sqrt{2}} dx \int_{x^2}^{4-x^2} f(x,y)dy$ 或 $\int_0^2 dy \int_{-\sqrt{y}}^{\sqrt{y}} f(x,y)dx + \int_2^4 dy \int_{-\sqrt{4-y}}^{\sqrt{4-y}} f(x,y)dx$;

   (4) $\int_0^1 dx \int_{x/2}^{2x} f(x,y)dy + \int_1^2 dx \int_{x/2}^{\frac{2}{x}} f(x,y)dy$ 或 $\int_0^1 dy \int_{y/2}^{2y} f(x,y)dx + \int_1^2 dy \int_{y/2}^{\frac{2}{y}} f(x,y)dx$;

   (5) $\int_{-2}^2 dx \int_{-\frac{3}{2}\sqrt{4-x^2}}^{\frac{3}{2}\sqrt{4-x^2}} f(x,y)dy$ 或 $\int_{-3}^3 dy \int_{-\frac{2}{3}\sqrt{9-y^2}}^{\frac{2}{3}\sqrt{9-y^2}} f(x,y)dx$;

   (6) $\int_{-2}^4 dx \int_{2-\sqrt{9-(x-1)^2}}^{2+\sqrt{9-(x-1)^2}} f(x,y)dy$ 或 $\int_{-1}^5 dy \int_{1-\sqrt{9-(y-2)^2}}^{1+\sqrt{9-(y-2)^2}} f(x,y)dx$.

3. (1) $\dfrac{6}{55}$; (2) -2; (3) $\dfrac{1}{20}$; (4) $\dfrac{13}{6}$; (5) $\dfrac{9}{4}$.

4. (1) $\int_2^5 dy \int_1^3 f(x,y)dx$; (2) $\int_0^1 dy \int_{e^y}^e f(x,y)dx$; (3) $\int_{-1}^1 dx \int_0^{\sqrt{1-x^2}} f(x,y)dy$;

   (4) $\int_0^1 dy \int_{\sqrt{y}}^{3-2y} f(x,y)dx$.

5. (1) $\dfrac{ab}{6}$; (2) $\dfrac{a^2}{2}\ln 2$.

6. $\dfrac{1}{3}$.

7. $\dfrac{7}{2}$.

8. 6π.

9. 3.

10. $\sqrt{2} - 1$.

11. (1) $\dfrac{1}{6}abc$; (2) π; (3) 16; (4) $\dfrac{3\pi}{32}a^4$.

12. (1) $\int_0^{2\pi} d\theta \int_1^2 f(r\cos\theta, r\sin\theta) r dr$; (2) $\int_0^{\frac{\pi}{2}} d\theta \int_0^R f(r\cos\theta, r\sin\theta) r dr$;

(3) $\int_0^{\frac{\pi}{2}} d\theta \int_0^{2R\sin\theta} f(r^2) r dr$.

13. (1) $\frac{4}{15}\pi a^5$; (2) $\frac{\pi}{4}(2\ln 2 - 1)$; (3) $-6\pi^2$.

习 题 10-3

1. 1.

2. $\frac{\pi}{2}a^2(1-2\ln a)$.

3. $n>1$ 时收敛,$n\leqslant 1$ 时发散.

4. 收敛.

习 题 10-4

1. $\sqrt{2}\pi$.

2. $\frac{\sqrt{a^2b^2+a^2c^2+b^2c^2}}{2}$.

3. $\bar{x}=\frac{35}{48}, \bar{y}=\frac{35}{54}$.

4. $\bar{x}=\left(1-\frac{\pi}{4}\right)(\sqrt{2}+1), \bar{y}=\frac{1}{8}\left(\frac{\pi}{2}-1\right)(2+\sqrt{2})$.

选 做 题

1. $\int_0^1 dy \int_y^{2-y} f(x,y) dx$.

2. 提示:将左边累次积分改变积分次序再积分之.

3. (1) $\frac{1}{2}a^4$; (2) $\frac{\pi}{2}+\frac{5}{3}$; (3) $\frac{32}{45}R^5$; (4) $\frac{\sqrt{3}}{12}\pi-\frac{1}{2}\ln 2$; (5) $3\frac{3}{4}$; (6) $13\frac{3}{4}$; (7) $\pi-2$;

(8) $3\frac{1}{15}$.

4. (1) $\pi(e^{b^2}-e^{a^2})$; (2) $\frac{3}{64}\pi^2$; (3) $\pi\left(\frac{\pi}{2}-1\right)$; (4) $\pi\left(1-\frac{1}{4}\right)$.

5. $-\pi$.

6. $f(0,0)$.

7. (1) $\int_0^2 dy \int_{\frac{1}{2}y}^y f(x,y) dx + \int_2^4 dy \int_{\frac{y}{2}}^2 y f(x,y) dx$;

(2) $\int_0^1 dx \int_{x^3}^{2-x} f(x,y) dy$; (3) $\int_0^1 dy \int_{\sqrt{1-y}}^{e^y} f(x,y) dx$.

习　题　10-5

1. (1) $\int_0^1 dx \int_0^{1-x} dy \int_0^{xy} f(x,y,z)dz$;　　(2) $\int_{-1}^1 dx \int_{-\sqrt{1-x^2}}^{\sqrt{1-x^2}} dy \int_{x^2+y^2}^1 f(x,y,z)dz$;

   (3) $\int_{-1}^1 dx \int_{-\sqrt{1-x^2}}^{\sqrt{1-x^2}} dy \int_{x^2+2y^2}^{2-x^2} f(x,y,z)dz$;　　(4) $\int_0^a dx \int_0^{b\sqrt{1-x^2/a^2}} dy \int_0^{xy/c} f(x,y,z)dz$;

   (5) $\int_{-1}^1 dx \int_{x^2}^1 dy \int_0^{x^2+y^2} f(x,y,z)dz$.

2. $\dfrac{3}{2}$.

3. 略.

4. $\dfrac{1}{364}$.

5. $\dfrac{1}{2}\left(\ln 2 - \dfrac{5}{8}\right)$.

6. $\dfrac{1}{48}$.

7. 0.

8. $\dfrac{\pi}{4}h^2 R^2$.

9. $\dfrac{59}{480}\pi R^5$.

习　题　10-6

1. (1) $\dfrac{7\pi}{12}$; (2) $\dfrac{16}{3}\pi$.

2. (1) $\dfrac{4\pi}{5}$; (2) $\dfrac{7}{6}\pi a^4$.

3. (1) $\dfrac{1}{8}$; (2) $\dfrac{\pi}{10}$; (3) 8π; (4) $\dfrac{4\pi}{15}(A^5-a^5)$.

4. (1) $\dfrac{32}{3}\pi$; (2) πa^3; (3) $\dfrac{\pi}{6}$; (4) $\dfrac{2}{3}\pi(5\sqrt{5}-4)$.

5. $k\pi R^4$.

6. (1) $\left(0,0,\dfrac{3}{4}\right)$; (2) $\left(0,0,\dfrac{3(A^4-a^4)}{(A^3-a^3)}\right)$; (3) $\left(\dfrac{2}{5}a,\dfrac{2}{5}a,\dfrac{7}{30}a^2\right)$.

7. $\left(0,0,\dfrac{5}{4}R\right)$.

8. (1) $\dfrac{8}{3}a^4$; (2) $\bar x=\bar y=0, \bar z=\dfrac{7}{15}a^2$; (3) $\dfrac{112}{45}a^6\rho$.

9. $\dfrac{1}{2}a^2 M (M=\pi a^2 h\rho$ 为圆柱体质量$)$.

10. $F_x = F_y = 0, F_z = -2\pi G\rho\left[\sqrt{(h-a)^2+R^2} - \sqrt{R^2+a^2}+h\right].$

习 题 10-7

1. (1) $\dfrac{\pi}{4}$;(2) 1;(3) $\dfrac{8}{3}$.

2. (1) $\dfrac{1}{3}\cos x(\cos x - \sin x)(1+2\sin 2x)$;(2) $\dfrac{2}{x}\ln(1+x^2)$;

(3) $\ln\dfrac{x^2+1}{x^4+1}+3x^2\arctan^2-2x\arctan x$;(4) $2xe^{-x^5}-e^{-x^3}-\displaystyle\int_x^{x^2} y^2 e^{-xy^2}\,\mathrm{d}y.$

3. $3f(x)+2xf'(x).$

4. (1) $\pi\arcsin a$;(2) $\pi\ln\dfrac{1+a}{2}.$

5. (1) $\dfrac{\pi}{2}\ln(1+\sqrt{2})$;(2) $\arctan(1+b)-\arctan(1+a).$

习 题 11-1

1. (1) $\dfrac{1}{2n-1}$;(2) $\dfrac{(-1)^{n-1}}{2^n-1}$;(3) $\dfrac{1\cdot 3\cdot 5\cdot\cdots\cdot(2n-1)}{1\cdot 2\cdot 3\cdot\cdots\cdot n\cdot(n+1)}$;(4) $\dfrac{(-1)^{n-1}(n+1)}{n\ln(n+1)}.$

2. (1) 收敛;(2) 发散;(3) 发散;(4) 收敛.

3. (1) 收敛;(2) 收敛.

习 题 11-2

1. (1) 发散;(2) 收敛;(3) 收敛;(4) 发散.
2. (1) 收敛;(2) 收敛;(3) 收敛;(4) 收敛.
3. (1) 收敛;(2) 收敛;(3) 发散;(4) 收敛.

习 题 11-3

1. (1) 收敛;(2) 发散;(3) 收敛;(4) 收敛.
2. (1) 绝对收敛;(2) 绝对收敛;(3) 发散;(4) 条件收敛.

习 题 11-4

1. (1) $R=1$,收敛域为 $[-1,1)$;

(2) $R=+\infty$,收敛域为 $(-\infty,+\infty)$;

(3) $R=2$,收敛域为 $(-2,2)$;

(4) $R=0$,收敛域为一点 $x=0.$

2. (1) $\dfrac{a}{(a-x)^2}$;(2) $a\ln\dfrac{a}{a-x}$;(3) $\dfrac{-2x}{(1+x^2)^2}$;(4) $\dfrac{1}{(1-x)^3}.$

习　题　11-5

1. (1) $1+\sum_{n=1}^{\infty}(-1)^n\dfrac{(2x)^{2n}}{2(2n)!},(-\infty,+\infty)$;

(2) $\arctan x=x-\dfrac{x^3}{3}+\dfrac{x^5}{5}-\dfrac{x^7}{7}+\cdots+(-1)^{n-1}\dfrac{x^{2n-1}}{2n-1}+\cdots,[-1,1]$;

(3) $\dfrac{x}{1-x^2}=x+x^3+x^5+\cdots+x^{2n+1}+\cdots,(-1,1)$;

(4) $\sum_{n=1}^{\infty}(-1)^{2n-1}\dfrac{x^n}{n2^n},[-2,2]$;

(5) $\dfrac{\sqrt{2}}{2}\sum_{n=0}^{\infty}(-1)^n\left[\dfrac{x^{2n+1}}{(2n+1)!}+\dfrac{x^{2n}}{(2n)!}\right],(-\infty,+\infty)$.

2. (1) $\sum_{n=1}^{\infty}(-1)^{n-1}\dfrac{(x-1)^n}{n},(0,2]$; (2) $\sum_{n=0}^{\infty}(-1)^n(x-1)^n,(0,2)$;

(3) $\sum_{n=0}^{\infty}\dfrac{(x\ln a)^n}{n!},(-\infty,+\infty)$.

3. (1) 0.9994; (2) 0.9997; (3) 0.9461; (4) 1.0009.

习　题　11-6

1. (1) $f(x)=\pi^2+1+12\sum_{n=1}^{\infty}\dfrac{(-1)^n}{n^2}\cos nx,(-\infty,+\infty)$;

(2) $f(x)=\dfrac{e^{2\pi}-e^{-2\pi}}{\pi}\left[\dfrac{1}{4}+\sum_{n=1}^{\infty}\dfrac{(-1)^n}{n^2+4}(2\cos nx-n\sin nx)\right]$

$(x\neq(2n+1)\pi,n=0,\pm 1,\pm 2,\cdots)$;

(3) $f(x)=\dfrac{a-b}{4}\pi+\sum_{n=1}^{\infty}\left\{\dfrac{[1-(-1)^n](b-a)}{n^2\pi}\cos nx+\dfrac{(-1)^{n-1}(a+b)}{n}\sin nx\right\}$

$(x\neq(2n+1)\pi,n=0,\pm 1,\pm 2,\cdots)$;

2. (1) $2\sin\dfrac{x}{3}=\dfrac{18\sqrt{3}}{\pi}\sum_{n=1}^{\infty}(-1)^{n-1}\dfrac{n\sin nx}{9n^2-1},(-\pi,\pi)$;

(2) $f(x)=\dfrac{1+\pi-e^{-\pi}}{2\pi}+\dfrac{1}{\pi}\sum_{n=1}^{\infty}\left\{\dfrac{1-(-1)^n e^{-\pi}}{1+n^2}\cos nx\right.$

$\left.+\left[\dfrac{-n+(-1)^n n e^{-\pi}}{1+n^2}+\dfrac{1}{n}(1-(-1)^n)\right]\sin nx\right\},(-\pi,\pi)$.

3. 略.

习　题　11-7

1. $\cos\dfrac{x}{2}=\dfrac{2}{\pi}+\dfrac{4}{\pi}\sum_{n=1}^{\infty}\dfrac{(-1)^{n-1}}{4n^2-1}\cos nx,[-\pi,\pi]$.

2. $f(x)=\dfrac{2}{\pi}\sum_{n=1}^{\infty}\left[\dfrac{1}{n^2}\sin\dfrac{n\pi}{2}+(-1)^{n+1}\dfrac{\pi}{2n}\right]\sin nx$

$(x \neq (2n+1)\pi, n=0, \pm 1, \pm 2, \cdots)$.

3. $\dfrac{\pi - x}{2} = \sum\limits_{n=1}^{\infty} \dfrac{1}{n} \sin nx$, $(0, \pi]$.

4. $2x^2 = \dfrac{4}{\pi} \sum\limits_{n=1}^{\infty} \left[-\dfrac{2}{n^3} + (-1)^n \left(\dfrac{2}{n^3} - \dfrac{\pi^2}{n} \right) \right] \sin nx$, $[0, \pi)$,

$2x^2 = \dfrac{2}{3}\pi^2 + 8 \sum\limits_{n=1}^{\infty} \dfrac{(-1)^n}{n^2} \cos nx$, $[0, \pi]$.

5. 略.

习 题 11-8

1. (1) $1 - x^2 = \dfrac{11}{12} + \dfrac{1}{\pi^2} \sum\limits_{n=1}^{\infty} \dfrac{(-1)^{n+1}}{n^2} \cos 2n\pi x$, $(-\infty, +\infty)$;

(2) $f(x) = -\dfrac{1}{4} + \sum\limits_{n=1}^{\infty} \left\{ \left[\dfrac{1-(-1)^n}{n^2 \pi^2} + \dfrac{2\sin\frac{2\pi}{2}}{n\pi} \right] \cos n\pi x + \dfrac{1 - 2\cos\frac{n\pi}{2}}{n\pi} \sin n\pi x \right\}$

$\left(x \neq 2k, 2k + \dfrac{1}{2}, k = 0, \pm 1, \pm 2, \cdots \right)$;

(3) $f(x) = -\dfrac{1}{2} + \sum\limits_{n=1}^{\infty} \left\{ \dfrac{6}{n^2 \pi^2} [1 - (-1)^n] \cos \dfrac{n\pi x}{3} + \dfrac{6}{n\pi} (-1)^{n+1} \sin \dfrac{n\pi x}{3} \right\}$

$(x \neq 3(2k+1), k = 0, \pm 1, \pm 2, \cdots)$.

2. (1) $f(x) = \dfrac{4l}{\pi^2} \sum\limits_{n=1}^{\infty} \dfrac{1}{n^2} \sin \dfrac{n\pi}{2} \sin \dfrac{n\pi x}{l}$, $[0, l]$,

$f(x) = \dfrac{1}{4} + \dfrac{2l}{\pi^2} \sum\limits_{n=1}^{\infty} \dfrac{1}{n^2} \left[2\cos \dfrac{n\pi}{2} - 1 - (-1)^n \right] \cos \dfrac{n\pi x}{l}$, $[0, l]$;

(2) $f(x) = \dfrac{8}{\pi} \sum\limits_{n=1}^{\infty} \left\{ \dfrac{(-1)^{n+1}}{n} + \dfrac{2}{n^3 \pi^2} [(-1)^n - 1] \right\} \sin \dfrac{n\pi x}{2}$, $[0, 2)$,

$f(x) = \dfrac{4}{3} + \dfrac{16}{\pi^2} \sum\limits_{n=1}^{\infty} \dfrac{(-1)^n}{n^2} \cos \dfrac{n\pi x}{2}$, $[0, 2]$.

3. $f(x) = \dfrac{4}{\pi} \sum\limits_{n=1}^{\infty} \dfrac{1}{(2n-1)^2} \cos(2n-1)\left(x - \dfrac{\pi}{2} \right)$, $\left[-\dfrac{\pi}{2}, \dfrac{3\pi}{2} \right]$.

自测题参考答案与提示

自 测 题 一

一、1. B； 2. C； 3. B； 4. B； 5. D； 6. D； 7. B； 8. D； 9. C.

二、1. $1-\dfrac{1}{x}$. 2. $|a|$. 3. $\pm 1; \mp \dfrac{1}{2}$.

4. $(-\infty, -\sqrt{e}) \cup (-\sqrt{e}, \sqrt{e}) \cup (\sqrt{e}, +\infty)$. 5. $x=0$；二.

三、1. 1； 2. e^4.

四、$x=0, x=1, x=2$ 是 $f(x)$ 的间断点；$x=0, x=1$ 是 $f(x)$ 的第一类间断点；$x=2$ 是 $f(x)$ 的第二类间断点.

五~六、略.

自 测 题 二

一、1. $f'(t) = e^{2t}(1+2t)$. 2. $-k$.

3. $-\dfrac{1}{2} x^{-\frac{3}{2}} \sin \dfrac{1}{\sqrt{x}} f'\left(\cos\left(\dfrac{1}{\sqrt{x}}\right)\right) dx$.

4. $y = 2x - 1$. 5. $2y - x - 2 = 0$.

6. $-\dfrac{1}{x^2} e^{\tan \frac{1}{x}} \left(\tan \dfrac{1}{x} \sec \dfrac{1}{x} + \cos \dfrac{1}{x} \right)$.

二、1. A； 2. C； 3. A； 4. B； 5. B.

三、1. 利用 $\dfrac{dy}{dx} = \dfrac{dy/dt}{dx/dt}$ 计算，得 $\dfrac{dy}{dx} = \dfrac{(y^2 - e^t)(1+t^2)}{2(1-ty)}$.

2. 利用对数求导法可简化计算，$\dfrac{d^2 y}{dx^2} = -\dfrac{[1-f'(y)]^2 - f''(y)}{x^2 [1-f'(y)]^3}$.

3. $f'(x) = \begin{cases} \arctan \dfrac{1}{x^2} - \dfrac{2x^2}{1+x^4}, & x \neq 0, \\ \dfrac{\pi}{2}, & x = 0, \end{cases}$ 由于 $\lim\limits_{x \to 0} f'(x) = f'(0)$，所以 $f'(x)$ 在 $x=0$ 处连续.

4. (1) $a = g'(0)$； (2) $f'(x) = \begin{cases} \dfrac{(g'(x) + \sin x)x - (g(x) - \cos x)}{x^2}, & x \neq 0, \\ \dfrac{1}{2} g''(0) + \dfrac{1}{2}, & x = 0. \end{cases}$

自测题三

一、1. ×； 2. ×； 3. √； 4. √； 5. √.

二、1. $\dfrac{1}{6}$,3. 2. $\dfrac{\pi}{4},\dfrac{5\pi}{4}$. 3. $f'(1)>f(1)-f(0)>f'(0)$. 4. 0,C. 5. $\sqrt[3]{3}$.

三、1. C； 2. A； 3. A； 4. D； 5. C.

四、提示：令 $f(x)=\sin x-x+\dfrac{x^3}{6}$,利用函数的单调性证明.

五、1. $\dfrac{1}{3}$. 2. 1. 3. 15.

六、提示：利用拉格朗日中值定理与罗尔定理证明.

七、一阶：$f(x)=5-13(x+1)+(5-6\xi)(x+1)^2$ (ξ 在 -1 与 x 之间)；
二阶：$f(x)=5-13(x+1)+11(x+1)^2-2(x+1)^3$ (ξ 在 -1 与 x 之间)；
三阶：$f(x)=5-13(x+1)+11(x+1)^2-2(x+1)^3$ (ξ 在 -1 与 x 之间).

八、单调区间：增 $(-\infty,-1),[1,+\infty)$,减 $(-1,1]$；凸凹区间：凸 $(-\infty,-1),(-1,2]$,凹 $[2,+\infty)$；极大值 $f(1)=3$,无极小值；拐点 $\left(2,\dfrac{8}{3}\right)$.

自测题四

一、1. B； 2. C； 3. B； 4. C； 5. A； 6. B； 7. C； 8. B； 9. D； 10. D.

二、1. $\dfrac{1}{2a}f^2(ax+b)+C$. 2. $2F(\sqrt{x})+C$. 3. $2\arctan\sqrt{e^x-1}+C$.

4. $x\cos x-\sin x+C$. 5. $\sqrt{1+x^2}$.

三、1. $\ln x(\ln\ln x-1)+C$. 2. $(4-2x)\cos\sqrt{x}+4\sqrt{x}\sin\sqrt{x}+C$.

3. $\ln\left|x+\dfrac{1}{2}\sqrt{x(x+1)}\right|+C$. 4. $x\ln(1+x^2)-2x+\arctan x+C$.

四、略.

自测题五

一、1. √； 2. ×； 3. ×；4. ×；5. √.

二、1. $\sin t+t\cos t$. 2. 0. 3. $\dfrac{1}{2}[f(2b)-f(2a)]$.

4. $\dfrac{8}{15}$. 5. $\dfrac{1}{2}(a^2-b^2)$.

三、1. A； 2. B； 3. D；4. A； 5. D.

四、(1) $\int \cos x \, dx = \sin x + C$; (2) $\int_0^{\frac{\pi}{2}} \cos x \, dx = 1$; (3) $\int_0^x \cos x \, dx = \sin x$.

五、$\dfrac{62}{5}$. 提示:$\int_{-1}^4 = \int_{-1}^0 + \int_0^4, \int_{-1}^4 = \int_{-1}^1 + \int_1^4, \int_{-1}^4 x\sqrt{|x|}\,dx = \int_{-1}^4 \dfrac{1}{2} \sqrt[4]{x^2}\,d(x^2)$.

六、$f(0) = 3$. 提示:利用分部积分.

七、提示:设 $f(x) = 4x - 1 - \int_0^x \dfrac{dt}{1+t^2}$,利用根的存在定理证明根的存在性,利用函数的单调性证明根的唯一性.

八、提示:利用定积分的换元法证明,且积分值为 $\dfrac{\pi^2}{4}$.

自测题六

一、1. $\dfrac{3}{2}$. 2. 1. 3. $\dfrac{\sqrt{3}+1}{12}\pi$. 4. 8. 5. $\dfrac{\pi^2}{2}$.

二、1. D; 2. B; 3. C.

三、1. 当 $x=1$ 时,所求的面积最小,此时所求的切线方程为 $x - 2y + 1 = 0$,最小面积为 $S = 2 - \dfrac{4}{3}\sqrt{2}$.

2. 9. 3. $a = 4$,此时 $V = \dfrac{32\sqrt{5}}{1875}\pi$.

4. $\int_0^x S(t)\,dt = \begin{cases} \dfrac{1}{6}x^3, & 0 \leqslant x \leqslant 1, \\ -\dfrac{1}{6}x^3 + x^2 - x + \dfrac{1}{3}, & 1 < x \leqslant 2, \\ x - 1, & x > 2. \end{cases}$

自测题七

一、1. $\sqrt{2}\,dy - dx$. 2. $\dfrac{x^2(1-y)}{1+y}$ ($y \neq 1$). 3. 0. 4. 1.

5. $\{(x,y) \mid y - x > 0, x \geqslant 0, x^2 + y^2 < 1\}$.

二、1. D; 2. D; 3. C; 4. B; 5. A.

三、1. $\dfrac{\partial^2 z}{\partial x \partial y} = e^x \cos y f_1' + e^{2x} \sin y \cos y f_{11}'' + 2e^x (y\sin + x\cos y) f_{12}'' + 4xy f_{22}''$.

2. 构造拉格朗日函数 $L(x, y, \lambda) = (2x + 3y - 6)^2 - \lambda(x^2 + 4y^2 - 4)$,解得 $\left(\dfrac{8}{5}, \dfrac{3}{8}\right)$ 即为所求的点.

3. 略.

4. $\dfrac{\partial u}{\partial x}=y^z x^{y^z-1}$, $\dfrac{\partial u}{\partial y}=zy^{z-1}x^{y^z}\ln x$, $\dfrac{\partial u}{\partial z}=x^{y^z}y^z\ln x\ln y$.

5. $\dfrac{\partial u}{\partial x}=\dfrac{1-2y^2 z}{2u}$.

自测题八

一、1. C; 2. C; 3. B; 4. A; 5. C; 6. D.

二、1. 1.

2. $\int_0^a dy\int_{\frac{y^2}{2a}}^{a-\sqrt{a^2-y^2}} f(x,y)dx+\int_0^a dy\int_{a+\sqrt{a^2-y^2}}^{2a} f(x,y)dx+\int_a^{2a} dy\int_{\frac{y^2}{2a}}^{2a} f(x,y)dx$.

3. $I=\int_0^{\frac{1}{2}} dy\int_{1-y}^{+\infty} f(x,y)dx+\int_{\frac{1}{2}}^{+\infty} dy\int_y^{+\infty} f(x,y)dx$. 4. 0.

5. $I=\int_0^{\frac{\pi}{4}} d\theta\int_0^{2\cos\theta} r^2 dr$. 6. a^2.

三、1. (1) $I=14a^4$; (2) $I=\dfrac{p^5}{21}$; (3) $I=\dfrac{128}{105}$; (4) $I=\dfrac{8}{15}$.

2. (1) $I=\int_{-2}^1 dy\int_{x^2+2x}^{x+2} f(x,y)dy$;

(2) $I=\int_0^2 dy\int_{-\sqrt{y}}^{\sqrt{y}} f(x,y)dx+\int_2^4 dy\int_{-\sqrt{4-y}}^{\sqrt{4-y}} f(x,y)dx$;

(3) $I=\int_0^1 dy\int_{1-y}^{\sqrt{1-y^2}} f(x,y)dx$;

(4) $I=\int_{-1}^0 dx\int_{-(1+x)}^{1+x} f(x,y)dy+\int_0^1 dx\int_{x-1}^{1-x} f(x,y)dy$.

3. (1) $I=\pi(1-e^{-1})$; (2) $I=\dfrac{a^4}{2}$; (3) $I=\dfrac{\pi}{2}$; (4) $I=\pi[f(R^2)-f(0)]$.

4. (1) $I=e^{-\frac{1}{2}}$; (2) $I=\sin 1-\cos 1$; (3) $I=\dfrac{1}{6}-\dfrac{1}{3e}$; (4) $I=\ln 2$.

5. 采用极坐标进行计算,$I=\dfrac{\pi}{2}(1+e^{\pi})$.

6. (1) $V=\dfrac{2\pi}{3}-\dfrac{8}{9}$; (2) $V=\dfrac{1}{6}$; (3) $V=\pi$.

7. 略.

8. (1) $I=\dfrac{\pi}{4}$; (2) $I=\dfrac{1}{4}$.

自测题九

一、1. B; 2. D; 3. B; 4. B; 5. B.

二、1. $y=\frac{1}{2}(1+x^2)[\ln(1+x^2)-1]$.

2. $y''+2y'+y=2e^{-x}$.

3. $1+\frac{1}{t}$; $3 \cdot 2^t+\frac{1}{t} \cdot 2^t$.

4. $y=(x+C_1)\cos x$.

5. $\ln y=C_1 e^x+C_2 e^{-x}$.

三、(1) $P_e=\sqrt[3]{\frac{a}{b}}$; (2) $p(t)=\sqrt[3]{\frac{a}{b}+\left(1-\frac{a}{b}\right)e^{-3bkt}}$; (3) $\lim\limits_{t\to+\infty}p(t)=p_e$.

四、1. $y=x\sqrt{2(1+\ln x)}(x\geqslant e^{-1})$. 2. $y=e^{-\frac{1}{x}}(e^x+C)$.

3. 通解为:$y(x)=xe^x+C_1 e^{2x}+C_2 e^{-x}$, y 所满足的微分方程:$y''-y'-2y=(1-2x)e^x$.

4. $y=C(-1)^n+\frac{1}{2}n(-1)^n(1-n)$.

五、$P_t=\left(P_0-\frac{\alpha+\gamma}{\beta+\delta}\right)\left(-\frac{\delta}{\beta}\right)^t+\frac{\alpha+\gamma}{\beta+\delta}$, $t=0,1,2,\cdots$, 当 $\delta<\beta$ 时, $\lim\limits_{t\to+\infty}P_t=\frac{\alpha+\gamma}{\beta+\delta}$ 表明, 随着时间的推移,价格 P_t 将趋于稳定,极限值 $P_e=\frac{\alpha+\gamma}{\beta+\delta}$ 就是均衡价格.

自 测 题 十

一、1. B; 2. B; 3. B; 4. A; 5. C; 6. D; 7. D; 8. C; 9. A; 10. A; 11. C; 12. B.

二、1. $\frac{1}{10}\left(1+\frac{1}{2}+\frac{1}{3}+\cdots+\frac{1}{10}\right)$. 2. 1. 3. 0. 4. $-\frac{1}{x^2+x-1}$. 5. -1.

6. $\sqrt{R}$. 7. $0<a<1$. 8. $(-\infty,-1]\cup(1,+\infty)$. 9. $\frac{10}{81}$. 10. 1.

11. $(2,+\infty)$. 12. $1+\frac{1}{2}\sum\limits_{n=1}^{\infty}\frac{(-1)^n 4^n x^{2n}}{(2n)!}$, $x\in(-\infty,+\infty)$.

三、1. (1) 发散; (2) 发散; (3) 发散; (4) 发散; (5) 收敛;
  (6) 收敛; (7) 收敛; (8) 发散; (9) 收敛.

2. (1) 条件收敛; (2) 绝对收敛; (3) 绝对收敛; (4) 条件收敛; (5) 条件收敛.

3. (1) $f(x)=-\frac{1}{3}\sum\limits_{n=0}^{\infty}\left(\frac{x+4}{3}\right)^n+\frac{1}{2}\sum\limits_{n=0}^{\infty}\left(\frac{x+4}{2}\right)^n$ $(-6<x<-2)$;

(2) $f(x)=\sum\limits_{n=0}^{\infty}\frac{1}{3}\left[\frac{1}{2^n}+(-1)^{n+1}\right]x^n$ $(|x|<1)$;

(3) $g(x)=\sum\limits_{n=1}^{\infty}(-1)^{n-1}nx^{n+1}$ $(|x|<1)$.

4. (1) $[0,6)$; (2) $[-3,3)$; (3) $\left(-\frac{1}{\sqrt{3}},\frac{1}{\sqrt{3}}\right)$.

5. 收敛域为$[-1,1]$;$S(x) = \sum_{n=1}^{\infty} \frac{(-1)^{n-1} x^{2n+1}}{n(2n-1)} = 2x$,$T(x) = 2x^2 \arctan x - x\ln(1+x^2)$.

6. $\sum_{n=1}^{\infty} \frac{n^2}{n!} = 2e$.

7. 和函数为 $f(x) = 1 - \frac{1}{2}\ln(1+x^2)$($|x|<1$);极大值为 $f(0) = 1$.

8. $f(x) = \frac{\pi}{4} - 2\sum_{n=0}^{\infty} (-1)^n 4^n x^{2n+1} \frac{1}{2n+1}$,$x \in \left(-\frac{1}{2}, \frac{1}{2}\right]$;$\sum_{n=0}^{\infty} (-1)^n \frac{1}{2n+1} = \frac{\pi}{4}$.

参 考 文 献

李正元,李永乐,等.2003.数学复习全书.北京:国家行政学院出版社.
刘西垣,李正元,等.2002.微积分复习指导与典型例题分析.北京:机械工业出版社.
马少军,赵翠萍.2007.高等数学.2版.北京:中国农业出版社.
同济大学数学教研室.1996.高等数学.4版.北京:高等教育出版社.
严守权.2002.微积分习题集.北京:机械工业出版社.

附表 积 分 表

(一) 含有 $ax+b$ 的积分

(1) $\int \dfrac{\mathrm{d}x}{ax+b} = \dfrac{1}{a}\ln|ax+b|+C$;

(2) $\int (ax+b)^\mu \mathrm{d}x = \dfrac{1}{a(\mu+1)}(ax+b)^{\mu+1}+C \ (\mu \neq -1)$;

(3) $\int \dfrac{x}{ax+b}\mathrm{d}x = \dfrac{1}{a^2}[(ax+b)-b\ln|ax+b|]+C$;

(4) $\int \dfrac{x^2}{ax+b}\mathrm{d}x = \dfrac{1}{a^3}\left[\dfrac{1}{2}(ax+b)^2-2b(ax+b)+b^2\ln|ax+b|\right]+C$;

(5) $\int \dfrac{\mathrm{d}x}{x(ax+b)} = -\dfrac{1}{b}\ln\left|\dfrac{ax+b}{x}\right|+C$;

(6) $\int \dfrac{\mathrm{d}x}{x^2(ax+b)} = -\dfrac{1}{bx}+\dfrac{a}{b^2}\ln\left|\dfrac{ax+b}{x}\right|+C$;

(7) $\int \dfrac{x\mathrm{d}x}{(ax+b)^2} = \dfrac{1}{a^2}\left(\ln|ax+b|+\dfrac{b}{ax+b}\right)+C$;

(8) $\int \dfrac{x^2\mathrm{d}x}{(ax+b)^2} = \dfrac{1}{a^3}\left(ax+b-2b\ln|ax+b|-\dfrac{b^2}{ax+b}\right)+C$;

(9) $\int \dfrac{\mathrm{d}x}{x(ax+b)^2} = \dfrac{1}{b(ax+b)}-\dfrac{1}{b^2}\ln\left|\dfrac{ax+b}{x}\right|+C$;

(二) 含有 $\sqrt{ax+b}$ 的积分

(10) $\int \sqrt{ax+b}\,\mathrm{d}x = \dfrac{2}{3a}\sqrt{(ax+b)^3}+C$;

(11) $\int x\sqrt{ax+b}\,\mathrm{d}x = \dfrac{2}{15a^2}(3ax-2b)\sqrt{(ax+b)^3}+C$;

(12) $\int x^2\sqrt{ax+b}\,\mathrm{d}x = \dfrac{2}{105a^3}(15a^2x^2-12abx+8b^2)\sqrt{(ax+b)^3}+C$;

(13) $\int \dfrac{x}{\sqrt{ax+b}}\mathrm{d}x = \dfrac{2}{3a^2}(ax-2b)\sqrt{ax+b}+C$;

(14) $\int \dfrac{x^2\mathrm{d}x}{\sqrt{ax+b}} = \dfrac{2}{15a^3}(3a^2x^2-4abx+8b^2)\sqrt{ax+b}+C$;

附表　积　分　表

$$(15) \int \frac{\mathrm{d}x}{x\sqrt{ax+b}} = \begin{cases} \frac{1}{\sqrt{b}}\ln\left|\frac{\sqrt{ax+b}-\sqrt{b}}{\sqrt{ax+b}+\sqrt{b}}\right|+C\,(b>0), \\ \frac{3}{\sqrt{-b}}\arctan\sqrt{\frac{ax+b}{-b}}+C\,(b<0); \end{cases}$$

$$(16) \int \frac{\mathrm{d}x}{x^2\sqrt{ax+b}} = -\sqrt{\frac{ax+b}{bx}} - \frac{a}{2b}\int \frac{\mathrm{d}x}{x\sqrt{ax+b}};$$

$$(17) \int \frac{\sqrt{ax+b}}{x}\mathrm{d}x = 2\sqrt{ax+b} + b\int \frac{\mathrm{d}x}{x\sqrt{ax+b}};$$

$$(18) \int \sqrt{\frac{ax+b}{x^2}}\mathrm{d}x = -\frac{\sqrt{ax+b}}{x} + \frac{a}{2}\int \frac{\mathrm{d}x}{x\sqrt{ax+b}};$$

(三) 含有 $x^2 \pm a^2$ 的积分

$$(19) \int \frac{\mathrm{d}x}{x^2+a^2} = \frac{1}{a}\arctan\frac{x}{a}+C;$$

$$(20) \int \frac{\mathrm{d}x}{(x^2+a^2)^n} = \frac{x}{2(n-1)a^2(x^2+a^2)^{n-1}} + \frac{2n-3}{2(n-1)a^2}\int \frac{\mathrm{d}x}{(x^2+a^2)^{n-1}};$$

$$(21) \int \frac{\mathrm{d}x}{x^2-a^2} = \frac{1}{2a}\ln\left|\frac{x-a}{x+a}\right|+C;$$

(四) 含有 $ax^2+b\,(a>0)$ 的积分

$$(22) \int \frac{\mathrm{d}x}{ax^2+b} = \begin{cases} \frac{1}{\sqrt{ab}}\arctan\sqrt{\frac{a}{b}}x+C\,(b>0), \\ \frac{1}{2\sqrt{-ab}}\ln\left|\frac{\sqrt{a}x-\sqrt{-b}}{\sqrt{a}x+\sqrt{-b}}\right|+C\,(b<0); \end{cases}$$

$$(23) \int \frac{x^2\mathrm{d}x}{ax^2+b} = \frac{x}{a} - \frac{b}{a}\int \frac{\mathrm{d}x}{ax^2+b};$$

$$(24) \int \frac{x\mathrm{d}x}{ax^2+b} = \frac{1}{2a}\ln|ax^2+b|+C;$$

$$(25) \int \frac{\mathrm{d}x}{x(ax^2+b)} = \frac{1}{2b}\ln\left|\frac{x^2}{ax^2+b}\right|+C;$$

$$(26) \int \frac{\mathrm{d}x}{x^2(ax^2+b)} = -\frac{1}{bx} - \frac{a}{b}\int \frac{\mathrm{d}x}{ax^2+b};$$

$$(27) \int \frac{\mathrm{d}x}{x^3(ax^2+b)} = \frac{a}{2b^2}\ln\left|\frac{ax^2+b}{x^2}\right| - \frac{1}{2bx^2}+C;$$

(28) $\int \dfrac{\mathrm{d}x}{(ax^2+b)^2} = \dfrac{x}{2b(ax^2+b)} + \dfrac{1}{2b}\int \dfrac{\mathrm{d}x}{ax^2+b}$;

(五) 含有 $\sqrt{x^2+a^2}\,(a>0)$ 的积分

(29) $\int \dfrac{\mathrm{d}x}{\sqrt{x^2+a^2}} = \ln(x+\sqrt{x^2+a^2})+C$;

(30) $\int \dfrac{\mathrm{d}x}{\sqrt{(x^2+a^2)^3}} = \dfrac{x}{a^2\sqrt{x^2+a^2}}+C$;

(31) $\int \dfrac{x}{\sqrt{x^2+a^2}}\mathrm{d}x = \sqrt{x^2+a^2}+C$;

(32) $\int \dfrac{x\mathrm{d}x}{\sqrt{(x+a^2)^3}} = -\dfrac{1}{\sqrt{x^2+a^2}}+C$;

(33) $\int \dfrac{x^2}{\sqrt{x^2+a^2}}\mathrm{d}x = \dfrac{x}{2}\sqrt{x^2+a^2}-\dfrac{a^2}{2}\ln(x+\sqrt{x^2+a^2})+C$;

(34) $\int \dfrac{x^2}{\sqrt{(x^2+a^2)^3}}\mathrm{d}x = -\dfrac{x}{\sqrt{x^2+a^2}}+\ln(x+\sqrt{x^2+a^2})+C$;

(35) $\int \dfrac{\mathrm{d}x}{x\sqrt{x^2+a^2}} = \dfrac{1}{a}\ln\left|\dfrac{\sqrt{x^2+a^2}-a}{x}\right|+C$;

(36) $\int \dfrac{\mathrm{d}x}{x^2\sqrt{x^2+a^2}} = -\dfrac{\sqrt{x^2+a^2}}{a^2 x}+C$;

(37) $\int \sqrt{x^2+a^2}\,\mathrm{d}x = \dfrac{x}{2}\sqrt{x^2+a^2}+\dfrac{a^2}{2}\ln(x+\sqrt{x^2+a^2})+C$;

(38) $\int \sqrt{(x^2+a^2)^3}\,\mathrm{d}x = \dfrac{x}{8}(2x^2+5a^2)\sqrt{x^2+a^2}+\dfrac{3}{8}a^4\ln(x+\sqrt{x^2+a^2})+C$;

(39) $\int x\sqrt{x^2+a^2}\,\mathrm{d}x = \dfrac{1}{3}\sqrt{(x^2+a^2)^3}+C$;

(40) $\int x^2\sqrt{x^2+a^2}\,\mathrm{d}x = \dfrac{x}{8}(2x^2+a^2)\sqrt{x^2+a^2}-\dfrac{a^4}{8}\ln(x+\sqrt{x^2+a^2})+C$;

(41) $\int \dfrac{\sqrt{x^2+a^2}}{x}\mathrm{d}x = \sqrt{x^2+a^2}+a\ln\left|\dfrac{\sqrt{x^2+a^2}-a}{x}\right|+C$;

(42) $\int \dfrac{\sqrt{x^2+a^2}}{x^2}\mathrm{d}x = -\dfrac{\sqrt{x^2+a^2}}{x}+\ln(x+\sqrt{x^2+a^2})+C$;

(六) 含有 $\sqrt{x^2-a^2}\,(a>0)$ 的积分

(43) $\int \sqrt{x^2-a^2}\,\mathrm{d}x = \dfrac{x}{2}\sqrt{x^2-a^2}-\dfrac{a^2}{2}\ln\left|x+\sqrt{x^2-a^2}\right|+C$;

附表 积分表

(44) $\int \sqrt{(x^2-a^2)^3}\,\mathrm{d}x = \dfrac{x}{8}(2x^2-5a^2)\sqrt{x^2-a^2} + \dfrac{3}{8}a^4\ln|x+\sqrt{x^2-a^2}|+C;$

(45) $\int x\sqrt{x^2-a^2}\,\mathrm{d}x = \dfrac{1}{3}\sqrt{(x^2-a^2)^3}+C;$

(46) $\int x^2\sqrt{x^2-a^2}\,\mathrm{d}x = \dfrac{x}{8}(2x^2-a^2)\sqrt{x^2-a^2}-\dfrac{a^4}{8}\ln|x+\sqrt{x^2-a^2}|+C;$

(47) $\int \dfrac{\sqrt{x^2-a^2}}{x}\,\mathrm{d}x = \sqrt{x^2-a^2}-a\arccos\dfrac{a}{|x|}+C;$

(48) $\int \dfrac{\sqrt{x^2-a^2}}{x^2}\,\mathrm{d}x = -\dfrac{\sqrt{x^2-a^2}}{x}+\ln|x+\sqrt{x^2-a^2}|+C;$

(49) $\int \dfrac{\mathrm{d}x}{\sqrt{x^2-a^2}} = \ln|x+\sqrt{x^2-a^2}|+C;$

(50) $\int \dfrac{\mathrm{d}x}{\sqrt{(x^2-a^2)^3}} = -\dfrac{x}{a^2\sqrt{x^2-a^2}}+C;$

(51) $\int \dfrac{x\,\mathrm{d}x}{\sqrt{x^2-a^2}} = \sqrt{x^2-a^2}+C;$

(52) $\int \dfrac{x\,\mathrm{d}x}{\sqrt{(x^2-a^2)^3}} = -\dfrac{1}{\sqrt{x^2-a^2}}+C;$

(53) $\int \dfrac{x^2\,\mathrm{d}x}{\sqrt{x^2-a^2}} = \dfrac{x}{2}\sqrt{x^2-a^2}+\dfrac{a^2}{2}\ln|x+\sqrt{x^2-a^2}|+C;$

(54) $\int \dfrac{x^2\,\mathrm{d}x}{\sqrt{(x^2-a^2)^3}} = -\dfrac{x}{\sqrt{x^2-a^2}}+\ln|x+\sqrt{x^2-a^2}|+C;$

(55) $\int \dfrac{\mathrm{d}x}{x\sqrt{x^2-a^2}} = \dfrac{1}{a}\arccos\dfrac{a}{|x|}+C;$

(56) $\int \dfrac{\mathrm{d}x}{x^2\sqrt{x^2-a^2}} = \dfrac{\sqrt{x^2-a^2}}{a^2 x}+C;$

（七）含有 $\sqrt{a^2-x^2}\,(b>0)$ 的积分

(57) $\int \sqrt{a^2-x^2}\,\mathrm{d}x = \dfrac{x}{2}\sqrt{a^2-x^2}+\dfrac{a^2}{2}\arcsin\dfrac{x}{a}+C;$

(58) $\int \sqrt{(a^2-x^2)^3}\,\mathrm{d}x = \dfrac{x}{8}(5a^2-2x^2)\sqrt{a^2-x^2}+\dfrac{3}{8}a^4\arcsin\dfrac{x}{a}+C;$

(59) $\int x\sqrt{a^2-x^2}\,\mathrm{d}x = -\dfrac{1}{3}\sqrt{(a^2-x^2)^3}+C;$

(60) $\int x^2 \sqrt{a^2-x^2}\,dx = \dfrac{x}{8}(2x^2-a^2)\sqrt{a^2-x^2} + \dfrac{a^4}{8}\arcsin\dfrac{x}{a} + C;$

(61) $\int \dfrac{\sqrt{a^2-x^2}}{x}\,dx = \sqrt{a^2-x^2} + a\ln\left|\dfrac{a-\sqrt{a^2-x^2}}{x}\right| + C;$

(62) $\int \dfrac{\sqrt{a^2-x^2}}{x^2}\,dx = -\dfrac{\sqrt{a^2-x^2}}{x} - \arcsin\dfrac{x}{a} + C;$

(63) $\int \dfrac{dx}{\sqrt{a^2-x^2}} = \arcsin\dfrac{x}{a} + C;$

(64) $\int \dfrac{dx}{\sqrt{(a^2-x^2)^3}} = \dfrac{x}{a^2\sqrt{a^2-x^2}} + C;$

(65) $\int \dfrac{x\,dx}{\sqrt{a^2-x^2}} = -\sqrt{a^2-x^2} + C;$

(66) $\int \dfrac{x^2\,dx}{\sqrt{a^2-x^2}} = -\dfrac{x}{2}\sqrt{a^2-x^2} + \dfrac{a^2}{2}\arcsin\dfrac{x}{a} + C;$

(67) $\int \dfrac{x^2\,dx}{\sqrt{(a^2-x^2)^3}} = \dfrac{x}{\sqrt{a^2-x^2}} - \arcsin\dfrac{x}{a} + C;$

(68) $\int \dfrac{x\,dx}{\sqrt{(a^2-x^2)^3}} = \dfrac{1}{\sqrt{a^2-x^2}} + C;$

(69) $\int \dfrac{dx}{x\sqrt{a^2-x^2}} = \dfrac{1}{a}\ln\left|\dfrac{a-\sqrt{a^2-x^2}}{x}\right| + C;$

(70) $\int \dfrac{dx}{x^2\sqrt{a^2-x^2}} = -\dfrac{\sqrt{a^2-x^2}}{a^2 x} + C;$

(八) 含有 $ax^2+bx+c\,(a>0)$ 的积分

(71) $\int \dfrac{x}{ax^2+bx+c}\,dx = \dfrac{1}{2a}\ln|ax^2+bx+c| - \dfrac{b}{2a}\int\dfrac{dx}{ax^2+bx+c};$

(72) $\int \dfrac{dx}{ax^2+bx+c} = \begin{cases} \dfrac{2}{\sqrt{4ac-b^2}}\arctan\dfrac{2ax+b}{\sqrt{4ac-b^2}} + C & (b^2<4ac), \\ \dfrac{1}{\sqrt{b^2-4ac}}\ln\left|\dfrac{2ax+b-\sqrt{b^2-4ac}}{2ax+b+\sqrt{b^2-4ac}}\right| + C & (b^2>4ac); \end{cases}$

(九) 含有 $\sqrt{\pm ax^2+bx+c}\,(a>0)$ 的积分

(73) $\int \sqrt{ax^2+bx+c}\,dx = \dfrac{2ax+b}{4a}\sqrt{ax^2+bx+c} + \dfrac{4ac-b^2}{8\sqrt{a^3}}\ln\bigl|2ax+b+$

$2\sqrt{a}\sqrt{ax^2+bx+c}|+C;$

(74) $\int \dfrac{\mathrm{d}x}{\sqrt{ax^2+bx+c}} = \dfrac{1}{\sqrt{a}}\ln\left|2ax+b+2\sqrt{a}\sqrt{ax^2+bx+c}\right|+C;$

(75) $\int \dfrac{x\mathrm{d}x}{\sqrt{ax^2+bx+c}} = \dfrac{1}{a}\sqrt{ax^2+bx+c} - \dfrac{b}{2\sqrt{a^3}}\ln\left|2ax+b+2\sqrt{a}\sqrt{ax^2+bx+c}\right|+C;$

(76) $\int \dfrac{\mathrm{d}x}{\sqrt{-ax^2+bx+c}} = \dfrac{1}{\sqrt{a}}\arcsin\dfrac{2ax-b}{\sqrt{b^2+4ac}}+C;$

(77) $\int \sqrt{-ax^2+bx+c}\,\mathrm{d}x = \dfrac{2ax-b}{4a}\sqrt{-ax^2+bx+c}$
$\qquad + \dfrac{b^2+4ac}{8\sqrt{a^3}}\arcsin\dfrac{2ax-b}{\sqrt{b^2+4ac}}+C;$

(78) $\int \dfrac{x\mathrm{d}x}{\sqrt{-ax^2+bx+c}} = -\dfrac{1}{a}\sqrt{-ax^2+bx+c} + \dfrac{b}{2\sqrt{a^3}}\arcsin\dfrac{2ax-b}{\sqrt{b^2+4ac}}+C;$

(十) 含有 $\sqrt{\pm\dfrac{x-a}{x-b}}$ 或 $\sqrt{(x-a)(b-x)}$ 的积分

(79) $\int \sqrt{\dfrac{x-a}{x-b}}\,\mathrm{d}x = (x-b)\sqrt{\dfrac{x-a}{x-b}} + (b-a)\ln\left|\sqrt{|x-a|}+\sqrt{|x-b|}\right|+C;$

(80) $\int \sqrt{\dfrac{x-a}{b-x}}\,\mathrm{d}x = (x-b)\sqrt{\dfrac{x-a}{b-x}} + (b-a)\arcsin\sqrt{\dfrac{x-a}{b-a}}+C;$

(81) $\int \sqrt{(x-a)(b-x)}\,\mathrm{d}x = \dfrac{2x-a-b}{4}\sqrt{(x-a)(b-x)}$
$\qquad + \dfrac{(b-a)^2}{4}\arcsin\sqrt{\dfrac{x-a}{b-a}}+C(a<b);$

(82) $\int \dfrac{\mathrm{d}x}{\sqrt{(x-a)(b-x)}} = 2\arcsin\sqrt{\dfrac{x-a}{b-a}}+C(a<b);$

(十一) 含有三角函数的积分

(83) $\int \sin x\,\mathrm{d}x = -\cos x + C;$

(84) $\int \cos x\,\mathrm{d}x = \sin x + C;$

(85) $\int \tan x\,\mathrm{d}x = -\ln|\cos x|+C;$

(86) $\int \cot x \, dx = \ln|\sin x| + C;$

(87) $\int \sec x \, dx = \ln\left|\tan\left(\dfrac{x}{2}+\dfrac{\pi}{4}\right)\right| + C_1 = \ln|\sec x + \tan x| + C;$

(88) $\int \csc x \, dx = \ln\left|\tan\dfrac{x}{2}\right| + C_1 = \ln|\csc x - \cot x| + C;$

(89) $\int \sec^2 x \, dx = \tan x + C;$

(90) $\int \csc^2 x \, dx = -\cot x + C;$

(91) $\int \sec x \tan x \, dx = \sec x + C;$

(92) $\int \csc x \cot x \, dx = -\csc x + C;$

(93) $\int \sin^2 x \, dx = \dfrac{x}{2} - \dfrac{1}{4}\sin 2x + C;$

(94) $\int \cos^2 x \, dx = \dfrac{x}{2} + \dfrac{1}{4}\sin 2x + C;$

(95) $\int \sin^n x \, dx = -\dfrac{1}{n}\sin^{n-1} x \cos x + \dfrac{n-1}{n}\int \sin^{n-2} x \, dx;$

(96) $\int \cos^n x \, dx = \dfrac{1}{n}\cos^{n-1} x \sin x + \dfrac{n-1}{n}\int \cos^{n-2} x \, dx;$

(97) $\int \dfrac{1}{\sin^n x} dx = -\dfrac{1}{n-1}\cdot\dfrac{\cos x}{\sin^{n-1} x} + \dfrac{n-2}{n-1}\int \dfrac{dx}{\sin^{n-2} x};$

(98) $\int \dfrac{dx}{\cos^n x} = \dfrac{1}{n-1}\cdot\dfrac{\sin x}{\cos^{n-1} x} + \dfrac{n-2}{n-1}\int \dfrac{dx}{\cos^{n-2} x};$

(99) $\int \cos^m x \sin^n x \, dx = \dfrac{1}{m+n}\cos^{m-1} x \sin^{n+1} x + \dfrac{m-1}{m+n}\int \cos^{m-2} x \sin^n x \, dx$

$= -\dfrac{1}{m+n}\cos^{m+1} x \sin^{n-1} x + \dfrac{n-1}{m+n}\int \cos^m x \sin^{n-2} x \, dx;$

(100) $\int \sin ax \cos bx \, dx = -\dfrac{\cos(a+b)x}{2(a+b)} - \dfrac{\cos(a-b)x}{2(a-b)} + C;$

(101) $\int \sin ax \sin bx \, dx = -\dfrac{\sin(a+b)x}{2(a+b)} + \dfrac{\sin(a-b)x}{2(a-b)} + C;$

(102) $\int \cos ax \cos bx \, dx = -\dfrac{\sin(a+b)x}{2(a+b)} + \dfrac{\sin(a-b)x}{2(a-b)} + C;$

(103) $\int \dfrac{dx}{a+b\sin x} = \dfrac{2}{\sqrt{a^2-b^2}} \arctan \dfrac{a\tan\dfrac{x}{2}+b}{\sqrt{a^2-b^2}} + C \, (a^2 > b^2);$

$(104)\ \displaystyle\int \frac{\mathrm{d}x}{a+b\sin x}=\frac{1}{\sqrt{b^2-a^2}}\ln\left|\frac{a\tan\frac{x}{2}+b-\sqrt{b^2-a^2}}{a\tan\frac{x}{2}+b+\sqrt{b^2-a^2}}\right|+C\,(a^2<b^2);$

$(105)\ \displaystyle\int \frac{\mathrm{d}x}{a+b\cos x}=\frac{2}{a+b}\sqrt{\frac{a+b}{a-b}}\arctan\left(\sqrt{\frac{a-b}{a+b}}\tan\frac{x}{2}\right)+C\,(a^2>b^2);$

$(106)\ \displaystyle\int \frac{\mathrm{d}x}{a+b\cos x}=\frac{1}{a+b}\sqrt{\frac{a+b}{b-a}}\ln\left|\frac{\tan\frac{x}{2}+\sqrt{\frac{a+b}{b-a}}}{\tan\frac{x}{2}-\sqrt{\frac{a+b}{b-a}}}\right|+C\,(a^2<b^2);$

$(107)\ \displaystyle\int \frac{\mathrm{d}x}{a^2\cos^2 x+b^2\sin^2 x}=\frac{1}{ab}\arctan\left(\frac{b}{a}\tan x\right)+C;$

$(108)\ \displaystyle\int \frac{\mathrm{d}x}{a^2\cos^2 x-b^2\sin^2 x}=\frac{1}{2ab}\ln\left|\frac{b\tan x+a}{b\tan x-a}\right|+C;$

$(109)\ \displaystyle\int x\sin ax\,\mathrm{d}x=\frac{1}{a^2}\sin ax-\frac{1}{a}x\cos ax+C;$

$(110)\ \displaystyle\int x^2\sin ax\,\mathrm{d}x=-\frac{1}{a}x^2\cos ax+\frac{2}{a^2}x\sin ax+\frac{2}{a^3}\cos ax+C;$

$(111)\ \displaystyle\int x\cos ax\,\mathrm{d}x=\frac{1}{a^2}\cos ax+\frac{1}{a}x\sin ax+C;$

$(112)\ \displaystyle\int x^2\cos ax\,\mathrm{d}x=\frac{1}{a}x^2\sin ax+\frac{2}{a^2}x\cos ax-\frac{2}{a^3}\sin ax+C;$

(十二) 含有反三角函数的积分（其中 $a>0$）

$(113)\ \displaystyle\int \arcsin\frac{x}{a}\,\mathrm{d}x=x\arcsin\frac{x}{a}+\sqrt{a^2-x^2}+C;$

$(114)\ \displaystyle\int x\arcsin\frac{x}{a}\,\mathrm{d}x=\left(\frac{x^2}{2}-\frac{a^2}{4}\right)\arcsin\frac{x}{a}+\frac{x}{4}\sqrt{a^2-x^2}+C;$

$(115)\ \displaystyle\int x^2\arcsin\frac{x}{a}\,\mathrm{d}x=\frac{x^3}{3}\arcsin\frac{x}{a}+\frac{1}{9}(x^2+2a^2)\sqrt{a^2-x^2}+C;$

$(116)\ \displaystyle\int \arccos\frac{x}{a}\,\mathrm{d}x=x\arccos\frac{x}{a}-\sqrt{a^2-x^2}+C;$

$(117)\ \displaystyle\int x\arccos\frac{x}{a}\,\mathrm{d}x=\left(\frac{x^2}{2}-\frac{a^2}{4}\right)\arccos\frac{x}{a}-\frac{x}{4}\sqrt{a^2-x^2}+C;$

$(118)\ \displaystyle\int x^2\arccos\frac{x}{a}\,\mathrm{d}x\;\frac{x^3}{3}\arccos\frac{x}{a}-\frac{1}{9}(x^2+2a^2)\sqrt{a^2-x^2}+C;$

(119) $\int x\arctan\dfrac{x}{a}\mathrm{d}x = \dfrac{1}{2}(a^2+x^2)\arctan\dfrac{x}{a} - \dfrac{a}{2}x + C;$

(120) $\int x^2\arctan\dfrac{x}{a}\mathrm{d}x = \dfrac{x^3}{3}\arctan\dfrac{x}{a} - \dfrac{a}{6}x^2 + \dfrac{a^3}{6}\ln(a^2+x^2) + C;$

(121) $\int \arctan\dfrac{x}{a}\mathrm{d}x = x\arctan\dfrac{x}{a} - \dfrac{a}{2}\ln(a^2+x^2) + C;$

(十三) 含有指数函数的积分

(122) $\int a^x \mathrm{d}x = \dfrac{a^x}{\ln a} + C;$

(123) $\int \mathrm{e}^{ax} \mathrm{d}x = \dfrac{1}{a}\mathrm{e}^{ax} + C;$

(124) $\int x\mathrm{e}^{ax} \mathrm{d}x = \dfrac{1}{a^2}(ax-1)\mathrm{e}^{ax} + C;$

(125) $\int x^n \mathrm{e}^{ax} \mathrm{d}x = \dfrac{1}{a}x^n \mathrm{e}^{ax} - \dfrac{n}{a}\int x^{n-1}\mathrm{e}^{ax}\mathrm{d}x;$

(126) $\int x a^x \mathrm{d}x = \dfrac{x}{\ln a}a^x - \dfrac{a^x}{(\ln a)^2} + C;$

(127) $\int x^n a^x \mathrm{d}x = \dfrac{1}{\ln a}x^n a^x - \dfrac{n}{\ln a}\int x^{n-1} a^x \mathrm{d}x;$

(128) $\int \mathrm{e}^{ax}\sin bx\, \mathrm{d}x = \dfrac{1}{a^2+b^2}\mathrm{e}^{ax}(a\sin bx - b\cos bx) + C;$

(129) $\int \mathrm{e}^{ax}\cos bx\, \mathrm{d}x = \dfrac{1}{a^2+b^2}\mathrm{e}^{ax}(a\cos bx + b\sin bx) + C;$

(130) $\int \mathrm{e}^{ax}\sin^n bx\, \mathrm{d}x = \dfrac{1}{a^2+b^2 n^2}\mathrm{e}^{ax}\sin^{n-1}bx(a\sin bx - nb\cos bx) + \dfrac{n(n-1)b^2}{a^2+b^2 n^2}\int \mathrm{e}^{ax}\sin^{n-2}bx\, \mathrm{d}x;$

(131) $\int \mathrm{e}^{ax}\cos^n bx\, \mathrm{d}x = \dfrac{1}{a^2+b^2 n^2}\mathrm{e}^{ax}\cos^{n-1}bx(a\cos bx + nb\sin bx) + \dfrac{n(n-1)b^2}{a^2+b^2 n^2}\int \mathrm{e}^{ax}\cos^{n-2}bx\, \mathrm{d}x;$

(十四) 含有对数函数的积分

(132) $\int \ln x\, \mathrm{d}x = x\ln x - x + C;$

(133) $\int \dfrac{\mathrm{d}x}{x\ln x} = \ln|\ln x| + C;$

(134) $\int x^2 \ln x \mathrm{d}x = \dfrac{1}{n+1} x^{n+1}\left(\ln x - \dfrac{1}{n+1}\right) + C;$

(135) $\int \ln^n x \mathrm{d}x = x\ln^n x - n\int \ln^{n-1} x \mathrm{d}x;$

(136) $x^m \ln^n x \mathrm{d}x = \dfrac{1}{m+1} x^{m+1} \ln^n x - \dfrac{n}{m+1}\int x^m \ln^{n-1} x \mathrm{d}x;$

(十五) 含有双曲函数的积分

(137) $\int \mathrm{sh}x \mathrm{d}x = \mathrm{ch}x + C;$

(138) $\int \mathrm{ch}x \mathrm{d}x = \mathrm{sh}x + C;$

(139) $\int \mathrm{th}x \mathrm{d}x = \ln \mathrm{ch}x + C;$

(140) $\int \mathrm{sh}^2 x \mathrm{d}x = -\dfrac{x}{2} + \dfrac{1}{4}\mathrm{sh}2x + C;$

(141) $\int \mathrm{ch}^2 x \mathrm{d}x = \dfrac{x}{2} + \dfrac{1}{4}\mathrm{sh}2x + C;$

(十六) 定积分

(142) $\int_{-\pi}^{\pi} \cos nx \mathrm{d}x = \int_{-\pi}^{\pi} \sin nx \mathrm{d}x = 0;$

(143) $\int_{-\pi}^{\pi} \cos mx \sin nx \mathrm{d}x = 0;$

(144) $\int_{-\pi}^{\pi} \cos mx \cos nx \mathrm{d}x = \begin{cases} 0, & m \neq n, \\ \pi, & m = n; \end{cases}$

(145) $\int_{-\pi}^{\pi} \sin mx \sin nx \mathrm{d}x = \begin{cases} 0, & m \neq n, \\ \pi, & m = n; \end{cases}$

(146) $\int_{0}^{\pi} \sin mx \sin nx \mathrm{d}x = \int_{0}^{\pi} \cos mx \cos nx \mathrm{d}x = \begin{cases} 0, & m \neq n, \\ \dfrac{\pi}{2}, & m = n; \end{cases}$

(147) $I_n = \int_{0}^{\frac{\pi}{2}} \sin^n x \mathrm{d}x = \int_{0}^{\frac{\pi}{2}} \cos^n x \mathrm{d}x;$

$$I_n = \frac{n-1}{n} I_{n-2} = \begin{cases} \dfrac{n-1}{n} \cdot \dfrac{n-3}{n-2} \cdot \cdots \cdot \dfrac{4}{5} \cdot \dfrac{2}{3} & (n \text{ 为大于 } 1 \text{ 的正奇数}), \quad I_1 = 1, \\ \dfrac{n-1}{n} \cdot \dfrac{n-3}{n-2} \cdot \cdots \cdot \dfrac{3}{4} \cdot \dfrac{1}{2} \cdot \dfrac{\pi}{2} & (n \text{ 为正偶数}), \qquad\qquad I_0 = \dfrac{\pi}{2}; \end{cases}$$

(148) $\int_0^{+\infty} \dfrac{\sin x}{\sqrt{x}} \, dx = \sqrt{\dfrac{\pi}{2}}$;

(149) $\int_0^{+\infty} e^{-a^2 x^2} \, dx = \dfrac{\sqrt{\pi}}{2a} \, (a > 0)$;

(150) $\int_0^{+\infty} x^n e^{-ax} \, dx = \dfrac{n!}{a^{n+1}}$ (n 为正整数, $a > 0$).

教师教学服务指南

为了更好服务于广大教师的教学工作，科学出版社打造了"科学EDU"教学服务公众号，教师可通过扫描下方二维码，享受样书、课件、会议信息等服务.

样书、电子课件仅为任课教师获得，并保证只能用于教学，不得复制传播用于商业用途. 否则，科学出版社保留诉诸法律的权利.

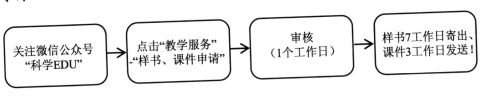

科学EDU

关注科学EDU，获取教学样书、课件资源

面向高校教师，提供优质教学、会议信息

分享行业动态，关注最新教育、科研资讯

学生学习服务指南

为了更好服务于广大学生的学习，科学出版社打造了"学子参考"公众号，学生可通过扫描下方二维码，了解海量经典教材、教辅、考研信息，轻松面对考试.

学子参考

面向高校学子，提供优秀教材、教辅信息

分享热点资讯，解读专业前景、学科现状

为大家提供海量学习指导，轻松面对考试

教师咨询：010-64033787　　QQ：2405112526　　yuyuanchun@mail.sciencep.com
学生咨询：010-64014701　　QQ：2862000482　　zhangjianpeng@mail.sciencep.com